KB169341

T O U C H I N G

터칭

TOUCHING

애슐리
몬터규

최로미 옮김

인간 피부의 인류학적 의의

글항아리

일러두기

- 이 책은 Ashley Montagu, *Touching*의 제3판(1986)을 완역한 것이다. 초판은 1971년에 출간되었다. 초판이 출간된 지 반세기가량이 지난 만큼 학계의 몇몇 수정된 가설이나 실험 결과 등은 해제를 통해 밝혔다.
- 의학 용어는 대한의사협회 의학용어위원회의 원칙을 따랐으나, 몇몇 용어는 관습적 표기를 존중해 실었다. 예) 대뇌겉질→대뇌피질, 갑상샘→갑상선
- 원서에서 이탤릭체로 강조한 것은 고딕으로 표기했다.
- 본문 하단 주석에서 저자 주라고 표기한 것 외에 나머지는 모두 옮긴이 주다. 미주는 모두 저자 주다.

추천사

박순영 서울대학교 인류학과 교수

이 책은 그야말로 촉각과 접촉에 대한 거의 모든 것이라 할 수 있다. 이 주제와 관련된 온갖 종류의 연구 결과들이 이 책에 언급되어 있다. 다만 출간된 지 상당히 오래된 책인 만큼 소개된 연구 결과들은 그보다 더 오래전의 것들이라는 점이 매우 아쉽다. 또한 거의 모든 것의 원인을 충분한 근거 없이 피부 접촉 부족으로 몰아가는 듯한 과도한 해석의 문제도 작은 단점이라고 하기는 어렵다. 그러나 이런 문제에도 불구하고 이 책을 추천하기로 결정한 것은 이 책이 너무나도 중요한 하나의 진실을 강력히 그리고 초지일관 설파하고 있기 때문이다. 그것은 밀접한 피부 접촉이 어린이와 어머니 둘 다에게 필수적인 것이라는 점이다.

여러 연구 결과를 인용하기보다 개인적인 경험담을 하나 이야기하고 싶다. 나는 20대 초반에 신생아실에서 일한 적이 있다. 갓 태어난 아기 수십 명이 누워 있었는데 이들을 번개같이 씻기고 우유를 먹여서 재우는 것이 내가 맡은 일이었다. 나는 그때까지 아이를 낳아본 적이 없었고 그들과 어떤 혈연관계도 없었지만 그들의 피부와 내 피부가 맞닿았을 때의 그 형언할 수 없는 달콤한 느낌, 갓난아기들이 내 손길에 보여주던 그 사랑스런 반응을 결코 잊을 수가 없다. 일은 힘들었지만 신생아실에서 느꼈던 평화로운 감정을 40년이 지난 지금도 잘 간직하고 있다. 그러니 어머니와 아기 사이의 접촉이 주는 감정은 얼마나 더 강렬할 것인가?

갓 태어난 아기를 어머니와 떼어두고 가끔씩만 만나게 하는 병원의 방식이 당시로부터 40년이 지난 지금은 얼마나 변화되었는지 모르겠으나 하루빨리 개선되어야 할 관행이라고 본다. 특히 건강상의 문제가 있어 병원에 격리되어 있는 신생아나 미숙아들은 접촉에 더 굶주려 있는데, 저자는 이들이야말로 접촉을 꼭 필요로 하고 접촉의 혜택을 더 크게 볼 수 있는 아이들임을 강력히 주장하고 있다. 당시 어머니로부터 떨어져 인큐베이터에 격리되어 있던 미숙아들이 내 손길에 보여주던 열렬한 호응을 잘 기억하는 나로서는 진심으로 공감할 수 있는 주장이다.

그때 근무했던 기관에는 고아들을 돌보는 육아 시설이 딸려 있었는데 그곳에 대해서는 씁쓸한 기억이 있다. 나뿐 아니라 대부분의 사람이 거기서 근무하는 것을 좋아하지 않았다. 처음 일을 하러 가면 아이들이 보여주는 격렬한 애정 공세에 감격해 누구나 정성을 다해서 돌보지만 얼마 지나지 않아 그들의 만족할 줄 모르는 접촉 욕구에 시달리면서 점차 지쳐가기 때문이다. 누구라도 지치게 만들었던 그 아이들의 지독한 접촉 욕구는 그들의 접촉 결핍을 역설적으로 보여주는 슬픈 사례라고 하지 않을 수 없다. 요즘도 나이 드신 어른들은 아기를 돌볼 때 손 탄다고 안거나 업어주지 말라며 충고하는 경우가 있는데 이 또한 아기들이 접촉을 얼마나 좋아하는지를 보여주는 사례이리라. 집안일과 농사일을 하면서 여러 자식을 돌봐야 했던 예전의 지친 어머니에게는 "손 타지 않게" 하는 것이 불가피한 선택이었을 수도 있으리란 생각을 해본다.

이 책의 핵심 메시지의 다른 한 축은 이러한 피부 접촉이 아기뿐만 아니라 어머니의 복지에도 필수적이라는 것이다. 어머니와 아기 사이의 피부 접촉이 아이의 건강한 성장 발달에 중요하다는 것은 일반 상식으로도 쉽게 도달할 수 있는 결론일 것 같다. 그런데 실제로는 어머니도 아이와의 피부 접촉으로 큰 혜택을 보게 된다는 생각은 잘 하지 못하는 것 같다. 이 책의 저자는 어머니가 아이와 출산 후 최대한 빨리, 그리고 충분히 피부 접촉을 하는 것이 어머니에게 건강상의 여러 혜택은 물론 심리적인 혜택도 준다고 역설한다. 육아가 힘들다는 것은 '밭 맬래, 애 볼래?라고 하면 밭을 맨다'는 옛말에도 잘 드러나 있다. 강력한 모성애가 있지 않다면 그 어렵고 길고 지치는 육아 과정을 무사히 넘기기 힘들 것이다. 이 책에는 아이와 출산 후 더 빨리, 더 많이 피부 접촉을 할수록 어머니의 모성애가 강화되면서 사랑으로 힘든 육아 과정을 견뎌낼 수 있게 된다는 연구 결과들이 풍부하게 제시되어 있다. 최근의 여러 연구도 어머니의 모성애를 강화시키는 호르몬 분비가 모유 수유 및 피부 접촉과 관련되어 있음을 보여준다. 아마 내가 40년 전에 힘들었던 노동을 즐겁게 감당했던 것도 신생아들과의 피부 접촉 때문이 아니었나 하는 생각이 든다.

흔히 모유 수유를 아기에게 주는 영양상의 혜택이라는 관점에서만 생각하기 쉽다. 그러나 저자는 모유 수유를 할 때 일어나는 신체 접촉을 통해 아기와 어머니가 모두 누릴 수 있는 신체적, 정신적 혜택이 막대하다는 것을 여러 연구 결과를 들어 역설하고 있다. 또한 불가피하게 분유 수유를 해야 한다면 모유 수유 때 못지않은 신체 접촉이 일어나도록 최대한 노력할 것을 주문한다. 이 책을 읽다보면 모든 것이 기-승-전-피부 접촉이라는 느낌이 드는데 그만큼 접촉이 인간의 정상적인 발달에 필수적임을 역설하는 것이리라. 책장을 덮으며 갑자기 포대기가 떠올랐다. 내가 어릴 때는 모두가 아기를 포대기로 업고 다녔는데, 저자에 따르면 그 아기들의 행복감이 몇백만 원짜리 고가의 유모차에 실려가는 아기들의 행복감보다 더 높다고 추정해도 되겠다.

독자들에게 몇 가지 당부의 말을 해두고 싶다. 이 책에는 무수한 연구 결과가 인용되어 있는데 이 책이 약 반세기 전에 처음 출간되었으니 연구 결과들도 그만큼이나 오래된 것이라는 점을 고려할 필요가 있다. 예를 들어 책에서는 접촉 결핍이 동성애란 '문제'의 원인일 수 있다는 것을 여러 차례 언급하고 있는데 이 책 집필 당시의 사회적 견해를 저자도 공유하고 있었던 것으로 보인다. 동성애가 정신질환이 아니라는 것은 1974년 이래 미국 정신의학계의 공식적인 입장이다. 이 책의 초판이 1971년에 나왔다는 것을 고려하면 저자가 초판 집필 당시에 그런 견해를 지녔던 것을 이해할 수 있다. 그러나 1986년 제3판을 발행하면서도 같은 입장을 견지한 것은 매우 아쉬운 점이다. 저자가 생존해 있다면(애슐리 몬터규는 1999년에 생을 마감했다) 이 문제에 대한 현재의 견해를 물어볼 수 있을지 모르겠으나, 결국은 그러지 못하게 되었다. 이외에도 아이가 가질 수 있는 이런저런 신체적, 정신적 문제가 성장 과정 중의 접촉 결핍과 관련 있다는 연구 결과들을 상관관계 및 인과관계를 구분하지 않고 무차별적으로 인용하고 있다. 그래서 아이가 가진 거의 모든 문제가 어머니가 아이를 접촉 결핍의 상태로 잘 못 키워 생긴 듯한 느낌을 주기까지 한다. 그러나 손가락 끝이 노랗게 변한 사람들이 폐암에 잘 걸린다고 해서 단번에 노란 손가락이 폐암의 원인이라고 하지는 않는다. 관찰된 관계에 대한 여러 체계적 검토를 통해서 흡연과 폐암 사이의 관계가 밝혀지면 노란 손가락과 폐암 발생 사이에는 아무런 인과관계가 없음이 드러날 것이다. 발달상의 여러 문제와 접촉 결핍의 관계 중에도 그런 게 많을 것이다. 이 책에서 언급된 연구 결과들 중 추가 연구를 통해 그 관계가 좀더 분명히 드러난 것과 그렇지 못한 것들을 구별할 수 없어 아쉽다. 그럼에도 불구하고 독자들이 이 책을 읽고서 출산 후 좀더 빨리 그리고 좀더 자주 아기를 어루만져주게 된다면 저자의 의도는 성공한 것이리라.

추천사

김경주 시인·극작가

나는 지금도 집에 들어오면 잠들어 있는 아이들의 작은 발가락에 얼굴을 부비대는 것을 좋아한다. 아침에 그 아이들은 손가락으로 잠든 내 얼굴의 코와 눈과 수염을 만지며 날 깨우곤 한다. 내 비록 인생의 수많은 실수를 저지르게 하는 습관을 지녔더라도, 이 습관만큼은 포기하고 싶지 않다. 일상의 이 작은 행동들은 나와 그 아이들을 이어주고 있다고 믿기 때문이다. 내가 시를 쓰며 길들여가는 감각의 세계에서 이러한 촉감의 영역은 삶의 구체적인 순간들을 포기하지 않게 해주는 큰 힘이다.

그런 나에게 애슐리 몬터규의 이 책은 인간에게 존재하는 가장 위대한 능력 중 하나가 교감임을 다시 한번 깨닫게 해줬다. 『터칭』은 촉감과 '접촉'의 감각을 통해 우리가 어떻게 이 세계에 기여해왔으며, 만지고 핥고 쓰다듬는 능력이 인간의 삶에 얼마나 깊이 침투해 있는가에 주목한다. 그리하여 몬터규는 인간은 태어나면 누구나 평생 외로움이나 지루함과 싸워야 한다는 사실에 당당히 맞서고 있다.

촉감은 우리 피부 위에 살고 있는 또 다른 인간성이었음을 일깨우며, 인간은 피부를 맞대는 가운데 서로의 잠재성을 키워간다는 단순하고도 평범한 진실의 출구를 이 책은 혁명적으로 제시한다. 이미지와 디지털 감각으로 모든 것이 환원되는 시대, 가상의 감각이 우리를 지배하는 시대에 '촉감'을 다루는 이 책의 의미는 더욱 값지다. 정말 오랜만에 인간에 대한 떨림을 회복하게 만든다. 독자를 대중이 아닌 인간의 영역으로 데려와 어루만지는 이 책은 그래서 더욱 귀하고 드물게 여겨진다.

해제 : 경계와의 조우

박한선 정신건강의학과 전문의 · 신경인류학자

1955년 애슐리 몬터규는 자신이 몸담고 있던 대학에서 물러났다. 몬터규는 럿거스 대학에서 인류학을 가르치고 있었는데, 당시 미국에 휘몰아치던 매카시즘의 표적이 된 것이다. 인종차별 정책 철폐를 외치던 몬터규는 마녀사냥의 광풍을 피해갈 수 없었다. 그는 이미 1953년 미국체질인류학회에서, 그리고 1955년에는 미국인류학회에서 사임한 상태였다. 자신으로 인해 학회가 반미활동위원회로부터 기소당할 위기에 처했기 때문이다. 하지만 위원회의 공격은 멈추지 않았다. 럿거스 대학은 하는 수 없이 그를 해고했다. 당시 미국의 상황이 그랬다. 수백 명이 수감되었고, 수만 명이 직장을 잃었다. 물론 기소된 인사 중 실제로 유죄 평결을 받은 사람은 단 한 명도 없었다!

매카시즘은 곧 잠잠해졌지만, 이미 오십대 중반이었던 몬터규는 대학으로 돌아갈 수 없다는 것을 깨달았다. 지난 25년간 이어온 교수로서의 인생이 끝장난 것이었다. 하지만 아이러니하게도 그의 활약은 이때부터 시작되었다. 경직된 대학을 떠나면서 자유로운 연구에 매진할 수 있었다. 그의 대표작인 『터칭: 인간 피부의 인류학적 의의 Touching: The Significance of the Skin』도 이러한 역설적인 업적 중 하나다.

풍요의 원천, 피부

"말가루와 자울 형제는 사막 남쪽을 여행하고 있었다. 말가루는 캥거루 가죽으로 된 물주머니skin waterbag를 가지고 있었다. 하지만 말가루는 자울에게 절대 물을 나누어주지 않았다. 자울은 목이 너무 말랐고, 점점 더 쇠약해졌다. 하루는 말가루가 물주머니를 바위틈에 숨기고 사냥을 나갔다. 이 틈을 타 자울이 물주머니를 찾아내 막대기로 찔렀다touching. 물주머니에 구멍이 나서 물이 흘렀다. 말가루는 자루를 다시 꿰매려고 했지만 물이 어디서 새는지 알 수 없었다. 물은 점점 불어났고, 결국 온 땅이 물에 잠겨버렸다. 북쪽에서 날아온 민마라 새들이 쿨라종 나무뿌리를 물어왔다. 나무뿌리로 댐을 쌓아서 땅이 잠기는 것을 막았다. 그래서 지금도 쿨라종 나무뿌리를 짜면, 신선한 물이 나온다. 민마라 새들은 모두 암컷이었다. 이들은 은지라나 땅에 사는 여성의 선조가 되었다."

– 서호주 그레이트 빅토리아 사막지역 아보리진 원주민의 신화

꿈 이야기에 등장하는 형제는 캥거루 가죽, 즉 피부로 만들어진 물주머니를 가지고 있다. 사막에서 물은 생명이다. 즉 물을 담은 주머니는 생명의 원천이다. 하지만 그들은 물주머니를 제대로 다루지 못한다. 갈증에 시달리기도 하고, 서로 다투기도 한다. 그러더니 이내 세상을 물바다로 만들어버린다.

말가루와 자울 형제는 다른 말로 와디 구드자라the Wadi Gudjara라

고 하는데, '두 남자'라는 뜻이다. 이 남자들의 미숙한 행동을 바로잡은 것은 민마라 새의 사려 깊고 헌신적인 행동이다. 은지라나 지역의 아보리진에게 민마라 새는 여성의 원형 혹은 어머니를 상징한다.

피부는 체중의 20퍼센트에 육박하는 비중을 지닌 매우 중요한 기관이다(1장). 인간의 몸은 눈을 제외하고 온통 피부로 덮여 있다. 인간의 모든 생물학적 활동은 피부로 만들어진 '주머니' 안에서 일어나는 것이다. 하지만 인간의 사회적 활동은 조금 다르다. 반드시 가죽 주머니의 경계를 넘어서야 한다. 가장 원초적인 수준의 경계 넘기는 피부 접촉, 즉 터칭touching을 통해서 일어난다. 눈이나 귀가 없는 생물은 있지만, '피부'가 없는 생물은 없다. 접촉은 모든 생물의 숙명이다.

몬터규는 위대한 인류학자 브로니스와프 말리노프스키의 첫 제자였다. 그래서인지 책 전반에 걸쳐 말리노프스키의 기능주의적 입장이 드러난다. 예를 들어 평균 16시간에 이르는 인간의 긴 분만 과정은 바로 '핥기'의 기능을 대신하려는 것이며(2장), 출생 직후 엄마 품에 안겨 젖을 빠는 문화는 '모자간의 상호 애착'을 강화하려는 기능을 지닌다(3장).

서호주의 기후는 대단히 척박하다. 몇 년 이상 비가 오지 않다가 한번 오면 대홍수가 나기도 한다. 그런데 이는 갓 태어난 아기가 경험하는 세계와 매우 비슷하다. 양수 속에서 편안하게 살던 아기는 언제 중단될지 예측할 수 없는 어머니 젖에 의존해 살아가야 한다. 아기들은 시간과 양에 대한 개념이 없기 때문에 몇 분간의 배고픔이 영원한 고통으로 느껴질 수 있다. 빨아야 할 젖의 적당한 양을 가늠하기도 어렵다. 자칫하면 가뭄이 되거나 대홍수가 나는 것이다.

사실 분유와 모유는 영양학적 면에서 별 차이가 없다. 그러나 가

몸과 홍수, 즉 허기와 배부름을 적절하게 컨트롤하는 능력은 어머니와의 친밀한 교감을 통해서만 가능하다. 우리는 어머니의 몸을 빨고, 비비고, 냄새 맡으며 성장한다. 반대로 어머니도 아기로부터 다양한 자극을 받아, 이를 아기에게 되돌려준다. 조율된 감각과 감정을 '피부'를 통해서 전달하는 것이다(3장, 4장). 만약 이러한 과정이 제대로 일어나지 않으면 어떻게 될까? 7장에서 저자는 광범위한 지식을 토대로 접촉과 관련된 다양한 의학적 장애를 언급하고 있다.

접촉 결핍과 무너진 경계, 그리고 질병

경계성 인격장애의 흔한 증상 중 하나는 좀처럼 채워지지 않는 공허함이다. 먹어도 먹어도 허기가 달래지지 않기 때문에 믿을 수 없는 양을 폭식하고, 그러다가 먹은 것을 전부 게워내기도 한다. 대인관계도 비슷하다. 아무리 채워주어도 끊임없이 요구하기 때문에 상대는 곧 감정적으로 지쳐버린다. 흔히 환자에게 '빨아먹히는' 느낌이었다고 이야기한다. 그러다가 휙 돌변해서 절제되지 않은 감정을 토하듯 쏟아낸다. 게다가 경계성 환자들은 종종 '피부'에 깊은 상처를 내곤 한다. 날카로운 면도칼로 자해하면서 놀랍게도 고통을 잘 느끼지 못한다. 오히려 그런 병적인 '접촉'을 통해서 안도감을 느끼기조차 한다. 심지어 살짝 미소를 짓는 이도 있다.

물론 애착의 실패가 유일한 발병 원인은 아니다. 정신장애의 원인은 아직 미스터리한 부분이 많으므로 하나의 원인에 너무 큰 비중을 두는 것은 바람직하지 않다. 저자는 자폐증과 조현병, 천식 등이 접촉 결핍과 관련된다는 연구 결과를 밝히고 있지만(7장), 접촉 결핍이 핵심 원인이라는 증거는 부족하다.

1948년 정신분석가 프리다 프롬-라이히만은 어머니의 거절과 잘못된 양육으로 인해 조현병이 발병한다고 주장했다. 이른바 '조현병 유발 엄마schizophrenic mother' 가설이다. 다음 해인 1949년 정신과 의사 레오 카너는 자폐증의 원인이 냉담한 어머니 때문이라는 소위 '냉장고 엄마refrigerator mother' 이론을 제시했다. 조현병과 자폐증 자녀를 둔 어머니는 엄청난 죄책감과 사회적 비난에 시달려야만 했다. 몬터규의 주장은 이같이 몇몇 철지난 가설에 기반한 것이 있다. 이 책의 마지막 판은 1986년에 나왔는데, 당시 몬터규는 이미 팔순이 넘은 노학자였다. 아무래도 최신 지견에 어두울 수밖에 없었을 것이다. 독자들은 이 점을 감안해서 읽기 바란다.

페미니즘과 여성의 피부

저자는 책 전반에서 남성보다 여성에 대해 더 많이 다루고 있다. 책의 상당 부분에서 출산과 임산, 양육 과정 중 '접촉'의 의미를 다루다보니 자연스럽게 여성 이야기를 더 많이 할 수밖에 없었을 것이다. 그러나 몬터규가 페미니스트 인류학자라는 사실도 한몫했을 것이다. 저자는 프란츠 보아스와 루스 베니딕트의 지도를 받아 박사학위를 취득했다. 그러면서 자연스레 그의 사상은 문화적 상대주의, 인종차별에 대한 비판의식, 여성에 대한 진보된 인식 등으로 채워졌다.

그의 또 다른 대표작인 『여성의 자연적 우월성The Natural Superiority of Women』은 무려 65년이 지난 지금도 페미니즘의 교과서로 인용되곤 한다. 당시 여성은 남성보다 '약하고' '어리석은' 존재로 취급되었다. 따라서 여성은 항상 남성의 보호와 가르침을 받아야 하는 열등한 존재에 불과했다. 그러나 용감하게도 몬터규는 '여성이 남성보다 우월하다'고 주장했다. 특히 감정 및 사회적 기능에서 여성이 더 낫다고 했다. 페미니즘에 관심이 있다면, 모유 수유의 중요성을 강조한 3장, 그리고 성과 피부 접촉에 대해 다룬 6장을 절대 놓쳐서는 안 된다.

일부 무슬림 국가에서는 여성들이 자기 몸을 옷으로 꽁꽁 감싸도록 한다. 남편을 제외한 다른 남성의 시선으로부터 여성을 '보호'한다는 것이다. 이해하기 어려운 후진적 관습으로 보이지만, 사실 우리도 크게 다르지 않다. 서구 문화에서 여성의 몸, 즉 피부는 배우자를 제외한 다른 남성의 '접촉'으로부터 철저하게 보호받아야 하는 대상이다. 볼 수는 있어도 만질 수는 없다. 심지어 아기도 예외는 아니다.

20세기 중반 미국사회에서 모유 수유는 전근대적인 추한 행위로 취급되었다(3장). 여성의 유방은 단지 성행위를 위한 기관, 즉 성기의 일부로 전락했다. 심지어 모유 수유를 받은 아기들은 잘못된 성적 충동이 생긴다는 주장도 있었다. 아기들은 엄마와 한 침대를 쓸 수도 없었다(4장). 프로이트의 유아성욕론을 제멋대로 왜곡한 것이다. 저자는 이러한 관행에 반기를 들며 아기에게 어머니를 돌려주려고 노력했다. 동시에 여성에게도 '안기고 싶은 욕망'이 있다고 했다(6장). 여성이 배우자에게 정말 원하는 것은 성교가 아니라 친밀한 신체 접촉이라는 것이다.

터칭, 경계와의 조우

이 책에서 가장 흥미진진한 부분, 혹은 경우에 따라서 가장 '지루한' 부분은 8장이다. 저자는 해박한 민족지적 지식을 동원해 접촉과 관련된 방대한 문화적 사례들을 기술하고 있다. 평소 인류학에 관심이 많은 독자라면 아주 짜릿하고 재미있을 것이다. 반면 큰 관심이 없는 독자라면 밋밋한 사례들의 나열처럼 느껴질 것이다. 하나하나 곱씹어가면서 읽을지, 슬쩍 넘어가며 읽을지의 여부는 각자의 몫이다.

책 전반에 걸쳐서 인류학, 생물학, 철학, 심리학, 정신의학, 사회학 등 다양한 연구 결과가 모두 등장하고 있다. 앨버트 아인슈타인, 버트런드 러셀, 줄리언 헉슬리, 테오도시우스 도브잔스키 등 다양한 분야의 학자들과 깊은 친분을 지녔던 저자의 전방위적 관심사를 그대로 반영한다. 인류학자 레슬리 스폰셀은 애슐리 몬터규를 일컬어 "20세기의 보기 드문 르네상스적 학자"라고 평하기도 했다. 아마 그의 책을 처음 읽는 독자라면 엄청난 지식의 양에 압도될 것이다. 특히 저자는 '터칭'과 관련된 '세상의 모든 지식'을 사실상 다 알고 있었다.

애슐리 몬터규는 평생 80권이 넘는 책을 썼다. 그중 한 권은 「엘리펀트 맨Elephant Man」으로 영화화되었는데, 아카데미상 8개 부문 후보에 올랐다. NBC 「조니 카슨의 투나잇 쇼」의 단골 게스트였으며, 『레이디스 홈 저널』이라는 대중 잡지의 정기 기고가였다. 월남전에 반대하는 운동을 펼쳤고, 흑인과 인디언, 여성의 시민권을 위해 평생 싸웠다. 그의 삶 자체가 세상에 대한 끊임없는 '터칭'의 연속이자 '경계와의 조우'였다.

이 책은 출판된 지 거의 반세기가 지나도록 여전히 많은 사람이 찾고 있는 고전이다. 최근 애착과 접촉, 피부, 감각 등에 대한 수많은 과학서가 쏟아지고 있지만, 내용의 폭과 깊이에서 이 책에 비견할 만한 것을 찾긴 어렵다. 지금까지 국내에 소개되지 않은 것이 이상한 일이다. 독자들은 아마 너무 옛날 책이 아닌가 싶어 우려할지도 모르겠다. 그러나 책의 핵심 내용은 시간이 흘러도 변하지 않는 인류학적 경험에 토대하고 있다. 독자들은 『터칭』을 통해서 인류학을 비롯한 다양한 학문 영역에 접촉하고, 경계와 조우할 기회를 얻을 수 있을 것이다.

차례 / TOUCHING

추천사 박순영 서울대학교 인류학과 교수 _005
추천사 김경주 시인·극작가 _010
해제 : 경계와의 조우 박한선 정신건강의학과 전문의·신경인류학자 _012

서문 _023
초판 서문 _026
2판 서문 _028

제1장 피부의 정신 _031
제2장 시간의 자궁 _083
제3장 모유 수유 _107
제4장 다정하며 애정 어린 보육 _141
제5장 접촉이 생리에 미치는 영향 _269
제6장 피부와 성性 _277
제7장 성장과 발달 _323
제8장 문화와 접촉 _393
제9장 접촉과 연령 _525

결론 _536
부록 1 치료적 접촉 _540
부록 2 분만 직후 아기 박탈이 엄마에게 미치는 영향 _550
감사의 글 _554
옮긴이의 말 _555
주 _568
찾아보기 _613

서문

접촉은 과거에도 그랬거니와
현재에도 그렇듯
미래에도 단연 진정한 혁명으로 자리매김할 것이다.

니키 지오바니(1943~, 미국의 시인)

이제 서구세계는 그동안 등한시해온 감각들을 파헤치기 시작했다. 이러한 인식의 증대는 기술 만능주의 세상에서 우리가 고통스럽게 겪어온 박탈에 대한 저항으로 진작 일어났어야 했다. 서구인이 같은 인간을 이해하는 능력은 소비재나 자신을 옭아매는 불필요한 필수품을 이해하는 능력에 한참 뒤떨어져 있다. 자기 소유물에 도리어 소유당하고 있는 꼴이다. 다른 행성에는 다다를 수 있으면서 정작 같은 인간에게는 그럴 수 없기가 일쑤다. 저마다 장벽을 치고 타인과 깊이 소통할 통로를 좀처럼 내주지 않는다. 설사 그런 통로가 있다 하더라도 스스로 차단한다. 인간적인 경험의 범위는 위축되고 억제되어 있다. 사실 감각들을 제외한다면 우리가 무슨 수로 인간과의 접점인 건강한 조직, 곧 인간 존재라는 우주를 체험할 수 있겠는가. 육체적 현실을 얼개 짓는 틀이 감각들이라는 사실을 우리는 인식하지 못하고 있다.

만약 감각 가운데 하나라도 봉쇄한다면 그것은 분명 우리의 현실 범위를 축소하는 것이며, 그럴 때마다 그 현실과 접촉할 수단 역시 상실하는 것이다. 즉 풍미는커녕 맛도, 촉감도 느낄 수 없는 비인간적 단어들의 세계에 갇히게 된다. 단어의 일차원성이 감각의 다차원성을 대신함으로써 세계는 둔하고 밋밋해지며, 그 결과 무미건조해진다. 단어가 경험의 자리를 차지하기 십상이다. 단어는 감정을 드러내기보다는 선언의 형태를 취하는 것으로, 개인의 감각적 관계를 행동으로 보이기보다는 언어로 드러낸다.

무엇보다도, 나는 인간이라면 마땅히 애정 어린 친절을 익혀야 한다고 생각한다. 배우기를 익히고, 사랑하기를 익히며, 친절하기를 익히는 일은 특히 접촉과 대단히 밀접하게 관련되어 있고 깊이 엮여 있어서, 누구나 필요로 하는 이러한 촉각 경험에 좀더 관심을 기울인다면, 우리가 인간성을 회복하는 데 크게 도움을 받을 수 있을 것이다.

서구세계에서 삶의 비인간성은 만져볼 수 없는, 곧 불가촉한 인종을 생산해내고 말았다. 우리는 서로를 이방인으로 치부해 온갖 '불필요한' 신체 접촉을 기피할 뿐만 아니라 나아가 차단함으로써, 군중 속 얼굴 없는 존재, 외로우면서도 친밀감을 두려워하는 존재로 전락했다. 이런 점에서 우리는 다 축소되어 있는 셈이다. 불가촉성 탓에 우리는 오히려 서로 육체적 감각을 초월한 접촉을 상상할 수 없는 사회에 머물러 있기 때문이다. 우리의 참되지 못한 자아는 그렇게 되어야 한다고 느끼는 다른 사람의 이미지를 뒤집어쓰고들 있기에, 당연히 진정 자신이 누구인지 확신하지 못한다. 우리에게 걸치도록 강요된 이 참되지 못한 자아는 몸에 안 맞는 옷처럼 거북스럽기 짝이 없어서 우리로 하여금 후회하게 하며 때로는 자신도 모르게 궁금증을 품게 만든다. 어쩌다 이 지경에 이르렀을까. 『세일즈맨의 죽음The Death of Salesman』에서 주인공 윌리 로먼의 말처럼, "나는 여전히 임시 직원인 것 같다".

서구인의 세계에서 소통은 미각, 후각, 촉각 같은 '근접 감각'보다 시각, 청각 같은 '원격 감각'에 훨씬 더 기대고 있는 데다, 근접 감각은 대체로 꺼리기까지 한다. 개들은 소통할 때 오감을 다 동원할 수도 있으나, 인간끼리의 소통에서 이런 경우는 문화적으로 드물다. 교양이 축적될수록 인간관계로부터의 이탈이 증가하는 상황에서, 비언어적 세계가 경험세계로부터 사실상 배제될 정도로 우리는 언어적 소통에 지나치게 의존하고 그만큼 경험세계는 심각하게 빈곤해지고 있다. 감각이라는 공통의 언어를 통해 우리는 너나없이 어울릴 수 있으며, 타인과 함께 사는 세계에 대해 인식을 확장하고 이해를 심화할 수 있다. 이러한 감각 언어 가운데 으뜸은 촉감이다. 촉감을 통해 주고받는 소통은 인간관계, 즉 경험의 기반을 구축하는 데 더없이 강력한 수단이다.

접촉이 시작되는 곳에서 애정과 인간애 역시 시작된다. 태어나고 몇 분 만에 이루어지는 생애 첫 접촉으로부터. 이 책을 쓴 목적은 그러므로 이러한 접촉의 엄연한 역할과 더불어 접촉이 인간 서로에게, 더 넓게는 인간애의 영역에 초래하는 결과를 알리는 데 있다.

1971년 발간된 이 책의 초판은 1978년 제2판으로 이어지며 미국 안팎에서 각광을 받는 기쁨을 누리고 있다. 제3판은 새로운 정보의 수혈과 더불어 폭넓게 개정되어, 요람에서 무덤까지 인간관계에 있어 접촉의 필요성과 접촉을 통해 이루어지는 이로운 상호작용을 증명해 보인다.

애슐리 몬터규

뉴저지, 프린스턴

1986년 2월 19일

초판 서문

이 책의 주제는 신체뿐 아니라 행동 측면에서도 유기체의 성장 및 발달과 밀접하게 연관되어 있는 촉각 기관으로서의 피부다. 그 가운데 특히 인간에게 초점을 맞춰 영유아기의 촉각 경험 여부가 이후 행동 발달에 미치는 영향에 주로 관심을 기울인다. 1944년 이 주제에 대해 생각하기 시작했을 때만 해도 이와 관련해 참고할 만한 실험 증거가 매우 적었다. 오늘날에는 다양한 분야에 걸쳐 여러 연구자가 관련 증거를 많이 내놓아서 1953년 나의 고독했던 논문, 「피부가 감각에 미치는 영향The Sensory Influences of the Skin」•은 더 이상 외톨이가 아니다. 이 책은 여러 자료에 의지하고 있기에 참고문헌••에 그 출전을 정리하여, 참고하거나 인용한 대목이 있는 쪽과 행을 기록해두었다.

• 애슐리 몬터규, 『생물학 및 의학에 관한 텍사스 보고서』 2, 1953, 291~301쪽.
•• 한국어판에서는 참고문헌을 미주로 정리해두었다.

피부는 기관의 하나, 즉 신체에서 가장 넓은 기관으로 바로 최근까지도 관심에서 대단히 멀어져 있었다. 하지만 여기서 피부에 쏟는 관심은 신체 기관의 측면에서가 아니다. 다시 말해 나는 정신이 신체에 미치는 영향, 곧 원심적 접근이 아닌 신체가 정신에 미치는 영향, 곧 구심적 접근에 관심을 두고 있다. 요컨대, 촉각 경험의 유무가 행동 발달에 영향을 미치는 방식에 주목하므로 내 관심사는 '피부의 정신'이라 할 수 있다.

애슐리 몬터규

뉴저지, 프린스턴

1971년 2월 8일

2판 서문

이 책의 초판은 기쁘게도 독자를 상당수 확보했다. 2판에는 최신 정보를 더해 태어나서 늙을 때까지 접촉의 치명적 중요성을 한층 더 뒷받침했다.

작가라면 누구나 두 성별을 다 지칭할 만한 단어가 없다는 점이 늘 안타까울 것이다. 2판에서 나는 우선 그 처방으로, 관습화된 표현인 남성 대명사 대신 '그것it'을 사용해보았다. 그랬더니 이 납득 안 되는 비인칭성은 '그 또는 그녀'나 '그의 또는 그녀의'가 어색하게 반복되는 상황과 맞물려 문장을 영 거북하게 만들었다. 고로 나는 관습적 어법을 존중하기로 했다. 물론 모든 표현에서 성별은 남녀를 다 포함하고 있음이 주지되어야 한다. 더불어 이 책은 사물이 아닌 인간을 다루고 있으므로, 어떤 경우에도 아기가 엄마에게 '그것'일 순 없으며 다른 누구에게도 '그것'이어서는 안 되므로 또한 비인칭은 적합하지 않았다.•

무엇보다도, 관련 문헌 목록에 도움을 주었다는 점에서 프린스턴대 생물학 도서관의 루이즈 섀퍼와 심리학 도서관의 테리 케이턴, 테리 위긴스 그리고 프린스턴대의 모든 분께 감사해야 마땅하다.

더불어 프린스턴대학병원 도서관의 루이즈 요크에게도 감사한다.

나의 벗 필립 고든 박사에게는 교정 작업을 빚지고 있다.

편집자 엘리자베스 자캐브는 감사하게도 이 책이 꾸준히 각광받을 수 있도록 따스한 관심과 배려를 아끼지 않았다.

애슐리 몬터규
뉴저지, 프린스턴
1977년 9월 20일

• 번역에서는 물론 저자가 택한 대명사를 존중했으나, 막상 저자는 it으로 아기나 새끼를 지칭하기도 해서 이런 것은 아기와 새끼라고 옮기는 등 비인칭을 피하면서 명료함을 꾀했고, 다른 대명사 또한 우리말 관례와 문맥을 고려하여 옮겼다.

제1장

피부의 정신

우리 몸에서 으뜸가는 감각은 촉각이다.
촉각은 수면과 각성 과정에서
주된 역할을 맡는 감각이라고 할 수 있다.
촉각은 또한 우리의 지식에 질과 양을 더하고
형태를 부여할 뿐 아니라,
우리는 피부의 촉각소체들을 통해
느끼고 사랑하고 미워하며, 성내고 감동한다.

J. 라이어널 테일러,
『인생의 단계The Stages of Human Life』,
1921, 157쪽

인간 신체는 우주에 존재하는 유일무이한 사원이다.
인간의 신체는 지고하여 이보다 더 성스러운 것은 없다.
이와 같은 육체의 현현을 볼 때 인간 존재는 숭앙받아 마땅하다.
신체에 손을 대는 행위는 곧 천국을 감각하는 행위다.

노발리스(프리드리히 폰 하르덴베르크의 필명),
1772
토머스 칼라일,
『에세이집Miscellaneous Essays』,
vol.Ⅱ에 인용

피부는 온몸을 감싸는 망토처럼 우리 몸을 연속해서 둘러싼 탄력적인 거죽이다. 피부는 신체 기관 가운데 유래가 가장 깊고도 가장 민감한 기관으로 의사소통의 으뜸 매체이자 더없이 효율적인 보호막이다. 우리 몸은 온통 피부로 뒤덮여 있다. 눈의 투명한 각막조차 변형된 피부층으로 덮여 있다. 피부는 또한 입, 콧구멍, 항문관에서처럼 안으로 오그라들어 신체 구멍에 막을 형성한다. 감각의 진화에서 제일 먼저 발달한 감각은 단연 촉각이었다.

촉각은 눈, 귀, 코, 입의 조상이다. 촉각으로부터 여타 감각이 분화했다는 점에서 이 유구한 진화의 역사를 지닌 감각은 '오감의 어머니'로 인정될 만하다.[1] 연령에 따라 구조와 기능에서 차이를 보일 수는 있으나, 촉각은 다른 모든 감각의 토대가 되는 일정불변의 존재다. 피부는 신체에서 가장 넓은 감각 기관이며, 촉각계는 인간을 비롯해 들짐승과 날짐승에 이르기까지 이제껏 연구되어온 모든 종에게서 가장 일찍부터 기능하기 시작한 감각 기관이다. 어쩌면 피부는 우리 기관계에서 두뇌 다음으로 중요한 기관일 수 있다.[2] 감각은 피부에 가장 밀접하게 관계하며, 촉각은 인간 배아에게서 가장 먼저 발달하는 감각이다. 배아가 채 6주가 안 되어 머리에서 엉덩이까지 길이가 3센티미터에도 못 미칠 때조차, 윗입술이나 콧방울을 살짝 건드리기만 해도 자극원에서 멀어지고자 목과 몸을 움츠릴 것이다.[3] 이 발달 단계에서 배아는 눈도 귀도 없다. 그럼에도 피부는 매우 발달해 있다. 물론 거쳐야 할 발달 단계는 숱하게 남아 있다.[4] 태아가 9주에 이르렀을 때, 손바닥을 건드리면 손가락은 마치 무엇을 쥐기라도 하듯 오그라진다. 12주가 되면, 엄지와 다른 손가락들이 맞닿을 수 있다. 엄지손가락 기저를 누르면 태아는 입을 벌려 혀를 움직이게 된다. 발등이나 발바닥을 세게 건드리면 발가락을 구부리거나 펼 뿐만 아니라 자기를 건드리는 대상으로부터 멀어지려는 듯 무릎과 엉덩이를 반사적으로 구부린다. 이 수태물•은 엄마 자궁의 부드러운 벽으로 둘러싸인 양수 속 '심연의 요람을 타고 흔들리면서' 수중 생물로 존재한다. 이처럼 액체에 잠겨 있는 환경이기에 태아의 피부는 수분이 과도하게 흡수되지 않도록 저항하며 신체적·화학적·신경적 변화와 더불어

• 수태물conceptus은 임신에서 분만 전까지 모태 속 유기체를 일컬으며, 배아embryo는 임신 시작부터 8주 말까지의 유기체를 일컫는다. 태아는 9주 시작부터 분만 전까지의 유기체다.—저자 주

온도 변화에도 적절하게 대응할 수 있어야 한다.

피부는 신경계와 마찬가지로 셋으로 이루어진 배아세포층에서 가장 바깥층인 외배엽으로부터 발생한다. 외배엽은 배아체의 체표면을 형성한다. 외배엽은 또한 모발, 치아와 더불어 냄새, 맛, 소리, 영상, 접촉과 같이 유기체 밖에서 벌어지는 온갖 일을 감지하는 감각기관으로 발달한다. 중추신경계의 주요 기능은 유기체가 외부에서 벌어지는 일에 대해 언지하도록 해주는 것으로, 배아체 체표면이 안으로 굽어 들어간 부분으로부터 발달한다. 뇌와 척수, 중추신경계의 여타 모든 부분이 분화하고 난 뒤 체표면에서 남는 부분이 피부와 모발, 손발톱, 치아와 같은 피부 파생물이 된다. 신경계는 그러므로 파묻혀 있는 피부이며, 뒤집어 말하면 피부는 밖으로 드러나 있는 신경계라고 볼 수도 있다. 따라서 이 문제를 더 잘 이해하려면 피부를 외부 신경계, 즉 가장 초기 분화 단계에서부터 내부 혹은 중추신경계와 긴밀하게 연결되어 있는 기관의 하나로 취급해야 할 것이다. 그러하기에 영국 해부학자 프레더릭 우드 존스의 말은 적절하다. "자고로 현명한 의사와 철학자라면 동족의 외관을 대상으로 삼을 때 자신이 외부 신경계를 연구하고 있으며 거기에는 단지 피부만이 아니라 피부 부속물도 포함되어 있다는 사실을 깨달아야 한다."[5] 신체에서 가장 유래가 깊고도 면적을 넓게 차지하는 기관인 피부를 통해 유기체는 주변 환경을 학습할 수 있다. 분화된 모든 신체 기관에서 피부는 외부세계를 인식하는 매체가 된다.[6] '감각 기관'으로서 얼굴과 손은 환경에 대한 지식을 뇌에 전달할 뿐만 아니라 환경에 '내부 신경계'에 대한 특정 정보를 전달하기도 한다.

인류학자이자 신경학자인 앙드레 비렐의 글은 그렇기에 또한 매우 적절하다.

> 우리 피부는 요술 거울보다 한층 더 경이로운 속성을 타고난 거울이다. 태초에 난자를 둘러쌌던 이 거울은 분열하여 자기 내부로 숨어 들어가기만 한다.[7] 이어 들어갔던 틈새 반대편에서 다시 모습을 드러낸다. 그렇게 갈라져 나온 거울이 바로 피부와 거기에 결합된 신경계이며 따라서 스스로를 비추어 보이는 거울이 되는 셈이다. 다시 말해 피부와 신경계는 서로를 비추며 끝없이 움직이는 형상들과 그에 따른 반사적 사고를 불러일으키게 된다.[8]

한평생 이 감탄스러운 직물인 피부는 심층에 자리한 세포들의 활동으로 끊임없이 새로워진다. 대략 4시간마다 피부에는 새로운 세포층이 두 겹씩 생긴다. 피부와 소화관 세포들은 한 사람의 일생 동안 수백 수천 번 분열할 수 있다. 피부 세포는 매시간 100만 개 이상씩 탈각된다. 신체 부위에 따라 피부는 질감, 탄력, 색조, 냄새, 온도, 신경 분포를 비롯해 여러 면에서 다르다. 특히 얼굴 피부는 인생의 시련과 성공을 기록하며 겪어온 세월을 고스란히 새겨 나른다.

우리 피부는 은막과 같아서 삶의 경험이 빠짐없이 투영된다. 감정이 물결치고 애수가 스며드니 아름다움의 차원은 고유의 깊이로 파고든다. 청춘의 허영심을 충동질하는 부드럽고 매끄러운 피부층에는 세월을 증언하는 주름이 새겨진다. 눈부시게 건강한 피부라면, 다정한 접촉에 짜릿함을 느낀다.

피부의 성장과 발달은 평생 진행되며, 민감도는 대개 환경 자극에 맞춰 발달한다. 흥미로운 점은 병아리와 기니피그, 쥐와 마찬가지로, 신생아의 피부 무게도 체중의 19.7퍼센트로 성인의 17.8퍼센트와 거의 동일하다는 사실인데, 이는 유기체가 살아가는 내내 피부가 무척 중요한 요소임을 드러낸다.

다른 동물들에게서 "피부 민감도는 태생기 가장 초기에 발달이 완료된다"고 밝혀져 있다. 일반적인 발생학 법칙에 따르면 먼저 발달하는 기능일수록 중요한 기능일 가능성이 높다. 피부의 기능용량에 따라 유기체의 생명이 좌우될 만큼 피부는 유기체에게 있어 본질적인 요소다.

피부에서 환경에 바로 노출되는 부위는 바깥 표층이다. 이는 '표피'라고 하는데 촉각계가 상주하는 부분이다. 표피층 자유신경종말은 신경얼기의 일종인 마이스너소체와 마찬가지로 거의 전적으로 촉각에 관여하지만, 흥미롭게도 촉각에 매우 민감한 입술과 혀에는 없다. 마이스너소체의 평균 개수는 1제곱밀리미터당 아동은 80개, 청년은 20개, 노인은 4개다. 이보다 큰 신경얼기인 파치니소체는 압력과 장력 같은 기계적 자극에 반응하는 특수 종말기관이다. 파치니소체는 특히 손가락의 볼록한 살 밑에 많다. 모낭 표피세포 사이에 분포되어 있는 자유신경종말 얼기는, 머리카락의 기계적 교체에 따른 촉각 자극이 촉감을 일으키는 데 매우 중요한 원리로 작용한다.

피부 표면에는 더위와 추위, 감촉, 압력, 고통 따위의 감각을 받아들이는 감각수용기가 어마어마하게 많다. 25센트 동전 크기의 피부 면적에는 세포 300만 개 이상과 땀샘 100~340개, 신경종말 50개, 혈관 1미터가량이 있다. 100제곱밀리미터마다 감각수용기가 50개씩 있다고 추정되며, 총 감각수용기 수는 64만 개다. 촉각점tactile point은 제곱센티미터당 7~135개다. 피부에서 감각신경 뒤뿌리를 통해 척수로 들어가는 감각신경섬유 개수는 50만 가닥을 훌쩍 넘는다.[9]

몸 전체로 보면, 피부에는 제곱센티미터당 350가지에 달하는 세포가 있어 전체적으로 각종 세포 수백만 가지가 분포하는 셈이며, 땀샘은 200~500만 개, 모공은 대략 200만 개가 있다. 일생 동안 이러

한 구조들의 수는 꾸준히 감소한다.[10]

생명이 탄생하면 피부는 자궁에서보다 훨씬 더 복잡한 환경에 노출되면서 여러 새로운 적응반응을 필요로 한다. 공기 흐름을 비롯한 대기 환경을 통해 인체에는 가스, 입자, 기생충, 바이러스, 세균, 압력 변화, 온도, 습도, 빛, 복사 말고도 숱한 원인의 자극이 전달된다. 이러한 자극에 피부는 대단히 효율적으로 대응한다. 인체에서 가장 크고 넓은 기관계이기도 한 피부, 이제 그 피부를 소개한다.•[11] 신생아의 피부 면적은 약 2500제곱센티미터, 성인 남성은 약 1만9000제곱센티미터 또는 약 1.8제곱미터이며, 성인 남성의 피부 무게는 약 3.6킬로그램으로 감각세포 5만 개를 포함하며 몸무게의 12퍼센트 정도를 차지한다.[12] 피부 두께는 10분의 1밀리미터에서 3~4밀리미터 범위다. 대체로 손바닥과 발바닥 피부가 가장 두꺼우며, 보통 굽힘근보다 폄근 피부가 더 두껍고 눈꺼풀 피부가 가장 얇다. 눈꺼풀 피부는 얇고 유연해야 하기 때문이다.[13] 여름철 피부는 한층 부드러운데 모공이 넓어지고 윤활성 분비물이 더 많이 나오기 때문이다. 겨울철 피부는 치밀하고 단단하며 모공은 닫혀 있다. 겨울철에는 털도 한층 안정되어 덜 빠지는데, 모피 상인들에게는 수세기 동안 알려져 있던 사실로, 이는 여름철보다 겨울철 동물 털이 선호되어온 이유이기도 하다.

피부의 기능

피부는 야무진 세포들이 각양각색으로 모여 밀접하게 결합되어

• 표면적이 더 넓은 기관으로는 위장관과 폐포가 있으나 모두 내부 기관이다.—저자 주

있는 기관으로 신체 내 여린 조직들을 보호한다. 문명의 경계처럼, 피부는 수호자이자, 사소한 접전들이 이루어지고 침입자들이 저항하는 장소, 곧 최전선이요 최후의 방어선이다.[14] 피부의 기능은 다양하다. (1)감각수용기의 터전으로서 가장 민감한 감각인 촉각이 일어나는 자리. (2)정보의 원천이자 처리 기관이면서 조직 기관. (3)감각 매체. (4)유기체와 환경 사이의 장벽. (5)보호 세포 분화에 작용하는 호르몬의 면역학적 원천. (6)물리력이나 복사작용으로 인한 손상으로부터 체내를 보호.[15] (7)독성 물질과 외래 유기체를 막는 장벽. (8)혈압 및 혈류 조절에 지대한 역할. (9)재생 회복성 기관. (10)케라틴 생성 기관. (11)최종적으로 배설될 유독물 및 기타 물질을 흡수하는 기관. (12)체온 조절 기관. (13)대사와 지방 저장에 관여하는 기관. (14)발한發汗을 통해 수분과 염분 대사에 관여하는 기관. (15)수분을 비롯해 음식이 저장되는 기관. (16)호흡 기관이자 가스가 드나드는 양방향 통로가 되는 호흡 조력 기관. (17)구루병을 예방해주는 비타민 D를 비롯해 여러 중요 화합물을 합성하는 기관. (18)여러 세균을 막아주는 산성 보호막. (19)피부의 피지선에서 분비된 피지는 피부와 모발을 매끄럽게 하고 비와 추위로부터 몸을 지켜주며, 어쩌면 세균 퇴치까지도 도울 수 있다. (20)스스로 깨끗해지는 자가 청정 기관.

위에 열거된 기능들은 피부가 수행하는 물리적 기능 가운데 일부로 생명 유지에 반드시 필요하다. 하지만 이 책에서 우리가 관심을 두는 바는, 무엇보다 피부가 다양한 접촉에 반응함에 따라 그것이 감싸고 있는 유기체의 행동에 미치는 영향이다. 우리는 앞으로 접촉 혹은 접촉의 결핍이 동물과 인간에게 일으키는 몇몇 놀라운 생리적 변화를 다룰 것이다.

누구나 한 번쯤 느껴봤을 법한데, 환경 변화에 대한 저항성, 경탄을 자아내는 체온 조절력은 물론 환경의 습격과 공격에 직면해 보여주는 비할 데 없이 효율적인 방어력에 이르기까지 기상천외한 다재다능도 모자라, 피부가 이와 같은 온갖 능력을 지속적으로 유지하는 모습은 대체 그 특질이 무엇인지 탐구하지 않고는 못 견디게 만들 만큼 인상적이다.

하지만 참으로 이상하게도 비교적 최근까지 피부는 탐구 대상이 아니었다. 사실, 우리가 피부의 기능에 대해 알고 있는 것 대부분은 1940년대 이후 밝혀졌다. 그러나 피부의 구조며 생화학, 물리적 기능에 대한 지식이 제법 축적되었다고 해도, 아직 알려지지 않은 부분이 더 많다. 오늘날 피부는 더 이상 관심에 굶주려 있지 않다. 1970년대 중반 이후 피부의 기능에 대한 관심이 그야말로 폭발해 여러 연구가 이뤄져서, 놀랍고도 중요한 결과들을 밝혀내왔다.

자고로 시詩라고 하면, 인간 영혼이라는 감수성 넘치는 정신의 보고여서 그 안에서라면 피부 기능에 대해 섬세한 통찰을 얻을 수 있으리라 기대해도 될 법하지만, 다소 놀랍고 또 실망스럽게도 참 휑뎅그렁하다. 시들을 보면 인체의 다른 부분은 거의 다 찬양하는데, 피부는 마치 존재하지도 않는 양 무시하는 듯하다. 이해할 수 없는 현상이다. 영국 시인이자 작가인 존 호더는 바로 이 점에 관해 언급한 바 있다. 「포옹하는 인간」이라는 한 기사에서 그는, 영시 가운데 최고라 할 수 있는 시도 대부분 지성의 틀에 갇혀 육체와는 원수라도 진 듯 불화하곤 한다며 불평한다.

> 육체와 정신을 분리하는 습관은 기독교의 역사만큼이나, 아니 어쩌면 그보다 더 오래되었다. 실제로 그 결과, 접촉이나 포옹과 같은 따스한 우정의 기쁨을 노래하는 시는 거의 없다. 설사 있다 하더라도, 출판으

로까지 이어지기란 쉽지 않다.[16]

반면 산문문학에서는 다르다. 피부를 다루는 사례가 많은데, 아마 가장 눈길을 끄는 구절은 『걸리버 여행기』에서 소인국 사람들이 걸리버의 피부가 볼품없고 얼룩덜룩하며 여드름투성이에다 이래저래 볼썽사납기 이를 데 없다고 기분 나쁘게 혹평하는 대목이지 싶다.

인간 행동과 관련해 피부 촉각 기능의 중요성이 전적으로 무시당하지만은 않았다는 사실은 흔히 사용되는 여러 표현에서도 분명히 드러나는데, 그런 표현들은 피부로 느껴지는 촉감에 빗대어 행동을 묘사한다. 우리는 이렇게 말한다. 신경을 '긁는다', '살살' 비위를 맞춘다, '거친' 성격, '껄끄러운' 성격.• 이런 표현도 쓴다. '개인적 접촉.' 이 표현은 틀에 박힌 행동을 넘어 뭔가 주관이 개입되었다는 의미로, 말하자면 자기 개성이 '접촉을 통해' 표현된다는 뜻이다. 누군가의 솜씨에 대해서 이렇게 말하기도 한다. '기분 좋아지는 손길' '마법의 손길' '인간적 손길' '섬세한 손길'. 남성에게 건네는 칭찬 중의 칭찬인 '여성스러운 손길' 그리고 그에 못지않은 칭찬인 '부드러운 손길'. 인간과의 관계를 끊임없이 추구하면서 우리는 타인과 '접촉'한다고 말한다. 어떤 사람들은 성격이 '딱딱한' 반면 '말랑말랑한' 사람도 있다. 누군가에게 ('단단히') '손봐'주겠다고 으름장을 놓기도 한다.••

• 우리말에서도 비슷한 표현을 찾을 수 있다는 점이 흥미롭다. 참고로 원문은 앞에서부터, 'rubbing' people the right way, 'stroking' people the right way, 'abrasive' personality, 'prickly' personality다.

•• 원문에서는 이런 표현을 썼다. Some people have to be 'handled' carefully ('with kid gloves.'). 어떤 사람은 아이 다루듯 조심스럽게 대해야 한다는 뜻이다. 우리말로 풀었을 때는 덜하지만 영어로 보면 손hand과 부드러운 장갑kid glove에서 촉감을 연상할 수 있는 표현이다.

툭하면 화를 내는 사람은 '건드리지' 않는 것이 상책이다. 어떤 사람은 '철면피다'. 어떤 상황에서는 '피부로 느껴진다'는 표현을 쓴다. 어떤 사람과는 '접촉'이 뜸하고, 누군가는 '장악력'을 잃기도 한다. 어떤 것들은 '손으로 만져질 듯하'며, 무언가를 '감지할 수 있다'고 말하기도 한다.• 사물의 '느낌'은 우리에게 여러모로 중요하다. 진득거린다거나, 들러붙는다거나, 만지면 끈적끈적한 무언가는 '고급스러운 느낌을 주지 않는다'.•• 사물에 대한 우리의 '느낌'에는 피부를 통해 겪어온 경험이 녹아들어 있다. 그처럼 깊숙이 파고들어 있는 경험이 바로 '접촉'이다. 접촉 경험이 '가슴을 저미는' 적도 있다. '가슴을 저미는'이라는 뜻의 영어 'poignant'는 중세 영어에서 왔으며, 어원은 고대 프랑스어 'poindre'다. 이 단어는 다시 라틴어 'pungere'로 거슬러 올라가는데, '찌르다' '만지다'라는 뜻이다.

압력과 체온의 결합에 온기까지 가세하면 피부에는 기름기가 돌며 날씨로부터 보호막을 형성하는데, 그러면 우리는 '포근하다'고 느낀다. 우리는 어려운 문제를 '붙들고' 해결하고자 애쓰며, 죽을힘을 다해 서로에게 '매달리기도' 한다. 예술작품에서 우리는 '소름 돋는' 희열을 느낄 때도 있다. 우리는 어떤 사람들에 대해 '감각 있다'고 말하기도 하고 '감각 없다'고 말하기도 한다. 즉, 타인과의 관계에서 마침맞거나 알맞게 처신하는 섬세함이 있거나 없다는 뜻이다.(이 책 386~387쪽 'tact' 부분 참조) '느낌'에 기대어 우리는 행복, 기쁨, 슬픔, 우수, 우울 같은 감정 상태를 표현할 때가 잦으며 이러한 감정을

• 원문에서 든 예는 이렇다. touchy, tetchy, thick-skinned, thin-skinned, under one's skin, skin-deep, palpably, tangibly. 이해를 돕고자 일부는 촉감과 관련해 우리말에서 찾을 수 있는 관용 표현으로 대체했다.

•• 실제로 영어에서 'tacky'라는 단어에는 '끈적끈적한'이라는 뜻과 함께 '조잡한'이라는 뜻이 있다.

표현하는 용어에는 대개 촉감이 암시되어 있다. 우리는 '무감각'하다는 말을 한다. 특히 매정한 사람에게는 '목석같은callous'이라는 표현을 쓰는데, 라틴어 callum에서 유래한 단어로 '딱딱한 피부'라는 뜻이다. 이 단어에서 무감각unfeelingness과 철면피thickened skin라는 표현이 나왔다. 우리는 어떤 사람에 대해 참 목석같은 인간이라서 다른 사람의 감정에 둔감하다고 말하기도 한다.

우리는 '매달릴', 곧 의지할 무언가가 없으면 늘 불안하다. 마찬가지로 '무언가를 확실히 파악把握하고', 다시 말해 '요점을 파악하고' 있지 않고서는 그것을 이해했다고 자신할 수 없다. 우리를 '손아귀'에 꼭 쥔 채 놓아주지 않는 매혹적인 이야기를 두고 우리는 마음을 '사로잡는' 이야기라고 말한다. 우리는 '사랑하는 존재들을 꽉 끌어안는다'. 어둠 속에서 '더듬거리듯' 우리는 모든 일이 잘되리라며 무작정 희망을 찾아 헤매기도 한다.

'시금석touchstone'이라는 단어는 무엇이 진짜배기인지, 가치는 어느 정도인지 판가름하는 잣대라는 뜻이다. 이 표현을 비롯해 앞서 든 구절들은 다 안심이라는 감정이 일어나는 과정을 접촉, 곧 만지는 행위에 비유한다.

어떤 사람이 현실감을 잃었다면 우리는 그가 '현실에서 동떨어져 있다'고 한다. 다소 '제정신'이 아니게 보이는 사람은 '좀 맛이 갔다'고도 한다. 근래 친하게 지내지 않는 사람들을 묘사할 때면 '친분을 맺고 있지 않다' '왕래가 뜸하다' 아니면 '관계가 소원하다'고 말한다.•

어떤 개념의 본질이나 그것의 적합성을 꿰뚫어보는 일을 빗대어 이야기할 때, '손가락으로 짚듯 정확하게 지적한다'보다 더 나은 표현

• 원문에서는 각각 'disengaged' 'out of touch' 'untouchable'를 들었다.

은 없을 것이다.

우리는 '누군가와 거리를 둔다'. 타인에게 '손을 내민다'. AT&T에서는 전화를 쓰라며 다음과 같이 촉구한다. "손을 뻗어 서로 닿아보세요Reach Out and Touch Someone." 거리감과 고립감, 외로움에 시달리는 숱한 미국인에게는 가슴에 와닿는 영리한 호소가 아닐 수 없다.

우리는 '서로 등을 토닥여준다'. 감동을 주는 공연에 마음이 '사로잡힌다'. 어떤 목소리를 들으면 '소름이 돋는다'. 공포가 밀려들면 등골이 '오싹해진다'. 죄다 피부 촉각에 빗댄 표현들이다. 사실 피부는 말 그대로 오싹해진다. 다시 말해 수축하기 때문에 머리카락이 밀려 올라가 '쭈뼛 선다'.(털운동반사)

흥미롭게도 '피부'는 생존을 비유하는 표현에 대부분 등장한다. 생사를 건 투쟁이나 그와 진배없는 상황이라도, 방관자에게는 그것이 '피부에 와닿지 않고' 운 좋은 이는 '간발의 차이로' 상황을 모면하며, 패자는 산 채로 '가죽이 벗겨진다'.•

여기서 알 수 있는 사실은 우리가 '접촉'이란 단어에서 느끼는 감정에는 대단히 특별한 무언가가 있다는 것이다. 예를 들면, '여성스러운 손길'이나 '개별적 손길' '전문가의 손길'이라고 말한다면 무언가가 특별히 처리되었다고 느낀다는 뜻이며, 손길이라는 단어를 이런 맥락에서 사용한다면 무언가에 특별히 신경 쓰고 있다는 뜻으로, 이런 의미는 다른 단어로 대체해서는 표현하기가 어렵다.

앙드레 비렐의 말처럼, 피부는 삼중의 기능을 수행하는 양면 거울이다. 피부의 체외 표면에는 신체 내부의 살아 숨 쉬는 세계와 더불어 외부세계의 객관적 현실이 반영된다. 체내 표면에는 외부세계

• 원문에서는 각각 'lose no skin off their backs' 'by the skin of their teeth' 'flayed'를 들었다.

가 장기를 이루는 다양한 세포들에 미친 영향이 반영된다.[17] 우리의 피부는 그러므로 환경으로부터 전달된 신호들을 수신해 중추신경계에 전달하여 해독할 수 있게 할 뿐만 아니라, 신체 내부세계로부터 신호를 수집해 하나도 빠짐없이 정량화할 수 있도록 변환한다. 피부는 유기체가 기능하고 있는 모습을 거울처럼 반영한다. 피부의 색, 결, 습도, 건조도를 비롯한 모든 측면은 우리의 존재 상태를 반영한다. 생리적 상태는 물론 정신적 상태까지도. 흥분하면 피부는 짜릿짜릿해지고 충격을 받으면 피부 감각은 무뎌진다. 피부는 정념과 감정의 거울인 셈이다.[18]

버트런드 러셀이 오래전 지적한 바와 같이, 촉각은 우리에게 현실감을 느끼게 한다. '기하학과 물리학'은 물론이요 외부세계에 존재하는 대상들에 대한 개념은 모두 촉감을 토대로 삼는다. 우리는 촉감을 빌려 비유하기까지 한다. 영어에서는 훌륭한 연설을 두고 '탄탄하다solid'라고 하는가 하면 형편없는 연설을 두고는 '가스gas', 곧 허튼소리라고도 하는데, 가스는 만질 수 없기에 '실재'가 아니라는 느낌이 들기 때문이다.[19]

피부는 인간 의식의 최전선을 차지하고 있음에도 불구하고, 지금껏 이상하리만치 간과되어왔다. 우리 대부분은, 데거나 까지거나, 여드름 범벅이 되거나, 불쾌할 정도로 땀이 많이 나지 않는 한 피부를 지극히 당연시한다. 평소라면, 피부가 얼마나 교묘하고도 효율적으로 우리 내부를 감싸고 있는지 경이롭게 생각하는 경우는 드물다. 피부는 물과 먼지를 막아주는 데다 늙지만 않는다면 기적적이게도 늘 제 모습을 유지한다. 우리는 노화가 진행되면 그제야 색, 균기, 탄력, 결 같은 피부의 질을 알아보기 시작하지, 피부가 젊고 탱탱할 때는 전혀 눈치 채지 못한다. 세월의 축적과 더불어 늙게 마련인 피부는 우리에게 천덕꾸러기가 되기 십상이다. 얄궂은 껍데기, 울적한 노화의 공공연한 증거, 시간의 흐름을 불쾌하게 상기시키는 무언가로 치부되는. 한때 뽐내던 자태는 온데간데없이 피부는 늘어져 헐렁거리고, 얇고 주름이 자글자글하며 건조하고 뻣뻣해서 양피지를 방불케 하는 데다 누리끼리하고 얼룩덜룩하며 그렇지 않다고 해도 어쨌든 대개 매력을 잃어버린다.

하지만 이런 묘사들은 죄다 피부를 바라보는 피상적인 시각에 불과하다. 여러 연구자의 관찰 결과를 살펴보고 생리학자, 해부학자, 신경학자, 정신과 의사, 심리학자들이 발견한 사실들에다 우리가 직접 관찰한 결과와 인간 본성에 대한 지식까지 보태면, 피부는 골격이 무너지지 않도록 붙들어 매는 한낱 외피, 아니면 다른 모든 장기를 감싸는 한낱 꺼풀에만 그치지 않는다는, 그것을 능가하는 무언가라는 이해에 도달하게 된다. 피부는 그 자체로 복잡하고도 매력 넘치는 기관으로 인정받을 자격이 있다. 피부는 신체에서 가장 큰 장기일 뿐만 아니라, 피부를 구성하는 가지각색의 요소들은 뇌에서 실로 막대한 영역을 차지한다. 예를 들면, 대뇌피질에서 피부는 중심후회中心後回라고도 불리는 중심뒤이랑, 곧 대뇌 표면의 주름에 호응하는데, 이 주름은 피부로부터 촉각 자극을 전달받는 부위로, 촉각 자극은 척수 옆에 위치한 감각신경절을 거쳐 척수에 위치한 후삭이라고도 하는 뒤섬유단과 연수, 그리고 시상에 위치한 뒤배쪽핵을 지나 마침내 중심뒤이랑에 도달한다. 촉각 자극을 전도하는 신경섬유들은 대개 다른 감각에 관계하는 신경섬유보다 훨씬 더 크다. 대뇌피질의 감각운동 영역은 중심고랑의 양편에 위치하는데, 중심앞이랑은 주로 감각에 관여하고 중심뒤이랑은 주로 운동에 관여한다.[20] 가로로 이어진 섬유들이 중심틈새를 가로질러 이 두 이랑을 연결한다. 장기 자체

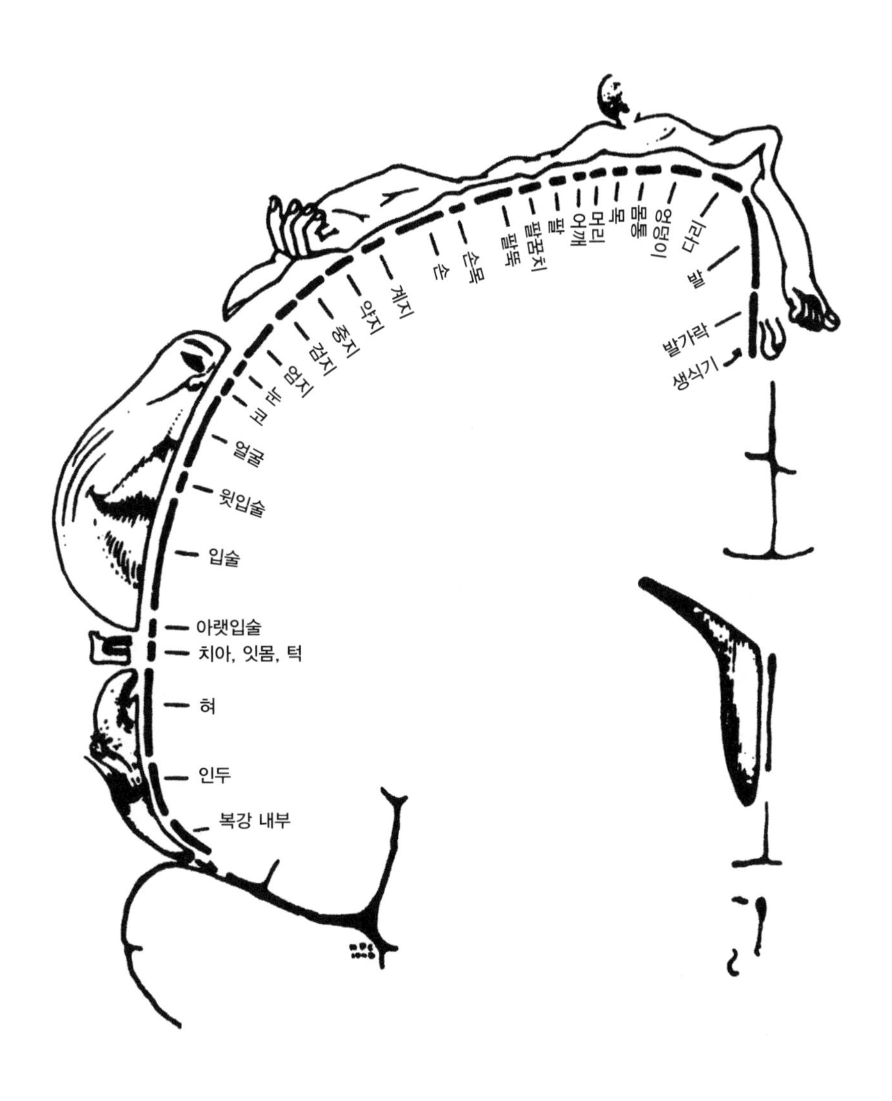

그림 1 _ 뇌 반구 종단면을 이용한 신체 감각 뇌도. 굵은 실선은 해당 부위에 관계하는 대뇌피질 영역을 나타낸다.

의 크기보다는 뇌에서 그 장기와 대응하는 영역이 클수록 기능이 한층 더 다양하다는 것이 신경학의 일반 법칙인 점을 볼 때(또한 뇌에서의 영역이 넓을수록, 예를 들면 하나 또는 여러 근육을 부리는 데 더 능숙한 부위라는 점에서도), 대뇌피질에서 촉각 영역의 비율은 인간의 발달에 촉각 기능이 중요하다는 사실을 드러낸다. 그림 1과 2는 감각 및 운동 영역 뇌도腦圖• 혹은 '인체 축도縮圖'로 대뇌피질에서 감각 기능에 관계하는 영역과 그 비율을 보여준다. 이 두 그림을 보면 손에 해당되는 영역, 그 가운데서도 엄지에 해당되는 영역도 넓지만 입술에 해당되는 영역은 어마어마하다는 사실을 알 수 있다.[21]

사실 촉각이라는 개념에 포함될 수 있는 감각은 여럿이다. 그런 만큼 촉각을 딱 잘라 정의하기란 어려울 때가 많다. 가령 어떤 영화나 연극에 괴기스런 장면이 나오거나 '머리털이 곤두서게 하는' 광경을 볼 때면 피부에는 '소름이 돋는다'. 그럼에도 우리는 촉감의 영역에 들어가는 요소들을 알고 있다. 압력, 통증, 쾌감, 온도, 피부 근육 운동, 마찰 등. 또한 몸을 움직이면서 피부를 거쳐 근육으로부터 전달받는 정보도 있다.[22] 촉각을 나타낼 때 사용하는 햅틱,•• 곧 확장촉각이라는 용어는 촉각이 공간에서 살아가고 운동하며 겪는 총체적 경험을 통해 정신적 감각으로까지 확장되는 현상을 묘사하는 데 사용된다. 예를 들어 시각적 세상에 대한 우리 인식은 실제로는 과거를 연상하며 느끼는 바와 본 적이 있거나 당장 우리 앞에 펼쳐진 장면이 결합하여 형성된다. 확장촉각은 후천적 감각으로, 접촉이나 행위의

• 대뇌피질의 특정 영역을 중심으로 위치해 있는, 신체 여러 부위의 감각과 운동에 관계하는 영역을 나타낸 그림. 뇌 감각·운동 영역 구조도.

•• 햅틱스haptics: 촉각학, 곧 정신적, 육체적 접촉 행위 전반을 연구하는 학문이다. 햅틱haptic은 촉각학의 형용사형으로, 촉각touch과 구별하고 본문에서 밝히는 의미를 상기시키고자 확장촉각이라 옮겼다.

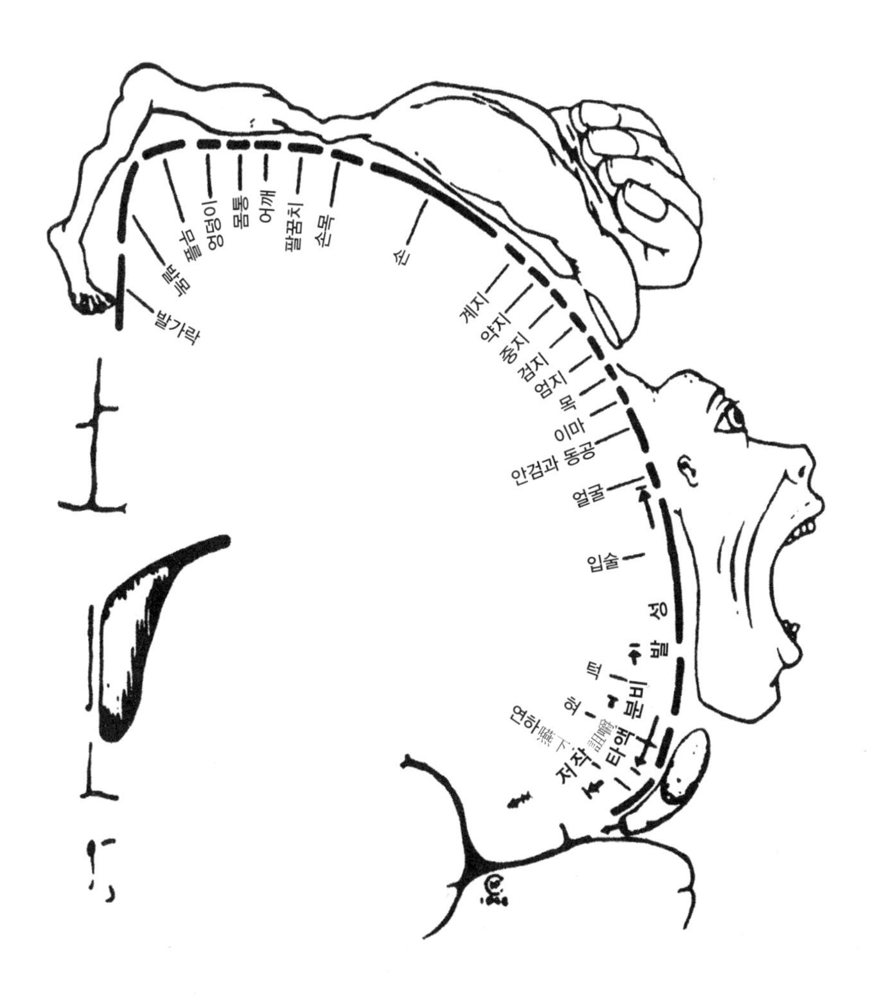

그림 2 _ 신체 운동 뇌도. 감각 뇌도와 운동 뇌도가 밀접하게 연관되어 있기는 해도 완전히 일치하지는 않는다. 감각 뇌도는 신체에서 감각이 발생하는 특정 위치나 부위에 대응하는 뇌 영역을 나타내는 반면, 운동 뇌도는 해당 신체 부위의 움직임에 대응하는 뇌 영역을 나타낸다.(W. 펜필드, T. 라스무센, 『인간의 대뇌피질The Cerebral Cortex of Man』, New York: Macmillian, 1950, 214쪽)

구실이 되는 시각적 대상으로서의 존재에 적용된다.[23] 그린비의 말처럼, "우리는 후각과 청각을 비롯한 모든 감각을 동원해 환경을 경험하기 때문에, 확장된 촉각 계통은 한때 우리가 몸소 접촉했지만 이제는 보거나 듣거나 냄새만 맡을 수 있는 장소 혹은 사물들과 상상 속에서 다시 접촉하게 해준다".[24] 인간성 측면에서, 확장촉각은 매우 중요한 역할을 담당한다. "접촉을 유지한다"고 할 때, 우리는 잘 알고 있다. 우리가 말하는 바는 단순한 비유가 아니라 그 정도로 긴밀한 소통을 갈구하고 있다는 뜻이란 사실을.

생각해보라. 감각계로서의 피부는 인체에서 가장 중요한 기관이라 할 만하다.[25] 인간이라는 존재는 보이지도 들리지도 않는 데다 후각과 미각마저 죄 상실한다고 해도 삶을 영위할 수 있지만, 피부에서 수행하는 기능 없이는 절대 생존할 수 없다. 헬렌 켈러의 경험을 보면, 어릴 적 청각과 시각을 모두 잃은 여성으로서 그녀의 정신은 전적으로 피부에서 받는 자극을 통해 창조되었으며, 이는 다른 감각들이 상실되었을 때 피부가 그 빈자리를 극적이리만치 훌륭하게 채울 수 있음을 보여준다. 이러한 사실을 처음으로 이해한 인물은 자코브-로드리게스 페레이레(1715~1780)로 보이는데, 18세기 중반 프랑스에서 농아 교사로 일했던 그는 귀가 먹고 눈이 멀어도 촉각을 통해 말하는 법을 익힐 수 있음을 입증해 보였다. 그가 사용한 방법은 농아에게 손이나 귀, 얼굴 등 신체에서 감각을 느끼는 부분에 자기 입을 갖다 대도록 해서, 자신이 받는 여러 인상이 의미하는 바를 학습하도록 하는 것이었다. 페레이레는 "교묘하게 변신한 촉각이 모든 감각의 역할을 대신할 수 있다"고 밝혔다.[26]

오감 가운데 으뜸은 단연 촉각이다. 피부로부터 뇌로 전달되는 통각은 주의를 촉구하는 감각으로 생존에 꼭 필요한 경보 장치다. 피부 무통증이라는 증상은 피부에 통증을 느낄 수 없게 되는 상태로 심각한 장애다. 이 병에 걸린 사람은 위험을 인지하기도 전에 심각한 화상이나 상해를 입게 된다고 알려져왔다.

외부 환경에서 피부가 느끼는 자극은 감각 및 운동의 긴장을 유지하는 역할을 담당한다. 뇌가 정보를 받아들여 자기 자신을 조정할 수 있으려면 피부로부터 자극에 대한 감각 반응을 받아야 한다. 한쪽 다리가 '의식에서 멀어지거나' 무감각해지는 등 감각 단절 상태가 되면 그 다리는 움직이기 어려워진다. 피부와 근육, 관절로부터 전달되는 자극이 뇌의 중심뒤이랑에 제대로 도달하지 못하기 때문이다. 피부로부터 뇌로 전달되는 감각 반응은 심지어 잠들어 있을 때에도 계속된다.

수년 동안 인체해부학의 학생이자 교사였던 사람으로서 나는, 교과서에서 주로 녹색으로 칠해진 뇌 감각 영역을 볼 때마다 그것이 참으로 넓다는 데 주목했다. 이런 점에 대해서 누구도 속 시원하게 파고든 적이 없다. 1940년대 중반이 되어서야 나는 인간의 행동 발달에 관한 자료를 모으기 시작했는데,• 엄청나게 다양한 분야의 자료에서 여러 증거가 거듭 발굴되면서 나는 신체 기능의 발달뿐만 아니라 행동 기능의 발달에 있어서도 피부가 중요하다는 사실을 확신하게 되었다. 1952년 4월 갤버스턴에 위치한 텍사스대 의과대학에서 나는 이를 주제로 강의를 진행했다. 강의 내용은 1953년 7월 같은 대학에서 발행한 학술지에 게재되었다.[27] 강의와 발표된 논문에 대한 반응에 힘입어 나는 발견한 사실들을 묶어 정리하기 시작했으며 그 결과

• 1945년 봄 학기 하버드대학에서 진행된 사회화 강좌에서 발표되었으며, 이후 책으로 출판되었다. 『인간 발달 방향The Direction of Human Development』(New York: Harper&Boss., 1955; 개정판, New York:Hawthorn Books, 1970).—저자 주

는 이 책에도 실렸다. 희망이라면 나의 이런 연구 산물을 통해 여태 제대로 인식되지 못했던 인간 발달의 한 측면에 사람들이 주목하도록 하는 것이다.

그러면 어떤 측면이 그렇단 말인가? 바로 촉각 경험이 인간의 행동 발달에 미치는 영향이다.

이 책에서 피부를 연구하는 방법은 정신신체의학•에서 사용한 매우 기발한 방법과는 사뭇 다르다. 정신이 갖은 방법을 동원해 피부에 자기 활동을 투영한다고 입증한다는 점에서, 정신신체의학에서 택한 방법은 정신이 신체에 미치는 영향에 대하여, 그럼으로써 중추신경계에서 발생한 신경장애에 따른 반응에서 피부의 비상한 감수성이 담당하게 되는 역할에 대하여 우리의 이해를 크게 증진시켰다. 참고로, 위 표현에서처럼 우리는 정신과 육체를 억지로라도 분리하는 입장을 고수할 수도 있는데, 이는 논의를 쉽게 하려는 목적일 따름이다. 마음이 고통스러우면 피부에 부스럼 같은 것이 돋을 수도 있다는, 즉 두드러기나 마른버짐, 그 밖에 숱한 피부 질환도 정신에 원인이 있을 수 있다는 주장은 이제 더 이상 새롭지 않지만, 1927년 내가 이 주제와 관련해 W. J. 오도노번의 선도적 소책자 『피부 신경증Dermatological Neuroses』을 읽었을 때만 해도 무척 색다른 주장이었다.[28] 1927년 이후 관련 연구의 상당한 진전이 이뤄졌는데, 막시밀리안 오베르마이어의 1955년 책 『정신성 피부질환학Psychocutaneous Medicine』을 비롯해 그 뒤로 나온 여러 책의 공헌이 컸다.[29] 피부 연구에 정신신체의학적 방법을 택한다는 것은 원심적이라 여겨질 수도 있다. 즉,

• 정신신체의학psychosomatic medicine: 심리요법으로 신체 질병을 치료하는 법을 연구하는 의학 또는 그러한 의술.

마음으로부터 외피라는 바깥으로 진행된다는 의미다. 현재 이 책에서 우리가 취하게 될 방법은 그 반대다. 즉, 피부로부터 마음으로 진행되는, 말하자면 구심적 접근법이다.

이 책에서 가장 심혈을 기울여 묻고 답할 문제는 다음과 같다. 유기체가 겪는 갖가지 피부 경험이 특히 성장 초기 발달에 미치는 영향은 무엇인가? 먼저 우리가 밝히게 될 바는 다음과 같다. (1)피부 자극 가운데 유기체의 건강한 발달에 필요한 자극은 무엇인가? (2)만약 있다면, 특정 피부 자극의 결핍 또는 부족이 끼치는 영향은 무엇인가?

특정 경험이 특정 종이나 그 구성 유기체에 꼭 필요하거나 기본이 되는지의 여부를 판가름할 최선의 방법 가운데 하나는 그 경험이 조사 대상 종이 속한 동물 집단에(여기서는 포유류) 얼마만큼 널리 분포되어 있는지를 파악하는 것이다. 계통발생적으로 기본이 되는 경험이라면 생리적으로 중요할 수 있으며, 어쩌면 다른 기능 측면에서도 역시 중요할 수 있다.

우리가 답을 구하는 문제를 꼭 집어 말하면 다음과 같다. 호모사피엔스에 속한 유기체들이 건강한 인간으로 성장하는 데 초기 발달 과정에서 꼭 겪어야 하는 촉각 경험이 있는가? 이 질문에 답하기 전에 우선 다른 동물들을 관찰해보기로 한다.

쥐와
우연한 발견

피부에 관해 생각하게 된 계기는 1944년 우연히 접한 논문에 있었다. 피부와는 아무 상관없는 이 논문은 필라델피아에 위치한 위스타해부학연구소의 해부학자 프레더릭 S. 해밋이 1921년에서 1922년 사이에 쓴 것이다. 해밋은 유전적으로 동일한 위스타 흰쥐들에게서 갑상선과 부갑상선을 다 제거하면 어떤 결과가 나오는지 밝히고 싶어했다. 해밋은 흰쥐 가운데 몇몇이 수술 뒤에도 죽지 않았다는 데 주목했다. 사실 죽어야 마땅했다. 그때까지 연구자 대부분은 갑상선 및 부갑상선 적출술이 어느 때고 치명적이며, 이는 아마도 신경계에 어떤 독성 물질이 작용하기 때문이리라 추정하던 터였다.

연구 결과 해밋은 갑상선 및 부갑상선 적출술을 받은 쥐들이 두 집단에서 뽑혔으며, 그 가운데 생존한 쥐가 가장 많았던 집단은 실험군 출신이라는 사실을 발견했다. 실험군은 평소 사람들이 쓰다듬어 주는 등 귀여움을 많이 받고 지낸 쥐들로 이루어진 집단이다. 반대로 사망률이 높았던 쥐들은 대조군에서 뽑혔는데, 이 집단에서 사람과의 접촉은 관리자가 규칙적으로 먹이를 주거나 우리를 청소할 때 수반되는 부수적 사건일 뿐이었다. 대조군 쥐들은 소심하고 늘 불안해하며 과민했다. 실험에 뽑힐 당시, 대조군 쥐들은 긴장하며 저항했고, 깨물며 공포와 분노를 드러내기 일쑤였다. 해밋은 이렇게 표현했다. "전체적으로 과민성이 높고 신경근이 많이 긴장되어 있다."[30]

귀여움을 받은 쥐들의 행동은 대조군 쥐들하고는 생판 달랐다. 실험군 쥐들은 다섯 세대에 걸쳐 그처럼 귀여움을 받으며 살아온 상태였다. 손을 대자, 실험군 쥐들은 긴장을 풀고 순종했다. 쉽게 겁을 먹지도 않았다. 해밋은 이렇게 표현했다. "하나같이 차분한 분위기다. 성가실 수 있는 자극에도 웬만해선 신경근이 반응을 보이지 않으니, 신경근 반응의 문턱값•이 엄청나게 높은 셈이다."

평소 귀여움을 받아온 쥐들은 인간 곁에서 안심했다. 자기네를

• 문턱값threshold: 역치閾值 또는 문턱값, 생물을 반응하게 하는 자극의 최솟값.

예뻐하던 사람이 아니더라도 인간의 손길에 그저 편안해했다. 이 쥐들을 길러온 연구자는 헬렌 킹 박사였는데, 자주 만져주고 쓰다듬고 다정한 소리를 건네며 길렀고, 그러는 내내 쥐들은 무서워하는 기색 없이 다정하게 반응해서 신경근 긴장이나 과민은 아예 찾아볼 수 없었다고 했다. 끼니때나 우리 청소 시간을 제외하면 인간에게서 관심이라곤 받아보지 못한 채 무심하게 길러진 쥐들은 이와 정반대였다. 이 쥐들은 사람들과 있으면 겁에 질려 당황하고 불안해하며 긴장했다.

갑상선과 부갑상선이 제거되고 나서 이 두 집단 출신 쥐 304마리에게 무슨 일이 일어났는지 살펴보자. 48시간 수술에서 과민성 쥐들은 79퍼센트가 죽었는데, 귀여움을 받은 쥐들은 13퍼센트만이 죽었다. 두 집단 간 차이인 66퍼센트의 생존은 귀여움받은 쥐들의 차지가 된 셈이다. 부갑상선만 제거하는 48시간 수술에서 과민성 쥐는 76퍼센트가 죽었는데, 귀여움을 받은 쥐는 13퍼센트만 죽었으니 두 집단 간 차이인 63퍼센트는 살아남은 셈이다.

대조군 쥐들도 어미젖을 떼는 시기에 실험군으로 옮겨 쓰다듬으며 귀여워해주었더니, 사람 손에 길들여져 말을 잘 듣고 느긋해졌으며 부갑상선 적출술도 견뎌냈다.

두 번째 실험에서 해밋은 한두 세대 동안 우리에서 길러진 야생 시궁쥐에게 부갑상선 적출술을 실시하고 사망률을 조사했다. 야생 시궁쥐는 잘 알려진 바와 같이 툭하면 흥분하기로 악명이 자자한 생물이다. 야생 시궁쥐 총 102마리 가운데 92마리, 곧 90퍼센트가 48시간 안에 죽었다. 생존한 쥐 대부분도 수술 2~3주 만에 사망했다.

해밋의 결론은 이러했다. 다정하게 쓰다듬어 키운 덕에 신경계가 안정되면서 쥐들에게는 부갑상선호르몬이 더 이상 나오지 않는 상황에 맞설 수 있는 기막힌 저항력이 생겼다. 흥분성 쥐들은 부갑상선

호르몬을 상실한 뒤 보통 48시간 안에 죽음에 이르렀는데, 급성 부갑상선호르몬결핍강직이 원인이었다.

위스타연구소에서 이어진 경험과 관찰은 손길이 더 닿고 많이 쓰다듬어준 쥐일수록 실험실이라는 환경에 더 잘 적응한다는 사실을 보여주었다.[31]

따라서 여기에는 유기체의 발달에 촉각 자극이 미치는 영향을 이해하는 데 결정적인 무언가가 있는 셈이었다. 쥐를 다정하게 어루만져준 행위는 중요한 내분비선 제거에 따른 삶과 죽음의 갈림길에서 생사를 결정지을 수 있었다. 그야말로 충격적인 발견이었다. 하지만 이에 못지않게 놀라운 점은 다정함이 행동 발달에 미치는 영향이었다. 다정한 보살핌을 받고 자라면 다정하고 침착한 동물이 되고, 다정한 보살핌을 못 받고 자라면 겁 많고 불안한 동물이 되었다.

이처럼 중요한 발견을 접하고 보니 후속 연구가 이뤄져야 마땅하다고 느꼈다. 만지기 또는 다정하게 보살피기가 해밋이 기록했듯 행동 반응과 더불어 유기체에게 이토록 중요한 차이를 낼 수 있게 하는 원리, 즉 생리生理를 중심으로 아직 답을 찾지 못한 문제가 산적해 있었다. 위스타연구소에서 해밋이 동료들과 함께 발견한 사실들을 제외한다면 이러한 문제들의 해답에 실마리가 될 수 있는 출판물이 전무했기에, 나는 목장 사람들을 비롯해 수의사, 축산업자, 동물원 직원 등 동물 사육자들 틈에서 연구를 진행하기 시작했고, 그 결과는 일깨우는 바가 컸다.[32]

핥기와
아껴주기

해미트가 위스타 연구소에서 진행한 연구 결과를 읽고 있자니 드는 생각이 있었다. 말 그대로 해산하는 순간 포유류 어미가 핥기라는 형태로 새끼를 '씻기는' 행위는, 사실 씻기기가 아니라 그와는 본질적으로 다른 데다 반드시 필요한 무언가로, 핥기는 '씻기기'를 넘어 훨씬 더 심오한 기능을 수행한다는 생각. 해미트의 연구가 보여주었듯, 제대로 된 피부 자극이 유기체로서 바람직한 행동 발달에 꼭 필요하다는 가정은 합당해 보였다. 연구 결과 포유류 어미가 갓 태어난 새끼를 핥아주는 행위는 그 이후로도 한참 이어지면서 없어서는 안 될 여러 기능을 수행하는 듯했다. 인간을 제외한 포유류에게 핥기는 보편적인 행위였기 때문이다. 인간만이 자기 자식을 핥지 않는다는 점에서 나는 여기에 어떤 흥미로운 이야기가 또 있지 않을까 추론했다. 그리고 차차 풀어놓겠지만, 정말 그랬다.

동물과 오래도록 함께 지내온 사람들 틈에서 연구를 시작하기 무섭게, 나는 그들이 보고한 관찰 결과들 사이에서 깜짝 놀랄 만한 공통점을 발견했다. 핵심은 이렇다. 갓 태어난 동물이 살아남으려면 반드시 핥아줘야 한다. 특히 회음부(외부생식기와 항문 사이) 같은 부위가 그런데, 어떤 이유에서든 이 부위를 핥아주지 않는다면 비뇨생식계 그리고/또는 위장계 기능 상실로 죽을 수도 있다. 치와와 사육자들은 이를 특히 강조했는데, 어미 치와와가 제 새끼를 아예 핥아주지 않거나 매우 조금만 핥아주는 경우가 많아 새끼의 사망률이 높다는 설명이었다. 비뇨생식기의 배설 기능 상실이 원인으로, 이럴 경우 어미의 핥기를 대신해 사람이 손으로 문지르는 등 어떻게든 자극을 줘야 한다.

비뇨생식계가 제 기능을 발휘하지 못하는 까닭은 단지 피부가 자극받지 못해서라는 사실이 엄연해 보인다. 이 문제를 다룬 가장 흥미로운 관찰 결과가 곧이어 나왔는데, 인디애나에 위치한 노터데임대 로번드세균학연구소에서 제임스 A. 레이니어스 교수가 우연히 실시한 실험 덕분이었다. 레이니어스와 그 동료들은 무균 동물을 기르는 데 관심이 있었고, 1946년과 1949년 각각 논문 한 편씩을 발표해 그간의 실험 결과들을 실었다. 초창기 실험은 완전한 실패였다. 실험 동물들이 비뇨생식기와 위장관 기능 상실로 깡그리 죽었기 때문이다. 이 문제는 전직 동물원 여직원 한 명이 노터데임대 연구자들에게 새끼들의 생식기와 회음부를 면 조각으로 문질러주라고 일러준 덕에 해결되었다. 그러고 나서 배뇨와 배설이 이루어졌기 때문이다.[33] 레이니어스 교수에게 질문을 하나 했더니, 내게 답변을 적어 보내왔다.

> 갓 태어난 젖먹이 포유류의 변비와 관련해서 다음과 같은 사항이 흥미로울 듯합니다. 쥐, 생쥐, 토끼 등 어릴 적 생명 유지에 어미의 보살핌을 요하는 포유류에게 배변과 배뇨는 분명 학습이 필요해 보입니다. 실험 초창기에 우리는 이런 사실을 몰라서 동물들을 잃었습니다. 피부에 자극을 받지 못한 새끼들은 수뇨관 폐색과 방광 팽창으로 죽습니다. 어미가 자기 새끼들 생식기 주변을 핥아주는 모습을 수년씩이나 봐왔으면서도, 나는 그저 깨끗이 씻기느라 그러는 것이려니 생각했습니다. 하지만 자세히 관찰한 결과, 어미가 이렇게 자극해주는 사이 새끼는 변이나 소변을 보는 듯했습니다. 그래서 12년 전엔가 우리는 매시간 먹이를 주고 나면 면 조각으로 새끼의 생식기를 문질러주기 시작했고, 배설을 유도할 수 있었습니다. 그런 뒤로는 아무 문제가 없었습니다.[34]

포유류 새끼를 태어나자마자 어미에게서 떼어놓으면 비뇨생식계가 제 기능을 못 한다는 사실은 곧이어 매캔스와 오틀리에 의해서도 증명되었다. 두 연구자는 핥아주는 등 어미가 새끼를 돌봐주는 행위는 보통 새끼 신장으로 흐르는 혈류를 변화시켜 요소尿素 배출량을 증가시킨다는 사실을 보여줬다.[35]

새끼 고양이를 비롯해 여타 동물들이 어미를 잃었더라도 대리 '어미'가 피부에 자극만 제대로 해준다면 탈 없이 키울 수 있다. 갓 태어난 새끼 고양이가 덤불에 버려져 있는 모습을 보고 구출한 경험이 있는 래리 라인은 훈훈한 이야기를 전한다. 인형 젖병으로 우유를 먹인 다음 이제 어떻게 해야 하나 싶어 동물보호협회에 전화해 모세(고양이에게 붙여준 이름이다)가 먹기는 제법 잘 먹는다고 알렸더니 이런 답이 돌아오더라고. "물론 먹기야 잘 먹겠죠. 문제는 먹는 데 있지 않습니다. 새끼 고양이의 첫 배설은 어미 고양이가 자극을 해줘야 이뤄지죠. 이제 똑같이 해주면 됩니다. 탈지면 조각을 온수에 적셔서 문질러주세요. 그러면……." 통화 뒤 며칠 동안 라인 씨는 두 시간마다 온수 한 컵과 탈지면을 들고 일어나 고양이를 먹이고 문지르고 재웠다. 그렇게 모세는 덤불에서 마침맞게 발견되어, 잘 자랐다.[36]

관찰해보면, 신체 부위별로 어미 고양이가 핥아주는 빈도가 다르다. 가장 많이 핥아주는 부위는 외부생식기, 곧 성기와 회음부다. 그 다음이 입 주변, 이어서 아랫배, 마지막이 등과 옆구리다. 핥는 속도는 초당 3~4회로 유전적으로 결정된 듯하다. 흰쥐는 초당 6~7회를 핥는다.[37]

로젠블랫과 러먼의 발견에 따르면, 차례당 15분씩 이루어진 관찰에서 어미 쥐는 갓 태어난 새끼를 핥을 때 평균적으로 항문생식기 부위와 아랫배에 2분 10초, 둔부에 약 25초, 윗배에 약 16초, 뒤통수에 약 12초를 할애했다.

슈네일라와 로젠블랫, 토바크는 핥기라면 고양이 어미의 두드러진 특징이고, 고양이 어미는 제 몸이나 새끼 몸이나 지나치리만치 골똘히 핥는다고 말했다. 제 몸 핥기의 중요성에 대해서는 뒤에서 다시 다룰 것이다. 세 연구자가 밝힌 바에 따르면, 고양이 어미는 관찰 시간의 27퍼센트에서 53퍼센트를 핥으며 보냈다. 들인 시간 면에서 핥기에 필적한 만한 행동은 없었다.

라인골드가 코커스패니얼 한 마리와 비글 한 마리, 셰틀랜드시프도그 세 마리를 관찰해 발표한 보고서에서는, 핥기가 분만 직후 시작돼 분만 뒤 42일이 지나면 드문드문 이루어진다고 밝혔다. 가장 흔하게 핥아주는 부위는 회음부였다.

인간이 속한 포유류 목인 영장류로 눈을 돌려 필리스 제이가 자연 상태에서 인도 랑구르를 관찰해 발표한 보고서를 보면, 랑구르 어미는 해산한 그 시간부터 새끼를 핥는다. 자연 상태에서의 개코원숭이도 마찬가지다. "몇 분마다 어미는 갓 태어난 새끼를 살펴보며 손가락으로 털을 고르다 핥고 몸에 주둥이를 비비댄다."[38]

흥미롭기 짝이 없게도 고릴라, 침팬지, 오랑우탄 같은 대형 유인원들은 해산 직후에는 새끼를 핥아주다가 시간이 지날수록 횟수가 쑥 줄어든다. 포유류 사이에 핥기가 편재遍在한다는 점은 이 행위가 본능에서 비롯된다는 사실을 증명한다.[39]

제 몸 핥기는 비임신기든 분만 상태든 포유류 대부분이 탐닉하는 행위로, 제 몸의 청결 유지 외에도 어쩌면 위장계, 비뇨생식계, 호흡계, 순환계, 소화계, 생식계, 신경내분비계, 면역계 등 신체 기관계를 적절히 자극함으로써 기능을 유지하는 데 더 소용이 있을지 모른다. 그럼으로써 발휘되는 최종 효과는 제 몸 핥기를 크게 제한했을 때 뒤따르는 발달 실패로 가장 잘 드러날 것이다. 임신한 쥐와 고양이는 깜짝 놀랄 만한 행동 특성을 보이는데, 임신 기간 자기 음부와 복부를 평소보다 훨씬 더 많이 핥는 것이다. 이러한 제 몸 핥기의 의의는 임신기에서도 특히 산통과 분만기에 간여하는 기관계의 기능 반응을 자극하고 향상시키는 데 있다고 짐작할 수 있다. 해산 뒤 아기나 새끼에게 젖을 물리는 등 산모나 동물 어미의 음부며 복부를 이리저리 자극하는 행위는 젖 분비를 유지함으로써 젖무덤과 젖샘 구조 발달에 기여한다고 알려져 있다. 감각 자극이 임신기 젖샘 발달에 기여한다는 훌륭한 증거가 있다. 로레인 L. 로스와 제이 S. 로젠블랫 두 박사는 이 문제를 탐구하는 실험에서 영리하게도 임신한 쥐에게 넥칼라•를 달아서 제 몸을 핥지 못하게 했다. 실험 결과 칼라를 쓴 쥐의 젖샘은 통제 집단 쥐보다 50퍼센트쯤 덜 발달했다.

넥칼라의 스트레스 효과는 틀림없는 듯해, 나머지 임신한 쥐들에게도 노치트 칼라••를 씌우는 등 스트레스를 겪게 했다. 노치트 칼라를 쓰고 있어도 제 몸을 핥을 수는 있었다. 그 결과, 아예 칼라를 안 쓴 쥐든 노치트 칼라라도 쓴 쥐든 넥칼라를 쓴 실험군만큼 유선이 덜 발달하지는 않았다.[40]

버치가 동료들과 함께 증명한 바에 따르면, 암쥐에게 칼라를 씌워서 제 복부와 꼬리부 성감대를 핥지 못하게 하면, 분만할 때부터 칼라를 영영 제거해준다 하더라도 매우 형편없는 어미가 되었다. 이 어미들은 재료를 가져오더라도 제대로 된 보금자리를 짓지 못하고 이리저리 늘어놓았다. 게다가 새끼를 돌보기는커녕 어쩌다 다가오기

• 넥칼라neck collar: 강아지나 고양이 등이 수술 부위나 상처 부위 등을 핥지 못하게 방지하는 깔때기 모양의 깃.
•• 노치트 칼라notched collar: 양복 깃처럼 V자형으로 내려온 깃.

라도 하면 부대끼는지 멀찍이 가버렸다. 새끼들은 실험자가 일부러 개입하지 않는 한 어김없이 죽곤 했다. 그러므로 임신기 암컷이 제 몸을 자극하지 못하게 함으로써 분비액 핥기와 산후 섭식을 비롯해 산후기라는 과도기에 꼭 필요한 여타 행동들 역시 막았던 셈이다. 이처럼 임신 암컷의 제 몸 핥기는 모성 행동이 탈 없이 일어나게 하는 준비과정의 하나다.[41]

각 실험에서, 어미가 자신의 피부를 자극하는 행위는 임신 전과 분만 뒤는 물론 임신기에 신체 기관계가 최적의 기능을 수행하는 데 중요한 요인이라는 사실이 분명해졌다. 그러니 곧 궁금증이 인다. 임신과 관련된 기간에 인간 여성에게도 이와 똑같은 일이 벌어질까? 그렇다는 대답이 나올 수 있을 법하다.

포유류에게서 피부 자극은 발달 단계 내내 중요하지만 갓 태어난 새끼와 임신기, 산통 및 해산 시, 수유기의 어미에게 특히 중요하다. 사실, 피부 자극의 효과에 대해 연구할수록 그러한 자극이 건강한 발달에 속속들이 영향을 미친다는 결과가 나온다. 예를 들어 초기 연구들에서는 생애 초반의 피부 자극이 면역계에 매우 유익한 영향을 미쳐서 감염을 비롯해 여타 질병에 대한 저항성을 부쩍 높여준다는 사실을 밝혔다. 관련 연구에서는 또한 어릴 때 어루만져준 쥐가 그렇게 해주지 않은 쥐보다 1, 2차 면역접종 뒤 늘 혈청항체 수치가 더 높았음을(적정 수준 이상) 보여준다.[42] 따라서 성인의 면역반응은 어린 시절 피부 자극에 크게 좌우되는 셈이다. 이런 면역력은 면역 기능 확립에 꼭 필요한 샘, 곧 가슴샘에 영향을 미치는 전달 물질과 호르몬의 작용으로, 또한 양 뇌 사이 시상하부라고 알려진 부위의 매개로 길러진다고 볼 수 있다.[43]

어릴 때 피부 자극을 받은 실험 대상의 질병 저항성이 크다는 사실도 매우 놀랍지만, 이러한 증거는 어쩌면 피부를 자극받은 동물이 이밖에도 많은 혜택을 누릴지 모른다는 점에서 해석이 한층 더 복잡해진다. 피부 자극은 물론 자극받은 기관의 저항력 상승에도 영향을 미친다. 여러 연구자가 확인했다시피, 쥐를 비롯해 여타 동물들은 어릴 때 어루만지거나 다정하게 쓰다듬어주면 이후 체중과 활동성, 공포심, 스트레스 및 생리적 손상에 맞선 저항력에서 엄청난 차이를 보인다. 즉, 체중과 활동성은 증가하고 공포심은 감소하며 스트레스 및 생리적 손상에 맞선 저항력은 강해진다.[44]

양의 경우, 갓 태어난 양이 어미 젖꼭지를 찾아 첫 젖을 빠는 데 어미의 도움이 꼭 필요하지는 않더라도, 젖꼭지를 찾고 젖을 빠는 과정은 암양이 새끼를 핥는 행위 및 새끼와 붙어 있으려는 경향으로 인해 촉진된다. 일련의 실험에서 알렉산더와 윌리엄스는 어미의 핥기와 새끼를 향하는 주성taxis, 走性[생물이 어떤 자극을 받으면 몸 전체를 움직여서 그 자극에 접근하거나 피하는 성질] 이 두 요소가 새끼 양이 어미젖을 빨게끔 도와주는 중요한 역할을 담당한다는 사실을 발견했다. 주성과 핥기를 아우르는 것으로 두 연구자가 나중에 '그루밍'•이라고 정의한 행동 역시 젖을 빨도록 촉진하는 데 중요했다. 어미의 핥기와 주성은 새끼가 어미 젖꼭지를 찾는 활동을 매우 활발하게 만들었고, 핥아준 새끼는 핥아주지 않은 새끼에 비해 체중이 훨씬 더 증가했다.[45] 포유류만이 아니라 조류에게도 어미와 새끼 사이에 이루어지는 피내皮內 자극이나 서로 오가는 피부 자극 등 신체 접촉이 중요하다는 사실은 연구자들에 의해 숱하게 증명되어왔다. 블로벨트가 밝힌 바에 따르면, 갓 태어난 새끼 염소를 어미에게서 단 몇 시간만

• 그루밍grooming: 동물이 제 몸이나 새끼 몸 따위를 핥아 털을 고르거나 골라주는 행위.

떼어놓았다가 되돌려주더라도, "어미는 이 갓난 새끼에게 무엇을 더 해줘야 할지 갈피를 못 잡는 듯했다".[46] 리들은 양의 행동을 연구했는데 결과는 마찬가지였으며, 마이어에 따르면 신기하게도 암탉과 병아리에게서도 같은 결과가 나왔다. 마이어의 연구에서는 어미 닭이 자기 병아리와 접촉하지 못하게 했다. 그랬더니 병아리가 바로 옆 우리에 있어 살피는 데는 지장이 없었는데도 어미 닭의 모성은 금세 사라졌다. 게다가 암탉이 자기 병아리와 신체 접촉을 지속하며 늘 붙어 있도록 하면 자기 병아리를 언제든 떠날 수 있게 내버려둔 암탉보다 모성을 더 오래 간직했다.[47]

신체 접촉은 그러므로 암탉의 모성을 조절하는 주요인으로 보인다. 피부 자극은 뇌하수체에서 모성의 발휘와 유지에 가장 중요한 호르몬, 프로락틴을 분비하는 데 꼭 필요한 조건임이 틀림없는 셈이다. 프로락틴은 또한 인간 엄마를 비롯해 포유류에게서 수유의 시작 및 유지를 조절하는 호르몬이기도 하다.[48]

콜리어스는 염소와 양을 연구했다. 어미 염소와 양은 해산 즉시 자기 새끼를 알아보는데 주로 접촉에 의해서다. 자기 새끼를 알아본 뒤에는 다른 새끼가 다가오려고 하면 기를 쓰고 내친다. 여러 독립적 연구•에서는 동물 종마다 보이는 정상 행동 중 어떤 것들은 삶의 결정적 시기에 정해진 경험을 꼭 해야 일어난다는 점을 보고한다. 이 결정적 시기에 자연 환경이 바뀌면 자기 종 사이에서는 이상하게 여겨지는 비정상적 행동을 보이기 일쑤라고 밝힌다.[49] 허셔와 무어, 리치먼드는 해산한 지 5~10분 된 집 염소 24마리를 갓 태어난 새끼들

• 독립적 연구independent study, independent research: 기존 관행에 구애받거나 감독자 등의 간섭을 거의 받지 않고 특정 주제에 대해 연구자 재량껏 연구하는 방식. 고등학교, 대학 등 여러 교육 기관에서 연구력 향상을 꾀하는 교육이나 훈련법의 일종이기도 하다.

과 30분에서 1시간 동안 떼어놓았다. 두 달 뒤 어미들을 관찰해보니 분리 경험이 없는 어미들과는 달리 자기 새끼에게 젖을 먹이는 횟수가 줄고 남의 새끼에게 먹이는 횟수는 늘었다. 이 실험에서 가장 흥미로운 의외의 결과는 분리 경험이 없는 어미들조차 자기 새끼, 남의 새끼를 불문하고 젖 먹이기를 '거부하는' 행동을 보였다는 사실이다. 떼 지어 살기 좋아하는 동물들이기에, 분리 경험이 무리 전체의 행동 구조에 영향을 미친 것이다. "분리 경험이 없는 '통제군' 염소들은 산후 경험을 의도적으로 교란하지 않았는데도 행동이 변했다. 그들이 실험군의 비정상 어미와 새끼의 행동으로부터 영향을 받았기 때문이다."[50]

허셔 팀은 양과 염소에게서 개별 어미의 특정한 모성 행동 발달에 결정적인 시기가 더 길어질 수 있는지를 알아보고자 기발한 실험을 진행했다. 실험 결과, 어미와 새끼 간의 접촉을 늘리고 들이받는 행동을 금지함으로써 이 기간은 사실상 연장될 수 있었다.[51]

매키니가 애완견종인 콜리를 대상으로 진행한 실험에서는 분만 직후 강아지들을 한 시간 남짓 떼어놓았더니 어미의 산후 회복이 무척 늦어졌다. 새끼들을 뒤적여 주둥이로 비비고 젖을 물리는 행위가 산후 회복을 촉진하는 셈이다. 매키니는 인간 엄마에게서도 이처럼 바람직하지 않은 결과가 일어날 수 있음을 암시했는데, 분만 후 아기와 엄마를 떼어놓아 신생아에게 긴급한 욕구인 엄마와의 지속적 접촉을 막으면 그렇게 될 수도 있다는 주장이었다. 이 주장은 최근 연구에서 확증되었다.(이 책 550쪽 부록 2 참조)[52, 53]

해리 F. 할로는 동료들과 함께 붉은털원숭이를 직접 관찰하여 다음과 같이 가정했다. "접촉성 매달리기는 어미와 새끼, 새끼와 어미를 결속하는 일차 변수다." 그리고 모성애는 어미와 새끼가 몸을 맞대 접촉하는 동안 최고에 이르며, 이런 형태의 신체 교감이 줄어들면서 차차 시들해진다고 밝혔다.

이 연구자들의 정의에 따르면 모성애란 외부 유발 자극, 다양한 경험, 여러 내분비학적 요인 등 다양한 조건에 기초하는 기능의 하나다. 외부 유발 자극이란 새끼와 관련된 요인들로, 접촉성 매달리기, 따스한 체온, 젖 빨아먹기, 시각 및 청각 신호를 포함한다. 어미의 행동과 관련된 실험 요인들은 어쩌면 어미의 모든 경험을 아우를 수도 있다. 여기서는 자기가 낳은 새끼 하나하나와의 경험과 여태껏 새끼들을 기르며 쌓아온 경험도 중요하겠지만, 어미 자신의 어릴 적 경험 역시 각별히 중요하리라 추정된다. 내분비학적 요인들은 임신과 분만, 정상 배란 주기의 회귀에 관계한다.[54]

사실, 어미 자신의 어릴 적 경험은 이후 자식이 제대로 성장하는 데 퍽 중요하다. 일련의 정밀한 실험에서 빅터 H. 데넨버그와 아서 E. 휨비 두 박사는, 어루만져준 쥐의 새끼들은 이후 친모와 지내든 양모와 지내든 어린 시절 누구도 어루만져준 적 없는 쥐의 새끼들보다 이유기離乳期 체중이 더 나간다는 사실을 증명했다. 또한 어루만져준 쥐의 새끼들은 어루만져주지 않은 쥐의 새끼들보다 배변은 더 잘하면서 덜 극성스러웠다.[55]

아더와 콩클린에 따르면 임신기에 어루만져준 쥐의 새끼들은 친모와 지내든 여러 양모를 거쳐 지내든 어루만져주지 않은 쥐의 새끼들에 비해 쉽게 흥분하지 않았다.[56]

워보프가 동료들과 밝혀낸 바에 따르면, 어미를 임신 기간 내내 어루만져주면 뱃속 태아가 생존할 확률은 높아지고 사산될 확률은 낮아졌다. 또한 이들이 관찰한 새끼 쥐의 체중 감소는 한배에서 나오는 새끼 수가 증가했기 때문이리라 추정했다.[57]

세일러와 새먼은 어미들이 새끼를 공유하는 공동 보금자리에서 양육된 쥐들은, 어미 홀로 양육한 쥐보다 태어나 첫 20일 동안 성장률이 더 빨랐다고 밝혔다. 어미 대 새끼 비율이 같아도 결과는 마찬가지였다. 새끼의 체중 차이는 여러 암컷에게서 양질의 젖을 더 먹어서 영양이 보충되었기 때문으로 추정됐다. 연구자들은 또한 같이 먹고 자는 새끼와 엄마라는 존재의 수적 증가로 촉각 자극은 물론 열 자극까지 배가되어 새끼들에게 단열재처럼 작용함으로써 대사 에너지가 성장을 한층 더 촉진했으리라 보았다.[58] 쥐들은 보통 서로 접촉해 있는 시간이 무척 길어서, 접촉 없이 오래 홀로 있으면 빛 자극보다는 촉각 자극에 한층 더 민감하게 반응한다.

1954년, 이런 종류로는 최초에 속하는 한 연구에서 와이닝어는 다음과 같이 밝혔다. 23일 만에 젖을 뗀 숫쥐를 이후 3주간 쓰다듬어주고 44일째 몸무게를 재보니 쓰다듬어주지 않은 통제군 쥐들보다 평균 체중이 20그램 더 나갔다. 게다가 성장률도 쓰다듬어주지 않은 쥐들을 능가했다. 개방형 상자 실험•에서 쓰다듬어준 쥐들은 환한 중앙에 훨씬 더 가까이 다가가서, 빛을 피해 벽에 달라붙어 다니는 자기 종의 본성을 더 잘 극복하는 모습을 보였다. 직장 온도 역시 쓰다듬어준 쥐들이 훨씬 더 높아서, 대사율이 변했을 가능성마저 내비쳤다.

스트레스 자극(48시간 동안 움직이지 못하게 하고 금식)에 노출시킨 뒤 곧장 해부해보면, 쓰다듬어준 쥐들이 쓰다듬지 않은 쥐들보다 심혈관계와 위장계 손상이 훨씬 덜했다.[59]

• 개방형 상자 실험open field test(OFT): 숨을 곳 없이 트인 공간을 벽으로 둘러치고 그 안에 설치류를 넣어 운동활성 및 불안도 등을 측정하는 실험.

한스 셀리에 등 여러 연구자가 내놓은 풍부한 연구 결과들에서는, 스트레스가 지속됐을 때 심혈관계를 비롯해 여타 기관계 손상은 부신피질자극호르몬ACTH 활동의 최종 산물일 수 있다고 증명해왔다. 부신피질자극호르몬은 뇌하수체에서 분비되며 부신피질에 작용해 코르티손을 분비하게 한다. 스트레스와 ACTH 사이의 이런 관계는 교감신-경부신축이라 불리기도 한다.[60] 와이닝거는 스트레스성 손상과 관련해 쓰다듬지 않은 쥐들과 비교해 쓰다듬어준 쥐들이 보인 우수한 면역력은 동일한 위험 상황하에 뇌하수체에서 ACTH가 덜 분비되었기 때문이라고 주장했다. 만약 이 가정이 맞다면, 쓰다듬어주지 않은 쥐들의 부신은 스트레스를 받은 뒤 ACTH를 더 받아들여 좀더 무거워지리라 예측할 수 있는데, 실험 결과 역시 그러했다. "위 결과를 보건대, 누군가가 자신을 쓰다듬어주는 환경에서 생활한 쥐는 시상하부 기능에 중요한 변화가 발생해, 위험한 자극이 주어진 상황에서 교감신경 분비물의 방출을 감소시키거나 대량 방출을 막았으리라고 (그럼으로써 뇌하수체에서 분비되는 ACTH 양을 줄였으리라고) 예측되었다."[61]

여기에는 이보다 훨씬 더 복잡한 과정이 있지만 핵심 사항만 요약하면 다음과 같다. 쓰다듬어줄 때 뇌하수체-부신 호르몬 분비와 스트레스 상황이 관련이 있는 것이 사실이다. 쓰다듬어준 동물은 스트레스에 대응해 신체 온 기관계에서 기능 효율이 증가한다. 쓰다듬지 않은 동물의 기관계는 기능 효율성을 발휘하는 데 실패함으로써 환경의 공격과 거기서 비롯된 손상에 대응하는 능력이 모든 면에서 떨어진다. 따라서 '핥기와 사랑' 또는 피부(촉각) 자극을 논할 때 그것이 곧 애정의 밑바탕을 이루는 필수 성분을 논한다는 뜻임이 분명한 것처럼 어떤 유기체든 간에 건강하게 발달하려면 반드시 이 요소들을 필요로 한다는 점 역시 명백하다.

풀러는 태어나자마자 모든 접촉을 차단당한 상태에서 인간이 다가가 쓰다듬고 어루만진 강아지들이 접촉 차단 뒤 어루만져주지 않은 강아지들보다 차단 해제 뒤 진행된 실험들에서 한층 더 양호한 모습을 보였다고 밝혔다.[62]

코넬동물행동치료소 직원들은 또한 아예 핥아주지 않으면(핥아주기는 태어난 직후 한 시간이면 충분함에도 불구하고) 갓 태어난 새끼 양 대부분은 일어서지 못한 채 이내 죽는다고 밝혔다. 핥아주지 않아도 일어서는 양이 있을 수 있지만, 주목을 끄는 점은 갓 태어난 새끼 양이 일어서고자 애쓰더라도 어미는 자기가 핥아주기 전까지는 대개 못 일어서도록 발로 저지한다는 사실이다.[63] 배런은 수건으로 털을 닦아준(핥기와 같은 기능) 양들이 그렇게 해주지 않은 양들보다 먼저 네 발로 일어선다고 밝혔다.[64]

일련의 독자적 실험들에서는 어릴 적 촉각 경험의 매우 실감 나는 효과들을 인상 깊게 증명하기도 했다. 예를 들면, 카라스는 태어나 첫 5일 동안 어루만져준 쥐들이 다른 때 만져준 쥐들과 비교했을 때 회피 조건화 척도에서 가장 높은 정서성을 보였다고 밝혔다.[65] 러빈과 루이스가 밝힌 바에 따르면, 출생 직후 2일에서 5일 동안 어루만져준 동물들은 출생 후 12일이 지나 매서운 추위에 노출됐을 때 부신아스코르빈산이 크게 감소했다. 어루만지지 않은 동물들과 생후 5일이 지나서야 어루만져준 동물들은 생후 16일이 되어서야 감소했다.[66] 또한 벨, 라이스너, 린은 전기경련 충격을 주고 24시간이 지났을 때 어루만져주지 않은 동물과 생후 5일 이후 만져준 동물이 첫 5일 어루만져준 동물에 비해 혈당 수준이 유의미하게 높다는 것을 발견했다.[67] 데넨버그와 카라스의 관찰 결과를 보면 생애 첫 10일 동

안 어루만져준 쥐들이 체중이 가장 많이 나가고 학습 능력이 가장 뛰어나며 가장 오래 살았다.[68]

약물이 고콜레스테롤 섭식에 미치는 효과에 대한 이해를 돕고자 실험 통제군으로 구성돼 활용되던 토끼들에게서, 노렘과 콘힐은 우연히 껴안고 함께 놀아준 토끼들의 죽상경화증이 비교적 무관심하고 냉정하게 돌본 토끼들의 절반 수준에 머무른다는 사실을 발견했다.[69]

어느 포유류든 어린 시절에는 어미 몸은 물론 형제나 다른 동물의 몸이라도 곁에 있으면 죄다 달라붙거나 껴안는데, 이것은 이들의 육체 및 행동 발달에 피부 자극이 생물학적으로 중대하게 요구된다는 사실을 강하게 암시한다. 쓰다듬어주거나 아니면 어떤 식으로든 피부를 기분 좋게 자극해주면 동물들은 십중팔구 좋아한다. 개는 아무리 쓰다듬어도 더 해주기를 바라고 고양이는 쓰다듬으면 기분이 몹시 좋아져 가르랑가르랑 노래를 부른다. 집에서 키우든 야생에서 생활하든 동물들은 쓰다듬어주면 분명 적어도 제 몸을 핥는 만큼은 좋아할 것이다. 고양이가 당신을 신뢰한다는 가장 확실한 신호는 당신 다리에 몸을 비비는 것이다.

인간 손의 효율성은 인간미 없는 기계 장치를 압도적으로 능가한다. 일례로, 전문가와 낙농장 일꾼들이 익히 아는 바와 같이, 손으로 착유한 젖소는 기계로 착유한 젖소보다 내놓는 우유 양도 많을뿐더러 우유의 영양도 풍부하다. 헨드릭스와 판 더팔크, 미첼은 태어나자마자 인간이 어루만져준 말은 자라면서 유달리 성숙하게 처신했다고 보고했다. 이 말들은 위급 상황에서도 여느 때와 다름없이 협력하고 순종하며 책임감 있게 행동했으며, 긴급 상황에 맞닥뜨려 인간과 의사소통하는 데 창의적으로 처신하기도 했다.[70]

템플대 심리학과 아일린 카시(고양이 11마리와 사는 애묘가)는 고양이의 사회화 연구에서 태어나 3주 된 자묘子猫 26마리로 실험을 시작했다. 자묘들은 각각 실험 집단 세 군데에 배정되었다. 첫 집단의 자묘들은 태어나 3주에서 14주까지 어루만져주고, 두 번째 집단은 7주에서 14주까지 만져주었으며, 세 번째 집단은 14주가 되도록 일절 만져주지 않았다. 실험 절차는 실험자 한 명이 자묘 한 마리를 자기 무릎에 매일 15분씩 올려놓는 식이었다. 자묘마다 실험자 넷이 지정되어 날을 달리하며 쓰다듬었다. 이어 집단별로 사람과 친화하는 정도를 두 가지 방법으로 시험했다. 첫째, 실험자 곁에 얼마나 오래 자진해서 머무르는가, 둘째, 실험자에게 다가오는 데 얼마나 오래 걸리는가.

3주에서 14주까지 어루만져준 집단은 전혀 만지지 않은 집단보다 자진해서 머무르는 시간이 두 배로 길었다. 7주에서 14주 사이에 만져준 집단은 더 먼저부터 만져준 집단보다 짧게 머물렀지만, 아예 만져주지 않은 집단보다는 길게 머물렀다. 마찬가지로 3주에서 14주까지 만져준 집단은 실험자에게 다가오는 데 걸린 시간이 만져주지 않은 집단에 비해 단연 짧았다. 7~14주 집단은 만져주지 않은 집단과 별 차이가 없었다.

카시는 또 다른 실험에서, 어루만진 시간에 따라 자묘의 친화도가 달라진다는 사실을 알아냈다. 실험실에서 하루 40분간 어루만져준 자묘의 사회성이 하루 15분 어루만져준 자묘보다 뛰어났고, 집에서 기른 자묘의 사회성은 단연 으뜸이었다.[71]

내가 직접 관찰한 바에 의하면, 돌고래들은 다정하게 어루만져주는 것을 대단히 좋아한다. 마이애미에 있는 의사소통연구소에서 나는 돌고래 엘바와 몇 분 동안 친구가 되는 기회를 누렸다. 엘바는 다 자란 수컷으로 작은 수조 하나를 독차지하고 있었다. 장난꾸러기 엘바는 방문객들에게 물세례를 퍼붓기 일쑤여서, 방문객들에게는 으레 방수복이 제공되었다. 엘바는 방문객의 몸집에 맞춰 퍼붓는 물줄기를 조절했다. 작은 어린이에게는 작은 물줄기를, 중간 크기 어린이에게는 중간 크기 물줄기를, 성인에게는 큰 물줄기를 뿜어댔다. 그런데 왠지 나한테는 한 줄기도 쏘지 않았다. 연구소장인 존 릴리 박사에 따르면 이런 일은 지금껏 처음이었다. 난 엘바가 받아 마땅한 애정과 관심, 존중을 다하며 다가가 녀석의 정수리를 쓰다듬어주기 시작했다. 이렇게 해주니 엘바는 굉장히 좋아했다. 남은 방문 시간 동안 엘바는 쓰다듬어달라며 내게 온몸 구석구석을 내밀었는데 심지어 비스듬히 누워 지느러미 아래까지 쓰다듬을 수 있게 해주었다. 지느러미 아래를 쓰다듬어주면 특히 즐기는 눈치였다. 이런 기록을 남기게 되어 슬프지만, 몇 달 후 엘바는 방문객에게 감기가 옮아 죽었다.

노스캐롤라이나 보퍼트에 위치한 듀크대 해양연구소의 A. F. 맥브라이드와 H. 크리츨러는 두 살배기 암컷 돌고래에 대해 다음과 같이 기록했다.[72] 그녀는 "관찰자가 어루만지는 데 푹 빠진 나머지 다른 쪽 주먹을 꽉 쥐고 있으면 물 밖으로 조심스레 고개를 내밀어 주먹 관절에 자기 뺨을 문지르곤 했다". 그들은 또 기록했다. "돌고래들은 별의별 사물에 제 몸을 즐겨 비비는데 어찌나 좋아하는지 수조에 등 비빔판까지 설치해두었을 정도다. 등 비빔판이란 암석판에 빗자루 털같이 뻣뻣한 털 세 가닥을 꿋꿋하게 고정시켜둔 판이다. 어른 돌고래들이 이 도구의 목적을 간파하기 무섭게 어린 돌고래들도 다가와 털에 몸을 비비기 시작했다."

캘리포니아 경계 이남 430해리, 바하칼리포르니아 서쪽 연안 라구나 샌이그나시오의 귀신고래들에게서도 이런 행동이 보고되었다. 이곳에서 발견되는 살가운 귀신고래들, 특히 다 자란 암귀신고래는 작은 선단이 정박한 곳으로 와 선원들을 찾아내 긁어달라며 몸을 내밀었다고 한다. 이들은 배에 제 몸을 문지르고 나서 사람 손이나 손잡이가 긴 목솔로 긁어줄 수 있게 물 밖으로 몸을 내밀곤 했다. "귀신고래들은 신체 접촉을 통한 촉각 자극이 주는 쾌감을 잘 알고 있다"고 이 매력 넘치는 보고서의 저자 레이먼드 길모어는 말한다. 보고서에 실린 천연색 사진 아홉 장은 이를 뒷받침하고 있다.[73]

A. 거너 씨는 벼룩들을 달고 다니는 고슴도치를 관찰했는데 그 결과가 대단히 흥미롭다. 그는 다음과 같이 적는다.

> 50~60년쯤 고슴도치를 기르며 관찰하다 보니 벼룩 퇴치가 고슴도치에게 좋지 않다는 확신이 든다. 벼룩이 주는 제법 충실한 혜택이 있다. 미궁같이 뻗어 있는 모세혈관이 제대로 기능하려면 건드리거나 문지르거나 긁거나 비비는 등 피부를 자극해줘야 하는데 내 생각에도 그렇고 이런 피부 순환 자극이 결핍되어 있는 동물에게 벼룩이 해주는 역할이 바로 그것일 수 있다. 동물학자인 친구 한 명이 확신을 더하게 했다. 친구는 내가 옳을 수 있다며, 호주 바늘두더지나 일부 아르마딜로도 그렇고 특히 포유류계의 별종인 천산갑 역시 겹겹의 갑옷 틈새에 곤충이 들어차도 내버려두는 까닭이 거기 있으며 이런 동물들은 깨끗이 해준답시고 해충을 싹 제거해버리면 오래 못 산다고 했다.[74]

이와 관련해 더 파고들어보려 했으나, 안타깝게도 더는 정보를 얻을 수 없었다. 하지만 거너 씨의 동물학자 친구와 마찬가지로 나 역시 그의 판단이 옳다는 생각이 든다. 악어 이빨을 쪼는 새나, 양 뒷등에 내려앉곤 하는 새에 이르기까지 새와 다른 동물 사이의 가까운 유대(공생관계)에서 새들은 숙주의 엄연한 양해 아래 그 몸에서 음식

찌꺼기나 해충을 쪼아 먹고, 원숭이를 비롯한 유인원은 '그루밍' 또는 애정 어린 포옹을 일삼는데, 이 같은 행태는 모두 기본적이면서도 복잡한 욕구에 기인한다는 사실을 암시한다.

이제껏 실은 그리고 앞으로 소개할 숱한 관찰 및 실험 결과에서 도출되는 바는, 어린 새끼가 갓 태어나서부터 받는 여러 형태의 피부 자극은 이들의 육체와 행동이 건강하고 건전하게 발달하는 데 지극히 중요하다는 사실이다. 인간에게는 또한 촉각 자극이 감정 또는 애착관계가 건전하게 발달하는 데 불가결하며, '핥기'는 핥기 자체뿐 아니라 그것이 상징하는 의미에서 사랑과 밀접하게 연관되어 있다고 가정해도 좋을 법하다. 다시 말해, 사랑은 지식이 아닌 사랑받는 경험을 통해 터득할 수 있다는 뜻이다. 해리 할로 교수는 이렇게 말한다. "아이는 엄마에 대한 애착을 통해 여러 애정 반응을 학습하고 일반화한다."[75]

할로는 일련의 귀중한 연구를 통해 원숭이 어미와 새끼 간의 신체 접촉이 새끼의 건전한 발달에 미치는 영향을 연구해왔다. 연구를 진행하면서 할로는 연구실에서 양육되는 새끼 원숭이들이 철망 덮개(거즈를 겹쳐 만든 천)에 강하게 애착하는 데 주목했다. 철망 덮개란 철망 바닥과 우리를 덮는 데 쓰는 천이었는데, 위생 처리를 하느라 덮개를 거둘라치면 새끼들은 여기에 매달려 '거세게 성질'을 부렸다. 이는 물론 매우 어린 아이들에게서 '심리적 안정감을 느끼게 하는 물건'을 빼앗으면 나오는 행동과 비슷하다.(이 책 464~465쪽 참조) 더불어 철망 바닥에서 양육되는 새끼들은 좀처럼 살아남지 못한 것으로 밝혀졌는데, 살아남는다 해도 생애 첫 5일을 넘기지 못했다. 새끼 원숭이들은 철망으로 만든 원뿔을 주면 좀 나아졌고, 이 원뿔을 보풀거리는 수건 원단으로 감싸주면 튼실하게 커갔다. 이 시점에서 할로는

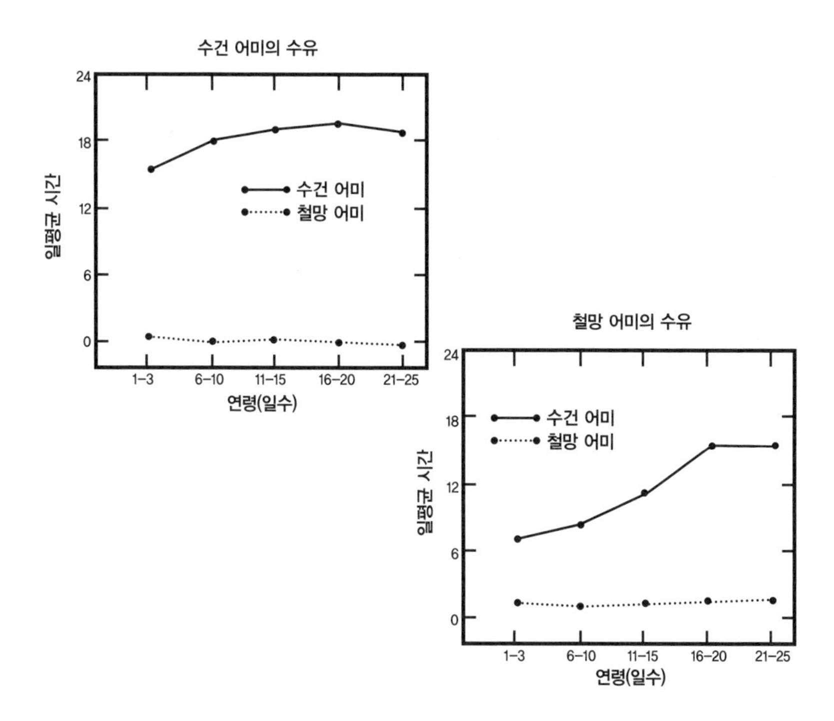

그림 3 _ 수건 어미 및 철망 어미와 보낸 시간(H. F. 할로, R. R. 지머만, 「새끼 원숭이의 애착 반응 발달The Development of Affectional Responses in Infant Monkeys」, 『미국철학회보』, 102:501~509, 1958)

수건 원단으로 대리모를 만들기로 했는데, 뒤에는 열을 발산하도록 전구를 붙였다. 이렇게 만들어진 어미는 "보들보들 포근한 살가운 어미, 인내심이 무궁무진한 어미, 하루 24시간 붙어 있을 수 있는 어미, 야단치는 법도, 화가 난다며 새끼를 때리거나 물어뜯는 법도 없는 어미였다".[76]

두 번째 대리모는 맨 철망으로 만들었다. 수건 원단, 곧 피부가 없었기에 접촉해도 안락하지 않은 셈이었다. 나머지 이야기는 할로 본인의 말로 전해야 제 맛이리라. 그는 적는다.

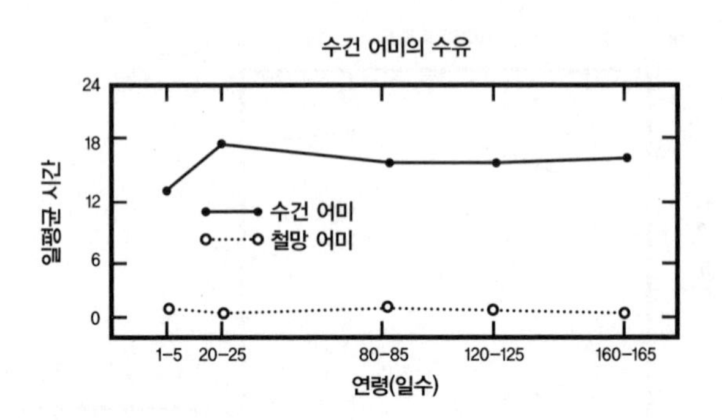

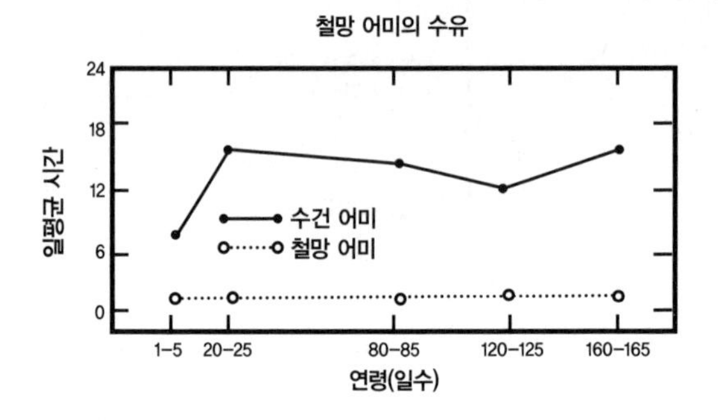

그림 4 _ 수건 어미 및 철망 어미와 신체 접촉 시간(H. F. 할로, R. R. 지머만, 「새끼 원숭이의 애착 반응 발달,『미국철학회보』, 102:501~509, 1958)

첫 실험인 이중 대리모 조건에서 우리는 새끼가 지내는 우리를 칸막이로 나눠 한 칸에는 수건 어미를, 다른 칸에는 철망 어미를 붙여두었다. (…) 갓 태어난 원숭이 네 마리씩을 각각 우리에 넣었는데, 한쪽 우리에서는 수건 어미가 젖을 분비하고 철망 어미는 그렇지 않았으며 다른 우리에서는 이와 반대였다. 어느 조건에서든, 새끼가 대리모의 젖을 빠는 법을 익히자마자 우유는 대리모를 통해서만 제공되었다. 매우 어린 경우를 제외하고 새끼들은 이 같은 방식을 2~3일이면 익혔다. 대리모에게서 섭취하는 우유면 충분할 때까지 보충 영양이 제공되었다. 따라서 실험은 접촉 시 안락과 흡유 시 안락이라는 두 변수의 상대적 중요도를 측정하는 셈이었다. 생애 첫 14일 동안 우리 바닥을 거즈로 겹겹이 감싼 보온 깔개로 덮어두다가, 14일이 지나고는 맨바닥인 채로 내버려두었다. 새끼들은 언제든 보온 깔개나 맨바닥을 벗어나 두 대리모와 접촉할 수 있었으며, 대리모와 지낸 시간은 자동으로 기록되었다. 그림 3은 두 수유 조건하에서 수건 어미와 철망 어미하고 보낸 총 시간을 보여준다. 자료에서는 애착 반응을 일으키는 데 있어 접촉 안락이 압도적 우위인 반면 젖 분비는 시시한 변수로 머문다는 사실을 보여준다. 나이가 들고 경험이 쌓이면서, 새끼들은 젖이 나오는 철망 어미에게는 갈수록 애정 반응을 덜 보이면서 젖이 안 나오는 수건 어미에게는 갈수록 애정 반응을 더 보였다. 이는 기갈을 줄여주는 어미에게 적응해간다고 추론하는 욕구 유도 이론에 정면으로 배치된다. 그림 4에서 보듯, 이처럼 상이한 반응은 165일 내내 이어졌다.

접촉 안락이 애착 또는 애정을 좌우하는 변수로서 근본적으로 중요하다는 사실이 놀랍지는 않았으나, 수유라는 변수를 이처럼 철저히 깔아뭉개리라고는 예상하지 못했다. 사실 두 변수 간 차이가 너무 커서 애착을 일으키는 변수로서 수유의 주된 역할은 모자의 신체 밀착을 보장하는 것에 있다고 보일 정도다. 인간은 분명 젖만으로는 살 수 없다. 사랑이라는 감정을 느끼게 하는 데 꼭 젖이나 밥을 먹일 필요는 없다. 사랑이란 절대 알랑알랑하는 사탕발림으로 끌어낼 수 있는 감정이 아니기 때문이리라.[77]

할로의 관찰 결과 가운데 단연 으뜸은 그의 새끼 원숭이들이 영양분보다 촉각 자극을 한층 더 높이 샀다는 점이다. 영양분을 충실히 공급해준 철망 어미를 제쳐두고 영양분은 공급해주지 않았어도 촉감이 좋았던 '어미'에게 애착했다. 할로는 한발 더 나아가 수유의 주된 목적이 새끼와 어미의 신체 접촉 밀도를 보장하는 데 있다고까지 추정한다. 신체 접촉 자체가 수유의 주된 기능은 아니더라도, 신체 접촉을 유도하는 기능 역시 근본적으로 중요하다고 확신한다. 이 문제는 뒤에서 더 자세히 다룰 것이다.

마지막으로, 할로가 내린 결론이다.

> 우리는 이제 노동층 여성들이 포유류 암컷으로서 수행할 수 있는 주된 기능을 이유로 집에 붙어 있을 필요가 없다는 점을 안다. 가까운 미래에는 신생아에게 모유를 수유하는 일 자체가 불필요하다고 여기게 될지 모르나, 베블런의 표현을 빌리자면, 일종의 사치, 즉 과시적 소비로서의 모유 수유가 상류층의 전유물로 남을 가능성도 배제할 수 없다.

앞으로 살펴보겠지만,(이 책 3장 참조) 사람들이 그다지 중요하지 않다며 낮잡아 본다고 해서 어미와 새끼 간 신체 접촉의 가치를 높게 본 할로의 결론이 그 정당성을 위협받을 일은 없다. 그가 동료들과 증명한 바를 보면, 정상적인 수유 짝(어미와 새끼)에게서 새끼가 젖을 먹든 안 먹든 어미 젖꼭지 접촉은 3개월가량 이어진다. 젖꼭지 접촉이 개체가 발달하는 데 중요한 몫을 담당한다는 점에는 여부가 없는 셈이다.

아기가 태어나면서 엄마도 태어난다. 분만할 때부터 이후 몇 달에 이르도록 아기와 접촉하고 싶은 엄마의 욕구나 필요가 아기를 능가한다는 주장에는 충분한 근거가 있다. 할로 팀이 관찰한 바에 따르면, 붉은털원숭이 어미는 해산하고 몇 달 동안 새끼와 접촉할 필요가 있는데 이는 어미와 접촉해야 하는 새끼의 필요를 뛰어넘는다. 새끼와 접촉함으로써 어미의 모성이 유지되기 때문이다. 인간의 경우 엄마가 아기와 밀착할 필요가 여타 포유류보다 훨씬 더 큰 데다 대단히 오래 지속된다. 심리적 기능도 중요하지만, 분만 뒤 지혈, 태반 분리 및 만출, 혈행 개선 등 생리적 기능 또한 다양하기 때문이다.

할로가 동료들과 진행한 연구에서 인상적인 결과는, 어미 노릇에 당최 소질이 없는 암컷 다섯 마리의 어린 시절을 추적하여, 이들은 어릴 때 정상적인 어미-새끼 관계를 발전시킬 기회가 없었거나, 자기 친어미가 누구인지 모르고 자랐거나, 정상적인 형제관계를 누리지 못한 상태에서 다른 원숭이들과 제한된 신체관계만을 경험했음을 밝힌 것이다. 어미 가운데 둘은 자기 새끼에게 도통 무관심했으며, 셋은 새끼를 심하게 학대했다. "어미가 유아기에 정상적인 신체 밀착 만족을 경험하지 못하면 성체成體가 되어 자기 새끼와 정상적인 접촉 관계를 형성하는 일 또한 불가능해 보인다. 마찬가지로 어미의 잔혹성 또한 태어나 첫 1년 동안 형제들과 적절한 사회관계를 맺지 못한 데 기인하는 듯하다." 더 나아가, 이 연구자들은 어미 없이 자라 어미가 된 동물이 교미 자세나 반응 등에서 정상 암컷다운 태도(성적 태도)를 보이는 법이 없다는 사실을 발견했다. 이런 어미들은 아무런 준비 없이 어미가 되었던 셈이다. 차차 살펴보겠지만, 인간에게서도 사실상 이와 똑같은 상호작용이 발견되며 그 중요도 역시 똑같다.[78]

포유류에서 모성 행위가 전적으로 호르몬이나 학습에만 좌우되지는 않지만, 모성 행위가 얼마나 순조롭게 그리고 효과적으로 발달하느냐는 어린 시절 어미에게서 받은 자극에 의해 좌우된다. 로스의 실험에서 보면, 새끼 쥐들을 암쥐 우리에 딸린 철망 바구니에 넣어두어 이 암쥐가 새끼들을 직접 핥거나 접촉할 수 없게 만들자 모성 행위가 더디게 이루어졌다.[79] 터클과 로젠블랫은 처녀 암쥐에게서 모성 행위를 재빨리, 곧 대략 이틀 만에 끌어낼 수 있는 방법을 알아냈는데, 암쥐들을 좁은 우리에 가둬 보통 쓰는 넓은 우리에서와 달리 새끼들과 밤낮 접촉할 수밖에 없게 만들면 됐다. 새끼들에게 드러내는 모성 반응은 암쥐가 새끼로부터 받는 접촉 자극량에 비례하는데, 이러한 자극에는 모성을 끌어내는 효과가 있기 때문이다.

로젠블랫은 어미의 행동이 새끼의 욕구 및 행동 능력에 따라 조정되며 새끼들의 행동력 발달에 맞춰 어미의 행동 역시 변화하는 현상을 가리키고자 공시성共時性, synchrony이라는 개념을 도입했다. 공시성은 그러나 사건들이 같은 시간에 발생함을 뜻하는 용어인 까닭에, 나는 신생아 시기 어미와 새끼 간의 관계와 더불어 이러한 호혜적 자극의 중요성을 표현하기에는 상호의존성interdependence이 한층 더 적합하다고 본다. 물론 이 같은 호혜적 변화는 신기하리만치 동시에 발생하지만, 이들의 호혜성은 그 자체로 상호의존적이기 때문이다. 어미와 새끼 간의 호혜적 자극이 일으키는 신체 및 행동 변화는 자극이 이어지면서 발달을 거듭하는데, 이런 현상은 상호 자극이 없다면 발생하지 않는다. 그러므로 수유 짝끼리 주고받는 상호 자극의 중요성은 아무리 강조해도 지나치지 않은 셈이다.[80]

할로를 비롯해 동료 연구자들은 '원숭이 세계를 통틀어 관찰되는 매우 강력한 사회화 반응'에 관해 설명했는데, 그루밍이 바로 그것이다. 자기 새끼에게 드러내는 그루밍 반응이 산후 30일 내내 증가했다고 보고하면서, 연구자들은 이것이 어미와 새끼만의 독특한 심리적 유대가 강화되고 있음을 보여주는 증거일 수 있다고 주장했다.[81]

필리스 제이는 어미 랑구르에 대해 다음과 같이 말했다. "분만 한 시간 뒤부터 새끼를 살피고 핥고 그루밍하며 돌본다. 갓난 새끼가 얌전히 젖을 빨거나 잠들어 있으면, 어미는 헤살을 놓거나 깨우지 않으면서 새끼를 부드럽게 그루밍하며 어루만져준다. 생후 첫 주 동안 갓난 새끼는 어미나 다른 암컷한테서 멀어지는 법이 없다."[82]

할로가 밝힌 바에 따르면, 분만 뒤 첫 몇 달 동안 어미 원숭이에게는 새끼와 밀착해 있으려는 욕구가 생기는데, 이는 어미와 밀착하려는 새끼의 욕구를 능가한다. 따라서 이러한 욕구는 적어도 부분적으로는 어미의 보호 본능에서 비롯되는 셈이다. 아기와의 밀착 욕구라면 인간도 원숭이 못지않아 보인다.[83] 1920년대 후반 하버드대 메리 셜리는 아기 25명을 대상으로 집중 연구를 진행해 다음과 같은 사실을 밝혀냈다. "엄마들이 말하는 아기들의 첫 애정 신호는 젖을 빨면서 엄마 젖가슴을 토닥거리기, 어깨에 받치고 있으면 달갑게 꼭 껴안기였다. 생후 7~8개월이 되면 아기들은 엄마 얼굴을 토닥이고, 목을 그러안고, 뺨을 맞대고, 입맞춤에 얼굴을 대주고, 껴안고, 깨물며 애정을 드러낸다." 셜리는 이런 행동 대부분이 학습에서 비롯된 것으로 보이나, 토닥이기와 껴안기는 자발적일 수도 있다고 주장했다. 그렇게 볼 수도 있다.[84] 하지만 주목해야 할 점은 여기서 애정을 전하는 아기의 소통 행위가 모두 촉각과 관계되어 있다는 사실이다. 물론 표정, 미소, 웃음 등 다른 소통 행위도 뚜렷하게 존재했다.

영장류에게 촉각은 정교한 소통 매체다. 성적 표현, 교미 없이 올라타기, 입맞춤(또는 귀 젖히기), 포옹, 성기/복부에 주둥이 비비기, 입/머리에 입맞춤하기, 엉덩이 만지작거리기, 손으로 건드리기, 깨물기 등이 유인원 사이에서 두루 관찰되는 행동인 만큼, 피터 말러가 요약한 바와 같이 "영장류 사회에서 평화와 화합을 유지하는 데 촉각 신호만큼 중요한 매체도 없을 듯하다".[85]

영장류 새끼는 자기 어미와 사실상 밤낮없이 접촉해 있다. 영장류 새끼의 생존은 어미와의 접촉에 좌우되는 셈이다. 어미와 새끼 간의 접촉과 소통은 매달리기, 빨기, 올라타기, 말하기를 통해 이루어지고 이어진다. 헤디거도 말했듯, 하나의 목目으로서 영장류는 접촉하는 동물인 셈이다.[86]

새끼들은 오랫동안 어미 몸에 붙어 지낸다. 매달리고 올라타는 등 무리의 다른 성원들과의 접촉도 부지기수다. 새끼들은 물론이요 종종 다 자란 성체도 서로 붙어 앉거나 잔다. 접촉은 정말 많이 일어나는데 그 가운데서도 가장 유난스러운 특징은 그루밍이다. 영장류는 서로를 그루밍해준다. 그루밍은 몸에서 기생충이나 때 등을 제거하는 행위일 뿐만 아니라 앨리슨 졸리의 표현처럼 "여우원숭이에서 침팬지에 이르기까지 영장류를 결속시키는 사회적 접합제다".[87] 앤서니는 파피오 시노세팔루스, 곧 노랑개코원숭이 사회에서 그루밍이 발달하는 과정을 묘사하며, 새끼들은 젖 빨아먹기부터 출발해 젖 주위 털을 붙들다가 그루밍으로 발전해나간다고 했다. 이러한 접촉으로 어미와 새끼가 서로 쾌락을 느끼면서 이후 여타 그루밍을 하거나 받는 데서도 쾌락을 느끼게 된다는 유추도 설득력 있어 보인다. 살아가는 내내, 접촉 행위는 격한 감정 반응을 줄여서 파괴적 정서가 통제 가능한 수준에 머물 수 있도록 해준다.[88]

그루밍 외에도 영장류가 보이는 접촉 행동은 토닥이기나 주둥이로 비비기 등 무척 다양한데, 특히 주둥이로 비비기는 반갑다는 표시이기도 하다. 침팬지는 서로 손이나 얼굴, 사타구니 등 신체 곳곳을 토닥일 뿐만 아니라 안심의 표시로 서로의 등에 손을 얹거나 애정의 표시로 입맞춤을 하며, 새끼들은 특히 간지럼 태우는 걸 탐욕스러우리만치 좋아해서 간질여달라고 상대의 손을 끌어당기기도 한다.

원숭이와 유인원 사이에서 손을 이용한 그루밍은 흔하며, 여우원숭이와 같이 빗처럼 생긴 유별난 이빨을 사용하기도 한다. 졸리가 지적했다시피, 빗살 같은 흥미로운 이빨 배열로 인해 여우원숭이 식의 이빨 그루밍이 가능한데 이들에겐 핥기나 마찬가지인 행위다.[89] 이러한 그루밍의 범위는 이런저런 손가락을 이용한 뜯기를 거쳐, 마침내 인간들의 쓰다듬기로 확장된다고도 볼 수 있다.[90] 요컨대, 핥기가 시초가 되어 (여우원숭이에게서처럼) 이빨로 빗질하기, 손가락 그루밍 그리고 침팬지, 고릴라, 현생 인류에게서 볼 수 있는 어루만지기 또는 애무로까지 진화했을 가능성이 다분하며, 따라서 인간이 아기를 어루만지는 행위는 여타 포유류가 자기 새끼를 핥는 행위만큼 중요한 경험일 수 있다. 이것이 우리가 탐구해들어갈 문제다. 한편 분명해 보이는 점은 '핥기' 또는 이와 같은 역할을 하는 여타 기분 좋은 촉각 자극이 생존 능력을 생성하는 요소에 속한다는 사실이다.

결론적으로 포유류와 원숭이, 유인원, 인간 행동을 대상으로 한 연구에서는 호흡이 기본 욕구이자 필요인 것처럼 접촉 역시 기본적으로 요구되는 행위로, 의존적 존재인 유아가 사회인으로 성장하고 발달하려면 접촉, 곧 촉각 행위를 경험해야만 하며, 또한 사는 내내 타인과 접촉을 이어가야 한다는 점을 명백히 보여주고 있다. 더 나아가 촉각 욕구가 충족되지 않으면 '이상 행동'이 나타나게 마련이라는 점 역시 보여준다.

제2장

시간의 자궁

시간의 자궁에서는 숱한 사건이 태동하니,
장차 벌어질 일들이로다.

셰익스피어,
『오셀로』

앞서 확인한 것처럼 새끼가 태어나서부터 이후로도 상당 기간 핥아주거나 이빨로 빗질해주거나 그루밍해주는 행위는 새끼의 생존에 필수 불가결한 조건으로 보인다. 이러한 자극은 또한 새끼의 건전한 행동 발달에도 반드시 필요하다. 그렇다면 어째서 인간 엄마는 제 아이를 핥아주지도, 이빨로 빗질해주지도, 그루밍해주지도 않을까?

인간 엄마에게서 이런 행동은 전혀 보이지 않는다. 오랜 기간 광범위한 탐구가 진행되어온 결과 제 아이를 핥아서 씻기는 문화는 둘뿐이었다. 물이 귀한 지역인 극지방 및 고원에 사는 에스키모와 티베트인 엄마들은 마땅한 수원이 부족해 비교적 나이 든 아이들을 물 대신 침으로 핥아서 씻기기도 한다.[1] 지혜로운 우리 선조들이 엄마로서 바람직한 행동은 인간이나 여타 포유류나 대동소이하다는 점을 인식해왔다 해도, 인간 엄마는 어쨌든 제 아이를 핥아주지 않는다. 이와 유사한 인식은 프랑스어 관용구 엥 우르 말 레셰un ours mal léché, 곧 '핥아주지 않은 능소니(새끼 곰)an unlicked cub'에서도 찾을 수 있다. 이 관용구는 무례한 사람, 즉 타인을 '투박하거나' 꼴사납게 대하는 사람인 '무뢰한無賴漢'을 가리키는 데 사용되기도 한다. 이 어구에는 일부 동물 새끼는 원체 매우 미숙하게 태어나서 제 모습을 갖추려면 어미가 반드시 핥아주어야 한다는 믿음이 깔려 있으나,• 이후 소위 '사회성'을 발달시키는 데 어미의 다정한 보살핌이 중요하다는 인식을 반영하게 되었다. 벨기에 출신의 저명한 미국인 사학자 조지 사턴은 일기에 다음과 같이 적었다. "나는 이제야 알았다. 8월 초하루는 스페인 태생인 성聖 라이문도 논나토(1204~1240)의 축일이다. 이 성인이 논나토Nonnatus라 불린 까닭은 그가 '태어나지 않고not-born' 어머니가 사망한 뒤 자궁에서 적출되었던 데 있다. 내 운명도 그와 별반 다르지 않았다. 나를 낳자마자 돌아가셨기에 어머니란 나에게 전혀 생소한 존재였다. (…) 내 결함 대부분은 어머니가 안 계셨던 데다 아버지는 훌륭하셨지만 나에게 신경 써줄 시간이 없었던 데 기인한다. 나는 사실상 '핥아주지 않은 능소니'인 셈이다."

여기서 답해야 할 질문이 있다. 만약 아기의 생명을 유지하는 신체 계통이 제대로 기능하도록 인간 엄마가 핥기 대신으로 해주는 행위가 있다면, 어떤 것들이 있을까?

나는 '핥기'에 맞먹는 행위 가운데 하나로 여성의 긴 분만과정을 꼽는다. 첫아이 분만에는 평균 16시간이 걸리며 이후 아이를 낳는 데에도 평균 8시간이 소요된다. 이 시간 동안 자궁이 수축하면서 태아

• 대 플리니우스(23~79)는 자신의 책 『자연사』, Ⅷ, 126쪽에 다음과 같이 적는다. "곰은 태어나면 흰 쥐보다 조금 더 큰 허연 살덩이로 본때라곤 없이 발톱만 유난히 돋보인다. 어미는 그래서 새끼를 핥아 차차 제 모습을 갖추도록 해준다."—저자 주

피부를 엄청나게 자극한다. 이처럼 자궁 수축은 기능이나 효과 면에서 여타 동물이 갓난 새끼를 핥아주는 행동에 비견할 만하다. 자궁 속에서는 양수를 비롯해 태아 자신의 몸이 자라면서 자궁벽에 눌리는 압박감이 태아를 줄기차게 자극한다. 이러한 자극은 분만과정에서 극심해지며 태아가 지금까지 지내온 수중 환경에서 필요했던 신체 기능 체계를 버리고 자궁 밖 세계에서 필요한 체계를 갖추도록 돕는다. 이처럼 피부 자극 강화는 인간 태아에게 유독 중요한데, 일반적 믿음과 달리 아이를 낳았다고 해서 임신 기간이 끝나지는 않기 때문이다. 즉, 반절만 완료되었을 뿐이다. 인간의 자식이 엄마 뱃속에서 나와 맞닥뜨리는 불안정한 환경에 대해 그리고 신생아가 특정 피부 자극을 요하는 까닭에 대해 어떤 식으로든 통찰하려면, 이 문제를 더 깊이 파고들어야 할 것이다.

신생아 및 유아기 인간에게 있어 미숙未熟의 의미

어째서 인간은 그토록 미숙하게 태어나서 기는 데조차 여덟 달에서 열 달이 걸리며 걷거나 말하려면 거기서 또 넉 달에서 여섯 달이 더 걸릴까? 인간 아이가 그야말로 타인에게 의지하지 않고 생존할 수 있게 되려면 꽤 여러 해가 걸리는데, 이는 인간이 다른 어떤 동물보다도 미숙하게 태어나서 이후로도 오랜 기간 미숙한 상태로 지낸다는 사실을 말해준다.

갓 태어난 코끼리와 다마사슴은 태어나자마자 금세 자기 무리와 어울려 다닐 수 있다. 물개는 생후 6주쯤 되면 어미로부터 물속 세상에서 스스로 헤엄쳐 다니는 법을 배워 익힌다. 이 동물들은 죄다 임신 기간이 긴데, 포식자는 새끼를 작게 낳아도 잘 보호할 수 있다지만 다른 동물들은 그처럼 효과적으로 보호할 수 없어 제법 성숙한 상태로 낳아야 하기 때문일 수 있다. 긴 임신 기간 덕에 이처럼 성숙한 새끼를 낳는 셈이다.

코끼리의 임신 기간은 515일에서 670일 사이이며, 한 번에 한 마리만 낳는다. 다마사슴 같은 동물들은 한 번에 두세 마리씩 낳으며 임신 기간은 230일이다. 물개는 한 번에 한 마리씩만 낳으며, 임신 기간은 245일에서 350일에 이른다. 반대로 포식자들은 자기 새끼를 보호하기가 매우 수월하며 임신 기간이 짧다. 포식자가 한 번에 낳는 새끼는 세 마리 이상이다. 포식자의 새끼는 갓 태어났을 때 보통 몸집이 작으며, 다소 미숙한 상태로 태어날 수도 있다. 일례로 호랑이는 주로 한 번에 새끼 셋을 낳으며 임신 기간은 105일이다. 인간의 임신 기간은 266.5일로 단연 긴 축에 속한다. 그렇다면 인간이 극히 미숙한 상태로 태어나는 까닭은 어떻게 설명할 수 있을까? 이는 인간 아기가 오래도록 미숙하게 지내는 이유와는 다소 별개의 문제다.

유인원 역시 미숙한 상태로 태어나지만 이런 상태로 있는 기간은 인간에 비해 훨씬 더 짧다. 고릴라의 평균 임신 기간은 252일이며 오랑우탄은 273일, 침팬지는 231일이다. 유인원이 분만하는 데 걸리는 시간은 2시간을 채 넘지 않는데, 인간은 첫아이를 낳는 데 평균 16시간이 걸리고 둘째 이후로도 8시간이 걸린다는 사실과 크게 대조된다. 인간과 마찬가지로 유인원 역시 단일 분만 동물, 즉 주로 한 번에 새끼 한 마리만 배어서 낳는 동물이긴 하지만, 인간에 비해 유인원 새끼가 한층 빨리 발달해서 고개 들기, 구르기, 스스로 기어가기, 스스로 앉기, 서기, 걷기와 같은 동작을 하기까지 걸리는 기간은 인간의 3분의 1 내지 3분의 2 정도에 그친다. 어미 유인원이 수년간이나

속屬	임신 기간(일)	초경(년)	유치와 영구치 발생(년)	성장 완료(년)	수명(년)
긴팔원숭이	210	8.5	?-8.5	9	30
오랑우탄	273	?	3.0-9.8	11	30
침팬지	231	8.8	2.9-120	11	35
고릴라	252	9.0	3.0-10.5	11	35
인간	266½	13.5	6.2-20.5	20	75

표 1 _ 유인원과 인간의 임신 기간, 생후 성장, 수명

새끼를 정성껏 보살핀다 해도 수유가 3년 넘게 이어지는 법은 드물다. 따라서 유아기 인간의 미숙은 모든 유인원류의 기본적인 유아기 미숙성, 즉 대형 유인원과 함께 아마 초창기 인류가 가졌던 특성의 확장된 형태일 법하다. 유인원들에게서 새끼를 보살피고 먹이고 보호하는 습관은 오직 암컷에게서만 나타난다. 수컷은 암컷과 새끼가 위험에 처했을 때라야 비로소 보호 행동을 보인다.

유인원과 인간의 임신 기간이 같은 범위에 있다 하더라도(표 1 참조), 이 두 집단에서 태아가 성장하는 과정은 사뭇 다르다. 임신 막바지에 이를수록 인간 태아는 유인원보다 무섭도록 더 빨리 성장한다. 이러한 가속은 인간 태아의 뇌에서 가장 확연히 드러나는데, 출생 시 뇌의 부피는 375~400세제곱센티미터까지 커져 있다. 신생아의 평균 체중은 3킬로그램 남짓이다. 침팬지의 출생 직후 체중은 평균 1.8킬로그램이며, 뇌 부피는 200세제곱센티미터쯤 된다. 갓 태어난 고릴라의 체중은 평균 1.98킬로그램이며 출생 시 뇌 크기는 침팬지와 같다. 출생 직후 유인원이 더 작은 까닭은 유인원의 분만 시간이 더 짧다는 사실과 어느 정도 관련이 있어 보인다. 그러나 인간은 임신 266.5일째가 되면 태아의 몸집도 몸집이지만 특히 머리가 커

서 낳을 수밖에 없다. 이때 낳지 않은 채 성장이 계속되면 낳으려야 낳을 수가 없고, 결국 인간이란 종의 유지에 치명적 결과가 초래될 것이다.

직립 자세로 진화한 결과 인간의 골반은 속속들이 재배열되는 큰 변화를 겪었다. 골반 출구가 좁아진 점도 이러한 변화에 속한다. 분만 시에는 골반 인대가 이완되면서 골반 출구는 아이 머리가 산도産道를 통과할 정도로 넓어진다. 물론 충분히 넓어지지는 않아서 아기 머리는 산도에 맞춰 약간 압박되는데, 상황이 이렇다 보니 인간 태아의 뇌막에 대한 두개골 발달은 같은 주수의 유인원 태아보다 느리다. 결국 인간 아기의 두개골은 분만 시 작용하게 될 압력에 맞춰 이동하고 중첩될 수 있는 범위가 꽤 넓게 된다. 아기가 태어날 때에는 꼭 태어나야만 하기에 태어난다. 앞서 살펴보았듯, 임신 마지막 석 달 동안 태아 뇌는 빠르게 성장하므로 제때를 놓치면 분만이 불가능하다. 특히 어미의 넉넉히 벌어진 골반에 비춰볼 때, 유인원 태아의 뇌 성장은 이런 문제를 일으키지 않는다.

인간 아기의 행동이 오래도록 미숙한 상태로 이어지는 모습은 출생 당시 아기가 미발달한 상태에 의존적인 것은 물론이고 생화학적으로나 생리적으로도 미숙하다는 사실을 알려준다. 예를 들면, 신생아 몸에는 아직 합성되지 못한 효소가 많다. 이런 점에서 인간은 다른 여러 포유류와 비슷한 특성을 공유한다. 다만 지금껏 연구해온 여타 포유류 새끼들과는 달리, 인간 아기의 몸에는 대부분의 효소가 아예 존재하지 않는다.[2] 예를 들면, 기니피그와 생쥐는 생후 첫 주 동안 간 효소가 생성되지만 다 생기려면 8주쯤 걸린다.[3] 모든 포유류의 자궁 속에는 태아의 간 효소 합성을 억제하는 무언가가 있는 듯하다. 인간 아기가 태어나 간 효소와 십이지장 효소(아밀라아제)가 생기기까지 몇 주에서 몇 달이 걸린다. 신생아의 위 효소는 엄마의 초유와 젖을 소화하는 데에는 완벽해도 좀더 자란 아이가 주로 먹는 음식을 소화시키기에는 미흡하다.[4]

이 모든 증거들은 인간의 임신 기간이 다른 영장류의 임신 기간과 고작 한두 주 다를 뿐인데도 불구하고, 여타 숱한 요소들이 결합되어 인간 아기의 발달을 오래도록 지연시킴으로써 임신 기간에 완료되었어야 할 일들을 사실상 뒤로 미룬 채 아기가 태어나게 만든다는 사실을 보여준다. 그러므로 인간처럼 자궁 내에서나 아동기에나 발달 속도가 이런 양상인 생물이라면 자궁 속에서 키우는 기간, 곧 임신 기간을 훨씬 더 늘려야 한다는 생각도 할 수 있다. 자궁 내 발달기를 제외한다면, 인간은 유인원에 비해 신생아기, 유아기, 아동기, 청소년기, 청년기, 중장년기, 노년기를 막론하고 발달 단계마다 기간이 부쩍 늘어나 있다. 그렇다면 어째서 임신 기간은 늘어나지 않았을까?

역시 머리가 더 자라면 산도를 통과하지 못할 정도로 커지기에 태아는 태어날 수밖에 없다는 설명이 가능해 보인다. 산도 통과가 절대 하잘것없는 과제는 아니다. 사실 길이 10센티미터 남짓한 산도를 통과하기란 인생 최고로 위험한 여정이다. 그렇기에 또한 아기가 자궁 속에 더 있어야 하는데 태어났다는 증거가 되기도 한다. 하지만 임신 막달에 보이는 자궁 속 태아의 뇌 성장 속도가 그대로 유지된다면 결국 분만하지 못하게 될 것이다. 태아와 엄마가 살아남으려면 아직 성숙하기까지 한참 멀었더라도 태아의 머리 크기가 분만하기 적당할 때 자궁에서 아이를 키우는 일을 끝내야만 한다.

인간의 발달 기간 연장은 유형성숙 혹은 유생연장이라 알려진 진화과정 탓이다. 유형성숙이라는 용어는 유체幼體(태아 또는 미숙 단계)일 때의 기능과 구조가 유아기에서 성인기까지 성숙한 개체로 발달하는 단계에서 원형대로 유지되는 과정을 일컫는다. 인간의 큰 머리와 납작한 얼굴, 둥근 두상, 작은 얼굴과 치아, 눈 위 돌출 뼈 부재, 얇은 두개골, 늦은 두개골 유합, 비교적 성긴 털, 얇은 손발톱, 학습/교육 가능 기간의 연장, 장난기, 재미 탐닉을 비롯해 여타 많은 특성이 유형성숙•의 증거다.[5]

그래서 인간의 임신 기간 역시 눈에 띄게 길어졌다. 물론 아기는 자궁에서 절반만 성숙해서 나오므로 나머지 절반이 성숙할 기간까지 합한다면 말이다. 우리는 보통 임신 기간이 분만과 동시에 끝난다고 생각하지만, 임신 기간은 태아가 자궁 안에서 성장하는 기간uterogestation에서 자궁을 나와 성장하는 기간exterogestation까지 포함한다. 보스톡은 자궁 밖 성장이 끝나는 시점을 네발로 잘 기기 시작하면서부터라고 보는데, 이러한 관점에는 무척 훌륭한 면이 있다.[6] 참으로 흥미롭게도, 자궁 밖 성장이 이루어지는 평균 기간이 아기가 기기 시작하면서 마무리된다고 하면, 평균 잡아 자궁 안 성장 기간 266.5일과 정확히 일치하기 때문이다. 이러한 관계에서 또한 흥미를 끄는 점은, 엄마가 아기에게 수유하는 동안에는 얼마간 임신이 되지 않는다는 사실이다. 기간의 차이는 있지만 모유 수유는 당분간 배란을 억제함으로써 아주 완벽하지는 않더라도 자녀끼리 자연스레 터울이 지게 해준다. 그럼으로써 월경 출혈 역시 막아주는 셈이다. 모유 수유를 하지 않으면 월경 출혈이 더 늘어날뿐더러 더 길어져서 엄마가 간직한 에너지가 방출되기 쉽다. 모유 수유를 너무 일찍 중단하

• 유형성숙에 대한 자세한 탐구는 애슐리 몬터규, 『어려지기Growing Young』(New York: McGraw-Hill, 1981) 참조.—저자 주

면 부작용이 만만치 않을 수 있는 것이다. 돌봐야 할 자녀가 더 있다면 특히 그럴 수 있다.[7] 이처럼 모유 수유는 아기는 물론 엄마에게도 좋아서, 결국 집단 전체에게 이득이다. 여기서 말하는 이득이란 모유 수유가 주는 육체적 이득이다. 그러나 이보다 더 중요한 것은 모유를 수유할 때 엄마와 아기가 주고받는 심리적 이득이다. 아기가 자궁에서 나온 뒤에도 임신했을 때와 다름없이 보살펴주는 일이 엄마에게도 이득이 되는, 곧 신생아와 엄마가 공생관계를 이루도록 타고난 종이라면 특히 그렇다.

제대로 된 인간으로서 기능하는 데 필요한 것들을 습득하려면, 아이에게는 필요한 정보가 모조리 담긴, 말하자면 저장 및 검색 능력이 탁월한 커다란 창고, 곧 두뇌가 있어야 한다. 인간 아이가 세 돌이 될 무렵이면 뇌 크기가 사실상 어른과 맞먹게 된다는 사실은 놀랍기 짝이 없다. 세 살 인간의 평균 뇌 용량은 960세제곱센티미터인데 스무 살이 되어 뇌가 다 자랐다 해도 1200세제곱센티미터인 걸 보면, 세 살 이후부터 성인의 뇌 크기에 이르기까지 240세제곱센티미터가 17년 동안 서서히 자라는 셈이다. 달리 말해, 인간 아이가 세 살을 채우면 뇌는 90퍼센트 성장했다는 뜻이다. 중요한 점은, 생후 첫해가 지나면 아기 두뇌는 대략 750세제곱센티미터로 곱절로 커져 성인 두뇌의 60퍼센트에 이른다는 사실이다. 뇌 성장의 거의 3분의 2가 생후 첫해에 이루어지는 셈이다. 뇌 용량의 남은 3분의 1을 획득하는 데에도 두 해가 더 걸릴 뿐이어서 세 살이 지날 무렵이면 거의 다 자란다(표 2 참조). 그러므로 평생 동안 뇌 성장에서 생후 첫해를 따라잡을 해는 없다.

중요한 점은 또한 두뇌 성장이 대부분 완료되는 첫해는 아기가 배우고 해야 할 일이 무척 많은 시기라는 사실이다. 사실, 생애 첫해

연령	체중 (그램)	용량 (세제곱센티미터)	두개골 용량 (세제곱센티미터)
출생	350	330	350
3개월	526	500	600
6개월	654	600	775
9개월	750	675	925
1살	825	750	1,000
2살	1,010	900	1,100
3살	1,115	960	1,225
4살	1,180	1,000	1,300
6살	1,250	1,060	1,350
9살	1,307	1,100	1,400
12살	1,338	1,150	1,450
15살	1,358	1,150	1,450
18살	1,371	1,175	1,475
20살	1,378	1,200	1,500

표 2 _ 인간의 뇌 및 두개골 성장

는 이 여행자가 남은 평생 이어가게 될 여정을 준비하며 남몰래 두둑하게 짐을 꾸려야 하는 시기다. 짐을 무사히 꾸리려면 아기의 뇌는 375~400세제곱센티미터보다는 훨씬 더 커야 하지만, 분명 자궁 속에서 뇌가 750제곱센티미터까지 자라도록 놔둘 수는 없는 노릇이다. 그러므로 뇌를 가능한 한 최대로 키운 다음 내보내, 이후 나머지가 자라도록 해야 한다. 인간 태아는 뇌가 산도를 통과할 수 있는 크기를 넘기 직전이면 어쩔 수 없이 태어나야 해서 여타 포유류가 출생 전 도달한 성숙 또는 발달 단계를 인간이란 포유류는 출생 후 도달해야 한다.

자궁 안에서 키우는 기간이 분만 예정일을 2주 이상 넘기면 과숙 임신이라고 한다. 태아의 약 12퍼센트가 예정일보다 2주 늦게 태어나며, 약 4퍼센트가 3주를 넘겨 태어난다. 관련 증거들은 하나같이 과숙할수록 태아뿐만 아니라 태아의 생후 발달에도 안 좋다는 사실을 보여준다. 출생전후기사망률은 만기 출생과 비교해 만기 후 출생에서 두 배로 뛰며, 태아 머리와 엄마 골반 크기가 안 맞아 진행하는 1차 제왕절개 사례도 만기 후 출생에서 두 배가 된다. 더욱이 이러한 만기 후 출생아들의 3분의 1 이상이 심각한 선천성 기형으로 태어나며, 적응 능력 역시 떨어졌다. 이런 사실들은 모두 만기 출생의 중요성을 강조한다.[8]

출생 시 미숙하기로 보면 인간 아기는 완전히는 아니어도 캥거루나 주머니쥐 같은 유대목 새끼와 비슷하다. 유대목 새끼는 극히 미숙하게 태어나서 어미 주머니를 찾아 들어가 거기에서 충분히 성숙할 때까지 성장을 이어간다. 인간 아기는 캥거루나 주머니쥐 새끼보다 미숙 기간이 훨씬 더 오래 지속되는데, 유대목 새끼가 그 기간에 어미 주머니에서 보호까지 받는 데 비해 인간 아기에게 그런 혜택 따윈 주어지지 않는다. 그러나 인간 아기는 공생 짝의 한쪽이 된다. 즉, 엄마는 자궁에서 자양분을 제공하며 아기를 보호하는 동시에 아기가 태어나 자궁을 나간 뒤에도 이러한 보살핌을 이어갈 수 있도록 임신 기간 내내 세심히 준비한다. 유대목 어미보다도 훨씬 더 효과적으로 보살필 수 있도록. 태아와 엄마라는 이 생물학적 짝꿍, 곧 공생관계는 아이가 출생한다고 해서 끝나지 않는다. 오히려 자궁에 품고 있을 때보다 낳고 나서 기능과 유대가 한층 더 강하고 끈끈해진다.

이처럼 임신 기간을 자궁 밖 관계로까지 연장하는 해석이 옳다면, 현재 우리는 생존과 발달에서 자신의 새로운 환경에 속수무책으로 좌우될 수밖에 없는 존재인 신생아와 영유아의 욕구를 제대로 충족시켜주기는커녕 거기에 근접조차 못 하고 있는 셈이다. 임신 기간이 분만으로 끝난다는 생각이 관례라 해도, 나는 이러한 관점이 개인의 생이 출생으로 시작된다는 관점만큼이나 그릇되었다고 본다. 출생이 개인의 생이 출발하는 시점이 아니듯 임신 기간이 종료되는 시점도 아니다. 출생에는 신생아가 태아로서 자궁 안에서 성장하던 단계를 벗어나 자궁 밖에서 성장하는 단계로 넘어가는 데 필요한 복잡하면서도 매우 중요한 일련의 기능 변화가 내포되어 있다.[9]

인간 아이는 대책 없을 만큼 미숙한 상태로 태어나므로, 인간 종의 부모 세대는 특히 자기 아이가 미숙하다는 뜻을 제대로 완전히 이해해야 한다. 다시 말해, 출생과정으로 시작된 온갖 변화를 떠안은 채 아기는 자궁 속에서 마치지 못한 성장을 이어가고 있다는 사실을 인식해야 한다. 태아는 자신의 욕구를 충족시켜주는 데 누구보다 제격인 존재인 엄마와의 상호관계를 훨씬 더 복잡하게 유지해가며 출생을 매개로 자궁 속에서 자궁 밖으로 나서는 셈이다. 신생아의 가장 중요한 욕구 대사 가운데 하나는 피부를 통해 받는 신호들이다. 피부는 신생아가 바깥세상과 소통하게 해주는 첫 매체다. 자궁이 수축하며 태아 몸에 가하는 엄청난 압력은 태아 몸이 생후 세상에서 제 기능을 수행하도록 채비하는 데 중요한 몫을 한다. 이제 우리가 숙고해야 할 문제는 바로 이것이다.

올바른
어루만져주기에 대하여

인간에 비해 분만 시간이 비교적 짧은 포유류들은 호흡계 일부를 비롯해 비뇨생식계와 위장계 같은 생명 유지 계통을 활성화하는

데 충분한 자극을 주지 못하기 쉽다. 따라서 이러한 계통들을 활성화하고자 어미는 자기 새끼를 핥아준다. 어미가 수행하도록 되어 있는 핥기란 냄새, 습기, 감촉, 체온, 자신의 어린 시절 경험 등에 본능적으로 반응해 나오는 일련의 행위다. 인간 엄마의 반응 본능은 이처럼 핥기까지 유발할 정도로 강하지 못하다. 인간 엄마가 아기에게 반응하게 하는 인자는 주로 엄마 자신의 어릴 적 경험이며 일부는 학습과 성숙도다. 어린 시절에 엄마가 모성애를 누리지 못했거나 엄마로서 처신하는 법을 배우지 못했다면, 부적격한 엄마가 되어 아이의 생존을 위협할 공산이 크다.• 그러므로 생후 아기 몸이 제대로 기능하도록 채비를 하는 과정은 기본적으로 생리적 반사작용에 의해 저절로 이뤄져야 한다. 여타 종의 생후 발달은 '핥아주기' 여부에 달려 있을 수 있다지만, 인간 아기의 생후 발달 과정은 이러한 행위에 좌우되어서는 안 된다는 뜻이다. 인간 종이 태어나 신체가 제 기능을 하리라는 보장은 자궁 수축이 길게 이어지며 태아의 몸을 압박해주는 데 있다. 여기서 받는 자극은 생명을 유지시키는 신체 계통들을 팔팔하게 활성화해 출생 직후 필요한 기능을 수행하도록 한다. 요컨대, 이제껏 살펴본 결과 인간이라는 종에게서 분만 시 수반되는 오랜 자궁 수축은 여타 불가결한 역할을 수행하는 것 외에도, 피부를 연이어 엄청나게 자극하여 태아의 생명을 유지시키는 신체 계통들을 제대로 기능하도록 보장하며 활성화한다고 볼 수 있다.

정상적인 분만과정의 기능이 딱 잘라 무엇이냐고 묻는다면, 태아 신체가 생후 기능이 가능하도록 준비시키는 일이라고 답할 수 있다.

• 이 주제에 대한 심층 논의는 A. 몬터규, 『여성의 생식력 발달The Reproductive Development of the Female』(Littleton, Mass: PSG Publishing Co., 1978) 참조.—저자 주

이 준비과정에는 다소 시간이 걸리는데, 이제 곧 세상에 나올 태아가 출생 뒤 생존이라는 대단히 생소한 난관을 척척 헤쳐나가게 하려면 태아 몸에는 허다한 변화가 유발되어야 하기 때문이다. 분만 과정은 출생 전후를 잇는 다리로서 개체가 발달하며 거치는 일련의 단계 가운데 하나다. 분만과정은 태반 및 태아순환의 산소포화도 감소로 시작해 본격 분만활동, 곧 분당 평균 1회 자궁 수축과 '양막' 파열로 이어진다. 이 모든 과정에는 이런 말만으로는 다 표현할 수 없는 의미가 담겨 있다. 다시 말해 아기가 태어난다는 뜻이지만, 여기서 반드시 짚고 넘어가야 할 점은 이로써 아기는 장차 거쳐야 할 발달과정에 수반되는 일련의 사건에 적응할 만반의 준비가 되어 태어나리라는 사실이다. 이 일련의 사건에는 '생후 생존'이라는 범주에 두루뭉술하게 넣어버릴 수 없는 차원이 있다. '생후 생존'은 자궁 밖 삶 전반을 일컫는데, 어느 신생아도 출생 뒤 삶 전체에 대비하기란 불가능하며, 만약 그렇게 하는 데 성공한다면 다만 몇 년에 걸쳐 기적 같은 원리로 가능할 따름이기 때문이다. 출생과정에서 태아가 대비해야 할 삶은 우선 임박해 있는 출생 직후 기간이다. 처음에는 몇 시간, 이후 며칠, 몇 주, 몇 달에 걸쳐 신생아는 생후 초기 생존 요건에 적응해 익숙해져야 한다. 이 기간이 끝나갈수록 신생아는 생명 유지 계통 전반은 물론 근육 계통까지도 기능할 준비가 되어 있어야 한다.

생명 유지 계통이란 다음을 말한다. 이산화탄소의 활용 및 제거는 물론 산소 흡입을 조절하는 호흡계, 동·정맥을 거쳐 모세혈관까지 산소를 전달해 세포에 공급하고 이어 가스 폐기물을 흡수해 폐로 되돌아가게 하는 순환계, 섭취된 고형식과 유동식을 화학적으로 분해하는 소화계, 소화관과 요로를 통해 그리고 피부 땀샘을 통해 배설물을 내보내는 배설계, 유기체가 자극을 수용해 적절히 반응하게 만드는 신경계, 발달 및 성장, 행동에 중요한 역할을 담당할 뿐만 아니라 이 온갖 계통의 기능을 돕는 내분비계. 호흡중추는 산소 부족과 이산화탄소 축적으로 인한 생화학적 변화에 따라 호흡이라는 복잡한 전全 과정으로 반응한다. 순환계는 자율적으로 기능한다. 태아의 좌우 심방을 가르는 격막에는 우심방에서 좌심방으로 혈액이 직통하도록 타원형 구멍이 뚫려 있는데 이 구멍이 닫히기 시작하면서 태아의 대동맥과 그 바로 아래에 위치한 폐동맥을 연결하는 동맥관도 막히기 시작한다. 그러면 혈액은 폐동맥을 따라 폐로 운반되어 산소를 공급받은 다음 폐정맥을 따라 심장으로 되돌아와서 좌심실과 대동맥을 거쳐 대순환을 완료한다. 이 같은 대순환은 태아의 몸에서 일어나는 것과는 사뭇 다르다. 즉, 흉부 및 복부 근육, 횡격막, 심장은 물론 폐와 같은 여타 장기와 상기도上氣道 전체가 기능을 보태 무척 색다르게 벌어진다. 더불어, 태아가 자궁을 나오면서 체온조절중추를 자극해 신생아 몸에서는 비로소 체온 조절을 시작하게 된다.

자궁은 수축하면서 태아 몸을 압박해 태아 피부의 말초감각신경을 자극한다. 이렇게 촉발된 신경 자극은 중추신경계로 전달되어 그곳에서 식물(자율)신경계를 거쳐 여러 장기에 도달해 이들을 알맞은 정도로 자극한다. 피부가 적절하게 자극받지 못하면 말초신경계와 자율신경계 역시 제대로 자극받지 못해서 주요 기관계는 활성화에 실패하게 된다.

신생아가 호흡을 하지 못할 때, 대개 궁둥이를 한두 차례 철썩 쳐주면 호흡을 일으키기에 충분하다는 사실은 알려진 지 오래다. 그럼에도 이 놀라운 사실에 담긴 심오한 생리적 원리는 지금껏 간과되어 온 듯하다. 이미 확인된 생리적 관계로 미루어본다면, 나는 아기가 출생 직후 호흡에 실패할 때 아기를 온수와 냉수에 번갈아 담가도 어쩌면 호흡중추와 호흡기관을 자극할 수 있으리라는 생각이 든다. 조사 결과 난 이것이 유서 있는 방법이라는 사실을 알게 되었다. 그렇다면, 자율신경계를 활성화해 호흡중추와 내장에 작용하게 하는 요인은 다름 아닌 피부 자극이라는 추론이 가능해 보인다. 갑자기 찬물을 뒤집어쓰면 호흡이 촉진된다는 사실은 주지된 바인데, 바로 위와 유사한 과정이 진행되는 셈이다.

요컨대, 자궁 수축이 길게 이어지며 태아 몸을 압박해 피부를 단속적으로 자극하게 되는데, 이는 태아 몸이 생후 제 기능을 발휘할 수 있도록 채비해주는 과정인 듯하다.

그러면 길어진 피부 자극의 기능 가운데 하나가 바로 이것이라고 어떻게 확신할 수 있을까? 이를 확인하는 방법 가운데 하나는 불쑥 태어난 아기처럼 피부 자극을 제대로 못 받고 태어날 경우 벌어지는 사태를 조사하는 것이다. 이런 경우는 조산에서는 종종, 제왕절개 분만에서는 대부분 발생한다. 우리 이론에 비춰보면 위장과 생식비뇨기, 호흡 기능에 장애가 있으리라 예측할 수 있다. 이와 직접 관련된 연구들에서는 우리 이론을 알고 있거나 살펴보지 않았음에도 이를 든든히 뒷받침해주고 있다. 예를 들면, C. M. 드릴리언 박사는 수천 명이나 되는 조산아 기록을 연구하여, 조산아들은 생후 몇 년 사이 코인두 및 호흡 관련 장애며 질환을 보이는 사례가 정상아보다 훨씬 많다는 사실을 발견했다. 이러한 차이는 생후 첫해에 특히 두드러졌다.[10]

1939년 메리 셜리는 보스턴에 위치한 하버드아동연구소에서 어린이집 및 유치원에 다닐 연령의 조기 출생아[조산아]들을 대상으로 연구를 진행해 결과를 발표했다. 셜리가 밝힌 바에 따르면 조산아들은 만기 출생아[만삭아]들보다 감각이 훨씬 더 예민했던 반면, 혀와 손놀림은 물론 자세와 운동을 제어하는 능력은 다소간 모자랐다. 조산아들은 창자와 방광 조임근을 제어하는 능력 역시 더디고 어렵게 얻었는데, 만삭아와의 차이는 주목할 만큼 컸다. 주의 지속 시간은 더 짧고, 감정에 치우치기 쉬우며 신경과민에다 보통 수줍음을 많이 탄다. 셜리는 연구 결과를 요약하면서, 미취학 기간 조산아들은 만삭아에 비해 행동 문제가 눈에 띄게 심하다고 보고했다. 이 같은 행동 문제로는 과다활동, 창자 및 방광 제어력의 뒤늦은 발달, 유뇨증, 과도한 주의산만성, 수줍음, 엄지손가락 빨기, 거부증, 청각과민이 있었다. 이처럼 조산아증후군을 설명하면서, 셜리는 다음과 같이 짚었다.

> 조산이 초래하는 결과는 재앙에 가깝기 쉽다. 지나치게 늦거나 이른 분만은 다 아기에게 분만외상을 안긴다. (…) 그러므로 자궁 내 환경이 불량했거나, 양수가 지나치게 이르게 누출되었거나, 출생에 대비할 시간이 충분하지 못했거나, 미약해서 간과되기 일쑤인 분만손상을 입었거나 아니면 이 모든 요인이 결합되어 작용하여, 조산아가 만삭아보다 과도한 신경과민에 시달리기 쉽게 만든다는 추론이 가능해 보인다.[11]

여기서 "출생에 대비할 시간이 충분하지 못했다"는 대목이 핵심인데, 이는 조산아에게서 창자 및 방광을 제어하는 능력이 더디고도 어렵게 발달한다는 의미심장한 관찰의 결과다.

제왕절개 출생아는 태어나는 순간부터 숱한 불이익에 시달린다. 사망률만 하더라도 질 분만으로 태어난 아기보다 두세 배 높다. 만기 출생 시 사망률을 보면 제왕절개 출생아가 질 분만 출생아보다 두 배 높다. 선택적 제왕절개, 곧 비非응급 상황에서 치러진 제왕절개 분만에서 아기의 사망률은 질 분만에서보다 2퍼센트 높다. 응급 제왕절

개에서 사망률은 질 분만에서보다 19퍼센트 높다.[12]

유리질막병이라 알려진 호흡장애는 제왕절개 출생아에게서 질 분만 출생아의 10배로 발생한다.

질 분만과 비교해 제왕절개로 태어난 아기들이 당하는 불이익은 무엇보다 아기들이 적절한 피부 자극을 못 받고 태어난 데 큰 원인이 있다고 추론할 수 있을 것이다.[13]

소아과 의사들은 제왕절개 출생아들이 질 분만 출생아들에 비해 졸음증을 더 많이 겪고, 반응성이 더 적으며, 덜 우는 경향이 있다는 데 주목했다.[14] 제왕절개 출생아의 발달 이력을 살펴보고자, 미국국립보건원 길버트 W. 마이어 박사는 붉은털원숭이들을 상대로 일련의 실험을 진행했다. 생후 첫 5일 동안 제왕절개로 태어난 새끼 13마리와 질 분만으로 태어난 새끼 13마리를 비교하는 실험이었다. 실험 결과, 질 분만으로 태어난 새끼들이 "더 활발하고 상황 대응력도 더 뛰어날 뿐만 아니라 같은 상황에서 추가 자극이 주어져도 더욱 잘 대처했다". 발성 및 신체 활동을 비롯해 진정한 학습 반응의 시작이라 할 수 있는 회피반응은 제왕절개로 태어난 새끼보다 질 분만으로 태어난 새끼들에게서 평균 세 배 더 자주 관찰되었다.[15]

제왕절개로 태어났더라도 생후 며칠간 충분히 어루만져줬다면, 행동 및 육체 발달에서 상당한 변화가 관찰되었으리라 충분히 예상해볼 수 있다. 관련 증거들이 다 이를 지지하고 있기 때문이다.

브리티시컬럼비아대의 두 박사 시드니 시걸과 조지핀 추는 질 분만으로 태어난 아기 26명과 제왕절개로 태어난 아기 36명을 연구해 제왕절개로 태어난 아기들보다 질 분만으로 태어난 아기들이 폐활량이 더 큰 만큼 더 잘 울며, 이러한 차이는 신생아실에 머물던 6일 동안 지속되었다고 밝혔다.[16]

제왕절개 출생아와 질 분만아 간의 생화학적 차이도 수두룩한데, 이를테면 제왕절개로 태어난 아이 몸에 산酸과 칼륨은 더 많고, 혈청 단백질과 혈청 칼슘은 더 적다.[17]

가장 의미심장한 발견은 분만 방식이 신생아의 체내 당 생산에 관계한다는 점이다. 보통은 췌장에서 소량의 글루카곤이 분비되어 소화계로 유입되고, 소화계는 이에 반응해 당을 생산한다. 제왕절개 출생아의 몸에서 글루카곤에 반응해 생산된 당량은 질 분만 출생아에 비해 훨씬 적다. 여기서 중요한 것은 산모가 진통을 안 겪고 분만했을 때 그렇다는 점인데, 제왕절개 전에 진통을 겪으면 이러한 차이는 사라진다. 태아 몸이 출생 뒤 잘 기능하도록 준비시키는 데 진통이 불가결하다는 사실이 여기서 또 판명되는 셈이다.[18]

이와는 대조적으로, 그로타와 데넨버그, 재로가 쥐를 대상으로 진행한 실험에서는 이유기까지의 생존율 또는 이유기 생존율이나 체중, 개방형 상자 내 활동에서 제왕절개로 태어난 새끼와 질 분만으로 태어난 새끼 사이에 아무런 차이가 없었다.[19]

셜리와 드릴리언 박사는 모두 조산아들이 만삭아들보다 아동기 섭식장애가 더 자주, 심하게 발생하는 현상을 관찰했다. 이는 다른 연구자들도 숱하게 확인한 결과다. 이러한 현상 또한 피부 자극 부족이 원인이며, 적어도 몇몇 경우에는 피부 자극 부족으로 인해 감염이 더 쉬워지고 호흡, 위장, 비뇨생식계 장애도 더 잘 일어날 수 있다는 점을 암시한다. 이를 한층 잘 뒷받침하는 증거는 태변마개증후군에서 볼 수 있다. 태변마개증후군이란 느슨한 세포들과 창자샘 분비물, 양수로 이루어진 마개가 창자 폐색을 일으켜 위장을 경유한 음식물이 창자에 갇혀 빠져나가지 못하는 상황을 말한다. 췌장에서 단백질 분해 효소 트립신이 분비되지 않아 장 연동운동이 부진해진 것으로,

결국 태변이 옴짝달싹 못하는 사태를 초래한다. 이러한 증상들은 모두 위장관에서 필요한 물질들이 제 역할을 해주지 못하고 있음을 강하게 암시한다.

윌리엄 피퍼 박사는 동료들과 함께 주립 아동상담소의 사례 자료에 기초하여 연령, 성별, 민족 집단, 형제간 서열, 아버지의 직업 수준에 따라 질 분만아와 제왕절개 분만아 188쌍을 비교했다. 비교에 사용된 변수는 76가지였다. 변수 대부분에서 분만 형태가 다른 두 집단은 구분이 어려우리만치 비슷했지만, 몇몇 변수에서는 눈에 띄게 달랐다. 예를 들어, 제왕절개로 태어난 남아와 제왕절개로 태어난 여덟 살 이상의 모든 아이들은 언어장애 가능성이 높아 의학적으로도 언어장애로 진단되는 경우가 더 많았고 엄마가 볼 때 아이가 엄마를 대하는 태도에 일관성이 없다고 평가되는 경우도 더 많았다. 이 밖에도 여섯 변수에서 차이가 나타났다. 질 분만 남아는 불특정의 신체증상을 보이는 경우가 더 많았던 반면, 제왕절개 분만 남아들은 심리학자들 기준에서 기질적으로 문제가 있다고 평가되는 경우가 더 많았다. 제왕절개로 태어난 아이들 중 여덟 살 이하는 학교공포증을 비롯해 다른 여러 성격장애를 보이기 쉬웠고 아홉 살 이상은 안절부절 못하고 툭하면 화내는 불안 증상을 보이기 쉬웠다.[20]

제왕절개 분만과 정상 분만 사이에서 피퍼와 동료들이 발견한 이런 차이 대부분은 틀림없이 두 집단의 정서적 성격에 따른 것들로, 제왕절개 분만아들은 질 분만아들에 비해 정서장애가 다소 두드러진다는 사실을 보여준다. 실험 대상 제왕절개 분만아들이 발달 과정에서 보인 이 같은 차이를 단 한 요소의 부재나 부족 탓으로 돌리기는 어려울지 몰라도, 앞으로 확인할 바와 같이, 해산 전후 불충분한 피부 자극이 원인 가운데 하나였을 수 있다.

M. 스트레이커 박사는 질 분만아에 비해 제왕절개로 낳은 아이들이 정서장애 및 불안증을 훨씬 더 많이 겪는다는 사실을 발견했다.[21] 한편, 리버슨과 프레이저는 뇌파계 양상으로부터 제왕절개 분만아들이 질 분만아들에 비해 생리적으로 더 안정되어 있다는 증거를 발견했다.[22] 그러나 이러한 발견을 신체 전반의 생리적 안정성이 더 낮다거나 더 높다는 증거로 보기는 어렵다. 여기서 뇌파계 결과를 예로 든 까닭은 증거들이 모두 한 방향만을 가리키지는 않는다는 사실을 보여주고 싶어서다. 누구도 그런 완벽한 결과를 기대할 수는 없을 것이다.

도널드 H. 배런 박사는 진통과정 없이 제왕절개로만 태어난 쌍둥이들을 관찰해 출생 후 피부 자극이 출생과정에서 부족했던 피부 자극을 어느 정도 메울 수 있다는 결과를 내놓았다. 쌍둥이 가운데 한 명은 따뜻한 방에 젖은 채 놓아두고 다른 한 명은 수건으로 깨끗이 닦아주면, 닦아준 아기가 그냥 놓아둔 아기보다 나중에 '일어서기'가 더 빠르다. 배런은 이러한 반응 차이를 피부 자극이 생존에 기여하는 바가 지대하다는 증거라고 지적한다. 배런은 말한다. "나는 아기를 닦아주고 핥아주고 그루밍해주는 행위가 아기의 신경흥분성 수준을 전반적으로 높여서 아기가 무릎으로 중심을 잡아 일어서는 시기를 앞당긴다고 생각한다."

자궁 속에서 만기 태아의 머리는 전에 없이 커져 있는 데다 자궁의 가장 좁은 부분에 거꾸로 위치해 있기 때문에, 얼굴과 코, 입술을 비롯해 머리의 나머지 부분이 자궁 수축으로부터 받는 자극은 대단히 크다. 이러한 안면 자극은 여타 동물이 자기 새끼의 코와 입 부위를 핥아주는 행위에 맞먹으며, 어쩌면 그와 동일한 효과, 곧 중추신경계에 감각성 흥분발사를 일으키고 호흡중추의 흥분성을 키우는 것과 거의 같은 효과를 발휘하는 것으로 보인다. 배런이 밝힌 바와 같이, 갓 태어난 염소 새끼를 핥아주고 그루밍해주는 행위는 새끼의 혈액에서 산소함유량이 증가되는 것과 관련 있다. 배런은 이렇게 밝혔다. 이러한 행위는 "호흡중추의 흥분성을 증진해 호흡운동을 심화시킨다. 혈액 내 산소함유량을 증가시켜 근운동과 근력을 더욱 활성화하고 강화할 만한 잠재력을 신장시킨다".[23]

이 같은 혈액 내 산소량 차이는 인간 아기에게서도 관찰되는데, 제왕절개 분만아나 미숙아에 비해 질·만기 분만아들의 산소량이 많다.[24] 매캔스와 오틀리는 태어나자마자 어미로부터 떼어놓은 새끼 쥐는 태어나 첫 24시간 동안 신장이 상대적으로 제 기능을 하지 않는다는 사실을 증명했다. 두 연구자는 일반적으로 어미의 관심을 받는 새끼는 요소 배출이 증가하는데 이는 신장으로 흐르는 혈류에 모종의 반사적 변화를 일으키기 때문이라고 주장했다.[25]

피부와 위장관은 입술과 입에서는 물론 항문부에서도 만난다. 따라서 우리가 이미 배운 바에 비추어볼 때, 항문 부위 자극이 위장 기능은 물론 호흡 기능 역시 활성화한다는 사실이 그리 놀랄 일은 아니다. 신생아 호흡 유도에서 여느 방법이 다 소용없을 때 이처럼 항문 부위를 자극해주면 성공하기도 한다.[26]

피부와 위장관의 상호작용이 빈번하다는 사실은 다년간 쌓인 임상 보고서에서도 확인된다. 장애 및 질병이 위장관과 피부에 동시에 영향을 끼치는 현상은 숱한 사례에서 관찰되어왔다.[27]

엄마와 아기의 피부 접촉으로 입는 혜택은 엄마와 아기 둘 다에게 해당되는데 이는 엄마 몸이 신생아 몸과 닿아 있으면 자극이 되어 자궁이 수축한다는 사실에서도 증명된다. 또한 여러 민족이 수세기에 걸쳐 따라온 슬기로운 관행에서도 일부 확인된다. 일례로, 독일

브라운슈바이크에서는 생후 첫 24시간 동안 아기가 엄마 곁에 있지 못하게 하는 관습이 있는데, "그렇지 않으면 자궁이 얌전히 있지 못하고 큼직한 쥐처럼 엄마 몸을 들쑤시기 때문이다". 슬기롭다는 관행은 그러나 옳은 전제에서 출발해 그릇된 결론에 도달한 셈인데, 아기와의 피부 접촉으로 엄마에게서 자궁 수축이 일어난다는 사실을 인식하는 데는 성공했으나, 이것이 엄마 몸에 이롭다는 결론에는 도달하지 못했기 때문이다.[28]

앞선 부분에서 확인된 증거는 드물기는 해도, 인간 여성의 길어진 분만 시간과 특히 자궁 수축의 기능이 여타 동물들이 갓난 새끼를 핥아주고 그루밍해주는 목적과 똑같다는 가설을 강하게 지지한다. 이러한 목적은 더 나아가 아기의 생명 유지 체계가 생후 최적의 기능을 수행하도록 발달시키는 데까지 미친다. 이제껏 확인해온 바와 같이 동물계에서라면 예외 없이 새끼 피부를 자극해주는 행위 대부분은 새끼의 생존에 필수 불가결한 조건이다. 우리가 주장하는 바는, 호모 사피엔스처럼 임신 기간이 분만으로 절반만 만료되며 모성 행위가 본능보다는 학습에 좌우되는 종에게서는, 자궁 수축의 반사운동 및 유지가 선택이익일 수 있으며, 그 까닭은 이로써 자연스럽게 태아의 피부며 피부를 통한 기관계에 생리적으로 엄청난 자극을 가해 태아 신체가 생후 제 기능을 발휘하도록 해주는 데 있다는 것이다. 지금까지 살펴보았다시피, 분만 시 자궁 수축은 아이를 제대로 어루만져주는 행위의 시작이다. 어루만지는 행위는 아기가 출생한 직후를 비롯해 이후에도 상당 기간 매우 특수한 방식으로 지속되어야 한다는 가설은 여러 증거에 기초해 지지 기반을 다져가는 추세다. 그리고 다음 장에서 이어질 논의 역시 그러한 추세에 가세할지도 모른다.

제3장

모유 수유

내가 산을 향하여 눈을 들리라.
나의 도움이 어디서 올까.
『시편』 121:1•

자궁에서의 삶이 대개 지극히 즐거운 경험이라는, 곧 출생이라는 시련이 닥쳐 느닷없이 산산조각 나게 되는 지복의 상태라는 정신분석적 견해를 인정하든 말든, 출생과정이 태아에게는 충격이라는 데 토를 다는 사람은 거의 없을 것이다.[1] 출생 전 태아의 몸을 지탱해주던 수중 환경, 곧 양막낭에 담긴 양수 속은 온도와 압력의 불변으로 열역학 제2법칙에 딱 들어맞는 생활 조건이다. 이 안에서 태아는 열반의 경지나 마찬가지인 상태에 있다. 이 지복의 상태가 느닷없이 깨지는 까닭은 주로 엄마 혈류를 흐르는 임신유지 호르몬인 프로게스테론 농도가 떨어지는 데 있으며, 그 결과 태아가 출생이라는 과정으로 들어가는 일련의 격변을 일으킨다. 진통하고 분만할 때 자궁은 수축해 태아 몸에 압력을 가하고 태아를 산도로 밀어내는데 이때 머리를 엄마 골반 쪽으로 반복해 밀치는 과정

• 구약성서, 해설판 공동번역, 국제가톨릭성공회 편찬.

에서 머리를 보호하고자 두개골 밑이 부어오른다. 이를 산류産瘤, 곧 출생머리부종이라고 한다. 어디로 보나 자기를 겨냥한 성가신 이 공격이 전적으로 자신을 이롭게 하려는 몸짓이라는 것을 태아가 올바로 인지할지는 모르겠다. 천만다행으로, 태아가 들이킬 수 있는 산소가 차차 줄어드는 덕에 어쩌면 이로 인한 통증을 의식하거나 인식할 힘도 줄어들지 모른다. 이것이 어쩌면 산소공급이 줄어든 상태를 지칭하는 무산소증 혹은 저산소증의 기능일 수도 있다. 자궁 수축은 태아를 자궁 밖으로 배출함으로써 분만이라는 기능을 완수한다. 출생으로 신생아는 생판 낯선 경험과 적응의 영역에 들어온다. 수중에서 고독히 존재하던 삶에서 대기에 둘러싸인 사회적 환경으로.

출생하자마자 대기는 신생아의 폐로 돌진해 폐를 부풀려 심장을 압박함으로써 심장을 서서히 회전시킨다. 전에도 그랬듯, 심장과 폐 사이에 공간 쟁탈전이 벌어지는 격이다. 태아 몸에는 대동맥활과 폐동맥 윗부분을 이어주는 동맥관이 있어 대순환이 폐를 비켜가게 해주는데, 이 동맥관이 좁아져 닫히기 시작한다. 이어 반구 모양의 횡격막이 괴이하게 들썩대면서 흉곽이 팽창하는데, 모두 신생아에게 유쾌한 경험이 되리라고는 생각하기 어려운 일들이다. 로런스 스턴의 표현처럼, '강요된 여행에서 맞닥뜨린 돌풍 같은 적대감의 세례'로 가득한 세상으로 안내되었어도, 신생아가 기대해 마지않고 다분히 기대할 권리가 있는 삶은, 분만과정 탓에 천생 남세스럽게 쫓겨난 자궁에서 누린 세계의 연장, 다시 말해 전망을 갖춘 자궁일 뿐이다. 하지만 고도로 발달한 서구사회에서 신생아에게 내놓는 답은 탐탁지 못하다.

신생아는 태어나는 순간 집게로 탯줄이 절단되며, 최근까지의 관행으로는 태아를 엄마에게 보여준 뒤 간호사를 시켜 보육실이라 불리는 신생아실로 옮긴다. 어쩌면 그곳에서 받을 수 없는 한 가지가 보육이기에 붙여진 이름일지도 모르겠다. 이곳에서는 아기의 체중과 신체 치수를 측정하고 신체 특징을 비롯해 여타 특성을 기록하며 손목에 신생아 인식표를 채운 다음, 여물통 같은 침대에 놓아 아기로 하여금 불만이 극에 달해 줄기차게 울부짖게 만든다.

살면서 지금만큼 서로를 필요로 할 순간도 없으련만, 엄마와 아기는 분리되어 둘 모두의 바람직한 발달에 결정적으로 중요한 공생관계를 발전시킬 길이 막혀버린다.

아기에게는 타의 추종을 불허하는 최선의 존재로서, 엄마는 아기의 독립 욕구가 만족될 때까지 자신과 아기의 공생 결합이 지속될 수 있도록 임신 기간 내내 가능한 한 온갖 방법을 동원해 스스로를 최적화해왔다. 이것은 엄마 자신을 위한 준비이기도 하다. 아기도 엄마를 필요로 하지만, 그에 못지않게 엄마 역시 아기를 필요로 하기 때문이다. 임신 기간 내내 엄마와 아기가 유지하는 생물학적 화합, 즉 공생관계는 분만과 동시에 중단되기는커녕 분만 후 오히려 더 강화되는 데다 상호작용도 커지는데, 사실 이것은 자연의 섭리다. 쿨카, 프라이와 골드스타인의 말도 이를 뒷받침한다.

> 접촉 욕구가 충분히 해소되는 데 자궁만 한 공간은 없을지도 모른다. 그런 점에서 자궁 밖 환경으로 이행할 때 '점진적'으로 하는 것이 건강한 발달에 필수 불가결하다. 따라서 껴안기, 어르기, 따스하게 해주기 등의 환경을 조성해 갓 태어난 아기의 운동감각을 만족시켜줘야 한다.[2]

아기를 낳음으로써 엄마는 아기의 행복에 한층 민감해질 뿐만 아니라 더욱 깊이 관여하게 된다. 엄마라는 유기체는 아기의 욕구를 채우도록 유방을 발달시켜두는데, 여기에는 아기를 애무하며 애정 어린 소통을 가능케 하려는 목적도 있다. 엄마의 유방으로부터 아기만 이득을 취하지는 않는다. 물론 면역력을 높여주고 생리를 활성화하는 담황색 액체인 경이로운 초유를 받아먹는 혜택을 누리지만, 아기 또한 젖을 빨아먹는 행위를 통해 엄마에게 불가결한 혜택을 주기도 한다. 엄마와 아기라는 수유 짝이 공생관계를 지속하며 정신생리학적으로 서로를 이롭게 하는 가운데 둘은 발달을 더해갈 든든한 힘을 얻는 셈이다. 고도의 발달로 기술이 판을 쳐 인간미가 사라지고 입체파풍으로 황폐화된 서구세계, 모유 수유가 인간 품격을 떨어뜨리는 일이라 여기는 사람이 수두룩한 사회에서 이러한 사실은 매우 더디게 인정받고 있을 따름이다. 1950년대 어느 해인가 한 여성에게 아기한테 모유를 수유할 생각이 있느냐고 묻자, 값비싼 교육을 받은 이 여성은 당치도 않다는 듯 목소리를 높였다. "어째서요, 그런 짐승이나 하는 짓을. 내 친구들도 다 안 해요." 당시는 초보 엄마 96퍼센트가 젖병으로 수유하던 세상, 소아과 의사가 엄마들에게 젖병 수유가 모유 수유보다 나쁠 일 하나 없다며, 때로는 오히려 더 낫기도 하다고 장담하던 세상이었다.[3] 사실, 제임스 크록스턴은 이렇게까지 말했다. "포유류이면서도 포유류처럼 제 새끼를 기르지 않는 포유류는 인간뿐이다."

당시에, 물론 지금도 어느 정도 그렇지만, 모유 수유는 밀실 같은 곳에서나 하는 행위였다. 공공연한 장소에서 모유를 수유하면 외설스럽다고 치부되기는 지금도 여전하다. 1975년 5월, AP통신에서는 플로리다 마이애미에서 벌어진 사건 하나를 보도했다. 경비원한테 공원에서 나가달라고 명령받은 젊은 아기 엄마 세 명에 관한 기사였다. 이 엄마들에게는 대중이 즐기는 장소인 공원을 더 이상 이용할 수 없다는 조치가 내려졌는데, 나중에 시장이 해명한 바에 따르면, 그러한 행위는 이 도시의 예절 조항에 위반되며, 여성이 아기에게 젖을 먹이는 광경은 "아이들이 뛰노는 장소인 공원에서라면 특히" 보기에 부적절하기 때문이었다. 모유를 수유하던 세 엄마 가운데 한 명은 그 뒤에 결국 모유 수유 장려 단체, 라 레체 리그의 플로리다 대표가 되고 말았다.(라 레체 리그La Leche League는 모유를 수유하던 시절로 돌아가자는 운동에 크게 기여해온 국제 단체다.) 1975년 이 엄마와 리그 단체장이 어느 인기 TV 쇼에 나오자, 수유는 사적인 공간에서나 해야 한다고 생각하는 여성 몇 명이 관객석에서 기함할 만한 적의를 드러냈다.[4]

우리는 기계시대라는 논리적 대단원에 살고 있다. 물건 생산은 갈수록 기계가 차지하고 인간들조차 기계화되어버린 이 시대에, 타인을 기계 다루듯 하는 데 양심의 거리낌이란 찾아보기 어렵다. 무엇이 되었든 인간이 하던 일을 빼앗아 기계에 넘겨주면 진보의 증거가 되는 시대다. 엄마의 젖 성분을 대체할 분유를 제조할 수 있다는 사실, 분유로 채워진 젖병으로 아이가 엄마 젖을 빨아먹으며 누리는 기쁨을 대체할 수 있다는 생각이 진보적이라 간주되는 추세는, 특히 여성이 딱하게도 남성세계의 가치관을 받아들일 수밖에 없던 시대의 특징이었다.[5]

미국 보건교육복지부 아동국에서 발간해 널리 읽히고 있는 공식 지침서 『육아Infant Care』는 편찬진이 거의 여성인데, 1963년 판만 보더라도 모유 수유로 인한 촉각 경험을 부정적으로 바라보는 시각이 역력하다. 편찬자들은 적는다. "처음에는 그저 낯선 존재로 보이는 아기와 그처럼 살을 맞댄다는 생각이 일종의 거부감을 일으킬 수도 있다. 엄마에 따라서는 아기와 팔 하나의 거리를 유지하는 편이, 말하자면 그렇게 딱 붙어 있지 않고도 아기를 먹이는 계획을 세우는 편이 한층 바람직해 보인다."[6]

이 문장들에는 아기가 태어나자마자 엄마와 아기가 반드시 맺어야만 하는 친밀한 관계의 의미와 중요성을 이해하지 못하는 전반적 세태가 반영되어 있다.

해산은 엄마와 아기에게 힘든 과정이다. 아기의 출생으로 엄마와 아기에게는 모두 상대방이 존재한다는 확신이 필요하다. 엄마에게 이런 확신은 아기가 눈에 보이고 아기의 첫 울음소리가 들리고 아기가 가까이 있다는 데서 온다. 아기에게 이런 확신은 엄마 몸과 접촉해 온기를 느끼고, 엄마 두 팔에 포근히 안기며, 애무 등 피부 자극을 받고, 엄마 젖을 빨아먹으며 '단란한 가족'의 일원으로 환영받는 데서 온다. 이러한 행위들은 그저 비유가 아니라 극히 실질적인 정신생리학적 조건이다.

분만 직후의 수유로 엄마가 받는 혜택은 무수하며, 이중 어느 하나도 하찮지 않다. 힘겨운 진통 등 산고를 겪은 뒤 아기를 어르고 젖을 물리면서 찾아오는 정서적 희열과 용기, 활력, 평정, 성취감도 그런 혜택에 속한다.[7]

아기가 태어나고 몇 분 안에 분만의 제3단계가 완료되어야 한다. 즉, 태반이 분리되어 배출되고, 자궁 혈관이 터지며 생긴 출혈이 멈춰가면서, 자궁이 원래 크기로 되돌아가기 시작해야 한다. 아기가 태어나자마자 엄마 가슴에 안겨 젖을 빨아먹는 행위는 탯줄이 충분히 길다면 끊지 않은 상태에서 이뤄질 수도 있으며, 어떤 경우든 위 세 과정을 촉진할 것이다. 아기가 엄마 젖을 빨아먹음으로써 엄마 몸에서 벌어지는 주요한 변화는 다음과 같다. 아기가 엄마 젖을 빨아먹으면 뇌하수체에서 옥시토신 분비가 늘어나 자궁의 수축운동이 활발해지면서 여러 결과를 초래한다. (1)자궁 혈관과 맞닿은 자궁 근섬유가 수축한다. (2)자궁 혈관들이 일제히 수축한다. (3)자궁 크기가 작아진다. (4)태반이 자궁벽에서 분리되어 (5)분리된 태반이 자궁 수축에 밀려 배출된다. 더불어, 뇌하수체로부터 프로락틴 분비가 유발됨으로써 유방의 분비 기능이 크게 증가한다. 생리적 측면에서, 엄마의 모유 수유는 '모성'을 강화해 아기 돌보는 일이 즐거워지도록 해준다. 심리적 측면에서, 모성 강화는 엄마와 아기의 공생 유대를 한층 공고히 하는 데 기여한다.[8] 엄마와 아기가 이처럼 유대를 맺는 데는 분만 뒤 첫 몇 분이 중요하다. 말 그대로 엄마와 아기의 접촉이 시작되는 순간이기 때문이다.[9] 또한 신생아에게 엄마 유방은 무엇보다 탯줄과 태반 대신으로, 유방은 탯줄과 태반을 갈음하여 그 기능을 수행해준다.[10]

신생아를 안심시키는 일로 엄마의 보살핌과 엄마 젖을 빨아먹으며 느끼는 만족 이상 무엇이 있겠는가?[11] 이렇게만 해준다면 더 바랄 것이 없으리라. 엄마의 애무, 엄마와의 접촉, 엄마의 온기에서 비롯된 피부 자극, 특히 입 주위 자극, 즉 젖을 빨아먹는 동안 아기의 얼굴, 입술, 코, 혀, 입 주변에 전달되는 자극은 호흡 기능 향상에 중요한데, 이러한 자극으로 혈액 내 산소공급이 증가하기 때문이다. 아기 윗입술은 중앙이 돌기처럼 솟아 있어서 엄마 유방을 꽉 물도록 돕는 역할을 한다. 동시에 유방으로부터 아기가 흡수할 수 있는 물질을 통틀어 으뜸으로 꼽히는 값진 초유를 섭취한다. 초유는 열흘 정도 나오며, 무엇보다도 배변을 돕는 완화제 역할을 한다. 아기 위장관에서 태변을 말끔히 씻어내는 데 초유만 한 물질은 없다. 초유는 아기가 설사에 걸리지 않도록 보장해주는 면에서도 으뜸이다. 초유를 섭취한 아기가 설사에 걸리는 법은 없다. 아기의 설사를 멈추게 할 유일한 처방이 다름 아닌 모유 수유인 셈이다. 초유에는 일반 젖보다 락토글로불린이 더 많이 함유되어 있는데, 락토글로불린에는 여러 질병으로부터 아기를 보호하는 면역 인자들이 담겨 있다.

흥미롭게도 조산아를 낳은 엄마의 초유가 만삭아를 낳은 엄마보다 세 배 더 강력한데, 이는 젖을 빨아먹을 수 있든 없든 조산아에게는 반드시 엄마의 초유를 먹여야 한다는 사실을 암시한다.

몇 년 전, 뉴욕의 시어벌드 스미스 박사는 초유를 먹은 송아지는 대장균 패혈증에 면역이 생긴다는 사실을 증명했다. 1934년 J. A. 투미는 인간 초유에는 이와 비슷한 인자뿐만 아니라 대장관에 증식해 병을 일으키는 여타 세균에 대한 면역 인자들 또한 존재한다는 사실을 증명했다. 초유는 신생아의 대장관에 유익한 세균의 증식을 북돋고 해로운 세균의 증식은 막는다. 이처럼 초유에는 신생아에게 이로운 물질이 대단히 많이 들어 있음이 증명되어왔다.

여러 면에서 갓 태어난 송아지는 신생아보다 더 성숙해 있다. 송아지와 마찬가지로 신생아도 출생 당시에는 면역력이 발달해 있지 않다. 다시 말해, 외부 침입자를 방어할 항체가 있지도 않고, 항체를 만들 능력도 없다. 엄마 유방에서 나오는 초유는 모체 혈청보다 감마글로불린이 15배에서 20배가량 더 많아 신생아에게 없는 항체를 제공해 생후 6개월간 수동적 면역력을 심어주며, 이후로 아기는 점차 스스로 항체를 만들어가게 된다.

그러므로 모유 수유는 면역, 신경, 심리, 기질 면에서 신생아에게 많은 혜택을 주는 셈이다. 400만 년 이상의 인간 진화를 거쳐, 또 7500만 년의 포유류 진화의 결과로, 모유 수유는 의존적이고 불안정하게 태어난 인간 신생아의 욕구를 충족시키기에 더없이 훌륭한 수단이 되었다. 모유 수유야말로 아기를 돌보는 데 첫째가는 방법이다.

이 책에서 나의 주안점은 개체 발달에 중대한 요인으로서의 피부 자극이지 모유 수유로 흡수되는 물질의 면역, 영양 성분은 아니지만, 생후 10일 정도 나오는 초유와 이후 8일 정도 나오는 이행유, 대략 18일째서부터 나오는 영구유permanent milk는 모두, 아기가 자기 몸에 섭취되는 다양한 물질의 처리 능력을 발달시켜가는 단계에 맞게 분비되어 아기 몸에서 필요한 대사가 이루어질 수 있도록 한다는 점은 이해될 필요가 있다. 아기의 효소계가 이러한 물질들, 특히 단백질을 처리할 만큼 발달하려면 수일이 걸린다. 초유와 이행유, 영구유는 차례차례 마침맞게 등장하여 아기 위장계의 생리적 발달에 부응해준다.

그러므로 모유 수유는 인간 신생아에게 반드시 필요한 일이다. 모유를 못 먹었다고 해서 신생아가 죽지는 않더라도, 모유를 먹은 아기만큼 건강하게 발달할 수 없기 때문인데, 결국 모유를 먹은 아기는 못 먹은 아기보다 건강한 발달로 가는 출발선상에서 한참 더 우위에 있는 셈이다.

초유와 이행유는 젖을 빨아먹는 아기 없이도 생성되지만, 이 물질을 아기에게 내주려면 젖을 빨아먹는 아기가 있어야만 한다. 젖을 만드는 것과 내주는 것 사이의 연결 고리가 사유반사射乳反射, letdown reflex다. 아기가 유방에서 젖을 빨아먹기 시작하면, 엄마가 받은 피부 자극이 신경을 자극하고 이는 다시 신경 회로들을 따라 뇌하수체로 전도되어, 뇌하수체에서 혈액으로 옥시토신을 내보내게 한다. 이어 옥시토신은 유선 조직에 도달해 폐포와 유관을 둘러싼 바구니세포를 자극해 유관을 확장한다. 이어 유두 뒤에 위치한 굴, 곧 공동空洞으로 흘러들어가는 젖의 양이 증가함으로써, 아기가 젖을 빨아먹기 시작한 후 30~90초가 지나면 사유반사가 완료되어, 엄마가 수유를 지속하는 한 알찬 물질들은 계속해서 아기에게 흘러들어가게 된다.

제 아기를 진심으로 사랑하는 엄마가 모유와 우유의 차이를 알고 있다면 아기를 젖병으로 키우는 일에 더 솔깃해하지는 않으리라 확신하다. 이 두 젖의 차이를 기술하자면 책 몇 권은 써야 할지도 모른다. 그 정도로 둘은 어마어마하게 다른데, 모유는 지방, 단백질, 당, 감마글로불린, 라이소자임, (뇌 발달에 중요한) 타우린, 락토페린을 비롯해 여러 중요 성분의 양이며 비율도 월등한 데다, 아기의 건강한 성장과 발달에 그 무엇도 대신할 수 없게끔 제격으로 맞춰져 있는 반면, 우유는 이런 면에서 아기에게 영 부족하기 때문이다.[12]

가능하기만 하다면 아기는 태어나자마자 엄마 품에 안겨야 하며, 사실 대개는 그럴 수 있다. 아기와 엄마를 떼어놓는 사람들은 아기가 태어나자마자 탯줄을 잘라 묶거나 혹은 아기를 물에 담그는데, 이는 신생아의 욕구를 잘 모르고 있다는 사실을 자진해서 광고하는 꼴로, 아기에게는 크게 해가 될 수도 있다. 아기는 출생에 이어서 호흡을 해야 하고 그것도 깊게 해야 한다. 아기를 자극해 심호흡을 일으키기에 제일 좋은 방법은 엄마가 아기를 가슴에 품고 어루만지며 얼러 젖을 빨아먹게 하는 것이다. 이로써 중요한 반사 원리를 작동하게 해 숨을 깊게 들이쉬는 습관을 형성하는 데 도움을 준다. 그렇지 않으면 숨을 얕게 들이쉬는 습관에 젖을 수 있는데, 그러면 인지하든 못 하든 사는 내내 얕은 호흡에 길들여져 심각한 호흡 질환이 덮치고 나서야 잘못을 깨닫게 되기 쉽다. 이러한 자극이 없다면, 아기는 어쩔 수 없이 태아 호흡에 의지하게 될 수도 있다. 태아의 호흡은 간에서 생성된 적혈구가 운반하는 산소에 의지하는데, 출생 전 태아의 간은 태반으로부터 산소를 포함한 혈액을 받아 조혈한다. 간 위를 활처럼 가로지르는 횡격막은 간이 공급한 혈액을 위로 빨아올려 아기의 폐와 뇌로 흐르도록 돕는다. 아기 몸통의 움직임을 비롯해 잘 알려진 출생 전후 꿈틀거림은 횡격막 기능을 증가시킨다.

아기의 태아 호흡이 출생 후까지 지속되기도 하는데, 만약 그런 상황이 계속되면 아기가 탈진할 수도 있다. 신생아의 산소 공급원은 두 가지, 즉 외부 공기와 자기 조직이지만, 후자는 빈약한 데다 빠르게 감소하기 때문에 그리 오래 의지할 수는 없다. 아기는 산소를 품은 공기를 깊이 들이쉬기 시작해야만 한다. 이뿐만이 아니다. 마거릿 리블은 다음과 같이 지적했다.

> 혈관 발달 능력이 미비해져 신경세포까지 혈액이 공급되지 못할 수도 있고, 신경섬유를 보호하고 강화하는 말이집이 불완전한 상태로 남아 있을 수도 있으며, 뇌의 물질대사 체계 자체가 제대로 자리 잡지 못할 수도 있다. 이와 같은 장애로 개체는 앞으로 살아가며 스트레스와 긴장에 제대로 대응하지 못하게 될 수 있다. (…) 이 시기에 엄마로서 아기의 호흡을 돕는 일은 아무리 강조해도 지나치지 않는다.[13]

사실, 효과적 호흡의 물꼬를 트는 데 엄마 젖을 빨아먹게 하는 것보다 더 좋은 방법은 없다. 신경생리학적 측면에서 빨아먹기를 살펴보면, 아기가 어떤 식으로든 호흡장애를 안고 태어났을 때, 엄마 젖을 빨아먹게 하면 아이의 호흡계를 자극해 장애를 해소할 수 있다. 앤더슨은 양에게서 이런 사실을 증명했고,[14] 조산사인 캐시 히긴스와 린다 밴 아트는 저호흡인 아기들에게서 이러한 효과를 확인했다. 아기가 저호흡일 경우, 젖을 빨아먹게 하면 빨자마자 이내 '혈색이 돌아온다'. 젖을 빨아먹도록 유도하려면 아기 무릎을 구부려 복부에 붙이고 아기 손바닥에 어른 손가락을 놓아 쥐게 하면 된다.[15]

영유아의 초기 발달에서 엄마와 아기의 극단적 접촉이 필수라는 사실은 블러턴이 설득력 있게 증명한 바 있다. 블러턴은 그 증거로 여러 종에서 수유 간격과 젖 성분 간 관계를 다룬 벤 숄의 연구를 들었다.[16] 예를 들어, 집토끼와 산토끼는 24시간마다 수유하는데, 이들의 젖은 단백질과 지방 함량이 매우 높다. 나무두더지 투파이아 벨랑게리는 48시간마다 수유하는데, 이들 젖은 단백질과 지방 함량이 이보다 더 높다. 한편, 유인원과 인간은 엄마 젖을 늘 빨아먹을 수 있는 만큼 젖의 단백질 및 지방 함량이 매우 낮다. 여기서 규칙은 수유 간격이 길면 젖의 단백질 및 지방 함량이 높고, 간격이 짧으면, 곧 언제든지 젖을 먹일 수 있으면 젖의 단백질 및 지방 함량이 낮다는 것이다. 이는 원숭이 어미와 마찬가지로 인간 엄마 역시 어디든 아기를 데리고 다녀야 한다는 사실을 가리킨다.[17]

그처럼 늘 데리고 다니며 시도 때도 없이 젖을 먹이는 원숭이를 비롯한 유인원 새끼는 토하거나 트림하는 일이 드물거나 아예 없다. 하지만 사람 손으로 기르며 두 시간 간격으로 먹인 원숭이 새끼들은 토하거나 트림하는 일이 잦다.[18] 이는 잦은 수유에 영양을 보충하는 목적 외에도 다른 중요한 목적이 있다는 것을 암시하는 증거다. 곧 잦은 수유는 엄마와 아기가 가능한 한 끊이지 않고 접촉하게 만든다는 뜻이다.

알브레히트 파이퍼는 문명화된 민족들civilized peoples 사이에서는 젖을 물려 키우는 아기들도 아기 침대에서 생활하며, 젖을 아예 물리지 않는 아기들은 우유를 먹일 때에만 엄마 품에 안긴다는 사실에 주목했다. 반면 비문명화된 민족들nonliterate peoples의 경우 엄마들이 원숭이 어미와 마찬가지로 제 아기를 몸에 꼭 붙여 데리고 다닌다는 사실도 지적했다. 파이퍼는 적는다. "아기가 아기 침대에서 생활해야만 하다니, 기이한 업적이다. 아기가 침대에 적응할 리는 만무하다. 적응하기는커녕 엄마가 자기를 데리고 다니기를 바랄 뿐으로, 이를 가리키는 증거는 숱하다. 흔들거나 고무젖꼭지를 물려 아기를 어르는 장면을 보면 엄마와 아기가 신체적으로 한결 밀접하게 연결되어 있던 시절이 그리워진다."[19]

'인정人情이라는 젖'이 흘러나오는 곳은 바로 엄마의 유방이다.

모유 수유가 유지되고 있는 한 대개 임신이 안 되는데, 그 기간은 모유 수유 빈도에 따라 아기 분만 뒤 최소 10주 혹은 종종 그 이상까지도 이어진다. 모유 수유가 잦을수록 피임 효과도 길어진다.[20] 주원인은 젖 빨기로 인해 뇌하수체에서 분비되는 프로락틴이 무배란을 일으키는 데 있다.[21] 따라서 모유를 수유하는 동안에는 자연스럽게 임신이 조절되는 셈이다. 모유 수유로부터 아이가 입는 혜택은 어마어마하다. 모유 수유를 한 아이와 안 한 아이를 모두 포함해 총 173명의 아동을 출생 직후부터 열 살까지 추적한 어느 예비 연구에서 밝힌 바에 따르면, 모유를 먹지 않은 아이들에게서 호흡기 감염이 4배, 설사는 20배, 갖가지 감염은 22배, 습진은 8배, 천식은 21배, 건초열은 27배 더 많았다.[22]

마찬가지로 C. 회퍼와 M. C 하디 두 박사는 시카고 아동 383명을 연구하여 모유를 먹여 기른 아이들이 분유를 먹여 기른 아이들보다 육체적, 정신적으로 더 건강하다고 밝혔다. 또한 4~9개월 동안 모유를 먹인 아이들이 3개월 이하로 모유를 먹인 아이들보다 육체적, 정신적으로 더 건강했다. 분유를 먹인 아이들은 신체 특징 측정 결과에서 모조리 꼴찌를 기록했다. 분유를 먹여 키운 아이들은 영양 상태도 최악이었고 소아 질병도 가장 잘 걸렸으며 걷기와 말하기를 배우는 데도 가장 느렸다.[23]

S. 골드버그와 M. 루이스 두 박사는 남아보다 여아에게 모유를 먹여 키울 공산이 더 큰 데다 더 오래도록 모유를 먹인다고 밝혔다. 엄마들은 아들보다 딸을 더 자주 만지고 안았다. 한 살배기들을 조사해보니 여아가 남아보다 엄마에게 보이는 애착 행동이 더 많았다. 두 저자는 이러한 차이가 남아에 비해 여아가 엄마와 주고받은 신체 접촉의 양과 질에서 한층 더 양호한 데에서 기인하리라 추정했다.[24]

조기 이유離乳는 인간이란 종에게 어떤 영향을 끼칠까. 인간에 관한 자료는 없지만, 다행히 쥐를 실험한 결과는 몇 있다. 프라하 생리학연구소 이리 크레체크 박사는 '출생후 표현형表現型 발달'을 주제로 체코 리블리체에서 열린 국제학술대회에서 한 논문을 인용하며, 포유류에게서 이유 시기는 대단히 중요한데, 이 시기에 특히 염분 균형, 종합 영양, 지방 흡수 등과 관련해 여러 기본적 생리과정이 재조직되기 때문이라고 했다. 다른 연구자들은, 생후 16일을 기점으로 그보다 일찍 젖을 뗀 쥐들은 생후 30일째 젖을 뗀 쥐들보다 조건반사가 더 느렸으며, 성체가 되어서도 모든 세포의 기본 성분인 리보핵산에서 차이를 보였다고 보고했다. 또한 주요 전해질조절 스테로이드뿐만 아니라 남성 호르몬인 안드로겐 또한 조기 이유에 악영향을 받았다고 밝혔다. 같은 학술대회에서 S. 카즈다 박사는 성인을 대상으로 실시한 어느 예비 연구를 인용하여 조기 이유가 생식을 비롯해 특정 병리에 영향을 미칠 수도 있다고 보고했다.[25]

생후 첫해의 모유 수유로 인한 혜택이 이후 발달은 물론 성년기까지 이어진다는 사실은 숱한 연구자가 증명해왔다. 관련 증거를 보면, 아기는 최소 열두 달 동안은 엄마 젖을 빨아먹어야 하고 이유는 아기가 준비되었을 때에만 해야 하는 것으로, 아기가 생후 6개월부터 섭취할 수 있는 고형식이 모유를 대신하기 시작할 때까지 차근차근 이뤄져야 한다. 엄마들은 대개 때가 되면 아기가 이제 젖을 뗄 준비가 되었구나 하고 감지할 수 있게 마련이다.[26]

이른바 원시적이라고 하는 토착 문화에서는, 모유 수유가 대략 네 살까지 이어지는 경우가 허다하고 그 이상까지 이어지기도 하는데, 다른 음식이 보충되는 수개월 동안에도 모유 수유는 계속된다. 예전만 하더라도 적어도 유럽 일부 지역에서는 모유 수유가 수년씩 이어졌다. 영국 소설가 H. E. 베이츠는 자서전 『사라진 세계The Vanished World』에서 고향 노샘프턴셔에 대하여 가을이면 여자들은 건초를 거두려고 들판으로 몰려나갔다고 썼다. 그리고 다음과 같이 덧붙였다. "나는 할아버지가 이 여자들을 두고 하는 말을 들었다. 들판에서 여자가 돌연 웃옷 단추를 풀고 젖무덤을 꺼내, 일어서면 젖꼭지에 닿을 정도로 자란 아이에게 젖을 물리는 광경은 흔했다고."[27]

현재 미국에서는 그리 오래지 않은 과거와는 달리, 모유 수유 기간을 오래 갖는 모습이 흔하지 않다. 늘 명심해야 할 점은 모유 수유의 이점이 단순히 영양과 면역 면에 국한되지는 않는다는 사실이다. 물론 영양과 면역도 중요하지만, 모유를 수유하면서 수유 짝은 서로 인정을 나누고 배우며 정서적·심리적 욕구를 충족시킨다. 베네데크가 오래전 주장했듯, 젖병 수유로는 모성을 발달시키지 못한다.[28]

젖 빨기가 아닌 빨아먹기와 촉각

모유 수유는 인류가 수백만 번 경험하며 빈번히 관찰해온 행동이다. 그런데도 영양 면에서는 물론 아기가 젖을 빨아먹는 행동이 실제 의미하는 바에 대해서도 믿기 어려울 정도로 이해가 부족하다. 관련

문헌에서는 일반적으로 '젖 빨아먹기'를 지칭하는 데 '젖 빨기sucking' 와 '젖 빨아먹기suckling'라는 두 용어를 구분하지 않고 무분별하게 섞어 쓰고 있다. 아기는 엄마 젖꼭지를 '빤다'고 묘사되지만, 아기가 그처럼 멍청한 짓을 할 만큼 바보는 아니다. 엄마 젖꼭지를 빨기만 한다면, 대부분 자기 입을 일부 진공 상태로 만드는 데 성공할 뿐 젖을 제대로 빨아먹는 능력을 발달시키는 데는 실패할 터이기 때문이다. 아기는 젖병 꼭지를 빨지만, 엄마 젖은 빨아먹는다. 젖이 아주 술술 흘러나와 젖을 얻겠다고 애쓸 필요가 없는 경우를 제외한다면, 아기는 엄마 젖꼭지를 입에 물고 있는 것만으로는 흡족할 수 없다.

완전한 젖 빨아먹기 반사•는 아기 입술을 자극해서도 일어나지만, 구강 깊숙이 자리한 수용기를 건드려서도 일어난다. 그렇기에, 아기는 입속으로 젖가슴을 있는 대로 깊이 들여와야 한다. 이러한 젖 빨아먹기 반사가 확립되는 시기는 정해져 있는 데다 매우 짧아서 절대 놓쳐서는 안 된다. 그러므로 가능한 한 엄마는 아기가 태어나자마자 가슴에 안아 젖을 빨아먹게 해야 한다.

젖 빨아먹기는 빨기와는 생판 다른 행동 양상이다. 일반적 믿음에 반해, 입에 물리는 부위는 젖꼭지가 아니라 젖꽃판이다. 아기 입술과 잇몸이 젖을 짜내려고 누르는 부위는 젖꽃판 밑에 자리한 모유가 모이는 젖샘관팽대, 즉 유관동乳管洞이다. 아기는 젖꼭지를 구강 안으로 끌어들여 윗잇몸과 아랫잇몸 위에 놓인 혀 사이에 두고 압박한다. 뒤에서부터 나온 혀는 젖꼭지 아랫면에 힘을 가해 경구개에 대고 압박한다. 젖 빨아먹기는 엄마의 뇌하수체를 자극해 프로락틴과 옥

• 젖 빨아먹기 반사suckling reflex: 이 용어는 보통 '빨기 반사'로 번역되나, 이 장에서 저자가 빨기와 빨아먹기를 구분해 사용하고 있기에 '젖 빨아먹기 반사'로 번역했다.

시토신을 분비하게 한다. 프로락틴은 젖 분비 유지와 관련된 반사를 촉발하는 호르몬이며 옥시토신은 젖 배출, 곧 '사유射乳'반사를 유발하는 호르몬이다. 아기는 젖꼭지와 젖꽃판을 물어 입술과 협근頰筋으로 꽉 감싼다. 혈관이 꼼꼼히 발달해 폭신폭신한 신생아의 입술은 촉각이 대단히 민감한데, 특히 윗입술 중앙에는 돌기가 돋아 있어 오돌토돌한 젖꽃판 표면을 꽉 물기에 제격이다. 젖꽃판의 오돌토돌한 표면은 밑에 있는 젖꽃판샘 덕에 돋아난 돌기들 탓으로, 젖꽃판샘은 이 돌기들을 통해 지방질을 분비함으로써 수유하는 동안 젖꽃판과 젖꼭지를 기름막으로 감싸 보호한다.

모유를 수유하는 엄마는 아기를 좌우 가슴에 번갈아 안음으로써, 아기 얼굴과 머리는 물론 몸 양쪽을 자극하며 운동시킨다. 이에 반해, 분유를 먹이는 엄마는 편안한 자세를 골라서 안기 쉬운데, 관찰 결과 거의 늘 아기 머리를 왼쪽에 두는 자세를 고수했다. 아기를 주로 한쪽 방향으로만 안으면 어느 모로 보나 아기에게 이로울 리 없을 것이다. 하지만 이는 단지 짐작일 따름으로 연구가 필요하다. 유방 대신 젖병을 쓰고, 엄마의 다정한 손길 대신 장난감을 쓰면, 아기에게 사람을 '상대하는' 대신 사물을 조작하라고 북돋는 격이다. 필립 슬레이터는 자신의 책 『지구 산책Earthwalk』에서, 이런 식으로 키운 아이라면 기계를 다루며 기계와 관계를 맺는 법이야 익히겠지만, 타인과 따스한 상호관계를 맺는 법을 터득할 수는 없다고 말한다.[29]

엄마가 아기를 가슴에 안아 젖을 먹이려고 하더라도 아기가 젖을 빨아먹는 데 실패하기도 하며, 때로는 젖꼭지를 입속에 집어넣는 것조차 못하는 듯도 하다. 이런 일은 보통 아기가 수건이나 다른 무언가로 감싸여 있을 때 벌어진다. 감싸고 있던 것을 벗겨 아기 피부가 엄마 피부와 닿도록 해주면, 대개 젖을 빨아먹기 시작한다.

반드시 짚고 넘어가야 할 사실은, 아기는 보통 젖을 빨아먹기에 앞서 젖꼭지와 젖꽃판을 핥으며, 이는 수 분씩 이어진다는 것이다. 이렇게 핥으면 유방이 젖을 빨아먹기 알맞게 되어, 아기가 살진 신세계의 즐거움에 길나게 해주는 효과가 있다.

아기가 젖 빨아먹는 데 사용하는 근육들은 자궁에서 빨기라는 행동에 사용하던 근육들과는 사뭇 다르다. 그렇기에, 모유 수유와 젖병 수유를 오가는 식은 좋지 않은데, 아기가 혼란에 빠져 적응하는 데 곤란을 겪을 수도 있기 때문이다.

젖을 빨아먹는 데 관여하는 아기 뺨의 지방덩이는 아기 볼을 동글동글하게 만드는 원인이자 무엇보다 구강에 음압陰壓을 형성해 우유를 빨아들이게 하는 책임을 맡고 있다. 젖 빨아먹기는 또한 흔히 위아래 잇몸, 그리고 송곳니 싹 사이에 퍼져 있는 발기 조직의 촘촘한 주름이 거들어주는 듯하다. 이 발기 조직은 구강이 젖꼭지와 젖꽃판, 곧 수유 원뿔을 꽉 조이게 도와준다고 여겨진다. 그렇기에 로빈과 매지토트는 1860년 이 구조를 처음 기술하며, '제3구순', 곧 입술을 도와주는 제3의 입술이라 이름했다. 이 제3의 입술은 생후 3개월에서 6개월 사이에 나타난다. 아기가 젖을 빨아먹는 데 자극받은 구강 막은 크게 부풀어올라 부副 감각 기관으로 작용하는 것 외에도 젖꽃판과 젖꼭지를 입안에 단단히 봉하도록 도와준다.[30] 이런 식으로 젖 빨아먹기에 관계하는 아기 얼굴과 입의 구조들은 엄마 유방에서 젖을 짜내는 '구강 펌프'를 만드는 데 기여한다.

이런 방식은 수유 상황에서 보여주는 엄마와 아기의 형태적, 기능적 호혜를 아름답게 증명한다. 특히 혀를 비롯해 아기 구강의 다양한 조직은 아기가 엄마 젖을 빨아먹음으로써 훈련되는데, 젖병으로 우유를 먹는 아기들 역시 그런 훈련을 받을 수는 있지만 이와는 천지 차이다. 그러므로 엄마 젖을 빨아먹는 아기와 젖병으로 우유를 먹는 아기가 성장하면서 얼굴 형태, 턱, 치아 발생과 교합을 비롯해 언어 능력 발달에 이르기까지 확연한 차이를 보인다 하더라도 전혀 놀랍지 않은 셈이다.

일례로 F. M. 포틴저 주니어와 버나드 크론은 아동 327명을 연구하여 엄마 젖을 3개월 이상 빨아먹고 자란 아기는 그런 경험이 3개월 미만이거나 아예 없는 아기보다 이후 얼굴과 치아 발달이 한층 더 양호하다고 밝혔다. 두 연구자는 다음과 같은 말로 보고서를 끝맺었다. "327명의 사례에서 얻은 이러한 결과는 적어도 3개월은 아기에게 젖을 물려야 하며, 가급적이면 6개월을 물려야 한다는 사실을 알려준다. 그럼으로써 아기 광대뼈(볼뼈)가 최적으로 발달하도록 자극되기 때문이다. 우리는 또한 젖을 충분히 빨아먹고 자란 환자들이 그런 경험이 없는 환자들에 비해, 이틀활(치조궁)과 구개를 비롯해 여타 얼굴 구조에서도 한층 더 양호하다는 사실을 관찰해왔다."[31]

버트런드는 3~4년가량 엄마 젖을 빨아먹은 경험이 있으며 다섯 살에서 열여섯 살 사이인 로디지아의 반투어계 아동 1200명을 상대로 이틀의 근원심近遠心관계를 측정했더니, 99.6퍼센트가 정상이고 0.3퍼센트만이 위턱 돌출을 보였다고 밝혔다. 반투어계 아동 99.6퍼센트가 정상이라는 사실은 백인 아동 70퍼센트가 정상이고 27퍼센트가 아래턱 돌출, 3퍼센트가 위턱 돌출이라는 사실과 극명하게 대조된다. 버트런드는 "모유 수유 부족과 연질식이軟質食餌가 (백인 아동들에게서처럼) 턱 발달 부전을 일으켜 교정 문제를 낳는다"고 결론지었다.[32]

'우유병 우식증'이라고 알려진 질환은 4세 이하 아동의 앞니 4개가 죄다 썩는 현상으로, 런던 아동의 8퍼센트에게서 발견되었다.[33] 또한, 나이즐의 추산에 따르면, 미국 아동의 10퍼센트 이상이 우유병 우식증을 앓는다는 사실을 감안할 때, 평균적으로 미국 4세 아동은 2.5개의 썩거나 때운 치아를 가지고 있는 셈이다.[34]

아기가 젖을 빨아먹으면 인두와 후두가 호흡에 참여하면서 인두와 입이 규칙적으로 운동하게 된다. 이런 운동들이 모두 결합해 한 번 이상의 젖 빨기와 삼키기, 호흡으로 구성되는 율동적 과정 혹은 '일련의 동작'을 형성한다. 일련의 젖 빨아먹기 동작은 젖을 물리는 기간 내내 반복된다. 혀와 아랫입술, 아래턱뼈, 목뿔뼈(밑에서 혀를 지지해주는 방패연골 위에 자리한 U 모양 뼈)는 하나의 통일된 '구강운동기관'이 되어 일제히 움직인다.

젖을 빨아먹는 과정에서 구강 및 인두 구조가 겪는 훈련의 양과 질로 말미암아 젖병으로 우유를 먹은 아이보다 엄마 젖을 빨아먹은 아이의 발화 능력 발달이 한층 더 빨라지는 듯하다. 프랜시스 브로드는 다섯 살에서 여섯 살 사이의 백인 아동 319명을 대상으로 진행한 두 연구에서, 엄마 젖을 빨아먹고 자란 아이들은 발음의 명확성과 음색뿐만 아니라 읽기 능력과 일반적인 자신감을 아우르는 언어 능력 발달의 모든 측면에서 젖병으로 우유를 먹고 자란 아이보다 우월했다고 밝혔다. 같은 나이라면 여아가 남아보다 더 또박또박 말한다. 이러한 우월성은 젖병으로 우유를 먹고 자란 남아와 엄마 젖을 빨아먹고 자란 남아를 비교했을 때 특히 두드러졌다.

이러한 결과가 놀랄 일은 아닌데, 브로드가 지적했다시피 젖을 빨아먹는 기관과 발화하는 기관은 거의 같기 때문이다. 따라서 젖 빨아먹기 반응 발달에 영향을 미치는 조건들이 발화에 필요한 구조에도 영향을 미치리라 예측해볼 수 있다. 브로드의 다른 설명은, 모유 수유가 유아의 감염 발생률을 감소시키는데, 발화 능력은 호흡기 감염으로부터 좋지 않은 영향을 받는 데다 호흡기 감염은 거의 청각 기관 감염으로 이어지며 발화 능력은 청력에 좌우되므로, 이 또한 젖병으로 우유를 먹고 자란 아이들이 엄마 젖을 빨아먹고 자란 아이들보다 발화 질이 떨어지기 쉬운 이유일지 모른다는 것이다. 브로드는 따라서 이런 문제가 일어나지 않게 하려면 하루속히 모유를 수유하던 시절로 돌아가야 한다고 주장한다.[35]

모유 수유와 발화

모유를 수유하면서 엄마는 마땅히 해야 할 일을 하는데, 그것은 아기에게 말하는 것이다.

노동층 여성 28명을 대상으로 진행한 종단적 연구에서, 링글러와 트라우스, 클라우스, 케넬은 그 가운데 14명에게는 산후 첫 사흘간 아기와 15시간 더 접촉하게 하고, 산후 첫 3개월 간은 한 시간 더 접촉하게 했다. 그 결과, 엄마가 두 살 아이에게 말했던 방식이 그 아기가 다섯 살이 됐을 때 발화 및 언어 이해도에 영향을 미쳤으나, 이러한 영향은 입원해 있을 당시 병원에서 서로 정해놓은 분량 이상으로 접촉한 아이-엄마 쌍들에게만 해당된 것으로 밝혀졌다. 병원에서 정해놓은 접촉이란 분만 시의 아기 일별, 상호 인지용인 6~8시간의 짧은 접촉, 4시간 마다 20~30분씩 있는 수유용 만남을 말했다.

엄마의 발화는 아이가 성장하며 보이는 발화 및 언어 이해도에 영향을 미치는 것으로 여겨진다. 이런 영향을 나타낸 아이-엄마 쌍들을 보면, 아이가 두 살 때 엄마가 아이에게 건넨 발화에 사용한 형용사가 풍부할수록 아이는 다섯 살에 이르러 더 높은 지능지수를 보였다. 한 문장에 여러 단어를 사용할수록 아이는 복잡한 구절을 더 잘 이해하게 되었다. 반대로, 엄마가 간결하게 할 말만 건넨 아이일수록 다섯 살에 이르러 자신을 표현하는 능력이 부족했다. 이러한 관계들은 산후에 아기와 추가로 접촉한 엄마-아이 쌍들에게서만 발생했다.

링글러 등 연구자들은 적는다. "이러한 하류층 여성들에게서, 아기와 엄마의 추가 접촉은 둘 사이의 관계를 증진한다고 추론해야 마땅하다." 아이가 말을 떼기 전이든 후든, 엄마와 아이 사이의 관계가 도타워 서로에 대한 영향력이 클수록 아이의 전반적인 상태가 양호했다.[36]

위 연구의 주안점이 엄마가 아기에게 모유를 수유하는 동안 건네는 말에 국한되어 있지는 않아도, 엄마가 모유 수유 중 아기에게 건네는 말이 아기의 언어 능력 발달에 유익한 영향을 끼치리라는 추론은 타당해 보인다. 언어 능력 발달과 손 기능 발달이 밀접하게 관련돼 있다는 사실은 어렴풋이나마 짐작되어왔다. 청소년이든 성인이든 사실상 모든 발화 형태에서 손동작을 보조 언어로 삼기 일쑤다. 유아의 언어 능력 발달 측면에서, 이 주제에 대한 연구, 특히 촉각 자극과의 상관관계에 대한 연구는 상당히 부족해 보인다.

게베르는, 우간다 아동 308명을 연구한 결과 이들은 운동 협응성, 적응력, 언어 능력, 개인/사회 관계를 통틀어 유럽 아동을 앞섰다고 밝혔다. 이러한 차이는 대개 간다 족 엄마들이 자식을 대하는 태도에 기인하는 듯했다. 아기가 젖을 떼기 전, 이들 엄마의 관심은 온통 자식에게만 쏠려 있다. 그에 비해, 같은 간다 족이라도 비교적 상류층에다 다소 서구화되어 있는 가정의 아이들은 대부분 성숙도가 눈에 띄게 뒤처졌다. 에인즈워스도 간다 족 아동들을 관찰하여 비슷한 결과를 얻었다.

유방의 기능을 논할 때면 보통 영양 공급이 강조되는데, 이는 아주 적절하긴 하지만 다른 기능 또한 배제되어서는 안 된다. 모유 수유 과정은 아이 몸에 영양분을 공급하는 일 이상으로 훨씬 더 중요한 의미가 있다. 아이가 정신적으로 건강한 인간으로 기능할 능력을 배양하는 데 무엇보다 요긴한 정신문화 환경을 조성해 주는 일이 그것이다. 이처럼 모유 수유와 관련된 복잡하고도 허다한 변수를 외면한 채 모유 수유를 하나의 단순명료한 행동으로 치부한다면, 어느 연구자라도 모유 수유가 아기의 차후 행동 양상에 미치는 영향을 밝히기는 어려울 것이다.[37]

모유 수유와 젖병 수유는 몹시 광범위한 표현으로, 여기에는 엄마와 아기 사이에 이루어지는 다종다양한 상호관계가 내포되어 있다. 수유 상황에는 과다 수유, 과소 수유, 수유 간격, 욕구, 아기의 섭취 속도, 아기 다루기, 임의任意 수유, 신체 접촉량, 엄마의 아기 수용, 엄마의 안정감, 부부 적응을 비롯해 여타 많은 요소가 포함되어 있다.

엄지손가락 빨기 문제만 보더라도, 이는 빨기 부족이나 만족감, 감정발달장애를 나타내는 진단 신호라기보다는, 적어도 대부분은 아이가 젖을 빨거나 빨아먹으며 경험했던 즐거움을 지속시키려는 행동이다. 이럴 경우, 엄지손가락 빨기를 나무라기보다는 완전한 정상 행동으로 받아들여, 되어가는 대로 내버려둬야 한다.

400여 년 전, 윌리엄 페인터는 유방을 두고 "육신에 달린 가장 신성한 샘, 인류의 교사"라고 적었다. 자료를 찾아보면, 모유 수유를 바라보는 페인터의 관점을 지지하는 입장은 수두룩하다.[38] 요컨대, 분만 몇 분 뒤부터 이어지는 엄마-아이 수유 짝 관계에서 엄마가 젖을 물리고 아기는 빨아먹는 동안 벌어지는 일들은 인간적 행동 능력의 발달을 뒷받침하는 경험적 토대가 된다. 엄마와 아기 사이에 기본적 유대가 생성되는 시간은 분만 직후 30분 이내로, 이러한 유대는 엄마가 아기를 품에 안고 젖을 물릴 때라야 비로소 형성될 수 있다. 엄마와 아이가 주고받는 생리적 혜택은 서로에게 반드시 필요하기에, 임신 기간 동안 유지했던 이러한 공생관계가 분만 뒤에도 지속되어야 한다는 데는 의심의 여지가 없다. 임신 기간 내내, 엄마는 태어나는 순간부터 아이가 느낄 독립 욕구를 충족시켜주도록 치밀하게 채비된다. 사실, 이 수유 짝은 서로에게 어느 면으로 보나 필수인데, 서구 세계에서 이러한 필수 불가결성은, 분만 이후 엄마와 아기에게 필요한 사항들에 대해서라면 누구보다 전문가나 권위자라고 인정받는 사람들마저 이해 못 하는 게 보통이다. 마치 엄마와 아기가 인간으로서 발달할 권리, 양도 불가능한 권리를 박탈하려는 모종의 음모가 있는 듯싶다.

모유 수유를 통해 엄마와 아기가 얻는 이득에 대해선 할 말이 훨씬 더 많을 수 있다. 즉, 모유 수유의 목적은 물론 아기에게 적절한 먹거리를 내주는 데 있지만, 그보다 더 중요하게는, 생명체라면 다 건전한 성장에 필요해 마지않는 정서인 애정과 안도감을 누리게 해주는 데 있다. 달랑 모유 수유만 한다고 가능한 일은 아니다.[39] 모유 수유가 제 의미를 찾으려면 무엇보다 엄마와 아기의 관계가 온전해야 한다.

게슈탈트 심리학•에서 끌어온 개념 틀 안에서, 유방 및 감촉의 경험은 하나의 형상에 바탕을 둔 인식으로 볼 수 있는데, 여기서 육체

• 게슈탈트 심리학gestalt psychology: gestalt는 독일어로 형태라는 뜻이어서 형태주의 심리학이라 칭하기도 하며, 인간은 지각된 내용을 따로따로가 아닌 통합된 하나의 형상으로 인식한다는, 전체는 부분의 합 이상이라고 주장하는 심리학이다. 여기서는 아기와 엄마가 영육으로 맺는 총체적 경험이 합쳐져 하나의 형상이 됨으로써 경험들의 합보다 크게 서로에게 이로운 효과를 낸다는 의미로 해석된다.

는 늘 밑바탕으로 자리하며, 유방에 닿는다는 의미는 유방이 마음속에 그려지는 형상으로서 자극이 된다는 뜻이다. 이 형상 기반 경험은 사유반사를 일으킬 뿐만 아니라 아니라 엄마와 아기 두 인간의 사회화과정에 불을 댕겨 죽 이어지게 한다.[40, 41]

피부 자체가 기관의 하나로 발달하는 데 유방을 통해 겪은 경험이 크게 기여하리라는 것은 마땅히 그렇게 추정할 만하다. 내가 아는 한 이러한 추정을 뒷받침할 실험 자료는 없다 해도, 비록 일부일망정 이 같은 관점을 지지한다고 보이는 여타 자료를 비롯해 동물 관련 증거라면 대고도 남는다. 일례로, 저명한 뉴질랜드인 소아과 의사 트루비 킹은 짐승 털이며 가죽을 거래하는 상인으로부터 이 주제에 관한 이야기를 듣고 깊은 인상을 받았다. 이 이야기는 그대로 인용할 만하다.

> 트루비 킹이 상인에게 모유 수유의 이점에 대하여 이야기하자, 돌아오는 대답은 이러했다. "어미젖이 새끼에게 의미하는 바에 대해서라면 나를 확신시킬 필요가 없습니다. 장사를 하면서 오래전에 알게 되었죠. 왜냐, 당신 장화는 이런 식으로 공급되기 때문이죠!" 상인은 이어서 부연했다. 거래할 때면 우리는 파리 산 송아지 가죽을 최고급으로 칩니다. 파리에서는 송아지를 어미젖으로 기르기 때문에 가장 질 좋은 송아지 고기를 얻는 데다, 그래서인지 송아지 가죽을 무두질하는 데 으뜸가는 방법이라면 전 세계가 프랑스식을 기준으로 삼을 정도니까요. 이런 송아지 가죽에 털이 붙어 있을 때 보면 메말라 거칠지 않고 매끈매끈 윤기가 흐르는 데다, 한결같이 가지런합니다. 아니면 그저 가죽으로서도 고르지 못한 법이 없고요. 가죽 전체가 거의 고른 형태에 결이 곱고 매끄럽죠. 가죽을 만지고 느껴보면 압니다. 형태가 확

실하고 견고하면서도 유연하고 탄력 있다는 사실을요. 만지기에도, 다루기에도 훌륭하죠. 가죽이 나긋나긋하게 구는 기분이랄까요. 왜 있잖아요(어떻게 묘사할까 잠시 궁리하다가), 어딘가 부실한 아이가 아니라 건강하게 자라고 있어 반들거리는 아이 얼굴 같은 느낌.

"다른 송아지는 어떤데요?" 트루비 킹이 묻자, 상인은 답했다.

아, '인공 수유'•한 송아지 말씀이군요. 물론 질은 천차만별이죠. 하지만 일반적으로 말해, 가죽이 들쭉날쭉, 그러니까 전혀 고르지가 못합니다. 거칠고 메말라 있기 일쑤여서 생기라곤 거의 안 느껴지죠. 형체가 균일하지 않으니 파리 산 송아지의 결이나 유연성을 전혀 따라가지 못합니다. 감촉이 나긋나긋하지 않아요. 왜일까요, 자 보세요, 거래에서 일급 송아지 가죽을 다룰 때면 우리는 서로 이렇게 말합니다. "와, 이거 진짜 물건인데! 왜 그렇겠나, 어미젖을 먹고 자라 그렇지."

어미젖을 먹고 자란 송아지 가죽의 '나긋나긋함'은 송아지가 어미젖에서 섭취한 영양분 덕이 크겠지만, 확신하건대 양질이 된 원인으로 송아지가 어미로부터 받은 피부 자극을 꼽아도 과히 잘못은 아닐 듯하다.

"어딘가 부실한 아이가 아니라 건강하게 자라고 있어 반들거리는 아이 얼굴"이라는 묘사가 의미심장한데, 이에 대한 다른 묘사를 접한 적은 없더라도 모유를 빨아먹고 자란 아기 피부가 젖병으로 우유를 먹고 자란 아이와는 여러 면에서 다르다는 사실을 의심할 여지는 거의 없어 보이기 때문이다.

받은 촉각 자극의 질은 유기체 전 기관계의 질적 발달에 직접 관

• 인공 수유bucket-fed: 젖병이나 양동이로 우유를 먹여 기르는 방식.

계한다. 이미 지적했다시피, 젖소에 기계착유를 도입한 이후로, 손으로 착유한 젖소가 기계로 착유한 젖소에 비해 궁극적으로 우유를 더 많이 내놓을뿐더러 우유의 질도 더 좋다는 사실이 관찰되어왔다. 이러한 사실은 젖을 분비하는 인간 여성에게도 해당된다고 볼 수 있다. 알다시피 일반적으로 아기가 젖을 빨아먹어서 엄마가 받는 촉각 자극은 사유반사를 일으켜 젖이 콸콸 흐르게 한다. 하지만 왠지 젖이 부족할 경우라도, 복부에서 시작해 유방까지 체계적으로 마사지해주면 보통 젖이 넉넉히 흐르도록 자극하는데 충분하다.

트루비 킹 선생은 말한다.

> 뉴질랜드 카리타네해리스병원에서는 유방을 마사지해주고 스펀지에 냉수와 온수에 번갈아 적셔 하루 두 차례씩 닦아주면 젖 분비에 효험이 있다는 사실을 수년에 걸쳐 수없이 증명해왔다. 밝혀진 바로, 이처럼 간단한 방법이 신선한 공기를 충분히 쏘이고, 목욕하고, 매일 운동하고, 적절한 휴식과 수면을 취하며, 규칙적으로 생활하고 적당한 식사와 물을 섭취하는 등의 습관과 맞물리면, 젖 분비가 줄어드는 경우, 아니 사실상 젖 물리기를 수일 또는 수주간 완전히 포기한 경우라도, 모유 수유를 재개하는 데 실패하는 법이 거의 없다.[42]

엄마가 아기로부터 젖 빨아먹기 자극을 못 받으면 뇌하수체 전엽에서 젖을 분비시키는 호르몬 프로락틴이 충분히 생산되지 못해 억제되었던 배란이 재개될 것이다. 아기가 젖을 빨아먹지 않는 상태에서 아기를 보고 아기 소리를 듣고 아기와 몸을 접촉하기만 해도 프로락틴 생산이 지속될지 알아보고자, 몰츠와 레빈, 리언은 암쥐에게서 젖꼭지를 외과적으로 제거한 뒤 임신시켜 정상 분만하게 하고, 젖꼭지 제거 수술을 받지 않은 집단인 대조군에는 분만 12시간 뒤 새끼를 떼어놓는 조치를 취했다.[43] 그 결과, 대조군 암컷에게서는 평균 7일이 지나자 배란이 재개되고 가짜 수술을 한 암컷에게서는 16일 만에 재개된 반면, 젖꼭지가 외과적으로 제거된 실험군에게서는 20일이 지나서야 재개된 것으로 밝혀졌다. 이 연구가 암시하는 바는, 새끼가 어미젖을 빨아먹지 않는 상황에서 새끼를 보고 새끼의 소리를 듣고 냄새를 맡고, 어쩌면 새끼를 '느끼는 것'만으로도 16일에서 20일간 배란을 억제할 만큼 프로락틴을 산출하게 할 수 있다는 사실이다.

수유 짝이 피부로 주고받는 자극이 호혜적 발달 수단, 곧 엄마와 아기의 여러 신체 기능을 활성화하여 최적 상태로 유지시키는 수단으로 진화했다는 사실은 극히 분명하다. 젖꽃판과 젖꼭지에는 무엇보다 감각 반사작용을 일으키는 힘이 있다. 분만 시와 분만 직후 자궁 흥분성이 극에 달해 있을 때, 젖꼭지를 자극하면 자궁이 뚜렷하게, 때로는 세차게 수축한다. 이처럼 반사작용을 일으키는 주된 원인은 시상하부가 뇌하수체 전엽을 자극해 옥시토신을 분비하도록 만드는 데 있다고 믿어진다.[44] 옥시토신은 진통의 시작을 비롯한 다른 여러 상황과 더불어 분만 자체의 시작에까지 관여하는 호르몬이다. 앞서 확인했듯, 옥시토신은 또한 아기가 젖을 빨아먹음으로써 엄마에게 주는 자극으로 대량 분비되는 호르몬이기도 하며, 이러한 반사작용은 이어서 엄마 몸에 사유반사와 젖 흐름을 일으킨다.

그러면 이제, 아기가 엄마 젖을 빨아먹는다는 행위가 얼마나 아름답게 작용하는지를, 특히 분만 직후 이러한 행위가 엄마와 아기의 가장 절박한 욕구를 충족해 이들이 서로를 이롭게 하며 성장하도록 하는 원리를 알아볼 차례다. 모유 수유로 수립되는 관계는 모든 인적 사회관계의 토대가 되며, 엄마의 따스한 피부를 통한 엄마와 아기의 소통은 아기의 생애 첫 사회화 경험이 된다.

프로이트 시대보다 앞서 활동했던 이래즈머스 다윈(찰스 다윈의 조부)이 1794년 첫 출판된 자신의 책 『동물 생리학 혹은 유기체 생명 법칙Zoonomia, or the Laws of Organic Life』에서 모유 수유가 아기의 차후 행동 발달에 관계한다고 주장했다는 사실은 참으로 놀랍다. 다윈은 다음과 같이 적었다.

> 결국 이러한 갖가지 즐거움은 모두 엄마 유방의 형태와 관련 있게 마련이다. 손으로 움켜쥐고 입술로 누르고 눈으로 보는 등 온갖 감각을 동원해 아기는 엄마 유방의 체취나 온기보다는 형태를 더 확실하게 인식하기 때문이다. 그러므로 이후 성숙하면서, 우리는 시야에 들어오는 물체가 무엇이든 물결이나 소용돌이 같은 윤곽이 여성 유방의 형태를 연상시킨다면, 표면이 오르락내리락 잔잔히 변하는 풍경이든 골동품 꽃병이든 연필이나 끌이든 상관없이, 우리는 거기서 그윽한 기쁨, 다른 모든 감각으로까지 번지는 듯한 총체적 기쁨에 휩싸이게 된다. 그리고 그 물체가 지나치게 크지만 않다면, 아주 어린 시절 엄마 젖가슴에 대고 그랬듯 두 팔로 껴안고 입맞춤하고 싶은 충동이 이는 것이다.

"내가 산을 향하여 눈을 들리라. 나의 도움이 어디서 올까"에도 마찬가지로 이 시편 작가의 어린 시절 경험이 반영되어 있다고 충분히 짐작할 만하다. 한 가지는 분명하다. 그가 젖병으로 자랐을 리는 만무하다.

이래즈머스 다윈은 미소의 기원을 아기가 엄마 유방으로부터 얻은 경험에서 찾는다.

젖을 빠는 행위, 곧 입술로 엄마 젖꼭지를 에워싸고 배가 부르도록 빨아먹는 행위에서 아기는 이처럼 은혜로운 음식에 자극받아 즐거워진다. 이어서 줄곧 빠느라 지친 입의 조임근이 이완되면 얼굴의 대항근이 부드럽게 작용하여 기쁨의 미소를 지어낸다. 아이들을 잘 아는 사람이라면 누구나 보았을 그런 미소를.

그렇기에 이런 미소는 우리가 살아가며 감미로운 기쁨을 느낄 때 짓는 것으로, 물론 새끼 고양이나 강아지도 놀아주거나 간질이면 이런 표정을 짓지만 특히 인간에게 두드러진 특징인 셈이다. 어린이들의 경우 이런 기쁜 표정은 보통 웃는 얼굴로 자신을 대하는 부모나 친구들의 표정을 흉내냄으로써 훨씬 더 발달하게 된다. 표정이 유독 유쾌한 민족이 있는 반면 엄숙한 민족도 있는데, 이 같은 이유에서다.[45]

미소의 기원에 관해 이제껏 제기된 어느 이론 못지않게 훌륭한 이론인 데다, 사람들이 잘 웃는 습관이 문화에 크게 좌우된다는 사실을 짚어낸 다윈의 예리함 역시 주목해야 마땅하다. 미소는 기쁨이자 친절의 보편적 증거로, 이러한 현상은 적어도 부분적으로는 엄마 유방에서 입과 피부로 느낀 즐거움으로 말미암아 아기가 처음 미소를 지었다는 사실에 기인할 수도 있기 때문이다.

아기와 엄마 피부, 특히 유방의 접촉이 의미하는 바를 키키유 족 추장 카봉고보다 더 아름답게 상기하는 사람은 없다. 80세 되던 해에 그는 이렇게 말했다.

마음속에서 나의 어린 시절은 엄마와 이어져 있다. 무엇보다 엄마는 늘 곁에 있었다. 엄마 등의 편안함, 내리쬐는 뙤약볕 아래 풍기던 엄마의 체취를 떠올릴 수 있다. 모두 엄마에게서 왔다. 배가 고프거나 목마를 때면, 엄마는 업고 있던 나를 앞으로 빙 돌려 젖가슴에 폭 파묻힐 수 있게 해주었다. 눈을 감으면 감사하게도, 엄마 가슴에 머리를 묻고 가슴이 내어주는 달콤한 젖을 들이켜며 느끼던 행복감에 다시금 젖어 든다. 태양이 사라진 밤이면 엄마의 팔이며 몸이 그 자리를 대신해 나를 덥혀주었고, 자라서 다른 대상들에 관심이 쏠리면서는 엄마 등이라는 든든한 자리에서 바라는 대로 마음 놓고 지켜보다가 졸음이 밀려오면 그대로 눈을 감으면 될 따름이었다.

"모두 엄마에게서 왔다." 이 문장이 핵심이다. 여기에는 온기, 지지, 안심, 갈증과 허기의 해소, 편안함, 행복, 곧 아이라면 누구나 엄마 유방에서 경험해야 마땅한 필수적인 만족감들이 내포되어 있다.[46]

아기가 엄마 유방을 누려야 하는 또 다른 이유

널리 알려지지는 않았으나, 포유류의 젖 가운데 달콤하기로는 인간 젖이 으뜸으로, 소젖에 유당이 4퍼센트 있는 데 비해 인간 젖은 유당이 7퍼센트에 이를 정도다. 흥미로운 점은 인간의 경우 신생아는 물론이거니와 태아조차도 유동체를 삼킬 때면 달콤한 맛을 몹시 즐기는 데다 오히려 자극적일 만큼 단 맛을 좋아한다는 사실이다. 수년 전 카를 드 스누 박사는 양막낭에 사카린을 주입하면 태아가 몹시 좋아한다는 사실을 증명했다.[47] 그 뒤로 연구자들이 특별히 고안된 장치를 통해 젖에 자당 용액을 투입했더니, 신생아가 젖은 더 천천히 빠는 데 반해 심장박동은 더 빨라진 것으로 밝혀졌다. 용액이 달면 달수록 젖 빨기는 느려지는 반면 심장박동은 빨라졌다. 연구자인 크룩과 립싯은, 빠는 속도의 하락은 맛을 음미할 때면 먹는 속도가 느려지는 원초적 현상을 반영하는 데다, 심장박동 가속과 맞물려 쾌락을 느끼고 있음을 알려주는 것일 수 있다고 주장했다.[48]

젖 빨아먹기가 아기에게 혹할 만치 즐거운 경험이라는 점은 이에 반응하는 아기의 태도에서도 분명하다. 영양을 섭취하려는 목적이 아닐 때조차 빨기는 아기를 사로잡는다. 필드와 골드스턴은 아기 발꿈치를 찔러 혈액을 채취하는 과정에서 고무젖꼭지를 물린 아기들은 행동장애도 적었고 심각한 생후 합병증도 덜 보였다고 밝혔다.[49]

아기에게는 엄마와의 신체 접촉이 세상과의 첫 접촉인 셈으로, 이를 통해 아기는 새로운 경험의 차원, 즉 타자에 대한 경험을 끌어안는다. 이처럼 타인과의 신체 접촉이야말로 편안, 안심, 온기의 근원이자 새로운 경험에 대한 적응력 상승의 원동력이 된다. 모유 수유는 바로 이 근원의 원류로, 모유 수유로부터 온갖 축복의 기도가 흘러나오며 이를 통해 아기는 앞으로 좋은 일들이 생기리라는 기대가 샘솟게 된다.

제4장

다정하며 애정 어린 보육

접촉으로 믿음의 대로가 닦이고
시야는 인간의 마음,
영혼의 영역으로 직행한다.

루크레티우스 (기원전 약 60년)
『만물의 본성에 대하여De Rerum Natura』
V, pp. 105~107

어린 시절,
생애 첫 순간이 시작되고 얼마 지나지 않고부터
아기로서 나는 접촉을 주고받으며
엄마 심장과 소리 없는 대화를 나누어
이를 애써 발판으로 삼아
어린아이의 감성,
우리 존재의 위대한 생득권이 내 안에서
증폭되고 유지되게 하였도다.

윌리엄 워즈워스
「서시The Prelude」
1850, Ⅱ, 1. pp. 265~272

정신과 의사 제임스 L. 홀리데이는 1948년 출판된 『심리사회 의학Psychosocial Medicine』이라는 중요한 책에 다음과 같이 적었다.

> 신생아의 출생 뒤 첫 몇 달은 자궁 내 상태가 유지되고 있는 기간으로 볼 수 있어서, 아기의 운동 및 근육 감각에서 요구하는 것을 만족시키려면 엄마의 몸과 밀착을 유지해줘야 한다. 이는 아기를 꼭 안고 주기

적으로 젖을 물리고 어르고 쓰다듬고 말을 걸며 안심시켜야 한다는 뜻이다. '현모양처'가 종적을 감추고 유모차가 등장하면서, 충분한 신체 접촉의 필요성은 흔히 안중에도 없어지고 있다. 신체 접촉이 사라지면 아기가 얼마나 득달같이 반응하는지는 탁자 표면 같은 평평한 바닥에 아기만 달랑 뉘여두면 확인할 수 있다. 아기는 대번에 질겁해서 울음을 터뜨리며 반응한다. (원인이 무엇이든) 불안한 엄마들은 아기를 안을 때 자신만만 야무지게 안지 못하고 느슨하거나 불안정하게 안기 쉬운데, 이는 '불안한 엄마가 불안한 아기를 만든다'는 말의 뜻을 얼마간 설명해준다. 아기는 엄마의 불안정한 심리를 그대로 감지하는 셈이다. 엄마라는 익숙한 존재의 부재는 '불안 초조감'이라는 문제와 연관되는데, 이런 모습은 퇴원한 아기들에게서도 볼 수 있다. 열병 병원에서 전공 수련의로 근무해본 우리 대부분은 불안 초조감의 중요성에 회의를 품곤 했다. 하지만 최근의 관찰 결과들은 엄마라는 익숙한 존재와 신체 접촉을 하지 못하게 된 아기들이 식욕 부진, 쇠약, 그리고 심지어 죽음에까지 이를 수 있는 소모증을 동반한 심각한 우울증에 빠질 수 있음을 증명했으며, 이를 통해 불안 초조감의 실체와 실질적인 중요성을 보여준 바 있다. 이러한 결과를 바탕으로, 이제 아동병원 몇 곳에서는 여성 자원봉사자들이 불안 초조감을 느끼는 아기들을 쓰다듬고 어루만지고 어르며 달래준다.(그 효과는 극적이었다고 전해진다.)[1]

그 효과는 실제로 극적이어서 무척 흥미로운 이야기 하나를 달고 다닌다.

19세기에는 아기들 절반 이상이 생후 첫해를 못 넘기고 소모증marasmus이라는 질병으로 숨졌다. 'marasmus'는 그리스어로 '쇠약해지다'라는 뜻이다. 소모증은 또한 영아위축증 또는 쇠약증이라고도 알려져 있다. 1910년대만 하더라도 미국 전역의 각종 고아 시설에서 한 살 미만 영아의 사망률은 거의 100퍼센트에 달했다. 1915년 뉴욕의 저명한 소아과 의사 헨리 드와이트 채핀은 도시 아동 기관 열 곳을 조사해 쓴 보고서에서, 한 곳을 제외한 다른 모든 기관의 영유아들이 전부 두 살을 넘기지 못하고 죽었다며 경악할 만한 사실을 폭로했다. 필라델피아에서 있었던 미국소아과학회 회의에서 여러 토론자는 몸소 겪은 경험들로 채핀의 보고서를 완벽하게 보강했다. R. 해밀 박사는 암울한 반어로 다음과 같이 언급했다. "영예롭게도 나와 관련된 필라델피아의 어느 기관에서는 재소在所 기간과 무관하게 한 살 미만의 유아 사망률이 100퍼센트였다." R. T. 사우스워스 박사는 덧붙였다. "나도 거들자면, 이제는 존재하지 않는 뉴욕의 어느 기관에서는 입소 영유아의 사망률이 워낙 높아, 아기들의 상태가 어떻든 입소 기록부에는 전부 가망 없음이라고 적는 것이 관례였다. 이것으로 앞으로 벌어질 일들을 사전에 다 무마했던 셈이다." 마지막으로 J. M. 녹스 박사는 볼티모어에서 진행했던 한 연구를 들었다. 여러 기관을 조사한 결과 입소 유아 200명 가운데 거의 90퍼센트가 1년 안에 숨졌다. 남은 10퍼센트가 살아남은 까닭은 뻔했는데, 잠깐씩이나마 내보내져 위탁 부모나 친척 손에 맡겨졌던 것이다.[2]

아동 기관의 메마른 정서를 인식한 채핀 박사는 납골당으로 전락한 기관에 아기들을 두는 대신 외부에서 맡아 기르게 하는 체제를 도입했다. 하지만 제1차 세계대전에 앞서 독일 방문에서 돌아와, 말만 번드르르한 표어로서가 아니라 그대로 실천하자는 뜻에서 '다정하며 애정 어린 보육'이라는 개념을 들여온 인물은 프리츠 탤벗 박사였다.[3] 독일에서 탤벗 박사는 뒤셀도르프 소재 아동병원에 들렀는

데, 거기서 그는 아르투르 슐로스만 박사로부터 박사가 책임자로 있던 병동들을 안내받았다. 병동들은 매우 말끔하기도 했지만 탤벗 박사의 호기심을 자극한 것은 웬 펑퍼짐한 노파가 엉덩이에 부실하기 짝이 없는 아기를 달고 다니는 광경이었다. "누구죠?" 탤벗 박사가 묻자 슐로스만이 답했다. "아, 아나라는 노파예요. 아기에게 의학적으로 할 수 있는 조치를 다 취하고도 효과가 시원찮으면 우리는 아기를 아나에게 건네는데, 결과는 늘 성공적이랍니다."

미국은 그러나 뉴욕종합병원 및 컬럼비아대 소아과 교수인 루서 에밋 홀트 시니어 박사의 교조적 가르침에 단단히 물든 상태였다. 홀트는 1894년 처음 출판되어 1935년 15번째 판을 찍은 소책자 『아동 보육 및 급식The Care and Feeding of Children』의 저자다. 이 장기 집권 기간에 이 책은 아동 보육과 급식에 관해서라면 가정의 최고 권위자로 군림했으니, 당시의 스폭 박사•였던 셈이다. 바로 이 책에서 저자는 요람을 없애고, 아기가 운다고 안아올리지 말며, 시간을 엄수하여 수유하고, 너무 어루만져서 애 버릇을 망치지 말라고 충고하는 동시에, 모유 수유는 선택적 식이食餌법이라고 함으로써 젖병 수유를 폄하하지 않으려고도 했다. 이런 풍조에서 다정하며 애정 어린 보육이라는 개념은 몹시 '비과학적'이라 여겨지고도 남을 일이어서, 입 밖에 내지조차 못하는 형편이었다.[4] 한편 우리가 확인했다시피 뒤셀도르프 아동병원 같은 곳에서 실천 중인 보육 방식이 1900년대에 이미 제법 인정받은 상태이기도 했다. 제2차 세계대전 이후에야 소모증의 원인을 밝히려는 연구들이 착수되기 시작했는데, 연구 결과 소모증

• 스폭 박사Dr. Spock: 벤저민 스폭(1903~1998) 박사. 미국 소아과 의사로 1946년 출판된 그의 저서 『영유아 및 아동 보육Baby and Child Care』은 전 시대를 통틀어 가장 많이 팔린 책 가운데 하나로 꼽힌다. 아동의 욕구 및 가족의 역할 이해에 정신분석을 시도한 최초의 소아과 의사이기도 했다.

은 이른바 '최상급' 가정 및 병원, 기관의 아기들, 즉 두말할 나위 없이 물리적으로 '최상'의 조건에서 육체적으로 더없이 세심한 관심을 받고 있는 아기들에게서 대단히 흔했다. 찢어지게 가난할지언정 좋은 엄마가 있는 가정의 아기들은 위생적 환경이 아님에도 대개 신체 장애마저 이겨내며 잘 자란다는 사실 또한 확연해졌다. 살균 소독된 환경에서 생활하는 일류 아기들에게 부족한 것이면서 동시에 이류 아기들에게 공급되는 것은 바로 엄마의 사랑이었다. 20세기 후반에 이러한 사실을 인식한 몇몇 병원의 소아과 의사들은 자신들의 병동에 정기적 보살핌이라는 요법을 도입하기 시작했다. J. 브레네먼 박사는 한동안 어느 구식 고아원에 다니며 "영유아 사망률이 50퍼센트를 넘어 거의 100퍼센트"에 이르는 상황을 목도하고 자신의 병원에 규칙을 정했는데, 아기들은 빠짐없이 하루에 몇 번씩 안고 다니며 '보살펴줘야' 한다는 것이었다.[5] 뉴욕 벨뷰병원에서는 소아 병동에 '보살핌' 제도를 도입한 지 1년도 채 안 된 1938년, 30~35퍼센트에 이르던 영유아 사망률이 10퍼센트 밑으로 떨어졌다.[6]

모유 수유는 안 해주더라도 손길을 주고, 데리고 다니며, 어루만지고, 어르고, 다정하게 속삭여주면 아기는 잘 자란다. 우리가 여기서 강조하려는 바는 바로 손길 주기, 데리고 다니기, 어루만지기, 보살피기, 어르기다. 다른 요소들이 갖춰지지 않은 상태에서 이렇게 다뤄주기만 해도 아기가 외적으로나마 건강하게 살아남을 수 있다고 보이기 때문으로, 아기는 이러한 기본적 경험을 통해서만이 비로소 안심할 수 있다. 빛과 소리 등 다른 측면의 자극을 무자비하게 박탈당하더라도 피부를 통한 감각 경험이 유지되는 한 아기는 견뎌낼 수 있다.

다른 자극들이 부재한 상황에서 피부 자극의 중요성을 아주 잘 규명해줄 수 있는 사례로는, 드물지만 출생 시 혹은 출생 직후 시각과 청각을 다 상실했거나인 농아인 엄마와 암실에 갇혀 지낸 아이들을 들 수 있다. 전자의 매우 극적인 경우는 로라 브리지먼과 헬렌 켈러의 사례다. 이 둘의 이야기는 여기서 다시 언급하기 민망할 정도로 잘 알려져 있지만, 다음과 같은 사실은 짚고 넘어가야 마땅하다. 즉, 시각과 청각을 모조리 상실하고도 이 두 아이는 피나는 노력 끝에 피부를 통해 세상과 닿아, 마침내 오로지 피부만을 통해 인간세계 전부를 포용하는 법, 세상과 막힘없이 소통하는 법을 익혔다. 지문자指文字를 배우기 전까지, 곧 피부를 통해 소통하는 법을 배우기 전까지, 이 아이들은 말 그대로 사회적·상호적 인간관계가 완전히 단절되어 있었다. 말하자면 고립되어 있었던 셈으로, 그 안에 살고 있으면서도 이들에게 세상은 무의미하다시피 해서, 사회성이라곤 전혀 없었다 해도 과언이 아니었다. 하지만 교사들의 끈질긴 노력으로 지문자를 가르치는 데 성공하자, 이들 앞에는 기호를 통한 의사소통의 세계가 펼쳐졌고 사회적 존재로서의 발달에 박차가 가해졌다.[7]

이저벨의 사례도 흥미롭기는 매한가지다. 이저벨은 사생아였는데, 무슨 이유에선지 외가 쪽 가족은 그녀와 엄마를 컴컴한 방에 가두고 그곳에서 거의 내내 생활하도록 했다. 이저벨은 1932년 4월 오하이오에서 태어나, 1938년 11월 관계 당국에 의해 발견되었다. 당시 나이는 6.5세로, 햇빛 결핍과 형편없는 영양 상태로 말미암아 구루병이 심각한 상태였다. 그 결과, 양다리가 심하게 휘어 똑바로 서면 신발 바닥이 하나로 모아졌으며, 물 위라도 걷는 양 스치듯 잽싸게 돌아다녔다. 발견되었을 때, 이저벨은 말없이 어벙한 모양이 그야말로 야생 짐승 같았다. 심리학자는 그녀를 보자 대뜸 유전적으로 열등하다고 진단했다. 그러나 아동 발화 전문가인 마리 K. 메이슨은 집중적이고도 체계적인 발화 훈련을 실시함으로써, 온갖 부정적 예측을 누르고 이저벨에게 정상적으로 말하는 법을 가르치는 것은 물론 발화 외에도 일상생활과 관련된 제반 능력을 갖추게 하는 데 성공했다. 2년 만에 이저벨은 여섯 살 아이에게 일반적으로 요구되는 학습과정을 이수했다. 학교생활은 지극히 양호해서, 학교에서 하는 활동이라면 하나도 빼뜨리지 않고 제대로 참가했다.

이저벨의 사례는 고립된 생활로 영양실조에다 말 못 하는 멍청이가 된 아이라도 집중적으로 훈련하면 더없이 정상적인 사회인이 될 수 있다는 사실을 증명한다. 이저벨의 뇌 신경세포는 영양실조로 이렇다 할 피해를 입지는 않았을뿐더러, 그녀가 사회에 완벽히 적응해 가는 모습은 또한 엄마와 둘이 고립되어 있던 세월 동안 그녀가 엄마로부터 주로 접촉을 통해 지대한 관심을 받았으리라는 점을 강하게 암시한다.[8]

오늘날 촉각 프로그램은 선천적 청각장애인의 발화 능력 향상과 관련해 전도양양한 분야다.[9]

로라 브리지먼과 헬렌 켈러는 촉각을 통해 의사소통했다. 알려진 바로는 이저벨 역시 엄마와 촉각을 비롯해 몸짓으로 의사소통을 했다. 이저벨의 장애 및 비사회성은 순전히 지속된 고립 탓이다. 그녀가 자신의 결함을 고쳐나갈 수 있게 한 원동력은 십중팔구 손길을 주고 붙들고 쓰다듬으며 어루만지는 등 그녀에게 보인 엄마의 충분한 사랑에 있었던 셈이다.

적敵들이 인용한 구절인지라 표현에 다소 가시가 돋혀 있지만, 당대에 "세상의 귀재stupor mundi"라고 일컬어진 독일 황제 프리드리히 2세(1194~1250)와 관련해서는 다음과 같은 일화도 전해진다.

황제는 성장하는 동안 누구와 한 번도 말해본 경험이 없는 아이들은 성인이 되어 어떤 말을 어떻게 하게 될지를 알고 싶어했다. 그래서 황제는 유모와 보모들에게 아이들에게 젖을 물리고 씻기며 목욕시키되 아이들과 일절 잡담해서는 안 된다고 명했다. 그럼에도 불구하고 아이들이 가장 오래된 언어인 히브리어나 그리스어, 라틴어, 아랍어, 아니면 자기를 낳아준 부모가 썼던 언어라도 구사할 수 있는지 궁금했기 때문이다. 하지만 결국 알아내지 못했는데 아이들이 죄다 죽어버렸던 탓이다. 유모의 토닥거림, 반기는 표정, 다정한 말이 없이는 살아갈 수 없었던 것이다. 유모가 아기를 재우느라 요람을 흔들며 불러주는 노래를 '자장가swaddling songs'라고 부르는 것도 마찬가지로, 토닥거리듯 자장자장 되뇌는 이 노래가 없이는 아기가 잠을 설쳐 늘 고단할 수밖에 없기 때문이다.

13세기의 역사가 살림베네의 표현이다.

"유모의 토닥거림 (…) 없이는 살아갈 수 없었던 것이다." 이는 아이의 발달에 피부 자극이 중요하다는 입장을 드러낸 최초의 선언이라 할 수 있으나, 어루만져주는 행위가 아이에게 발휘하는 효력은 이보다 훨씬 앞서 인식되었다는 데에는 의심의 여지가 없다.[10]

해리 백윈 박사는 입원한 아기들을 다정하게 보살펴주는 일이 중요하다는 사실을 인식한 최초의 소아과 의사 가운데 한 명으로, 다음과 같이 적었다. "어린 아기에게는 피부 감각과 운동감각이 가장 중요하게 보인다. 아기들은 토닥이고 덥혀주면 금세 진정되며 고통스런 자극과 한기寒氣에는 울음으로 반응한다. 집 바깥에 놔두면 아기가 잠잠해지기도 하는데, 부분적으로는 피부에 와닿는 공기 흐름의 효과일 수도 있다."[11]

이와 같은 의견은 온기와 공기가 신생아의 출생 직후 경험에서 아주 중요한 위치를 차지함을 가리킨다. 자궁 내 아기의 체온은 엄마의 체온과 같겠지만, 출생과정과 출생 전후 아기의 체온은 평균 38도로 대략 36.4도에서 39도를 오가며 엄마의 체온을 조금 웃돈다. 추위에 일시적으로나마 노출되면 아기는 울겠지만, 이런 추위가 이어지지 않는 한 해를 입지는 않는다. 아기들은 온기에는 즐거워하는 반면 추위에는 괴로워한다. 신생아한랭손상은 사망까지 일으킬 수 있다.[12] 일반적으로, 몸속에 스며드는 엄마의 온기에 아기는 안심하며, 이 같은 온기가 부재하면 아기는 고통스러워한다. 살아가면서 우리는 '따스한' 사람을 '차가운' 사람과 비교해 말하곤 하는데, 단지 상징적 표현에 불과하다고는 생각되지 않는다. 오토 페니첼은 이렇게 말한 바 있다.

> 체온 성감性感은 특히 어린 시절 구순 성감과 결합해 성행위 수용을 일으키는데, 이는 성욕을 자극하는 원시적이자 근본적인 원리다. 피부를 접촉해 상대의 따스한 체온을 느끼는 일은 모든 애정관계의 기본 요소다. 태곳적 사랑에서는 상대가 단지 욕구 충족에 필요한 도구에 불과했던 만큼 이러한 현상은 대단히 적나라하게 드러난다. 온기에 강한 쾌감을 느끼는 모습은 신경질적으로 목욕에 집착하는 사람들에게서 쉽게 볼 수 있는데, 이러한 쾌감은 특히 자존감 조절과 관련하여 수동적 수용성을 보이는 사람들이 흔히 경험한다. 이런 사람들에게 '애정 획득'이란 다름 아닌 '온기 획득'을 의미한다. 이들의 인격은 '얼음'과 같아서 '따스한' 기운에 '녹기에' 온탕 속 혹은 방열기 위에 몇 시간이고 있을 수 있다.[13]

인간 신생아는 달을 다 채우지 않고 태어나더라도 스스로 체온을 조절하는 데 꽤 능하지만, 편안하게 느끼는 온도 범위, 즉 열 중립 범위•는 성인보다 좁다. 신생아는 열 흡수원으로 작용할 수 있는 신체 용적(열 흡수 용적)에 비해 열을 교환하는 표면적이 상대적으로 넓다는 약점이 있기 때문이다.[14] 헤이와 오코넬은 옷을 입힌 아기의 열 중립 구간을 조사해 아기 침대에서 생활하는 생후 첫 달의 아기에게 열 중립 환경은 찬바람이 불지 않는 24도 정도라 결론지었다. 브뤼크는 과열된 신생아의 몸을 식히는 데 적절한 주변 온도는 23~24도를 밑도는 정도이며 신생아는 같은 증상의 성인보다 회복이 훨씬 빠르다는 사실을 증명했다.[15, 16]

옷을 입은 아기는 발가벗은 아기보다 유리하다. 맨 얼굴과 맨머리, 특히 맨 얼굴은 열을 식혀야 할 경우 땀을 내는 부위로서 중요할 뿐만 아니라 호흡 자극제인 찬 공기를 맞는 부위로도 기능한다. 글래스와 동료들은 무증상 저체중아를 담요로 감싸주면 아기를 다루기 쉬워지며 갑작스런 추위에 견디는 즉각적, 장기적 능력 또한 향상된다고 밝혔다.[17]

J. W. 스코프스는 말했다. 우리 세련된 사회에서는 인정받지 못하기 일쑤지만, 아기 온기의 원천은 엄마다. 엄마가 맨살로 아기를 감싸 안으면 온기를 전달하는 것은 물론 저절로 온도가 조절되는 국부局部 기후를 조성해주게 된다.[18]

신생아는 신체 여러 부위에 분포하는 일련의 위치에서 열을 생산한다. 이 위치는 갈색지방조직과 관련돼 있으며, 어깨뼈 사이 배부背部, 뒤목삼각, 쇄골 아래에서 겨드랑이까지 뻗어 있는 목 근육 주변을 비

• 열 중립 범위thermal neutrality: 체온 조절이 필요 없는 상태 또는 온도.

롯해, 여러 섬island, 즉 기관 및 식도, 양 폐 사이의 큰 혈관, 갈비뼈를 지나는 동맥, 속가슴동맥 주변 섬들에서 발견된다. 복부에는 갈색지방조직이 가장 많이 모여 있는데, 대동맥 주위로 약간, 부신과 신장 주변에 대부분이 몰려 있다. 어깨뼈 사이에서 추골椎骨정맥얼기로 배출되는 혈액이 신생아 체온 조절에 중요한 역할을 맡을 수도 있다.[19]

분만외상을 겪거나 호흡 결함으로 혈액 내 산소가 부족하거나(저산소증) 또는 이산화탄소가 과다해진(고탄산열증) 신생아는 이로 말미암아 급격한 저체온증에 시달릴 수도 있다. 저산소증은 갈색지방조직의 추가 열 생산력을 저하시키는 주범이라 여겨진다.[20]

온도 감각은 온각 및 냉각, 두 체계로 이루어져 있으며 신생아가 이 두 감각에 유독 예민하다고 믿는 데에는 다 까닭이 있다.[21] 성인과 마찬가지로, 아기도 외부 온도가 낮을 때보다 높을 때 더 잘 견디며 냉기보다 온기를 선호하지만, 냉해를 제외한다면 온도 차이에 대한 영유아기 경험이 이후 발달에 정확히 어떤 영향을 미치는지 우리는 알지 못한다. 그 영향이 적지 않으리라고 추정할 따름이다.[22]

온도 감각 또는 온도 감각들의 복잡다단한 특성을 제대로 이해하려면 아직 먼 셈이다. 온도 급변에 따른 대사 반응은 몹시 위협적일 수 있다. 예를 들어, 헤이와 동료들이 증명했다시피, 외풍을 차단한 섭씨 28~30도의 방에서 태어난 아기에게 같은 환경에서 교환수혈을 실시한다면, 헌혈자의 혈액을 덥히는 적극적 조치가 취해지지 않는 한 아기의 심부深部 체온은 서서히 떨어질 것이다. 연구자들이 암시하다시피, 수혈에 차가운 혈액을 사용하면 교환수혈 시 순환허탈을 촉발할 수 있다고 믿을 이유가 충분하다. 성인이라고 쉽게 예외가 될 순 없어 저장된 혈액의 급속 수혈이 필요하다면 마찬가지 상황을 염두에 두어야 한다.[23]

찬 기운은 혈관을 수축시키는 데다 혈류마저 늦추는 경향이 있어, 모세혈관 내에 산소포화도가 떨어진 혈액을 축적시킴으로써 피부가 푸르게 변하는 청색증을 일으킬 수 있다. 청색증은 온도에 크게 영향을 받는데, 온기는 둔화 작용을 하고 한기는 가속 작용을 한다.[24]

출생 직후 목욕으로 아기는 열 손실과 추위에 시달리기 쉬운데, 특히 치즈처럼 생긴 태지胎脂라는 막이 제거되면 그렇다. 태지는 아기 피부샘에서 분비되는 피지와 피부에서 탈각된 상피세포로 이루어져 있다. 자궁 양수 속에서, 태지는 아기 피부가 짓무르지 않도록 막아주는 보호막 역할을 한다. 출생 뒤 태지는 열 손실 및 냉기 침투를 막아주는 단열층으로 작용한다. 이런 까닭에 이 치즈 같은 물질을 씻어내면 좋지 않다고 생각하는 전문가들도 있다. 주변 온도가 27도에 못 미치는 곳에서라면 더 그럴 것이다. 일반적으로 보면, 이 물질은 엄마가 아기를 보듬어 젖을 물릴 수 있을 때까지 그대로 놔두어야 한다는 의견이 옳을 수도 있다.•

엘더가 건강한 만삭아 27명을 조사하여 밝힌 바에 따르면, 아기가 젖을 빨아들이는 압력은 27도에서보다 32도에서 더 낮다.[25] 쿡은 아기의 칼로리 섭취는 주변 온도가 27도에서 32도로 상승함에 따라 감소한 반면 온도가 33도에서 27도로 감소함에 따라 증가했다고 밝혔다. 이러한 결과는 병원에서 수유 시 아기를 꽁꽁 감싸는 조치가 재고될 필요가 있음을 암시한다.[26]

생후 첫 달이 지난 아기 18명을 대상으로 삼은 연구에서, 피터 울프는 온도와 습도 둘 다 아기의 수면량은 물론 행동과 울음에도

• 태지는 공기에 노출되면 빠르게 말라붙기 때문에, 놔둔다고 해서 별 문제를 일으키지는 않는다.—저자 주

지대한 영향을 끼친다고 밝혔다. 주변 온도가 25~26도일 때보다 27~32도일 때 아기들은 덜 울고 더 잤다.

탈의脫衣 및 피부 접촉에 대한 반응 또한 흥미로웠다. 아기 18명 가운데 7명이 옷을 안 입힌 뒤 사흘째부터 울기 시작했고, 2~3주가 넘자 울음은 격해졌다. 아기를 달래는 데 담요를 덮어주는 조치만으로는 충분하지 않았다. 효과를 보려면 부드럽고 기분 좋은 재질로 된 수건 혹은 담요로 감싸거나 가슴이나 배에 천의 촉감이 느껴지도록 해줘야 했다.[27]

제 새끼를 덥혀주려는 노력임이 분명한 포유류 어미들의 행동과 새끼를 품어주는 어미 새의 행동은 새끼가 발달하는 데 온기가 참으로 중요하다는 사실을 증명하기에 충분하다. 자기를 품거나 덥혀주는 어미가 없을 때 웅크려 서로 꼭 붙어 있으려는 새끼들의 욕구는, 신체 접촉을 통해 가장 잘 조성될 수 있는 이러한 환경이야말로 새끼들에게 반드시 필요한 것이라는 사실을 알리며 그 중요성에 한층 더 힘을 실어준다.

이제껏 밝혀진 사실로 미루어볼 때 어루만져줌으로써 야기되는 기본적 변화가 온도일 수 있을 듯하다. 일례로, 섀퍼와 동료들은 체온을 낮춘 쥐들의 혈액 내 아스코르빈산[비타민 C] 하락은 어루만져준 쥐들과 마찬가지 수준이었다고 밝혔다. 이러한 결과는 방법론상 갖은 비판을 받았지만, 여러 동물에게 온도가 다방면으로 영향을 미치는 변수일 수 있다는 데는 이견이 없었다.[28, 29]

차가운 손에 닿으면 기분이 좋지 않은 반면 따스한 손에 닿으면 기분이 좋다. 이러한 관찰 결과만 보더라도 피부 감각이 단순히 촉감이나 압감壓感의 문제만은 아니며, 피부 감각이 온도에도 반응한다는 데 무게가 실린다. 얼음장 같은 손으로 어루만지면 당하는 사람은 위안을 받기는커녕 불쾌하다고 느끼거나 심지어 순전히 괴로운 경험으로 치부할 수도 있다. '차가운 위안'이란 진정한 위안하고는 거리가 있는 셈이다. 이처럼 피부 자극의 의미는 피부 자극의 특성에 있으며, 이 특성은 복잡하게 얽힌 여러 요소로 이루어져 있다. 아프도록 철썩 얻어맞으면 감미롭고 다정하게 애무받을 때와는 기분이 사뭇 다른데, 통감과 쾌감 간의 차이는 모두 피부 압감의 차이에서 비롯된다고 볼 수도 있다. 아기가 자신을 안고 있는 사람을 두고 자기를 아껴주는지 그렇지 않은지 가려낼 수 있는 데에는 이처럼 압력, 강도, 율동성, 지속 시간, 안정감 등과 같은 요소들에 대한 평가가 작용할 가능성이 크다.

아기의 근육-관절수용기는 자신을 안고 있는 사람이 단순히 피부를 압박하는 것만은 아니라는 신호를 전달하는데, 이로써 아기는 상대가 자신에 대해 어떻게 '느끼는지' 파악한다. 피부는 외수용기라 불리는 기관 축에 속하는데, 신체 외부로부터 받은 자극을 감지하기 때문이다. 주로 몸 자체의 행동에 자극받는 수용기는 고유감각기라 불린다. 피부와 고유감각기 둘 다로부터 아기는 자신을 안고 있는 사람의 근육-관절-인대 행동이 의미하는 바를 파악한다.

아기가 자신을 대하는 상대의 태도를 제대로 구분하는 것이나 성인이 악수할 때의 느낌으로 상대의 성격을 가늠하는 것이나 별반 다르지 않다. 적어도 그럴 능력을 발휘할 수 없을 만큼 둔감해진 사람이 아니라면 매우 정확한 수준으로 결론에 도달할 수 있다. 분명 아기라면 누구나 운동감각을 타고나며, 실험 및 관찰, 경험, 일화를 통해 얻은 증거들이 하나같이 지지하는 바는, 우리가 건네받는 말을 통해 말하는 법을 배워 결국 배운 대로 말하게 되듯, 피부 자극, 곧 외부 감각 및 근육-관절 자극, 곧 고유감각에 반응하는 법 역시 어린 시절의 경험 또는 이러한 감각들에 반응하도록 길들여지는 과정을 통해 배운다는 사실이다. 사람이 자기 머리나 어깨를 가누고 사지와 몸통을 움직이는 방식은 어린 시절 조건화 경험과 관계있다고 추론함이 마땅해 보인다. 아기든 어린이든 어른이든, 심리가 불안정한 사람은 움직임이 뻣뻣하고 근육이 긴장되어 있으며 어깨를 곧추세우고 심지어 두 눈을 번뜩이며 노려보는 경향이 있다는 사실은 익히 알려져 있다. 이처럼 불안한 심리는 흔히 다른 피부 질환은 말할 것도 없거니와 창백하고 건조한 피부를 만들어내기 쉽다.[30] 불안이나 공포를 느끼면 피부 온도가 떨어지는데, 혈액을 공급하는 혈관이 수축되기 때문이다. 반대로 멋쩍거나 즐거우면, 피부 온도가 상승하는데다 혈관이 붉어지고 늘어나면서 피부가 달아오를 수 있다. 학생 한 명이 제출한 신체 자기 제어에 관한 보고서를 보면, 어느 학술 회의에 참석하는 동안 자신의 피부 온도를 점검해봤더니 참가자 둘이 논쟁을 벌이는 소리를 듣고 있을 때엔 피부 온도가 떨어지다가 논쟁이 가라앉기가 무섭게 정상으로 되돌아왔다고 한다.

생각과 감정은 신체 동작을 통해 비언어적으로 전달되는 수가 많다. 이를 주제로 삼은 연구 분야는 키네식스Kinesics, 곧 운동학이다. 다른 인간들과 끊임없이 관계를 맺으면서 인간은 굳이 의식하지 않고도 그들 존재 및 행동에 맞춰 갖가지 적응 행동을 하는데, 운동학은 이러한 적응 행동을 탐구하는 학문이다. 운동학 연구에 앞장서고 있는 학생인 레이 L. 버드휘스텔은 운동학적 행동은 학습되는 것으로, 체계적이고도 분석 가능하다고 확신한다. 레이는 적는다. "그렇다고 운동학에서 이러한 행동의 생물학적 기반을 부인하는 것은 아니며 다만 운동학적 행동의 표현 측면 대신 대인관계 측면에 방점을 찍는다는 뜻이다."[31]

아기가 태어나 최초로 맺는 소통관계는 엄마와의 대인관계로, 이 때 쓰이는 소통 수단이 바로 외수용기와 고유감각기 그리고 특히 아주 중요한 존재인 위장관 감각수용기를 포함한 내수용기다. 이 기간에 장차 고혈압 관련 습관을 유발하는 조건화 학습이 이루어질 가능성 또한 다분하다. 고혈압 관련 습관은 이후 고혈압 질환으로 이어져 대장염, 과운동성, 궤양 등의 형태로 위장관에 영향을 미치고, 심인성 심혈관장애 형태로 심혈관계에, 천식 질환 형태로 호흡계에 영향을 미칠 뿐만 아니라, 당연히 피부에까지 영향력을 발휘해 매우 다양한 질환을 일으킨다.

폴 라콩브 박사는 주목할 만한 사례로 신경증을 심하게 앓던 어느 여성 환자의 경우를 들었는데, 그녀는 폭력적 우울증에다 신경피부염마저 보이고 있었다. 환자의 할머니는 환자 엄마인 당신 딸이 어릴 때부터 거의 손길을 안 주다시피 했고, 환자 엄마 역시 자기 딸에게 같은 식이어서 그런 면에서 실패한 엄마이기는 마찬가지였다. 라콩브는 영유아기 엄마와의 애착관계 형성 실패가 결국 엄마에 대한 집착으로 이어져 환자에게 질환이 생겼다고 진단 내렸다. 모정의 상실은 다름 아닌 자아의 상실이기 때문에, 엄마의 피부, 곧 이 두 자아의 접점을 상실함으로써 환자 피부에는 눈물이 스며 나오듯 삼출성 부위가 생겼다고 본 것이다. 환자의 개도 피부 질환에 시달렸는데, 라콩브는 개가 주인과 자신을 심리적으로 동일시한 탓이라고 해석했다. 라콩브는 말한다. 자아란 곧 "자기 몸을 지각知覺한 결과로 인간은 피부를 통해 자신의 몸을 느끼고 안다".[32]

필립 R. 더럼 자이츠 박사도 충격적인 사례를 보고했다. 병적으로 자기 머리카락을 뽑는 발모광이라는 질환을 앓는 세 살 미만 아동의 사례로, 생후 첫 2주 동안의 특정한 피부 조건화 경험과, 그 뒤에 이 시절 수준으로 퇴행하는 현상 사이의 상관성을 보여주고 있었다.

한 피부과 전문의가 어느 2.5세 백인 여아의 정신의학적 연구를 의뢰했다. 두피 탈모가 1년간 이어졌기 때문이다. 피부과 검사 결과 이런 탈모증을 일으킬 만한 기질적 근거는 없었다. 두피에 남아 있는 머리카락도 모두 가늘고 힘이 없었는데, 오른쪽이 조금 더 두드러졌다.
정신의학 면담 첫 회 때, 아이가 엄마 품에서 몸을 옹그린 채 젖병에서 우유를 빨고 있는 모습이 관찰되었다. 왼손에 젖병을 쥐고 고무젖꼭지를 빠는 사이, 오른손으로는 남아 있는 머리카락을 찾느라 두피를 훑고 있었다. 머리카락 한 가닥 또는 한 움큼을 찾아내자, 머리카락을 손가락으로 비비 꼬아 뽑아냈다. 이어 손가락에 감긴 머리카락을 윗입술에 대고는 빙빙 돌렸다. 이 과정이 지속되는가 싶더니 고무젖꼭지를 물지 못하게 하자 이내 그쳤다. 아이 엄마는 아이가 젖병에서 우유를 빨아먹는 동안에만 머리카락을 뽑는 데다 젖병을 빠는 중에는 어김없이 뽑은 머리카락들로 코를 간질인다고 했다. 상담자는 집으로 방문해 아이를 관찰했고, 그의 사무실에서 아이가 노는 동안에도 관찰했다. 머리카락을 뽑고 코를 간질이는 행위는 아이가 젖병에서 우유를 빠는 동안에만, 그리고 그런 때에는 어김없이 발생했다.
아이 엄마와 면담을 더 해본 결과 다음과 같은 사실이 밝혀졌다. 이 여아는 부부의 첫째 아이이자 독녀로, 부모는 정서적으로 다소 불안정했다. 아빠는 구세군 음악가였고 부모 모두 종교에 헌신했다. 결혼 5년째인 그들은, 자신들을 더없이 사이좋은 부부라며, 부인이 임신하는 순간 둘 다 아이를 원했다고 했다. 하지만 딸아이를 낳고 보니 기르기가 힘들어, 피임을 택했다. 아이는 별 문제 없이 달을 다 채워 태어났다. 첫 2주 동안에는 엄마가 젖을 물렸지만 3주째를 지내면서 젖 분비가 불충분하다고 느껴 별안간 수유를 중단했다. 첫 1년 반 동안 아기의 성장과 발달은 정상으로 보였다. 3개월째에 앉았고 7개월째에 일어섰으며 10개월째에 걸었고 18개월이 되자 말하기 시작했다. 한 살이 되고서는 젖병을 뗐으며 이후로 고형식을 먹고 컵으로 음료를 마셨다. 18개월이 되자 처벌을 통한 배변 훈련을 실시했는데, 아이가 몸을 배설물로 더럽힐 때마다 꾸짖으며 볼기짝을 때리는 식이었다. 엄마 기억에, 바로 이 배변 훈련을 시작한 뒤로 아이가 고형식을 내치고, 젖병으로 우유만 먹겠다고 우기며, 젖병을 빨면서 머리카락을 뽑아 코를 간질이기 시작했다고 한다. 게다가, 아이는 다루기 어려워져서 화장실 사용 습관을 들이려고만 하면 다짜고짜 뿌리쳤고, 툭하면 울었으며, 제멋대로인 데다 자기 몸에 물을 끼얹고 싶어했다.

아이를 관찰하면서, 자이츠 박사는 아이가 고형식을 거부하고 젖병으로 우유를 먹겠다고 고집하는 데는 어린 시절 엄마 젖을 빨아먹던 단계로 돌아가려는 무의식적 욕구가 작용할 수 있다고 추론했다. 머리카락을 뽑아 코를 간질이는 행위는 어떤 식으로든 젖을 빨아먹던 원래 상황을 복제하고 싶은 아이의 욕구를 암시한다고 보았다. 아이가 엄마 유방에 닿아 있을 적에 코가 간지러웠을까? 코 간질이기는 엄마 유방에 돋아 있던 털이 원인으로 여겨졌다. 이런 가정 아래 엄마 유방을 조사해보니 "길고 굵은 털들이 젖꼭지 주변을 빙 두르고 있었다".

이러한 연관성이 암시하는 가설을 검증하고자, 젖꼭지 하나를 만들어 주변에 굵은 인모를 심어두었다. 이렇게 하면 아이가 젖꼭지를 물고 있기만 해도 코가 간지러울 수밖에 없었다. 아이는 젖꼭지를 빠는 동시에 찬찬히 돌려가며 꼿꼿한 털들로 코와 윗입술을 가볍게 문지르곤 했다. 머리카락은 뽑지 않았다. 자연스럽게 코가 간지러워지면서 어린 시절 엄마 유방을 경험하던 시절로 돌아가려는 욕구가 충족되었음이 분명해 보였다.

이 흥미로운 사례는 생후 첫 2주 동안 일어난 피부심리학적 조건화 경험의 실체를 보여주었다는 점에서 중요하다. 2주간 엄마의 털난 유방에서 젖을 빨아먹다가 모유 수유가 느닷없이 중단되고 나자, 이 어린 여아는 유리병 끝에 달린 고무젖꼭지를 빨면서 자기 머리카락을 뽑아 코와 입술을 문질러 엄마 유방의 조건을 재현하고자 했던 것이다.

자이츠 박사는 묻는다. "이처럼 특정한 피부 조건화 경험으로 인해 개인의 이후 삶에서 유발될 수 있는 신경증적 특성과 정신신체적 반응으로는 달리 어떤 것들이 있을까? 코와 관련된 피부심리학적 장애? 코 후비기? 건초열, 아니면 알레르기비염?" 좋은 질문이다.[33]

코 비비대기, 젖 먹이기, 숨쉬기

코와 관련된 피부심리학적 장애는 탐구할 만한 내용이 풍부한 분야가 틀림없으나, 내가 알기로 이에 대해 의미 있는 연구가 진행된 바는 없다. 그럼에도 사람들이 자기 코를 다루는 가지가지 방식을 보면, 어릴 적의 조건화 경험이 이 신체 부위에 대한 사람들의 운동학적 행동을 결정하거나 그러한 행동에 영향을 미치는 요소 가운데 하나라고 충분히 추론할 수 있다. 사람들은 자기 코를 잡아당기거나, 어루만지거나, 납작하게 만들거나, 꾹 누르거나, 찡그리거나, 손가락을 구부려 받치거나, 검지를 갖다대거나, 긁거나, 문지르거나, 마사지하거나, 코로 크게 혹은 작게 숨을 쉬거나, 콧구멍을 벌름거리기도 한다. 이런 습관들을 전부 어린 시절의 피부 조건화 경험 탓으로 돌리기에는 무리가 있겠으나, 숱한 경우 어떤 식으로든 어릴 적 피부 조건화 경험과 관계된다는 데는 의심의 여지가 없다. 자고로 코는 삶과 죽음의 관문이라고 했다. 이것은 물론 코의 호흡 기능을 두고 하는 말이다. 이미 확인했다시피, 호흡 기능의 올바른 발달에는 아기가 경험하는 피부 자극의 양이며 종류가 얼마간 영향을 미친다고 추정할 수 있다. 유아기에 피부 자극을 충분히 받지 못한 사람은 충분히 받은 사람에 비해 장차 얕은 호흡을 하게 되어 상기도 및 폐에 장애가 생기기 쉬우리라는 가정 또한 타당해 보인다. 특정 천식이 적어도 부분적으로는 어린 시절의 촉각 자극 결핍 탓이라고 믿는 까닭도 어쩌면 여기에 있다.

어릴 적 엄마와 떨어져 지낸 사람들은 천식 발병률이 높다. 천식이 도져 있는 동안 환자를 꼭 안아주면 증상이 사라지거나 완화되기도 한다.

마거릿 리블은 호흡에 촉각 경험이 미치는 영향을 지적한 바 있다.

> 생후 첫 몇 주 동안 호흡이 얕고 불안정하며 불충분한 특징을 보일 때 엄마 젖을 빨고 엄마와 신체 접촉을 하게 해주면 그 반사작용으로 아기의 증세는 어김없이 호전된다. 젖을 힘껏 빨지 않는 아기는 호흡이 깊지 않으며, 엄마가 충분히 품어주지 않는 아기, 특히 젖병으로 우유를 먹이는 아기라면 더욱이 호흡장애와 더불어 위장장애마저 겪게 된다. 무의식적으로 공기를 과하게 들이켜 흔히 산통疝痛이라고 알려진 배앓이에도 시달린다. 배설에 어려움을 겪거나 토하기도 한다. 어린 시

절 위장관이 정상으로 기능하려면 어떤 특별한 방식으로 말초 부위를 자극해 반사작용을 일으켜야 하는 듯하다. 엄마와의 접촉이 바로 그러한 방식의 자극으로, 곧 아이의 호흡 및 영양 섭취와 관련된 기능을 조절하는 데 생리적으로 분명 중요한 역할을 담당하는 특별한 방식의 자극인 것이다.[34]

이 글이 쓰이고 44년 뒤, 필라델피아의 개인 병원 소아과 의사 브루스 토브먼은 아기가 배앓이 때 줄기차게 우는 까닭은 부모가 아기의 욕구에 무심한 데 있다고 가정했는데, 당시 그는 이런 글이 있는 줄조차 몰랐다. 이러한 가정假定은 부모를 교육해 아기에게 좀더 적절하게 반응하도록 하면 아기가 우는 양이 줄어들 수도 있음을 암시했다. 여기에 기초해 토브먼은 엄마들로 이루어진 실험군에게 아기가 울도록 내버려두지 말며, 가능한 한 언제든 아기를 안아올려 보듬어주고, 젖을 먹고 싶어할 때든 '빨고' 싶어할 때든 아기가 원할 때마다 젖을 물리라고 충고했다. 그렇게 다뤄준 아기들은 산통에 시달리더라도 그냥 내버려둔 아기들에 비해 우는 양이 70퍼센트 감소했다. 그에 비해, 내버려둔 아기들은 우는 양이 줄지 않아서 평상시대로 다룬 아기들과 마찬가지로 2.5배 더 많이 울었다.

산통은 숱한 아기들을 괴롭히는 원인불명의 증상으로, 보통 3개월 이하의 아기에게 발생한다고 알려져 있다. 우는 모양을 보면 복통을 암시하는 경우가 흔한데, 주로 배에 찬 가스와 관련돼 있다. 급경련통의 원인이 무엇이든, 토브먼의 관찰 결과들은 리블의 주장에 힘을 실어주는 분위기다. "어린 시절 위장관이 정상적으로 기능하려면 어떤 특별한 방식으로 말초 부위를 자극해 반사작용을 일으켜야 한다." "엄마와의 접촉은 아이의 호흡 및 영양 섭취와 관련된 기능을 조절하는 데 생리적으로 분명 중요한 역할을 담당한다."[35]

호흡의 관문이 되는 코로 돌아가기에 앞서 호흡을 주제로 잠시 더 이어가자면, 이미 지적했다시피 대기에 노출된 직후 신생아의 폐는 공기로 인해 전에 없이 확장되며 출생 시 발생하는 여러 압력 변화는 살아가는 내내 이어질 호흡 방식의 시발을 돕는다. 호흡 욕구는 강렬하다 못해 3분만 숨을 못 쉬어도 죽기에 충분할 정도다. 숨 쉬고자 하는 욕구는 인간의 모든 기본 욕구 중에 가장 긴요하게 요구되는 것이면서 동시에 가장 자동적으로 이루어지는 것이기도 하다. 호흡법을 익히는 것은 불안한 과정이다. 성인조차, 호흡의 진행에는 늘 희미하게 울렁이는 공포심이 작용한다.[36] 스트레스를 받으면 사람들은 대부분 숨쉬기가 고통스럽던 출생 당시의 호흡을 상기하게 된다. 이런 상황에서는 태아 시절 활동으로 회귀해 태아의 자세를 취하기 쉽다. 공포와 불안을 느끼면 제일 먼저 영향을 받는 기능 가운데 하나가 호흡이다. 그러나 숨쉬기, 곧 호흡이 저절로 이루어지는 과정이라 하더라도, 경험자라면 누구나 알고 있듯, 노래 수업을 받는 동안에는 잠시나마, 요가 활동 중에는 퍽 오래도록 의식, 무의식적으로 조절되기도 한다. 사실 호흡 조절은 말하기, 삼키기, 웃기, 불기, 기침하기, 빨기 등에서처럼 일상적으로 이루어진다. 호흡이란 물론 생리적 과정이지만 유기체가 행동하는 방식의 하나이기도 하다.

호흡 요소 가운데 다수가 학습된다는 사실은 계층 간 호흡 방식이 크게 다르다는 사실에서 분명해진다. 수프나 커피를 요란하게 홀짝거릴 때처럼 무겁거나 크거나 씩씩거리는 호흡은 상류층보다 하류층 성원들에게서 훨씬 더 빈번하다. 딜이 증명한 바와 같이, 호흡 속도와 산소결합능력은 직업 지위와 밀접하게 관련된다.[37] 건강하며 깊은 호흡에 비해 불충분하며 얕은 호흡은 만성 피로감과 관련돼 있으며 역시 대부분 학습된 습관인 데다, 어릴 적 피부 접촉 경험과 어떻게든 연관되어 있을 가능성이 크다.

코 이야기로 돌아가보자면, 코 후비기를 포함해 살아가면서 코를 다루게 되는 갖가지 방식은 영유아기의 수유 상황, 특히 모유 수유 상황에서 얻은 경험과 얽혀 있을 가능성이 있다. 엄마 유방에서 젖을 빨아먹을 때 아기 코는 유방과 빈번히 접촉하는데, 그것이 즐거운 경험이든 아니든, 이러한 코 경험은 차후 이처럼 갖가지로 이루어지는 코 조작과 관련돼 있을 수 있다. 원숭이를 비롯한 유인원은 대부분 제 코를 후비적거리는 데다 파낸 코딱지를 먹곤 한다. 주로 어린 새끼들이 그런다고 하지만, 다 자란 원숭이들도 그런 짓을 하는 것으로 알려져왔다. 코 후비기에 이은 코딱지 먹기는 어린 시절의 특정한 조건화 경험을 암시할 수 있으며, 특히 코 후비기는 일종의 자위적 행위로 역시 코와 관련된 경험이 있던 어린 시절로 퇴행하려는 행위일 수 있다. "하릴없이 집에 앉아 하다못해 코를 후비든 아니면 석양을 바라보든 (…) 사적인 삶이란 그 무엇보다 유의미하다"고 러시아 작가 V. V. 라자노프는 말한다.[38]

사람들은 대부분 코에 온갖 세균을 달고 다니는 데다 이 세균들은 보통 신경에 거슬리기 마련이어서 코를 이리저리 다루는 행위가 불가피하다는 사실을 감안하더라도, 코 다루기, 특히 코 후비기를 가려움증을 유발하는 세균 탓만으로 돌리기는 어렵다. 더 파고들 가치가 충분한 연구 분야다.

반도처럼 돌출해 있는 코는 본토에 붙어 있는 편리한 땅뙈기라고 볼 수 있다. 손으로 그 위에 상륙해 매달려서는 그것을 매만지고 조작하여, 비록 제 몸에 불과할지언정 접촉할 수 있다는 데서 안도감이 느껴지는. 안도감을 느끼려는 목적으로 볼 때 신체에서 유독 찾게 되는 부위가 코인 것이다. 우리는 대개 누군가가 코를 만지작거리면 긴장했다는 뜻으로 이해하면서도 정작 우리 자신의 행동은 의식하지 못하곤 한다.

'상대방에게 코를 쑥 내밀'거나 '상대를 겨냥해 코에 엄지를 대는' 식의 몸짓은 어째서 그 사람을 경멸한다는 뜻으로 해석되는 것일까?•

어류에서 인간에 이르기까지 입이라는 기관은 몸에서 피부 자극에 대한 민감성이 가장 먼저 발달하는 부위다. 입술은 태어나기 한참 전부터 성감대, 곧 쾌감을 느끼는 구조로 확정되어 있다. 5개월 혹은 그보다 어린 태아에게서 자궁에서 엄지를 빨고 있는 모습이 관찰된다. 유방에서든 젖병에서든 젖을 빠는 경험은 주어진 상황에 따라 천차만별이겠지만, 이를 통해 입술이 성감대로서 한층 더 발달해 간다는 점은 변함없다. 생후 1년 동안 젖을 빨아먹는 일은 아기의 주요 활동이며, 바깥으로 밀려나온 점막이 윤곽을 형성한 기관인 입술은 이처럼 생애 최초이자 가장 민감한 접촉에 쓰이는 도구가 되는 만큼, 외부 세계와 관련하여 아기에게 없어서는 안 될 부위로 자리매김한다. 그렇기에, 물론 손끝은 예외가 될 수도 있겠으나, 그 안에 들어찬 감각 신경종말 수에서 입술은 자연히 신체 다른 어느 부위보다도 앞선다. 실제로 뇌에서 입술에 해당되는 감각 영역이 몸통 전체에 해당되는 영역보다도 더 넓다. 입술, 입, 혀와 더불어 촉각, 시각, 청각은 모두 서로는 물론 젖 빨아먹기 경험과도 밀접하게 연관되어 있다. 그 경험이 유방에서 이루어진다면 젖 빨아먹기가 되겠지만 젖병 고무젖꼭지에서 이루어진다면 그저 젖 빨기가 되는 것으로, 이 둘은 전혀

• 영어권 사회에서 'make a long nose at'이나 'thumb one's nose at'은 다 상대를 조롱하는 몸짓이다.

다른 경험이다. 관련 연구들에서는 젖병 수유에 비한 모유 수유의 이점 및 각 수유법이 아기의 이후 행동에 미치는 영향에 관하여 종종 상반된 결과를 제시하기도 한다. 그러나 아기의 이후 행동 발달에 중요한 요인이 단지 수유 방식만은 아니며 수유하는 동안 아기를 대하는 엄마의 전반적인 태도 역시 중요하다는 점은 매우 분명하다. 일례로, 마틴 I. 헤인스테인이 캘리포니아 버클리 거주 아동 252명을 대상으로 진행한 연구 결과가 이를 뒷받침한다.[39]

이미 확인할 기회가 있었듯, 영유아는 자기를 대하는 엄마의 행동에 대단히 빨리 반응한다. 그러므로 영유아의 행동 발달에 무엇보다 중요한 요소는 수유 도구라기보다 수유 태도인 셈이다. 아기가 피부를 비롯해 우리가 입술이라고 부르는 특화된 점막 구조를 통해 경험하는 것이 바로 이러한 엄마의 태도다. 냉정한 엄마를 두었거나 젖을 충분히 빨아먹지 못한 아이는 다정한 엄마를 두었거나 젖을 충분히 빨아먹은 아이에 비해 입술 자극을 통해 만족을 구하는 정도가 더 심해지고, 그런 행동을 더 자주 보이게 될까? 내가 아는 한 아직 이 질문에 답한 연구는 없다. 다른 문제들도 그렇지만, 이 문제에도 역시 숱한 변수가 작용해 파악하기가 상당히 복잡하리라는 데에는 의심의 여지가 없다. 아이들을 보면 대부분 손가락으로 입술을 이리저리 만지작거리며 보내는 시간이 참 많은 데다, 손으로 입술을 자극하는 동안 흥얼거리거나 중얼거리는 일도 흔하다. 분명 이런 행동을 즐긴다는 뜻이다. 내 주장은 엄지나 다른 손가락을 빨 때 만족감을 일으키는 원인이 단지 빠는 행위만은 아니며 일부는 분명 입술 자극에 있다는 것이다. 모유 수유나 인공 수유에서 아기 손은 대개 엄마 유방이나 젖병에 얹혀 있으며, 아기의 시선은 엄마 눈과 얼굴의 움직임을 졸졸 쫓을 뿐만 아니라 수유 상황에서 엄마와 자기가 내는 소리에도 익숙해져간다. 이 모든 요소가 결합되어 신경심리적 강박관념의 발달과 불가분의 관계를 맺게 되는 원리를 이해하기란 어려운 일이 아니다. 그러므로 아기가 자라나 습관적 흡연의 희생자가 될 경우, 이 흡연자가 중독에 이른 원인은 적어도 부분적으로는 영유아기에 경험한 복합적 쾌락을 비슷하게나마 다시 느끼고 싶은 욕구에 있다고 추정할 수 있다. 빨기, 입술 자극을 비롯하여 담배나 시가, 담뱃대를 조작하고, 연기를 불어 눈으로 보고 들이켜며 그 냄새를 맡고 맛을 보는 것은, 비록 장기적으로는 치명적일지언정 모두 무척 만족스러운 일이다. 껌 씹는 즐거움도 입과 입술이 줄기차게 자극받는 데서 비롯된 것일 가능성이 크다.

이 주제를 다룬 숱한 연구자는 어릴 때의 입술과 입을 통한 경험이 아이의 이후 발달을 이해하는 데 중요한 실마리가 된다고 여겨왔다. 저명한 미국 심리학자 G. 스탠리 홀은 심리적 삶의 원초적 중심에는 입과 미각이 자리한다고 믿었는데, 결국 "입술에 닿는 부드러운 것들과 치아 없는 잇몸에 닿는 딱딱한 것들에서 비롯되는 순전히 심미적인 촉각적 쾌감"이 심리적 삶의 원초적 주축이라는 뜻이다.[40]

프로이트 성性 이론의 초석은 엄마 유방에서 이뤄지는 아기 입술의 활동이다. 프로이트는 말한다.

> 아이의 최초 행위이자 가장 중요한 행위는 엄마 유방 또는 그 대체물에서 젖이나 우유를 빠는 일로, 이로써 아이는 (율동적 빨기의) 쾌감에 익숙해질 수밖에 없다. 아이 입술은 (…) 성감대처럼 기능하며, 따뜻한 젖의 흐름이 일으키는 자극이 쾌감의 원인이라는 데에는 의심할 여지가 없다. 입술이라는 성감대를 통한 만족감은 일단 영양 욕구의 충족과 관련된다. (…) 아기가 엄마 유방에서 만족과 행복에 겨워 발그레해

> 진 빰에 미소를 띠며 잠들어 있는 모습을 본 사람이라면 이것이 장차 성적으로 만족할 때면 어김없이 나타나는 표정의 원형이라고 생각하지 않을 수 없다. 성적 만족이 반복되기를 바라는 욕구는 영양분 섭취와는 별개가 되었는데, 이러한 분리는 이가 나면서 음식물 섭취에 더 이상 빨기가 필요 없어진 데 따른 불가피한 현상이다…….[41]

발달 단계의 하나인 구순기口脣期의 영향에 대해 많은 부분 아직 충분히 연구된 바는 없더라도, 영유아기의 구순 경험이 이후 성적 능력과 깊이 연관되어 있다는 데에는 의심의 여지가 없다. 피부는 물론 머리카락, 샘, 신경 요소 등 피부의 모든 부속물과 성적 행동 사이의 밀접한 관계에 대해서도 마찬가지다. 프랑스 재담에, 사랑은 두 영혼의 조화요 두 표피의 접촉이라는 말이 있다.• 그리고 실제로도 출생 전후의 경험 다음으로 개체가 겪는 가장 막대한 피부 자극은 보통 입술과 혀, 입의 활발한 관여로 발생하며, 이런 수준의 관여는 바로 성적 행위에서 벌어진다. 또한 먹기와 사랑이 밀접하게 뒤얽혀 있다는 의심할 수 없는 증거는, 이후 삶에서 흔히 먹는 행위가 애정 욕구 충족의 대체 수단이 되곤 하며, 그럼으로써 사랑의 실패가 대개는 비만으로 이어지는 현상에서도 확인된다. 음식을 내주는 행위에는 보통 사랑의 피상적 증거를 초월하는 의미가 담겨 있다.[42]

고릴라와 침팬지는 입술로 음식을 물어 새끼에게 직접 건넨다. 두 살 된 새끼는 어미에게 입술을 오므려 음식을 청하며, 이것을 본 어미는 새끼 입속에 다정하게 음식을 넣어준다. 또한 어미 침팬지는 새

• 프랑스 작가 샹포르의 "사랑은 사회적 산물인바, 한낱 두 환상의 혼합이자 두 피부의 접촉일 따름이다"를 달리 표현한 말. S. R. N. 샹포르, 『완벽한 문명의 산물Products of the Perfected』(New York: Macmillian, 1969), 170쪽.—저자 주

끼가 태어나서 1년이 될 때까지 새끼 몸 여기저기를 입술로 살갑게 눌러준다. 새끼의 손을 잡아 손바닥에 입을 맞추기도 한다. 입을 벌리고 있는 동안에도 입술은 이빨에 바싹 붙어 있다. 다 자란 침팬지라고 다르진 않아서, 성체끼리 서로의 팔이나 어깨에 입술을 누르거나, 때로는 자기 손에 대고 누르기도 한다. 불안감을 느끼는 새끼는 엄마에게 이런 식으로 접촉하며, 다 자란 수컷도 짝지을 때면 똑같이 행동한다. 마찬가지로 침팬지들 사이에서 오가는 인사의 입맞춤 역시 이처럼 입술로 더듬더듬 접촉하는 행위에서 비롯되었을 수 있다.

토착민 사회에서는 입에서 입으로 아기를 먹이는 일이 무척 흔하다. 고로 입술 접촉이 어떻게 인간들 간에 애정 표현으로 확립되어왔는지 살피는 일이 그리 어렵지는 않다.

정신분석가 산도르 라도는 어린 시절의 빨기에서 중요한 요소는 포만에서 오는 만족감은 물론 유기체가 자신의 온 존재로 느끼는, 일종의 확산적 형태의 감각적 쾌감을 일으키는 데 있다고 주장하며, 이러한 쾌감을 '영양營養 오르가슴'이라고 기술한다.[43]

아기에게 젖을 물리는 동안 엄마가 성적 자극과 유사한 무언가를 경험한다는 것은 주지의 사실이며, 엄마와의 접촉에서 아기가 경험하는 감각들 또한, 장차 의미를 부여받음으로써 성적 만족감과 유사한 무언가로 인식될 가능성이 다분하다. 이미 지적했다시피, 엄마의 불충분한 보육은 뒷날 자식의 성적 행동에 심각한 영향을 미칠 수도 있다는 뜻이다. 이러한 결과는 할로 연구팀으로부터 나왔는데, 할로는 붉은털원숭이들을 관찰하여 어미가 기른 원숭이는 부드러운 천을 두른 철사로 만든 대리모가 기른 원숭이보다 사회적, 성적 행동에서 한층 앞선다는 사실을 보여주었다. 한편, 천이며 철사로 된 대리모가 길렀더라도 다른 새끼 원숭이들과 매일 놀며 서로 자극을 주고

받는 환경이 조성되어 있었을 경우 새끼들은 사회적, 성적으로 나무랄 데 없이 행동하게 발달했다. 할로 팀은 어린아이끼리의 관계가 청년기와 성년기의 적응 양상을 결정하는 인자라는 점이 과소평가되어서는 안 된다고 했는데, 지당한 지적이다. 이들이 암시하는 바는, 새끼들 사이에 형성된 애정 체계는 "무리 구성원과의 단순한 신체 접촉에 해당 동물이 긍정적으로 반응하게 해주는 핵심 장치로서, 원숭이와 인간을 불문하고 바로 이 체계의 작용을 통해 성적 역할이 확인되며 대개 용인된다"고 가정해도 무리가 없다는 것이다.

새끼끼리의 접촉이 사회적, 성적 능력의 완전한 발달에 필요하다 하더라도 친모든 대리모든 어미가 아예 없다면, 다른 새끼와 접촉한다 한들 사회적, 성적 행동이 어미가 돌본 새끼만큼 발달하지 못하리라는 것은, 사실 할로 팀의 실험 결과가 암시하듯 가능성을 넘어 개연성마저 있다.[44] 무엇보다 분명한 점은, 인간의 경우 또래관계가 없더라도 엄마가 제대로 보살펴주기만 한다면 무수한 경우 아이의 사회적, 성적 발달이 심각하게 저해되지는 않는다는 것이다. 사실, 엄마의 행동이 아기의 이후 사회적, 성적 발달에 미치는 막대한 영향을 보여주는 문학작품은 대단히 많다.[45] 모든 증거를 참작할 때, 유아끼리의 애착관계가 중요하다고 판명되더라도, 엄마란 아이를 진정으로 사랑하는 존재라는 명제가 늘 참이기만 하다면 아기에게 미치는 영향 면에서 엄마-아기 수유 쌍의 애착관계에는 비할 바가 전혀 못 된다고 확신할 수 있다.[46] 또래관계가 아이의 사회적 성장과 발달에 매우 중요하다는 점은 물론 의심하기 어려운데, 또래끼리 자극을 주고받으면서 아이는 비로소 대인관계에 필요한 여러 적응 행동을 시험하며 학습하기 때문이다.

애로는 탁월한 증거 조사를 거쳐 이렇게 말한다. "엄마는 사회적 자극 인자로서 촉각, 시각, 청각 매체, 곧 아이를 어루만지고, 어르고, 아이에게 말을 걸고 아이와 놀아주는 행위를 통해서는 물론, 그저 아기가 볼 수 있는 곳에 있다는 자체만으로도 아기의 감각을 자극한다." 엄마로부터 이러한 감각 자극을 받지 못하면 그 여파는 심각하다.[47, 48]

영유아기 및 아동기의 접촉 결핍과 '놀면서' 드러내는 서툴고 거친 모습 사이에는 뚜렷한 관계가 있다. 영유아기 및 아동기에 접촉 관계가 결핍된 아이의 아동기와 그 이후의 삶을 보면 놀면서도 뭔가 서툴고 거친 특징을 보이는데, 상대와 충돌하지 않고는 접촉관계를 수립하기가 불가능한 셈이다.

인간 배아가 촉각 자극에 처음으로 반응하는 부위가 바로 입 주변이다. 따라서 아기가 외부세계와 처음으로 관계를 수립하는 매체는 입술이며 또 이러한 과정이 매우 서서히 진행된다고 해서 놀랄 일은 아닌 것이다. 지금껏 증명된 바에 따르면 신생아의 입술 부위를 자극하면 구순 지향 반사를 일으킨다. 다시 말해, 아기가 입을 벌리고 자극 방향으로 고개를 돌린다는 뜻이다. 이는 아래위 가운데 한쪽 입술만 자극했을 때 일어난다. 양 입술을 동시에 자극하면 자극을 의식적으로 파악하게 되어, 지향 반사는 중단되고 젖을 빨아먹는 움직임이 시작된다. 양 입술 자극 인자는 보통 엄마 젖꼭지, 이어 젖꽃판이기 때문이다. 젖 찾기는 그 명칭처럼, 코와 입으로 파헤쳐 엄마 유방을 찾으려는 동작으로 아기가 엄마 몸을 비롯해 무엇이든 엄마 유방과 닮은 것과 접촉할 때면 어김없이 발생한다. 구순 지향 및 젖을 빨아먹는 듯한 움직임이라는 두 반사 행동은 젖 찾기 행동 발달 과정의 각기 다른 단계를 나타낸다. 두 반사가 젖 빨아먹기에서의 '구순 젖 쥐기' 반사로 통합되었다면, 특수하면서도 일반적인 의미에서 신생아가 입으로 젖을 쥐듯 세상을 말 그대로 파악把握해가는 발달의 첫 단계들 가운데 하나에 들어섰다는 의미다. 이 두 반사를 아울러 찾기 양상이나 지향 또는 빨아먹기 양상이라고도 일컫는다. 입술로 젖꼭지와 젖꽃판에 매달리는 행동은 이후 엄마 유방을 상대로 손이며 손가락으로 주무르고 매달리며 손을 얹는 행위로 발전하는데, 이는 스피츠가 지적했다시피 대상관계의 전조이자 원형이다.[49]

젖 찾기, 일반적인 용어로 젖찾기반사는 뺨이나 입 부위를 건드리면 아기가 머리를 돌리며 입을 움직이는 현상이라고 정의되는데, 젖찾기반사가 구순 지향 반사와 입술에 의한 자극 인자 파악이라는 두 반사의 발달 결과라는 점을 상기해볼 때, 이는 엄마 유방의 냄새에 대한 반응으로도 충분히 발생할 수 있다.

젖찾기반사의 이해로 초래되는 매우 중요한 결과가 있는데, 모유수유를 시작할 때면 자주 저지르는 실수가 그것이다. 오래전(1942) 올드리치가 지적한 바와 같이, 엄마나 유모가 아기 뺨을 손으로 밀어 머리를 유방 쪽으로 돌리면, 아기는 유방 대신 누르는 손 쪽으로 머리를 돌리려고 하는 바람에 결과적으로 유방을 외면하는 그릇된 결과에 이른다. 이를 방지하려면, 아기 뺨에는 손이 아닌 유방이 닿도록 해야만 한다. 분만 시 엄마에게 투여된 약물은 아기가 생후 3~4일 동안 젖찾기반사를 아예 못 하게 만들 수도 있다.[50]

'입맛 다시기'는 만족감을 나타내는 표현으로 오래전부터 쓰여왔다. 어미 개코원숭이는 다른 원숭이들뿐 아니라 새끼를 진정시킬 때도 반드시 입맛을 다시는데, 이는 흥미로운 사실이다. 어빈 데보레는 "새끼를 단장해줄 때면 어미 개코원숭이는 부드럽게 입맛을 다시는 소리 말고는 거의 아무 소리도 내지 않는다. 입맛 다시기는 출생 시 어미의 자극으로 시작되며 개코원숭이들의 온갖 몸짓 가운데 제일 빈번하고도 중요한 행위다. 나이와 성별을 막론하고, 이 몸짓은 사회적 상호관계에서 긴장을 완화하며 평화를 조성하는 데 쓰인다"고 말한다.[51] 일반적으로 다 자란 수컷이 곧장 다가오면 무리 내 다른 성원들은 몹시 무서워한다. 그러므로 성체 수컷이 어미와 같이 있는 새끼에게 다가갈 때면 격렬하게 입맛을 다시는 모습을 보이는 것도 매우 재미있다. 새끼가 나무 위에 올라가 있거나 할 때 어미가 부르는 방법은 똑바로 쳐다보며 들으란 듯이 새끼를 향해 입맛을 크게 다시는 것이다.[52]

인간 엄마도 이와 비슷하게, 아니면 입술을 오므려 갖가지 소리를 내 아기를 달래곤 한다. 아기라면 대부분 이와 같이 달래는 소리에 한결같이 즐겁게 반응한다. 특히 울던 아기를 웃게 하는 데 무엇보다 효과적인 방법 가운데 하나가 바로 이처럼 부드럽게 입맛을 다시고 어르는 소리로, 심지어 웃다가 딸꾹질까지 하게 만들 수 있다. 생후 6주나 그보다 어린 아기들조차 이런 소리에는 득달같이 주목할 뿐만 아니라 오로지 이 소리 하나만으로도 아기에게 진정 효과를 내는 데 충분할 정도다. 이는 아기가 이런 소리를 비롯해 소리가 나오는 입술 자체를 기분 좋은 경험과 동일시한다는 사실을 강하게 암시한다.

애무, 위로, 입맞춤 같은 엄마의 애정 행위를 경험하며 아기는 이에 반응하도록 길들여지는데, 즉 이 같은 행위에 대한 조건화 학습이 이루어지는 것이다. 아이가 두 살이 되었다면 안는 법도 입 맞추는 법도 터득하고 있어야 정상이다. 예일아동연구소의 샐리 프로벤스에 따르면, 이런 행동을 못 한다는 것은 좀더 조사해볼 필요가 있는 어떤 증상일지 모른다. 샐리의 경험상 입맞춤하는 법을 익히는 데 부진하다면 얼굴 근육의 사용을 방해하는 어떤 신경학적 문제나, 자의식 결핍이 특징인 자폐증 같은 장애를 의심해볼 수도 있고, 아니면 단순히 집에서 사랑을 못 받고 있다고도 생각할 수 있다. 하지만 잘 양육된 아이들이라고 해서 전부 입맞춤쟁이가 되지는 않는다. 애정을 표현하는 방식은 저마다 다르고 프로벤스의 지적처럼 유아기에는 대부분 새침데기이기 쉽기 때문이다. "진짜 문제는 단 하나, 아이가 입맞춤을 의사소통 수단으로 인식하느냐의 여부다. 하지만 이것이 아이의 결정에 달린 문제일 수 있을까?"[53]

엄마는 주로 아기에게 고음으로 이야기한다는 레이븐 랭의 관찰 결과는 아기가 고주파수대 소리를 선호하는 데다 남성보다 여성의 목소리를 더 좋아한다는 사실과 맞물려 주목을 끌었다.[54]

접촉과 감촉

아기의 젖 찾기는 탐색적으로 샅샅이 훑는 행동으로, 궁극의 목적은 엄마 젖꼭지와 젖꽃판을 찾아서 입술로 무는 것이다. 이처럼 입을 사용해 젖을 찾아 헤매는 행위는 눈을 사용할 수 있게 되면서 그만두기 마련이지만, 그럼에도 젖 찾기는 기쁨을 주는 타자, 그 만져지는 존재감만으로도 기쁨을 주는 타자를 거듭 확인하고 식별하는 행동이라는 면에서 특히 중요하다. 여기서 타자는 바로 엄마로, 엄마를 만질 수 있다는 사실로부터 아이는 엄마의 존재를 확인하고 식별하는 셈이다. 엄마를 만질 수 있다는 사실보다 아이를 안심시키는 일은 없는데, 우리가 무언가의 실재를 믿게 만드는 결정적 증거는 그것의 실체성이기 때문이다. 우리에게는 반드시 만져지는 증거가 필요한 셈이다. 근본을 들춰보면 신념조차도 다가올 일들 또는 과거 경험한 사건들의 실체에 대한 믿음에 달려 있다. 다른 감각들을 통해 현실로 인식했다 하더라도, 그것은 다만 그럴듯한 가정일 뿐으로 사실상 만져서 확인하는 과정을 거쳐야만 한다. '페인트 안 말랐음'이란 안내문에 사람들이 주로 어떻게 반응하는가. 번번이 다가가 손가락으로 직접 확인해보기 일쑤다. 이들에게 안내문은 만져서 확인해보라는 신호인 것이다. 옛말에도 있듯, "보는 것이 믿는 것이나, 느끼면 진실이 된다". 미술관에서 나는 가끔 그림에 다가가는 여성을 관찰할 때가 있는데, 이런 여성은 그림에 다가가 물끄러미 바라보다가 손가락을 들어 그림 한 부분을 훑는 시늉을 한다. 마치 그 감촉이 주는 의미를 파악하려는 듯.

바라보기란 거리를 둔 접촉이라 할 수 있지만, 실재의 확인과 식별은 촉각을 통해 이루어진다. 눈 맞춤이 거리를 둔 접촉의 완벽한 예인 까닭이 여기에 있다. 누군가와 눈으로 접촉한다는 것, 곧 눈을 맞춘다는 것은 상황에 따라 무례한 행동이나 관심의 표명으로 여겨진다. 못 믿을 광경을 목격하면 우리는 흔히 손으로 두 눈을 비비는데, 마치 자신이 실제 존재하는 대상을 보고 있음을 촉각을 통해 확인하려는 듯하다. 손가락으로 감고 있는 눈(눈꺼풀)을 비비는 행위는 비유적으로나 물리적으로나 눈에 덮인 막을 제거하는 동시에 자신의 눈이 여전히 거기 있으며 보이는 사물을 실제 두 눈으로 보고 있다는 사실을 촉각을 통해 증명하는 것이다.

촉각은 내가 아닌 외부의 무언가가 '객관적으로 실재함'을 증명한다. 월터 옹이 적었다시피, "그럼에도, 다른 어느 감각보다 확실하게 내가 아닌 무언가의 존재를 증명한다는 바로 그 사실이, 촉각에는 그만큼 나 자신의 주관이 가장 많이 개입된다는 증거가 된다. 내 몸의 경계 너머 '외부 어딘가'에 존재하는 객관적인 무언가를 느낄 때면, 나는 또한 나 자신의 존재를 느낀다. 타자와 자아를 동시에 느끼는 것이다".[55] 에이브러햄 레비츠키 박사는 본질적으로 "촉각은 가깝고 시각은 멀다. 우리는 사람이든 사물이든 믿거나 좋아할 때에 접촉한다. 믿을 수 없고 두렵다면 거리를 두고 물러선다"고 지적한 바 있다.[56]

믿을 수 없고 두려운 대상으로부터 물러서는 모습을 보면 암흑을 떠올리게 된다. 어둠에는 만져질 듯한 실재성에다 으스스한 속성마저 있는데, 빛에서는 절대 느낄 수 없는 것들이다. 대낮에 활보하는 유령이나 괴물은 상상만으로도 우습지만, 어둠이 덮쳐 세상과 단절되면 이 세계는 불가능한 일들이 가능해지는 곳이 된다. 대낮에 비웃던 바로 그 유령들이 밤이면 피부에 소름을 돋게 한다. 상상력은 만질 수 없는 것을 만질 수 있는 것으로 뒤바꿔, 이 유령들을 피하겠다고 이불을 뒤집어쓰게 만든다.

접촉의 의사소통 및 확인 역할은 원숭이 등 유인원들이 거듭해 증명해준다. 거울에 비친 자기 자신의 모습과 맞닥뜨리면 이들은 거울 속 자신의 상을 만지고 쓰다듬거나 거기에 대고 입을 맞추다가 이것이 거울 뒤에 있다는 생각에 직접 만지겠다며 거울 뒤로 돌아간다. 로버트 여키스는 이와 관련해 암고릴라 콩고를 관찰한 결과를 제시한다. "이 고릴라에게서 특히 의미심장한 점은 눈만으로도 뻔히 확인할 수 있을 법한 상황에서조차 촉각을 이용해 탐구며 탐색을 했다는 데 있다. 콩고가 자신의 거울상을 살펴 진짜가 어디 있는지를 알아내려고 하는 데에 그치지 않고 거울마저 놔주려 하지 않았다는 점, 그리고 이런 행동들이 극히 집요하게 이어졌다는 점 역시 중요하다."[57] 여키스의 연구 이후로도 원숭이를 포함해 영장류와 관련해서는 비슷한 사례가 숱하게 보고되어왔다.

오르테가 이 가세트는 이렇게 보고한다. "사물과의 교류가 어떤 성격을 띠느냐는 결국 접촉 방식이 결정한다. 그리고 이 주장이 맞다면, 촉각 및 접촉은 우리 세계의 구조를 결정짓는 그야말로 중심적인 요소가 될 수밖에 없다." 오르테가는 이어 촉각이 여느 감각과 다른 점은 촉각을 느끼려면 우리가 만지는 대상의 몸과 그것을 만지는 우리 자신의 몸이 언제나 동시에 현존하면서 또한 서로 분리되어서는 안 된다는 데 있다고 지적한다. 보거나 들을 때와 달리, 무언가에 닿을 때면 우리는 그것이 실재함을 우리 내부, 곧 우리 몸속 깊이 실감한다. 미각과 후각이라는 감각은 비강과 구강 표면에 한정되어 있을 뿐이다. 따라서 세상은 현존재들로 구성되어 있으며, 현존재들이란 곧 육신이라는 사물과 다름없다는 인식이 싹트는데, 그 까닭은 이 현존재, 곧 육신들이야말로 우리 자신에게 그 무엇보다 가까운 것으로, 각자의 '자아', 즉 자신의 몸과 접촉하는 대상인 데 있다.[58]

입술과 손, 손가락을 사용하여 엄마 유방에 매달림으로써 엄마 몸이 만질 수 있는 대상이라는 증거를 확보하면 아기는 말 그대로 세상을 손아귀에 넣고서, 자신의 몸과 장차 자신과 처음으로 대상관계를 맺을 엄마 몸에 대한 인식을 발전시켜가게 된다. 또한 여기서 아무리 강조해도 지나치지 않을 사실은, 물론 많은 요소가 관계하겠지만, 아기가 대상관계를 수립하고자 길을 더듬어나가는 과정에서 일등 공신은 다름 아닌 피부라는 것이다.

아기가 자신의 피부라는 틀을 초월하도록 하려면 무엇보다 접촉을 통해 아기 피부를 자극해야 한다. 이러한 자극을 받지 못한 채 방치된 아기들은, 이를테면 자기 피부에 갇혀 마치 자신의 피부가 장벽이라도 되는 양 거기서 벗어나지 못하게 되는데, 이런 상태에서 누군가가 자기를 만지기라도 할라치면 이들은 그것을 온전한 자신을 흠집 내는 공격이라고 여기게 된다.

젖을 빨아먹는 행위는 피부 혹은 촉각이 작용하는 복합적 경험으로, 이 경험을 중심으로 아기는 생애 첫 인식들을 조직한다. 리블이 언급한 바와 같이, "엄마의 보살핌을 받음으로써 아기는 점진적으로 젖 빨기 또는 음식 섭취를 보기, 듣기, 잡기 등과 같은 감각 수용과 결합하고 그러한 감각 수용에 맞춰 음식 섭취를 조절해가며, 그럼으로써 적지 않게 복잡한 행동 양식을 편성하게 된다".[59] 엄마 유방과 접촉해 입술을 움직이고, 엄마 얼굴과 눈을 살피는 데 숙달돼가며, 엄마 몸의 움직임에 따라 손과 손가락을 움직임과 동시에, 이런 경험들과 얽힌 정서를 느낌으로써, 아기는 이 모든 일과 더불어 이와 관련된 경험들을 재구성하고 재현할 수 있는 수단으로 마음속에 일종의 암호를 설정할 수 있다. 그 결과, 엄마 몸에서 발현되는 상징적 신호들은 이 암호와 맞물려 아기에게 알맞은 반응을 일으킨다. 피부와 입술, 혀, 손, 눈을 통해 엄마 몸을 탐구하여 알게 된 것을 아기는 자기 자신의 몸을 알아가는 토대로 활용하는데, 제 몸 탐구에는 주로 손이 사용된다.[60] 자아를 재정립하려는 생애 최초의 치열한 노력은 사실 엄마 유방에서 일어나는 구순 경험을 통해 시작된다.[61] 무엇보다 혀의 역할이 두드러진다. 혀는 그만큼 의미심장한 촉각 기관이라는 뜻이며, 게다가 아무리 신생아라고 해도 맛 식별력에서는 성인이나 마찬가지이기 때문이다.

경멸한다는 뜻에서 상대에게 혀를 쑥 내미는 까닭은 무엇일까? 이런 경멸의 몸짓은 '너를 사랑하지 않아'라든가 '너에게 관심 없어' 따위를 암시하는, 실망에서 비롯된 거절의 신호로도 보인다. 말하자면 엄마 유방에서 혀를 통해 즐겼던 것과 정반대의 감정을 느낀 데 근거한다고 볼 수 있지 않을까? 한편, 구순-성기 접촉은 엄마 젖을 빨아먹던 경험을 재현하는 것일 수도 있다.

뇌에서 입술에 해당되는 부위는 대뇌피질의 중심고랑에 있는데, 흥미로운 점은 다른 기관에 주어진 면적과 비교했을 때 그 면적이 과도할 정도로 넓다는 것이다.(그림 1 참조) 네 손가락과 엄지도 마찬가지로, 이는 손과 손가락을 촉각 발달 면에서 생각하게 만든다. '만지는 감각'이라는 그 뜻만 봐도 알 수 있듯, 촉각은 거의 전적으로 손과 손가락으로 느끼는 감각만을 가리키게 되었다. 사실, '만지다'라는 단어를 사용하게 되는 여러 상황에서, 우리가 가장 앞세워 고려하는 의미는 대부분 '손이나 손가락, 손끝으로 만지다'의 연장선상에 있기도 하다.

약 150종에 이르는 현생 영장류가 지금껏 이룩한 성공은 영장류의 손이 감각운동 기관으로 진화한 덕이 크다. 영장류는 포유류의 한 목으로서 인간 역시 여기에 속하며, 이러한 성공담은 특히 인간에게 해당된다. 조사해보면, 영장류의 원시적 특성을 간직한 로리스원숭이 및 여우원숭이, 신·구세계 원숭이에서 출발해 유인원을 거쳐 인간에 이르는 순으로, 촉각을 이용해 물체 및 물체 표면을 조작하고 탐구하고 분별하는 능력이 증가하는 것을 확인하게 된다. 물론 여기서 촉각의 활용은 대상이 닿을 수 있는 거리에 있는 경우로 한정된다.

철학자 이마누엘 칸트(1724~1804)는 인간에게 손이란 바깥에 있는 뇌라고 했으며, 심리학자 G. 레베스는 손이 머리보다 더 영리한 경우가 흔하며 창의력 또한 머리를 앞지른다고 했다. 더 나아가 레베스는, 동물을 보면 정신 능력과 손재주 사이에 어떤 상관관계가 있는 듯하며, 인간의 지능과 손은 서로의 발달을 돕는 상보적 관계에 있음이 분명하다고 했다. 그는 말했다. "일할 때 손은 눈을 대신한다."[62] 이어, 손은 우리에게 중요한 온갖 도구의 상징이자 본보기라고 덧붙였다. 훌륭한 심리학자요 해부학자인 찰스 벨 경(1774~1842) 역시 손에 관한 브리지워터 논문집에서 비슷한 생각을 밝혔다.[63] 또한 나는 프레더릭 우드 존스야말로 손을 기관의 하나로 주목받게 만든 첫 인물이라고 보는데, 손에 대한 그의 독보적 논문은 1920년 발표되었다.[64]

물론 간혹 가다 뇌가 예외일 수는 있지만, 촉각 도구로서 손은 우리 몸 어느 기관보다도 훨씬 더 유익하다. 단어마다 여러 뜻이 있다지만 사전에서 'touch'만큼 그 뜻이 넓은 면을 차지하는 단어도 없어 보인다는 사실은 대단히 흥미롭다. 걸작 『옥스퍼드 영어사전』에서 touch의 말뜻을 풀이한 부분은 단연 가장 길어, 세로단 열네 칸을 독차지하고 있다. 이런 사실은 그 자체로 손과 손가락을 통해 이루어지는 촉각 경험이 우리의 심상과 언어에 끼쳐온 영향을 증명하는 일종의 증거다.

본래 고대 프랑스어 touche로부터 파생된 이 단어를 『옥스퍼드 영어사전』에서는 이렇게 정의 내리고 있다. "(손이나 손가락 또는 신체 다른 부위로) 만지는 행동 또는 행위, 물리적 대상에 대한 감각 기능의 행사." touching은 이렇게 정의되어 있다. "손 따위로 무언가를 느끼는 행동 또는 행위." 여기서 핵심어는 느끼는이다. 비록 촉각 자체가 감정은 아니지만, 촉각의 감각 요소들은 신경과 분비선, 근육, 정신에 변화를 일으키며 이 모두가 결합되어 우리가 감정이라 부르는 것을 조성한다. 그렇기에 촉각은 감각이라는 단일한 육체적 양상이 아닌, 감정이라는 기분으로 경험된다. 특히 선의나 연민을 경험하면 감동하다touched라고 말하는 바와 같이, touch는 감동感動, 곧 마음의 움직임과 관련돼 있다. 누군가를 두고 내 '속을 후빈touched to the quick' 사람이라고 묘사한다면, 사실 그 사람에게 품고 있는, 감동과는 또 다른 종류의 감정을 드러내려는 것이다. 동사 'touch'는 인간의 감정을 느끼고 헤아리는 데 예민하고 세심하다는 뜻까지 지니게 되었다. 'touchy'는 과민하다는 뜻이다. 'to keep in touch(연락하고 지내다)'는 서로 얼마나 멀리 떨어져 있든 의사소통을 유지한다는 뜻이다. 이것이 바로 언어의 본디 목적 아니던가. 사람과 사람을 접촉하게 하고 그 접촉을 이어가게 하는 것. 아기에게는 엄마와의 접촉 경험이 의사소통을 위한 주되고 기본적인 수단, 곧 첫 언어이자 다른 인간과 접촉의 물꼬를 트는 일로서, 이것이 바로 '인간적 접촉'의 기원인 것이다.

'touch'에 대해 『옥스퍼드 영어사전』에서는 이렇게 말하고 있다. "신체 감각 가운데 가장 일반적인 감각으로 피부 전반에 퍼져 있으나, (사람에게는) 특히 손끝과 입술에 발달되어 있다." 입술은 아기가 현실을 파악하는 수단일 뿐만 아니라 아기 몸을 형성하는 물질을 받아들이는 통로이기도 하다. 입술은 또한 잠시 동안이나마 아기의 유일한 판단 수단이 된다. 그렇기에 무언가를 집을 수 있게 되자마자 아기는 물건을 입술에 갖다 대는데, 바로 그 정체가 무엇인지 판단하려는 행동으로, 인식과 판단 수단이 달리 생기고 나서도 이런 행동은 오래도록 지속된다. 아기의 인식 및 판단에 소용되는 궁극적 수단은 손끝과 손바닥이다. 만지기만 하면 언제든 마음이 놓이는 엄마 젖가슴에 얹어두는 바로 그 손. 갓 태어난 아기의 어떤 감각도 촉각만큼 잘 발달되어 있지는 않다. 아기의 감각들이 다 제 기능을 하며 특히 엄마를 중심으로 한 외부세계를 인식하고 그 세계와 의사소통을 하는 데 갈수록 중요한 역할을 담당한다고는 해도, 촉각만큼 필수적인 감각은 없다. 아기가 의지하는 감각은 단연 촉각인 셈이다. 단계로 말하면, 입술을 기점으로 전반적 신체 접촉을 지나 손끝에서 손 전체에 이르기까지.

영유아에게서 자아의 발달은 자기가 처한 생활 조건에 반응하면서 시작된다. 아기가 원하는 것을 얻고자 엄마 유방에 조치를 취하는 일은 당연한 행위지만, 이는 아기의 발달을 좌우하는 중차대한 경험을 구성하기도 한다. 이 과정에서 아기는 엄마, 곧 타인의 격려에 힘입어 자신의 목적을 달성하는 사이 앞으로도 쭉 목적 달성을 이어가리라는 확신을 얻음으로써, 결국 혼자 힘으로 행동할 용기가 싹트기 때문이다. 브루노 베텔하임이 지적했다시피, 시간을 정해놓고 수유하면 잠재적으로 아기를 망칠 수도 있는 까닭이 여기에 있다. 시간에 맞춘 수유는 먹는 경험이 기계적으로 반복되게 만들기도 하지만, 더 나아가 아기에게서 자신의 신호에 따라 허기가 채워졌다는 기분을 박탈하기 때문이다. 아기의 신호를 무시하면, 아기는 환경을 다루는 데는 물론 그럼으로써 자아와 인격을 적절히 발달시키는 데에 필요한 정신적, 감정적 기술을 개발하려는 욕구를 상실하기 쉽다. 어느 연령에서든 신호와 몸짓 등 의사소통 노력이 무시당하면 마음이 아플 수 있다. 나이가 어리다면 특히 그런데, 어릴 때 이런 일을 겪으면 앞으로 의사소통하려는 시도 자체를 사실상 일체 그만두게 될 수도 있다.

욕구가 충족된 아기는 세상이 자기편이라고 느낀다. 엄마 유방에서 세상은 그의 손안에 있다. 베텔하임이 말한 것처럼 아기가 장차 무언가를 제 힘으로 할 능력이 다 어릴 때 느낀 이 같은 확신의 결과라고 하는 것은 과장일지 몰라도, 어떤 경우든 간에 진실에 가깝다고 하는 데에는 무리가 없다.[65] 피츠버그대 산과 간호학과장 레바 루빈은 엄마가 아기와 접촉하는 과정에는 접촉 유형 및 양에서 분명 순서에 따른 진행이 있다고 밝혔다. 루빈이 발견한 바에 따르면, 엄마는 좁은 영역에서 시작하여 점차 접촉 영역을 넓혀가는데, 처음에는 손끝만 사용하다가 손바닥을 비롯해 손을 사용하고, 이어서 한참 뒤에야 전신으로의 확장을 뜻하는 팔을 사용한다.

> 엄마가 아기와 접촉할 때 처음에는 탐구의 성격을 띤다. 손끝이 사용될뿐더러, 움직임도 얼마간 경직되어 있다. 이것을 꼭 몰지각한 몸짓이라고 볼 필요는 없다. 이 시점에서, 엄마는 아기 머리카락이 매끄러운지를 살펴볼 때조차 보통 손보다는 한쪽 손끝을 이용한다. 아기의 윤곽을 훑을 때에도 손끝을 쓴다. 아기 머리를 먹을 것 쪽으로 돌릴 때 쓰는 부위도 손끝인 데다, 목욕 시 아기 머리를 지탱해야 할 때조차 (손바닥이 아닌) 엄지와 검지를 이용한다. 아기를 뒤집어야 할 때면, 아기 신체 부위 일부에 손끝을 대는 모양새다. 아기를 수동적으로 받아들 때면 분명 손과 팔을 이용하지만, 이 단계에서 팔은 적극적 수단이 아니다. 이후에는 팔로 아기를 꼭 안을 테지만, 현재로서는 아기가 꽃다발이라도 되는 양 경직된 자세로 데리고 다니는 통에 엄마는 결국 피곤해지고 만다.

레바 루빈은 지적한다. 손끝을 이용한 탐구 단계에서 아기와의 관계는 불안정하다. 마치 구애 단계에서처럼, 접촉이 상대에게 어떻게 받아들여질는지 확신이 없다. 이는 서로에게 전념한다는 확신이 서는 손잡기 단계 이전, 머뭇머뭇 진전하는 단계의 교제에 해당된다. 엄마와 아이의 접촉에서는 엄마가 손끝을 쓰는 단계가 전념 단계에 선행하는 셈이다.

엄마가 아기에게 전념하려면 아기가 모종의 반응을 보여야 하는 듯하다. 그 반응은 트림일 수도 있고, 그보다는 아기가 엄마를 껴안는 방식일 때가 더 많지만, 엄마가 아기에게 전념하도록 만드는 데는

(생후 3개월 뒤) 아기가 한없이 즐거워하는 모습이 단연 제격이다. 엄마-아기 관계에서 둘이 동반자라는 의식, 곧 상호의존성이 발전하려면 이런 반응은 다른 누구도 아닌 아기로부터 나와야만 한다.

엄마의 접촉 방식은 첫 단계의 접촉 방식에 다음 단계가 첨가되는 식으로 서서히 진전한다. 둘째 단계에서는 이제 아기 몸과 최대한 접촉하고자 손 전체가 사용된다. 엄마가 손바닥으로 아기 엉덩이를 받쳐줄 가능성이 더 커지는 셈이다. 아기 등에 손을 댈 때면 완전히 댄다. 엄마의 양손은 느긋하게 편안한 상태로 아기에 대한 엄마의 감정을 고스란히 반영하며, 이러한 엄마의 감정은 아기에게 전달되어 안정감으로 받아들여진다. 따라서 촉각을 통해, 그리고 이처럼 자극과 반응을 주고받는 관계에서 경험하는 내수용감각을 통해 아기는 어떤 감정을 느끼게 되는 것으로, 이러한 감정은 엄마가 자신을 든든하고도 아늑하게 지탱해주는 데 따른 아기의 반응이며, 아기가 느끼는 안정감이 바로 여기에 속한다.

엄마가 아기 머리를 손끝으로 쓰다듬다가 손 전체로 매만지게 되는 시기는 대략 생후 3일에서 5일 사이이다. 엄마의 몸짓 언어를 보자면, 아기의 항문생식기 부위를 씻길 때 처음엔 손끝을 사용하는 탐구적 정보 탐색 단계에서 차츰 손 전체를 쓰는 한층 더 친밀한 관계의 단계로 진전한다.

여기서 지난 논의, 곧 인간을 제외한 포유류에게서 분만 전후 피부 자극이 모성애 증진에 기여하는 바를 상기해보면(17~18쪽), 다음과 같은 레바 루빈의 언급은 흥미롭기 그지없다.

> 진통이나 분만 또는 산후 기간 등 매우 최근에 간호인과 적절하고도 의미 있는 신체 접촉을 경험한 산모들은 손을 한층 더 효율적으로 사

용한다. 초산이든 (…) 분만 경험이 한 번 이상 있든 (…) 마찬가지다. 반대로, 신체 접촉을 경험한 지 오래인 데다 그마저 인간미 없는 접촉이었다면, 아기를 대하기 서먹한 단계에 한층 더 오래 머무는 듯하다.

이는 더없이 중요한 관찰 결과로, 임신과 분만 기간을 비롯해 분만 뒤에 남편이 아내 몸을 자주 애무해주면 좋지 않을까, 진지하게 고려하게 만든다. 오로지 이론상으로만 본다면, 권할 만해 보인다. 더욱이 레바 루빈의 이러한 관찰 결과를 뒷받침하는 실험 증거 및 자료들에서도 또한 이 기간에 남편이 아내의 피부를 자극해주어야 마땅할 뿐만 아니라, 이런 식의 자극이 산과 관행으로 자리 잡아도 좋으리라는 점을 암시하고 있다.

1974년 10월에 열린 어느 원탁회의에서 밴쿠버 출신의 전통적 조산사인 레이븐 랭 씨는, 자신은 임부 남편에게 분만이 진행되는 동안 아내의 회음부를 마사지해주도록 가르친다고 했다. 그녀가 발견한 바에 따르면 이 방법은 매우 효과적이어서 회음부 파열을 막아주는 데다 외음 절개술마저 불필요하게 만들었다고 한다.

이와 더불어 흥미로운 점은 임신부의 피부를 만지는 것에 대한 간호학과 학생들의 생각이다. 레바 루빈이 조사한 바에 따르면 대부분의 상황에서 학생들은 타인의 신체를 만지는 것이 침해해서는 안 될 영역에 대한 침범이라고 느꼈다. 학생들이 분만을 앞둔 임신부의 진통 간격을 재지 못하는 까닭은 임신부 복부에 손끝 이상은 대기를 꺼리는 이들의 태도에 있었다. 진통 당사자나 교사가 도와주고자 아무리 애를 써도, 학생들은 손의 긴장을 풀지 못했다. 루빈 교수의 말에 따르면 학생들의 손은 "뻣뻣하고 서투르며 차갑고 쓸모없었다". 학생들은 교수에게 피부는 괴상한 것이라고 했다. "말랑말랑 고무 같으면서도 대리석처럼 매끈하고 단단하기도 하죠, 단지 따뜻하다는 것이 다를 뿐이에요."

하지만 경험을 통한 성장을 마다하지 않는다면, 초보 엄마와 마찬가지로 초보 간호사도 접촉을 예리한 진단 수단이자 개인적으로 의미 있는 의사소통 매체로 삼아 정보를 수집하는 기량을 연마할 수 있을 것이다.

> 장차 학생들은 신체 일부나 전신의 작용에 의한 체열의 양과, 육체나 정신의 작용에 의한 호흡의 종류를 접촉을 통해 분별할 수 있을 것이다. 피부 결을 파악하여 좋거나 나쁜 변화를 알아차릴 수 있게 된다. 접촉이나 통제, 안내를 바라는 상대의 마음을 깨달아서 각자에게 알맞은 정도로 접촉해줄 수도 있다. 또한 접촉이란 늘 당사자 서로에게 조율된 행위이므로, 접촉에 의한 의사소통은 말로는 표현할 길 없는 속마음을 주고받기 쉽다는 면에서 중요하다.[66]

클라우스와 동료들은 분만 뒤 모성 행위 연구에서, 정상 산모 12명을 상대로는 정상적으로 달을 다 채우고 태어나 아직 옷을 입히지 않은 아기와 분만 직후 이루어진 30분~13시간 30분의 첫 접촉에서 산모의 행동을 관찰하고, 조산아를 낳은 산모 9명을 상대로는 갓 낳은 조산아와 처음 세 차례 접촉에서의 행동을 관찰했다. 관찰 결과, 만삭아 엄마의 접촉은 순서대로 진행되었다. 처음에는 아기의 팔다리를 손끝으로 만지다가 4~8분이 지나자 손바닥으로 몸통을 감싸며 마사지하는 식이었다.[67] 접촉하고 10분이 채 지나지 않아 손끝에서 손바닥으로 감싸는 단계로 급속히 진전하는 모습은 손바닥 등을 이용한 친밀한 접촉이 산후 며칠 뒤에야 이루어졌다는 루빈의 관찰 결과와는 사뭇 다르다. 첫 3분 동안 손끝 접촉은 52퍼센트였고 28퍼센트는 손바닥 접촉이었다. 마지막 관찰 3분 동안에는 손끝 접촉이 26퍼센트로 줄고 손바닥 접촉은 62퍼센트로 늘었다. 또한 첫 접촉에서 산모들은 눈 맞춤에 지대한 관심을 보였다.

만삭아 엄마들에게 분만 직후 3~5일 만에 아기를 만져보도록 했더니, 접촉 순서는 비슷했으나 진전 속도는 훨씬 더 느렸다.

H. 파푸섹 박사는, 원치 않는 임신으로 아기를 낳은 산모들은 접촉하는 데 손끝을 더 자주 더 오래 사용하며, 이는 아기의 울음 양과 상관관계를 보인다고 밝혔다. 원했던 임신으로 해산한 산모들은 접촉하는 데 손바닥을 더 많이 택하며 아기는 생후 며칠 동안 한층 더 차분하다.[68]

루빈과 클라우스, 케넬 및 여타 연구자들의 관찰 결과는 신생아와의 첫 접촉에 종種에 따른 특이성, 곧 인간 엄마들만의 특별한 행동이 존재한다는 점을 암시한다. 클라우스 등은 적는다. "생에서 이 기간은 극히 중요해 보이므로, 당장 신생아가 병에 걸렸거나 미숙하다는 이유로 엄마와 오랫동안 떨어뜨려놓는 현대사회 및 병원의 관행은 매우 철저하게 재고되어야 한다." 사실, 그간 일부 진전이 있기는 했으나 이러한 재고는 진즉 이루어지고도 남았어야 했다. 현재 제시되어 있는 증거만 보더라도 미숙아든 만삭아든 엄마와 떨어뜨려놓으면 아기는 물론 엄마에게도 해가 된다는 사실이 명백하기 때문이다. 더군다나 이 같은 분리의 영향은 오래도록 이어진다.[69]

물론 사전에 손 닦기, 마스크 쓰기, 가운 입기 등 엄마가 지켜야 할 사항이 있으나, 미숙아라 하더라도 엄마가 어루만지도록 해주면 훨씬 더 잘해나간다는 증거는 이제 넘쳐난다. 스탠퍼드 의과대학의 바넷과 그 동료들은 산모 41명에게 낮이고 밤이고 언제든 미숙아를 어루만져주라고 권했는데, 아기와 엄마는 물론 간호사며 의사에게 이르기까지 참여자 모두에게 대단히 유익했다.[70] 그렇게 우려했던 감염은 늘지 않았으며 어떤 합병증도 일으키지 않았다. 다른 연구자들 역시 비슷한 관찰 결과를 내놓았다.[71] 이 결과를 두고, 『영국의학저널 British Medical Journal』(1970년 6월 6일)에 실린 사설에서는 다음과 같이 말한다.

> 동물과 마찬가지로 엄마와 아기가 처음으로 접촉하는 데 있어 분만 직후와 그 이후 얼마 동안만큼 중요한 시기는 없다. (분명 전부는 아니더라도) 엄마라면 대부분 갓 태어난 신생아와 곧바로 살을 맞대고 싶은 충동을 느끼게 마련이다. 이런 엄마들은 분만 순간 자신이 마취제에 취하지 않고 의식이 또렷해야 함을 강조하며 아기를 낳으면 곧바로 가슴에 품고 싶어한다.

사설은 이어 절묘한 언급으로 이어진다.

> 산모가 분만하고 입원해 있는 동안 산모와 미숙아 모두에게 바람직한 조치는 서로 신체적으로 친밀한 관계를 갖도록 해주는 것이라든지, 이러한 신체 접촉이 없을 경우 이 둘이 피해를 입는다든지 하는 사실을 지금껏 누군가가 증명한 적은 없다. 모든 것을 다 증명할 수는 없으며 그럴 필요도 없다. 오로지 증명을 위한 증명에 시간과 노력을 엄청나게 들일 수도 있겠지만, 그 자체로 중요성이 자명함에도 증명할 가치가 없다면, 그것은 아마 답이 빤하기 때문이리라. 상식을 비롯해 자연스럽고 정상적으로 보이는 것을 기준 삼아 의학적 결정을 내려야 마땅한 경우가 있는 법이다.[72]

이런 맥락에서 1975년 발표된 한 보고서 역시 일깨우는 바가 있다. 약물유도분만 614건에 대한 이 보고서에서는, 614건 모두 불필요했으며 대부분 아기나 산모 또는 양쪽 모두에게 결국 악영향을 미쳤다고 썼다. 보고서 작성자 실라 키칭어는 말한다.

> 산모와 신생아의 유대감을 위한 분명한 신호로는 아기의 모습이나 소리와 함께 신체 접촉이 꼽힌다. 엄마와 아기가 접촉을 통해 만나면 감정이 북받쳐오르는 까닭도 여기에 있다. 제왕절개술을 통해 분만한 어느 산모는 깨어나 아기가 엄마 품에 안기려고 대기하고 있는 모습을 보자 받아들더니, "아기에게 기쁨의 눈물을 쏟았다". 어느 여성은 말했다. "첫 만남에서 캐서린은 들어올려져 울고 있었는데, 그땐 아무 느낌도 없었어요. 하지만 몇 초 있다 사람들이 아기를 품에 안겨주자마자 이런 생각이 들었죠. 황홀하다." 누구보다도 대개 엄마들 자신이 접촉을 원했다. "아기가 강보에 싸이기 전에 보듬어 만져보고 싶은 마음이 간절했어요." 이처럼 갓 낳은 아기를 안을 기회를 박탈하는 짓은 극형과 같아서, 권위자의 폭력이라고도 해석되었다. 여성들은 아기를 가슴에 품고 싶어 얼마나 애를 썼는지 설명했다. 하지만 그럴 수 없었는데, 예를 들면 사람들이 아기를 '잡아채가거나' '낚아채가거나', 아니면 조산사가 '둘의 접촉이 중요하다고 믿지 않았거나' '당황했거나' '아기에게 병균을 옮길지' 모르니 아기를 안아서는 못쓴다며 빼앗아갔으며, 그것도 아니라면 체중 재기, 목욕, 아프가 점수Apgar score 매기기•, 옷 입히기 등을 해야 한다거나 소아과 의사에게 건네야 한다며 데려가

• 아프가 점수Apgar score: 신생아의 건강 상태를 알아보고자 태어나자마자 검사해 매기는 점수로, 채점 항목은 심박수, 호흡, 자극에 대한 반응, 근육 긴장력, 피부 색, 총 다섯 가지다.

버렸기 때문이다. "사람들이 태반을 처리하는 데 정신없"어 아기를 바로 안아보게 내버려두지 않았다고 말하는 엄마들도 있었다. 이런 엄마들은 분명 아기를 마지못해 포기했던 셈이라, 일부는 주체 못할 분노를 느끼기도 했다.[73]

소스텍과 스캔런, 에이브럼슨은 정상 분만한 산모 34명과 이들의 첫아이를 연구한 결과, 다른 증상은 없으나 단지 엄마에게 열이 있다는 이유로 최소 24시간 이상 아기와 분리해놓았더니, 아기와 떨어져 있던 엄마들은 그렇지 않은 엄마들에 비해 신생아기 내내 자신감을 상실하고 불안감이 높아졌다고 했다. 이러한 변화는 그러나 일시적이었다. 분리 경험이 있던 아기의 생후 1년 뒤 발달 상태에는 아무런 특이점이 없었다. 그럼에도 이들의 연구 결과는 산후에 신생아와의 접촉을 늘리면 산모의 자신감이 상승한다는 주장을 확인시켜준다.[74]

약물 투여, 특히 허리 부위 경막외공간에 주사한 진통제는 흔히 아기가 태어나는 동안 산모가 자신과 아기의 피부 접촉을 못 느끼게 한다. 엄마는 아기를 '낳아' 태어나게 하지만 이 모두는 무감각한 상태에서 이루어지는 셈이니, 이런 엄마가 제 자식을 향해 어떤 감정도 키우지 못한다고 한들 놀랄 일도 아니며 사실상 그러기도 쉽다. 이런 상태에서 다음과 같이 말한 여성은 한두 명이 아니었다. "아기를 도로 데려다주지 않았어도, 보고 싶지 않았을 거예요." 출생 직후 24시간 동안 신생아실에 두었던 아기를 엄마에게 처음으로 데려오면, 진통제를 맞고 분만한 엄마들의 반응은 이렇다. "안녕 아가, 근데 넌 누구니."

클라우스와 케넬은, 분만 직후 신생아와 떨어져 있던 엄마는 막상 아기를 돌보기 시작하면 대개 눈에 띄게 머뭇거리며 어설프다고 밝혔다. 이런 엄마들은 아기를 먹이고 기저귀를 갈아주는 단순한 일조차 몇 번을 반복해야 한다. 엄마라면 대부분 순식간에 터득하는 일들이다. 연구자들은 말한다. "아기와 떨어져 있는 기간이 길어진 엄마들은 자신에게 아기가 있다는 사실마저 깜빡하기도 한다. 미숙아가 집에 돌아오고 나면 엄마들은 물론 아기에게 애정이 느껴지면서도 자신의 아기가 여전히 의사나 신생아실 수간호사 등 다른 사람에게 속한 존재처럼 느껴진다고 토로하는데, 이렇게 느끼는 엄마들이 대단히 많다는 사실은 충격적이다."

모성 민감기는 클라우스와 케넬이 분만 직후의 기간을 칭한 용어다. 이 기간이 가족 성원과 아기의 유대 형성을 결정짓는 것까지는 아닐지라도 중요한 것은 사실이다. 예전에는 병원에서 아이를 낳으면, 아기와 산모를 떨어뜨려놓고 아빠는 분만과정에 발도 들여놓지 못하게 하는 바람에, 산모는 홀로 떠안게 된 감정들을 산과 의사든 누구든 돕겠다고 함께 있는 사람을 상대로 쏟아내거나, 그것도 아니면 지독한 좌절감에 산후우울증 후보자가 되곤 했다. 병원에서 분만한 여성 가운데 산후우울증으로 고통받는 비율은 80퍼센트를 훌쩍 넘는다고 보고된다.[75] 아기와 떨어져 있음으로써 산모가 처하는 무기력한 입장이 우울하게 느껴지는 까닭은, 특히 이 시기 산모의 욕구란 욕구는 자궁에서 그랬듯 자궁 밖에서도 아기의 양육에 전념하려는 데에 집중되어 있기 때문이다. 이처럼 아기에게 모성애를 발휘하고 싶은 욕구가 무시당하면, 엄마는 아기를 한낱 낯선 몸뚱이로 간주하게 되거나, E. 퍼먼 박사의 말처럼, 심지어 아기가 엄마 개인의 욕구 충족을 방해한다는 이유로 아기를 학대하는 지경에까지 이를 수도 있다.[76]

마저리 J. 시쇼어 박사와 그 동료들은, 미숙아를 낳은 산모들을 상대로, 신생아와 엄마 간의 상호관계 박탈이 엄마의 자신감에 미치는 영향을 조사했다. 미숙아 엄마 21명으로 이루어진 집단에게는 분만 직후 2주 동안 아기와의 신체 접촉을 금지시켰고, 다른 22명은 같은 기간 접촉하면서 병원 신생아실에서 자신의 미숙아를 돌볼 수 있도록 했다. 아기와 분리시킨 결과 초산모의 자신감은 하락했으나 분만 경험이 있는 산모에게서는 변함이 없었다. 그러나 분만 경험이 있는 산모라도 애초에 자신감이 낮았다면 아기와의 분리로 인해 부정적인 영향을 받았다.[77]

1년 뒤 조사한 결과, 아기와 분리 경험이 없는 엄마들은 분리 경험이 있는 엄마들보다 아기와 더 많이 접촉했다. 분리 경험이 없는 남아 엄마들은 상대 집단 엄마들보다 아기와 더 많이 웃고 더 많이 이야기했다. 분리 경험이 있는 여아 엄마들은 분리 경험이 없는 남아 엄마들과 똑같이 행동했다. 초산모들은 아기에게 바라보기, 말하기, 미소 짓기, 웃기 같은 원거리 애착 행동을 많이 보였고, 아기와 불특정한 놀이를 하며 보내는 시간이 길었다. 만지기와 잡기 같은 근거리 애착 행동 빈도는 주로 아기의 성별에 좌우되었다. 엄마들은 남아를 더 자주 만졌지만, 여아들과는 더 많은 시간을 보냈다.[78]

클라우스와 케넬은 산모와 신생아 간 접촉량에 대한 연구 17건과 더불어 비슷한 연구 7건 및 기타 여러 연구에서 얻은 결과를 간추렸다. 요약해보니, 아기와 일찍, 곧 출생 직후 보통 30분 이내에 접촉한 집단에서 애착 행동이 월등히 많았다. 스웨덴 우메오대학의 드 샤토가 밝힌 바에 의하면, 3개월 뒤 조사 결과 일반적으로 신생아와 일찍 접촉한 집단의 엄마들은 (생후 30분이 지나 접촉한) 통제 집단 엄마들보다 아기에게 젖을 먹이는 시간이 두 배 더 길었다. 일찍 접촉한 엄마들은 또한 아기와 서로 얼굴을 바라보며 지내는 시간이 더 길었던 반면 통제 집단 엄마들은 아기를 씻기는 횟수가 더 잦았다.[79] 클라우스와 케넬이 언급한 대로, "두 집단은 아기를 대하는 목적이 서로 달라 보인다. 한 집단은 씻기기에 급급했으나 다른 한 집단은 사랑을 베풀고 있었다". 태어나 엄마와 일찌감치 접촉한 아기들은 통제 집단 아기들보다 덜 울고 크게든 작게든 더 많이 웃었다. 일찍 접촉한 엄마들의 모유 수유 기간은 175일이었고, 늦게 접촉한 엄마들은 108일이었다.

정상적인 엄마-아기 관계가 어떤 작용을 하는지 알아보고자, 몬테피오레병원 정신의학과 및 뉴욕 브롱크스 알베르트아인슈타인의과대학의 마이런 A. 호퍼 박사는 어미 없이도 살 수 있는 시기인 생후 2주의 쥐들이 어미와 분리되었을 때 어떤 영향을 받는지 연구했다. 하루가 지나자 엄마와 분리된 쥐들은 어미로부터 정상적인 보살핌을 받아온 쥐들과 확연한 차이를 드러냈다. 엄마와 분리된 쥐들은 운동성이 낮고 제 몸을 가꾸는 데에도 시큰둥한 등 일반적으로 활동적이지 못했으며 체온도 정상 수준을 1~2도 밑돌았다. 하지만 따뜻하게 해줬더니 어미로부터 정상 보살핌을 받아온 쥐들보다 오히려 더 활발해졌는데, 사실상 운동성 및 탐구성, 제 몸 가꾸기, 배변과 배뇨 측면에서 모두 앞섰으며 잠도 비교적 더디게 들었다. 어미와 분리되어 낯선 환경에 처한 경험이 흥분성 상승으로 이어진 것으로 보이는데, 어미의 정상적인 보살핌은 보통 이러한 흥분성을 조절해준다.[80]

어미와 분리된 쥐들은 분리되고 12~18시간이 지나자 심박수며 호흡수가 40퍼센트 감소해 있었다. 이런 수치는 예를 들면 꼬리를 죄는 등 촉각 자극을 세게 가하면 정상 수준으로 돌아왔다. 또한 정상적으로 체중을 늘릴 만큼 우유를 충분히 주면 어미가 24시간가량 없더라도 이 수치는 정상 수준을 유지할 수 있었다. 후속 연구에서는 이 연령대의 발달 단계에서는 중추신경계가 소화관 내 영양소 양에 대한 정보를 '전달받아', 이에 따라 심박수를 조절한다는 견해가 지지받았다.

호퍼 박사는 묻는다. "이러한 결과로 엄마-아기 관계에서 주고받는 정보에 관하여 무엇을 알 수 있을까?" 답은 이렇다. "엄마는 분명 젖의 공급을 통해 아기에게 외적 생리 조절 인자로 기능한다." 엄마는 아기에 대한 반응 수준을 일정하게 유지하는데, 아기 심장음에 반응해 젖을 공급하고, 행동에 반응해 체온을 전해주는 식이다. 또한 엄마의 촉각 및 후각 자극은 장기적으로 아기의 흥분성 수준을 감소시키는 수가 많다. 호퍼 박사는 어린 아기에게 엄마와의 분리는 느닷없는 정보의 상실을 뜻한다고 결론짓는다. 이 연구들로부터 분명해지는 점은, 영유아기의 신체 기능 조직은 특정 감각 자극들에 좌우되며, 그 가운데 으뜸은 촉각 및 후각 자극이라는 사실이다.[81]

마지막으로, 가장 중요한 대목에서, 호퍼 박사는 영유아기 경험의 장기적 영향을 알려면, 영유아기의 경험으로 시작되는 갖가지 행동 및 생리 과정이 공존하며, 각 과정은 뒤이은 발달과정과 상호작용한다는 사실을 인식해야만 한다고 강조한다. 물론 행동적·생리적 하위 체계의 발달은 개인마다 다른 일정으로 진행되기 때문에, 그 결과 생성되는 반응 양상 또한 연령별로 가지각색일 수 있다.[82]

엄마와 아이의 발달이 서로 민감한 영향을 주고받는 기간은 다양하며 이러한 기간에 엄마와 아기 사이에 발생하는 생리적 변화의 성질에 대해서는 더 많은 연구가 이뤄져야 한다. 그렇지만 미숙아든 만삭아든, 갓 태어난 아기에게 엄마가 절실하듯 아기를 갓 낳은 엄마에게도 아기가 절실하기는 매한가지라는 점은 분명하다. 이 시기에 두 사람은 저마다 상대의 잠재력을 한껏 끌어올릴 채비를 갖춘 존재들이기 때문이다. 엄마가 엄마로서 발달할, 아기가 한 명의 인간으로서 발달할 잠재력은 서로에게 달려 있는 셈이다. 엄마에게나 아기에게나, 상호작용은 이르면 이를수록 이롭다. 신생아기인 생후 2~3주 동안 둘 사이의 신체 접촉을 막으면 양쪽 다에게 해롭다. 생리 면에서 엄마와 아기의 신체적 상호작용은 신체가 제대로 기능하는 데에 필요한 핵심 호르몬을 각자의 몸에서 활성화함으로써 변화를 촉진한다. 정신 면에서 상호 접촉은 둘의 관계를 엄청나게 심화시킨다. 결국 둘 사이에는 상대가 현존한다는 사실만으로도 저마다의 장점이 끊임없이 강화되는, 호혜관계가 형성되는 것이다.[83]

그럼에도, 산과 의사들과 그들이 속한 병원, 소아과 의사 대부분은 이러한 사실을 인식하지 못하는 듯싶다. 1974년 엄마의 애착을 주제로 열린 어느 원탁 토론에서, 참가 여성 가운데 한 명(수잰 암스)은 영유아기 엄마-아기 접촉의 중요성을 인정하지 않으려 드는 전반적인 분위기에 격분했다. 퀼리건 박사 역시 산과 의사들이 이러한 중요성을 받아들이지 않는다고 말하며 소아과 의사들이 사실상 이러한 분위기를 부추기고 있다고 덧붙였다. "소아과 의사들이 제일 먼저 하는 일은 아기를 미숙아 보육기에 넣어 분만실에서 데리고 나가는 것이다." 다행히도 1974년 이후로 상황은 조금씩 나아져왔다.[84]

산과 및 소아과 의사들이 엄마와 아기를 보살피는 방식을 개선하는 일은 분명히 시급하고 중요하다. 우리가 이제 보다 더 충분히 이해해야 하는 사실은, 아기는 엄마가 자신을 대하는 태도로부터 신호를 받는다는 것이다.

베이트슨과 미드는 발리 섬을 다룬 글에서 다음과 같이 말했다.

> 발리 섬에서 아이들을 데리고 다니는 모습을 관찰해보면, 이들은 평

원 마을 대부분에서처럼 아이를 엄마 엉덩이에 느슨하게 메고 다니거나 바중그데에서처럼 포대기에 싸서 달고 다니는데, 엄마 손이 포대기를 대신할 때마저 아이의 적응 행동은 똑같이 수동적이어서 축 늘어진 채 엄마 몸의 움직임에 따라 흐느적거릴 따름이다. 엄마의 절구질 박자에 맞춰 머리가 흔들거리는 와중에 심지어 잠드는 수도 있다. 아기는 바깥세상을 믿어야 할지 두려워해야 할지를 엄마 몸에서 곧바로 느끼기 때문에, 엄마가 낯선 사람이나 계급 높은 사람에게 그간 익힌 대로 예의상 미소를 띠며 정중한 말을 건네고 표정에서 두려움을 드러내지 않더라도, 아기는 품에서 비명을 지르며 엄마 내면의 공포를 고스란히 드러낸다.[85]

겉모습이야 어떻게 보이든 아이는 엄마의 내면 상태에 반응하는데, 엄마의 어떤 동작으로부터 아이가 이런 신호를 받는지에 대해서는 이미 논의된 바 있다. 다시 말해 관찰 결과들은 하나같이 아이의 이러한 능력이 엄마의 근육-관절 움직임으로부터 얻은 정보에 대한 반응성에서 비롯된다는 사실을 확인시켜준다.

산모와 신생아를 비롯해 부모와 신생아 간 유대의 중요성과 관련해서는 지금껏 여러 연구가 있어왔으나, 가족관계 발전에는 손위 형제와 신생아 사이의 유대도 이에 못지않게 중요하다는 인식 또한 자리 잡아야 한다. 가령 20개월밖에 안 된 형제와 신생아 사이의 유대, 이 새로운 관계에서 둘이 보이는 놀라움, 기쁨, 흥미를 목격한 사람이라면, 이후 둘 사이에 발달될 관계의 질이 이 같은 어릴 적 유대와 연관되어 있다는 사실에 의심을 품기는 힘들다. 마찬가지로 어느 엄마는 이렇게 말한다. "제러미와 헤더는 사이가 무척 좋다. 걸음마기 형제와 그로부터 엄마 사랑을 가로챈 신생아 사이에서 예상될 법한 관계와는 영 딴판이다. 나는 아들이 제 여동생에게 보이는 다정함과 배려, 딸아이가 제 오빠 눈을 바라볼 때의 황홀한 시선이 부분적으로는 딸아이 출생 당시 이 둘이 맺은 유대 덕분일 수 있다고 믿는다. 제러미는 여동생을 안고 쓰다듬기를 참 좋아하는 데다 자기 '까까'라고 해서 여동생에게 나눠주지 않겠다고 뻗대는 법이 없다. 남매는 우리 침대에 곁붙은 침대에서 잠마저 같이 잔다."[86]

잡기와 학습

아이가 손으로 탐구하는 모습을 보면, 아이가 자신이 사는 세상의 특징과 경계를 파악하는 데 손이 중요하게 쓰인다는 점을 명백히 알 수 있다. 또한 아기가 손바닥으로 손뼉을 치는 모습 역시 눈을 뗄 수 없게 만든다. 손뼉 치기는 처음엔 주로 반사 행동의 일종으로 이뤄지다가 뒤로 갈수록 재미나서 치는 모습이 역력해진다. 즐겁거나 찬성할 때면 손뼉을 치는 이후의 습관이 여기에서 비롯되었을 수도 있다.•

생후 첫 2~3개월 동안 영아의 잡기 행위는 대개 반사적이다. 생후 20주가 되어서야 자진해서 물건을 잡을 수 있으며, 이러한 잡기조차 첫 몇 달의 척골 측 잡기(새끼손가락 쪽 속을 이용)에서 시작해 요골 측 잡기(엄지손가락 쪽 손을 이용)를 거쳐, 약 9개월째에 이르러 엄지 잡기로 발전하는 단계를 밟아야 한다. 생후 6개월이 되면, 영아는 물건

• 이 문제에 대한 논의는 마거릿 미드와 프랜시스 C. 맥그리거의 『성장과 문화Growth and Culture』(New York: Putman, 1951), 24~25쪽 참조.—저자 주

을 손에서 손으로 건넨다. 제 발가락을 가지고 놀며, 확인이라도 하려는 양 뭐든 쥐다 입으로 가져가는데, 입으로 가져가는 습관은 생후 1년이 지날 때쯤 버린다. 이후로 아이는 점차 손놀림이 정확해져서 세 살 무렵이면 스스로 옷을 완전히 입고 벗을 수 있다.[87]

이런 기술들은 주로 엄마와 아기 사이에 오가는 자극 및 반응으로부터 그리고 이 과정에서 엄마가 제공해주는 경험으로부터 느끼는 피부 및 관절-근육 감각을 통해 학습된다. 반복을 통한 행동 능력의 상승이 학습이라 정의된다면, 아기의 학습은 엄마와의 관계에서 느끼는 좋은 기분이라는 보상에 의해 지속적으로 강화되며, 여기서 느끼는 아기의 만족감이 클수록 자극과 그에 따른 아기의 반응이 서로 밀접하게 관련된다. 그 역逆 또한 참으로, 불만족이 클수록, 자극과 반응의 관계는 소원해진다.[88]

발리 섬 아이들에 대한 마거릿 미드의 설명에는 이 같은 관절-근육 감각들을 통한 학습 방식이 잘 드러나 있다. 발리 섬에서 아이들은 대부분 생후 2년까지 처음에는 누군가의 품에, 그다음에는 엉덩이에 매달려서 지내는데, 이때 이 사람은 자신이 아이를 달고 다닌다는 사실을 거의 의식하지 않는다. 아기를 포대기에 헐겁게 싸서 데리고 다니는 시기에는 엄마나 아빠 또는 젊은 사람들이 어깨에 띠를 둘러 그 속에 포대기에 싸인 아기를 담아 매달고 다니는 식으로 하며, 실내에서라면 포대기가 얼굴까지 덮기도 한다. 아기는 엄마 품에서 잠들고 깬다. 생후 2개월 무렵에도 여전히 띠 안에서 생활하지만, 이제 아기는 다리를 벌린 자세로 데리고 다니는 사람의 엉덩이에 단단히 고정되어 있다. 아기를 몸에 매달고 있든 말든 아랑곳없이 엄마는 곡식을 빻는 등 자유로이 행동하며, 그사이 아기는 엄마의 일거수일투족에 적응하는 법을 익힌다. 아기가 잠들면 집 안 침상에 내려놓기도 하지만, 깨기가 무섭게 다시 들어올린다. 5~6개월 이하의 아이가 누군가의 품을 벗어나는 유일한 경우는 목욕할 때뿐이다. 거의 한결같이 아이를 왼쪽 엉덩이에 매달고 다니는 통에 아이의 오른팔은 달고 다니는 사람의 팔 아래 매여 있거나 등을 두르고 있어서, 주는 걸 받겠다고 왼손을 뻗을라치면 주는 사람은 아기 왼손을 뒤로 물리고 오른손을 빼준다. 물건을 왼손으로 받는 것은 금물이기 때문이다. 이런 식으로 아기는 감독하에 손을 뻗는데, 문화적으로 양식화된 상황이라 할 수 있다. 생후 1년을 지내는 동안 아기는 남자와 여자, 청년과 노인, 보육 숙련자와 비숙련자를 막론하고 오만 사람이 데리고 다닌다. 아기는 각양각색의 살결, 냄새, 율동감, 안기는 방식 등 인간 세계에 관해서라면 비교적 다양한 경험을 즐기는 셈인 반면, 이에 따라 물체와 관련된 경험은 좁아진다. 아기가 노상 만지는 물체라고는 오로지 자기 몸에 찬 장신구뿐으로, 여기서 장신구라고 함은 자기 치아가 담긴 작은 은상자가 달린 구슬 목걸이를 비롯해 은팔찌며 발찌를 일컫는다.

"그렇게 아기는 인간의 품속에서 삶을 배운다. 목욕하면서 먹을 때 말고는, 인간의 품에 안겨 먹고 웃고 놀고 듣고 보고 춤추며, 두려움도 편안함도 인간의 품에서 느끼는 것이다." 아이는 데리고 다니는 사람 품에서 소변을 봄으로써 자신의 배뇨가 아무렇지도 않은 일이라고 느낀다. 대변도 보는데, 자리를 더럽혀도 치우라며 닦달당할 염려가 없는 개처럼, 자기 몸이든 포대기든 데리고 다니는 사람 몸이든 더럽힐까봐 크게 걱정하지 않는다. 아기는 편안하고 데리고 다니는 사람은 몸에 밴 일이라 무신경하다.[89] 아기가 절구질하는 엄마 엉덩이에 매달려 있는 시간이 많다는 사실에서 또한 흥미로운 점은, 발리 음악의 손꼽히는 권위자 콜린 맥피가 밝혔다시피, 발리 음악의 기본

박자가 여성의 절구질 박자와 똑같다는 사실이다.[90] 민족음악학자들이 어린 시절의 경험과 특정 문화의 음악 사이의 관계에 대해 고려해 본 적은 없는 듯하나, 이 분야의 연구 전망이 밝은 것은 확실하다.[91] 최근 존 체르노프는 아프리카 민족의 음악에 대한 자신의 연구에서 이 주제에 접근했다. 그의 책은 읽을 만한 가치가 충분하고도 남는다.[92]

어린아이들이 엄마 몸에 매달려 있으면서 겪는 조건화 경험은 분명, 좀더 나이든 아이들이 다른 사람 몸에 기대어 쉽게 잠들곤 하는 습관과 관련 있어 보인다. 공연장에 빽빽이 들어찬 사람들 틈에서 선 채로 잠드는 사람들도 있다. 마음 놓고 살살 흔들려가며. 다른 사람의 몸과 닿아 있으면 그것이 곧 잠들기에 바람직한 환경인 셈이다. 어떤 행사든 종류를 막론하고 사람들은 때로는 2인용 침대보다 넓지 않은 공간에 다닥다닥 붙어 앉아, 자기도, 졸기도 한다.

의복이란 엄마와 아이를 한데 결속시키는 도구다. 서구세계에서는 의복이 엄마와 아이를 분리시킨다고 여기는데, 결속이라는 의미와는 사뭇 다른 셈이다. 발리 섬에서 엄마의 숄은 아기 띠, 포대기, 기저귀로, 혹은 접어서 아기 머리를 받치는 베개로 쓰인다. 아기가 겁을 먹으면 엄마는 숄로 아기 얼굴을 가려주는데, 아기가 잠잘 때에도 그럴 수 있다. 이처럼 둘 중 누구 것인지 확실하지 않은 천 한 장으로 아이와 매달고 다니는 사람은 한데 붙어 있어 아이들은 보통 옷을 입고 있지도 벗고 있지도 않은 상태로 지내는데, 이로써 의복이나 수면 습관에 관한 한 발리 사람들에게는 결국 밤낮의 차이가 없어진다. 이들에게는 시간 개념이 각인되어 있지 않아서, 언제가 되었든 마음 내키는 대로 깨고 또 잔다.

영유아기에는 아기를 목욕시키면서 먹이는데, 남아의 경우 엄마와 아빠는 물을 끼얹으며 아이 성기를 만지작거리기 일쑤여서 목욕은 육체적 쾌감을 고조시키는 상황이 된다. 그러나 아이는 이런 짓을 방해할 수는 있어도 마치 인간이 아닌 무언가가 움직이는 듯 꼭두각시 취급을 당하는 통에, 느끼는 쾌락은 복잡해진다. 이런 태도는 아기가 매달고 다니는 사람과의 친밀한 접촉관계, 즉 팔에 안겨 젖을 빨고 간식을 즐길 때의 관계와는 극명하게 대조된다. 의미심장한 사실은, 아이가 샘터에 걸어가 제 힘으로 씻을 만큼 자라면, 목욕은 이제 혼자만의 쾌락이 되어 일행이 있더라도 폐쇄적인 자세를 취하게 된다는 것이다.

발리 아이들의 촉각 경험에 대한 이러한 설명에서 우리는, 피부가 더없이 중요한 감각수용기로 작용하는 특정 경험들이 심지어 다른 사람의 신체와 접촉해 잠드는 행위를 비롯해 아이의 이후 행동에 끼치는 영향을 똑똑히 확인할 수 있다. 이러한 맥락에서 본다면, 현대사회에서 남편과 아내가 각 침대를 쓰는 일이 늘어가는 세태가 엄마와 아이 관계에서 신체 접촉이 줄어드는 현상과 관련돼 있지는 않은지 질문해볼 법도 하다.

엄마와 아기를 떨어뜨려놓고 아이에게 옷을 입히는 등의 분리 관행은 분명 엄마와 아기 사이의 피부 접촉 및 의사소통의 양을 감소시키는 작용을 한다. 발리 아기들은 누군가의 품에 안겨 잠들지만, 서구사회 아기들의 경우 깨어 있는 시간 대부분은 물론 잠자는 동안에도 줄곧 홀로이거나 다른 사람과 떨어져서 보낸다. 결국 결혼하기 전까지는 누구든 침대 하나씩 꿰차고 홀로 잠드는 삶을 살게 되는 바람에, 결혼하더라도 사랑을 나눌 때 말고는 같은 침대에서 자는 방식에 적응을 못 할 수도 있다. 고로 부부끼리 1인용 침대를 나란히 쓰는 방식의 유행과 아주 어린 시절부터 아기가 홀로 잠자리에 들도록 조건화하는 양육 습관 사이에는 양陽의 상관관계가 있다고 추정해볼 수 있다. 엄마와 아이의 분리는 아이가 자라며 느끼는 분리감에 이어 가족 구성원 각자의 분리감에까지 영향을 끼치는 셈이다.•[93] 제롬 싱어 교수가 말했다시피, "남자든 여자든 부부 침상에서 느끼는 기쁨은 실제 성적 만족이나 자극을 뛰어넘어 반려자에게 느끼는 안정감과 친밀감의 질을 반영하는 경우가 많은데, 이런 감정은 아주 어린 아이들이 잠들기 전이면 노상 하는 행동들에서도 확인할 수 있다".[94]

태어나는 순간을 비롯해 이어지는 생의 첫머리에 다정하게 사랑받고 배려받아본 인간만이, 장차 누군가를 사랑하고 배려할 수 있는 다정한 인간이 되는 법이다. 엄마 품에 안겨 애무와 사랑, 위로를 받는 친근한 인간적 환경은 발리 아이들에게는 언제든 돌아갈 수 있는 곳으로, 이러한 환경은 "엄마는 물론 아빠나 형제 등의 익숙한 품이 제공하며, 아이는 태어나 줄곧 이들의 품 안에서 공포와 위안, 재미와 잠을 경험한다. 아기들은 늘 그런 환경, 곧 서로 기대고 껴안고 나란히 잠들 수 있는 누군가가 존재하는 환경에서 생활한다".[95]

자신을 데리고 다니는 사람과 친밀하게 접촉하고 그 몸이 움직이는 데 따르는 율동적 촉각 자극을 느끼는 사이, 아니면 그가 손이나 신체 다른 부위로 자신을 토닥이고 쓰다듬고 어루만져주는 사이, 아이는 진정하고 안심하며 편안함을 느낀다. 엄마가 품속의 아기에게 전달하는 이런 식의 율동적 촉각 자극은 어느 문화에서나 거의 공통적으로, 아기를 달래어 잠재우고자 부르는 자장가나 콧노래에 재현되어 있다. 슬퍼하거나 겁먹거나 어떤 식으로든 부대껴하는 아이들은, 다정한 사람이 품에 안아 달래주면 안정감을 느껴 진정하며

• 이를 주제로 한 초창기 논의에 대해서는 애슐리 몬터규의 「가족응집력의 요소들Some Factors in Family Cohesion」, 정신의학, 7(1944), 349~352쪽 참조—저자 주

회복되는 수가 많다. 다른 사람 어깨에 팔을 두르면 그 사람에게 사랑, 달리 말하면 안정감을 준다는 뜻이다. 아기가 정서적으로 불안해한다면 율동감 있게 흔들어줌으로써 달랠 수 있다.

어미 집착형, 어미 및 그 밖의 새끼 운반자

새끼 유인원은 생후 첫 4~5개월 동안 줄곧 엄마 몸에 붙어서 지낸다. 비교적 미숙하게 세상에 나와 어미가 마련해둔 보금자리나 집에서 지내는 포유류, 말하자면 둥지 집착형 동물(유소성留巢性)이나 아주 성숙하게 태어나 부모를 따라다닐 수 있거나 심지어 홀로 살아갈 수도 있는 둥지 이탈형 동물(이소성離巢性)과 달리, 새끼 유인원은 어미 집착형이다. 원숭이를 비롯해 유인원은 죄다 어미 집착형이다. 위험한 상황에 처하면, 생존은 어미 털에 매달려 있을 능력 여하에 달려 있는데, 어미가 자기를 데리고 도망칠 수 있어야 하기 때문이다. 나이가 들어서도 공포나 불안이 덮치면 똑같이 처신한다. 다 자란 수컷이라면 친한 대상을 찾아 껴안거나 손을 잡는다.

여타 영장류 새끼들과 마찬가지로, 인간 아기도 어미 집착형이어서 생후 초반에는 엄마 몸에 줄곧 붙어다녀야 마땅하다. 저명한 행동학자인 뮌헨대 볼프강 비클러 박사가 지적했다시피, 아기의 행동 유형은 모조리 여기에 맞춰져 있다. 아기는 엄마, 특히 엄마 머리카락에 매달린다. 아기에게 감당 못 할 일이란 엄마와의 분리뿐이다. 비클러의 말처럼, "아기를 아기 침대에 두는 처사는 생물학적으로 옳지 못하다. 우리 문화에서는 아기가 비정상적이리만치 자주 우는데, 외로움에서 비롯된 현상, 곧 아기가 엄마와 분리되어 감당 못 할 지경에

빠졌다는 징후로, 원시 부족들에서는 좀체 찾아보기 힘든 일이다".[96]

아기를 아기 침대에 둔다면 모든 접촉형 생물 가운데 가장 사회적인 생물을 고독 속에 가둬두는 셈이다. 아기 침대라는 감옥은 요람, 곧 수천 년 전 유래한 감탄할 만한 발명품임에도 고도로 발전된 사회의 인간들이 내팽개쳐버린 걸작의 아늑함을 대신하지 못한다. 그런데 어쩌다가? 답은 그 자체로 우리 사회의 병력病歷이 된다. 우리가 진보의 이름으로 아기의 욕구와 관련된 가장 기본적인 요소들을 무시함으로써 이처럼 아기에게는 더없이 유익한 관행을 저버리고 최악의 것으로 대체하기에 이른, 바로 그 과정을 밝혀주기 때문이다. 그 답으로 또한 육체적·정신적 건강을 유지하는 피부의 작용이 밝혀질 터이다.

요람과 피부의 자연사自然史

요람의 쇠퇴 및 추락의 역사는 변덕과 유행, 그릇된 믿음의 역사, 오해와 오도에 이끌린 권위주의의 역사나 다름없다. 1880년대에 의사와 간호사들 사이에서는 아기의 응석을 다 받아주면 위험하다는 생각이 번져갔다. 아기가 앓는 질환 대부분은 애정 어린 부모가 제딴에는 좋은 뜻에서 일삼은 개입이 원인이라고 여겨졌다. 얼마 지나지 않아 아기를 이처럼 망치고 있다는 가장 또렷하고도 으뜸가는 증거는 요람이라는 믿음이 '권위적으로' 채택되었다. 고로 요람은 사라져야만 했다. 세인트루이스의 존 자홉스키는 이 시기를 회상하며 다음과 같이 말한다.

교수생활 초창기에 나는 요람을 향한 이 같은 공격을 추적할 기회가 있었다. 당시 나는 뉴욕, 필라델피아, 시카고 아동병원들의 영향이 지대하다고 봤는데, 내로라하는 여성 잡지 작가 중에는 이 병원들에서 훈련받은 사람이 많았기 때문이다. 1890년대, 이런 잡지들은 너나없이 아기 보육을 다룬 기사를 쏟아냈으며, 내용은 대부분 요람 사용을 겨냥한 악랄한 공격이었다.[97]

저명한 간호사 교육자인 리즈베스 D. 프라이스는 1892년 발간된 직업적 간호에 관한 자신의 저서에서, (이탤릭체로) "간호사는 절대 아기를 어깨에 괴어 어르거나 달래서는 안 된다"고 강조했다. 물론 이 말은 또한 엄마들이 특히 이런 습관을 끊어야 한다는 뜻이었다.

1890년대 미국에서 아동 보육을 다룬 기사들은 대부분 요람을 공격하는 내용으로 도배되다시피 했는데, 대개 그 시대를 주름잡던 여성 잡지에 실린 것들이었다. 요람 반대 운동에 막강한 영향을 끼친 인물은, 앞서 비슷한 맥락에서 언급된 바 있는 소아과 의사 루서 에밋 홀트 박사였다. 홀트 박사는 요람에 대한 공격을 줄기차게 이어갔다. 널리 사용된 자신의 소아과학 교과서 첫 판(1897)에, 홀트는 적었다. "잠을 재운다며 둥개둥개 어르는 등 아기를 달래주는데, 이러한 습관들은 죄다 쓸데없으며 아기에게 해로울 수 있다. 잠든 동안에 흔들어주는 습관을 아기가 두 살이 되도록 이어가는 경우도 보았다. 흔들기를 멈추는 순간 아기는 어김없이 깼다."

홀트는 50년 가까이 독보적 인기를 누린 아동 양육 지침서를 쓴 장본인이다. 제목은 『아동 양육: 엄마와 아동 간호사용 문답집The Care and Feeding of Children: A Catechism for the Use of Mothers and Children's Nurses』으로 초판은 1894년에 출간되었다. 엄마와 예비 엄마 수백만 명이 이 소책자를 읽었다. 내용 가운데 이런 질문이 있다. "흔들어 달래기가 필요한가?" 홀트는 답한다. "천만에. 들기는 쉽지만 끊기는 어려운 습관, 매우 쓸데없고 때로는 해롭기마저 한 습관일 따름이다." 1916년에 쓴 글에서 홀트는 다시금, "이 불필요하며 고약한 관례가 지속되지 않으려면" 요람을 흔들거리지 않게 만들어야 한다고 조언했다. 이 고약한이란 단어에 영향을 받은 엄마들이 얼마나 많았을지는 굳이 상상할 필요도 없다.•98

당대에 가장 영향력 있던 소아과 의사에 속한 인물의 끈질긴 공격은 결국 요람을 구시대 유물로 전락시키는 데 성공하여, 이 구식 물건은 새로운 형태, 곧 움직이지 않는 위험한 감옥 같은 아기 침대라는 물건으로 개조되었다. 인간 역사가 시작된 이래 엄마들이 아기를 재우고자 품에 안아 얼렀다는 바로 그 유래가 이러한 관습을 고리타분하다고 해석하는 근거가 되었으니, 아기를 요람에 담아 흔들어준다면, 시대에 뒤떨어져 영락없이 '현대적'이지 못한 인간으로 전락하는 셈이었다. 아, '현대적'이 되겠다고 물불 가리지 않고 돌진하는 가운데, 유익한 관습과 고래의 미덕은 버림받아 영영 사라질 위기에 처한 것이다. 권위자들이 그렇게 너도나도 목소리를 높여 요람을

• 도대체 어떤 인간이기에 이런 생각을 품을 수 있었는지 알고 싶은 독자라면 그의 마지막 조수 가운데 한 명이 다른 소아과 의사와 함께 쓴 인물평을 참고해도 좋을 법하다. B. S. 비더의 『소아과 의사 소개Pediatric Profiles』(St. Louis, Missouri: Mosby, 1957) 중 에드워드 A. 파크와 하워드 H. 메이슨이 쓴 '루서 에밋 홀트(1855~1924)' 참조. 몇 군데 발췌해보면 이렇다. "그의 태도는 심각하다 못해 진지했다. 인상적이라고 불릴 만한 점은 찾아볼 수 없었는데, 아마도 걸출한 면이라고는 없었기 때문인 듯하다. 아니, 차라리 완벽하게 조율된 매우 효율적인 인간 기계처럼 보였다. 우리에게 그는 근접할 수 없는 준엄한 상대로 느껴졌다." 홀트는 여러 해 함께 일한 자신의 비서에게 '좋은 아침'이란 인사 한 번 건넨 적도, 누구든 무엇이든 칭찬한 적도 없다고 한다(58쪽). 그리고 마지막으로, 그의 책 『아동 양육The Care and Feeding of Children』에 관하여 언급한다. "최근 몇 년 새 일부 소아과 의사는 이 소책자의 엄격한 양육 철학이 해로운 영향을 끼쳤다고 여기게 되었다는데, 짚고 넘어가야 마땅한 움직임이다."—저자 주

비판하고 나서서, 요람의 사용이 '습관성을 일으키며' '아이를 망치는' '불필요하고 고약한' 행위이거니와 심지어 아이의 건강을 해칠 수조차 있다고 주장하는 판에, 제 자식을 진정으로 사랑하는 어느 엄마가 이토록 '해로운' 관행을 중단하라는 경고를 양심껏 무시할 수 있었겠는가.

엄마들은 쉽사리 이런 충고들을 따랐는데, 이제 막 등장한 심리학이 막대한 영향력을 발휘하기 시작한 시기가 바로 이때(1916년부터 1930년대까지)였기 때문이다. 그 심리학이란 다름 아닌 존스홉킨스대 심리학 교수 존 브로더스 왓슨의 '행동주의'였다. '행동주의'에서는 아동을 논리적으로 연구하는 유일한 방법이 아동의 행동을 연구하는 것이라는 입장을 취했다. 기본 주장은 객관적으로 관찰할 수 있는 사실만이 과학의 자료가 될 수 있다는 것이었다. 아이의 소망, 욕망, 기분 등과 같이 관찰할 수 없는 사항은 행동주의자의 관심 대상이 아니었으므로, 마치 존재하지 않는 양 취급되었다. 행동주의에서는 아이들을, 말하자면 어떤 방향으로든 원하는 대로 움직이게 만들 수 있는 기계처럼 취급하라고 주장한다. 아이들은 환경에 좌우되므로 부모는 자신들의 행동을 통해 아이들을 원하는 대로 움직일 수 있다는 논리였다. 감상에 젖는 일은 금물이었는데, 어떤 식으로든 사랑을 내비치거나 육체적으로 친근하게 접촉하면 아이를 부모에게 지나치게 의존적인 자식으로 만든다는 이유에서였다. 행동주의자들은 양육의 초점이 독립심과 주체성을 북돋워 타인의 애정에 털끝만치도 기대지 않도록 만드는 데에 맞춰져야 한다고 역설했다.

1928년 출판된 그의 책 『영유아 및 아동의 정신 보육Psychological Care of Infant and Child』에서 왓슨은 홀트의 막대한 영향력을 입증했는데, 이 책에서 왓슨과 제자들은 루서 에밋 홀트의 오류들을 강화하여 그 해악을 한층 더 심화시킬 수 있었다. 이들은 엄마들에게 아이와 정서적 거리를 두어야 한다고 지시하며, 아이에게 입을 맞추거나 아이의 응석을 받아주거나 아이를 귀여워해주어서는 안 된다고 못을 박았다. 아이가 허기지거나 관심을 끌고 싶어 울 경우 득달같이 응해서는 안 되었다. 왓슨은 아이들에게 세상을 이겨내 정복할 능력을 길러줘야 한다고 말했다. 그러려면 엄격한 식이요법을 통한 가르침이 필수인데, 말하자면 규칙적인 식사 및 배변 습관 등의 형성에 이를 활용하라는 뜻이다. 장차 미국사회의 요구에 발맞추려면, 아이들은 문제 해결 기술을 갖춤과 동시에 이를 행동으로 옮길 만반의 준비가 되어 있어야 했다. 요컨대, 자녀를 "가능한 한 사람들에게 무감정한 인간, 엄마 뱃속에서 나오는 거의 그 순간부터 가정이라는 울타리에 크게 얽매이지 않는 독립적인 인간"으로 만들어야 했다.

왓슨은 말했다. "아이를 다루는 합리적인 방법이 있다. (…) 절대로 아이를 껴안고 입맞춤하지 말 것, 절대로 무릎에 앉히지 말 것. 꼭 입을 맞춰야겠다면, 잘 자라는 인사를 건네면서 이마에 대고 한 번만 해야 한다. 아침 인사는 악수로 충분하다. 어려운 과제를 대단히 잘해냈다면 머리를 한 번 쓰다듬어주면 그만이다. 시도해보라. 일주일이면, 자녀에게 철저히 객관적이면서 동시에 친절하기가 얼마나 쉬운지를 알게 되리라. 그동안 물러터진 감상에 빠져 아이를 다뤄왔다며 마냥 부끄러워하게 될 것이다." 그러더니 이 박식한 심리학자는 터무니없고도 위험천만한 말을 이어간다. 이 책은 버트런드 러셀이 인정했고, 『페어런츠 매거진Parents Magazine』에서는 "지성 있는 엄마의 서가라면 반드시" 있어야 할 책이라 칭송했으며, 『애틀랜틱 먼슬리』에서는 이 책을 두고 "부모들에게 하늘이 내린 선물"이라고 했다는 것이다.[99]

아동 양육에 대한 이런 식의 무감정한 기계적 접근법은 한동안 심리학에 지대한 영향을 끼쳤고, 소아과 종사자들의 사고와 관행에도 뿌리 깊이 파고들었다. 소아과 의사들은 부모들에게, 서로 팔 하나 거리를 유지한 상태에서 객관적이자 규칙적인 계획에 따라 관리하는 등 부모 자식 간에 교양인다운 거리를 유지하라고 조언했다. 아이들이 달란다고 먹을 것을 줘서는 안 되며 시간에 맞춰, 오직 규칙적으로 정해진 때에만 줘야 한다. 다음 끼니때까지 남은 3~4시간 사이에 배고프다고 울면, 시계가 식사 시간을 알릴 때까지 울게 내버려둬야 한다. 이렇게 운다고 해서, 안아올려서는 안 된다. 이처럼 나약한 충동에 굴복한다면 아이를 응석받이로 만들어 이후로 무언가 바라는 일이 있을 때마다 울면 능사인 줄 알 것이기 때문이다. 그 결과 수백만의 엄마가 아기 곁에 앉아 같이 울었는데, 자식을 진정으로 사랑한 나머지 이 최선이라는 방식에 복종함으로써 아기를 들어올려 품에 안아 달래고 싶은 '동물적 충동'에 과감히 저항했기 때문이다. 엄마들 대부분은 이 방법이 옳지 않을 수도 있다고 느꼈지만, 자기네가 뭐라고 감히 권위자와 논쟁을 벌이겠는가? 누구도 그들에게 권위자란 제대로 알 것 같은 자를 말한다고 일러주지 않았다.[100]

한 엄마가 참담한 심정으로 당시를 회상하며 가슴 저미는 시를 썼다.

> 그들이 나에게 아기를 안아주지 말라고 했다,
> 그러면 버릇을 망칠 테니 울게 내버려두라고.
> 나는 아기에게 최선을 다하고 싶었고,
> 세월은 쏜살같이 흘러갔다.
> 이제 나의 품은 텅 비어 그리움만 깊어가는데,

가슴 떨리는 그 숭고한 존재는 가고 없구나.
다시금 내 아기를 돌려받을 수만 있다면,
내 품에 진종일 그러안으리라![101]

소위 권위자와 전문가에 대해서라면, 다음과 같은 점을 반드시 인식해야 한다. 곧 지식이라면 가장 중요한 문제에 대해서는 결코 단정 짓지 않는 법이거니와 지식인이라는 말 자체가 교육 체계에 내포된 결함을 극복해낸 사람을 뜻한다는 것이다.

이들이 재삼재사 강조한 것은, 아이에 대한 지나친 관심은 아이를 망칠 것이며, 요람에 뉘여서든 품에 안아서든 아기를 흔들어 어르는 관행은 양육에 무지몽매했던 시대에나 속한다는 것이었다. 그리고 마침내 요람은 다락이나 창고에 처박히는 신세로 전락했으며 아기는 아기 침대에 맡겨졌다. 이런 식으로 '구닥다리' 가구와 더불어 아기를 돌보는 케케묵은 방식은 한 방에 날아가버렸다. 엄마들은 현대적이 되어 무감정해지리라 작심했다. 이렇게 기록하게 되어 슬프지만, '현대화'되어버린 나라에서는 약속이라도 한 듯 다들 요람을 내버렸다.

일례로, 인도와 파키스탄에서는 가장 '계몽된' 사람들이 서구의 방식을 도입하기 시작하며 요람을 구식이라 치부하는 바람에, 서구세계에서 겪었던 것과 비슷한 운명에 직면해 있다. 저명한 정신과 의사이자 세계보건기구 전前 사무총장 조지 브록 치점 박사는 파키스탄의 어느 대형 종합병원을 안내받아 둘러보며 목격한 사례에 관해 이야기한다.

건물 벽면쪽에서 난간뜰의 일종인 복도를 따라 걸으면서, 어느 병동의 망사문을 지나칠 때였다. 돌연, 누군가가 나에게 맞은편 복도 끝에 있는 무언가를 매우 열심히 가리켰다. 맞다, 노련한 군 조사관이라면 누구나 알아차릴 수 있을 만큼 상황은 명백했다. 근처에 내가 목격하지 않았으면 하는 무언가가 있었다. 따라서 나는, 그 정체가 무엇이든 망사문 너머에 내가 봐야만 하는 것이 있다고 확신했다. 사람들이 보여주는 대로만 본다면, 끝내 아무것도 찾아낼 수 없는 법이다.

따라서 나는 실례를 무릅쓰고 병동을 봐야겠다고 고집했는데, 내가 고집을 부리자 안내자들은 당신이 볼 만한 거리가 진짜 전혀 아니라는 말과 함께 사과하기 시작했다. 거기는 굉장히 낡아빠져서 보여주기가 부끄러울 지경으로 자기네는 그곳을 개조하고 싶다고 했다. 이 문제의 병동을 현대적으로 새롭게 바꾸는 데 필요한 자금을 마련하도록 세계보건기구에서 도와주면 좋겠다고도 했다. 사실상 말도 못하게 열악한 수준이며 수백 년 묵은 병동이나 다름없다는 것이다.

그러든 말든, 나는 구닥다리여도 상관없다며 고집을 꺾지 않았다. 머무적거리며 뒤따르는 일련의 무리와 함께 나는 병동을 보고자 들어갔고, 일찍이 어느 나라에서도 본 적 없는 최고의 산과 병동을 보았다. 북미 병동들에 비할 바가 아니었다. 그곳은 양편에 침대가 늘어선 대규모 산과 병동이었다. 각 침대 발치의 기둥 둘은 위로 1미터가량 연장된 형태로, 그 사이에 요람이 매달려 있었다. 아기는 요람에 있었는데, 으앙 하는 한 차례 째진 울음소리가 들리자 엄마가 다리를 들어 발가락으로 요람을 흔들곤 하는 모습이 관찰되었다. 두 번째 울음소리는 아기가 진짜 깼다는 신호였으므로 아기를 꺼내어 품에 안았다. 아기가 주로 있어야 마땅할 엄마 품에.

치점 박사는 덧붙였다.

> 그들은 이토록 더할 나위 없이 아름다운 방식을 저버리고, 아기를 우리처럼 유리 아래 가두고 싶어했다. 사랑하는 아빠가 방문하면 멀찍이서 볼 수 있을 뿐인 검사 병동에 아기를 놔둔 채 엄마조차 건강 상태가 양호하고 간호사가 허락할 때에라야 데려갈 수 있도록! 그들이 이런 일들을 바라는 까닭은 모두 우리 서구인들이, 우리 식은 모조리 그들 식보다 우월하다는 인상을 심어준 데 있다.[102]

슬픈 이야기다. 최근까지도 구래의 미덕 대부분을 간직했던, 동양을 비롯한 여타 기술적 개발도상국가 국민들이 서구식 '진보'와 '발전'을 이루겠다는 욕망으로 우리를 따라오겠다며 비굴하게 애쓰는 것도 모자라, 심지어 우리의 가장 심각한 오류마저도 흉내 내느라 혈안이다.

아기를 어루만지거나 껴안거나 흔들어 달래주면 아기가 성숙한 인간으로 발달하는 데에 큰 걸림돌이 되리라는 생각이 유행하면서, 우리 사회에 요람은 더 이상 존재하지 않게 되었다. 아기를 요람에 눕혀 흔들어주는 행위는 시대에 뒤떨어진 데다 극히 바람직하지 못하다고 간주되기에 이르렀다.

이러한 사고방식이 불건전한 만큼 수백만 아이에게 위험하게 작용해서 이들 대부분을 결국 정서적으로 불안정한 인간으로 성장하게 했음에도 불구하고, 아동 양육에 대한 이 행동주의적이자 기계적인 접근법은 여전히 대부분의 사고를 지배하고 있다. 병원 '분만delivery', 조산助産의 기술화, 출생 직후 아기와 산모의 분리 및 모유 수유 불이행, 모유 수유 중단 및 젖병 수유로의 대체 및 권장, 엄마 젖꼭지의 고무젖꼭지로의 강등 등은 인간을 형성함에 있어서 인간다운 존재를 만드는 방법을 외면하고 비인간적으로 접근하고 있다는 우울한 증거다.

지금껏 엄마 자궁이라는 아늑한 곳에서 살다가 나왔으니, 아기는 분명 휑한 아기 침대에 방치되어 누워 있기보다는 요람 속에 포근하게 웅그리고 있기가 한층 더 편할 것이다. 아기 침대에서 아기는 바로 눕든 엎드려 있든, 삭막한 일차원적 풍경의 단조로움을 깨겠다고 둘러친 감옥 창살 같은 난간만이 곁에 있을 뿐, 단조롭기 짝이 없이 하얗기만 한 표면에 그냥 노출되어 있지 않은가. 실베스터의 말도 다르지 않다.

> 지나치게 넓은 침대에서 자라는 아기들은 겁쟁이로 전락하기 일쑤로, 보호막으로 삼을 만한 표면과 지나치게 멀리 떨어져 있기 때문이다. 이런 아기들은 흔히 실험하고 탐구할 엄두를 못 내는 듯 보이기도 한다. 아기들이 새로운 환경이나 신체 질환의 전구증상에 시달리면 보호벽(엄마의 팔, 침대의 난간 등)에 달라붙기 쉬운데, 이것은 자아가 형성되기 전, 전前자아의 테두리를 방어적으로 줄이려는 욕구를 공간적으로 표현하는 것이다.[103]

'아기 침대사死'• 또는 '영아돌연사증후군'은 건강에 아무 문제 없는 아이가 이유를 알 수 없이 제 침대에서 죽은 채 발견되는 영아 사망 사례를 가리킨다. 이 원인 불명의 사태가 적어도 부분적으로 감각 자극, 특히 촉각 자극이 불충분한 데서 기인한 것은 아닌지 궁금하지 않을 수 없다. 불충분한 촉각 자극이 영아돌연사의 유일한 원

• 아기 침대사crib death: 이 용어의 정확한 한국어 명칭은 '요람사'다. 하지만 이 책에서는 요람cradle과 아기 침대crib를 구별해 다루고 있으므로 '아기 침대사'로 번역했다.

인은 아닐지 모르나, 이 같은 돌연사의 발생 가능성을 높이는 요인임에는 틀림없다고 봐도 좋을 것이다. 돌을 넘긴 아이가 난데없이 죽은 채 발견되기란 쉽지 않다. 영아돌연사는 대부분 1~6개월 사이의 아기에게 발생한다.[104] 요람에서 자라는 아기와 아기 침대에서 자라는 아기의 돌연사 발생률을 비교해보면 흥미로울 듯하다.•

영아돌연사증후군 및 태아기 호흡, 산모의 건강 관리

영아돌연사증후군SIDS(또는 아기 침대사)의 주된 특징은, 호흡이 일시 중단되는(무호흡) 증상을 한 번 이상 보인 뒤 이어지는 호흡 정지다. 지금껏 검시檢屍를 비롯한 각종 조사와 해부학적, 생리적, 생화학적 연구 및 조직과 장기에 대한 여타 연구가 숱하게 이뤄져왔어도, SIDS의 원인들은 밝혀지지 않았다. 이 문제에 내가 남다른 전문가라고는 할 수 없으나, 인간 발달에 영향을 미치는 한 요소로서 접촉의 여러 형태에 대하여 읽고 생각하다보니, 다른 무엇보다 촉각 자극이 생후 호흡 능력 발달에 중요한 역할을 한다고 확신하게 되었다.

출생하면서 숨을 쉬지 않을 경우, 아기 피부를 이리저리 자극해주면 호흡을 촉진할 수도 있는데, 이는 수세기에 걸친 경험이 알려주는 주지의 사실이거니와 무호흡 증상을 보이는 아기한테도 통하는

• 이 구절을 읽은 독자 한 명이 나에게 지역 신문에 실린 어느 간호사의 이야기를 보내주었다. 간호사는 일곱 달 된 자기 딸이 영아돌연사 조짐을 보이자, 아기의 심박을 살펴서 알려주는 경보기를 달아주었다. 아기 심장이 멈추면 경보기가 울리고 그럴 때마다 엄마가 아기를 만져주는 식이었는데, 그 단순한 접촉만으로도 이 작은 딸아이가 다시금 숨을 쉬게 하기에는 충분했다. -「사람 사는 이야기About People」, 『새크라멘토비The Sacramento Bee』, 1974년 1월 15일. 이 경보기는 그 뒤로 널리 사용되고 있다.—저자 주

요령이다. 인간을 제외하고, 포유류라면 모두 갓난 새끼를 핥아준다. 이러한 행위는 위장관과 비뇨생식관은 물론 기도를 자극하는 기능을 한다.

자궁에서 태아는 태반과 간으로부터 받아들인 산소로 호흡한다. 출생과 동시에 아기는 태반 호흡과는 딴판인 새로운 호흡 방식에 적응해야 한다. 다른 기능에서도 그렇지만, 인간 아기가 새로운 호흡에 적응하는 양상은 개체별로 천차만별이다.

진통과 분만이 진행되는 동안 인간 태아는 보통 엄청난 양의 피부 자극을 받는다. 포유류에 속한 동물 가운데서도 인간은 매우 미숙하게 태어나는 편이기 때문에, 이제 넘쳐나는 증거들이 가리키듯이, 태어난 뒤로도 아기에게는 계속 다량의 촉각 자극이 이어져야 한다. 보통 껴안고 어루만지고 젖을 물리는 등의 행위만으로도 엄마는 아기의 촉각 자극 욕구를 충족시켜주고도 남거니와 이 기본 욕구의 충족은 아기는 물론 엄마에게도 이롭다.

출생 시 아기는 태아기 호흡을 벗어나 대기 환경의 압력에 적응해야 하는 상황으로, 엄마는 이 과정을 도와주기로 되어 있다. 이제껏 밝혀진 증거들에서, 엄마의 도움을 못 받은 아기는 대부분 제대로 호흡하는 법을 익히지 못하게 되어 평생 얕게 호흡하는 습관에 머무르리라는 점이 강하게 암시된다. 이처럼 얕은 호흡은 일부의 경우, 무호흡 증상을 일으키는 원인으로 작용해 사망으로 이어질 가능성도 있는 것으로 추정된다.

물론 무호흡 증상이 전부 출생 뒤 엄마의 제대로 된 손길을 못 받은 데에 원인이 있지는 않으나, 약해 보이는 데다 특히 태아기에 길들여진 얕은 호흡으로부터 출생 뒤의 깊은 호흡으로 옮아가지 못한 일부 아기에게는 출생 직후 엄마의 도움이 차후 무호흡 증상을 막는 결정적 인자임이 분명하다.

SIDS 사례 대부분에서, 결정적으로 주장되는 요인은 다음과 같다. (1)출생 직후 엄마의 불충분한 보살핌과 (2)그 결과 야기된 생후 호흡 적응 실패.[105] 첫 요인을 증명하는 가장 설득력 있는 최고의 증거는 아르노 그룬 박사의 연구에서 찾을 수 있다. 연구과정에서 박사는 SIDS로 사망한 아기 부모들과 면담을 진행하여 그 내용을 기록했다. 연구 결과를 요약한 표현을 빌리자면, "SIDS의 신경생리학적 선행 변수는 엄마의 촉각 자극인데, 엄마의 불충분한 촉각 자극은 아기의 REM(급속 안구운동Rapid Eye Movement) 수면을 강화하는 요인이기 때문으로, 이는 곧 아기가 엄마에게 거는 당연한 기대를 접고 젖 빠는 시늉마저 그만둠으로써 각성도가 감소하고, 이로 말미암아 결국 꿈꾸는 상태에 지나치게 빠져든다는 뜻이다. 이런 상태에서 나타나는 무호흡 증상은 사망으로 이어질 수 있다".

그룬 박사의 연구가 발표되려면 아직 조금 더 있어야 하지만, 발표되면 SIDS에 관심 있는 사람이라면 누구나 읽어보아야 마땅하다. 위에 소개된 내용은 짤막한 요약에 불과하기 때문이다. 그룬 박사의 관찰 결과는 결국, 엄마가 보살펴주지 않는 환경이 특히 생후 6~9개월 된 아기에게 SIDS 발생 조건을 형성하는 주원인이라는 사실을 거듭 확인해준다. 관련 증거에 따르면, 이 조건이란 태아기 호흡에서 생후 복잡한 호흡 체계로 성공적으로 이행하는 데 필요한 해부학적·생리학적 발달의 실패다.[106]

아기 침대에서 아기를 짓누르듯 덮는 이불은 아기를 감싸는 형태가 아닌 침대 양옆 가장자리와 발치에 옆 자락과 끝자락을 쑤셔 넣은 모양으로, 아기는 결국 부분적으로 공기층에 둘러싸여 있게 마련이다. 아기가 바라거나 필요로 하는 바와는 영 딴판인 셈이다. 아기가 바라고 필요로 하는 것이라 함은 자신이 공중에 붕 떠 있지 않고 여전히 세상과 접촉하고 있다고 보장하며 안도하게 해주는 대상, 곧 자신을 포근하게 보듬어주는 편안한 환경과 접촉하는 것이다. 아기는 대개 피부로부터 받는 자극에 기초해 만사가 순조로운지를 판단한다. 온몸을 감싸주는 요람이라는 환경에서 받는 지지감은 아기에게 든든한 안정감으로 작용하는데, 요람이 이런 역할을 수행할 수 있는 까닭은 그것이 자궁에서 아주 오래도록 유지했던 삶의 복제이자 연속인 데 있다. 이롭고도 안락한 삶. 아기가 불편하거나 불안해지면 칭얼거릴 수도 있는데, 이때 엄마든 누구든 요람을 흔들어주면 진정 효과를 낼 수 있다. 흔들어주면 안심하는 이유는, 자궁 속에서 아기가 엄마 몸의 일상적 움직임에 맞춰 자연스럽게 흔들렸던 데 있다. 편안하다는 것은 누군가가 자신을 편안하게 해준다는 뜻으로, 아기에게 이러한 편안함은 주로 피부로부터 받는 신호에 좌우된다. 편안함의 극치는 엄마가 품속이나 무릎 위에서, 아니면 등에 업고 아기를 둥개둥개 얼러줄 때 조성된다. 파이퍼가 지적했다시피, "이보다 더 나은 진정제는 없다". 그는 말한다. "건강한 아기라면, 울려는 찰나 요람이나 엄마 품, 유모차에서 단 한 차례만 흔들어줘봐도 알게 된다. 아기는 곧바로 잠잠해졌다가 움직임이 그치기가 무섭게 다시 울기 시작한다. 제대로만 흔들어준다면 아기는 틀림없이 울음을 멈춘다."[107]

요람이 해로운 이유에 대해 흔들어줘 버릇하면 흔들어줘야만 잠드는 습관을 들일 수 있기 때문이라고 주장한다면, 이것은 어불성설이다. 요람에서 흔들어주기가 습관을 형성시킨다면, 모유 수유나 젖병 수유도 마찬가지다. 하지만 아주 갑작스럽지만 않다면, 아이들은 엄마 젖이든 젖병이든 심한 어려움이나 부작용 없이 끊는다.[108] 요람에서 흔들어 재웠던 아기가 수백만 명이더라도 흔들어줘야 잠드는 어른이 되었다는 이야기는 없다. 옷이 작아지듯 요람도 작아져서, 아이들은 요람을 거들떠보지도 않게 되기 마련이다.

노인들 사이에서는 흔들의자가 여전히 인기인데, 특히 세상 물정에 밝은 도시와 달리 '현대성'에 속속들이 물들지 않은 순박한 시골에서라면 더욱 그렇다. 그런데 누구도 흔들의자란 성인들에게 '불필요하고도 해롭다'거나, 그렇게 해 버릇하면 흔들의자에 의지하지 않고는 긴장을 풀 수 없게 된다고 주장한 적이 없다니 희한하다. 흔들의자는 사실 성인, 특히 노인에게 크게 권장되는데, 아기에게 요람이 지극히 바람직한 것과 비슷한 이유에서다. 아기에게든 성인에게든, 흔들거림은 심장박출량을 증가시켜 혈액순환에 도움을 주며, 호흡을 증진하고 폐울혈을 억제한다. 또한 근육을 자극하여 탄력을 높이며, 특히 관계감을 유지해준다는 점에서 중요하다. 흔들어준 아기라면 특히, 자신이 혼자가 아니라고 느끼게 된다는 뜻이다. 흔들거림은 전신의 세포와 혈관을 자극해주기 때문이다. 역시 특히 아기에게, 흔들거리는 동작은 위장관이 효율적으로 기능하도록 발달하는 데 도움을 준다. 창자는 복막의 주름에 의해 복강 뒷벽에 느슨하게 붙어 있다. 흔들거림은 창자가 진자처럼 운동하도록 도와줘 창자의 탄력을 향상시킨다. 창자에는 늘, 액체 상태인 유미乳糜와 가스가 들어 있다. 흔들이운동은 유미가 창자 점막 위에서 앞뒤로 움직이게 한다. 유미가 창자 전반에 퍼지면 소화에는 물론이고 흡수에도 도움이 될 수 있다. 1934년 글에서 자홉스키는 말했다. "평상시에 젖을 먹인 다음 흔들어주곤 했던 아기는 배앓이도 장연축(장 경련)도 더 적어서 흔들림이라곤 없는 아기 침대에서 생활한 아기보다 한층 더 행복한 아기가 되었다. 사실, 최근 몇 년 동안 나는 이 방법으로 소화 불량에 걸린 아기들을 수차례 낫게 했다. (…) 나는 아기를 돌보는 데에 요람이 도움이 된다고 확신한다." 자홉스키 박사는 다음과 같이 결론짓는다. "언젠가 아기를 요람에서 기른다고 해서 부끄러울 까닭이 전혀 없고 심지어 자장가를 불러주며 재워도 좋다고 생각할 날이 오리라 믿는다."[109]

안타깝게도 자홉스키의 말에 공감할 사람이 나타나기까지는 오랜 세월이 흘러야 했다. 요람은 아기에게 되돌려주어야 한다. 애당초 내버려서는 절대 안 되었다. 요람을 치우라고 내세운 근거들이란 어디로 보나 불건전하며 부당하기 짝이 없는데, 말하자면 아이의 본성과 욕구에 대한 오해를 비롯해 요람의 흔들림이 아이에게 해롭다는 황당무계한 생각에 토대를 두었기 때문이다.

흔들어주기의 이점은 아주 많다. 아기가 더워할 때면 흔들어주기가 냉각 효과를 발휘하는데, 피부로부터 수분 증발을 촉발하기 때문이다. 몹시 추울 때 흔들어주면 아기 몸을 덥히는 데 도움이 되며, 이는 아기에게 최면 효과를 발휘해 신경계를 진정시킨다. 무엇보다도, 흔들거리는 동작은 피부 구석구석에 부드러운 자극을 일으킴으로써 생리적으로 온갖 이로운 영향을 끼친다.

궁극적으로 가능하거니와 아주 바람직한 현상인 요람의 복귀•로 가는 첫 단계로서, 일부 병원에서는 흔들의자를 도입한 상태다. 일례로, 오하이오 털리도의 리버사이드병원에서는 유아 보육 프로그램에 흔들의자 사용을 정식으로 포함시켰다. 1957년, 리버사이드병원 간호조무사들은 병원에서 '제일 필요한 새 기구'를 표결에 부쳐 구입 비용을 모은 다음, 크리스마스 선물로 마호가니 흔들의자를 들였다.

• 소소한 공작에 손재주가 있는 사람이라면, 요람 도안을 주문해 직접 만들 수도 있다. 주소: Craft Patterns, Dept. L, Elmhurst, Illinois, 60126.—저자 주

유아 보육실 세 군데에 각각 미숙아용을 포함해 흔들의자가 둘씩 배당되었다. 산과 주임인 허버트 머쿠리오 씨는, 수유할 때마다 간호사와 조무사들이 늘 이 유구한 전통의 흔들의자를 사용한다고 말한다. "아기를 먹이면서 동시에 재우기에 이만한 방법은 없다. 아기에게 젖을 먹이는 간호사 역시 기분이 좋아진다." 흔들의자는 우는 아기를 달래는 데에도 사용된다. 머쿠리오 씨는 흔들의자가 유용하고 실용적이라고 느끼고도 남는다며 가정에서도 활용하라고 권한다. 그녀는 말한다. "흔들의자가 아이를 망칠 일은 없다. 물론 즐기기야 하겠지만, 그저 한때일 뿐으로 아이들은 눈 깜짝할 새 자라기 때문이다."[110]

흔들의자가 이런 식으로 사용된다면 요람보다 더 이로울 가능성이 크다. 어린 아기를 둔 가정에서라면 둘 다 갖춰두라고 권하고 싶을 정도인데 흔들의자에서 아기를 보살필 경우 아기와 성인의 흔들리고픈 욕구를 한꺼번에 채워줄 수 있기 때문이다.• 닐은 두세 달 일찍 태어난 미숙아들에게 흔들어주기가 미치는 영향을 연구했다. 태어나기 전이라면 엄마 뱃속에 있어야 할 날수 동안 흔들어 얼러주는 식으로 연구가 진행되었는데, 그 결과 흔들어준 미숙아들은 시각 및 청각 자극에 대한 추적 행동, 머리 들어올리기, 기어가기, 근육 탄력, 악력, 체중 증가에서 흔들어주지 않은 미숙아들을 크게 앞섰다. 게다가 흔들어준 미숙아들은 부종을 보이지 않은 반면, 흔들어주지 않은 아기 일부에게서는 부종이 보였다. 닐 씨는 임신 기간 엄마 뱃속에서 받는 흔들림 자극은 태아의 정상 발달에 중요한 감각 입력이기에 일찍 태

• 흔들의자의 이점에 관한 참고 자료: R. C. 스완, 「흔들의자의 치료적 가치The Therapeutic Value of the Rocking Chair」, 『더 랜싯The Lancet』, vol. 2, 1960, 1441쪽; 야후다, 「흔들의자The Rocking Chair」, 『더 랜싯The Lancet』, vol. 1, 1961, 109쪽. 흔들의자 사용 문화의 배양을 꾀하는 동호회에 대한 재미난 이야기: T. E. 색스 주니어, 『앉아서 바라보며 흔들어주기Sittin' Starin' 'n' Rockin'』(New York: Hawthorn Books, 1969). —저자 주

어난 존재인 미숙아들은 이러한 자극을 박탈당해 지나치게 불리한 상태라고 주장한다.[111]

우드콕은 기계식 요람에서 6일 동안 하루 한 시간씩 흔들어주면 갓 태어난 여아가 어떤 영향을 받는지를 관찰했다. 여섯째 날, 반응성 측정으로서 버저 작동에 따른 심박수를 검사했다. 그 결과, 흔들어준 신생아는 흔들어주지 않은 신생아보다 심박수 반응이 훨씬 더 적었으며, 가속 반응을 끝내기까지 걸리는 시간도 한층 더 짧았다. 흔들어준 아기의 심박수 및 가속 반응 감소는 성숙도가 증가했음을 암시한다.[112]

정신 질환을 심하게 앓고 있는 환자들에게 흔들어주기가 베푼 혜택을 우연히 발견한 이야기는 참으로 흥미로운데, 조지프 C. 솔로몬 박사가 이를 전한다. 솔로몬 박사의 말에 따르면, 환자들을 다른 도시의 병원으로 이송하고자 기존 병실에서 데리고 나와 기차에 태웠는데, 방금 전까지 구속복과 토시로 제압해야 했던 이들이 기차가 움직이기가 무섭게 무척 잠잠하고 차분해졌다고 한다. 솔로몬은 자궁에서 아기는 엄마의 움직임에 따른 수동적 동작에 익숙해져 있는데, 이 환자들이 어릴 적 그리워했을 수도 있는 인간적 접촉은 엄마가 품에 안고 그처럼 흔들어주어 수동적 운동감을 느끼게 하는 보살핌일 텐 데다 이처럼 흔들리면 다른 무엇보다도 전정기관이 자극받기 때문이라고 추론했다. 솔로몬은 주장한다. 적극적 동작은 엄마의 움직임으로 인한 수동적 동작에 대한 욕구가 충족되고 체화되어 체내 기능으로 통합될 때에야 비로소 쉽고도 즐겁게 발달한다.

> 반대로, 엄마로 인한 수동적 움직임이 체화될 기회가 거의 없다면, 제 몸을 능동적으로 흔드는 습관을 장치로 자기만족을 꾀하게 된다. 이

는 버림받았다는 기분으로부터 형성기 자아를 방어하는 수단이자 뉴턴의 운동 제2법칙에 부응하는 행위다. 무언가를 능동적으로 밀어내고 있자면, 그 무언가가 나를 밀어내고 있는 듯 느껴지는. 이런 식으로 아기는 철저히 혼자라는 느낌을 피하겠다는 목표를 달성한다. 마치 누군가가 늘 거기에 있는 양 느껴지도록. 이렇듯 제 몸 흔들기는 엄지손가락 빨기, 담요 등 안도감을 주는 물건에 집착하기, 손톱 물어뜯기, 자위행위와 마찬가지로 자기만족을 꾀하려는 또 하나의 장치인 셈이다.[113]

윌리엄 그린 주니어 박사는 림프관 및 혈관 관련 질환을 앓고 있는 환자 일단을 연구하는 과정에서, 이들 대부분이 대개 엄마 아니면 엄마 대리인의 상실에 이어 병을 얻었다는 사실을 발견했다. 그린 박사에게, 엄마의 보살핌 부재와 혈관 질환 사이의 이러한 연관성은 태아가 영양분을 받기만 하는 수동적 존재이기는커녕 엄마와 아기라는 공생관계에 그야말로 능동적으로 참여하는 구성원임을 암시했다. 그린은 주장한다. 자궁 속에서 태아는 "엄마 맥박으로부터 전달되는, 그리고 주로 엄마 대동맥에서지만 어쩌면 다른 복부 혈관에서도 발산될 수 있는 진동과 압력, 소리를 느끼며 이에 반응할지도 모른다". 성장하면서 태아는 엄마의 체내 기능들로부터 유발된 자극을 받으며 이것들의 일관성 및 변화의 유무를 인식할 가능성이 크다. 자궁 내에서 벌어지는 활동은 태아에게 '외부 환경'으로 작용할 수도 있는데, 얼마 뒤 신생아의 소화 기능이 신생아 자신에게 외부 환경으로 작용하게 되는 원리와 마찬가지인 셈이다. 자궁 속에서 태아는 엄마의 체내 기능을 외부 대상의 일종으로 인식함으로써, 제 자신이 이러한 자극들로부터 분리된 존재라는 사실을 알아차릴지도 모른다.

그린은 주장한다. 태어나면서 아기는 엄마와 분리되어 "새로운 자극들 (…) 곧 색다르고 단속적이며 외계적이거니와 무엇보다 중요하게는 이전에 비해 무작위로 전달되는 자극들에 노출된다".[114] 그러나 이러한 변화가 꼭 전면적일 필요는 없다. 엄마가 갓난아기를 토닥토닥 흔들어 얼러주는 행위는 또한 아기에게 "일종의 대상 인식을 심어줄 수도 있는데, 이 대상 인식은 앞으로 얻을 모든 대상 인식의 본보기가 되기 때문이다". 엄마가 아기를 흔들어 얼러줄 때의 박자는 "엄마 그리고/또는 아기의 호흡 속도와 일치하려는 습성이 있"는 반면, 토닥거림은 "엄마 그리고/또는 아기의 심박 속도에 가깝다".[115] 다시 말해, 아기를 흔들어 어르며 토닥여주면서 엄마의 호흡 및 맥박을 얼마간이나마 다시금 아이에게 자극으로 작용하게 할 수도 있다는 뜻으로, 엄마의 호흡과 맥박은 태아 시절 아기에게 중대했던 자극이었던 만큼 갓 태어난 아기에게 익숙한 환경으로 인한 안도감, 곧 신생아에게는 더없이 필요한 감정을 느끼게 해주기 때문이다.

미숙아 돌보기

이런 맥락에서, 미숙아를 대상으로 한 연구 결과는 몹시 흥미롭다. 일례로, 프리드먼과 보버먼 등의 연구자는 쌍둥이 다섯 쌍을 갈라 비교 사례 연구를 진행했는데, 생후 약 7~10일 동안 살찌는 습관 형성을 지속한 뒤 체중을 측정한 결과, 비록 일시적이었지만 둘 중 흔들어준 쌍둥이들이 하나같이 흔들어주지 않은 집단인 통제 집단 쌍둥이들보다 하루당 체중 증가량이 더 많았다. 실험 집단에서 쌍둥이들을 흔들어준 시간은 하루 두 차례 30분씩이었다.[116]

미숙하게 태어난 아기 대부분은 살아가는 동안 각종 장애를 보인다. 그럼에도 앞선 연구들에서는 이러한 장애에 감각 결여가 영향을 미쳤을 수도 있음을 충분히 주목하지 않았다. 이와 관련, 소콜로프·야페·웨인트라우브·블레이스 등은 통제되고 단조로운 환경에서 몇 주 동안 감정과 촉각 자극을 최소한으로 받는 삶이 미숙아에게 미치는 악영향을 주제로 예비 연구를 진행한 적이 있다. 이들 네 연구자는 저체중으로 태어난 남아 네 명과 여아 한 명을 대상으로, 통제 집단과 비교 연구를 수행했다. 실험 집단은 10일 동안 매일 시간당 5분씩 쓰다듬어줬고, 통제 집단은 평소대로 돌봤다. 그 결과 쓰다듬어준 아기들은 한층 더 활발하며 체중 회복 속도도 더 빨랐고 덜 우는 듯 보였으며, 7~8개월이 지나자 성장 및 운동 측면에서도 더 활발하고 건강했다.[117] 표본 수는 미미했으나, 이러한 결과는 하셀메이어의 연구 결과와 일치한다. 하셀마이어는 감각, 촉각, 운동감각 자극을 더 많이 받은 미숙아들은 그렇지 않은 집단인 통제 집단 미숙아들보다 특히 수유 전에 훨씬 더 차분했다고 밝혔다.[118]

티파니 필드와 솔 샨버그는 동료들과 함께 진행한 철저하게 통제된 연구에서, 평균 31주 만에 태어나 평균 체중 1288그램인 미숙아 28명이 집중치료실 안에서 재활 치료를 받는 동안 촉각 및 운동감각 자극을 제공하여 그 영향을 조사했다. 자극은 18일에 걸쳐 매일 15분씩 세 차례 몸을 쓰다듬어주고 팔다리를 수동적으로 움직여주는 것이었다. 그 결과, 같은 조건에서 자극을 받지 못한 미숙아 통제 집단에 비해 자극받은 미숙아들은 일별 체중 증가량이 평균 47퍼센트 더 높고(평균 25그램 대 17그램), 자고 깨는 행동에서 한층 더 능동적이고 기민했으며, 브래즐턴의 신생아 행동 평가법에서 습관화, 시각 및 청각 지향성, 상태 행동 범위가 한층 더 성숙했다. 브래즐턴의 신생아 행동 평가법은 신생아의 능력 가운데 인간관계 발달에 가장 중요한 능력들을 측정하는 척도다.[119] 마지막으로, 연구자들은 자극받은 미숙아들이 그렇지 않은 미숙아들보다 입원 기간이 6일 더 짧았으며, 이로써 아기 한 명당 3000달러가 절약되었다는 사실을 강조하며 결론짓는다. "이러한 자료는 촉각/운동감각 자극이 신생아의 성장 및 발달 촉진을 위한 비용 효율적 방법이 될 수도 있음을 암시한다."[120]

클라우스와 케넬은 자신들의 연구와 다른 이들의 연구를 철저히 검토한 끝에 신생아기에 엄마와 미숙아 간의 접촉은 양쪽 모두에게 더없이 중요하다고 결론지었다. 신생아기에 아기 몸을 만지고 살핀 엄마들은 그러지 않은 엄마들에 비해 아기에게 더 많이 몰입하고, 엄마로서 자신의 능력을 한층 더 자신했으며, 아기를 자극하며 돌보는 데에도 더 능숙했다. 사실, 이 연구들은 중도에 그만둘 수밖에 없었는데, 신생아기에 접촉한 엄마와 아기 쌍에 비해 뒤늦게 접촉한 쌍들이 보이는 부정적 결과들을 확인하면서 간호사들이 무척 뼈아파했기 때문이다.

미숙아였던 아이가 세 살 반에 이르자, 신생아기에 접촉한 엄마들은 아이를 먹이면서 더 오래 바라보았으며, 아이의 지능지수 또한 99로, 뒤늦게 접촉한 아이의 85에 비해 훨씬 더 높았다.

작은 미숙아가 보육실에서 지내는 동안 매일 만지거나 흔들거나 쓰다듬거나 껴안아주면, 호흡이 일시적으로 정지하는(무호흡) 횟수가 줄고 체중이 늘 뿐만 아니라, 중추신경계 기능까지 향상된다.

다년간의 관찰에서, 클라우스와 케넬은 엄마가 미숙아 치료실에 가서 아기와 접촉하는 시기가 이르면 이를수록, 임신과 분만에서 회복하는 속도가 더 빠르다는 인상을 강하게 받았다. 이 주제에 대한 이들의 철저한 조사에서는 이러한 인상이 그야말로 인상적으로 확인된다. 미숙아와의 친밀한 접촉에는 아빠의 참여도 중요하며, 그 중요성에는 이제 그에 합당한 관심이 기울여져야 한다. 바로 이 시기에 아기와 아빠 사이에 깊은 유대감이 싹트기 시작하는 데다 이러한 유대의 가치는 아무리 강조해도 지나치지 않기 때문이다.[121]

A. J. 솔닛 박사가 말했듯, 우리 사회 모든 병원에 가장 필요한 사항은, 다름 아닌 "기술이 아닌 사람이 중심이 된, 훈훈하고 포용적이며 유연한 환경이다".[122]

제 몸 흔들기는 정신병원 환자들에게 흔한 만큼 자주 언급되어온 습관으로, 다른 때는 그러지 않다가 큰 슬픔이 닥치면 보이는 자위 행동이기 쉽다. 정통파 유대인을 비롯해 셈 어족에 속한 사람들도 몸을 흔들곤 하는데, 주로 기도할 때나 비통할 때, 공부할 때면 나오는 행동이다. 자기 자신을 위로하는 행동의 일종임에는 틀림없어 보인다.

포유류 새끼라면 다 행동이나 동기의 초점이 엄마와의 접촉 유지에 맞춰져 있다. 접촉 추구는 이후 모든 행동 발달의 토대가 된다. 이 같은 접촉 추구 욕구가 좌절되면, 새끼는 제 손 맞잡기나 제 몸 흔들기와 같은 행동에 의지한다. 이런 행동들은 수동적 운동 자극을 받던 자궁 내 환경으로 회귀하려는 몸짓으로, 자궁 속에서 아기는 이처럼 전후좌우로 흔들리며 팔뚝을 몸에 붙이고 손가락을 빠는 자세로 지내기 때문이다. 제 손 맞잡기며 손가락 빨기가 사회적 자극을 대신한 자기 자극을 의미하듯, 제 몸 흔들기를 비롯한 반복 행동들은 수동적 운동 자극을 대체하는 행동인 셈이다. 윌리엄 A. 메이슨 박사는 동료인 거숀 벅슨 박사와 툴레인대 델타지역영장류연구소에 있을 당시, 제 몸 흔들기와 어미의 자극 질 사이의 관계를 검증했다. 붉은털원숭이로 두 집단을 만들고, 둘 다 태어나자마자 어미와 떼어놓은 상태에서 집단 간 비교가 진행되었다. 한 집단은 천으로 싼 사회적 대리물[일종의 인형]을 이용해 양육되었는데, 이 대리물은 특별한 규칙 없이 우리 안을 자유로이 돌아다녔다. 다른 한 집단도 이와 똑같이 생긴 인형 장치를 이용해 양육되었으나, 인형은 한곳에 고정되어 있었다. 고정 인형으로 양육된 원숭이 세 마리에게서는 하나같이 지속적이며 전형적인 흔들기 습관이 형성된 반면, 움직이는 로봇으로 양육된 원숭이들에게서는 이런 행동을 찾아볼 수 없었다.[123]

제 몸 흔들기는 결국, 매달릴 수 있거나 새끼를 몸에 붙여 데리고 다니는 어미로부터라면 자연스럽게 받았을 법한 수동적 운동 자극에 대한 욕구를 대리 만족시켜주는 행동이라는 뜻이다.

흔들거리는 동작이 전정기관을 자극한다는 솔로몬의 견해는 참으로 타당하지만, 다음과 같은 점은 놓치고 있다. 흔들거리면서 피부는 일련의 복잡한 움직임을 겪는데, 여기에는 고유감각기 및 내수용기의 움직임은 물론, 내장의 움직임도 포함된다. 이런 움직임은 모두 성적 자극을 일으킨다. 앞뒤 좌우로 흔들기는 자기 몸을 애무해 자위하는 행위인 셈으로, 비통하거나 누군가를 애도할 때면 관찰되곤 하는 몸 흔들기 역시 이 때문이다. 미국에서 흔들의자가 여태껏 인기를 구가하고 있는 지역 한 곳을 꼽으라면 단연 뉴잉글랜드일 텐데, 뉴잉글랜드 하면 생선 대구와 쌀쌀맞아 보이는 사람들의 고장이라는 점을 생각할 적에 의미심장한 대목이다.

모유 수유에서 흔들의자는 아기는 물론 엄마에게도 탁월한 장치다. 흔들의자는 둘 모두에게 안락하며 동시에 마음을 안정시켜주기 때문이다. 엄마의 경우 몸이 살살 흔들려 다리의 혈액 순환이 좋아진다. 앞뒤로 움직이는 동작은 아기 내이內耳의 전정기관을 자극하여, 아기가 균형 및 자세를 더 잘 잡도록 돕는다. 아기를 엄마 무릎에 엎어두는 등 자세를 바꿔가며 있으면 그때마다 아기는 다른 움직임을 인식하게 된다. 엄마라는 존재가 배경처럼 버텨주고 있음에 안심하며, 아기는 전정기관으로부터 전달되는 감각을 해석해 사용하는 법을 익혀간다. 이처럼 전정감각을 해석하는 능력은 나중에 아기가 서고 걷는 법을 익히는 과정에서 요구될 균형감각을 발달하고 유지하도록 돕는다. 더불어, 흔들의자의 찬찬한 움직임에서 받은 자극 덕에 아기는 장차 제 발로 균형을 잡는 법을 배우기가 한층 수월해진다.

미숙아와
촉각 및 전정계

스탠퍼드 대학병원의 아넬리스 코너 박사와 그 동료들이 진행한 예비 연구에서, 미숙아를 잔잔히 울렁이는 물침대에 누이면 일시적 호흡 정지(무호흡발작) 횟수가 크게 감소한다는 사실이 밝혀졌는데, 이러한 효과는 특히 출생 직후 4일 동안 물침대에서 생활한 미숙아들에게서 두드러졌다. 이 실험의 목적은 자궁 속에서 늘 받던 자극과 닮은 보상성 전정-고유감각 자극을 주면 아기에게 이로울지를 확인하는 데 있었다. 이 연구자들은 또한 심한 피부 질환에 시달리는 몹시 작은 미숙아들이나, 수술 뒤 회복 중이거나 비경구영양법(소화관이 아닌 경로로 영양분을 제공하는 방법)을 적용 중인 미숙아들 역시 물침대 요법으로 혜택을 보는 듯하다는 사실도 알아냈다.[124]

코너 박사는 미숙아가 양육되는 환경의 결점을 보완하는 동시에 자궁 속에서는 예삿일이었으나 미숙아 보육에서는 극히 적게 주어지는 자극들을 보충해주기를 바라며, 미숙아들의 발달을 앞당기는 데 도움이 될 만한 일련의 실험을 시작했다. 자고로 우는 신생아를 달래는 데 가장 효과적인 방법은 들어올려 어깨에 받쳐 안아주는 것이라고 알려져왔다. 앞선 연구 몇 건에서 코너와 동료들은 우연히, 달래주는 데 수반되는 이 같은 들어올려 안아주는 자세에서 아기의 눈빛이 초롱초롱 똘똘해져서 주변 환경을 주의 깊게 살피려고 한다는 사실을 발견했다. 운동 능력이 없는 아기가 엄마를 비롯해 자신의 환경을 익히는 수단으로 삼기 쉽다는 점에서, 생애 첫 학습을 유도하기에 이러한 시각적 탐구만 한 것은 없는 셈인데, 그러면 아기를 이처럼 똘망똘망하게 만드는 요인은 무엇일까. 접촉일까, 전정계의 자극일까, 항중력抗重力반사의 활성화일까. 실험 결과 시각적 각성을 일으키는 데에는 접촉보다 전정 자극이 훨씬 더 큰 역할을 했다. 게다가, 똑바른 자세로는 아기의 시각 행동이 이렇게까지 향상되지 않았으니, 아기의 시각적 추적 능력은 수직이든 수평이든 움직여줬을 때라야 크게 발달하는 셈이었다.[125]

코너 박사는 이런 생각이 들었다. 물침대가 이처럼 미숙아들에게 이로울 수 있다면, 자극을 주고자 특별히 고안된 (엄마의 호흡 속도와 일치하는) 진동 물침대를 통해 다수의 임상적 효과를 볼 수도 있지 않을까. 물침대는 아주 작은 아기의 취약한 피부를 보호하는 데 도움을 줄 수도 있거니와 아기의 무른 머리를 받쳐줌으로써 두상이 비대칭으로 형성되어 머리속출혈이 발생하는 빈도를 줄일 수도 있다고 생각했다. 더불어, 물침대에 누워 있을 때의 떠 있는 느낌은 중력의 완전한 영향을 감당하기에는 아직 미흡한 아기의 애로를 덜어주어 힘을 절약하게 해주거니와, 일시적 호흡 정지의 발생 빈도를 줄여줄 수 있으리라고도 상정했다.

27~34주 만에 태어난 미숙아들을 무작위로 골라 실험 집단과

통제 집단으로 갈랐다. 실험 집단은 생후 6일이 되기 전 진동 물침대에 두기 시작해 7일 밤낮을 지내게 했다. 진동은 머리끝에서 발끝까지 전달되도록 했다. 통제 집단은 무진동 물침대에 두었다. 실험 집단의 물침대는 분당 12~13회로 거의 알아볼 수 없으리만치 잔잔하게 진동했는데, 30분간 진동하다가 60분간 멈췄다. 그 결과, 무호흡(무호흡 발생 20초 후 경종을 울려 알렸다) 횟수에서 진동 침대에서 지낸 미숙아들의 감소 폭이 무진동 침대의 미숙아들보다 주목할 정도로 훨씬 컸다. 최근 받은 수술을 포함해 온갖 문제로 고통당하는 미숙아들에게는 임상적으로 무진동 물침대가 유용했다.

물침대라곤 경험해보지 못한 다른 한 집단은, 무호흡 빈도에서 무진동 물침대의 미숙아들과도 아주 큰 차이를 보였다. 진동 물침대와 일반적인 거품고무침대에서의 무호흡 빈도를 비교해보니, 진동 물침대의 미숙아가 7명 중 6명꼴로 더 적은 빈도를 보여 압도적 차이가 나타났다.[126]

코너의 연구가 더없이 흥미롭다고 한다면, 그것은 그의 연구가 전정계의 역할을 이해하는 데 도움을 주었을 뿐만 아니라, 영유아 보육에서 가장 중요하게 새겨둬야 할 요소로서 촉각 자극만이 영향을 미친다고 생각되어온 부분에 전정계 역시 중요한 몫을 담당한다는 사실을 일깨워주었기 때문이다. 이에 못지않게 흥미로운 사실은, 같은 나이라도 서구세계의 유아에 비해 토착민 유아들이 보이는 발달 우위의 원인은 엄마가 아기를 데리고 다니는 방식에 있음이 거의 확실하다는 것이다. 토착민 엄마들은 아기를 몸 앞뒤에 달고 다니거나, 심지어 크레이들보드cradleboard라 불리는 고치처럼 생긴 운반 지게로 아기를 꽁꽁 싸매 지고 다닌다. 서구세계에서도 일부 아빠들을 비롯해 엄마들 사이에서 아기를 이렇게 운반해다니는 게 점차 유행하고 있는데, 그 덕에 받는 피부와 전정계 및 사회적 자극의 결과, 아기의 행동 발달이 한결 촉진되리라 기대된다.

여기서 잠시 화제를 돌려 접촉의 유형을 정의해보자. 미숙아 문제를 다루는 데에는 접촉 유형의 이해가 중요하기 때문이다. 주로 아기의 행동에 미치는 영향에 따라, 접촉은 세 유형으로 구분된다. **사회적 접촉**은 사회적 유대 및 애착, 정서적 안정을 북돋우는데, 여기서 우리의 관심사는 접촉이 사회적 상황 및 사회적 자극, 사회적 박탈감에 미치는 영향으로, 가장 광범위한 영역을 차지하는 주제다. **수동적 접촉**은 유기체가 접촉을 당하는, 곧 주체의 피부가 어느 외부 행위자의 작용으로 접촉을 경험하는 형태로, 예를 들면 가만히 있는 손가락을 무언가의 거친 표면이 쓸고 지나가는 경우가 여기에 해당된다. **능동적 접촉**은 이와 반대 격으로, 능동적 접촉에서 유기체는 대상과 자발적으로 접촉하므로 주체가 행위의 개시자요 실행자가 된다. 이러한 행위는 결국, 피부-대상 간 접촉, 탐구, 피부의 도구적 사용으로 귀결됨으로써 근육, 힘줄, 관절의 감각수용계, 즉 운동감각계를 자극한다.[127]

햅틱haptic이란 용어는 가장 넓은 의미의 촉각, 곧 확장촉각을 말하며, 대개 수동 감각 수용기가 자극받아 발생한 촉각과 대조되는 탐구적이며 도구적인 촉각을 가리키는 데 쓰인다.

코너의 연구와는 전혀 무관한 연구에서, 제리 화이트와 리처드 라바라 두 박사는 비교적 큰 미숙아들에게 생후 첫 2주 동안 10일에 걸쳐 촉각 및 운동감각 자극을 준 결과 체중 증가가 촉진됨으로써 자극받지 않은 통제 집단보다 몸무게가 10퍼센트 더 늘었다고 밝혔다. 자극받은 아기들은 꾸준히 잘 먹고 먹성이 좋으며, 더 적극적이면서도 빠릿빠릿한 아기로 묘사되었다. 자신들의 연구 결과와 더불어 다른 연구자들의 결과를 토대로, 이들은 미숙아의 억눌리고 비교적 단조로운 보육 환경을 고려할 때, 이런 환경에서 미숙아들이 받을 수 있는 불이익에는 감각 및 인식의 결여는 물론 어쩌면 근육활동 결여까지도 포함될 수 있다고 지적하며, 이 같은 불이익을 방지하려면 불이익을 유발하는 조건들을 완화하도록 보육 일상에 긍정적이고도 실용적인 방법이 적용되어야 한다고 제안한다. 또한, 아기가 아직 보육실에서 지내야 하는 상황이라도 엄마가 자극을 보태줄 수 있을뿐더러, 집에 가서라면 이러한 역할에 양 부모가 다 참여할 수 있으리라 주장한다. 예비 부모 대상 훈련 프로그램에 이처럼 실용적인 방법에 대한 교육을 포함시켜도 좋을 것이다.[128]

그럼에도, 미숙아에 대한 '자극 증가'에는 신중한 연구가 필요할 텐데, 미숙아는 자칫 과잉자극하기 쉽다는 증거도 만만찮기 때문이다. 마운트자이언병원과 샌프란시스코의료원의 피터 고스키 박사는 일부 미숙아가 소음과 빛, 사회적 접촉으로부터 악영향을 받는다는 사실에 주목했다. 그가 발견한 바에 따르면, 미숙아들은 사회적 접촉에 앞서 무호흡이며 서맥徐脈(심박동 둔화)을 일으키기 일쑤였다. 고스키 박사는 주장한다. 취약한 미숙아들은 "촉각 개입에 극히 예민하며 어쩌면 쉬이 압도될 수도 있다".

사회적 접촉은 미숙아의 신경계에 과도한 부담을 안길 위험이 크다. 부모들과 이 문제를 이야기할 때면, 고스키는 자극의 긍정적인 면을 들면서도 에너지 수준이 낮은 아기에게는 흥분성 자극이 지나친 부담이 될 수도 있는 이유를 설명해준다. "우리는 부모들로 하여금 자신들이 나쁜 부모라거나 혹은 아기가 자신들을 내친다고 느끼게 하고 싶지도 않을뿐더러, 이들이 아기에게 접근하기를 두려워하는 것도 결코 바라지 않는다. 다만 부모들이 부담스러운 사회적 접촉으로부터 연약한 아기가 받을 수 있는 영향을 이해하기를 바랄 뿐이다."[129]

특수치료실이 미숙아를 위한 최선의 장소일까? 영국에서는 분만이 가정에서 이루어지는 경우가 많은데, 병원에서 낳을 때보다 가정에서 낳을 때 미숙아 생존율이 더 높다는 사실은 증명된 지 오래다.

캘리포니아주립대학교 풀러턴캠퍼스의 앨런 곳프리드 박사는 미숙아에게 집중/회복치료실이 부적절할 가능성에 대하여 언급한 바 있다. 이런 치료실의 미숙아를 대상으로 한 어느 연구에서, 곳프리드는 행동 및 발달 조절에 접촉이 무엇보다 중요해 보인다고 결론 내렸다.[130] 그는 또한 이 같은 병실에서 지내는 미숙아들의 경우, 집중치료실에서는 하루 약 70회, 회복치료실에서는 하루 약 42회의 접촉을 경험하지만, 이들이 경험하는 접촉은 대부분 비사회적인 성격을 띤다고 밝혔다. 접촉하는 동안 아기가 울더라도 이에 반응해주는 경우는 대략 21퍼센트에 불과했던 데다, 그나마 보육자가 아기를 달래보겠다고 애쓰는 경우는 이것의 절반에도 못 미쳤다. 달래주려고 할 때조차, 말로 달래기 쉽지 접촉을 통해 달래는 일은 좀체 없었다. 슈파이델이 주장한 바와 같이, 곳프리드는 아기의 울음에 반응하여 달래주지 않는 것이 혈중 산소 수준을 떨어뜨리는(저산소혈증) 데 있어 하나의 원인이 된다고 말하며, 이런 까닭에서라도 미숙아 집중치료실 및 회복치료실에는 변화가 요구된다고 말한다.[131] 그는 또한 아기의 울음에 따른 미흡한 반응은 아기의 잠재력 및 사회적 반응 능력 발달을 늦출 수도 있다고 주장한다. 그가 내린 결론은 이러하다. 어쨌든, "특수치료실 영유아의 접촉 환경은 그 성격상 최적의 발달을 유도하지 못할 수도 있다".[132]

여기에 인용된 부분이 한낱 파편에 불과할지언정, 여러 연구자의 연구에서 분명해지는 점은, 곰살궂은 사회적 접촉으로부터 미숙아가 입는 혜택이야 이루 말할 수 없으나, 껴안기, 안아서 귀여워해주기, 들어올려 어깨에 받쳐주기, 요람에서 흔들어주기, 흔들어 얼러주기, 데리고 다니기처럼 사회적 접촉을 수반하는 갖가지 행동 유형 역시 부지불식간에 고유감각-전정 자극을 일으킴으로써 여러 추가 혜택을 누리게 해준다는 사실이다. 걷기 전의 아이에게도 마찬가지다. 걷기 전의 아이라면 운반 장치, 요람, 게임, 오락 등 고유감각-전정기관을 자극하는 것들을 아이에게 과잉자극이 되지 않는 범위에서 마련해주기를 권한다.[133]

흔들기, 음악, 춤

그러나 오 사라진 손길이여,
그럼에도 한결같은 목소리여!•

이 가슴 저미는 시구를 쓰면서 테니슨은 의식적으로든 무의식적으로든 엄마에 대한 어릴 적 경험을 떠올리고 있지는 않았을까? 음악이란 말 못 할 것들을 표현한다고 여겨져왔다. 음악에서 촉감이 느껴지는 경우는 흔하다. 바그너의 「사랑의 죽음Liebestod」은 오르가슴으로 치닫는 성교와 그런 성교 뒤의 나른함을 음악으로 표현했다고 해석된다. 드뷔시의 「목신의 오후L'Aprés-Midi d'un Faune」는 성적인 느낌을 더없이 촉각적으로 전한다. 오늘날의 음악 '록rock'은 이름도 참 마

• 영국 시인 테니슨Alfred, Lord Tennyson(1809~1892)의 시 「부수어져라, 부수어져라, 부수어져라Break, Break, Break」 3연 일부. 벗을 잃은 상실감 및 고독감의 표현으로, 생사의 순환을 넘는 무언가를 시화했다고 해석되는 시다.

침맞은데, 서구 춤 역사상 최초로, 짝을 맞춰 서로 접촉하는 법이란 없이 춤추는 내내 따로 떨어져 있기 때문이다. 춤은 귀가 먹먹할 정도로 요란한 음악에 맞춰 추기가 태반으로, 가사에서는 보통 자기 부모나 일반적으로는 기성세대를 겨냥하여 다음과 같은 소리를 지나치게 자주 내지를 뿐이다. '당신은 이해 못 해' '내가 필요로 할 때 어디에들 있었지?' 아니면 결국 이런 뜻인 말들.

로런스 H. 푹스가 지적한 대로, 이런 노래들은 구세대를 향한 날카로운 비판으로, 사회의 위선, 사랑 없는 세상 속 선인善人의 고독, 그런 세상의 사회적 불평등 및 그로 인한 해악을 강조한다. "이 노래들은 반항의 선언일뿐더러, 자기 존재는 '혼란이라는 배'에 묶여 있다던 밥 딜런의 말처럼, 고독과 혼란의 인정認定이다."[134]

갖가지 소리는 촉각적 특질로 경험되고 인식되는데, 예를 들면, 누군가의 목소리가 벨벳처럼 '부드럽다'거나 나를 '어루만지는 듯'하다고 말하는 경우가 그렇다. 음악도 마찬가지일지 모른다. 샐리 캐리거는 자서전에서 여섯 살 때 어느 뛰어난 바이올린 주자의 연주를 들었던 기억을 전하며, "그 황홀한 소리가 귀로만 들어오지 않고 온몸의 피부를 통해 들어오는 듯했다"고 말한다.[135]

에드먼드 카펜터는 말한다. "가수들의 절정은 느낌이 좌우한다. 절정의 경험은 록 음악에서와 다르지 않아서, 흔히 온몸으로 느껴지곤 한다."[136]

로런스 K. 프랭크는 촉각 의사소통에 대한 탄복할 만한 논문에서 다음과 같이 말한다. "음악의 영향력은, 박자 구성 및 음의 강도 차이를 이용하여 대개 최초의 촉각 경험을 청각적으로 재현하는 데서 비롯되는데, 최초의 촉각 경험 가운데에는 (…) 아기를 달래기에 특효인 율동적 토닥거림이 있다."[137]

록에서 비롯된 트위스트나 트위스트의 후신後身 같은 춤들은 록 음악과 더불어 적어도 부분적으로는, 어린 시절 촉각 자극의 결핍, 곧 산부인과 의사와 병원들이 창조해낸 소독내 풍기는 비인간적 환경에서 시달린 박탈감에 대한 반발일 수 있지 않을까? 그러면, 이러한 환경이 아닌 그 어느 곳에서 우리는 온갖 극적인 사건 가운데서도 가장 극적인 사건, 즉 새 식구의 탄생과 이 새로운 식구를 '가족의 품에 받아들이는' 환영식을 치러야겠는가?

록 그룹에 열광하는 지지자의 대부분은 청소년층이다. 놀랍지 않은 사실이다. 이들이야말로 음악과 춤 등 여러 표현 형식을 통해 반대를 표명하는 상황에 가장 밀접하게 관계하기 때문이다. 상황이 이러니만큼, 도저히 참기 어렵다고 느끼는 환경에 맞서 젊은이들이 이런 식으로 항의하는 것은 꽤 바람직하다. 하지만 불행히도, 변해야 할 모든 것이 본질적으로 어떻게 변해야 하는지 이 젊은이들은 잘 모를 때도 있다. 그것까지 기대하기에는 무리일지 모른다. 그러나 자녀 양육, 교육, 인간관계 등 이들에게 가장 민감한 분야에서라면, 어른들보다 훨씬 더 현명하다. 사랑이란 단어는 이들에게 남다른 의미로 다가와 성인 대부분에게보다 훨씬 더 중요한 문제로 자리매김하고 말았으니, 자신들에게 이토록 소중해진 사랑을 보란 듯이 실천하기만 한다면, 세상을 바꾸는 데 아마 성공할 수도 있으리라.

1974년 2월 아서 머리 사社 대표인 조지 티스는 자신의 춤 교습소 등록자 수가 20~35퍼센트 증가했다면서, 남자들이라고 해서 춤추기가 멋쩍다고 느끼는 일은 더 이상 없다고 말했다. 춤은 짝과 더불어 춘다. 록 춤, 그의 표현으로 일명 반항의 춤은 "이제 통하지 않는다. 1960년대와는 둘 사이의 소통 방식이 다르기 때문이다". 그는 자신의 춤을 '터치-고-테크'라 일컫는다.[138]

요즘 춤은 부부나 연인이 아닌 사람들끼리 상대방 몸을 공공연히 더듬거리는, 누가 봐도 성적인 동작들로 이뤄져 있어서, 두 사람이 서로 몸을 비벼가며 친밀감을 만끽하도록 놔두지 않던 때와는 정반대되는 난감함을 연출하고 있다. 제 몸을 자유자재로 뒤틀며 곡예를 방불케 하는 춤 또한 요즘 세대의 특징으로, 이는 오로지 자기 자신과의 관계에 탐닉하는 자기애의 선언처럼 보인다.

토착 문화 다수와 기독교 종파 일부에는 무아지경에 빠져 춤추는 관행이 있는데, 여기서 춤은 초자연적 존재와의 접촉을 매개한다.[139]

아기의 촉각은 자궁 속에서 이미 크게 발달한 상태여서 태어나는 순간부터 예민하다. 태아는 압력과 소리에 모두 반응할 수 있고, 분당 대략 140회 뛰는 태아 심장은 70회 빈도로 뛰는 엄마의 심장박동과 맞물려 태아에게 엇박자 같은 소리의 세계를 경험하게 해준다고 알려져 있다. 양수가 이 두 심박의 교향악에 맞춰 아기를 씻긴다고까지 알려져 있는 걸 보면, 일부 연구자의 가설처럼 율동적 소리의 진정 효과가 자궁에서 엄마의 심장박동과 관련해 느끼게 되는 행복감과 연관되어 있다고 해도 놀랄 일은 아니다.

리 소크 박사가 증명한 바에 따르면, 원숭이와 인간 등 영장류 어미는 제 새끼를 왼쪽 옆구리에 달고 다니기를 눈에 띄게 선호한다. 심장 끝은 왼쪽 옆구리에서 더 가까우므로, 이들 영장류가 새끼 머리를 이처럼 왼편 옆구리에 붙여 달고 다니기를 선호하는 습관은 새끼가 여전히 엄마 심박의 규칙적인 소리를 들으며 위안을 얻어야 할 필요성과 관련돼 있다고 추론된다. 그런 데다 어미들은 대부분 오른손잡이라서 새끼를 왼팔로 안을 경우가 많은데, 그럼으로써 오른손은 자유로워지고 새끼 머리를 어미의 심장 끝과 가까이 위치시킬 수 있다. 어미 대부분이 새끼를 왼쪽 옆구리에 달고 다니는 진정한 이유로 합당해 보이는 설명이다.

태어나자마자 정상 심박음을 들려주면, 이제껏 안도감을 주던 익숙한 자극의 연장延長으로 작용해 아기의 분만외상을 완화할 수 있으리라는 가설을 토대로, 소크 박사는 병원 보육실 신생아 여러 명에게 분당 72회 뛰는 실제 이단 맥박 소리를 녹음해 들려주었다. 결과는 더없이 흥미롭다. 생후 24시간 뒤 체중을 재보니, 심박음에 노출된 신생아는 아주 높은 비율인 69.6퍼센트가 체중이 늘어난 반면, 심박음에 노출되지 않았던 신생아는 33퍼센트만이 늘어 있었다. 신생아 한 명 이상이 울었던 시간을 조사해보니, 심박음이 있는 환경에서는 실험 시간의 38.4퍼센트에서 울음이 발생했으나, 심박음이 없는 환경에서는 울음 발생 시간이 실험 시간의 59.8퍼센트를 차지했다. 심박음을 들은 신생아는 듣지 않은 집단인 통제 집단 신생아보다 호흡이 한층 더 깊고도 규칙적이었다. 심박 소리가 흐르던 기간에는 호흡과 더불어 위장관 문제 또한 감소했다.

소크 박사는 결론지었다. 신생아기에 정상 심박음을 들으면 장차 여러 환경에 정서적으로 적응하는 데 큰 도움이 된다. 심박 소리나 그에 맞먹는 소리를 들으면 달리 해소할 길 없던 두려움이 완화되곤 하는 현상 또한 그러한 혜택의 하나로, 이러한 현상은 심박음의 뿌리 깊은 생물학적 의의, 다시 말해 생애 첫 소리이자 시종여일 안도감을 주는 소리, 엄마와 가장 가까이 있던 시절 경험하던 소리라는 심박음의 깊은 연원에서 비롯되는 것이다.[140]

자전적 철학 시 「서곡The Prelude」에서 워즈워스는 회상한다. "그 첫 순간 / 아기로서 나는, 살을 맞대어, / 엄마의 심장과 무언의 대화를 나누었다."

엄마와 태아의 심장박동과 음악의 박자며 선율 사이에는 무슨 관계가 있을까? 「4분의 3박자의 두 심장Zwei Herzen in Dreiviertel Takt」은 1930년대 초반에 대성공을 거둔 영화다. 영화 제목은 주제곡으로 쓰인 음악의 제목으로, 곡은 왈츠여서, 왈츠가 다 그렇듯 4분의 3박자로 되어 있다. 앞서 언급한 바와 같이, 자궁 속에서 태아의 심장은 대개 엄마의 심장이 한 번 뛸 때마다 두 번씩 뛴다. 왈츠의 의미를 이처럼 자궁 속 또는 영유아기 경험과 병치하여 생각해도 되지 않을까? 그 시절 경험의 파문이라고. 요스트 메이를로 박사의 생각도 비슷하다.

> 엄마들은 누구나 아기를 재우려면 흔들어 얼러줘야 한다는 사실을 본능적으로 안다. 그럼으로써 아기가 (태아 시절 자궁에서처럼) 극락極樂의 춤을 다시금 경험할 수 있도록. 자장가 'Rock-a-bye Baby'• 또한 아기에게 막 떠나온 극락세계의 기억을 불러일으키는 자연스러운 장치다. 다 큰 아이들에게는 로큰롤이 똑같은 역할을 한다. 둘이 영락없는 판박이 아닌가! 로큰롤은 박자를 비롯해 흔들흔들 빙글거리는 춤사위를 통해 우리를 극락의 평정을 느끼던 시절로 데려간다.
> 하지만 새겨 들어보라. 춤 자체가 저 먼 기억의 세계로 회귀하려는 몸짓인 것은 아니다. 비록 우리 대부분에게 엇박자, 음악, 그리고 일정한 간격을 둔 대위법은 심연의 대양을 향한 동경, 우리가 한때 살았던 행복하고도 안전한 세상인 모태의 향수를 향한 갈망을 불러일으키는 요소더라도 말이다.

• Rock-a-bye는 Rock lullaby의 줄임말로 아기를 흔들어 어르는 박자에 맞게 음률을 맞춘 조어인 셈인데, 우리말 '자장자장'이나 '둥개둥개'와 비슷하다고도 볼 수 있다. Rock-a-bye Baby는 이 말로 시작되는 자장가이기도 하고, 아기를 어를 때 쓰이는 율동적 어구이기도 하다.

메이를로 박사는 또한 그가 말하는 이른바 '젖춤the Milk Dance'에 주목하게 한다. 젖춤이란 엄마 젖을 빨아먹는 동안 아기와 엄마 사이에 이루어지는 율동적 상호작용을 일컫는다. 박사는 영유아가 엄마 유방에서 얻은 이와 같은 경험이 이다음의 율동적 상호작용 및 이와 관련된 기분에 영향을 끼친다고 믿는다. 수유 박탈, 곧 엄마 유방을 지나치게 늦게 경험하거나 모유 수유를 일절 경험하지 못하면, 많은 경우 이 억눌린 율동이 부적절하게 표현되기에 이른다. "이러한 소위 영유아기 구순 좌절의 결과, 아이들은 구석에 쓸쓸하게 처박혀서는 무의식적으로 이 젖춤을 춘다. 공허하게 흔들흔들 빙글빙글. 이런 아이들에게 의사들은 조현병調絃病 초기 증상이라는 현학적 딱지를 붙인다. 실제로 이런 아이들 가운데 일부는 남은 평생을 이처럼 경직된 박자에 갇힌 채 춤추는 좀비로 지내기도 하는데, 그러나 이것은 그리운 박자 속에서 잃어버린 극락을 찾아 헤매는 욕구 불만의 표현이나 다름없다."

메이를로 박사는 이러한 춤의 뿌리를 영유아기의 생물학적 경험에 기초해 설명하려는 노력이 중요하다고 본다면서, 임상 실습에서 자신이 만난 "학생 춤꾼 가운데 다수는 춤을 열망하는 까닭이 동작과 운동의 미美를 창조하려는 것은 물론, 어린 시절 좌절과 절망의 기분으로 되돌아가려는 무의식적 욕망에도 있었기 때문"이라고 말한다.

그러면서 덧붙인다. "이처럼 생생한 기억의 매력과 유혹에, 우리는 춤이라는 새로운 대응책으로 맞서 자유로운 창작을 통한 지고의 승리를 거머쥐기 쉬우나, 그에 못지않게 슬픈 과거를 줄기차게 기억해내는 절망적 상태에 처박히기도 쉽다는 뜻이다. 그러나 암울한 기억을 춤으로 승화시킨 뒤로 우리의 움직임은 공기보다 가벼워져서, 온갖 압박으로부터 벗어나 공간 속에 천상의 몸짓을 날리게 되는 것이다."

메이를로 박사는 춤추는 모습에서는 누구든 생애 최초의 존재 방식이 폭로된다고 여긴다. "율동, 선율, 엇박자가 귀와 눈에 들어오면, 인간은 무의식적으로 자기 존재의 시초로 끌려들어간다. 타인들과 더불어 공통의 회귀를 겪는다. 특정 소리와 박자가 귀에 닿으면 너나없이 겪게 되는 무의식적 공통 회귀는 정신적인 전염 현상의 단초다. 톡톡거리며 장단 맞추기, 규칙적 외침, 음악적 고함, 재즈 등이 그토록 전염력 강한 까닭이 여기에 있다."141

율동적 자극에 반응하려는 성향은 유전에 기인하는 듯하지만, 이 반응이 표현되는 방식은 문화에 좌우된다. 일례로, 음악에 맞춰 발장단을 치는 습관은 문화에서 학습된 행동으로, 대개 무의식적 모방의 결과다. 장단을 맞추는 이런 식의 행동이 대부분 무심결에 이뤄진다. 이 현상과 관련하여 나는 수년 전 위대한 헝가리 언어학자 아르미니우스 밤베리의 글을 읽은 기억이 있다. 밤베리는 놀랍도록 재능 있는 언어학자였다. 그의 아랍어 실력은 완벽했다. 그 덕에 밤베리는 아랍인으로 가장하여 자신과 같은 이교도들에게는 여전히 금단의 도시였던 메카를 순례할 수 있었다. 메카에서 그는 멀리서 방문한 아랍 고관으로 인식되어 지역 족장으로부터 융숭한 대접을 받는 영광을 누리기까지 했다. 음악이 연주되는 동안 아랍 족장이 다가오더니 명랑하게 말했다. "유럽인이군요." 밤베리는 화들짝 놀라 물었다. "어떻게 아셨죠?" 족장은 답했다. "관찰해보니, 음악이 연주되는 동안 발로 장단을 맞추더군요. 아랍인은 그러는 법이 없죠."•

• 이 일화는 나의 기억에 따른 것으로, 아르미니우스 밤베리의 『나의 투쟁 이야기The Story of My Struggles』(London: Fisher Unwin, 1904)에서 찾을 수 있을 것이다.—저자 주

남성에게는 율동적 움직임에 있어 천부의 기질이 있다고 보인다. 그러나 움직이는 방식은 문화에 달려 있다. 무도회장에서 춤출 때면 나타나는 특유의 신체 접촉은 다른 상황에서라면 남편과 아내 또는 부모와 자식 간에나 허용될 수도 있는 친밀한 행위가 율동 속에서 공식화된 경우다. 1920년대 미국에서는, 춤추면서 뺨을 기대는 동작이 추가되었다. 이것 역시 다른 상황에서라면 친척들 사이에서나 허용되었을 법한 행위가 공식화된 경우였다. 이처럼 뺨을 기대는 행위가 어린 시절 거부당했던 피부 접촉을 이제와 해보려는 속셈에서 비롯되지는 않았을까? 로큰롤을 포함해 여타 현대 대중음악이며 춤 역시 이와 비슷한 원인에 기인한 반응은 아닐까? 적어도 부분적으로, 그러나 아주 근본적으로, 이러한 접촉 형태들이 어린 시절 편안하게 흔들거리고 빙글거리며 피부를 자극받아본 경험이 불충분했던 데 따른 완곡한 반응이라고 볼 수도 있지 않을까?

요람의 흔들림이 없고 자장가가 사라진, 갈등으로 분열된 20세기라는 세상에서, 로큰롤과 구슬픈 자장가들의, 때로는 아름답고 대개는 귀에 거슬릴 정도로 두들겨대는 소리는, 부모가 과거에 자신의 접촉 욕구를 배려해주지 않은 데 따른 결핍감을 상쇄하려는 보상 작용으로, 결국 애정을 갈구하는 외침일지 모른다. 아기에게 이러한 욕구가 있다는 사실에 대해서는 무지가 만연해 있다. 그렇다고 구제 불능이라는 뜻은 아니다. 특정 인구 집단 및 시대의 음악이 이처럼 어린 시절의 조건화 경험 또는 그런 조건화 경험의 결핍과 직접 관련돼 있곤 하다는 추정 또한 이러한 무지를 타파하려는 노력일 것이다. 그러나 이 매력 있는 주제를 두고 훨씬 더 많은 연구가 진행되기 전까지는, 여기서의 주제, 곧 피부와 관련된 이것의 사실 여부에 대한 판단은 유보되어야 한다. 물론 흥미로운 추정이거니와, 이 같은 추정은 인간 발달의 미시적 원리, 다시 말해 인간 본성의 또 다른 한 측면을 조명할 수 있으리라는 기대만으로도 확인해볼 만한 충분한 가치가 있다.

초자연적 세계와의 의사소통에 촉각이 쓰이기도 하지만, 세계 도처에서 행해지는 무아지경의 의식儀式에서는 또한 촉각이 현상계現象界와 서로 관계감을 주고받는 방법이 된다. 두 경우 모두, 무희는 자신이 속한 공동체 구성원들에게 적용되는 일반적 접촉 규약으로부터 자유롭다. 아이티인을 비롯해 발리인, 부시먼 족, 성령을 통한 주主와의 직접 교류를 강조하는 기독교 펜테코스트파의 무도舞蹈는 보편적 진리일 수도 있는 무언가를 보여주는 좋은 본보기다.

이처럼 공동체 의식으로서의 무도는 물론, 죽은 자들과 통하려는 북미 인디언들의 교령交靈 춤에서도 마찬가지로, 무희 간의 밀착은 보는 이들에게 일체감과 안도감이라는 의미를 전달하는데, 일체감이며 안도감은 두 존재가 서로 근접해 있을 때라야 느껴지는 감정이기 때문이다.

의복과
피부

여태까지의 논의에서는 영유아기 피부 자극 경험의 종류와 음악 및 춤의 종류 간 관계를 상정하여, 특정 음악과 춤은 영유아기의 흔들어 어르기를 비롯해 피부 자극을 충분히 받지 못한 데 따른 반응이라 추정해보았다. 이러한 추정은 또 다른 흥미로운 문제, 곧 의복과 피부, 행동 간 관계라는 문제로 우리를 이끈다.

어윈과 와이스는 아기가 옷을 입으면 발가벗었을 때보다 활동량

이 훨씬 더 적어진다는 사실을 발견했다. 활동량 감소의 원인으로는 옷으로 인한 기계적 억제, 자기自己 자극 배제, 공복 수축 완화 또는 의복으로 인한 유입 자극 감소나 차단 등을 의심해볼 수 있다.[142]

어쩌면 네 요소가 다 작용한다는 답이 옳을 수도 있으나, 마지막 요소가 가장 중요해 보인다. 의복의 유입 자극 차단 작용.

아주 어릴 때부터 옷을 입히는 문화와 어른, 아이 할 것 없이 벌거벗고 다니는 문화에서 발견되는 행동 차이가 착의着衣 여부에 기인하는지는 단정하기 어렵다. 그럼에도, 의복 자체는 물론 의복의 다양한 종류에 따른 착의의 영향은, 옷이 피부에 끼치는 영향이 그 직접적 원인이 된다고 해석될 만한 특이 행동을 일으킬 정도로 클 수도 있다. 젊은이들이 입는 옷에 일어난 놀라운 혁신을 비롯해 남성이 머리를 기르고 얼굴을 치장한다며 턱수염 등 뻣뻣한 털을 길러대는 현상은 영유아기 촉각 경험의 종류나 촉각 경험의 결핍과 어떤 식으로든 관련돼 있으리라는 추정도 가능하다. 머리카락이며 털은 피부의 중요한 부속물로, 사실상 피부 자극의 진입로이기 때문이다. 1960년대 후반 젊은이들은 자랑삼아 머리며 얼굴에 털을 기르곤 했는데, 이는 어쩌면 영유아기에 자신을 쓰다듬어준 사람도, 토닥이거나 어루만져준 사람도 없었기에 자신에게는 허락되지 않았다고 느꼈던 애정에 대한 욕구의 표현일 수도 있다. 대성공을 거둔 뮤지컬 「헤어Hair」에서는 얼마간 알몸도 다루지만, 누가 뭐래도 기나긴 머리카락이 주역이다. 따라서 이 뮤지컬이 부르짖는 바는 사랑, 비비적거리는 그릇된 방식이 아닌 다정하게 어루만져주는 올바른 사랑이라는 설명이 상상력에 지나친 부담을 주는 일은 아닐 것이다.

제1차 세계대전은 여성들이 머리를 짧게 자르고 치마 길이를 줄이기 시작한 때로, 영국의 저명한 서체 디자이너요 활판 기술자, 조각

가인 에릭 길은 이를 두고 다음과 같은 4행시를 지었다.

> 신세대 아가씨 훌쩍대며 말하기를,
> 치마가 이보다 더 짧아지면
> 분칠할 볼이 둘,
> 단발할 부위가 한 군데 더 늘겠구나.

미니스커트를 비롯해 젖가슴을 드러낸 웨이트리스며 속살이 훤히 내비치는 블라우스, 비키니에 대해서는 어찌 생각했을까, 그의 생각이 궁금해진다.

꽉 막힌 도덕군자이자 검열의 대명사 앤서니 콤스톡이 사망해서도 그렇고 자유의 폭이 대폭 넓어졌기 때문이기도 하겠으나, 피부 노출 확대 및 피부 관련 전문 분야의 다양화는 또한 어린 시절 만족스런 피부 자극을 받지 못한 사람들의 피부 만족 욕구와 관련돼 있을지 모른다.

'알몸 수영'과 '나체 해변'의 인기 상승도 이와 무관하지 않을지 모른다. 물침대는 최근 썩 인기를 누리며 매력을 발산하고 있는데, '껴안아주는 듯한' 감각적 특질 때문이다. 일반 침대의 미동도 않는 '무뚝뚝한' 특질과는 달리, 물침대에 폭 파묻혀 있으면 움직이는 족족 포옹과 애무라는 일련의 자극이 전해지거니와 잠들 때면 끌어안듯 지탱해주는 느낌이 엄마 품에서 잠들던 그때 그 시절을 떠올리게 한다. 어린 자녀를 한둘 둔 젊은 부부는 물침대의 장점에 대해 열변을 토해왔다.[143] 물침대는 훌륭한 침대일 뿐만 아니라, 흔들거리는 느낌을 준다는 면에서 또한 바람직한 요람이기도 하다. 침대 솔기에 무리가 가지 않게 하려면, 물침대는 속이 꽉 채워진 상태에서 틀 안에 설치되어야 한다. 아기가 어쩌다 틀과 침대 틈에 끼일 수도 있으므로, 아기를 물침대에 둔다면 반드시 누군가가 지켜보고 있어야 한다. 깔개와 침대 씌우개는 물침대를 보호해 구멍이 뚫리지 않도록 막아줄 수 있다. 아기를 데리고 물침대에서 잔다면 부모 또한 편히 잠들 수 있는데, 아기를 아기 침대에서 재울 때보다 잠을 방해받는 일이 훨씬 더 적어지기 때문이다. 유아든 먼저 태어난 형제자매든 물침대에서 돌아다니며 뛰어노는 것을 무척 좋아하거니와, 무언가를 엎지른다고 해서 매트리스를 더럽힐까봐 걱정할 일도 전혀 없다. 물침대가 여의치 않다면, 어린아이들이 굴러떨어져 다치지 않도록 일반 침대의 높이를 안전한 수준으로 낮추거나 매트리스를 바닥에 놓아서 놀게 해줄 수도 있다.

의복은 피부를 차단함으로써 기분 좋은 감각을 경험하지 못하게 막는다. 따라서 사실이든 상징이든 탈의脫衣란 영유아기에 이처럼 차단되었던 경험을 즐기려는 시도라고 볼 수도 있다. 공기며 햇볕이며 바람 같은 자연 그대로의 피부 자극은 몹시 즐거운 기분을 일으킬 수 있다. 플뤼겔은 이 문제를 탐구하여 이처럼 자연스러운 피부 자극에서 느끼는 쾌락은 흔히 '천상의' '완벽한 환희' '행복을 호흡하는 듯한'과 같은 표현으로 '격찬되곤' 한다는 사실을 발견했다. 나체주의 운동의 발달에는 피부를 통한 의사소통의 자유가 확대되기를 바라는 욕구가 반영되어 있음은 의심할 여지가 없다.•144

그럼에도, 나체주의 운동이 알몸을 샅샅이 훑어보는 행위를 통

• 의복의 해악 및 나체주의를 주제로 진지하게 이뤄진 논의의 시조 가운데 하나는 모리스 파멀리의 『신新 나체고행주의The New Gymnosophy』(New York: Hitchcock, 1927)에서 찾을 수 있다. 또한 미국에 나체주의를 도입한 책은 F. 메릴과 M. 메릴의 『나체주의자들Among the Nudists』(New York: Garden City Publishing Co., 1931)이다.—저자 주

한 시각적 의사소통의 형태를 취한다는 사실은 흥미를 일으키기에 충분하다. 나체주의자라면 누구나 이러한 시각적 행위가 성적 긴장을 크게 줄여주거니와 전반적 치유 효과도 있다는 데 의견을 같이한다. 나체주의 모임에서 접촉은 금기 중의 금기로 부부지간에도 불허되는 행동이나, 이 규칙은 이제 얼마간 완화되고 있는 추세다. 하트만은 나체주의에 대하여 진지하게 연구한 인물로, "나체주의자들이 신체 접촉을 수반하면서도 외설적 행동은 일체 없는 갖가지 게임에 참여하는 광경을" 구경하기란 즐거운 일이었다고 말하며, 다음과 같이 이어간다. "접촉 금지 규칙과 관련해서는 숱하게 들어 알고 있었으나 연구를 진행하는 동안 나는 남녀를 막론하고 나체주의자들의 따스한 포옹을 받았는데, 이런 온정어린 행동이 성적 흥분을 일으킬 리는 만무했다. 이 같은 접촉은 연구하며 누린 더더욱 즐거운 경험 가운데 하나였다." 하트만은 미국 문화는 일종의 접촉 금지 문화로 여겨져왔다고 지적한다. 나체주의자들을 관찰하면서 그는 나체주의자들이 알게 모르게 이러한 세태를 악화시켰을 수도 있다고 믿게 되었다. 그는 적는다. "나는, 친밀한 관계에 있는 사람과는 필히 그렇거니와 일반적으로 모든 사람과도 두루 애정 어린 신체 접촉이 이루어지는 사회에서라면 개개인의 성장은 월등히 향상되리라 믿는다. 관찰 결과, 나체주의자들의 접촉 금지 규칙은 힘을 잃어가고 있었다."[145]

나체와 성교의 연관성은 물론 아주 깊기에, 똑같은 신체 부위라도 옷을 두르고 있으면 만져도 되지만, 발가벗고 있으면 만져서는 안 되는 금단의 부위가 되기도 한다. 그러나 나체주의자들의 이 규칙은 부모와 어린 자녀 간에는 적용되지 않는다. 아이가 커가면서 신체 접촉은 차츰 억제되며 청소년기에 이르면 완전히 중단되어서, 청소년들은 옷을 입은 상태에서는 서로 만지다가도 나체주의자 모임에 가면 서로 손끝도 대지 않는다.

갓난아기 시절부터 옷을 입는 습관의 결과 가운데 하나는 피부가 민감하게 발달하지 못한다는 것인데, 옷을 내내 입고 있는 문화만 아니었다면 피부 민감도는 지금보다 훨씬 더 발달했을 것이다. 일례로, 관찰된 바에 따르면 오지의 소수민족들은 유럽인들보다 자극에 대한 피부 반응도가 월등히 뛰어나다. 킬턴 스튜어트는 자신의 책 『피그미 족과 꿈의 거인족Pygmies and Dream Giants』에서 필리핀 니그리토들에 관하여 보고하면서 이렇게 적는다. 니그리토들은 "스멀거리는 느낌에 몹시 민감해서, 개미 한 마리가 다리로 기어오르고 있는데도 알아차리지 못하는 나를 보더니 경악을 금치 못했다".[146]

피부 민감도는 개인에 따라 천지 차이다. 누군가를 만지면서 둘 사이에 '전류가 흐르는 듯하다'고 느끼는 사람이 있는 반면, 이런 느낌이라곤 금시초문인 사람도 있다. 사람에 따라 이처럼 높은 민감성이 노년까지 이어지기도, 중년이면 사라지기도 한다는 사실 또한 흥미롭다. 중년이면 둔감해지는 사람들의 경우 호르몬 변화가 관계 있을 가능성이 아주 높다.

서로를 만질 때면 흔히 '전기'가 통한다고들 비유하는데, 한낱 비유에 불과하지만은 않을 것이다. 피부는 아주 훌륭한 전도체이기 때문이다. 피부 표면에서 발생하는 전기 교환을 측정하는 방법은 여러 가지겠으나, 가장 잘 알려진 하나는 일상적 오칭誤稱으로 '거짓말 탐지기'라 불리는 정신 전류계를 이용하는 것이다. 정서 변화는 대개 자율신경계를 작동시켜 손발바닥 피부의 전도도를 증가시킨다.(전기 저항력 감소) 촉각 자극이 이뤄지는 동안 서로의 몸에 발생된 전기적 변화가 상대편에게 전달된다는 사실은 의심할 여지가 거의 없다는 뜻이다.

마지막으로, 피부는 보통 습기가 거의 없는 상태이며 차고 건조한 피부는 훌륭한 절연체이니만큼 전기 충격을 막아주기에 제격이기도 한데, 우리의 논의와는 전혀 무관한 문제다.[147]

엄마의 혐오 행동

여성이라고 해서 다 원해서 임신하지는 않으며, 자기가 낳은 아기에게 혐오 행동을 보이는 사례도 적지 않다. 루이즈 비거 박사는 보고서에서 이런 상황을 더할 나위 없이 흥미롭게 다룬 바 있다. 보고서에 따르면 어미한테 거부당한 새끼 원숭이는 어미에게 다가가거나 매달리고자 더더욱 필사적으로 애쓰는데, 인간 아이의 행동도 이와 별반 다름없다. 또한, 새끼를 내치는 어미 원숭이는 새끼를 밀어내는 동시에 그와 똑같은 수준으로 새끼를 끌어당기는데, 인간 엄마도 이런 경우가 허다하다. 이러한 상황은 조현병과 관련해 베이트슨과 그 동료들이 기술한 이중결박•과 흡사한 상태를 만든다.[148] 엄마가 거부와 접근이라는 모순된 신호를 보내면 아기는 이중결박 상태에 빠진다. 따라서 이처럼 진퇴양난 상태에 사로잡힌 아기들은 분노, 갈등, 공격성 같은 특정 행동 반응을 보이리라 예측할 수 있다.

이 가설은 아기와 엄마로 이루어진 독립 표본 집단 셋을 대상으로 한 연구들에서 검증되었다.[149] 연구 결과, 생후 첫 세 달 동안 아기와의 신체 접촉에 대한 엄마의 혐오감이 클수록, 9개월 뒤 아기의 기

• 이중결박double-bind: 어떤 행동을 하라는 신호와 하지 말라는 신호를 동시에 받을 때 생기는 이러지도 저러지도 못하는 진퇴양난의 심리 상태.

분과 행동에서 분노가 더욱 심하게 표출되는 듯했다. 또한 "엄마가 아기와의 신체 접촉에 대한 혐오감을 이처럼 어릴 때 드러냈을수록, 비교적 스트레스 없는 상황에서조차 아기가 엄마를 공격하거나 분에 겨워 공격할 조짐을 보이는 빈도가 더 잦아졌다". 연구 대상 아이들이 여섯 살에 이른 뒤 안정감 수준이 평가되었는데, 평가는 부모와 한 시간 떨어져 있다가 다시 만난 3분 동안 이뤄졌다. 평가 결과, 한 살이던 시절 매우 안정적이라 묘사되었던 아이들은 부모와 만나자마자 스스럼없이 말을 걸었으며 대화에 대한 반응도도 높았던 데다 신체 접촉이라 할 만한 행위 또한 직접 개시했다.

아기 때 아주 불안정했던 아이들이 여섯 살에 이르러 드러낸 행동 양상은 크게 세 가지였다. 한 집단은 언어적 회피성을 보이며 질문에 최소한으로만 반응했는데, 그나마도 제 자신에 대해서가 아닌 사물에 대하여 이야기했고 방을 가로질러다니거나 멀찍이 가버리는 등 부모와 정면으로 마주하기를 피하려는 경향이 있었다. 다른 한 집단은 "귀찮게 하지 마"라든가 "가서 저쪽에 앉아"라는 말로, 부모를 거부하고 있었다. 세 번째 양상은 드물게 나타났는데, 부적절하게 보호자 행세를 한다고 묘사되었다. 이 집단에 속한 아이들은 자기 부모한테 부모처럼 행세해서, 애착 구조가 다르게 형성되었음을 반영했다. 비거의 명석한 관찰에 따르면, 보호자에게 애착이 형성되는 단계에 도달하는 때부터 인간 아기는 줄곧 특정 사람들에 대한 신체적·촉각적 접근 가능성을 주의 깊게 살피는데, 이처럼 관찰된 접근성은 아기의 행동을 조직하는 원칙이 된다.

비거의 연구는 영유아의 발달에 접촉이 근본적 영향을 미친다는 사실을 다시금 강하게 뒷받침하며, 애착 인물이 역할을 게을리할 때 초래될 심각한 결과를 거듭 부각시킨다.

엄마-아기 분리가
엄마에게 미치는 영향

엄마로부터의 분리가 아기에게 미치는 영향에 대해선 숱하게 연구되어왔어도, 아기와의 분리로 인해 엄마가 받는 영향은 최근 들어서야 주목받고 있다.[150] 현재 여러 연구에서는 출생 직후 대략 24시간 뒤나 그에 못 미쳐 아기를 엄마로부터 떼어놓으면, 불안감을 동반한 엄마로서의 자신감 하락을 일으킬 수 있음이 증명되고 있다. 소스텍과 스캔런, 에이브럼슨은 이러한 사실에 대하여 보고하며 관련 문헌을 조사한 바 있다. 엄마와 아기의 친밀한 신체 접촉은 가능한 한 아기가 출생하자마자 시작돼야 좋은데, 이로써 아기는 물론이거니와 엄마 또한 심리적으로 큰 혜택을 입기 때문이다.[151] 그럼에도 아기와의 분리가 엄마에게 미치는 심리적 영향은 이제껏 충분히 주목받지 못했다. 수세기에 걸쳐 산파들은 산모를 신생아와 살을 맞대고 있게 내버려두는 조치만으로도 산모의 자궁이 수축되며 정상 크기로 되돌아가는 속도도 빨라진다는 사실을 수세기 전부터 알고 있었다. 이 주제를 다룬 논의는 이제껏 딱 한 번 보았는데, 1954년 책 『아동-가족 다이제스트Child-Family Digest』에 실린 벳시 마빈 매키니 부인의 사례에서다.(이 사례는 앞에서 이미 참고한 바 있다.) 매키니 부인의 사례는 아주 중요해서 책 뒤의 '부록 2'에 전재했다. 분만 직후 엄마와 아기를 분리하는 관행은 다행스럽게도 이제는 뒤바뀌는 추세여서 병원 부속 시설이든 숙련된 비전문가가 세운 시설이든 여러 시설에 가족 분만소가 생기고는 있으나, 숱한 병원에서는 여전히 이 관행이 유지되고 있다.

신생아나 엄마 어느 한쪽이 쉬거나 자야 하거나 엄마가 감염된 상태가 아닌 이상 둘은 따로 떨어져 있어서는 안 되는데, 엄마와 아기의 생애 첫 의사소통은 접촉의 형태로, 피부를 통해 이루어지기 때문이라는 근본적 이유만 보더라도 그렇다. 산과 종사자가 이러한 이치를 무시한다면 그러지 못하도록 말려야 마땅하다.

현재까지 연구된 포유류 어미 중 많은 수가, 새끼와 단 한 시간만 떨어지더라도 새끼에게 무관심해지곤 했으며 심지어 새끼를 거부하기까지 했다.[152]

'피부-시각 인지'

어떤 사람들은 자기네 피부가 몹시 민감해서 피부로 '볼' 수도 있다고 내세운다. 피부는 눈과 마찬가지로 외배엽층에서 발생했기 때문에, 몇몇 연구자는 그런 개인들은 피부에 원초적 시각 특질이 남아 있어서 눈처럼 볼 수 있게 해주기 때문이라는 입장을 견지해왔다. 이러한 시각은 프랑스 소설가 쥘 로맹의 1919년작 『또 다른 망막 La vision extrarétinienne et le sens paroptique』에 강하게 드러나 있다. 이 개념은 주기적으로 언론에 나타나곤 하는데, 말하자면 누군가가 '눈 없이 볼 수' 있다는 보도로, 눈이 제거된 눈구멍으로 볼 수 있다든가, 손가락으로 볼 수 있다든가, 눈을 철저히 가린 상태에서 얼굴 피부로 볼 수 있다든가 하는 식이다.[153]

사실, 누구든 피부로 볼 수 있었다는 이야기를 두고 잠깐만 조사해 흠을 잡겠다고 나선다면 이에 맞설 만한 증거는 없다. 인상적으로 보이는 현상들도 대개 속임수이기 때문이다. 마틴 가드너는 피부-시각 인지라고 주장된 숱한 사례에 대해 논하며 이 사례들을 철저히 폐기해왔다.[154] 그럼에도, 피부의 감각 능력은 아주 놀라워서 피부에 시각마저 있다는 과장된 주장은 굳이 펼칠 필요도 없을 정도다. 로라 브리지먼과 헬렌 켈러, 스탈 부인 같은 시각장애인들이 외모를 가늠해보고자 방문객들 얼굴을 손으로 훑어보곤 했다는 이야기는 기록된 사실이다. 그 누구도 이 여성들이 피부로 보고 있었다고 주장한 적이 없을 따름이다. 인간이라면 누구나 입체 인지 능력, 다시 말해 대상이나 형태를 촉각을 통해 인지하는 능력이 있으므로, 비유적으로 말해 인간 대부분은 만져봄으로써 사물의 형태를 거의 '볼' 수 있는 셈이다. 손끝은 촉각을 통해 대상의 형태를 '읽는', 다시 말해 '촉각 인지'하는 데 가장 뛰어난 예민한 신체 부위이기 때문이다. 점자는 높은 점과 넓은 점을 사용하여 시각장애인들에게 어느 언어든 가장 복잡한 낱말까지도 읽을 수 있게 해준다. 점자를 읽는 독자는 '본다'기보다, 손가락 끝으로 읽은 점자를 두뇌에서 해석하는 것이다. 점자 부호는 열다섯 살 시각장애인 소년의 발명품으로, 그 소년의 이름은 루이 브라유(1809~1852)다.

피부의 정신을 증명할 증거가 필요하다면, 손끝의 감각 능력만으로도 충분하다. 감지한 자극을 복잡한 신경자극의 형태로 두뇌에 전달하는 감각수용기로서의 능력. 손끝의 이러한 능력은 반복, 곧 학습을 거쳐 결국 특정 감각에 특정 의미를 부여하는 섬세한 식별력으로 발달한다. 훈련에 좌우되는 능력인만큼 인간이라면 누구나 섬세한 식별력을 발달시킬 수 있다는 뜻이다. 입체 인지 능력을 학습을 통해서만 얻을 수 있듯, 피부 감각도 마찬가지로 학습을 통해서만 예민하게 발달시킬 수 있으며 그렇지 않으면 무딘 채로 남아 있을 따름이다. 학습을 통한 이처럼 예민한 촉각의 발달은 거의 전적으로 유아기와 아동기의 피부 및 피부 관련 경험에 달려 있다.

피부
그림증

피부그림증dermographia, dermatographia[문자 그대로는 피부글자, dermo+graph]은 압력을 받으면 피부에 두드러기가 돋는 증상으로, 주로 넓은 부위인 등에 발생한다. 뭉뚝한 도구로 등 피부에 글자를 적는다고 가정해보자. 두드러기가 빨갛게 일면 부교감신경계에 주로 속하는 미주신경의 과다반응(미주신경긴장)이 발생했다는 증거이며, 두드러기가 대체로 하얗게 일면 교감신경계가 작용한다는 증거다. 두드러기 자체는 모세혈관으로부터 주변 조직으로 체액이 스며나온 결과로, 체액이 스며나오는 현상은 국소적인 혈관 팽창 때문으로 보인다. 충분히 자주 문지르거나 충분히 세게 때린다면 누구나 피부에 자국이 나겠지만, 약한 마찰만으로도 피부그림증을 일으키기에 충분한 비정상적인 경우도 있다. 피부그림증과 어린 시절 피부 경험 사이의 관련성에 대해서는 아직껏 명확히 알려진 바가 없다.[155]

수세대에 걸쳐 어린이들은 누가 가장 많이 정확하게 맞추나 겨루는 식으로 등에 글씨를 써서 알아맞히기를 하며 놀았다. 난이도가 달라질 뿐 어른도 마찬가지로 이러면서 놀 수 있다. 두뇌는 분명 촉각수용기가 받은 자극 양상을 문자를 비롯해 단순한 심상으로 해석할 수 있다. 내가 아는 한, 이처럼 피부에 쓰인 무언가의 의미를 해석하는 능력의 개인차에 관하여 연구한 사람은 아직까지 없다. 그럼에도 이른바 피부글자 해석 기술과 어릴 때의 피부 경험 사이에 의미심장한 관계가 발견되리라는 예측이 지나친 비약은 아니리라 여긴다.

샌프란시스코 소재 퍼시픽대 의학대학원 스미스케틀웰시각과학연구소의 폴 바크-이-리타와 카터 C. 콜린스 두 박사는 피부로부터 전달되는 글자나 그림을 해석하는 두뇌 능력에 대한 지식에 기초해, 이러한 해석과정은 또한 피부 자극이 카메라에 연결된 전극이나 진동 점點들로 인한 것일 때에도 발생한다고 밝혔다. 몇 시간만 훈련하면, 눈이 안 보이는 사람도 의자나 전화기 같은 기하학적 형상이며 대상을 인식할 수 있다. 더 훈련하면 거리를 판단하고 심지어 얼굴을 인식할 능력을 얻는다.[156]

피부와 눈의 망막에는 감각수용기가 일정한 양상으로 배치되어 있는데, 다른 기관에서는 볼 수 없는 독특한 특징이다. 이를 통해 두뇌는 망막과 피부로 들어온 자극의 규칙성 및 양상을 파악하여 곧장 심상으로 변환할 수 있다. 이와 관련한 연구는 다음과 같다. 시각장애인에게 등이나 복부에 맞닿도록 전극들을 도드라지게 배치한 탄력띠를 두르고 그 위에 일상복을 입게 한 다음, 머리에는 광부용 머리등처럼 만든 카메라를 설치한다. 카메라가 촬영된 정보를 전극에 전달하고 정보가 전극을 통해 피부에 전달되면 두뇌는 이 정보가 뜻하는 바를 해석한다. 연구과정에서 복부의 피부가 팔뚝이나 등 피부보다 더 잘 '본다'고 밝혀졌다.

피부의 시공時空 인지력은 매우 놀랍다. 시간을 잘 파악하기로 따지면 피부는 귀에 못지않다. 피부는 일정하게 작용하는 기계적 압력 혹은 촉각 버저가 약 1000분의 10초만 멈춰도 알아차릴 수 있다. 눈의 식별력은 대략 1000분의 25~35초다. 피부는 표피 촉각으로 먼 곳의 위치를 포착하는데, 귀가 청각으로 소리의 위치를 파악하는 것과는 비교도 안 되게 효율적이다. 이 같은 정보에 기초해, 프린스턴대 피부의사소통연구소 프랭크 A. 겔다드는, 신속 선명하게 피부에 투사하는 데 알맞도록 시촉視觸 알파벳을 고안했다. 이 기호들은 '몸짓 영어'라 불러도 될 만한 언어로, 손쉽게 배워서 읽을 수 있다. 겔다드는 루소가 1762년 교육에 관한 자신의 논문 『에밀Émile』에서 그렸던 피부를 통한 의사소통 가능성이 사실상 놀라운 예지적 통찰이었음을 증명했다. 겔다드가 증명한 바에 따르면, 피부는 재빨리 지나가는 정교한 문자나 그림도 수신하여 판독할 수 있다. 그는 말한다. "극히 섬세한 의미까지도 신속하게 주고받을 수 있는 피부 언어를 고안해 사용할 가능성은 충분하다."[157]

1907년에 마리아 몬테소리는 관찰과 더불어 피부로 느껴볼 수도 있을 때 아이들이 문자를 더 쉽게 배운다는 사실을 보여주었다. 한편, 만일 선천적 시각장애를 가진 아이들이 촉각을 '시각화'할 수 있다면, 어떤 양태를 촉각으로 감지해 그것을 시각적 심상으로 인식하는 일은 인간의 자연스러운 능력일 수도 있으리라는 것이 최근 주장이다.[158] 하지만 안타깝게도, 이러한 주장에는 실질적 토대가 없다. 선천적 시각장애인들에게는 일단 사물에 대한 공간 개념이 없으므로 거리 자체를 판단할 수 없기 때문이다. 심지어 시력을 회복한 뒤라도, 얼마 동안은 거리를 시각화할 수 없다. 선천적 시각장애인들이 말하는 '촉각적 공간' 따위는 시각적 세계에는 존재하지 않는다. 이들이 볼 수 있게 되면 만사는 완전히 새로워지는 셈으로, 볼 수 없던 시절에 촉각적 공간 경험을 통해 알았던 사물들을 시각적으로 인식하기란 아예 불가능하다.[159]

실라 호큰은 자신의 책 『에마와 나Emma and I』에서, 앞 못 보던 사람이 볼 수 있게 된 뒤에 촉각적으로 익숙하던 사물을 시각적으로는 인식하지 못하는 현상을 극적이고도 명쾌하게 설명했다.[160]

피부에 시각이 있다는 주장은 일종의 신화나 다름없다 하더라도, 피부의 다른 특질들을 통한 인지 작용은 엄연한 사실이다. 피부는 아주 다양한 자극 양상에 대한 반응 능력을 갖추었다. 알파벳 윤곽을 똑같이 그리며 진동하는 전자 장치는 이미 나와 있어서, 시각 장애인들도 조금만 연습하면 장치가 그려주는 진동을 감지해 글자를 인식할 수 있게 되었다.[161] 진동촉각 의사소통과 더불어, 전기 펄스를 이용한 알파벳의 부호화에 관한 연구도 진행되고 있다. 카네기 기술연구소의 B. 폰 할러 길머와 리 W. 그레그도 마찬가지 접근법을 추구해왔다. 두 연구자는 피부가 '바쁠' 일은 별로 없기에 끈질기게 전달되는 부호를 학습하여 그 부호에 익숙해질 여력은 충분하다고 지적한다. 피부가 진동촉각 또는 전기촉각 신호를 못 받게 차단하기란 불가능하기 때문이다. 피부가 눈을 감을 수도 없거니와, 귀를 막기란 더더욱 힘든 노릇이다. 이런 측면에서라면 피부는 눈보다는 귀를 훨씬 더 많이 닮았다. 폰 할러 길머와 그레그는 글로든 말로든 제아무리 따발총같이 떠들어댄다 한들, 본질적으로 피부는 알아듣는 데 아무런 지장이 없으리라 추정한다. 또한, 부호와 관련된 가능성에서라면 피부는 어쩌면 다른 어떤 기관보다도 우월할지 모른다고 주장한다. 피부는 '단순'하기 때문이다. 피부는 청각 및 시각의 시공 차원을 두루 갖춘 유일한 감각기일 수도 있다. 시간 차원에서 으뜸인 귀와 공간 차원에서 으뜸인 눈이 하나로 결합된 유일무이의 기관.

폰 할러 길머와 그레그는 J. F. 한이 피부에 구형파矩形波 펄스를 전달해 피부 저항을 측정하도록 고안한 기구를 이용하여 비장애인과 시각장애인을 대상으로 탐색적 연구를 실시했다.[162] 피부가 초당 1펄스, 펄스당 1000분의 1초 지속되는 자극을 받되, 이러한 자극이 2시간 이상 이어져도 통증을 느끼지 않는다는 조건이 충족된다면, 부호에 해당되는 펄스 개발을 통해 펄스 언어를 실현할 수 있다. 피부 자극을 구성 요소로 한 이 인공 언어는 실현 가능성이 대단히 높다. 길머와 그레그는 피부 자극과 언어의 소리 단위(음소) 간 일대일 대응에 인간의 언어 수용기와 유사한 컴퓨터 프로그램(코드 번역기)을 이용할 참이다. 두 연구자는 이 프로그램을 이용하여 펄스 언어에 합당한 코드 개발의 기틀이 될 수 있는 필수 정보 산출 체계를 구축하기를 희망한다.[163]

촉각의 간격에 대해선 아직 제대로 연구된 바가 없다. 음악에서의 간격, 곧 음정•은 두 음표 사이의 높이 차를 뜻한다. 촉각은 엄청나게 다양한 간격으로 경험되며, 뇌에서는 이를 각기 다른 신호로 받아들여 그에 따른 의미를 부여한다. 음악에서 음정이 협화음이나 불협화음을 이루듯, 촉각 경험의 간격도 그처럼 조화 또는 부조화를 이룰 수 있다. 이러한 현상의 정신물리학적 측면 또한 여전히 미개척 분야다.

가려움과 긁기

가려움이란 피부를 긁거나 문지르고 싶은 욕구를 불러일으키는 짜증스러운 느낌이다. 긁기는 가려움을 해소하는 일반적 방법으로, 손톱으로 피부를 문대는 행위를 일컫는다. 가려움과 긁기의 정신신체의학적 의미는 잘 알려져 있다. 걸출한 박식가였던 윌리엄 셰익스피어는 이것을 카이우스 마르키우스 코리올리누스의 입을 빌려 이런 식으로 표현했다.(『코리올리누스』I, i. 162)

무엇이 문제더냐, 너희 걸핏하면 싸우려드는 불한당 같은 족속들아,

• 영어에서 간격interval은 음악 용어로 음정을 뜻하기도 한다.

그따위 하잘것없는 의견이 꿈틀거려 옴쟁이처럼 긁적거리지 못해 안달이니,

기어이 온몸을 딱지로 뒤덮을 셈이냐?

마음[illegible] '가려움'은 말 그대로 종종 피부의 가려움으로 자신을 드러내기도 한[illegible] [illegible]무사프는 가려움을 주제로 쓴 매력적인 논문에서 이러한 현상을 '파생[illegible]동', 다시 말해 개인의 어릴 적 삶과 관련되어 있고 그러한 삶이 제공한 [illegible]험들의 '불꽃 연락'•에서 파생된 활동, 곧 그러한 경험들이 피부 반응[illegible]로 변환되어 발생한 활동이라고 묘사한다. 예를 들면, 가려움과 긁기[illegible] 좌절 상황에서 일어나는 분노의 감정들이 신체에 발현되는 상징적 [illegible]상일 수도 있다는 뜻이다. 정신신체의학적 가려움증, 곧 기능적 질[illegible]••이 유발한 피부 가려움증은 어린 시절에 받지 못한 관심, 특히 피[illegible]가 못 받은 관심을 받고자 벌이는 무의식적 투쟁이기 쉽다. 표현되[illegible] 못한 좌절감, 분노감, 죄책감은 물론, 사랑을 향한 강렬한 욕구의 [illegible]울림이 가렵지 않은 상황에서조차 피부를 긁적거리는 증상을 통[illegible] 표현의 돌파구를 찾고 있는지도 모른다.[164]

자이츠는 긁음으로써 성적[illegible] 쾌감을 느낀다는 사실이 수치스러운 나머지 남몰래 긁곤 하는 [illegible]람이 많다는 데에 주목했다.[165] 일례로, 마틴 베레진은 어느 마[illegible] 여덟 살 여인의 사례를 기술한 바 있는데, 심각한 항문가려운증[illegible] 시달렸던 여인은 얼마나 가려웠던지 긁

• 불꽃 연락: 불꽃이 한[illegible]속전극金屬電極에서 다른 쪽 금속전극으로 절연물의 표면을 따라 연락하는 현상으로, 여기[illegible]는 비유로 쓰였다.

•• 기능적 질환: 신체 기[illegible] 이상으로 발생하는 병리적 질환이 아닌 스트레스나 과로 등으로 말미암아 몸이 예민해지고 [illegible]력이 전반적으로 떨어지면서 발생하는 질환.

적거리다가 회음부 살갗마저 벗겨지기에 이르렀다. 정신 치료 과정에서 그녀가 자기 항문을 긁는 행위에는 자위와 똑같은 효과가 있었음이 밝혀졌는데, 긁는 부위가 외부생식기로 옮아가는 바람에 사실로 확인된 경우였다. 심리적 갈등이 해소되자 그녀의 가려움증은 말끔히 사라졌다.[166]

대부분의 긁기에는 분명 성적인 면이 있다. 옛 속담에도 있듯, '가려운 데를 긁을 땐 부자 부럽지 않은 법이다'. 몽테뉴는 자신의 수필 「경험에 대하여Of Experience」에서 이렇게 말했다. "긁기는 극도로 달콤한 천연의 희열을 자아내는 행위의 하나이거니와, 세상없이 손쉽기까지 한다." 반면에 다음과 같이 선포한 인물은 다름 아닌 영국 왕 제임스 1세다. "긁는 기분은 지고의 쾌락이므로, 왕과 왕자 외에는 누구도 가려움증이 있어서는 안 된다." 걸핏하면 화내기로 이름난 인물 토머스 칼라일은 심지어 이렇게까지 말했다. "인간에게 가려운 부위를 긁는 것보다 더 지고한 행복은 없다." 긁기를 통한 정서적 긴장감의 해소에 관한 묘사는 새뮤얼 버틀러(1612~1680)의 풍자시 「후디브라스Hudibras」에서 찾을 수 있다.

> 그는 음울하고도 유쾌한 양심의 가책을 자아낼 수 있었으니,
> 양심의 가책을 해소하고 나자,
> 긁겠다는 일념으로 가려움증에 걸린
> 신이라도 된 기분이었다.(I. 1. 163)

오그던 내시는 자신의 4행시 「게다가 금기Taboo to Boot」에서 이 모두를 깔끔하게 요약한다.

천하에 둘도 없는
행복이 있으니
그것은 가려울 때 이내
긁는 것이다.[167]

브라이언 러셀은 애정 결핍이 흔히 가려움증을 일으키는데, 이때 가려움증은 피부의 구애나 다름없다는 것을 지적한다. "광범위한 습진을 앓는 환자가 병원에서 퇴원하라는 제안이 떨어지기가 무섭게 병이 재발하는 현상은 의존적 단계인 영유아기로 되돌아가고 싶다는 무언의 호소나 다름없다. '내게는 아무런 힘이 없으니, 당신이 돌봐줘야만 해요.'"[168]

긁기는 쾌감과 동시에 불쾌감의 원천으로, 죄책감을 비롯해 자기징벌 성향을 드러내는 행위일 수도 있다. 가려움증 환자에게는 거의 늘 성기능장애와 적개심이 있게 마련이다.[169]

긁기의 상호 이익을 암시하는 옛말이 있다. '내 등을 긁어다오, 그러면 네 등을 긁어주마.' 비유 이상의 무언가를 전해주는 글귀다.

1971년 8월, 사무실에 도둑이 못 들게 하고자 시카고 트리뷴타워에 CCTV가 설치되었다. 하지만 TV 화면이 도처에 깔렸다는 소문이 번지기도 전에, 화면에는 "인간에 대한 아주 의미심장한 무언가가 드러났다". 클래런스 피터슨은 말한다. "인간의 가장 분명한 본능은 긁는 것이다. 어찌나 많은 사람이 긁어대는지 그저 경악스러울 따름인데, 물론 이것은 드러내놓고 긁는 사람만 헤아렸을 때의 이야기다." 사실, 가려워서든 그냥이든 긁적거리기란 모른 채 지나칠 정도로 자주 만끽하는 행동 유형이어서 이를 일삼는 빈도를 알게 된다면 대부분 소스라치게 놀랄 것이다.

등 긁기의 쾌감은 계통발생적으로 유래가 아주 깊다. 하다못해 무척추동물조차도 등을 살살 문질러주면 누그러지거니와, 잘 알려져 있다시피 포유류치고 등 긁어주는 걸 좋아하지 않는 동물이 없다. 인간과 마찬가지로, 여타 포유류도 등은 가려울 때보다 오히려 가렵지 않을 때 긁어주면 더 좋아한다. 효자손이라고 알려진 등긁이는 역사가 유구한 도구로, 최근에는 전동 등긁이가 등장하여 이렇게 광고되고 있다. "진짜 손처럼 오르락내리락 긁어주니 친구 저리 가라다." 피부가 제대로 자극받으면 이처럼 지고한 쾌감을 느끼게 해준다는 사실은 그 자체로 기분 좋은 자극의 필요성을 증명하는 것이다. 이런 면에서, 피부 자극은 상해할 목적이 아닌 이상 거의 예외 없이 일종의 성적인 성격을 띨 수 있다. 상황에 따라서는 누군가 손만 건드려도 달아오를 수 있는 법이다. 온갖 상태 및 조건에서 피부 자극으로부터 쾌감을 느끼는 정도, 즉 피부 민감도는 개인마다 다른데, 이러한 차이는 대체로 영유아기 피부 자극 경험에 기인한다. 할로와 동료들을 포함한 여러 연구자의 실험 결과는, 확실히 원숭이 등 유인원을 비롯한 포유류의 피부 민감도가 영유아기 피부 자극 경험과 이 같은 상관관계에 있음을 뚜렷이 증명하고 있으며, 정신의학적 연구에서는 이러한 관계가 인간에게도 해당됨을 사실로 입증하고 있다.

목욕과 피부

따스한 물이 담긴 욕조에서 영유아가 보이는 희열감, 신나게 첨벙대고 까르륵거리며 물에서 좀체 안 나오려고 하는 모습 등은 피부가 물 자극에서 느끼는 쾌감을 입증한다. 미국 가정에서 욕실을 사원처럼 떠받들고 나서서 목욕을 일과 삼아 제 몸 씻기를 찬송하는 축전祝典처럼 치르게 되었다고 해서 놀랄 필요도 없는 셈이다. 여성은 입욕에서 위안을 얻는 반면, 남성은 샤워에서 자극을 느낀다. 또한 남자나 여자나 욕조에 들어가면 목욕하는 데 족할 시간보다 훨씬 더 오래 머물다 나오기 일쑤다. 인간은 이처럼 성별에 따라 목욕할 때 피부 자극을 얻는 방식과 즐기게 되는 쾌감이 달라지지만, 어찌됐든 이 쾌감은 결국 부분적으로나마 본래 엄마 자궁의 수중 환경에서나 영유아기 목욕 경험에서 누렸던 쾌감을 목욕이라는 의식을 통해 되살려낸 것이 아닐까?

대단히 흥미로운 현상도 있다. 남성은 물론 때로는 여성조차 평소에는 좀처럼 노래하는 법이 없다가도 욕조에 몸을 담그거나 샤워기 아래에만 서면 노래가 터져나오곤 하는데, 왜일까? 또한 자위행위의 대부분은 목욕이나 샤워 상황에서 벌어진다. 대관절 왜? 한편, 똑같이 물이 원인이라고 해도 확실히 욕조 안에서와 샤워기 아래에서 받는 피부 자극은 제각기 무척 다르다. 샤워기에서 난데없이 줄기차게 쏟아져 내리는 물에서 비롯된 피부 자극은 호흡에 활발한 변화를 일으킴으로써 사람에 따라서는 노래가 터져나오게끔 만들 수도 있다. 욕조 물에서 느끼는 비교적 순한 자극으로는 발생할 가능성이 훨씬 더 적은 일인 셈이다. 하지만 어느 경우에서든 마찬가지로, 목욕한다며 피부를 문지르는 행위는 성감을 유발하기 쉬워서 그러다가 결국 자위행위로 연결되는 것이다.

물에서는 촉각 자극의 쾌감이 고조되는데, 이는 숱한 연인이 우연찮게 이뤄낸 발견이다. 물속에서 피부는 새로운 성질을 띠게 되는 듯하다. 물속에서 피부는 극도로 보드라워져서 만지기에 이전보다 훨씬 더 기분 좋은 상태로 변하기 때문인데, 이로써 성적 교류의 쾌감마저 크게 높인다.

전용 수영장을 소유하는 사례가 엄청나게 증가하고 여름이면 너도나도 해변으로 쇄도하는 현상은, 햇볕과 부드러운 산들바람에 피부가 노출되기 마련인 수영이란 활동에 매료되는 현상과 맞물려, 이러한 요소들에 맨살을 드러냄으로써 받는 감각 흥분이 지고의 쾌락을 일으킨다는 사실을 다시금 입증한다. 수년 전, 칼렙 W. 살리비 박사는 자신의 책 『햇빛과 건강Sunlight and Health』에서 이 주제를 놓고 청산유수로 웅변했다. 피부에 관한 그의 말이다.

> 이 감탄스러운 기관은 자연이 내려준 의복으로, 살아가는 내내 끊임없이 성장하고, 최소한 네 종류의 다른 감각신경 분포를 보이며, 체온 조절에 필수 불가결한 데다, 외부로부터 수분 유입을 막아주는 방수 기능이 있으나 땀을 배출하는 데는 막힘이 없으며, 온전하기만 하다면 미생물의 침입을 방어하면서도 햇빛은 쉽사리 흡수한다. 이처럼 더없이 아름답고도 다재다능하며 경이로운 기관이건만 대개는 옷의 장막이 만들어낸 숨 막히는 암흑 속에서 창백해져가는 지경에 처해 있으니, 마땅히 누려야 할 환경인 공기와 햇빛 속에서만이 점진적으로나마 회복될 수 있을 뿐이다. 또한 그러한 환경에 있을 때라야 비로소 우리는 피부의 진면목을 깨달을 수 있으리라.[170]

플라톤 시대부터 지금까지 이 주제에 관해 기술한 인물이라면 사실상 누구나 의복을 갖춘 몸보다 알몸을 더 칭송해왔다지만, 현대 들어 남성을 비롯해 특히 여성은 피부의 욕구를 제대로 이해하지 못한 나머지, 무지로 말미암아 종종 제 자신에게 중대하고도 회복 불가능한 해를 입히기도 한다.[171] 오늘날에는 태양을 숭배하여 탐닉하는 사람의 수가 갈수록 증가하는 통에, 건조하고 주름지게 하는 등 피부를 여러모로 해치는 사례가 늘고 있으며 그러다가 피부암으로까지 진행되는 경우도 허다하다. 피부가 상했다는 가장 가시적인 신호는 노화 탓으로 돌려지기도 하지만, 존 M. 녹스 박사가 지적했다시피 사실은 피부가 햇빛에 노출된 결과다.[172] 피부를 드러내고 햇빛을 적당히 쏘이는 일이야 바람직하고 반드시 필요하다. 그러나 과도한 노출은 불필요하다 못해 위험하다. 여성의 경우 로션, 밤balm, 크림 등 피부를 관리한다며 화장품에 들이는 돈만 수십억 달러에 이르면서도 동시에 최악 중의 최악일 수 있는 악영향의 원천인 과도한 햇빛에 피부를 지나치게 드러내고 있는데, 인간의 어리석음을 퍽 서글프게 반영하는 세태가 아닐 수 없다.[173] 여름 한낮의 태양에 20분만 피부를 노출해도 화상으로 인해 달아오를 수 있다. 누구나 대개 해변에 가면 태양 아래 피부를 내놓고 몇 시간이고 보낼 텐데, 이러한 노출은 고통스럽도록 지독한 화상을 초래할 수도 있다. 1920년대 들어서는 흥미롭게도 건강의 신호로서 햇볕에 그을린 피부를 만든다는 태닝tanning 개념이 등장했다. 행동주의자들의 엄격한 교수법의 영향으로 부모들이 아이들을 마치 로봇처럼 대하게 되는 바람에 어루만져주기 등 아이에 대한 여러 피부 자극이 최소한으로 줄어들던 시기가 바로 이때였기 때문이다. 여기에서도 또한 모종의 관련성을 예상해볼 수 있다. 태닝의 상징적 의미는 이런 것일 수도 있기 때문이다. "자 봐, 태양이 나를 향해 한결같이 웃어줘서 나는 그 품 안에서 아무런 제약 없이 맘껏 햇살을 쪼였어. 나는 따스한 사랑을 제대로 받았다고."

피부와 수면

오감 가운데 잠든 동안 가장 민감한 상태를 유지하는 감각은 촉각으로, 촉각은 또한 잠에서 깰 때 가장 먼저 정상을 회복하는 감각이기도 하다. 자는 동안 몸을 움직이는 현상은 피부와 비교적 깊이 자리 잡은 내수용감각기들의 작용에서 비롯되는 듯하다. 누워 있으면 피부가 눌리는데 이러한 상태가 지나치게 오래 이어지면 통풍 부족으로 피부가 과열되고, 과열 사실이 해당 중추에 전달되어 결국 자세를 바꾸도록 만든다는 뜻이다. 정상 수면 시 심장박동 기록을 분석해보니 심장박동이 빨라지고 6분쯤 뒤에 수면자가 몸을 뒤척인다고 나왔다. 잠자는 자세를 바꾸고 나자 심박은 서서히 정상 속도를 되찾았다.[174]

아나 프로이트는 수면 욕구와 피부 자극 욕구 사이의 밀접한 상관성에 대하여 언급한 바 있다. "엄마의 따뜻한 체온으로부터 철저히 분리된 영유아는 그렇지 않은 영유아에 비해 잠을 잘 이루지 못한다." 프로이트는 또한 수면과 신체의 수동적 움직임, 곧 수면과 흔들리기 사이의 상관성에 주목한다. 아기는 마음이 놓여야 잠들지 부대끼면 수면장애로 뒤척이는 법이다. 정상 수면은 자극장벽•이 된다. 수면 장애는 내인성 흥분에 취약한 상태를 뜻한다. 엄마와 떨어뜨려 놓는 기간이 짧더라도 떨어져 있는 동안 아이는 잠을 이루지 못한다.[175] 하이니케와 웨스트하이머가 이 주제에 관해 자신들 책에 썼다시피, "부모를 염려하는 지극한 효심이 극도의 수면장애를 수반하곤

• 자극장벽stimulus barrier: 외부 자극을 막아주는 보호막으로, 프로이트가 1920년 정의한 개념.

하지만 (…) 또한 수면장애는 부모를 향한 그리움과 직접적으로 연관되기도 하는 법이다". 엄마와 떨어지고 3일이 지나자 아이들의 수면장애는 눈에 띄게 줄어드는 듯했어도, 잠들기 어려워하고 홀로 남겨져서 무서워하는 기색은 두드러지게 자주 나타났다. 더욱이, "엄마와 떨어져 있던 아이들은 다시 결합하고 나서도 (또는 결합과 동등한 상황에 이르고 나서도) 엄마와의 분리 경험이 없던 아이들에 비해 지속적 수면 장애에 시달리는 경우가 더 많았다". 실험 대상이던 두 살배기 아이들이 엄마와 떨어져 지낸 기간은 2주에서 20주 사이였다. 분리를 경험했던 아이 10명 가운데 7명은 엄마와 다시 만나고 첫 20주 사이의 어떤 시점에서 잠들거나 잠든 상태를 유지하는 데 혹은 그 둘 다에서 심각한 어려움을 드러냈다. 수면장애 지속 기간은 1주에서 21주 사이로 중간값은 4주였다.[176]

이러한 발견이 강하게 암시하다시피 어린 시절 엄마의 정상적 보살핌이 중단되는 경험으로 말미암아 개인은 잠드는 능력이나 잠들어 있는 상태를 유지하는 능력에 심각한 손상을 입을 수도 있다. 또한, 영유아기 초반 엄마가 아기를 안아주고 보살펴주며 껴안아 귀여워해주고 흔들어 얼러주는 행위는 아기의 이후 수면 습관 형성에 지대한 영향을 끼칠뿐더러 이러한 영향은 살아가는 내내 지속될 수도 있다.[177]

어느 욕구나 충족되지 못하면 욕구 불만을 일으킨다지만, 어린 아기의 경우 촉각 욕구가 충족되지 않으면 심한 고통에 시달리는데, 바로 분리불안 탓이다. 이럴 때 아기의 울음은 괴로움의 표시로, 자신의 촉각 욕구에 관심을 촉구하는 신호가 된다. 올드리치와 그 동료들은 영유아가 우는 원인 가운데 일반적으로 덜 인정된 것들에는 이처럼 다정하게 어루만져주고 율동적으로 움직여주지 않은 데 따른 욕구 불만이 있다고 밝혔다. 이 연구자들은 울음의 양과 빈도 그리고 다정한 보살핌의 양과 빈도 사이에는 더 많이 보살펴줄수록 더 적게 우는 일관된 관계가 존재한다고 밝혔다. 아기들은 엄마가 다가오는 모습을 보거나 자기를 부르는 소리를 들을 때조차 줄기차게 울기도 한다. 하지만 이런 아기라도 안아올려 다정하게 얼러주면 언제 그랬냐는 듯 울음을 뚝 그친다. 이러한 사실만 보더라도 애정 어린 촉각 자극이 제일의 욕구, 즉 아기가 건강한 인간으로 발달하려면 반드시 충족되어야 하는 욕구라는 점은 분명해진다.[178]

그러면 건강한 인간이란 어떤 인간인가? 사랑할 줄 알고, 일할 줄 알며, 놀 줄 알고, 비판적이면서도 편견 없이 사고할 줄 아는 인간이다.

제5장

접촉이 생리에 미치는 영향

2야드 피부 속에 꾸린 고을 하나

존 던,
「두 번째 기일The Seconde Anniversarie」,
1612

접촉에 따른 동물과 인간의 반응을 다룬 연구들을 조사하다 보면, '손길을 경험한' 사람/동물이 손길을 최소한도로 경험하거나 일절 경험하지 못한 사람/동물에 비해 건강 및 각성도, 반응성이 두드러지게 향상되는 경우가 얼마나 많은지에 깊은 인상을 받지 않을 수 없다. 와이닝어는 발표되지 않은 어느 초기 연구에서 생후 10주 된 아기 10명을 택해 엄마에게 아기 등을 쓰다듬어주라고 지시한 뒤 결과를 보고했는데, 생후 6개월에 이르자 이 아기들은 엄마에게 쓰다듬어주라는 지시를 하지 않은 통제 집단 아기들에 비해 코감기, 감기, 구토, 설사를 덜 겪었다.[1] 갈수록 분명해지는 사실은, 이를 비롯해서 촉각 자극 여부에 따른 여러 차이가 신경 및 면역 체계 구조 및 관련 기능의 중대한 변화에 기인하고 있다는 것이다.

피부에 면역 기능이 있다는 증거는 날로 쌓여가고 있다. 최근 들어 여러 독립 연구자가 확증해준 결과다. 피부, 좀더 정확히는 피부의 최상층인 표피에서는 T세포 분화를 일으키는 가슴샘호르몬인 티모

포이에틴과 별반 다르지 않은 면역 물질을 생성한다. T세포는 세포면역•을 담당한다.[2] T세포라고 부르는 까닭은, 배아 골수의 림프구 줄기세포에서 생성되어 (적어도 절반 이상은) 가슴샘thymus gland으로 이주해 거기에서 T세포로 발달하는 데 있다. 아직까지 원리는 밝혀지지 않았으나, 가슴샘에서 어떤 식으로든 T세포에 면역력을 부여하는데, 여기서 면역력이란 기능별 분화 능력을 비롯해 그에 따른 분야별 면역 기능 수행 능력을 일컫는다. 이렇게 만들어진 T세포는 종류가 수천 가지로, 제각각 자기가 맡은 항원에 반응하여 이를 파괴할 수 있다.••

촉각 자극이 유기체의 생리 및 행동에 두루 심오한 영향을 끼친다는 사실이 최근에야 밝혀졌으나, 촉각 자극이 이처럼 영향력을 발휘하게 되는 생리적·생화학적 원리는 여전히 수수께끼로 남아 있다. 이 주제는 최근에 들어서야 겨우 주목받기 시작했으며, 이어지는 부분에서 이와 관련된 최신 연구들을 간략하게 논하게 될 것이다. 이 연구들은 접촉 혹은 접촉의 결핍이 갖가지 영향을 미치는 원리에 관한 우리의 지식을 확장하는 데 큰 도움을 준다.[3]

콜로라도대학병원 발달정신생물학 연구 그룹의 마틴 라이트 박사와 그 동료들은 새끼 보닛원숭이들을 어미와 2주간 떨어뜨려놓은 결과 새끼들이 면역 기능 저하에 시달렸다고 밝혔다. 어미에게 되돌려놓자마자, 새끼들 몸의 림프구 증식이 정상으로 되돌아왔다.

이와 비슷한 림프구 기능 저하 반응은 남부돼지꼬리원숭이Macaca nemestrina 한 쌍에게서도 관찰되었다. 이 원숭이들은 어미 품에서 양육된 지 17주 뒤에 11일간 분리되었다가 재결합했는데, 어미와 다시

• 세포면역cellular immunity: 항체가 주역을 담당하는 체액성 면역humoral immunity 또는 체액면역과 대비되는 개념으로 세포성면역이라고도 하며, 세포가 직접 표적으로 나서서 발현되는 면역반응을 의미한다.

•• 원문에는 항원을 파괴한다고 나와 있으나, 현재는 항원에 오염된 세포를 파괴한다고 알려져 있다.

만나자 이들의 림프구 반응 또한 정상으로 되돌아왔다.[4, 5]

듀크대 의과대학 스티븐 버틀러와 솔 샨버그 두 박사는 젖을 떼기 전인 새끼 쥐들을 조사하여, 오르니틴탈탄산효소ODC•가 호르몬의 영향을 받으며 스트레스에도 일정한 역할을 담당한다는 사실을 증명했다. ODC는 폴리아민 푸트레신 및 스페르민을 생합성하는 데 필요한 요소이며, 폴리아민 푸트레신·스페르민은 효소의 최종 산물들로서 성장과 분화의 중요한 조절 인자일 뿐만 아니라 단백질과 핵산 합성에도 밀접하게 관여한다. 생후 10일 된 새끼 쥐들의 경우, 어미와 떨어지고 기껏해야 한 시간밖에 지나지 않았음에도 ODC가 현저히 줄어 있었다. 이러한 영향은 어미와 떨어진 뒤 2~4시간이 경과하자 최고조에 달해서 뇌의 ODC가 이들과 한배에서 태어났으나 손으로 어루만져준 통제 집단 쥐들의 40퍼센트 수준으로 떨어졌다. 새끼들을 어미에게 되돌려놓자 어미와 분리되면서 저하되었던 뇌 전 영역의 ODC를 비롯해 심장의 ODC 또한 빠르게 회복되었다. 인간 아기도 길든 짧든 엄마와 분리되면 이와 비슷한 영향을 받는다는 데는 의심할 여지가 거의 없다.[6]

다른 일련의 실험에서, 쿤과 에보니우크, 샨버그는 어미로부터의 분리가 성장을 촉진하는 펩티드호르몬들을 비롯해 성장호르몬 및 태반락토겐[태반젖샘자극호르몬]에 대한 조직 반응의 억제와 특정한 관련이 있음을 밝혀냈다. 관련성은 실험 집단의 새끼 쥐들이 어미에게 돌아가자 모두 빠르게 정상화됨으로써 확인되었다.

이 연구자들은 어미-새끼 사이의 어떤 오묘한 상호작용이 어미와 분리된 젖먹이 새끼들에게 발생한 부작용을 반전시켰다고 결론지

• 오르니틴탈탄산효소ODC: Ornithine Decarboxylase의 약어로, 원문에는 ODB와 ODC가 혼용되고 있으나 번역에서는 의학약어사전에 맞춰 ODC로 통일하였다.

으며, 또한 여기서 촉각 경험이 주된 요인일 수 있다고 추정했다. 이 가설을 검증하고자, 다음과 같은 실험이 실시되었다. 생후 8일이 되어 아직 젖을 떼지 않은 새끼들을 어미로부터 떼어내 일단 아늑한 보금자리로 옮겨두었다. 이 가운데 한 집단은 수분을 촉촉히 머금어 한결 부드러워진 길이 2.5센티미터 정도의 낙타털 솔로 등과 머리 부분을 5분마다 10~20차례씩 짧지만 퍽 세게 문질러주었다.[7] 다른 두 집단의 경우 횟수 및 지속 시간은 앞서와 똑같되 한 집단은 느리고 한층 더 부드럽게 문질러주었고 다른 집단은 마찬가지 간격으로 꼬리를 단 한 차례씩 꼬집어주었다. 어미에게서 떨어졌으나 이 같은 실험 자극을 받지 않은 새끼 쥐들도 있었는데, 이들은 같은 보육기 안의 별개 용기에서 지내게 하며 실험을 위해 옮길 때, 곧 실험 처음과 마지막을 제외하고는 일절 손대지 않았다. 첫 실험에서는 새끼들에게 다섯 가지 상이한 실험 환경을 적용 한 뒤 뇌와 심장, 간의 ODC 활성도를 비교했다. 통제 집단 새끼들은 어미와 함께 2시간을 지내게 했고, 실험 집단 가운데 한 집단은 어미와 2시간 떨어져 있게 했으며, 마찬가지로 어미와 떨어뜨려놓은 세 집단은 각각 세게 문질러주기, 가볍게 문질러주기, 꼬리 꼬집어주기로 자극했다. 어미를 빼앗긴 데다 사람 손길마저 경험하지 못한 새끼 쥐들은 뇌와 심장, 간 활성도가 통제 집단 새끼들에 비해 현저히 낮아졌다. 마찬가지로, 꼬집어주거나 가볍게 문질러준 새끼 쥐들의 ODC 활성도 또한 통제 집단 수준보다 현저히 낮아졌다. 또한 한배에서 태어나 똑같이 어미와 분리되었으나 자극이 주어지지 않은 새끼들과 비교해서도, 자극의 이 두 형태 모두 ODC 활성도를 이들보다 눈에 띄게 더 높은 수준으로 끌어올리는 데에는 기여하지 못했다. 반대로, 어미를 박탈당했으나 세게 문질러준 새끼 쥐들은 뇌와 심장, 간의 ODC 활성도가 통제 집단의 ODC 수준과 동일하게 유지되거나 그보다 상승했다. 두 번째 실험이자 성장호르몬GH과 관련된 실험에서도 비슷한 결과가 나오자, 세 번째 실험에서는 어미와의 분리로 낮아져 있던 ODC 활성도와 혈청 GH 수준이 촉각 자극으로 높아졌을 가능성을 조사했다. 어미와 4시간 분리한 새끼 쥐들과 2시간 분리 뒤 2시간 동안 세게 문질러준 쥐들의 뇌와 심장, 간의 ODC 활성도 및 혈청 GH 수준이 비교되었다. 문질러준 새끼 쥐들의 혈청 GH 및 뇌와 심장의 ODC 수준은 통제 집단과 크게 다르지 않았다. 반대로 4시간 동안 어미와 분리하고 전혀 손대지 않은 새끼 쥐들은 ODC 활성도와 혈청 모두 통제 집단보다 현저히 낮은 수준을 보였다. 간의 ODC 활성도에서도 마찬가지로 2시간 분리 뒤 문질러준 새끼 쥐들은 그 수준이 어미와 떨어지고 자극마저 받지 못한 새끼 쥐들보다 크게 상승했으나, 그럼에도 한배에서 태어나 통제 집단으로 분류된 새끼 쥐 수준으로 회복되지는 못했다.

샨버그와 그 동료들은 최근 이러한 결과와 촉각 자극과의 관계를 철저히 확인하는 과정에서 새끼 쥐의 말초 조직에 신경이 분포되기 전이라도 어미와의 분리는 ODC 하락을 일으킨다는 사실을 보여주기도 했다. 연구 결과의 의의를 논하며 이들은 아동의 성장 및 행동발달 지체에서 보이는 이른바 '정신사회적 왜소증'이라는 증상과 자신들의 연구 동물이 보인 증상이 놀랍도록 비슷하다고 지적했다. 어미와의 분리가 새끼 쥐들의 표현형•에 미친 영향은 어미나 엄마와의 분리가 새끼 원숭이나 인간 아이들의 표현형에 미친 영향과 별반 다르지 않았기 때문이다. 이러한 영향들에 생리적 또는 정신신경면역

• 표현형pheonotype: 유전형genotype에 대비되는 개념으로, 내적으로 결정되는 유전적 특성과 달리 유전자와 환경의 상호작용에 의해 외적으로 드러나는 특성을 일컫는다. 그렇기에 유전자형이 같더라도 환경에 따라서 표현형은 달라질 수 있다.

적 원리가 유사하게 작용하고 있음은 거의 확실해 보인다.[8]

다른 연구자들 또한 오랜 추정을 뒷받침해주는 실험 증거들을 내놓고 있다. 그 추정이란, 적절한 촉각 자극을 누렸던 인간과 그렇지 못한 인간 사이에는 생화학적으로 크나큰 차이가 있으며, 이러한 차이는 살아가는 내내 유지된다는 것이다. 즉, 나이를 불문하고 사랑받아보지 못한 사람은 제대로 된 사랑을 받아본 사람과는 생화학적으로 아주 다른 인간일 가능성이 있다는 뜻이다. 오랜 세월에 걸쳐, 대개 다양한 정도의 지적 장애를 특징으로 하는 '성장장애 또는 건강한 성장의 실패'는 유형에 따라 뇌하수체호르몬 부족, 그중에서도 특히 성장호르몬 부족이 원인이라 지목되어왔다. 그러나 밝혀진 바에 따르면, 이른바 특발성 뇌하수체저하증이라는 뇌하수체 부전不全과 이로 인한 증상은 사실 부모, 특히 엄마로부터 제대로 된 사랑을 받지 못한 탓이다. 그렇기에 이러한 증상은 이제 '정신사회적 왜소증' 또는 '모성박탈•왜소증' '가역성 저소마토트로판증'이라 불린다.

케임브리지대 엘시 M. 위도슨 박사는 1951년 어쩌면 최초로, 불편한 환경이 아동의 성장, 키는 물론 몸무게에도 영향을 끼친다는 사실을 증명했다. 이 조사에서 이처럼 불편한 환경을 만들어낸 주범은, 아이들을 진정으로 아끼며 보살펴준 인근 고아원들과는 딴판으로 고아들을 혹독하게 다스리던 어느 모질고 사나운 여성 관리자였다.[9]

존스홉킨스대 의과대학 소아학과의 G. F. 파월과 J. A. 브래셀, R. M. 블리저드 세 박사는 특발성 뇌하수체저하증이 뇌하수체의 기능 부전 탓이 아니라 정신사회적으로 형편없는 환경의 결과라는 사실을 최초로 인지했다. 이들이 연구한 아동 13명은 모두 가정환경이 열

• 모성박탈maternal deprivation: 엄마나 엄마 상당 존재를 상실하거나 박탈당한 상태를 뜻한다.

악했다. 기이한 행동, 언어장애, 지적 장애, 체중 및 신장 미달, 내분비적·생리적 장애는 이처럼 불리한 환경과 결부되어 있었다.[10]

또 하나의 대표적 사례로, 이란성 쌍둥이 중 한 명인 어느 여아는 일곱 살 때부터 심한 성장지연을 보이다가 학교라는 새 환경으로 들어간 뒤로 회복되기 시작했다. 신체적·정신적·사회적 성장장애가 호전되면서, 13세가 되자 쌍둥이 남매인 남아와 모든 면에서 거의 동등해졌다. 과거를 조사해보니, 이 여아는 이따금씩 집이 아닌 다른 곳에서 지내가며 힘겨운 생활을 했으며 부모는 아이를 싫어한 데다 아이의 신체적이며 정신적인 지체 모두 영영 회복 불가능하리라 치부한 상태였다. 게다가 당시 "그녀는 허겁지겁 먹어대고 누가 다정하게 껴안아줘도 좋아하는 기색이라곤 없어 보였다".[11] 이는 몹시 의미심장한 표징인데, 애정 결핍으로 인한 공허를 음식 섭취로 메우려는 경향은 사랑받지 못한 아이들의 일반적 특성이거니와, 애정 어린 포옹에 무턱대고 어색해하는 태도는 그런 행동에 익숙지 않아 어찌 반응해야 할지 모르는 데서 비롯되기 때문이다. 이는 존스홉킨스대 연구자들이 아닌 나의 관찰 결과다.

마거릿 리블과 르네 스피츠, 아나 프로이트, 도러시 벌링햄, 윌리엄 골드파브, 애슐리 몬터규, 존 볼비, 제임스 로버트슨이 1943년에서 1957년 사이 엄마와 분리된 아이들에 관해 발표한 저작들은 모두 모성박탈의 부작용에 관심을 북돋운 연구물로서 고전이라 할 만하다. 물론, 대부분 접촉의 영향에 대해서는 거의 언급하지 않았으나, 연구 한 편 한 편을 살펴보면 아이들에게 이러한 악영향을 끼치는 주범이 엄마와의 접촉 결핍이라는 사실은 더없이 분명해진다.•

• 이들의 연구 목록은 참고문헌란에 실어두었다[한국어판에서는 미주로 정리했다].—저자 주

제6장

피부와 성性

촉감에 대하여,
촉감이란, 신들의 거룩한 힘이 역사한 신체 감각이나니!
무엇인가 밖으로부터 안으로 파고들 때든,
몸속에서 움터,
고통을 주거나 쾌락을 솟구치게 할 때든,
비너스가 관장하는 생식의 행위를 수행하려 함이라.

루크레티우스(기원전 약 96~기원전 약 53),
「사물의 본질에 관하여De Rerum Natura」, Ⅱ, 434.

성性적 교류, 곧 성교의 참다운 언어는 무언의 원초적 언어다. 언어와 심상은 우리 내면 깊숙이 자리한 복잡한 감정들의 빈약한 모상일 따름이다. 그럼에도 접촉이 타인과 교감하는 수단이라는 확신이 없기에 우리는 두려움과 불쾌감을 앞세워 비언어적 의사소통의 드넓은 가능성에 족쇄를 채우고 있다. 성적 표현이 지닌 능력은 우리 대부분에게 아직껏 시작 단계에 머물고 있는 탐구의 영역이다.[1]

앞서 인용했듯 어느 프랑스 재담에서는 성적 교류를 두 영혼의 조화요 두 표피의 접촉이라 정의하는데, 성적 회합에는 피부가 대량으로 관여한다는, 즉 성교만큼 피부의 전적인 참여로 맺어지는 관계란 없다는 기본적 진리를 우아하게도 강조한 셈이다. 성교란 예로부터 접촉의 지고한 형태라고 일컬어져왔다. 지극히 심오한 의미에서 본다면, 성교의 참다운 언어는 바로 촉감이다. 남녀를 막론하고 성교 시 오르가슴은 주로 피부 자극을 통해 도달하게 되기 때문이다. 남성이라면 대개 음경의 감각수용기를 통해, 여성이라면 질 및 질 주변 감각수용기를 통해. 남녀 모두 치골 및 치골 위쪽의 털로 덮인 부위가 대단히 민감한데, 반면 치구恥丘는 여성이 남성에 비해 훨씬 더 민감하다. 이와 관련하여 흥미로운 점은, 여성은 치골 윗부분의 음모가 고불거리며 폭신한 보호대를 이루는 반면, 남성은 길쭉길쭉 곧은 형태이기 쉽다는 사실이다. 또한 여성의 치구는 남성에 비해 지방 조직이 한층 더 도톰하게 덧대어져 있다. 이 같은 차이는 아마도 남녀 체위에 따른 적응의 결과인 듯싶은데, 보통 여성은 반듯이 드러누워 있고 남성은 그 위에 엎드린 자세로 성교하기 때문이다.

이러한 해부학적 구조에는 여러 기능이 있다. 우선, 성교 시 남녀의 치골에 과도한 압력이 가해지고 피부 마찰로 살갗이 쓰라리게 되는 사태를 방지해주면서, 성적 흥분은 고조한다.[2] 치골 위쪽 음모의 털뿌리는 신경종말에서 분비되는 화학전달물질•을 변화시켜, 피부를 직접 지배하는 신경과 더불어 성적 흥분을 드높인다. 외부생식기에서 항문까지 이어지는 부위인 회음부도 마찬가지로, 성적으로 몹시 민감한 털 및 감각신경들로 뒤덮여 있다. 남녀를 막론하고 항문생식기 부위에는 신체 거의 어디에서도 찾아볼 수 없을 정도로 고도의 신경지배를 받는, 촉감에 예민한 모낭들이 분포되어 있다. 남녀 모두 비슷하게 민감한 부위로는 또한 젖꼭지와 입술이 있다. 젖꼭지를 자극하면 성적으로 달아오른다. 임신 여부와 상관없이, 심지어 남성에게조차 젖꼭지 자극은 젖 분비를 유지하고 배란을 억제하는 뇌하수체호르몬, 프로락틴의 분비를 크게 증가시킨다.[3] 특히 입술과 외부생식기에는 끝이 오목한 디스크처럼 생긴 신경종말이 가

• 세포 간 정보전달에 관여하는 물질.

지처럼 무성히 뻗쳐 있어서, 편평상피세포당 하나씩 맞닿아 있다. 두피에는 이런 유의 신경종말이 드물다.[4] 여성의 오르가슴은 치구 마찰을 통해 실현되기도 한다. 이처럼 치골 위쪽을 마찰한다고 남성이 오르가슴에 도달하는 일은 좀체 없다. 그렇기에 여성은 질 자체를 자극하지 않고도 자위할 수 있으나, 남성은 음경을 직접 자극해야만 자위가 된다.

남자든 여자든, 주체하지 못할 정도로 큰 성욕을 일으키는 자극은 촉각과 관련되어 있다. 실제 성교에서는 말할 나위 없거니와 전희에서조차, 성감대를 손이나 입으로 자극해주면 성적 경험은 아주 강렬해진다. 조금만 숙고해보더라도 이처럼 애무에서 비롯되는 성적 경험과 우리가 엄마 젖가슴에서 겪었거나 겪지 못한 경험 사이에 어떤 관계가 있음을 짐작하게 된다. 아기가 손가락들로 엄마 몸을 더듬더듬 살피는 모습은 특히 이런 연관성을 공고히 한다. 그런 면에서 손가락 끝 자체가 민감한 성감대라는 사실은 무척 흥미롭다. 성적으로 끌리는 두 사람이 서로의 손끝을 기분 좋게 자극해주면 적잖은 흥분을 일으킨다. 성교 시 깊어지게 마련인 호흡에는 혈액 내 이산화탄소를 밀어내는 효과가 있다. 그 결과 체액의 이온 평형이 바뀌어 신경흥분성이 상승하는데, 피부, 특히 손끝이 짜릿짜릿해지는 느낌은 바로 이 때문이다.[5]

그렇다면 이렇게 물을 수밖에 없다. 엄마에게 제대로 된 보살핌을 받아본 인간과 그렇지 않은 인간은 애무나 성교 등 성적 관계에서 받는 피부 자극에 달리 반응할까? 답은 이렇다. 엄마로부터 적절한 보살핌을 받은 사람들이 그렇지 않은 사람들에 비해 접촉이 수반된 온갖 인간관계에 눈에 띄게 능숙하다는 증거는 이제 차고 넘친다. 앞서 살펴본 할로의 연구 결과가 떠오르는 대목이다. 할로의 연구에서,

어미 없이 자라서 어미가 된 동물은 교미 시 정상 암컷다운 자세나 반응을 보이는 법이 없었다. "이런 암컷들도 임신은 했으나, 자기가 노력해서가 아니라 우리의 수컷들이 인내심을 가지고 집요하고 약삭빠르게 매진했기 때문이다."[6] 엄마의 제대로 된 보살핌이 자녀의 건강한 성 행위 발달에 반드시 필요한 요소임은 명백해 보인다. 그러므로 현 주제와 관련하여 본다면, '엄마의 제대로 된 보살핌'이란 곧 일련의 복잡한 피부 자극으로, 다른 무엇보다 촉각 반응 체계를 활성화할 수 있는 경험을 누리게 해줌으로써 아기가 장차 접촉이 수반된 온갖 상황에서 적절히 기능할 수 있도록 채비시키는 데 그 의의가 있는 것이다. 여기에는 특히 성관계와 관련된 상황이 해당된다. 성 역할이 학습되는 원리와 마찬가지로, 각 개체의 행동 반응 또한 학습의 성패는 영유아기 때 피부를 통해 촉발된 조건화 경험에 좌우된다.[7]

르네 스피츠는 수유 짝을 주제로 제작한 어느 영상물에서, 아기가 젖가슴에서 젖을 빨아먹는 동안 엄마가 아기에게 성교육의 정수를 베풀게 되는 원리를 보여주었다. 이는 엄마가 아기에게 젖가슴을 내어주는 방식에서 가장 잘 확인할 수 있는데, 엄마가 아기에게 북돋는 엄마와의 밀접한 접촉의 질과 양이 관건이다. 젖을 먹이는 동안에는 물론 아기를 보살피는 동안에라도 엄마의 안절부절못하거나 냉랭하거나 짜증내는 행동의 유무는 모두 아기가 생애 최초로 받는 비언어적 성교육이 되는 셈이다. 젖을 먹이는 엄마들은 흔히 수유 경험을 '섹시'하다고 표현하는데, 추측되다시피 엄마가 느끼는 이러한 '성적' 측면은 자녀의 성 발달에 두고두고 영향을 미칠 수밖에 없을 것이다.

아나 프로이트는 말한다.

엄마가 아기와 접촉해 쓰다듬고 다정히 껴안고 달래주는 행위는 아기 신체 곳곳의 성감을 활성화해 리비도•를 발달시킴으로써 아기가 자신의 신체상象 및 신체 자아를 건강하게 이루도록 도우며, 이처럼 발달된 자기성애의 에너지에 힘입어 아기가 사람, 물건, 개념 등 외부세계에 정신을 집중하는 능력cathexis을 키우도록 작용하는 동시에, 엄마와의 유대를 공고히 해줌으로써 대상성애 발달 또한 촉진하게 된다. 그렇기에 이 기간 피부 표면이 성감대로 작용해 아이의 성장에 갖가지 기능을 수행한다는 데에는 의심의 여지가 없다.[8]

엄마가 아기를 받쳐주고 다정히 껴안아주는 행위는 아기의 차후 성적 발달에 아주 효과적이고 중요한 역할을 담당하는 셈이다. 어느 엄마든 아이를 사랑한다면 감싸 안아주기 마련이다. 그럴 때 엄마는 아이를 끌어당겨 정겹게 안는데, 남녀를 불문하고 이는 장차 성인이 되어 누구든 사랑하는 사람을 상대로 바라거나 혹은 할 수 있는 행위가 된다. 엄마가 제대로 안아주거나 사랑으로 어루만져준 적이 없는 아이들이 청소년이나 성인이 되면 관심에 굶주린 결과 애정 결핍에 시달리기에 이른다. 테네시 내슈빌 소재 밴더빌트대 의과대학 정신의학과의 마크 H. 홀렌더 박사는 신체 접촉 욕구를 다룬 대규모 연구의 일부로, 비교적 급성인 정신장애, 그 가운데서도 대개 신경증성우울증에 시달리는 여성 39명을 조사해 보고한 바 있다. 이 대규

• 리비도libido: 지그문트 프로이트는 리비도를 '사랑이라는 개념을 이루는 모든 것과 관련된 본능적 에너지, 곧 인간 무의식 깊숙이 자리한 생의 천부적 원동력'이라 정의했으나, 일반적으로는 성애 본능, 성적 에너지를 일컫는다. 여기에서는 이것의 동사 libidinize가 쓰였으므로, 일반적 의미를 좇아 신체 곳곳의 성감을 활성화한다는 의미로 구체화될 수 있으나, 책 전역에서 강조되는 맥락에서 '생의 원동력인 사랑을 주고받을 수 있는 능력을 발달시킨다'는 심리학적 광의로도 이해되어야 한다.

모 연구에서 홀렌더 박사와 그 동료들은, 누군가가 자신을 안거나 껴안아주기를 바라는 욕구는 다른 욕구들과 마찬가지로 강도가 사람마다 다를뿐더러 같은 사람이라도 시시때때로 달라진다는 사실을 발견했다. 밝혀진 바에 따르면, 여성 대부분에게 신체 접촉은 즐겁지만 없어서는 안 될 정도는 아니었다. 그럼에도 극단적인 경우도 있어서, 어떤 여성들은 신체 접촉을 불쾌하거나 심지어 역겹다고까지 여기는 반면, 중독이라 할 만큼 접촉 욕구가 강렬한 여성들도 있었다.

구순 욕구•처럼 신체 접촉 욕구도 스트레스를 받으면 한층 더 강화될 수 있다. 그러나 구순 욕구는 음식이나 담배, 술 등에 의지해 혼자서도 손쉽게 충족시킬 수 있는 반면, 신체 접촉 욕구가 다른 누군가의 동참 없이 충족되기란 좀처럼 쉽지 않다.

홀렌더 박사가 보고한 여성 환자 39명 가운데 21명, 즉 절반을 약간 넘는 수는 성교를 남성이 자기를 껴안게 하는 수단으로 삼았다. 26명은 안아달라고 직접적으로 요구했다. 9명은 안아달라고 직접적으로 요구하면서 성관계는 맺지 않았으며, 4명은 성관계는 맺지만 안아달라고 직접적으로 요구하지는 않았다.

따라서 이러한 여성들이 성교를 제안하게 만드는 실제 동인은 누군가에게 안기거나 다정히 껴안기고 싶은 욕구일 수도 있다. 이 가운데 한 여성은 누군가에게 안기고 싶은 욕구를 묘사하면서, 다음과 같이 말했다. "그건 어떤 통증 같아요. (…) 그 자리에 없는 누군가를 갈구하는 그리움의 감정이 아닌, 몸으로 느끼는 감각이라는 뜻이죠."[9]

홀렌더는 어느 전직 매춘부의 말을 인용한다. "더러는 안기고 싶

• 구순 욕구oral needs: 빨기, 씹기, 물기를 비롯해 심지어 먹기, 수다 떨기, 알코올 의존 등에 이르기까지 입에서 만족을 얻으려는 온갖 욕구를 일컫는다.

어서 성관계를 맺기도 했어요."[10] 신체 접촉 욕구를 성관계를 통해 충족하려는 경향은 블라인더가 우울장애를 논하며 언급한 바 있다. 그는 말한다. "이런 식의 불행감이 깊어지면 성적 행위에 육체적 만족보다는 인간과 어떻게든 접촉하고 싶은 마음이 더 크게 작용하는 듯한데, 그래봤자 결과는 그다지 탐탁지 않다."[11] 맘퀴스트와 그 동료들은 부적절한 관계에서 임신한 경험이 세 차례 이상인 여성 20명에 관해 보고하면서 다음과 같이 적는다. "20명 가운데 8명은 성행위가 안기거나 다정히 껴안기는 데 따른 대가라는 사실을 잘 알고 있다고 했다. 그녀들은 성교 자체보다 전희가 한층 더 즐거우며, 성교는 다만 견뎌야 하는 무언가에 불과하다고 했다."[12] 다른 연구자들 또한 비슷한 관찰 결과를 내놓았다.[13]

홀렌더와 그 동료들은 말한다. "사람들 대부분은 성인에게 그저 안기거나 다정히 껴안기고 싶은 욕구가 있다면 그것은 성행위에서나 충족돼야 한다고 치부한다. 엄마에게 안기듯 다정히 안기기를 바라는 마음은 지나치게 유치하다고 여긴다. 그렇기에 무안이나 수치를 모면하고자, 여성들은 그러한 욕구를 성인다운 활동이라는 성관계에서 남성에게 자연스럽게 안김으로써 충족하려는 것이다."[14]

이 환자들의 심리가 그렇다면, 여자한테 안겨야 훨씬 더 바람직하지 않겠느냐고 물을 수도 있다. 답은 이렇다. 이들은 갖은 수단을 동원해 여자 친구에게 자기를 안아달라고 구슬리곤 하지만, 안기는 데 성공하자마자 이내 거북해져서 뒤로 물러나게 된다. 뒤로 물러나다니, 남자에게 안긴다면 결코 일어나지 않을 반응이다. 이런 여성 대부분은 안기고 싶은 욕구를 이른바 '성인다운 행위'인 성활동과 연결시켰는데, 여기서 말하는 성활동이란 확실히 동성애와는 전혀 무관했다. 이런 여자들은 어쨌거나 동성애자로 오인되는 건 질색한다.

한 여성은 말하길, 여자에게 안길 때면 얼굴이 달아오르는 데다 누구든 자기를 동성애자로 여길까봐 전전긍긍하게 된다고 했다. 또 다른 여성은 말했다. "누가 됐든 여자가 만지는 건 싫어요. 동성애자 같잖아요."

홀렌더와 그 동료들은, 어떤 식으로든 안기고 싶은 욕구가 여성들을 문란한 성생활로 이끄는 결정적 요인이 되기도 한다고 믿는다. 이런 여성 대부분은 사실 같은 여성에게 안기고 싶은 강렬한 무의식적 욕구에 사로잡혀 있다고 볼 수도 있는데, 이때 안기고 싶은 여성은 엄마의 표상이다. 엄마의 사랑을 받지 못해 억눌려 있던 애정 욕구는 그녀들로 하여금 남성에게 관심도 없는 성관계를 대가로 지불하면서까지 이성애로 정당화되는 남녀 간 신체 접촉을 추구하게끔 만든다. 여성과의 지나치리만큼 친밀한 접촉을 도리어 기피하는 까닭은 접촉의 갈구 뒤에 숨은 이러한 진짜 동기를 자기 자신에게조차 들키고 싶지 않은 데 있다. 앞서 한 여성이 여자에게 안기자 얼굴이 달아올랐다고 했는데, 아마도 이러한 맥락에서였으리라. 이 연구에서 다룬 환자 가운데 일부는 외간 남자는 물론이거니와 심지어 남편과도 성관계를 맺지 않으려고 했는데, 그 태도가 어찌나 완강하던지 성관계 요구에 굴복하느니 차라리 안기고 싶은 그토록 강렬한 욕구를 참겠다는 식이었다.

안기거나 다정히 껴안기고 싶은 이 여성들의 크나큰 갈망은 영유아기 및 아동기에 아예 충족되지 못하다시피 한 욕구에 따른 반응이다. 어린 소녀들이 엄마로부터 받지 못한 온정과 사랑을 아빠에게서는 받을 수 있으리라는 희망 때문에 아빠에게 매달리곤 한다는 사실에서도 이는 확연해진다. 아빠에게 매달리기는 했으나 사실 아빠가 아닌 엄마 대리자에게 매달렸던 셈이다. 결국, 이 환자들은 여성으로서 성교를 수단 삼아 모성애 결핍을 메우고자 했다. 이 가운데 태반은 소리 없이 외치고 있다. 안긴다는 것은 사랑받는다는 뜻이다. 홀렌더의 관점에서 보면, 안기고 싶은 바람이 강렬하면 할수록 안정감 추구에서 비롯되었을 가능성이 더 짙으며, 이는 영유아기에 조건화된 반응이다.[15]

후속 연구에서는 원래 39명이던 여성 참가자 수를 112명으로 늘리고 나이는 열여덟 살에서 쉰아홉 살 사이로 제한한 뒤, 안기고 싶은 바람과 여러 행동 양상 및 주관적 반응 사이의 상관관계를 조사했다. 그 결과, 일반적으로 안기거나 다정히 껴안기고 싶은 욕구가 강할수록 감정을 드러내놓고 표현하는 성향이 더 큰 것으로 밝혀졌다. 이런 여성들은 입과 구강, 곧 구순 자극이 관심의 대상이요 쾌락의 주된 원천이었으며, 성관계나 성관계 수용을 수월하게 여기면서도 적대감을 느끼거나 표현하는 데도 거리낌이 없었고, 술을 마시고 나면 친절하거나 정겨운 태도로 반응했을뿐더러, 사교춤 등 다른 형태의 신체 접촉에도 긍정적으로 반응하는 등 촉각 자극의 다른 유형들에서도 마찬가지로 쾌감을 끌어냈다.

임신 기간 여성의 안기고 싶은 욕구를 다룬 어느 연구에서, 홀렌더와 맥기는 그러한 욕구가 무척 가변적이라는 사실에 강한 흥미를 느꼈다. 대부분, 임신 기간에는 안기고 싶은 욕구가 눈에 띄게 증가했는데, 이는 안도감 및 안정감을 향한 욕구와 관련 있었다. 자신에게서 육체적 매력이 사라졌다고 느낀 탓에 안기고 싶은 욕구가 감소한 여성들도 있었다. 연구자들에 따르면, 이런 여성들은 욕구가 실제 감소했을 수도, 아니면 이 욕구를 충족되도록 허용할 수 없거나 충족되리라 기대할 수 없는 것으로 간주해 바라던 바와는 반대로 반응했을 수도 있다. 즉, 후자인 여성들은 안길 만한 상대가 없거나 여성

스스로 자신을 아주 매력 없다고 치부하는 상태일 수 있다는 뜻이다. 이런 경우, 안겼으면 하는 바람은 인식되기도 전에 차단당하거나 인식 여부에 상관없이 제 자신으로부터 거부당할 가능성이 있다.[16]

그러면 안기고 싶은 욕망과 안고 싶은 욕망에서 남녀는 어떻게 다를까? 홀렌더와 머서가 이 질문의 답을 구했다. 연구 대상은 남자 30명과 여자 45명으로 나이는 열여덟 살에서 쉰네 살 사이였다. 이들은 소규모 정신병원 두 곳의 입원 환자이거나 외래 환자였다. 조사 결과, 남성 가운데 상당수가 안기기를 간절히 바랐으며 일부는 심지어 성교는 염두에도 없었던 반면, 안기기보다 안는 것이 한층 더 남자답다고 생각하는 경우도 있었다. 이로 미뤄보건대, 남성은 안기고 싶은 자신의 갈망을 인식할 수 있으면서도 그런 갈망을 여성만큼 강렬히 느끼게 되지는 않을 수도 있고, 느낀다 해도 겉으로 표현하지는 않는 듯하다.[17]

청소년의 이른 임신

미국에서는 해마다 청소년기 여자아이 가운데 100만을 훌쩍 넘는 수의 아이들이 임신한다. 임신 증가율이 가장 빠른 연령대는 15세 이하로, 이 나이대 아이들은 생리적으로나 사회적, 정신적으로나 엄마 역할을 수행할 채비가 안 되어 있는, 말 그대로 아이들이다. 이같이 유행병처럼 번지는 십대 임신의 원인이 무엇인지 온갖 설명이 줄을 이어왔어도, 개인별로 원인은 천차만별이라는 데는 의심의 여지가 없다. 그럼에도, 아동 후기• 아이들이 촉각 자극이 주는 쾌감에 굶주려서 이 같은 지경에 이르리라고는, 그러한 결핍감

이 이 같은 행동을 일으키는 원인의 하나라고는 누구도 생각해본 적이 없는 듯하다.[18]

엘리자베스 매캐나니 박사는, 십대 소녀의 임신을 숱하게 겪어오면서 열 살에서 열네 살 사이 소녀들의 성교가 성교 밖의 목적에 따른 행동이지는 않을까, 청소년 초기라는 이른 시기에 성교를 감행하는 이유가 성적 쾌감보다는 다른 인간으로부터의 포옹 등 누군가와의 친밀한 접촉을 추구하는 데 있지는 않을까 하는 의문을 제기해왔다. 매캐나니 박사는 청소년기에 접촉 욕구가 상승할 때 그 욕구가 완전히는 아닐망정 대개 좌절되기 마련이었다는 데 주목한다. 이처럼 접촉 욕구가 높아진 청소년들은 새로이 얻은 생식 능력과 성교를 수단으로 안기고 싶은, 즉 누군가와 접촉하고 싶은 욕구의 충족을 꾀한다고도 추정할 수 있다.

매캐나니 박사는 말한다.

> 청소년기에 성욕이 재발현하면서•• (…) 청소년들은 자기와 성이 다른 부모는 성애의 대상으로 삼을 수 없다고 인식하기 시작한다. 더불어, 근친상간 금기 역시 청소년이 자신과 성이 다른 부모와 감정적으로나 육체적으로 지나치게 친밀해지지 못하게 막는 요인이다. 따라서 청소년과 부모가 서로 접촉을 삼가게 되는 원인은 이론적으로 어린 사람들이 자기와 반대되는 성의 부모를 성적 대상에서 배제하고 근친상간 금기를 지키며 발생하는 이러한 감정적 거리 두기일 가능성이 가장 높다.[19]

• 일반적 발달 단계에서 아동 후기는 9세에서 12세를 일컬으며 청소년 초기로 이어진다.

•• 이제까지 내용으로 미루어, 유아기 접촉 욕구를 성욕과 동일하게 해석하는 데 따른 표현으로 보인다.

앤 랜더스는 계층과 분야를 막론하고 거의 7000만 명에 육박하는 독자를 거느린 신문 칼럼니스트로, 독자들에게 다음과 같은 질문에 답해달라고 청했다. "누군가가 당신을 꼭 끌어안으며 다정하게 대해준다면 '그 짓'은 안 해도 좋겠습니까? '예, 아니오'로 답해주세요." 4일 만에 10만 건이 넘는 응답이 쏟아져 들어왔다. 응답자 가운데 72퍼센트가 '예'라고 답해서, 누군가가 자신을 꼭 끌어안고 다정하게 대해준다면 성관계 생각은 접어둘 수 있다는 데 동의했다. 72퍼센트 가운데 40퍼센트는 마흔 살 이하였다.

앤 랜더스는 이 조사에 기초해 다음과 같이 결론지었다. '예'에 투표한 여성의 거의 3분의 2는 자신은 소중하게 대접받고 싶다고, 누군가가 자신을 아껴준다는 기분을 느끼고 싶다고 말함으로써 "일언반구 없이 기계처럼 행동하는 자기중심적 남자한테서 얻는 오르가슴"보다는 다정한 말과 애정 어린 포옹이 한층 더 달갑다는 속내를 드러내고 있었다.[20]

문화에 따라 여성들의 안기고 싶은 욕구가 어떻게 다를지 밝히고자 L. T. 황과 R. 페어스, M. H. 홀렌더 세 박사는 말레이시아 쿠알라룸푸르에 거주하는 아시아 여성 다섯 집단을 상대로 이 문제를 조사했다. 조사 대상은 총 190명이었다.

중국식 교육을 받은 중국 여성 24명
영국식 교육을 받은 중국 여성 65명
말레이식 교육을 받은 말레이 여성 25명
영국식 교육을 받은 말레이 여성 34명
영국식 교육을 받은 인도 여성 42명

연구 대상은 모두 기혼자로, 대부분 20대와 30대였다. 결과는 아주 놀랍다. 중국식으로 교육받은 중국 여성들은 안기고 싶은 욕구가 가장 적었으며 그런 욕구는 마음속에만 간직해야 한다고 여겼다. 이와 정반대 편에는 자유로운 영국식 교육을 받은 중국 여성들이 있었는데, 이들은 안기기를 선호했으며 안기고 싶은 욕망을 비밀로 간직하려고 하지도 않았다. 영국식 교육이 말레이 여성에게는 비슷한 효과를 내기는커녕 일부에게는 오히려 역효과를 일으키기도 했는데, 말레이식 교육을 받은 말레이 여성들은 안기고 싶은 욕구를 대놓고 표현하는 등 그러한 욕구를 숨기려고 하지 않은 반면, 영국식 교육을 받은 말레이 여성들은 안기고 싶은 욕구를 도리어 부인하려고 했다. 이러한 결과는 말레이식 교육을 받은 집단이 육감肉感을 표현하고 성관계를 즐기는 데 상대적으로 더 자유롭다는 결과와 일관돼 보인다. 연구자들은 자신들의 연구가 안기고 싶은 욕구에는 정신적 요인 못지않게 문화적 요인도 깊은 영향을 끼친다는 사실을 증명한다고 결론 내렸다. 이어, 이 같은 영향은 문화가 성 반응성에 미치는 영향과 흡사하다고 덧붙였다.[21]

로언은 영유아기에 촉각 자극을 거의 받지 못한 여성들이 이후 살아가면서 신체 접촉을 경험하려는 절박한 시도로 성행위를 일삼는 병적 사례를 여러 건 발표한 바 있다. "이런 강박 행위를 보면 이들이 과잉 성욕에 사로잡혀 있다는 느낌을 받는다. 하지만 이들은 오히려 성욕이 지나치게 적은데, 이들의 성행위는 성적 쾌감이나 흥분 자체가 아닌 애무와 같은 관능적 자극에 대한 욕구에서 비롯되었기 때문이다. 이럴 때 성행위는 만족스럽거나 충만한 오르가슴을 일으키기는커녕 오히려 인간을 공허와 실망에 빠트리게 마련이다."

이는 중요한 주장인데, 성활동, 아니 사실상 성에 대한 광적 탐닉은 서구 사회 및 문화의 특징으로 꼽히지만, 이러한 현상은 성적 관심의 표명이 전혀 아닌 접촉 욕구를 충족하려는 몸부림일 경우가 허다할 수 있다는, 그럴 가능성이 다분하다는 사실에 주목하게 만들기 때문이다. 로언이 지적한 바와 같이 "신체 감각이 뒷받침해주는 현실 세계에 뿌리박혀 있지 않은 자아는 [불안감을 견디다 못해] 필사의 안간힘을 쓰게 된다".[22]

세계 거의 어디에서나 접촉은 성교와 가까운 것으로 여겨지는데 이는 깊숙이 새겨볼 부분이다. 특별히 영어권 사람들 사이에서는 브루스 맬리버가 미국인 대부분의 습성에 대해 언급한 바처럼(미국인 대부분은 누군가가 인간적 애정을 담아 다정하게 접촉해오면 불편하게 여긴다), 성인끼리의 신체 접촉은 거의 전적으로 성관계의 전주일 뿐이어서, 접촉에 성적 금기의 일반적 기준을 적용한다.[23] 사실 손이나 팔의 접촉만으로도, 다시 말해 손이나 팔, 어깨를 부드럽게 쥐기만 해도 성적 관심을 암시하기에 충분한 것은 맞다. 게다가 노골적 성행위가 아닌 애정 어린 손길로 어루만지고 쓰다듬는 등의 다정한 접촉만으로도 상대를 오르가슴에 도달하게 할 수 있다. 이런 의미에서, 성교性交란 한때 그러했듯 그 단어의 뜻에 걸맞게 해석되어야 한다. 즉, 성교란 사랑하는 두 사람 사이의 의사소통으로, 성행위 자체가 일부 역할을 담당할 수는 있으나 사랑을 나누는 경험 일체를 주관하지는 않는다는 뜻으로, 결국 촉각을 통한 의사소통, 곧 몸이 무언으로 느끼고 이야기함으로써 이루어지는 의사소통이 없다면, 성교는 기껏해야 불완전하게 경험될 따름이다.

프로이트가 지적했다시피 엄밀히 말하면 몸 곳곳이 죄다 성감대이며,[24] 페니첼에 따르면 촉각 성감은 시각을 통해 얻는 성적 만족(관음증)에 비견될 만하다. 두 경우 모두 성적 쾌감이 특정 상황에서 특정 종류의 감각 자극에 의해 생겨나기 때문이다. 발달 단계를 보면, 구강과 항문을 통한 만족으로 족하던 단계에서 생식기를 통한 만족이 으뜸이 되는 성기 우위의 단계로 나아가는데, 이 시기에 이르면 성적 흥분은 성기에서 비롯되며 성기를 제외한 성감대는 부차적인 것으로 밀려남으로써,[25] 이런 성감대의 감각 자극은 대개 "성적 흥분을 부추기는 기능에 머무르며 전희에 해당되는 역할을 맡게 된다. 그런데 만약 어린 시절 성기를 제외한 성감대가 자극을 받지 못하면 그 부위의 감각이 성적 쾌감과 통합되지 못한 채 영영 고립되어, 외따로 자극을 요구하게 된다".

감탄할 만한 책 『신체와 자아Our Bodies, Our Selves』의 저자들은 '성性, Sexuality'이라는 장에서 어느 여성의 말을 인용했는데, 이 여성은 한 집단 토론에서 자신이 원한 것은 성교가 아니라 사실 누군가와의 친밀한 신체 접촉, 누군가가 자신을 안아주고 만져주는 것이었다고 말하며, 단지 "그 둘을 따로 떼어놓기란 불가능하다고" 느꼈을 뿐이라고 했다.

안기고 싶은 욕구는 성교와는 생판 별도로 경험될 수 있으면서도 거의 늘 성욕에 종속된 주성분의 하나로 자리하지만,[26] 앞서 확인했다시피 숱한 경우 오히려 성욕 자체보다 훨씬 더 강렬할 수도 있다. 위 책의 저자들은 말한다. "태어나는 순간부터, 누구든지 자기 자신의 몸을 만지는 유희의 과정에서 쾌락을 느끼기 시작한다. 그리고 여기서 느끼는 감각 가운데 일부는 엄연히 성적이다." 즉, 어린 시절의 이러한 촉각 경험과 이 경험이 주었던 쾌감이 바로 생을 통틀어 우리가 선택된 타인과 경험하고 싶어하는, 아니 '다시금' 경험하고 싶어하는 감각인 것이다.

사랑을 확인하고 불안감을 줄이고자 성교를 신체 접촉 획득의 방편으로 삼는 현상은 대중 가수 재니스 조플린에게서처럼 비극적으로 나타나기도 한다. 이 가수의 전기를 쓴 미라 프리드먼이 그녀의 사연을 소상히 전한다.

> 재니스는 거의 완전하게 원초적으로 숨 쉬고 생각하고 느끼고 행동했다. 20대에도 여전히 그녀는 상처받고 애원하는 아이와 같아서, 그녀가 바라마지않는 사랑은 육체적 포옹만이 완성해줄 수 있었고, 어떤 면에서 성교는 그녀가 추구하는 바로 그 사랑의 타당한 동의어였다. 성인들이 알고 있는 그런 사랑은 아니었다. 그녀가 생각하는 사랑은 나눔도 관심도 정절도 베풂도, 그 어떤 것도 아니었기 때문이다. 하지만 **그녀에게**만큼은 참된 사랑이었다. 애정에 굶주린 나머지, 그녀는 광란 상태나 다름없었다. 영유아기에 느꼈던 갈망의 메아리와 공명하는 신체 접촉은 그녀가 줄기차게 추구하는 대상이었고 그럼에도 충족되지 못한 채 좌절 일로로 치달음으로써 그녀는 감당 못할 불안감에 빠질 수밖에 없었다. 그런 의미에서, 성교는 일종의 미봉책, 견딜 수 없는 긴장으로부터의 일시적 탈출구일 뿐이었는데도, 그녀는 성이 주는 위안에 압도적이리만치 과한 중요성을 부여하고 말았다.[27]

홀렌더나 로언이 연구한 여성들에게서, 안기고 싶은 욕구는 해소될 길이 거의 철저히 차단되고 고립되어 터지기 직전으로 적체된 상태이면서도, 성욕과는 완전히 분리됨으로써 성관계의 의미마저 해체해 불완전하게 만들고 있었다. 그녀들 마음속에는 오로지 안기고 싶고 정겹게 껴안기고 싶은 성기 우위 단계 이전의 욕구와 이런 식으로 사랑받고 싶다는 원칙만이 굳건히 자리한다. 여러 변수 속에서 엄마의 양육 행동과 아이가 성장한 뒤 보이는 행동 사이에 밀접한 상관관계가 성립되어온 사실이, 어릴 적 부모로부터 보살핌을 받지 못한 것과 성인이 된 후 안기고 싶어하는 욕망 사이에 존재하는 인과관계를 암시한다.[28]

이에 대해서는 위르겐 루슈의 생각도 마찬가지다.

> 어느 인간이든 건강하게 성장하려면 마땅한 자극이 마땅한 시기에 마땅한 양으로 주어져야 한다는 사실은 익히 알려져 있다. 이는 누구보다 아이들에게 해당된다. '나 추워' '나 축축해' '나 배불러' 등을 표현하는 아기의 원초적 언어에 부모가 양적으로 불충분하게 반응할 경우, 반응 순환을 왜곡하게 된다. (…) 질적으로 불충분한 반응 또한 양적으로 불충분한 반응과 전연 다를 바 없는 왜곡을 일으킬 수 있다. 목말라하는 기색이 역력한데 먹을 것을 준다거나 극도로 추워하는데 마실 것을 준다고 생각해보라. 결과는 불 보듯 뻔하다.[29]

홀렌더의 연구에 등장한 여성들에게서 안기고 싶은 욕구와 성욕이 서로 차단되거나 분리되는 이유는 (오래전인 1898년 알베르트 몰이 인식했듯) 성욕을 두 성분으로 가를 수 있음을 인식함으로써 설명될 수 있을 듯하다. 두 성분이란 곧 **애무 욕구**contrectation impulse('만지다' '무언가/누군가를 생각하다'라는 뜻의 라틴어 contrectare에서 유래)와, 성욕을 해당 말초 기관들과의 관계로 제한할 때의 **진정**鎭靜 **욕구**detumescence impulse('붓기가 그치다' '가라앉다' '진정되다'라는 뜻의 라틴어 detumescere에서 유래)다. 몰은 본디 이 두 성분이 다른 한쪽과는 생판 별개로 작동하는 충동이라는 점을 아주 분명히 한다. 충분히 성장하기 전까지는, 아이들이 다른 사람과의 접촉을 갈구한다고 해서 그 사람에게 성적으로 끌리고 있다는 뜻은 전혀 아니라는 사실에서도 확인할 수 있다. 불충분한 촉각 경험으로 애무 욕구가 충족되지 못한 채 제자리에 머물러 있다면, 인간은 이 욕구를 충족하겠다는 일념에 사로잡혀 결국 진정 욕구의 발달이 차단될 수도 있다.[30]

접촉과 의사소통

이제껏 언급돼왔다시피, 결국 비극이란 모두 의사소통의 실패에 기인한다. 적절한 피부 자극을 받지 못한 아이가 고통받는 것 또한 그로 인해 인간이란 존재로서 통합된 발달을 이루지 못한 탓, 다시 말해 결국 사랑을 주고받은 경험이 전무했던 탓이다. 누군가가 자신을 다독이고, 어루만지며, 데리고 다니고, 다정히 껴안고, 달래주고, 자신에게 정답게 속삭여준 경험, 곧 사랑받아본 경험을 통해, 아이는 다른 사람을 다독이고 어루만지고 폭 껴안고 달래주며 그 사람의 귀에 정답게 속삭여주는 등 사랑하는 법을 익히게 된다. 그렇기에 사랑이란, 성적性的이란 단어와 가장 건전한 의미에서 동의어인 셈이다. 사랑은 다른 사람의 욕구와 감성, 취약성에 대한 관여와 염려, 책임, 다정함, 인식 등을 암시하기 때문이다. 사랑에 관한 이 모든 개념이 생후 몇 달에 걸쳐 피부를 통해 전달되어, 이후 아기가 발달하는 과정에서 수유, 소리, 시각적 단서 등을 통해 점차 강화되는 것이다. 아기가 현실을 인지하는 최초의 경로는 단연 피부라는 사실에는 더 이상 의심의 여지가 있을 수 없다. 잘 자라려면, 아기가 피부라는 기관을 통해 전달받는 내용은 반드시 안정감을 주고 자신감을 심어주는 만족스러운 것이라야 한다. 브로디가 엄마의 역할을 다룬 탁월한 연구에서 밝힌 바와 같이, 음식을 섭취할 때조차 "안심할 수 있는 편안한 환경이 아니라면 아기는 배가 아무리 고플지언정 즐겁게 먹지 못하는 듯하다".[31]

우리가 확보한 이 같은 증거들은 아기가 피부를 통해 경험한 의사소통이 부적절하고 불충분하면 이후 성기능도 부적절하며 불충분하게 발달하기 쉽다는 사실을 강하게 암시한다.

프로이트는 피부 자체가 성감대로 이후 감각 기관을 비롯해 특화된 성감대, 곧 항문, 입, 성기로 분화하는 것이라 주장하는데, 이는 사실상 촉각의 성감화性感化를 인정하는 관점이다. 따라서 프로이트가 말하는 유아 성욕이란 로런스 K. 프랭크의 견해처럼 대체로 촉각에 관계한다고 볼 수 있다.[32] 성장과 발달이 진행되면서, 이 같은 피부 전반의 촉각 민감성은 차차 대인관계 및 자위행위를 거쳐 결국 성행위에서 전유된다는 말이다.[33] 유감스러운 점은, 피부의 성감성에 관한 프로이트의, 일부에서는 지나치다고도 보는 강조가 거의 전적으로 성적 발달 측면에서만 의의를 인정받은 듯하다는 데 있다. 이처럼 피부를 성감대로 바라보는 관점은 피부가 다른 행동 특성 발달에 미치는 영향을 인식하는 데에는 다소 걸림돌이 되어왔기 때문이다.

현명한 사람이라면 이 분야에 관한 한 우리 앞에서 아는 체하지 않을 것이다. 연구서나 책 수천 권을 비롯해 숱한 논문에서 성의 사실상 온갖 측면을 다루고 있다손 치더라도, 어린 시절 엄마가 보살펴주는 상황에서 경험하는 피부 자극의 역할은 대개 도외시되어왔기 때문이다. 브로디는 이런 질문을 제기했다. "생애 초기 피부 및 근육 성감이 구강 성감에서 얻는 만족감 및 생후 첫 몇 달 동안의 기분에 미치는 영향은 그 중요성에 비해 소홀히 취급되어오지는 않았는가." (338쪽) 물론 홀대당해왔다. 여기서 우리가 검증된 연구 결과보다는

대부분 추측과 추론에 의지하는 이유도 거기에 있다.[34]

남성은 음경과 음낭, 생식샘 따위의 외부생식기가 돌출되어 있는 탓에, 여성의 외부생식기에 비해 엄마든 자기 자신이든 제3자든 훨씬 더 만지고 싶게 만들뿐더러 만지기도 무척 수월하다. 그러므로 어느 문화에서든 남자 아기는 여자 아기보다 생식기 자극을 더 많이 받을 수밖에 없기 마련이다. 자위, 곧 피부 자극을 통한 자기만족 빈도가 여아보다 남아에게서 크게 높은 까닭 또한 성기 구조의 이러한 차이에 기인할지 모른다. 엄마든 다른 사람들이든 혹은 양쪽 다로부터든, 어린 시절 타인에게서 받은 외부생식기 자극은 이후 남아의 행동 발달에 온갖 영향을 미칠 수 있다.

로런스 K. 프랭크는 말한다.

> 아동의 인격 및 성욕 발달에 관한 논의에서, 영유아의 피부를 통한 촉각 자극 경험은 거의 무시되어왔다는 데 주목해야 한다. 포유류 새끼라면 모두 어미가 핥고 주둥이를 비비며 다정히 껴안고 곁에 붙어 있어주기를 바라며 또 그런 보살핌을 받듯, 인간 아기에게도 마찬가지로 친밀한 신체 접촉의 욕구가 있음은 두말할 나위 없다. 이는 다독거리고 어루만져주기를 바라는 욕구, 다시 말해 다치거나 겁나는 혹은 화나는 상황에서 마음의 평정과 균형을 되찾아줄 촉각적 진정을 바라는 욕구다.

아이의 촉각은 특히 생식기에서 민감하다.

> 영유아의 이러한 촉각 자극 욕구는 다른 장기의 욕구와 마찬가지로 점차 변형된다. 엄마의 목소리를 엄마로 인식하고 엄마가 건네는 위안

의 말과 어조를 친밀한 신체 접촉과 동등하게 인정하거나 엄마가 화를 내며 꾸짖는 소리를 체벌로 받아들여 울음을 터트리는 등, 촉각에 전적으로 의지했던 의사소통이 다른 감각들을 통한 의사소통으로 전이되어간다. 애무는 친밀감과 애정을 표현하는 으뜸 수단이지만, 합당한 말과 어조가 동반되어야 한다. 신체 접촉은 무엇이든 감정에 따라 그 의미며 성격이 변하게 된다.

프랭크는 이어 소위 잠재연령기, 즉 성적 관심이 순화되는 시기인 약 네다섯 살에서 열두 살 사이가 되면, 소녀들을 비롯해 특히 소년들은 부모와의 신체 접촉을 추구하기는커녕 도리어 거부하기 쉬워진다고 지적한다. 촉각은 그러나 사춘기 또는 사춘기 직후에 다시금 최고로 민감해져서 누군가를 만지고 누군가가 자신을 만져주기를 바라는 접촉 욕구가 주요하게 자리 잡는다. 이때 이들이 갈구하는 접촉은 무감정한 감각 자극이 아닌 친밀, 수용, 안도, 위안에 대한 욕구의 상징적 충족이다. 이 같은 감정을 일으키는 접촉을 경험해보지 못한 아이들은 민감해진 촉각 때문에 오히려 신체 접촉을 줄기차게 회피하는 반응을 나타내기도 한다.

발달이 진척되면서, 접촉 욕구도 달라진다.

접촉 욕구는 (…) 이제 성적 접근 및 성교를 성사시키는 으뜸 성분 가운데 하나가 되며, 이러한 성적 상황에서 영유아기 초반의 적절한 접촉 경험 또는 접촉 경험 결핍이 개인의 성 반응성을 좌우할 수도 있다. 사춘기에 재발한 성기의 촉각-피부 민감성은 한층 더 심해지는데, 남자는 이러한 민감성이 주로 성욕에 작용하는 반면, 여자는 유방과 음순, 음핵이 유독 민감해지면서도 이처럼 심화된 촉각-피부 민감성은 주로 유아기의 전반적인 접촉 욕구와의 관련성을 유지하는 듯하다. 자위활동은 성교를 갈음하는 대리 만족 행위 그리고/또는 성교를 위한 준비 활동으로 기능할 수도 있다.[35]

성교의 의미는 개인별로 천차만별일 수 있다. 성교라는 언어에는 다른 무엇으로도 대체될 수 없는 표현들이 담겨 있기 때문이다. 성으로 표현될 수도 있는 비정상적 또는 병적 상태는 물론, 사랑의 교환, 타인을 해하고 착취하는 수단, 방어 방식, 흥정 조건, 자제 또는 자기주장 유형, 남성성 또는 여성성의 긍정 또는 부정 등등. 그리고 이 중 대부분이 어릴 적 접촉 경험의 영향에서 자유롭지 못하다.[36]

특히 서구라는 사회에서는, 아이들이 감각적 쾌락이란 몹쓸 것이라 믿도록 양육되는 경우가 부지기수였다. 아니 사실상, 사람들은 육체적 쾌락은 전부 비도덕적인 아주 나쁜 것이라 믿으며 자랐다.[37] 그렇기에 이러한 쾌락은 멀리해야 마땅했다. 아기가 자기 손가락을 빨고 있으면 입에서 빼도록 했고, 만일 계속 빨겠다고 고집을 피우면 벌을 받거나 손을 움직이지 못하도록 고정시켰다. 성기를 기분 좋게 만지작거리는 등 자기 신체에서 쾌감을 느끼는 일도 금물이기는 마찬가지였다. 게이 루스가 지적했다시피 이것은 자괴自愧를 일으키는 교육으로, 자기 몸이 무언가 옳지 않으며 따라서 스스로를 좋은 존재로 느껴서는 안 된다고 인식하도록 사람들을 길들인다.[38]

이러한 자괴의 교육은 아이가 구축해가는 자아상에 영향을 끼칠 뿐만 아니라, 부모의 저지와 처벌로 말미암아 부모 자식 간 감정이 심각한 타격을 입을 수도 있다. 특히 아이가 억압적 부모에게 키워가는 감정이 문제다. 이로 인해 부모와 아이 둘 다 서로에 대한 감정이 위축되는 심각하고도 천하에 쓸데없는 결과를 초래하게 된다.

로언은 지적한다.

> 엄마와 아이 간 육체적 친밀의 질은 성적 친밀에 대한 엄마의 느낌을 반영한다. 성행위를 역겹게 여긴다면, 친밀한 신체 접촉은 모조리 이런 역한 느낌으로 오염된다. 자기 몸을 수치스러워하는 여성은 보살피는 아기에게 몸을 내주는 심정이 고상할 수 없는 법이다. 자신의 하체를 혐오스럽게 느낀다면, 아이 신체의 이 부분을 만질 때도 비슷한 혐오감을 느끼게 된다. 아이에게는 두 가지 가능성이 있다. 한 가지는 엄마와의 접촉을 통해 친밀의 쾌감을 경험하는 것이고, 다른 한 가지는 그러한 쾌감이 부끄럽고 두려워져 혐오감을 느끼게 되는 것이다. 엄마가 친밀을 두려워하면, 아이는 엄마의 두려움을 감지해 그것을 자신에 대한 거부로 해석하게 된다. 친밀을 두려워하는 여인의 아이는 결국 자기 몸에 대하여 수치심을 키워간다.[39]

미시건 주립대 앤드루 바클레이 박사는 다음과 같은 사실에 주목했다. 남아와 여아가 서로 다른 점 가운데에는 출생 시 상태도 있다. (1)남아는 여아보다 경계심이 더 강하다. (2)남아는 더 활발하다. (3)여아는 들어올려주면 울음을 그친다. 그 결과 생후 첫 6개월 동안 남아를 더 많이 안아주며, 들어올려줘도 울음을 그칠 줄 모르는 탓에 더 오래도록 데리고 다니며 얼러준다. 생후 6개월이 지나서부터는 여아를 더 많이 안아주는데, 여아는 그다지 활동적이지 않을뿐더러 안기거나 다정히 껴안기는 데 순응하는 반면, 남아는 자기 스스로 움직이기를 좋아해서 이런 포옹을 거부하는 경우가 더 많기 때문이다. 남성이 시각 자극에 더 쉽게 흥분하는 반면 여성이 촉각 자극에 더 쉽게 흥분하는 까닭은 바로 이러한 차이에 있을지도 모른다. 바클레이는 남아가 안김에서 안기지 않음으로, 여아가 안기지 않음에서 안김으로 전환하는 현상이 남녀 간 성 역할 차이를 결정짓는 요인이라고 결론 내린다.[40]

에릭슨이 지적한 바와 같이, 생후 첫 6개월 동안 아이는 신뢰와 불신을 학습하는데, 남아와 여아를 안는 일련의 양상 변화가 성 역할 형성에 미치는 바로 그 영향이 아이의 신뢰-불신감 또한 좌우할 가능성이 있다. 안기다가 덜 안기게 되면서 상대적 박탈을 겪기 때문에, 남아는 타인을 좀더 불신하게 되기 쉽다. 여아는 시간이 갈수록 더 많이 안김으로써 일반적으로 타인을 좀더 신뢰하기 쉽다. 이것은 일상의 경험이 증명해준다.[41]

서구사회 부모들이 자녀를 길들이려는 노력은 터무니없는 믿음에 이끌려왔는데, 예를 들면 이런 것이다. (1)'사나이는 울지 않는 법이다.' (2)'착한 여자애라면 그따위 짓은 하지 않는 법이다.' 1번과 같은 통념을 귀에 못이 박히게 들으면서, 남자는 자신의 감정을 부인할 줄 알아야 '어른'이라고 알게 된다. 이 믿음에 찬동함으로써, 우리는 자신의 감정은 부인해야 마땅하다고 믿는 성인들을 양산해온 셈이다. 이들은 자신의 감정을 너무나 오래도록 부인해온 나머지 성인임에도 자기가 무엇을 느끼는지, 자기 자신이 누구인지조차 더 이상 모르게 됐으며 스스로의 행동에 확신을 잃기에 이르렀다. 이런 사람들이 무엇이든 그야말로 느낌답게 느끼려면, 적나라한 성인물이나 '광란의 축구 열풍' 따위의 극심한 자극이 필요하다.

'착한 여자애라면 그따위 짓은 하지 않는 법'이라고 믿도록 설득하는 것은, 곧 여성으로 하여금 자신의 성욕을 부인하도록 길들이는 것이다. '좋은' 여자애는 제 몸을 만지작거리지 않는다거나 남자애가 자기를 만지도록 놔두지 않는다는 식의 교육. 다년간의 고된 노력 끝에 이러한 어릴 적 세뇌로부터 해방되는 데 성공하는 여성도 더러 있지만, 오호통재라, 일부는 끝끝내 벗어나지 못하고 마는 것이다.

육체적 다정함이나 접촉의 기미를 조금이라도 내비치면 성적이라고 해석되는 경향이 있다. 이러한 경향은 그 자체로 의미심장한데, 촉각은 실제로 성행동 발달과 밀접하게 관련돼 있으면서 거의 늘 얼마간은 그러한 성격을 간직하고 있기 때문이다. 그러나 촉각 자극이 결핍된 사람에게서는 촉각에 내재된 성적 요소가 정리되지 못한 채 다른 요소들과 한데 뒤섞여 만성 불안의 원인이 되어버린다. 이런 사람들은 따라서, 특별한 상황이 아니라면 누군가를 만지는 것을 꺼릴 뿐더러 누군가가 자기를 만지는 것도 몹시 언짢아한다.

영유아기 접촉 경험 결핍은 이 같은 결핍된 촉각 자극을 갈음할 대체 행위를 유발할 수도 있는데, 수음手淫을 비롯해 발가락이나 엄지손가락 등 손가락 빨기, 귀나 코, 머리카락 잡아당기기 혹은 만지작대기처럼 갖가지 자위행위가 그것이다. 흥미로운 사실은, 덜 발달된 사회에서처럼 일반적으로 아이들에게 필요한 촉각 자극을 부족함 없이 제공해주는 사회에서는 손가락을 빨거나 엄지손가락을 빠는 아이를 거의 찾아볼 수 없다는 것이다. 일례로, 몰로니는 적는다. "아프리카와 타히티, 타히티 부근 섬들, 피지 군도, 카리브 해 섬들, 일본, 멕시코, 오키나와등을 관찰한 결과, 나는 이곳 사람들이 대개 아기를 모유 수유로 기르며 아기 대부분을 엄마가 몸소 데리고 다닌다는 사실을 확인했다. 더욱이 주목할 만한 점은 엄지손가락을 빠는 아이가 거의 없다는 사실이었다."

몰로니는 엄지손가락이 엄마를 대신代身한다고 생각하는데, 조현병이나 조현병적 아동이 버릇처럼 손가락 사이사이에 끼고 굴리기 일쑤인 작은 종이 뭉치와 같은 역할을 하는 셈이다.[42] 로언펠드가 이른 바와 같이, 손가락은 주변의 운동 활동을 탐지하는 촉수나 더듬이 구실을 한다.[43]

여성들이 흔히 늘어놓는 불평으로는 성적 접근에서나 실제 성교에서 남성들이 드러내는 미숙과 무신경, 무능력이 있는데, 남성이 이처럼 전희 기술이 부족하고 전희의 의미마저 이해하지 못하는 이유는 분명 대부분 어린 시절 촉각 자극을 제대로 받지 못한 데 있다. 여성과 아이들을 다룰라치면 어설프게 구는 남자가 많은데, 이러한 태도 또한 어릴 적 촉각 경험이 부족했다는 증거인 셈이다. 영유아기에 타인이 다정하게 사랑하며 어루만져준 경험이 있는 누군가가 여성이나 아이를 각별히 아껴주는 법을 배우지 못했으리라고는 상상하기 어렵기 때문이다. 아껴준다 함에는 접촉의 보드라움과 섬세함, 곧 상대를 배려하는 태도가 담겨 있다. 고릴라, 이 점잖은 생물은 그러나 여성이 평균적인 남성의 성적 접근 방식을 비방하고 싶을 때면 가장 자주 비유하는 동물이다.[44] 이런 남성들은 성교를 깊은 상호 이해를 위한 심오한 의사소통 행위라기보다는 성적 긴장의 해소쯤으로 여기는 듯싶기 때문이다. 성적 관계는 여러 면에서 엄마-아이 간의 애정 어린 관계의 재현이다. 로런스 K. 프랭크는 이렇게 적는다.

> 성인의 성교에서 이루어지는 촉각 의사소통은, 전희로서든 실제 성교에서든, 문화에 따라서는 놀랍기 그지없는 성애 양상들로 정교하고 세련되게 분화함으로써 신체 곳곳에 대한 가지각색의 자극을 통해 실현되는데, 이 같은 자극들은 또한 촉각 의사소통이 유발되고 분발, 연장, 강화되는 원동력이 된다. 따라서 우리가 확인하는 강화되고 정교해진 촉각 의사소통은, 신체 활동 및 언어를 비롯해 이에 수반되는 자

극 및 시각, 청각, 후각, 미각과 이들보다 더 깊이 자리한 근육 감각이 결합함으로써 인간 존재를 구성하는 어쩌면 가장 강렬한 성분의 하나일 기질 인격•을 형성한 결과인 셈이다. 촉각 의사소통은 이것을 도구 삼아 무엇을 이루겠다는 목적이나 의식이 거의 혹은 아예 없이 시공 관념의 상실과 다름없는 상태에서 탐닉될 수도 있다는 면에서, 심미적 경험으로 간주될 만하며 실제로 그렇게 여겨지기도 한다. 하지만 근본적으로 인간이라는 유기체의 성교과정은 마음을 전하고 싶은 자기만의 대상을 발견해 그와 애정관계를 맺는 과정으로 탈바꿈되거나 그러한 애정관계 수립에 초점이 맞춰질 수도 있다. 이때 성교는 수태할 준비를 마친 발정 난 암컷과의 교접에서와 같은 생식의 목적이 아닌, 인간 사이의 의사소통을 위한 '또 다른 언어'로 활용된다. 여기서 우리가 확인하는 것은 촉각 의사소통의 원초적 형태다. 이러한 원초적 의사소통이 이제까지는 대개 청각과 시각 신호 및 상징들로 도배되거나 대체되어왔다 하더라도, 만약 개인이 촉각 경험을 통해 자기 자신과 대화할 능력을 상실하지만 않았다면 성교가 진행되는 동안 강렬한 근본 기질에 힘입어 본래의 기능을 되찾는 것이다.[45]

그러면 이렇게 물어야 마땅할지 모른다. 만약 어린 시절 촉각 경험 결핍이 남성에게 이런 식의 영향을 끼친다면, 여성에게는 어떤 영향을 주는가? 답은 이렇다. 이번 장 앞에서 논의했던 여성들, 곧 안기거나 다정히 껴안기기를 갈망하는 여성들과 거의 다를 바 없다. 앞

• 기질 인격organic-personality: 문자 그대로 장기臟器 인격이라고도 할 수 있는데, 문장의 앞뒤 부분과 연결하여 해석하면, 신체의 여러 감각, 즉 장기의 감각들이 결합해 인격의 일정 부분을 형성한다는 의미로 이해할 수 있다. 일례로 사람마다 신체 민감도가 다르며 이런 감지력 차가 고스란히 반영되어, 날카롭거나 눅지근한 성정 등의 성격 차이를 일으키는 현상을 들 수 있다.

서 다룬 여성들은 가볍든 심각하든 불감증에 시달렸다. 불감증은 실제 느끼지도 않는 흥분을 느끼는 척함으로써 또는 촉각 자극을 그야말로 갈구하는 색정증을 가장함으로써 쉽게 감출 수도 있는 증세다. 다시금 강조하지만, 위와 같은 관찰 결과로 미루어 이런 상태들이 전적으로 촉각 자극 결핍 탓이라고 단정할 수는 없다 해도, 적어도 부분적으로는 그럴 개연성이 있음을 인정하는 것이 타당하다.

여성 대부분이 늘 달고 다니는 불평은 성적으로나 전반적으로나 남성에게는 다정다감함이 부족하다는 것이다. 이 같은 결함이 최근 들어 더더욱 만연해 있는 이유가, 또다시 강조하지만 적어도 부분적으로 모유 수유를 거부하고 아이와의 피부 접촉을 등한시하는 세태에 있지 않다고 단언할 수 있겠는가?

아들의 애정 표출이라면 어릴 때부터 받아주지 않는 엄마가 수두룩한데, 받아줘 버릇하면 아들이 엄마에게 지나치게 깊이 애착하게 된다는 그릇된 믿음 탓이다. 아빠들도 아들의 포옹은 거부하기 일쑤여서, 이런 아빠 가운데 한 명인 어느 의사는 나에게 이렇게 말하기도 했다. "내 아들이 그런 족속(동성애자)으로 전락하기를 바라지 않기 때문이다." 이 같은 태도에 드러난 부모의 경악스러운 무지는 아이에게 몹시 해로운데, 이로 말미암아 다른 인간과의 신체 접촉과 관련된 남성의 무능력이 심화되어왔을 수도 있기 때문이다.

아동의 촉각 자극 결핍과 과도한 자위행위

어린 나이에 자위행위에 몰두하는 사례를 다룬 여러 보고서를 보면, 영유아기 및 아동기의 촉각 자극 결핍과 성행위 간 관계가 확연해진다. 아이는 다정한 촉각 자극을 아예 받지 못하거나 혹은 촉각 자극이 중도에 끊어지면 스스로 제 몸을 만져 만족을 구하기도 한다. 글렌 매크레이 박사는 다섯 명의 사례, 곧 여아 네 명과 남아 한 명에 관한 보고서에서, 과도한 자위행위의 원인이 부모의 애정이 실제 중단되었거나 중단되었다고 아이가 망상한 데 있을 수 있다고 밝혔다. 새로운 형제의 출생이나 부모의 긴 부재, 이혼이나 사망으로 인한 부모의 상실 또한 마찬가지로 원인이 될 수 있었다. 매크레이 박사의 각 사례를 보면, 부모의 태도가 달라져 적절한 촉각 자극을 제공해줄 수 있게 되자 지나친 자위행위는 중단되었다. 부모가 만지기, 안기, 토닥이기, 씨름하기 등 서로 몸이 닿는 놀이를 하도록 복돋고 또 함께 해주면, 신체 접촉 욕구를 존중해주는 격이 되어 아이의 색정을 가라앉힐 수 있다.[46]

촉각 자극 결핍과 폭력

할로와 동료들은 한 유명한 실험에서, 자신의 진짜 어미를 전혀 알지 못하는 붉은털원숭이 암컷 다섯 마리가 성체가 되었을 때의 행동을 보고했다. 이 암컷들은 어미로서 당최 구제불능이었다. 두 마리는 자기 새끼에게 철저히 무관심했고, 세 마리는 폭력을 동반한 학대가 극심해 매우 자주 새끼와 갈라놓아야 했다. 일반적으로 어미다운 행동을 끌어내는 데 합당한 새끼의 암시가 이 어미들에게는 혐오감을 일으켜 거부되거나 무자비한 폭력으로 응답되었다. 할로 팀은 "새끼 시절 접촉-애착 욕구 충족에 실패한 암컷은 성체가 되어 자신의 새끼와 정상적인 접촉관계를 맺지 못하게 될 수도 있다"고 추정한다.

이는 암컷의 문제 행동을 지나치게 단순화한 설명일지 모른다. 한편 할로 팀의 생각은 다음과 같다. "원숭이의 모성애는 독립적으로 변화하는 일련의 고립된 요소들의 총체가 아닌 대단히 통합된 포괄적 체계로, (…) 개체 특유의 경험보다는 일반적 사회 경험에 한층 더 좌우된다."[47] 접촉 경험이 반드시 필요하다고 해도, 그것이 동물이든 인간이든 사회적으로 적절히 발달하는 데 필요한 유일한 경험은 아니다. 그럼에도 어미 없이 자란 원숭이가 자기 새끼에게 하는 행동과 어린 시절 엄마의 보살핌이라곤 거의 받아보지 못한 인간이 자신의 아기에게 하는 행동은 놀랍도록 유사하다. 콜로라도대 브란트 F. 스틸과 C. B. 폴록 두 박사는 학대받는 아이 가정의 삼대에 걸친 가족력을 연구한 결과, 학대받는 아이의 부모들은 하나같이 다정한 신체 접촉에 대한 경험이 거의 없는 어린 시절을 보냈다는 사실을 밝혀냈다. 게다가, 이런 성인의 성생활은 지지리도 형편없었다. 여성은 오르가슴이라곤 경험해본 일이 없었으며 남성은 성생활에 만족을 느끼지 못하고 있었다.[48]

어미 없이 자란 원숭이 성체의 행동과 어린 시절 없느니만 못한 부모 밑에서 자란 성인의 아동 학대 행위는 지독히도 비슷하다. 메릴랜드 베데스다 소재 국립아동보건인간개발연구소의 발달신경심리학자 제임스 H. 프레스콧 박사는 인간이 폭력적으로 되는 주원인은 생의 형성기에 육체적 쾌락을 경험하지 못한 데 있다고 믿는다. 그는 쓴다. "최근 연구들에서는 육체적 쾌락 경험의 결핍이 물리적 폭력의 주원인이라는 관점을 지지하고 있다. 성교와 폭력이 흔히 결부되는 현상은 육체적 쾌락 경험의 결여 면에서 물리적 폭력을 이해할 수 있는 단서를 제공해준다." 이어서 그는, 이럴 때 사람들은 보통의 폭력에서와 달리 폭력 행위를 통해 충분한 쾌감을 얻지 못하는 것처럼 보이는데, 이들이 줄기차기 찾아 헤매는 것은 결국 촉각을 통한 자연스러운 감각적 쾌락의 궁극적인 대체물로 삼을 만한 쾌감이기 때문이라고 지적한다. 실험실에서 여러 실험을 진행한 결과 프레스콧 박사는 감각적 쾌락 경험의 결여가 폭력성의 주된 근원이라고 확신하기에 이르렀다. 이 둘 사이에는 상관관계가 있다. 즉, 한쪽의 존재는 다른 한쪽을 억제한다. 쾌락이 있는 곳에 분노는 있을 수 없다. 미친 듯이 난폭한 동물이라도 뇌의 쾌락 중추에 전기 자극을 가하면 진정하고 만다. 프레스콧 박사는 발달기의 특정 감각 경험들이 이후 삶에서 폭력 추구와 쾌락 추구를 가름할 신경심리학적 행동 성향을 결정짓는다고 말한다. 박사는 쓴다.

> 나는 정신학자들이 부르는 '모성적–사회적' 박탈이 빚어낸, 다시 말해 다정하고 애정 어린 보육의 결핍이 빚어낸 갖가지 사회적·정서적 이상 행동은 사실 감각 경험 결핍의 독특한 유형인 **몸감각** somatosensory 경험 결여가 원인이라고 확신한다. somato는 그리스어로 '몸'을 뜻하며, 몸감각은 시각, 청각, 후각, 미각과는 다른 것으로 촉각 및 신체 움직임에서 발원한 감각을 일컫는다. 나는 촉각 경험을 포함해 신체 접촉 및 운동 경험의 결여야말로 우울 및 자폐 행동, 과다활동,[13] 성적 일탈, 약물 남용, 폭력성, 공격성을 아우르는 여러 정서장애의 근본 원인이라 믿는다.

프레스콧 박사가 몸감각 경험 결여의 영향을 어쩌면 지나칠 정도로 강조하는지도 모르겠지만, 극단적이지만 않다면 이 주장의 방향은 올바르다. 또한 이를 뒷받침하는 증거가 넘쳐나는 상황에 비춰보더라도, 그가 주장하는 영향 대부분은 지금까지보다 한층 더 주목받아야 마땅하다. 프레스콧이 말한 대로, 청소년 비행 및 범죄를 다룬 허다한 연구에서는 그 배경에 부서진 가정, 곧 방임적이거나 가학적인 부모가 있음을 밝혀왔다. 폭력적인 개인을 아무나 골라 어린 시절 개인사를 파헤쳐보라. 대부분 어릴 때 애정 결핍에 시달렸다는, 다정하고 애정 어린 보살핌을 못 받았다는 사실이 드러나리라고 자신 있게 예상할 수 있다.• 하지만 기록을 보면, 유아기 애정 결핍에 시달린 사람이라도 정신적으로 아주 건전한 삶을 영위한 사례도 많다는 점 또한 분명히 해둬야 한다.••[49]

부언하면, 거의 남자가 주를 이루는 강간범의 강간 동기는 대부분 성욕보다는 오히려 여자를 잔혹하게 다루고 싶은 욕구에 있다고도 볼 수 있다. 다른 무엇보다도, 아이는 신체 접촉 결여를 엄마가 자신을 거부한 것으로 해석할 수 있다는 면에서, 어린 시절의 신체 접촉 결핍이 아이를 장차 여성에게 성폭력을 가하고 싶은 욕구에 휘둘리도록 만들 가능성도 있다는 뜻이다. 보통 남성이 여성에게 가하는 억압에도 비슷한 원리가 작용할 가능성이 있다.

근친상간의 동인이 성욕인 경우는 좀체 없으며 그보다는 친밀과 온정, 배려를 바라는 마음이 근본 원인이라는 몇몇 증거도 있다.[50]

숱한 여성, 특히 노동층 여성들은 남자가 자신을 거칠게 다뤄줘

• 이와 관련한 더 자세한 논의는, 애슐리 몬터규의 『인간 발달 방향The Direction of Human Development(개정판, New York: Hawthorn Books, 1970) 참조. — 저자 주

•• 기록된 가장 충격적 사례라면 애슐리 몬터규의 『디 엘리펀트 맨The Elephant Man(New York: Dutton Books, 1979)에서 확인할 수 있다. 또한, D. 베레스와 S. J. 오버스의 「유아기 극심한 결핍 경험이 청소년기 정신 구조에 미치는 영향: 자아 발달 연구The Effects of Extreme Deprivation in Infancy on Psychic Structure in Adolescence: A study in Ego Development」, 『아동 정신분석 연구The Psychoanalytic Study of the Child』vol. 5(New York: International Universities Press, 1950), 212~235쪽 및 A. M. 클라크와 A. D. B. 클라크의 『유아기 경험: 미신과 증거Early Experience: Myth and Evidence』(New York: Free Press, 1976)도 참고할 만하다. — 저자 주

야 비로소 사랑받는다고 느낀다. 익히 알려진 예로, 런던 토박이 여성이 애인에게 한다는 애걸이 있다. '날 사랑한다면, 마구 패대기쳐 줘.' 중세에 유행한 채찍질에는 분명 성적인 성격이 있었다. 채찍질은 교회에서 승인한 일종의 속죄 수단이었다가 여기에 관능이 개입된다는 사실이 드러나자 금지되었다.[51] 그처럼 채찍질 대상들은 오히려 채찍질의 애무를 받지 못해 안달복달했다는데, 중세시대 아이들이 받은 피부 자극이 양이며 질에서 부적당한 경우가 파다했음을 암시하는 대목이다.

훈육이다 뭐다 의도야 어떻든 간에, 찰싹 때림과 동시에 얻어맞는 아이의 피부는 쾌감이 아닌 통증을 느끼는 기관으로 바뀐다. 눈에 잘 띈다는 이유로, 궁둥이는 줄곧 아이를 체벌할 때 즐겨 찾는 부위로 자리해왔다. 이 부위는 성 기능에 관계된 신경얼기를 형성하는 감각신경이 분포되어 있는 등 생식 기관들과 밀접하게 관련되어 있다. 따라서 체벌한답시고 궁둥이를 내려치면 아이들에게는 성적 오르가슴을 비롯해 여지없는 성감을 일으킬 수도 있다. 괴롭다는 건 시늉일 뿐 실은 성적 쾌감을 즐기는 아이들도 있어서, 익히 알려진 것처럼 이 '체벌'을 받고 싶어 작정하고 말썽을 피우기도 한다.

루소가 밝힌 바에 따르면 그는 여덟 살 때(실제는 열 살) 여자 가정교사의 궁둥이 체벌에서 성적 쾌감을 알게 되었다. 그녀는 소년 루소를 귀납적으로 다루겠다면서 그를 무릎에 엎어놓고 볼기짝을 때리곤 했으며 그는 자신의 인격에 가해진 이 같은 폭력에 아파하기는커녕 도리어 반색했다는 이야기인데, 그러던 중 그녀가 이 처벌이 자기가 맡고 있는 소년에게 일으키는 효과를 눈치채는 바람에 결국 그녀의 방에서는 더 이상 잘 수 없게 되었다고 한다.[52]

이러한 체벌이 훈육자의 성격에 내재한 사디즘, 다시 말해 가학성애적 요소에 일부 기인할 수도 있다. 의도가 어떻든, 궁둥이 체벌이 일으키는 고통과 성감을 연관시키는 어릴 적 조건화 경험이야말로 영구한 병상으로서 이른바 성학대증•을 초래하는 인자일지 모른다.•• 성학대증은 통증 및 학대가 관능적 성감을 자아내는 병증으로 능동적일 수도, 수동적일 수도 있다. 피학성 성학대증에서는 고통이나 역겨움, 굴욕감을 겪음으로써 성적 흥분을 느낀다. 가학성 성학대증에서는 정반대로 타인에게 고통이나 불편, 공포, 굴욕감을 안기는 것이 성감의 원천이 된다.

아이를 벌준다며 궁둥이든 어디든 손바닥으로 찰싹 때리는 행위는 여전히 지나치게 자주 애용된다. 이런 식으로 아이들에게 고통을 줘 버릇하면, 아이들은 피부라는 기관에서 느끼게 마련인 자연스러운 안락감을 빼앗긴다. 결국 아이들은 자신의 피부와 타인의 피부가 서로 닿으면 아플 수 있다는 불안감에 사로잡히다 못해, 급기야 피부 접촉 자체를 기피하게 될 수도 있다.

성교할 때 애정을 표현한다며 통증을 일으킬 정도로 깨물고 꼬집으며 긁고 움켜쥐는 등의 과격한 애무는 정상 성행동과 뒤섞여 일방적이든 쌍방의 유희든 간에 허다하게 만끽되고 있다. 병적 성생활에서는 이러한 행위가 강화되기 쉬워서 피부 자체가 성적 쾌감의 지배적 요소가 되기도 한다. 주로 궁둥이와 허벅지에 가해지는 채찍질은 성도착의 가장 흔한 형태로, 성감을 자극하겠다고 온갖 채찍이 다 활용된다. 유럽 대륙에 특히 오래도록 존재해왔으며, 북미와 남미에

• 성학대증algolagnia: 가학성애 사디즘과 피학성애 마조히즘 등 고통을 가하거나 받음으로써 성적 쾌감을 느끼는 변태 성욕. 고통성애, 동통성애, 고통음락증 등으로 번역되기도 한다.

•• 엉덩이 체벌의 병리적 영향에 관한 훌륭한 논의는, J. F. 올리버의 『성 위생 및 병리학Sexual Hygiene and Pathology』(Philadelphia: Lippincott, 1965), 63~67쪽 참조. — 저자 주

도 존재한 적이 있거나 아직까지도 그 생명력을 유지하고 있는 것이 분명한 시설들이 있는데, 이곳에서는 고객들이 성적 만족을 좇다 못해 보수를 지불하면서까지 맨 정신에 거의 살갗이 벗겨질 정도로 얻어맞는다.

'색골 노인'이 여자 궁둥이를 꼬집곤 하는 버릇은 사회에서 공인하고 즐겨온 성도착 행위의 표본이다. 흥미롭게도, 여성들도 이와 비슷하게 남자를 꼬집는 데 흥미를 표출하는 경우가 있는데, 어찌나 열정적인지 남자를 울긋불긋 멍투성이로 만들기도 한다. 성적 흥분 상태에서 피부 감각은 온통 민감해진다. 게다가 일상에서라면 고통스러울 자극이 극도의 쾌감으로 다가올 수도 있다. 여성에 따라서는 오르가슴이 한창인 순간 자기를 때려달라고 부르짖으며 그 결과 얻어낸 통증을 즐기기도 한다. 이때 통증은 어김없이 피부를 겨냥하며 피부에서 경험된다. '사랑의 깨물기'•에 탐닉하는 여성들도 있다. 판 더펠더는 말한다. "사랑의 깨물기는 남성보다는 단연 여성이 몰두하는 행동이다. 성적 결합을 기념하고자 남자 어깨에 비스듬히 이빨 자국을 남기는 건 열정적인 여성에게는 전혀 특별한 일이 아니다. 이 같은 여성의 깨물기는 하나같이 성교 시 또는 성교 직후 일어나는 반면, 좀더 부드럽고 가볍거나 적어도 덜 선명한 사랑의 깨물기는 일반적으로 남성들의 몫으로, 전희 또는 성교를 다 마치고 종지부의 일환으로 이루어진다. 상대 여성의 팔에 퍼런 멍 자국이 많다면, 남성이 정서적으로 몹시 불안정하다는 증거다." 판 더펠더는 성행위 동안 여성이 깨무는 버릇은 주로 초인적일 만큼 격렬하게 입맞춤하고 싶은 욕망에서 비롯된다고 믿는다. 이를테면, 피부에 영원히 남을 징표를 새

• 사랑의 깨물기love-bite: 연인이 사랑을 나누며 상대를 깨물거나 빠는 행위 또는 그 자국.

기고 싶다는, 강렬한 촉각 자극을 각인하고 싶다는 소망인 셈이다. 판 더펠더는 말한다. "전희가 무르익으면서 아주 가볍고 또 섬세하며 부드럽고 예리한, 그러나 결코 진짜로 아프지는 않은 애무의 꼬집기를 남녀가 주고받을 때, 특히 이것이 재빨리, 인접한 부위로 이어질 때면, 이를 행하는 쪽이든 당하는 쪽이든 유달리 날카로운 성적 쾌감을 느끼게 된다."(155쪽)[53] 이런 상황에서 정상과 비정상은 경계가 애매해지는데, 헨리 해블록 엘리스와 동료들은 이를 주제로 훌륭한 논의를 펼친 바 있다.[54]

성생활이 비정상인 사람들은 피부 질환에 시달리고 있는 경우가 유독 많은데, 이러한 상관관계는 여기에 정신신체학상의 원심적 요인은 물론 구심적 요인이 작용하고 있음을 암시한다. 이 같은 추론은, 이상異常 성생활자들이 자신의 성적 갈등을 해소하려 할 때 그 노력을 엄마 또는 엄마 대리와의 친밀하고 듬직한 수동적 관계를 공고히 하는 데 집중한다는 사실로도 뒷받침된다.[55] 이런 사람들은 십중팔구 어린 시절 엄마로부터 적절한 보살핌을 못 받았으리라고, 그리고 그 결과 특히 피부를 통한 적절한 의사소통의 결핍에 시달렸으리라고 추정해볼 수 있다.

앞서도 언급했듯, 타인의 성기나 성행위 등을 지켜보기를 즐기는 습관scopophilia은 시각적 쾌감의 탐닉을 뜻하며, 심할 경우 도착에 이

• 이 문장에서는 scopophilia와 voyeurism 두 용어를 따로 사용하며 특히 voyeurism만을 성도착증으로 간주하고 있는데, 보통은 scopophilia와 voyeurism 둘 다 관음증으로 해석된다. 그럼에도 이 문장에서처럼 굳이 구분한다면, scopophilia는 타인의 성기나 성행위 등을 누가 알거나 혹은 모르거나 대놓고 관찰하기를 즐기는 습관이나 증상으로, voyeurism은 상대방이든 제3자든 아무도 몰래 관찰하기를 즐기는 병증으로 이해할 수 있다. 또한, 성감을 느끼는 사람 입장에서 능동적이냐 수동적이냐, 곧 내가 보아서 성감을 느끼느냐 누가 나를 봐줘서 성감을 느끼느냐에 따라, 관음증voyeurism을 능동적 관음증active scopophilia으로, 노출증exhibitionism을 수동적 관음증passive scopophilia으로 일컫기도 한다.

르러 관음증voyeurism으로 나아갈 수도 있다.• 관음증은 오로지 성기만을 대상으로 삼을 수도 있고, 역겨움에 매달리는 증상과 연관되기도 하는데, 배설 작용을 관찰하는 경우가 이에 해당된다. 또한 성행위 달성의 준비과정에 그치지 않고, 노출증에서와 같이 성행위를 아예 대체하는 행위가 될 수도 있다.[56]

생후 첫 1년 동안, 사물을 바라보고 만지고 입으로 가져가는 행위는 서로 밀접하게 연관되어 있는데, 그 가운데서도 바라보기와 만지기 사이의 관계는 특히 밀접하다. 배뇨와 배설은 기분 좋은 해소의 경험이거니와 따스한 느낌까지 준다. 그러나 만약 구순 욕구가 불만족스럽게 충족되고, 그 결과 채워지지 않는 욕망으로 인해 허기 및 탐식이 반복되며 이러한 악순환이 일으킬 해로운 측면에 대한 공포에 시달리게 되면, 시각활동은 이와 비슷한 강박과 탐욕의 성질을 띠다가 나중에는 갖가지 복잡한 억제 체계의 보호까지 받게 되곤 한다.[57] 곧 리비도와 관련된 구순, 항문, 촉각, 시각의 작용이 조화롭게 통합되지 못하고, 무질서한 역기능적 관계를 맺게 된다. 그 결과 바라보기는 관음증이나 갖가지 노출증에서처럼 성욕의 정상적 배출구를 대체하기에 이르는데, 고통을 가하겠다는 욕구의 유무와 상관없이 정상적인 만지기가 꼬집기나 긁기, 물기 등 비정상적 형태로 뒤틀리는 현상과 같다. 노출증이라도 여성은 보통 음부를 피해 유방이나 엉덩이를 드러낸다. 이것은 물론 여성 대부분의 수천 년에 걸친 습성을 반영하듯 변덕스런 유행에 좌우되어왔다. 고대 크레타 섬에서는 유방 노출이 관례였으며, 서구세계에서는 여러 시대에 엉덩이와 유방에 관심을 끌기 위한 방편이 갖은 변천을 거쳐가며 제가끔 인기를 누려왔다. 하지만 최고로 대담해 보이는 시도는 단연 외부 성기에 주목을 끌겠다는 것으로 1960년대의 발명품, 이름하여 미니스커트가 그것이다. 상반신을 드러낸 옷차림은 유행까지는 타지 못했어도, 속이 훤히 비치는 블라우스는 제한적이나마 인기를 누려왔다.

그러나 이러한 현상들을 성장애의 병리학적 증거로 해석할 수는 없다. 노출이라는 표현으로 증명되는 바는 애정을 향한 욕구다. 서구세계에서 사랑은 성교와 동일시되어버렸기 때문에, 성적 매력이 '사랑'을 획득하는 일종의 수단으로 자리매김한 것이다. 이런 식이라면 사랑은 말 그대로 '피상皮相'에 머물며 맨살을 많이 드러내는 여성일수록 한층 더 사랑스러워진다. 이런 현상의 이면에 자리한 이른바 능동적 관음증은 서구세계 남성 대부분에게 해당된다. 이들은 여체를 타고 흐르는 유려한 곡선에 각인된 미감美感에 기초해, 해를 좇는 해바라기처럼 여성이 주도하는 대로 시선을 고정한다. 나신裸身을 좇는 시선. 이런 경우 궁극의 관심사는 피부라기보다 성교다. 그러나 진정한 노출주의자는 나신이라면 짐짓 질색하는 체하며 자기 자신이나 아내가 남의 알몸을 보는 것을 일체 용납하지 않을 수도 있다. 잘 알려져 있다시피 이런 유의 금욕적 태도가 노출주의 가족들의 특성이기도 하다. 노출주의 가정의 아이가 어린 시절 내내 피부 및 피부와 관련된 자극의 결핍에 시달리는 일은 흔하다.

스트리퍼가 된 동기動機들을 살펴봐도 우리의 관점은 타당해 보인다. 스키퍼와 매케이는 스트리퍼 35명을 연구하여 60퍼센트가량이 결함이 있거나 또는 불안정한 가정 출신임을 밝혔는데, 이들 집에는 모두 어떤 식으로든 부적절한 아빠가 있었다. 아빠로부터 받는 반응이 부실했던 탓에 이 소녀들은 아빠를 대신할 무언가를 찾아 거기에 안주해야만 했다. 스트리퍼가 되어 옷을 벗으면서까지 구하는 바가 결국 아빠가 주기를 거부했던 관심과 애정일 수도 있는 것이다. 연구 대상으로 삼은 스트리퍼 가운데 50~75퍼센트는 여자 동성애자로 추산되었다. 스트리퍼들 마음속에는 아직까지도 어린 시절 부모에게 거부당하며 느꼈던 감정이 고스란히 자리해 있다는 우리의 주장을 더욱 뒷받침해주는 결과다.[58]

아나톨 브로이어드는 아빠 역할에 대한 어느 책에서 무언가 가슴 저미는 비극을 포착하고는, 서평에서 이렇게 말했다. "아빠가 아빠다운 모습으로 나타나 딸의 현 상황을 바로잡아주는 모습은 상상만으로도 즐겁다. 추잡한 극장이나 유흥업소 안, 악단이 끈적한 분위기로 「당신에게 홀딱 반했어요I've Got You under My Skin」를 연주하는 가운데 스트리퍼는 알몸으로 무표정하게 서 있다. 그때 어느 중년 남성이 무대로 뛰어올라 그녀가 도로 옷을 걸치도록 도와준다."[59, 60]

좋은 접촉과 나쁜 접촉

1984년, 워싱턴 소재 국립아동학대문제연구소에서는 지난해 학대당한 아동이 100만 명 이상이라고 보고했다. 최소한 여아의 30퍼센트 및 남아의 10퍼센트가 18살 이전에 성추행을 겪는 것으로 보인다. 언론에는 아동 성 학대 사건이 하루가 멀다 하고 보도된다. 이러한 기사들은 부모들 사이에 자녀를 사랑해서 한다는 행동이 사실상 그릇되었을 수도 있다는, 그렇기에 어쩌면 자녀를 안거나 자녀에게 입을 맞춰서도, 아니면 어떤 식으로든 만져서는 안 될지 모른다는 우려를 확산시켜왔다.[61]

사랑과 성교, 애정 어린 손길과 이와 다른 의도의 접촉을 제대로 구별하지 못하는 사회에서라면 이러한 우려는 마땅하다. 하지만 누군가를 진정으로 사랑할 줄 아는 사람이라면 자기 자녀에게든 다른 누구에게든 애정의 표시로 한 행동을 두고 염려할 필요가 없는 법이다. 물론, 성감대는 피해야 한다. 여기에는 입술과 젖꼭지, 외부생식기, 궁둥이가 포함되는데, 특히 입술은 성감대이기도 하지만 입맞춤으로 병원체가 옮아갈 수도 있기 때문에 조심해야 한다. 그렇다고 목욕시킬 때까지 성감대를 피하느라 애써서는 안 되겠으나, 다만 그곳에 주의를 집중하지는 말아야 한다.

산업화와는 거리가 먼, 흔히들 말하는 '원시사회'에서라면 이런 충고는 터무니없다며 비웃음을 사고도 남았으리라.[62] 원시사회의 사람들은 이 세상의 소위 '문명인'처럼 이런 문제들을 두고 혼동하지 않았기 때문이다. 서구사회 성원 누구나 아이를 만질 수는 있지만 그것이 성적 의미를 내포하는 행위여서는 안 된다는 것쯤은 알고 있다. 부모든 누구든 이런 사실만 염두에 둔다면, 우려할 일이 없다. 부모가 자녀와 함께 자거나 목욕한다고 해서 무엇이 잘못이겠는가. 어떤 행위든 옳고 그름은 결국 부모의 동기와 아이가 그 행위에 대하여 어떻게 느끼게 되느냐에 달려 있다.

남녀의 촉각 차

성별에 따른 촉각 차이는 태어나는 순간 분명해지는데, 여아는 남아보다 촉각 및 통각 문턱값이 더 낮으며 이러한 차이는 살아가는 내내 유지된다. 나이를 불문하고 여성은 남성에 비해 촉각 자극에 훨씬 더 민감하여, 시각 자극 의존도가 높은 남성에 비해 여성은 성 충동 역시 촉각에 크게 좌우된다. 이 같은 차이는 적어도 부분적으로는 유전에 기인한다고 보이나, 촉각 민감도가 문화의 영향을 받는다는 사실 또한 의심할 여지가 없다.

남아는 여아에 비해 접촉이나 대화에 덜 반응하기에, 부모는 대화든 접촉이든 남아보다는 여아를 상대로 해야 더 보람되다고 여길 가능성이 크다. 또한 생후 몇 달이 채 안 되었을 때부터 여아는 남아에 비해 얼굴에 한층 더 관심이 많다. 오리건대의 베벌리 패것은 성별에 따라 유아의 놀이에 나타나는 차이를 연구하여 부모 행동과의 관계를 밝혔다. 패것에 따르면 아빠 엄마 모두 여아보다는 남아와 더 많이 놀아주었으나, 역설적이게도 또한 여아에 비해 남아를 더 자주 홀로 두었다. 이처럼 홀로 남겨지는 일이 잦기 때문에 결국 남아의 독립성이 여아를 능가하게 되는지도 모른다.[63]

촉각 자극은 남성에게보다 여성에게 훨씬 더 중요하다. 프리츠 칸은 말한다. 신체 접촉은 여성에게 지극한 친밀함을 나타내는 행위로, 상대를 광범위하게 용인한다는 뜻이다. 그렇기에 친밀한 관계를 거부한다는 의사를 분명히 했음에도 남자가 이를 무시하고 자기를 만진다면, 여자는 화가 치밀어 이처럼 기죽이는 말로 남자를 내치는 것이다. '어디라고 감히 손을 대!'[64]

'여성의 손길'•과 같은 항간의 의미심장한 어구가 말해주듯, 남달리 예민한 여성의 촉각은 그 인식의 역사가 매우 길다.

촉각과 관련하여 남녀 간에 보이는 또 하나의 차이는 성도착증,

• 여성의 손길feminine touch: 저자의 해석대로라면 여성의 촉각이 예민하다는 인식으로부터 이 어구는 탄생했다. 그 후 섬세함으로 대표되는 여성의 손길 등으로 의미가 확장되었다고 보인다. 여성의 손길이라고 하면 우리나라에서도 여성적 특성을 나타내는 은유가 된다. touch는 일차적으로 촉각이라는 뜻이다.

곧 오르가슴에 도달하고자 부적절한 자극에 강박적으로 집착하는 증상이 여성에 비해 남성에게 월등히 많다는 사실이다.[65] 성도착증에는 이런 것들이 있다. 시체성애증(시체에 끌림), 노출증(성기 노출), 대변기호증(대변에 의한 흥분), 피학증(고통에 의한 쾌감), 오줌성애증(상대가 자신에게 소변을 봄으로써 흥분), 음담성애증(음담淫談을 들음으로써 흥분),• 음화성애증(사진이나 그림을 봄으로써 흥분), 동물성애증(동물에 의한 흥분), 관음증(훔쳐보기), 가학증(고통이나 징벌을 가함으로써 흥분), 프로타지(주로 붐비는 장소에서, 오르가슴에 도달하고자 다른 사람 몸에 자기 몸을 문지르는 행위). 이 같은 성도착증들은 주로 남성의 전유물이다. 여성에게 성도착증은 드물뿐더러 있더라도 거의 촉각과만 관계하는데, 동성애에서처럼 같은 여성을 느끼거나 만짐으로써 흥분하는 증상이나 동물성애증에서처럼 애완동물을 느끼거나 만짐으로써 흥분하는 증상을 들 수 있다. 도벽이 있는 사람이 도둑질에서 쾌감을 느끼듯, 남의 애인을 빼앗거나, 임신한 기분을 일으키는 주사제••를 맞는 행위도 여성에게는 성적 흥분제일 수 있다. 결국, 여성은 촉감과 접촉이 동반되어야만 흥분하는 반면, 남성은 상대방과 어느 정도 거리를 둔 상태에서 성적 매력을 느끼게 된다는 말이다.

• 음담성애증narratophilia: 본문에는 음담을 들음으로써 흥분되는 증상이라고만 되어 있으나, 상대에게 음담을 들려줌으로써 흥분되는 증상도 포함한다고 알려져 있다.

•• 호르몬 분비에 영향을 미쳐 마치 임신한 듯한 효과를 내는 정맥 주사제를 뜻하는 말로, 영국 소설가 올더스 헉슬리의 1932년 출간 소설 『멋진 신세계Brave New World』에 처음 등장했다고 알려진다.

남녀 간 촉각 경험 차

미국을 제외하면, 문명사회 남녀의 촉각 경험 차이에 대하여는 알려진 바가 거의 없다. 마거릿 미드는 미국 엄마들이 아들보다는 딸과 더 가깝다는 사실에 주목한 바 있는데, 이제껏 숱하게 확인되어 온 현상이기도 하다. 일례로, 골드버그와 루이스는 한 살배기의 경우 여아가 남아에 비해 엄마에 대한 애착 행동을 좀더 많이 보인다는 사실을 발견했다. 또한, 이 나이에서는 남아든 여아든 애착 행동의 양이 엄마가 제공하는 접촉의 양과 상관관계를 보였다.[66] 골드버그와 루이스는 아이의 애착 행동은 엄마와 가까이 있고 싶은, 엄마를 만지고 싶은 욕구이자 엄마가 떠나지 말았으면 하는 바람을 반영한다고 해석한다.[67]

에릭슨은 임상 경험을 바탕으로 미국 엄마들이 "어린 아들에 대한 (…) 성적, 정서적 자극을 피하고자 지나치게 애쓴다"며 이런 현상을 두고 "모성애의 의도된 결핍"이라고 설명한다.[68] 시어스와 매코비는 미국의 아이 키우는 부모를 대상으로 한 사후 연구[69]에서, 부모들이 남아보다는 여아에 대한 애정 표현이 더 후하거니와 엄마들은 남아보다는 여아의 임신에 한층 더 만족스러워하는 듯하다고 밝혔다. 또한, 뉴잉글랜드 지방 어느 소도시에서 진행한 피셔 팀의 연구에서와 마찬가지로, 여아는 남아보다 젖을 늦게 뗀다고 밝혀졌는데, 이처럼 늦은 이유離乳는 여아가 좀더 너그럽게 대해진다는 사실을 암시한다.[70] 클레이 또한 미국에서 엄마-유아 촉각 상호작용을 연구하여, 여자아이는 남자아이에 비해 촉각 자극을 더 받는다고 밝혀냈다. 피츠버그대 간호학과 부교수 레바 루빈이 받은 인상은 이렇다.

"남아는 여아보다 덜 어루만져주는 경우가 흔하다. 손길도 덜 주고 안고 있는 시간도 더 짧다."[71] 여자 아기들은 또래 남아에 비해 부드럽든 거칠든 누군가의 손길에 대한 반응성이 뛰어날뿐더러, 몇 분 만에 상대방 얼굴에 관심을 보이는 등 얼굴에 대한 관심도 또래 남아를 앞선다.[72]

적어도 부분적으로는, 접촉 경험의 이 같은 차이로 말미암아 미국에서 남성이 여성보다 접촉과 관련하여 훨씬 더 경직된 태도를 지니게 되었을 수도 있다.[73]

한편, 외향적인 사람은 촉각 체계가 더 민감하며 성적 흥분도 비교적 강렬하게 겪는다.[74]

쌍둥이와 접촉

쌍둥이들은 단독으로 태어난 아기들보다 손길을 적게 받는 것 같다는 사실 또한 흥미롭다. 리턴, 콘웨이, 소브는 생후 25~35개월 된 쌍둥이 남아 46쌍(일란성 17쌍, 이란성 29쌍)과 쌍둥이가 아닌 남아 44명을 비교한 연구에서, 쌍둥이가 아닌 아이의 부모가 자신의 아이에게 포옹이나 인정認定 등의 비교적 '긍정적인 행동'을 포함해 애정 표현이 더 후했으며, 이 부모들은 쌍둥이를 둔 부모들보다 자녀에게 훨씬 더 많은 말을 건넸다고 밝혔다. 더욱이 이 부모들은 사리를 따지고 제안하는 일을 비롯해 명령 및 금지를 포함하는 '통제 행동' 또한 더 자주 했다. 결과적으로 쌍둥이들은 쌍둥이가 아닌 아이들보다 말수도 적고 어휘 활용 면에서도 비교적 미숙했다. 쌍둥이는 둘을 동시에 길러야 하는 탓에 이로 인한 부담으로 부모가 쌍둥이 각각에게 쏟는 시간과 에너지가 줄어드는 듯한데, 문제는 이로써 쌍둥이가 받는 영향이 지대하다는 것이다. 또한, 형제 간 터울이 좁을수록 동생의 지능 발달이 악영향을 받는다고 알려져 있는 만큼, 쌍둥이 각자가 받는 영향은 터울이 극단적으로 좁은 형제 각자가 받는 영향으로 이해될 수도 있다.

제7장

성장과 발달

인간은 성장의 동물이므로,
발달은 곧 그의 생득권이다

작자 미상

성장은 규모의 증가다. 발달은 복잡성의 증가다. 접촉 경험이 유기체의 이러한 성장과 발달에 맡은 바 역할이 있다면, 그것은 무엇일까? 동물 전체로 보든 인간에게 한정하든 답은 아주 확실하다. 접촉 경험이 포유류 전반의 성장·발달에 본질적으로 중요하다는 사실은 지금까지의 연구가 증명한다. 어쩌면 이는 비포유류에게도 해당될 지 모른다.

로런스 캐슬러는 모성박탈의 악영향이 촉각을 비롯해 시각, 어쩌면 전정감각에 이르는 지각 박탈의 결과일 수도 있다는 데 주목했다.[1] 이는 볼비와 그 동료들 또한 매우 훌륭하게 논의했던 바이다. 전정은 내이 중앙에 자리하여 앞쪽으로는 청각에 필수 기관인 달팽이관과, 위쪽 및 뒤쪽으로는 평형감각 기관인 반고리관과 이어져 있다.[2] 지각 박탈이 발생한다는 데는 물론 의심의 여지가 없으나, 이는 단지 사회 경험의 박탈을 이야기하는 또 다른 방식일 따름이며, 이를 이루는 요소들은 복잡하다. 모성애의 성분들과 관련해 지금껏 학습을 통해 기존 인식을 초월해온 만큼, 이제 우리는 모성애를 생화학, 생리, 운동학, 청각, 시각, 청각, 후각 및 기타 요인들의 기능과 연결해 설명할 수 있어야 하리라. 일단, 우리는 인간을 제외한 동물들을 관찰한 결과로 미루어, 여기서의 주요 관심사인 접촉 경험이 인간의 성장·발달에 어떤 식으로 영향을 미치는지에 관하여 중대한 통찰을 얻을 수도 있다. 따라서 이번 장에서는 인간 이외에 동물들을 대상으로 밝혀진 사실들을 고찰한 뒤, 이로부터 촉각 경험이 우리 종족에게도 영향을 미친다는 증거들을 도출하고자 한다.[3]

인간을 제외한 동물들에게서 드러난 증거

콜로라도대 의과대학 존 D. 벤저민 박사가 진행한 일련의 연구에서는, 쥐 20마리를 한 집단으로 하여 음식이며 생활 조건은 똑같이 제공하는 가운데, 실험 집단은 연구자가 어루만지고 다정하게 껴안아주되 통제 집단은 매정하게 대했다. 어느 연구자의 말이다. "우습게 들리지만, 어루만져준 쥐들은 더 빨리 배우고 더 빨리 자랐다."[4]

우습게 들리기는커녕 우리에게는 지당한 결과다. 살아 있는 유기체의 성장과 발달은 외부세계의 자극으로부터 엄청난 영향을 받는다. 이처럼 외부로부터의 자극은 학습에 관계하는 게 분명한 만큼, 대부분 즐거워야 한다. 따라서 우리의 예상대로, 이유기 이전 어루만져준 동물들은 일절 어루만져주지 않은 동물에 비해 이후 개방형 상자 실험에서 감정에 덜 휘둘리고 배변, 배뇨도 원활할뿐더러 낯선 환경의 탐험에도 한층 더 적극적인 경향을 보인 것이다.[5] 또한 어루만져준 동물들은 조건회피반응• 학습에서도 우월하다. 이유기에 앞서 어루만져준 결과 뇌 중량 증가 및 피질 및 피질 하부 발달이 촉진된다.[6] 다정하게 양육된 쥐는 그렇지 않은 쥐에 비해 뇌에 콜레스테롤과 효소인 콜린에스테라아제도 더 많다고 밝혀짐으로써, 신경 발달, 특히 신경섬유를 감싸고 있는 지방 덮개인 말이집 형성 면에서도 더 앞서 있음을 보여준다.

활력, 호기심, 문제 해결력에서도 다정하게 어루만져서 기른 쥐는 그렇지 않은 쥐를 앞지른다. 어루만져준 쥐들이 지배적 성향도 더 강하다.[7, 8]

골격을 비롯해 신체 성장 면에서도 어루만져준 쥐들이 그렇지 않은 쥐를 앞질러서, 먹이를 소화하고 흡수하는 능력이 더 뛰어나다는 사실을 알 수 있으며, 앞서 인용한 실험 결과가 증명하듯 어루만져준 쥐들은 스트레스 상황에서 감정에 덜 휘둘린다.[9, 10](이 책 64~65쪽 참조) 성체가 되었을 때, 영유아기에 다정하게 어루만져준 쥐들은 어루만져준 적이라곤 없던 쥐들보다 면역 체계가 한층 더 효과적으로 발달해 있다는 사실[11] 또한 일찍이 주목받은 바 있다. 이는 사실 굉장히 놀라운 결과다. 왜 그런지 현재까지 그 원리는 명확하게 밝혀지지 않았으나, 환경 반응 호르몬이 흉선 기능 발달에 영향을 미치기 때문일 수 있다는 주장이 제기되어왔다. 흉선은 면역력 형성에 중대한 역할을 담당하기 때문이다.[12] 면역력 조절에 관여한다고 알려진 부위인 시상하부 또한 일정한 역할을 담당할 수 있다.(이 책 5장 참조)

- 조건회피반응conditioned avoidance response: 종이 울릴 때마다 먹이를 주는 등 조건자극을 반복하면 종소리를 긍정적 자극으로 인식해 종소리만 들어도 군침을 흘리는 조건반응을 학습한다. 그러나 반대로 종이 울리거나 어떤 행동을 할 때마다 전기충격 따위의 고통을 가한다면 종소리를 듣는 순간 다가올 자극을 피하거나 자극 유발 행동을 자제하는 반응을 학습해야 하는데, 이처럼 부정적 자극이 발생하기 전에 피하거나 발생하지 못하게 막는 반응을 조건회피반응이라고 한다.

다정하게 어루만져주면 뇌하수체-부신계, 곧 신체 경보반응 체계의 성숙을 촉진한다.[13] 이를 뒷받침하듯, 영유아기 때 어루만져준 쥐들은 그러지 않은 쥐에 비해 전기경련 충격 뒤 회복력이 월등히 좋다.[14]

유기체 발달 거의 어느 면에서나 어린 시절 촉각 자극이 이후의 촉각 자극보다 한층 더 중요하다고 예상할 수 있는데, 실제 실험을 통해 증명된 사실이기도 하다. 일례로, 러빈은 배설을 포함해 전반적 활동 등을 기준으로 볼 때, 어루만져준 쥐가 그렇지 않은 쥐보다 정서적으로 더 안정되어 있다고 밝혔다. 심지어, 학습 및 기억력에서도 보통보다 더 많이 어루만져준 쥐들이 아예 어루만져주지 않은 쥐는 물론 보통으로 어루만져준 쥐보다 더 우수하다.[15, 16]

라르손은 다 자란 숫쥐를 반복해 어루만져주면 암쥐에 대한 성적 반응성이 향상된다고 밝혔다. 어루만져주면 사춘기를 수일 앞당기는 듯했다.[17] 1분에 두 번씩, 한 차례에 몇 초간 어루만져준 준 숫쥐들을 암쥐 사이에 내려놓고 관찰한 결과, 암수 교접 간격이 짧아져서 사정 횟수가 시간당 3.7회에서 5.3회로 늘었다. 어루만져준 결과 성활동이 크게 증가한 것이다.[18]

유전적 요인이 만지거나 쓰다듬어주는 행위에 반응하는 동물의 행동 구조에 영향을 미친다는 데에는 의심할 여지가 거의 없겠으나, 모든 동물이 만지거나 어루만져주면 호의적으로 반응하거니와 이런 접촉 경험이 전무한 동물들보다 어떤 시험이나 실험에든 더욱 효과적으로 대응한다는 사실 또한 명백한 증거가 뒷받침해주고 있다.[19] 유리 브론펜브레너는 이를 아주 잘 요약했다.

> 첫째, 일반적으로 촉각 자극은 유기체의 생리 및 정신에 이롭다. 이러한 사실은 만져준 유기체가 이후 스트레스를 견디는 힘과 전반적 활

동 수준, 학습 능력이 향상되는 현상으로 증명된다. 둘째, 차후 영향력 면에서 누군가가 자신을 만져주는 경험의 발생 여부는 생후 첫 열흘 동안이 가장 중요하지만, 동물 실험에서는 생후 50일까지가 이러한 경험 여부가 중대한 기간이라고 보고된 바 있다.[20]

유기체 차원에서 성장과 발달은 내분비계 및 신경계라는 두 요인에 좌우된다. 익히 알려진 바와 같이 감정 역시 유기체의 성장 및 발달에 영향을 미칠 수 있는 요인으로, 호르몬 변화가 주된 원인이다. 적절한 접촉 경험을 누린 동물이라면 그런 경험이 없는 동물들과는 여러 면에서 아주 다르게 반응하게 된다는 뜻이다. 둘 사이의 차이는 따라서 감정, 신경, 분비샘, 생화학, 근육, 피부 변화 면에서 측정 가능할 것이다. 만져준 동물과 만져주지 않은 동물을 검사한 결과 드러난 차이는 예상 그대로, 만져준 동물이 만져주지 않은 동물보다 모든 측면에서 우월했다.[21]

마땅히 유추할 수 있는 결론은, 제대로 어루만져주지 않으면 동물은 정서적으로 불만에 찬 생물이 된다는 것이다. 촉각 자극 욕구는 여태껏 기본 욕구로 간주된 적이 없다. 기본 욕구란 유기체가 살아남으려면 반드시 충족되어야 하는 욕구로 정의된다. 그렇다면 촉각 자극 욕구는 기본 욕구임에 틀림없다. 유기체가 살아남으려면 반드시 충족돼야만 하기 때문이다. 피부 자극이 일체 중단된다면, 유기체는 죽을 것이다. 피부가 박탈된 유기체는 살 수 없다. 물론 우리의 일반적 관심은 피부 자극 유무로 인한 전반적 결과를 넘어, 유기체가 반드시 받아야 하는 피부 자극 및 그것의 양과 질, 빈도, 민감기敏感期와 같은 구체적인 문제에 있다. 방대한 증거로 확인되는 사실은, 피부가 있는 모든 유기체에게는 발달에 결정적 영향을 받는 민감기가 있으며, 유기체가 건강하게 발달하려면 이 기간에 표피가 충분히 자극받아야 한다는 것이다.

거두절미하면, 결정적 시기는 이유기 이전이다. 신생아기인 이때 갓 태어난 아기는 자기 삶에 들어온 낯설고 복잡한 존재 방식을 불안정한 상태로 맞닥뜨리고 있기 때문이다. 뒤집어진 바람에 딛고 설 땅을 상실한 딱정벌레나 다를 바 없다. 아기는 자신이 안전하다는 증거를 감지하기를 원한다. 아기가 감지할 수 있는 증거란 바로 다른 사람 신체와의 바람직한 접촉, 자신을 안심시켜주는 접촉이다.[22]

영유아에게서 드러난 증거

영유아기에 이루어지는 신경계 초기 발달은 대부분 유아가 받는 피부 자극 유형에 달려 있다. 건강한 발달에 피부 자극이 필수 불가결하다는 사실에는 의심의 여지가 있을 수 없다. 다음은 클레이의 말이다.

> 말초 기관인 피부의 자극 및 접촉 욕구는 평생 존재하지만, 애착반사 초기 단계에 가장 강렬하고도 결정적이다. 리블은 이렇게까지 말한다. 이 시기에 유아의 신경계는 정해진 자극을 섭취해야만 한다. 어린아이에게는 구강을 통해서든 피부를 통해서든 감각 욕구를 만족시켜줘야 할 최적기가 있는 게 분명하다.[23] 촉각 학습에 막중한 시기로 말을 떼기 이전을 꼽는 이유도 여기에 있다. 이 시기부터 접촉 욕구가 감소하지만, 그럼에도 촉각 자극은 여전히 인간이라는 유기체의 연령별 발달 욕구에 맞춰 필히 주어져야 하는 자극이다.[24]

증거가 가리키는 바는 분명하다. 피부는 인간 아기 제일의 감각 기관으로 성장·발달의 지속에 애착반사기의 촉각 경험은 극히 중요하다. 이는 다양한 방식으로 확인할 수 있겠으나, 적당량의 촉각 자극을 받은 아기와 그렇지 못한 아기의 촉각 민감도 성장·발달을 비교해볼 때 가장 확연히 드러날 터이다.

도롱뇽의 뇌와 신경계는 말초 자극에 대한 반응을 통해 발달을 완성해가는데, 인간의 뇌와 신경계도 이와 다름없다고 믿을 만한 충분한 근거가 있다.[25]

애로는 어릴 적 엄마의 보살핌이 아기에게 미치는 영향을 다룬 어느 연구에서, 아마도 가장 기막힌 발견은 엄마의 자극이 생후 첫 6개월에 걸친 아기의 발달과정에 미치는 영향의 크기일 것이라고 말한다. 엄마가 아기에게 주는 자극의 양과 질은 엄마의 지능지수와 밀접하게 관련돼 있었다. 애로는 말한다. "이 자료가 암시하는 바는 엄마가 다량의 강렬한 자극을 제공하며 발달에 필요한 기술을 익히도록 격려해줄수록 아기의 발달은 탄력을 받게 된다는 사실이다." 이러한 사실은 양육 시설 아이들의 발달 지체를 일으키는 요인이 다름 아닌 유아기 초반 자극 박탈이라는 결론을 보강해준다고 그는 주장한다.

애로는 또한 몇몇 아이에 관하여 보고하며, 영유아기 접촉 결핍의 결과 아이는 엄마와의 관계에서조차 접촉을 영 껄끄러워하는 등 장애를 보였다고 밝힌다.[26]

프로벤스와 립턴은 영유아 대상 연구에서 시설 아기 75명과 가정에서 양육되는 아기 75명을 비교하여, 시설 아기들은 누군가가 안아주면 특이 반응을 보이며 평소 몸을 마구 흔들어대는 습관이 있는데다, 주로 조용하고 지나치게 오래 잔다는 사실을 발견했다. "이 아이들은 어른 품에 안기는 자세가 애초에 너무 어색해서 껴안아줄 맛이 나지 않았다. 누가 봐도 유연성이 부족해 (…) 마치 목각 인형 같았다. 물론 몸이 잘 움직이고 관절도 제대로 쉽게 꺾였으나 뻣뻣하기가 꼭 나무토막을 안고 있는 느낌이었기 때문이다." 생후 5~6개월 무렵이면 이 아이들 대부분에게서 제 몸 흔들기가 나타났으며 8개월이 되자 모든 아이에게 이런 버릇이 생겼다. 프로벤스와 립턴은 몸 흔들기를 네 가지 유형으로 나눴다. (1)좌절감에 대한 정상 반응으로 일시적 흔들기, (2)어느 정도든 모성박탈에 시달린 아이들의 자기성애 행위로서의 흔들기, (3)유아 정신병을 앓는 아동들의 자기 침잠을 동반한 초몰입적 흔들기, (4)욕구 배출 또는 자기 자극용 흔들기.[27]

메닝어정신병원의 셰브린과 투시엥은 청소년 환자들의 이상 접촉 행위를 관찰하고는, 유아기 초반에 요구되는 최적의 촉각 자극이 있으며 이 환자들은 이유야 어떻든 영유아기에 그러한 자극을 받지 못한 것으로 추측했다. "이제껏 우리가 연구해온 모든 아동 환자들에게서 이런 중증 정신장애 병력이 발견되었다." 이들 연구자에 따르면, 영유아가 촉각 자극을 지나치게 적거나 많게 받으면, 갈등 발생으로 말미암아 정신 발달이 심각하게 저해된다. 나이를 불문하고 중증 장애 아동의 사고 및 행동을 연구하면 이러한 갈등과정을 추적할 수 있다. 이런 아동들이 접촉 욕구와 관련된 갈등에 대처하는 주요 방편은 억제 등의 심리적 방어가 아니다. 환경이나 신체 내부에서 비롯된 모든 자극에 대한 문턱값의 방어적 상승 또는 자신과 타인 간 신체 거리의 방어적 부동화浮動化다. 이 아이들이 그려내는 환상은 이러한 갈등의 강력한 증거로, 주로 친밀 욕구를 교묘하게 부인하는 형태를 취한다.[28] 하지만 그럼에도 촉각 자극 욕구는 끈질기게 존속한다. 셰브린과 투시엥의 가설에 따르면 제 몸 흔들기 따위의 특정 율동 행위는 문턱값의 과도한 상승에서 비롯된 촉각 자극의 완전한 상실을 방지하려는 몸짓인 것이다.

영유아에게 신체 접촉 욕구는 절실한 것이다. 따라서 이 욕구가 적절히 충족되지 못할 경우 다른 모든 욕구가 제대로 충족되더라도, 고통에 시달릴 수밖에 없다.[29] 허기와 갈증의 해소, 휴식, 수면, 배변 및 배뇨, 위험하고 고통스러운 자극의 회피와 같은 기본 욕구가 충족되지 못한다면 그 결과는 불 보듯 훤하기 때문에, 우리는 이들 욕구의 충족이 중요하다는 사실을 늘 의식하고 있다. 그러나 접촉 욕구가 충족되지 못할 경우 초래되는 결과는 우리의 인식 범위를 크게 벗어남으로써 대개 간과되어왔다. 그렇기에 아이가 건강하게 성장하고 발달하려면 접촉 욕구의 제대로 된 충족이 반드시 필요하다는 점을 이해하기 시작했다는 사실은 중요하다.

최근까지도 촉각 자극이 있고 없음이 아기의 신체적, 정신적 성장과 발달에 영향을 끼친다는 직접적인 증거는 많지 않았다. 직접적인 증거가 크게 부족하다고 여겨진 까닭은, 오로지 인간에게서만 그 증거를 찾으려고해온 데 있다. 앞서 확인했다시피, 우리에게는 인간을 제외한 동물들에게서 직접적으로 확보된 증거는 물론, 촉각 자극으로부터 영유아의 신체적, 정신적 성장이 받는 영향의 크기로 볼 때 인간이라고 해서 여느 포유류와 다를 바 없다는 증거 또한 충분하다.

접촉 욕구가 충족되지 못함으로써 인간 아기에게 초래되는 결과들은, 촉각 자극 박탈의 해악 및 영유아기 접촉 욕구 충족의 중대성을 여실히 보여준다.

모성박탈증후군은 엄마의 보살핌이 최소한도로 줄어든 결과로서, 다른 무엇보다도 상당량의 촉각 자극 박탈을 암시하고 있다는 데에는 의심할 여지가 없다. 흥미로운 점은, 모성박탈증후군에 시달리는 아이들의 피부는 거의 한결같이 생기 하나 없이 파리해서 건강한 아기의 야무진 장밋빛 피부와는 거리가 멀뿐더러 다른 여러 질환까지 안고 있다는 것이다.

패튼과 가드너는 엄마의 보살핌이 결핍되었던 아이들을 자세히 기록해 발표함으로써 이로 인해 아이들이 정신은 물론 신체적 발달과 성장에도 심각한 장애를 겪고 있음을 보여줬는데, 일례로 엄마의 보살핌을 받지 못한 어느 세 살배기 아이의 뼈 성장은 정상 아이의 정확히 절반에 불과했다. 지역을 막론하고, 정서적 보살핌이 결핍된 아동들이 신체 및 행동 발달에 심한 장애를 겪는다는 사실을 확인할 수 있는 문헌은 이제 차고 넘친다.[30]

이미 확인했다시피(이 책 274~275쪽 참조), 불리한 가정환경으로 말미암아 정서장애에 시달리는 아이들은 부신피질자극호르몬ACTH 및 성장호르몬 부족과 함께 뇌하수체저하증으로 고통받기 쉽다고 증명된 바 있다.[31] 이는 이런 아이들에게 가장 흔한 결함인 작은 키와 지적 장애를 일으키는 원인들이다. 이랬던 아이들을 바람직한 환경으로 옮겨주면 성장이 극적으로 빨라짐으로써 성장호르몬 분비가 정상을 되찾았음을 보여준다.[32]

촉각 자극 결핍의 생리 작용은, 엄마의 보살핌 결여 및 정서장애로 인한 생리 변화와 어떤 식으로든 연관되어 있는 게 틀림없어 보인다. 촉각 자극에서 비롯된 이러한 생리 작용들은 한데 모여 유일무이한 일련의 복잡한 과정들을 일으키는데, 그것은 한마디로 충격, 의학에서 말하는 쇼크라 하겠다.

출생이란 과정은 아기라면 예외 없이 겪는 기나긴 쇼크의 사슬이나 다름없으며, 엄마라면 마땅히 아기가 태어나는 즉시 제공하도록 되어 있는 다정한 어루만짐과 수유보다 이러한 쇼크의 영향을 완화할 수 있는 더 강력한 처방은 존재하지 않는다. 이처럼 엄마와의 접촉이 주는 안심 효과로, 출생 충격의 영향은 차차 완화된다. 하지만 이 같은 쇼크 완화 과정이 생략된다면, 아기는 출생이라는 충격적 경험의 여파에 갇혀 많든 적든 이후 성장과 발달에까지 영향을 받게 될 것이다.

쇼크의 본질과 영향에 관해서라면 우리는 불과 몇 년 전보다 대단히 유식해져 있다. 실제로 이제는 쇼크의 본질을 세포 차원에서 논할 만한 위치에 있다.

본질적으로 쇼크는 분자장애로서, 산소성 혈당 대사를 중심으로 대사장애를 일으켜 결국 불안감에 큰 몫을 담당하는 물질인 젖산량을 증가시키고 아미노산과 지방산, 인산을 산출한다. 산酸의 대사가 부족하면 용해소체라고 알려진 소화 및 용해 효소 주머니의 막이 파괴되어 세포 사멸로 이어진다. 세포가 의존하는 에너지인 아데노신삼인산ATP이 줄어들어, 결국 단백질 합성 및 세포막 펌프 기능 장애로 이어진다. 단백질 합성 장애는 성장을 저해하며 쇼크 내력耐力을 저하시키고 세포 펌프 기능 장애는 부종을 유발한다. 혈액순환이 더뎌지는 경향으로 혈압이 떨어져 적혈구가 교착하기 쉽거니와 신체 조직에 대한 산소 공급이 줄어듦으로써 결국 심장이 멎고 뇌가 더 이상 흥분하지 않을 때까지 전신 쇠약이 진행된다. 이것은 물론 완화되지 않은 쇼크의 극단적 종말이지만, 그럼에도 이 모두는 적절한 피부 자극을 받지 못한 아기들이 정도는 다를지언정 얼마간은 겪는 과정일 가능성이 매우 크다. 게다가 일반적 쇼크에서 이러한 과정이 대개 혈액량, 제산제, 산소, 코르티코스테로이드, 혈관확장제의 활용 및 포도당과 칼륨, 인슐린 등 에너지 생산에 관여하는 성분의 사용에 힘입어 역전될 수 있는 것처럼, 불충분한 피부 자극이 영유아에게 일으키는 결과 역시 아기가 필요로 하는 보살핌, 곧 다정하며 애정 어린 보살핌이 하나도 빠짐없이, 아기가 가장 완전하고도 즉각적으로 이해할 수 있는 형태, 즉 따스하게 어루만지고 보듬어주는 등의 촉각 자극 형태로 주어진다면 역전될 수 있다.[33] 접촉 욕구가 이처럼 충족되었을 때 아기가 누리는 효과는 어마어마하다는 뜻이다.

테멀린과 동료들은 평균 연령 9세인 언어장애 및 지적 장애 남아 32명에 대한 비교 연구 결과, 엄마의 적극적인 보살핌과 극대화된 피부 접촉을 경험하도록 해준 실험 집단 아이들이 그렇게 해주지 않은 통제 집단 아이들보다 체중이 현저히 증가했다고 밝혔다.

유아는 무엇을 느끼는가

만기 분만된 신생아에게 통각은 일반 촉감과 크게 다르지 않다. 맥그로는 다음과 같은 사실에 주목한다.[34]

> 생후 불과 몇 시간 또는 며칠 된 아기들 일부는 바늘로 콕콕 찌르기 따위의 피부 자극에 이렇다 할 반응을 보이지 않는다. 반응의 이 같은 부재가 감각 작용이 미발달한 탓인지 감각중추와 운동중추, 다시 말해 감각수용중추와 울음을 주관하는 중추 사이의 연결이 부족한 탓인지 알 도리는 없다. 이런 아기들이라도 대개 심한 압박 자극에는 제대로 반응한다. 그러나 어떤 경우든 이처럼 감각저하를 보이는 기간은 짧아서, 생후 첫 주 또는 열흘이 다 될 때쯤이면 아기들 대부분은 언짢은 피부 자극에 걸맞게 반응한다.[35]

피부 자극에 대한 신생아의 상대적 무감각은 여러 연구자의 주목을 받아왔다.

성장함에 따라 피부 감각수용기는 증가하여 분포 면적이 늘고 간격도 촘촘해진다. 그린에이커의 주장대로라면, 신생아의 민감도 감소는 부분적으로 출생 시의 감각 피로 탓일 수도 있다.[36]

출생 당시 아기의 촉각은 세분화되어 있지 않다. 신생아의 촉각은 임계점처럼 또렷한 경계로 나뉘어 있다기보다 하나의 덩어리로 존재한다.[37] 촉각에서 통각은 제대로 구분되어 있지 않은데, 영유아에게서 촉각 자극 식별력이 예리하게 발달하는 과정은 신경이 절단된 뒤 감각이 되돌아오는 과정과 거의 똑같다.[38] 이러한 생리에 대해서는 저명한 영국 신경학자 헨리 헤드가 제법 자세히 묘사했다. 되돌아오기 시작하는 시점에서 감각은 퍽 두루뭉술하게 느껴지는데, 헤드는 이를 두고 원시감각이라 칭했다. 처음에는 촉각 자극이 발생하는 부위를 이처럼 막연히 파악할 뿐이지만, 때가 되면 영역을 좁혀가기 시작해 결국 촉각 자극이 어느 지점에서 발생하는지 정확히 집어낼 정도로 예리해지는데, 이는 식별감각으로 칭한다. 출생 시 신생아의 촉각은 대개 원시적으로, 식별력이 자극 지점을 정확히 짚어낼 수 있을 정도로 발달하기까지의 과정은 더디게 진행된다.[39]

정밀 식별력은 대략 생후 7~9개월에 이르러서야 발달하기 시작해 12~16개월에 확실히 자리 잡는다.

유아의 피부 민감도는 제각기 다를 수도 있다. 에스칼로나의 말처럼 "이를테면 피부 의식意識, 즉 피부에서 유발되는 감각은 아기에 따라서 진종일 예리하고 빈번하게 경험될 수도, 그렇지 않을 수도 있다". 이어 에스칼로나는 이처럼 피부가 민감한 아기들은 지나치리만치 많은 관심과 손길을 받게 될 것이라고 지적한다. 깨어 있거나 비몽사몽인 시간 대부분을 다량의 촉각 자극 속에서 지낼 수 있게 된다는 뜻이다. 따라서 서구세계에서 민감한 피부나 기저귀발진, 기타 피부 질환이 있다는 것은 아기에게 커다란 이득일 수 있는데, 그러면 적어도 적량의 피부 자극과 비슷한 무언가를 보장받을 수 있기 때문이다. 그럼에도 리블의 생각에 적어도 미국에서만큼은 기저귀 교체 횟수가 "어김없이 과하다".[40] 리블은 "어른들이 아기를 만지며 불쾌감을 느끼기 싫다는 속셈이 아니라면", 생후 첫 몇 달 동안 아기를 늘 보송보송하게 해주고 싶은 바람은 그릇되었다고 여긴다. 이어 그는 잦은 기저귀 교체가 아이의 관심을 그 부위에만 집중되게 만들어 "장차 배설 작용에 유난스런 감정 반응을 보이도록 조장할 수도 있다"고 덧붙인다. 숱한 경우에서 이러한 주장도 옳을 수 있다.[41] 에스칼로나는 아기들이 노출되어 있는 피부 자극의 종류와 양은 엄청나게 다양하며 "아기들의 삶은 대부분 날 선 촉감, 소리, 광경, 움직임, 온도 등의 요인들로 점철되어 있다"고 지적한다.(19쪽)

에스칼로나가 말하는 '날 선 촉감'은 그러나 신생아와 어린 아기가 느끼는 감각을 정확하게 묘사한다고는 보기 어려운 셈이다. 앞서 예증했다시피, 아기는 정밀하게보다는 원시적으로 느끼기 쉬우며 감각을 세세히 변별하는 과정도 서서히 진행되기 때문이다.[42] 출생 직후 아기가 '날카롭게'가 아니라 대부분 다만 뭉뚱그려 느끼는 것은 감탄스러운 적응법의 하나로 보인다. 생의 초반 아기에게 필요한 것은 '날카롭거나' 구체적이기보다는 총체적인 자신감이기 때문이다. 아기라고 해서 자극 발생 지점을 가려낼 변별력이 없다는 이야기는 아니다. 틀림없이 그렇게 할 수 있으나, 그런 능력이 대부분 날카롭지 못하다는 뜻이다. 바로 이처럼 일반화된 촉각 경험을 발판 삼아, 아기는 이후 날 선 촉감, 소리, 광경, 움직임, 온도 등을 구체적이고 변별적인 차이와 의미를 띤 양상들로 정제해내는 법을 배워가는 것이다.

아기에 따라서는 과민한 촉각을 타고나는 바람에, 접촉 자체가 통증으로 경험되기도 한다. 이러한 촉각 과민은 분명 타인과의 밀접을 편안하게 느끼는 데, 그리고 타인과 동질감을 느끼는 데 장애가 된다. 라우리는 만약 이런 아기가 무심히 방치된다면, 아기는 누군가에 대한 의존에는 고통이 따른다는 예상에 오래도록 사로잡힐 수도, 그러다가 일부는 피학성애자로 비화해 통감을 욕구하다 못해 쾌락으로 간주하게 될 수도 있다고 지적한다. 보통 이 같은 발달 이상은 첫 돌이 지날 때쯤이면 바로잡히지만, 그러지 못한다면 이처럼 접촉에 대한 공포와 더불어 의존에 대한 불신을 낳을 수도 있다.[43]

300년도 더 전에 토머스 홉스는 이렇게 말했다. "인간의 정신은 잉태가 아닌 감각 기관의 소산이다." 외부 현실세계의 모양과 형식과 공간, 즉 외부 현실세계의 여러 모습과 그 모습들이 등장하는 배경을, 아기는 자신의 경험이라는 벽돌들로 구축한다. 자신의 온 감각을 통해 늘 우발偶發하여 촉각의 잣대로 상관되고 측정되며 평가되는 경험의 벽돌들로. 나를 매우 기분 좋게 안아주는 어느 여인이라는 대상이 그렇게 안아주기를 길게, 또 충분히 한결같이 지속해준다면, 나는 그녀의 얼굴을 그리고 마침내는 만질 수 있고 볼 수 있는 그녀의 모든 부위를 쾌락을 주는 대상으로 인식하게 된다. 하지만 그녀의 얼굴이 즐거움의 원천이라고 제일 먼저 일러주는 것은 나의 피부인데, 아기인 내가 이러한 판단을 내릴 수 있는 근거는 주로 피부 감촉이기 때문이다. 다른 모든 감각 경험도 마찬가지로 호불호의 판정 근거는 피부에 있다.

그것이 무엇이든, 감각은 도대체 어떻게 '느껴지는' 것일까? 갖가지 감각은 사실 종류만 다를 뿐 피부 감각수용기나 다름없어서, 혀는 물론 눈과 귀와 코도 맛보고 바라보고 듣고 냄새를 맡기에 앞서 일단 '느낀다'. 그럴 능력이 생기자마자, 아기는 무엇이든 입속에 넣어 할 수 있는 시험은 다 해보려고 드는데, 이렇게 자기 손과 입으로 느낌으로써 아기의 알고자 하는 욕구가 충족되는 것이다. 그러다 차츰차츰 촉각과 다른 감각을 통한 경험 사이의 간격을 벌려서 마침내 아기가 경험 또는 사물을 각각 분리된 개물個物로 인식하는 토대는 피부의 판정이 아닌 저마다의 속성이 된다.

실베스터가 언급했다시피 "엄마의 반응 민감성 및 선택성은 유아가 세상에 적응하는 주된 수단을 인접 감각수용기들에서 원격 감각수용기들로 이전하도록 이끄는 촉매가 된다. 생의 초기 단계에서, 유아의 안도감은 전적으로 안기고 지탱되는 데 따른 피부 접촉 및 운동감각에 달려 있다. 이후 안도감의 원천에는 또한 시각과 청각에 의거한 적응력 및 이러한 지각 방식들을 통해 엄마와 유대를 이어가는 유아의 능력이 포함된다". 실베스터는 때로 유아가 피부 접촉에 계속 의지함으로써 적응 및 의사소통에 시각과 청각을 활용하는 능력을 발달시키는 데 실패하기도 한다고 덧붙인다. 이러한 현상은 '엄마의 원시적 태도' 탓이거나 피부 민감도를 증가시키는 조건(영아습진, 여타 감각 기관의 상실 또는 부재 등)의 결과일 수 있다.[44] 실베스터에 따르면, '적응 또는 신체상像과 관련된 습관적 결함'의 발단은 이 같은 어릴 때의 실패 경험으로 거슬러 올라갈 수 있다.[45]

자녀와 상호 적응한 엄마라면 자녀의 욕구에 탄력적으로 반응하게 되어 있다. 엄마의 반응 유연성은 자녀의 지각 발달에 고스란히 반영된다. 밀려들었다 밀려나가는 자극의 조수는 엄마에게서 비롯되기에, 엄마는 아기에게 편안의 원천이자 또한 아기의 자아가 장차 떠맡게 될 과제의 앞선 수행자이기도 하다. 실베스터에 따르면 "만약 엄마가 아이로 하여금 다가섬과 물러남을 주체적으로 결정하도록 놔두지 않는다면, 아이는 위협에 직면했을 때 생명 없는 물체를 대상으로 바싹 붙거나 혹은 달아나는 식으로 반응할 수도 있다. 인간의 기계화는 적어도 부분적으로는 이처럼 인간을 사물로 대체할 수밖에 없는 강박에 그 뿌리를 두고 있을 수도 있다."[46]

생후 며칠은 아기가 출생 충격으로부터 회복하는 기간이며, 이후 몇 달은 촉각, 시각, 청각, 미각 등의 지각력을 정비하는 데 사용된다. 이러한 경험들에 기초해 영유아는 자아와 자아가 아닌 세계를 구분짓기 시작한다. 처음에는 영속성이라곤 없어 보이던 사물들이 이제는 아기의 정신을 구성하는 세상에서 으뜸가는 붙박이 개념으로 자리 잡는다. 자아와 물질세계의 분리는 대단한 업적으로, 촉각은 그 일등 공신이다. 이러한 분리로부터 발생하여 발달한 주요 삼인방이 바로, 자아(행위 주체)와 사물(행위 객체), 그리고 이 둘 사이의 행위 관계다. 타자와 자아의 구분이 선명해지면서 의사소통의 욕구가 증가하는데, 이러한 소통 욕구는 싱클레어가 지적했다시피, 아이의 이동성이 늘어나고 타인과의 직접적 신체 접촉이 줄어들면서 훨씬 더 절실해진다. 원초의 발성은 아기가 자신의 감정 및 욕구 상태를 전달하려는 노력이다. 이러한 발성으로부터 이후 언어 능력이 발달하는 것이다.

에스칼로나는 말한다. "생애 첫날을 기점으로 아기는 다른 사람들과 반응을 주고받는다. 이러한 관계는 아이의 성장에 따라 빈도와 변동성, 복잡성이 본질적으로 증가하는데, 이때의 인간관계야말로 아이 고유의 세상 경험 및 아이가 성장하면서 맺을 수 있는 인간관계의 종류를 결정짓는 유일하고 가장 중요한 결정인자다."(33쪽)

영유아가 피부를 통해 받는 감각 인상은 그것이 주는 만족감 여부에 따라 대상에 대한 신뢰감이나 불신감을 발전시키는 주된 토대로 작용한다. 영유아에게 공간 및 시간, 현실 감각은 결국 한가지로, 처음에는 무언가 지속적 만족을 주는 것으로 경험되다가 의미가 지각되고 이후 예측 가능한 개별 사건들로 인식되기에 이른다. 이렇게 발달하기까지는 오랜 시간이 걸리며 그때까지 아기에게 시간의 흐름이란 무의미한 셈이다. 시공 개념의 통달을 향한 출발 단계들을 에스칼로나는 다음과 같이 그려냈다.

> 맨 처음, 아기에게 세상이란 각종 감각 및 감정 상태가 이어진 하나의 연속체다. 감각의 양 및 분포, 강도만 달라질 뿐이다. 감각의 본질 차이, 즉 배고픔과 날카로운 소리 혹은 차가운 바람에서처럼, 몸 안에서 발생하는 게 분명한 느낌과 몸 밖에서 다가오는 무엇이라고밖에 상상할 수 없는 느낌 간의 차이를 제외한다면, 아기에게 이 둘을 구분하기란 불가능하다. 접근이나 후퇴 등 방향에 대한 인식도 전무하다. 아기가 젖꼭지를 향해 고개를 돌려 이를 움켜쥘 때조차도, 아기에게는 젖꼭지의 접근이나 존재가 하나로 느껴질 뿐으로, 이는 이런 통합적 상태와 대조해볼 다른 어떤 상태도 존재하지 않기 때문이다. 이를테면 빛과 어둠, 가혹과 아량, 한기와 온기, 수면과 잠에서 깨기, 올려다보거나 마주보거나 내려다본 엄마 얼굴의 윤곽, 누군가 자기를 움켜쥐거나 풀어줌, 움직여지거나 움직임, 움직이는 사람들을 비롯해 커튼, 담요, 장난감들의 모습 등은 어떤 맥락에서 발생하든 모조리 멀어졌다 다가왔다 하며 찰나의 순간에 총체적으로 경험된다는 뜻이다. 그리고 이러한 경험들이 반복되는 사이, 일관된 섬들이 생겨난다. 예를 들어, 누군가가 자기를 움켜쥐는 특정 방식, 특정 운동감각, 종적 위치에 따른 시각적 환경의 변화는 누군가가 자기를 들어올린다, 자기를

움직이게 한다는 의식과 하나씩 독립된 실재로 뭉쳐지는 것이다.

같은 종류의 경험이 반복되는 것이 중요한데, 그것이 이러한 발달 과정에 필수이기 때문이다. 에스칼로나는 이러한 '일관된 섬들'에는 먹기와 씻기 같은 중요한 경험들에서처럼 아기들이 감지할 수 있는 확실한 율동감과 동일성이 있기에, 이를 통해 아기들은 자기 자신이 무언가를 당하는 객체이자 무언가를 가할 수 있는 주체라는 독립된 자아감을 획득할 수도 있다고 믿는다. "안아주고 이리저리 움직여주고 흔들어 얼러주지 않는다면, 아기는 수동적 움직임을 감각하지 못함으로써 자아의식이 한층 더뎌질 수 있거니와 엄마만의 촉감이나 박자를 알아차릴 가능성도 더 줄어든다."(26쪽)[47]

태어난 직후 아기는 정신 구조도 미비할뿐더러 정신을 비롯해 신체 경계 또한 불분명하다. 유아는 내부와 외부, 곧 '나'와 '나 아님'을 구분하지 못한다. 요컨대, 유아는 정신의 미분화 상태에 있다는 말이다. 이 단계에서, 유아가 자기와 자기 신체를 동일시하는, 곧 자아를 의식하는 최초의 계기는 욕구의 충족이다. 그렇기에 스피츠가 지적하다시피, 엄마라는 사람이 아기가 접촉이라는 생래적 욕구를 충족하는 데 비협조적이라면 아기는 1차 자의식 획득에 어려움을 겪는다.

촉각 경험 박탈은 영유아의 1차 자의식 기회를 크게 제한한다. 그럼에도 아기가 자신과 엄마를 구분해내려면, 촉각이든 다른 감각을 통해서든 이러한 1차 자의식은 처리되고 제공되며 정복되어야만 한다. 행동 지향 운동성으로 시작해 이어지는 이동성은 아기가 1차 자의식이라는 문제를 처리해 자타의 구분을 달성하는 도구다. 자신과 엄마를 구분하는 데 성공하면, 아기는 2차 자의식을 형성할 수 있는데, 이로

써 주체성 및 독립성 획득에 길이 트이는 셈이다.[48]

테니슨은 주옥같은 비가悲歌 「인 메모리엄In Memoriam」에서 개체화과정을 언급하는데, 이를 시인은 매우 잘 이해하고 있다. 발표된 해는 1850년이나 시구詩句 대부분은 그보다 훨씬 앞서 쓰였는데도 말이다.

아기는 땅과 하늘이 새로우니,
그 동그란 젖가슴에 닿을
차비한 아이의 보드라운 손바닥에
지금껏 '이 젖가슴은 곧 나'가 아닌 적 없었다.

그러나 자라나며 아이는 많이 배워
'나는'과 '나를'의 쓰임새 익히더니
'나는 내가 보는 것이 아니며,
내가 만지는 것과 다르다'고 알게 된다.

그리하여 자신을 가두는
고독의 테두리 안에서
분리된 정신이 발달하고 정의되리니
그곳으로부터 선명한 기억이 출발할지 모른다.

이러한 쓰임새는 혈액과 호흡에 유용할지 모르나,
달리라면 이 마땅한 몫은 무익했던바,
만일 인간이 제 자신을 또다시 배워야만 한다면,

제2의 탄생인 죽음을 지나서이리라.(XLV)

말러가 분리개체화라 불렀던 과정은 2차 자의식을 통한 개체화를 일으킨다. 엄마가 자신을 보살펴주는 손끝으로부터 스스로를 의식함으로써, 영유아는 자아 형성의 첫 단계, 곧 2차 자의식 단계들을 밟는데, 이는 생후 반년이 될 무렵 시작된다. 이 단계들에서, 아기는 엄마로부터 독립하는 수단이 되는 기법 및 도구를 습득하고 획득한다. 생후 첫 6개월이라는 이 시기에, 촉각 경험은 1차 자의식 발달 및 2차 자의식 준비에 필수 불가결하다.[49]

이래즈머스 다윈은 1794년 출판된 『주노미아Zoonomia』에서 이와 진배없는 결론에 도달했다. 다윈은 말했다.

> 우리가 알게 되는 첫 개념은 촉각과 관련된 것들이다. 자궁에서 태아는 틀림없이 각양각색의 요동을 겪으며 근육을 움직이게 되므로, 자기 자신과 자궁의 모습, 자기를 둘러싼 끈끈한 액체에 대하여 어떤 개념들을 얻을 가능성이 매우 짙다. (…) 콧구멍, 귀, 눈 등 감각 기관 다수는 신체의 작은 부분에 갇혀 있는 반면 촉각 기관인 피부는 온몸에 퍼져 있으며, 엄지손가락등 손가락과 입술 끝은 그 가운데서도 특히 민감하다. 촉각의 이처럼 광범위하고도 집중적인 분포는 자잘한 물체들을 누락하지 않는 동시에, 고르지 못할 수밖에 없는 큼직한 물체들의 형태는 온몸을 써서 파악하겠다는 뜻이다. 아이들은 자잘한 형체를 파악 할 때 입술도 손가락만큼이나 많이 사용한다. 허기질 때는 물론 배가 부를 때조차 새로운 물건이라면 전부 입에 가져다 대고 본다. 강아지들이 노는 모양을 봐도 무언가를 파악하는 데는 주로 입술을 사용하는 듯하다. 우리가 사물에 대하여 구체적 개념을 얻는 경로는

둘 중 하나다. 촉각 기관으로 전해지는 단순한 압력을 통해서이거나 물체의 표면을 훑는 촉각 기관의 움직임을 통해서이거나. 전자의 경우, 우리는 우리의 움직이는 촉각 기관을 누르는 연속된 압력을 통해 해당 물체의 길이며 너비를 알게 된다. 그렇기에 우리는 구체적 개념들을 습득하는 데도, 그런 개념들을 상기해내는 데도 굼뜰 수밖에 없다. 만약 내가 지금 정육면체에 대한 구체적 개념, 즉 형상을 비롯해 그 물체를 이루는 온갖 부분의 단단한 성질을 떠올린다면, 앞서 손끝으로 그것에 대한 인상을 느꼈던 바와 같이, 나는 손가락으로 그 표면을 훑고 지나간다는 가정하에 얼마간 그 개념의 느낌을 떠올려봐야 한다. 사물을 또렷이 상기해내는 데 매우 느릴 수밖에 없는 까닭이 바로 여기에 있다.[50]

공간과 시간을 비롯한 현실의 양상 곧 모양, 형태, 깊이, 성질, 질감, 시각의 3차원성 등에 대한 개념은 대부분 유아 시절 접촉 경험에 기초해 발달한다. 에스칼로나의 설명은 이렇다.

공간에 존재하는 나의 신체 및 나를 둘러싼 공간을 의식하는 데에는 많은 방식이 있을 것이다. 아기가 발길질하며 다리를 뻗으면, 기저귀의 압박은 증가하고 발은 이불이나 겉옷, 침대 끝에 닿는다. 팔을 휘저으면, 침대 옆면이나 허공, 누워 있는 바닥, 아니면 자기 몸의 일부와 마주친다. 엄마가 들어올려줄 경우, 엄마에게 잡혀 있는 신체 부위를 제외하고 아기는 잠시나마 어떤 것과의 실감 나는 접촉도 부재한 기분을 느끼게 된다. 동시에 운동감각이 이전과는 사뭇 달라지는 데다 몸이 수직으로 서면서 시야의 윤곽과 범위마저 바뀐다. 이런 과정을 통해 초점 조정이 한결 수월해질 만큼 시각이 발달할 즈음에라야 아기는 의도적으로 움직이기 시작한다.[51]

다음 장에서 보겠지만, 단일 문화 연구에서든 문화 간 비교 연구에서든 아이가 노출되는 촉각 경험의 종류는 아이의 성숙 속도 및 타인과 친분을 맺는 방식에 지대한 차이를 일으킨다는 결론에 다다른다.

란다워와 화이팅은 연구를 통해, 만져주면 설치류의 성장이 촉진된다는 사실을 암시하는 무척 흥미로운 증거를 얻은 뒤, 이는 스트레스 효과로, 만져주는 행위가 인간이란 종에게도 비슷하게 작용하리라고 추정했다. 이 문제를 좀더 밝혀보고자, 이 둘은 자료를 구할 수 있는 사회 여덟 곳의 문화를 비교한 연구에서, 아기에게는 스트레스로 느껴질 것이 틀림없는 보육 관행과 성인 남성의 신장이 어떤 관계를 맺는지 조사했다. 연구에 포함된 스트레스는 다음과 같다.

1. 뚫기: 코, 입술 뚫기, 할례, 음부 봉쇄• 등
2. 만들기: 팔다리 늘이기, 두상 형성하기 등
3. 외부 스트레스 인자: 열기, 열탕 목욕, 불, 따가운 햇볕 등
4. 극한極寒: 냉탕 목욕, 눈 및 추위 노출 등
5. 내부 스트레스 인자: 감정, 감각, 감정 자극제, 관장제
6. 찰과상: 모래로 문지르기 등
7. 강렬한 감각 자극
8. 얽매기: 포대기 등으로 꼭꼭 감싸기

분석 결과 "아기의 두상을 인위적으로 형성하고 팔다리를 늘이

• 음부봉쇄infibulation: 여성의 성감 및 성교를 막고자 소음순, 대음순 및 음핵을 도려내고 소변과 월경혈이 겨우 통과할 만한 구멍만 남긴 채 모조리 꿰매어 붙이는 일. 아프리카와 아시아, 중동 일부에서 자행되는 여성에 대한 잔혹한 할례다. 한편 고대 그리스에서는 금욕과 절제의 표시로 남성의 포피를 뚫어 일종의 걸쇠를 채우기도 했으며, 이 또한 fibulation이라 불린다고 하는데, 본문에서는 여성의 음부봉쇄만을 뜻한다.

는 행위가 거듭 자행되거나, 아기의 귀나 코, 입술을 뚫거나, 아기에게 할례나 예방접종을 실시하거나, 아기의 피부를 베거나 태워서 부족 표시를 새기는 등의 사회에서, 성인 남성들의 신장은 이러한 관행을 따르지 않는 사회의 남성들보다 5센티미터 이상 더 컸다".

이쯤에서 '만지기'와 '어루만지기'의 차이에 관한 질문이 제기되어야 마땅할 법도 하다. 연구자들의 주된 구분에 따르면, '만지기'는 당하는 동물 입장에서 스트레스가 되는 경험을 일컬으며 '어루만지기'는 편안하고 안심시키는 경험을 일컫는다. 란다워와 화이팅이 범주화한 스트레스 관행들이 심한 스트레스로 작용한다는 점에는 의심할 여지가 없다. 그럼에도 진짜 문제는, 이런 관행이 부분적으로나마 즐거운 것인지의 여부다. 이 연구자들이 변수로 삼은 관행들은 성장 증가와 가장 유의미하게 상관된다고 밝혀진 만큼, 대부분의 경우 지위 향상, 곧 한 단계에서 다음 단계로의 승격이자 매력의 증진과 관련되어 결국 자존감 상승으로 이어진다. 그러므로 직접적이든 간접적이든 이러한 스트레스성 촉각 경험에는 즐길 만한 보상이 매우 크게 뒤따르는 셈이다. 무수한 사회에서 사람들은 절개나 천공, 상처에 대고 흙 문대기, 문신 등을 통해 고통을 감내하면서까지 피부를 꾸미는데, 이처럼 고통스런 행위가 자진해서 이루어지는 이유는 최종 효과로 증명되듯 그에 합당한 보상이 따르는 데 있다. 설치류에게조차 누군가가 자기를 만지작거린 경험에 따른 보상이 적어도 한 가지는 있는 것이다. 사람 손아귀에서 놀아나다가 아무 탈 없이 우리에 풀려나 자유를 되찾는다면 그것이 보상 아니겠는가. 인간의 경우에도, 스트레스성 피부 자극은 뒤따르는 아주 흐뭇한 기분과 맞물려 성장 증가를 일으키는 요인이 될 수도 있다는 뜻이다.

생리적으로는, 앞서 기술한 조건들이 합세해 교감신경–부신축의 작용 및 뇌하수체 성장호르몬 분비를 촉진함으로써 그 같은 결과를 빚었다고 하면 충분한 설명이 될 듯하다.

엄마라는 존재와의 접촉 결핍이 직접적 원인이라 여겨지는 발달 이상들은 그 원인을 드러내듯 대개 반응성 피부 질환을 동반한다.[53] 플랜더스 던바가 밝혀진 증거를 요약하며 말했듯 "피부가 병드는 것은 다른 감각 기관들에서와 마찬가지로, 어린 시절 환자가 부모 및 외부세계와 원활하게 접촉하지 못했기 때문일 가능성이 크므로, 피부질환 다수는 외부세계와의 접촉이 개선되면 완화될 수도 있다".[54] 피부질환자 대부분은 영유아기에 촉각과 관련된 표현 및 경험을 차단당한 적이 있다. D. W. 위니콧은 말한다. "그것이 주는 느낌 면에서, 피부 병소는 아무리 작더라도 온몸에 영향을 끼친다. 촉각 경험과 관련된 차단은 크게 두 부류다. '안 돼, 안 돼, 만지지 마!' 그리고 이것의 필연적 귀결로, '누구도 너를 만지게 놔두지 마Noli me tangere.'•[55] 피부는 포옹과 접촉의 기관이기 때문에, 피부 질환 다수는 이처럼 친밀한 촉각 경험을 향한 상반되는 감정의 병존이 표현된 것으로 이해될 수 있다.[56]

태어나는 순간 자신을 만지는 사람 손과의 첫 접촉에서 엄마 몸과의 접촉에 이르기까지 촉각 의사소통이란 본질적으로 상호작용 과정이다. 따라서 이러한 관계에서 어떤 식이든 간에 중대한 실패를 범하게 되면 이후 상호작용 관계에서의 심각한 실패 또는 장애로 이어져,[57] 간혹 천식 등에서 발생하는 호흡장애는 물론이요 기타 여러 행동장애를 포함해 자폐증, 조현병까지 야기할 수도 있다.[58]

• 신약성서 「요한의 복음서」 20:17 한 구절의 라틴어 표현. 문장 그대로 옮기면, 'Don't touch me, 나를 만지지 말거라'라는 뜻으로 무덤에서 부활한 예수를 알아보고 다가서는 마리아에게 예수가 건네는 말이다. 번역본에 따라서 어떤 성서에는 '나를 붙잡지 말거라'라고 되어 있기도 하다.

자폐증과 접촉

다른 분야에서와 마찬가지로 자폐아에 대한 브루노 베텔하임의 설명은 여전히 최고에 속하는데, 전형적이면서도 계몽적이고 자폐아 치료에 있어 접촉의 역할을 이해하는 데 초석이 되어주기 때문이다. 다음은 이를 간추린 것이다.

조이는 군인 부부의 자녀로 부부 어느 쪽도 부모 될 준비가 안 된 상태에서 태어났다. 분만 당시 엄마는 조이를 '사람이라기보다 물건'처럼 여길 정도였다. 임신했을 때조차 뱃속의 아이가 거의 느껴지지 않아서 자신이 임신한 줄도 몰랐다고 했는데, 이 말은 임신 상태임에도 불구하고 그녀의 삶에는 하등의 변화가 없었다는 뜻이다. 조이가 태어난 뒤에도 상황은 '전혀 달라지지 않았다'. 아이는 엄격한 시간표에 맞춰 돌보되 꼭 필요하지 않다면 건드리지도 않았을 정도이니 다정히 보듬어주거나 함께 놀아주었을 리는 더더욱 없었다. 조이는 머지않아 머리를 흔들어대고, '거의 하루종일' 울며 온몸을 흔들게 되었다. 조이가 울면 아빠는 아기를 혼쭐냈다.

흥미로운 점이 있다. 처음에 조이는 '버터' '설탕' '물' 등 음식 이름을 정확히 댔는데 그러던 아이가 나중에는 '닿는 촉감에 맞춰' 음식 이름을 바꿔 부르고 있었다. 이런 식으로 조이에게 설탕은 모래, 버터는 기름, 물은 액체가 되었다.

베텔하임은, 조이가 음식 이름을 촉각 용어로 대체한 것은 자신이 쓰는 단어를 자신이 사물에서 얻은 경험에 일치시키고 싶었기 때문이라고 여긴다. 사람이 아닌 오로지 사물에 집중하여. 결국 물리적 성질이 영양적 성질을 대체한 셈인데, 조이가 받아먹은 것은 감정이 아닌 물질에 불과했기 때문이다. 그렇게 조이는 음식에서 맛과 냄새를 배제하고 이것들을 자신이 느끼는 그대로의 성질로 대체했다. 자신에 대한 엄마의 관심이 최소한에 그쳤다는 증거를 촉각 용어로 옮겨놓음으로써, 조이는 이처럼 박탈당한 접촉 경험에 가능한 한 가까운 느낌을 준거 삼아 '세상에 대한 자신의 정서적 경험에 들어맞는 언어'를 창조했다.

네 살 때 치료차 시카고대 부설 특수학교에 보내졌을 당시 조이는 누군가가 자신을 만지는 것도, 자신이 다른 사람을 만지는 것도 두려워했다. 조이의 말에 따르면, 학교에 도착하고 얼마 되지 않아 직원 가운데 한 명을 만지고 싶은 욕구를 느꼈는데, 그가 뚱뚱해서 엄마가 여동생을 임신했을 때가 떠올랐기 때문이라고 했다. 나중에 설명하기를, 그때 그 직원, 곧 미첼을 만진 행위는, 다시 태어나 새 삶을 시작할 수 있도록 엄마가 자기를 다시 임신했으면 하는 간절한 소망의 표현이었다고 한다.[59]

어쨌든, 자폐아의 개인사는 대부분 이와 다름없다. 특정 행동의 반복과 언어발달장애, 사회에 대한 뚜렷한 부적응 탓에 사람 및 상황과 정상적인 관계를 맺지 못하는 상태는 이 아이들의 특징이다. 이런 상태는 때로 소아기조현병이라고 불리기도 한다. 과거에는 물론 지금도 자폐증 치료는 주로 심리학적 연구라는 무능한 난장판에 의존하는데, 1953년 거트루드 슈윙이 내놓은 자료에서처럼 포옹 등의 애정 행위로 자폐아 치료에 성공을 거둔 사례와 같은 훌륭한 본보기들이 안타깝게도 대부분 후속 연구의 대상이 되지 못했기 때문이다.[60] 돌파구로 삼을 만한 성과는 1983년에야 나왔으며, 틴베르헌 부부가 낸 책 『자폐아: 치유의 새 희망Autistic Children: New Hope for a Cure』이 그것이다.

니콜라스 틴베르헌 교수는 옥스퍼드대 교수로 노벨상 수상 경력의 동물행동학자다. 그는 아내와 더불어 자폐증의 원인 및 치료법을 조사하고자 여러 지역을 여행하며 이런 종류로서는 첫 과학서로 무척 흥미로운 책을 펴냈다. 여기서 부부는 자폐증의 원인과 치료법은 물론 자폐증과 치료법의 종류에 이르기까지 자폐증을 주제로 철두철미하게 탐구하여 다음과 같은 결론에 도달했다. 자폐증은 불안감에 짓눌린 불균형한 감정 상태로, 사회적 위축을 일으킴으로써 사회적 상호작용 및 탐구 행위를 통한 학습에 실패하게 만든다. 틴베르헌 부부는 자폐증에는 유전적 요인들이 작용하지만 자폐증 자체는 이러한 유전 요인이 현대인의 생활 방식이라는 요인들과 맞물려 영유아의 취약성을 심화시킨 결과라고 추측하고 있다. 또한 그 가운데 가장 중요한 요인에는 흔히 엄마와 자녀의 관계가 포함된다고 밝혔다. 이처럼 자폐증을 유발하는 모자관계의 발생 빈도는 아주 높다.[61]

마사 웰치 박사는 코네티컷 코스코브 소재 보육연구소의 아동정신의학자이자 대표로, 틴베르헌 부부의 책에서는 이곳의 자폐증 치료 성공담을 다룬 웰치 박사의 매우 흥미로운 논문을 소개하고 있는데, 골자는 아이를 '억지로라도' 안아주도록 해서 크나큰 성공을 거뒀다는 것이다. 이렇게 하기는 엄마와 아이 모두에게 몹시 힘겨운 일일 수 있다. 아이는 악쓰고 발길질하여 몸부림치고 울부짖는 등 안기지 않겠다며 젖 먹던 힘까지 끌어내 저항할 수도 있겠지만, 엄마는 절대 포기해서는 안 된다. 엄마는 아이를 꼭 껴안고 눈을 마주치도록 애써야만 한다. 이처럼 포옹에 따른 전투가 벌어지는 동안 엄마는 아이가 긴장을 풀고 "엄마 몸에 착 감기듯 붙어서 눈을 응시하며 엄마 얼굴을 사랑을 담아 다정하게 살피다가 마침내 말문을 열 때까지 끈질기게 껴안고 있어야 한다". 푹신한 소파나 깔개를 이용한다면 이러다 서로 몸이 상하지 않도록 막을 수 있다.

> 엄마는 아이를 무릎 위에 앉혀 얼굴을 마주보도록 한다. 아빠는 옆에 앉아 팔로 엄마를 감싸 안도록 한다. 아이는 구부러진 엄마 무릎 위에 승마하듯이 다리를 벌려 걸터앉는 자세를 취한다. 엄마는 아이의 팔이 자신을 두르도록 하고 자신의 두 팔로는 아이의 양팔 밑을 든든히 떠받쳐준다. 이러면 엄마는 양손으로 아이 머리를 붙들어 서로 눈을 마주치게 할 수 있다. 이 자세가 엄마와 아이에게 꼭 편안할 필요는 없다.

치료사는 꼼꼼히 관찰하여 엄마와 아이의 행동 및 반응을 해석할 수 있을 만큼 가까이 머문다. 아이를 안는 시간은 최소 매일 한 시간이며, 아이가 괴롭다는 신호를 보내더라도 자세를 고수해야 한다. 아빠가 안을 수도 있으나 이것은 보충일 뿐 대체여서는 안 된다. 포옹이란 엄마가 담당해야 마땅하기 때문이다. 치료사 또한 안아서는 안 된다. 웰치 박사가 아주 분명히 해두는 바는, 아이 안기 치료는 온 가족에 대한 집중 치료를 포함하는 무척 고된 과제이나, 결과는 노력에 충분한 보상이 되고도 남는다는 사실이다. 웰치 박사가 논문에 실은 자신의 사례 역사와 더불어 내가 읽어본 해외 여러 보고서에서도, 자폐아는 물론 말더듬 같은 여타 행동장애를 앓고 있는 아동들에게도 박사의 치료법은 성공적이었다.

여기서 짚고 넘어갈 중요한 사실은, 자폐증이 치료되기까지 '강제' 포옹이란 기법에 다른 요소들이 개입되었다손 치더라도, 일등 공신이자 아이는 물론이거니와 엄마에게도 이로운 요소는 결국 안기, 곧 접촉 경험이라는 것이다.

자폐아는 모성애가 심하게 결핍된 것처럼 행동한다. 그러므로 그것이 사실이든 아니든, 자폐아에 대한 가장 효과적인 치료법은 이들을 모성애가 결핍된 아이로 취급해주는 일이다. 템플 그랜딘 박사는 과거에 자폐아였던 만큼, 자폐아라는 주제에 대하여 할 말이 많을뿐더러 이를 더없이 인상 깊게 설명하고 있다.[63]

자폐증은 유전인자 탓이라는 주장이 제기되어왔으나 그럴 가능성은 거의 없다. 일란성 쌍둥이임에도 한쪽은 자폐아이면서 다른 한쪽은 그렇지 않다는 기록이 많기 때문이다. 아이들에게 가해지는 환경의 압박도 다양하지만 이러한 압박에 대한 아이들의 취약성 또한 천차만별이라는 사실 또한 의심할 바가 없어서, 같은 환경에 있더라도 어떤 아이들은 자폐아가 되고 어떤 아이들은 되지 않을 수도 있는 것이다. 모성애 결핍은 그 가운데서도 가장 영향력 있는 압박으로 보이는데, 어떤 경우든 아이에게는 무엇보다 심각하게 느껴질 일이기 때문이다.[64]

영국에서는 제럴드 오고먼 박사가 기발한 생각을 해냈는데, 시설에서 생활하는 지적 장애 여아 몇 명을 골라 간호사의 감독 아래 자폐아들을 어루만지고 다정히 안아주며 이들과 함께 잠자도록 해보자는 내용이었다. 자폐아들은 즉시 극적으로 반응했다. 운동 행위 및 발화가 조절된 것이다. 이들의 보모가 된 지적 장애 여아들도 자신들의 역할에 행복해했다.[65]

자신의 탁월한 책 『접촉은 치유다Touching is Healing』에서, 줄스 올더는 버몬트에서 일하는 보육교사 메러디스 레빗티어가 자폐아를 대상으로 진행한 미발표 연구의 결과를 보고한다. 다운증후군 아동과 자폐아들로 이루어진 학급을 가르치면서, 그녀는 다운증후군 아동들을 격려하여 자폐아들을 안아주며 이들의 행동 반응을 강화하도록 했다. 올더는 말한다. "자폐아들은 어른 손길이라면 질색하곤 하더니, 자기와 몸집이 똑같은 아이들에게서는 포옹조차 덜 위협적으로 느껴졌던지 이들의 접촉에는 이내 몹시 너그러워졌다."[66]

이탈리아 시에나지역병원 미켈레 차펠라 박사의 관찰에서는 또한 일반 아동들도 자폐아들과 놀랍도록 자연스럽게 소통하는 것으로 나타냈다. 이 아이들은 자폐아들과 일종의 대화를 주고받으며 자폐아들로부터 병원의 평상시 치료 환경에서는 흔히 보이지 않는 반응과 일반적 흥미를 수두룩하게 이끌어냈다. 자폐아 치료에 대한 차펠라 박사의 방법론에서도 접촉과 포옹이 큰 역할을 하고 있어서, 웰치 박사의 영향이 컸음을 알 수 있다.[67]

자폐아 치료에서 접촉을 활용한 갖가지 방법이 본질적으로 중요한 역할을 맡을 수밖에 없다는 사실은 명백해 보인다.

조현병과 접촉

알렉산더 로언은 자신의 책 『몸을 배신한 대가The Betrayal of the Body』에서, 영유아기 접촉 경험의 결핍과 조현병의 관계를 기막히게 잘 설명했다. 조현병 환자 여럿에 대한 임상 연구를 토대로, 로언은 자아 정체감은 신체 접촉감에서 비롯된다는 사실을 증명한다. 자신이 누구인지 알려면, 자신의 감각을 의식해야 한다. 조현병 환자들에게는 바로 이것이 결핍되어 있다. 신체 접촉의 철저한 부재로 말미암아 이들은 일반적으로 말해 자기가 누구인지 모르는 셈이다. 조현병 환자는 현실과 접촉이 끊겨 있다. 자신에게 몸이 있음을 알고 있기에 시간과 공간에 적응하고는 있다. "그러나 자신의 몸을 자신과 동일시하지 못하는 자아로 말미암아 자기 몸을 살아 있는 실체로 인지할 수 없으며, 결국 세상도 사람들도 자신과 무관하다고 느낀다. 마찬가지로, 그의 의식에 자아 정체감이 있다손 치더라도 그것은 그가 자기 자신에 대해 감각하는 바와는 무관하다." 조현병 상태에서 심상과 현실은 분열되어 있는 것이다. 건강한 사람은 자신에 대한 심상이 자기가 느끼고 바라보는 방식과 일치하는데, 정상인이라면 현실에 대한 심상은 자신의 기분 및 감각과의 연관을 통해 도출되기 때문이다. 신체 접촉의 상실은 현실과의 접촉 상실로 귀결된다. 개인의 정체성은 신체 감각이라는 현실에 토대를 두고 있을 때라야 비로소 실체와 구조를 갖는다.

로언은 조현병 인격의 근본적 트라우마가 어린 시절 엄마와의 흡족하고 친밀한 신체 접촉의 부재라고 말한다. "관능적• 신체 접촉이 결여되면 아이는 자신이 유기당했다고 느낀다. 따라서 이러한 접촉 요구에 따스한 반응으로 응답하지 않는다면, 아기는 결국 그 누구도 자신을 아껴주지 않는다는 기분 속에 성장하게 된다."(105~106쪽) 이처럼 불쾌한 기분과 감각을 없애겠다고 아기는 배가 홀쭉해질 정도로 숨을 참아 횡격막을 고정시킬 수도 있다. 요컨대 고통을 느끼지 않으려고 제 몸을 '무감각하게' 만들며, 그럼으로써 현실을 외면하는 것이다. 특히 자기 신체에 대한 공포가 감당할 수 없는 지경에 이르면, 자아는 이 같은 분열을 통해 자신의 몸으로부터 떨어져 나감으로써 인격은 두 가지 상반된 정체성으로 완벽히 갈린다. 자기 신체에 토대를 둔 정체성과 자아에 대한 심상에 토대를 둔 정체성으로.[68]

오토 페니첼이 지적했듯 "감정 결핍이 자제自制가 아닌 물질세계와의 실제 접촉 상실에 기인할 때, 이것의 관찰자에게는 '해괴'하다

• 여기서 관능적erotic 신체 접촉이란, 앞서 누차 나왔듯 아이와 엄마 사이의 친밀한 접촉에는 성감이 내재해 있다는 뜻이지, 말 그대로 성행위와 관련된 접촉이라는 뜻이 아니다.

는 지울 수 없는 인상을 남긴다". 사실 감정이 결핍되었다고 해도 "정상으로 보이는 사람들도 있는데, 그런 사람들은 타인과의 실제 접촉에서 느끼는 감각을 각종 '사이비 촉감'으로 대체하는 데 성공했기 때문이다. 말하자면, 이들은 '마치' 다른 사람들과 감각적 관계를 맺고 있는 양 행세하는 셈이다".[69] 로언 역시 이에 동조한다. 사이비 접촉은 대개 언어의 형태를 띰으로써, 언어가 접촉의 대체물로 작용한다. 이런 사람들은 결국 피해자로 언어 외에는 다른 무엇과도 친밀해지기 힘겨워진 다른 무수한 피해자 집단에 합류한다. 사이비 접촉의 또 다른 형태는 역할극이며, 이는 감정활동을 대신한다. 조현병 인격의 주된 고충은, 허버트 와이너의 표현처럼 어떤 감정도 못 느낀다는 데 있다. 조현병 환자는 외계와 결별한 셈으로, 물질세계와 분리되어 자기 내부로 침잠해 있다.[70]

타인에 대한 관여도 및 자아 정체성은 엄마와 아이 사이의 관여 및 동일시에 의해 수립되며 엄마와 아이 간 관여 및 동일시는 주로 접촉을 통해 이루어진다. 영유아기 촉각 자극 결핍은 대개 정체성 결여를 비롯해 물질세계와 관련된 소격疏隔, 무관여, 분리, 얄팍한 정서, 무관심으로 이어질 수밖에 없으며, 이것들은 죄다 조현병 인격의 특징이기도 하다.(이 책 186~192쪽 참조)

민감하다거나 둔감하다거나, 감각적이라거나 무감각하다거나, 편안하다거나 긴장된다거나, 따스하다거나 차갑다거나, 우리가 신체 감각과 관련해 무의식적으로 품는 심상은 대부분 영유아기 접촉 경험에 기초해 이후 아동기 경험을 통해 강화된다. 그렇기에 접촉 경험이 박탈된 인간의 피부는 접촉 욕구가 충족되어온 사람들이 즐기는 유의 촉각 자극에 '무신경'해진다. 이같이 무뎌진 인간의 피부는 몹시 고지식해서 아주 살짝만 건드려도 사실상 불쾌감을 느낄 수도 있다. 흥미롭게도 조지 워싱턴이 그런 사람이었다고 한다. 그는 누군가가 만기는 것을 질색했다. 영국인 작가이자 탐험가 T. E. 로렌스는 타인의 접촉에 '병적인 공포심'을 느꼈다고 한다. 틀림없이 어릴 적에 촉각 자극이라곤 받지 못하다시피 했을 것이다. 이런 사람들은 자신들 피부가 뻣뻣하게 굳어 있다고 느끼기 때문에, 마치 맞지 않는 옷을 입고 있다거나 혹은 설사 벗어나고 싶다 하더라도 그럴 수 없는 갑옷으로 무장하고 있는 기분에 사로잡혀 있다. 이처럼 '장갑裝甲된' 느낌은 이들에게 흔히 외부세계가 자신들의 자아에 가하려는 습격에 맞서 난공불락의 방어막을 갖춘 듯한 안전감을 준다. 이러한 봉쇄감은 피부에서 비롯되지만, 그렇다고 피부가 진짜 난공불락의 방어막일 리는 없다. 그럼에도 세상에 드러난 이들의 외현은 대개 사랑이나 온정의 손길에 대한 철저한 무관심이라는 형식을 취하고 있다. 이 '냉혈 인간'들은 말 그대로 냉혈동물처럼 느낀다. 일부 경우이지만, 아무리 냉혈한일지언정 방법만 안다면 정말 '좀더 살아 있다는 느낌'을 받고 싶다는 사람도 있기는 하다. 사실, 이처럼 실패작이라 하더라도 누구나 마음속에는 밖으로 뛰쳐나오고자 분투하는 온정 어린 피조물이 잠재해 있기 마련이다. 인간을 인간답게 만들어주는 경험, 곧 영유아기와 아동기에 누렸어야 마땅한 경험과 닮은 무언가에 관련된 이들의 잠재력을 해방시키는 묘책은 그러므로, 이들이 세상과 교감하도록 하는 것이다.

신체 자각은 신체 자극을 통해 생성되므로, 보통은 출생과 동시에 시작된다.

인간적 욕구에 무반응으로 일관하는 목석같은 사람들은 피부가 돌처럼 '굳어서' 인간적 상황과는 더 이상 접촉하지 않게 된 경우로, 이는 한갓 비유를 넘어 생리적으로도 맞아떨어지는 표현이다. 밝혀진 증거에 따르면, 어린 시절 촉각 자극이 부적당했던 사람들은 촉각 자극을 적당하게 받았던 사람들에 비해 촉각신경 요소들이 완전히 발달하지 못할 수밖에 없다. 촉각신경 요소들의 성장 및 발달은 출생 직후 시작해 스물다섯 살 남짓까지 이어진다. 아이의 신경계는 소성塑性이 비교적 커서, 예를 들면 신경이 절단되더라도 어른보다 회복이 훨씬 더 잘 된다. 하지만 아이들은 촉각-운동감각이 발생되는 지점을 감지하는 데에는 아직 서툴기 때문에, 익숙해지기 전까지 자극 지점은 상대적으로 잘 알아차리지 못한다. 여덟 살에서 열두 살까지는 촉각-운동감각의 위치 파악 면에서 촉각이 시각을 앞선다.[71] 정보의 원천으로서 시각적 분별력이 우위를 점하려면 열두 살이 지나야 하며 그 후로 촉각 분별력은 이 같은 시각 정보에 기초하게 된다.

눈 맞춤

신생아는 제법 또렷이 볼 수 있거니와 주변에서 벌어지는 일들에 눈에 띄게 흥미를 느끼며 경이롭게 바라보기도 한다. 아기들이라면 예외 없이 엄마와 쉽사리 '눈을 맞춘다'. 눈 맞추기는 엄마와 아기 간의 유대 형성에 중요하다. 그렇기에 출생 직후 아기 눈에 질산은을 넣어서는 안 되는데,• 질산은이 아기의 시야를 흐려 엄마 눈을 똑바로 쳐다보지 못하게 만듦으로써 둘 사이의 유대 형성에 걸림돌로 작용하기 때문이다. 마찬가지로 아빠와의 유대도 지연시킨다. 아기 눈을 소독하는 목적이라면, 출생 직후 아기가 부모의 '내방'을 받고 반시간이 지난 뒤, 그것도 질산은을 떨어뜨리기보다는 테트라사이클린으

• 질산은은 신생아 눈의 감염을 막고자 소독제로 사용된다.

로 제조된 항생 연고를 발라주기를 권한다. 질산은은 눈에 부종, 충혈, 분비물을 유발하기도 하기 때문이다.

부모와 눈을 맞추는 동안 신생아는 손으로 만져질 듯 또렷한 무언가를 감지하게 되며, 이 접촉감은 어른이 되어서까지 생생하게 살아남아 누군가와 눈을 맞추는 행위에서도 흔히 그때와 똑같이 경험되곤 한다. 눈에는 자신만의 언어가 있으며 이는 오래도록 이해되어 왔다. 1920년대의 어느 노래에서처럼 "네 입술은 '싫어, 싫어'라고 말해도 눈에는 '좋아, 좋아'라고 적혀 있지".

영유아기 및 아동기에 경험하는 접촉은 뇌에 적절한 변화를 일으킬뿐더러 그로써 피부 말초 기관들의 성장 및 발달에도 영향을 끼친다. 그렇기에 촉각 자극이 결핍된 개인은 피부와 뇌 사이에 주고받는 반응 부족으로 결국 한 인간으로서의 발달에 심각한 영향을 받을 수도 있다.

타인과의 유대감을 일컫는 일명 사회성의 토대는 신체 유대감이며, 이는 영유아기 엄마와 아기의 친밀함에서 비롯된다. 이처럼 친밀한 신체관계는 자기 자신에 대한 좋은 감정을 품는 근거가 되므로 신체 유대감은 결국 자존감으로 이어진다. 자존감의 원천은 근본적으로 사랑이라는 뜻이다. 아기는 몸을 통해 자신의 사랑, 자신의 감정을 표현한다.

자존감과 접촉의 관계를 다룬 어느 연구에서, 앨런 F. 실버먼과 마크 E. 프레스먼, 헬무트 W. 바텔은 남녀 학생 80명을 대상으로, 자존감이 높을수록 접촉을 통한 의사소통이 더 활발하며 이러한 현상은 특히 여성과의 의사소통에서 두드러진다는 사실을 발견했다.[72]

촉각 결핍, 다시 말해 접촉 및 유대감 결핍은 분리불안을 일으킨다. "오로지 연결하라", E. M. 포스터 역시 자신의 소설 『하워즈 엔드

Howard's End』에서 등장인물들에게 명한다.• 분리불안의 어떤 본질적인 무언가는, 신체 접촉의 박탈을 경험한, 그리고 그런 박탈의 느낌을 말로 표현해낼 능력이 있는 성인에게서 분명히 드러난다. 지미 홀랜드 박사와 동료들은 버펄로대 의과대학에 있을 당시 백혈병 환자들에 대하여 보고한 바 있다. 환자들은 치료과정의 일부로 다른 사람들과 피부 접촉을 못 하게 되어 있는 '무균'실에 고립되어 있었는데, 이 무균실은 안팎에서 다 보이는 투명한 재질에다 말을 주고받을 수 있는 장비를 갖춘 반구형 덮개로 덮여 있었다. 인간과의 접촉이 박탈된 환경은 이 병실의 주된 결함이었던 게 드러났다. 환자의 4분의 3은 극심한 고립감을 느꼈으며, 이는 주로 누군가를 만질 수도, 다른 누군가도 자신을 만질 수 없다는 상황과 관련돼 있었다. 인간과의 신체 접촉 상실은 고독감과 좌절감, 냉기, 온정의 결핍감을 유발했다. 직원들 또한 환자를 만지며 마음을 달래줄 수 없어 괴로워하기도 했다. 한 여성 환자는 이 상황을 아주 사실적으로 그려냈다.

> 한 주 전부터인가 불안해지기 시작했다. (…) 다른 사람을 느낄 수도, 여기서 곧 나갈 수 있다는 희망도 없었기 때문이다. 모든 것이 나를 옥죄어오는 느낌이어서 더는 견딜 수 없었다. 다른 사람들을 **느껴야만** 했다. 누군가를 느끼고 싶었다, 다른 인간을 만지고 싶었다. 인간과 접촉할 수만 있다면, 이러고 더 오래 버틸 수도 있을 듯했다……. 그러

• Only connect! That was the whole of her sermon. Only connect the prose and the passion, and both will be exalted, and human love will be seen at its height. Live in fragments no longer. Only connect, and the beast and the monk, robbed of the isolation that is life to either, will die.
오직 연결하라! 그녀의 설교는 이것뿐이었다. 오직 연결하라, 산문과 정욕을, 그리하면 둘 다 고양되어 인간의 사랑은 정점에 이르리라. 더 이상 파편들 속에 살지 말라. 오직 연결하라, 그러면 야수野獸든 수도승이든 삶이나 다름없던 고독으로부터 영영 해방되리라. (『하워즈 엔드』, 22장 일부)

나 버티기란 불가능했다. 누군가를 만질, 그저 누군가의 손을 만지거나 꼭 쥐어서 내 감정을 전달하고 싶은데 그럴 길이 막혔기 때문이다. 설명하기가 무척 어렵다. 이런 상황은 할 말을 잃게 만든다. 홀로 남겨져 세상이 온통 써늘해진 그런 느낌이다. 온기가 없다. 온기라곤 온데간데없이 공허감만이 자리할 따름이다.[73]

수잰 고든은 자신의 책 『미국에서의 고독Lonely in America』에서 고독을 이렇게 정의한다. "인간과의 특정 접촉이 결핍된 데 따른 박탈감." 고독은, 지속 기간과 상관없이 엄마와의 접촉을 박탈당한 영유아 및 아동이 겪는 분리 불안과 동급이나 마찬가지로 둘은 거의 같은 부류에 속한다. 청소년과 성인의 경우, 분리 불안은 혼자인 시간이 조금만 이어져도 안절부절못해 누구든 함께 있을 사람을 찾느라 혈안이게 만든다. 집이라는 테두리 안에서조차 (…) 독방은 최고로 잔인한 처벌에 속하는데, 바로 타인과의 접촉을 박탈하기 때문이다.[74]

고독은 유대가 끊긴 상태, 타인과의 접촉을 상실한 상태, 누군가가 공허를 채워주기를 바라지만 기댈 몸을 내어주며 인간미의 정수를 확인시켜줄 존재가 아무도 없는 상태다.

사이먼 그레이의 희곡 『어긋난 관계Otherwise Engaged』에 대한 서평에서, 클라이브 반스는 이렇게 묘사했다. 이 작품은 "관대함을 가장한 무심으로 냉담에 빠진 도덕성의 현 주소에 대한, 누군가의 접촉을 원하지 않는 사람들, 실재한 삶이 스며들 수 없는 예술과 글자들의 세계에 대한 사정없는 고발장이다".[75]

이 같은 세계에서 사람들은 인접성이 관계를 대체하는 삶, 접촉이 부재한 평행된 삶을 추구한다. 롤로 메이가 말했다시피, 이런 세계에서 접촉이란 기껏해야 눈 먼 자의 더듬거림과 같아서, 우리는 그든 그녀든 상대를 인식하고자 몸을 훑지만, 스스로 갇힌 암흑 속에서 진정한 인식이란 불가능하다.

버펄로대 의과대학 및 병원의 로즈웰기념연구소 소속 릴리언 리버 박사와 동료들은 암 환자와 배우자 간의 애정 소통을 주제로 일련의 연구를 진행하여,[76] 환자들의 성관계 욕구는 감소한 반면 신체적 친밀 욕구는 증가했음을 밝혔다.[77]

서구세계 부부는 둘 가운데 누구든 중병을 앓게 되어서야 비로소 성적이지 않은 신체 친밀감, 즉 진실한 친밀감을 드러내기 쉽다는 사실을 반영하는 결과다. 일반적으로 여성은 남성에 비해 이처럼 성적이지 않은 애정을 드러낼 준비가 훨씬 잘 되어 있지만, 남자라는 인간들은 신체적 애정 표현이라면 다짜고짜 손사래를 치니 아내들의 마음에 제동이 걸릴 수밖에 없다. 이런 남자들의 행동을 보면 문자 그대로 누군가가 자신을 건드리는 데 공포심을 느끼는 듯해서, 접촉을 당할 때면 아주 불안해하고 흔히 혼란에 빠지며 드물지 않게 적대감을 드러낸다. 이들은 사랑을 표현하지도 않을뿐더러 대개 표현할 수도 없는 셈이다. 이런 남자들이 사물에는 사랑을 쏟아붓는데, 그 외에는 달리 애정을 쏟을 자신이 없음을 알려주는 매우 명백한 증거다.

인간적 접촉이 얼마나 겁나기에,
타인을 만지는 손길이 이다지 서투른가.[78]

러시아 시인 예브게니 비노쿠로프 또한 말한다. 한물간 구래의 훈련 탓에 우리는 얼마나 서로를 차단하고 있는가. 스워스모어 대학 심리학과의 케네스와 메리 거겐, 윌리엄 H. 바턴은 한 실험을 통해 이 같은 실태를 부각시켰다. 열여덟 살에서 스물다섯 살에 이르는, 대개는 학생인 사람들을 어두컴컴한 방에 낯선, 곧 모르는 사람이면서 앞으로 만날 일도 없을 법한 사람 6명과 함께 두었더니, 90퍼센트가 서로 의도적으로 접촉한 반면, 비슷한 조건의 환한 방의 참가자들은 거의 아무도 그러지 않았다. 컴컴한 방의 참가자는 50퍼센트가량이 서로 껴안았다. 컴컴한 방의 참가자의 약 80퍼센트가 성적 흥분을 느꼈다고 말한 반면, 환한 방의 참가자들은 30퍼센트만이 그랬다고 했다.

실험자들에게는 컴컴한 방의 피실험자들이 친밀한 관계에 대한 욕구를 거리낌 없이 내보였다는 사실이 인상 깊었다. 생판 모르는 사람끼리 모인 한 무리가 빛이 사라졌다는 이유만으로 30분쯤 만에 수년간 알아왔던 사람들과는 좀체 이르지 못한 친밀의 단계로 접어들었다는 사실이. 실험자들은 사람이라면 누구나 서로 가까워지고 싶은 간절한 소망이 있으나 사회 규범이 이러한 감정을 표현하는 데 지나치게 값비싼 대가를 요구하는 바람에 우리로서는 차라리 서로 멀찍이 거리를 두는 편을 택하게 된다고 결론지었다. 그리고 덧붙였다. 어쩌면 이런 식의 전통적 규범은 이제 폐물에 불과한지도 모른다.

그렇다면 이런 규범이 언제는 쓸모 있었는지 의문이 든다. 실험 참가자였던 소년 한 명은 이렇게 적기도 했다. "판에 박힌 식으로 사람들을 바라보지 않아도 될 수 있어서 기뻤다. 다채로운 환경에 에워싸여 자의식을 느끼는 기쁨 (…) 사람들 사이든 위든 제멋대로 기어가며 자리를 옮겨다니는 자유의 기쁨이 있었다."[79]

D.A.라는 학생도, 심리학 Ⅰ이라는 학생 집단을 대상으로 한 실험에서 비슷한 현상을 관찰했다. 이 학생들은 눈이 가려진 채 계단 아

래 어두컴컴한 방으로 안내되었는데, 방에 놔둔 녹음기에서는 야릇한 소리들이 흘러나오고 있었다. 이어 학생들 귀에는 한 여자가 흐느끼더니 실성한 듯 웃음을 터뜨리는 소리가 들렸다. 그렇게 듣고 있는 사이, 눈을 가리지 않은 학생들이 돌아다니며 눈을 가린 학생들 등에 무언가를 신호하고는, 손이며 얼굴마다 단내가 풍기는 크림을 펴 발라주었다. 그 뒤 학생들은 방 한복판으로 인도되었는데 비닐봉지가 수북이 쌓인 곳이었다. 학생들은 비닐봉지 무더기 속에서 놀았다. 더듬거리며 촉각을 통해 사물을 '보았다'. 손을 맞잡는 등 서로를 만졌다. 일부는 심지어 서로 입을 맞추기 시작했다. 소집단들이 꾸려져 비닐봉지들 틈에 원을 그리며 앉아 서로 손을 잡았다. 얼마 지나지 않아 학생들은 일어나 춤추기 시작했다. 눈을 가렸든 가리지 않았든 학생들은 네다섯 명씩 옹기종기 모여 다 함께 춤을 췄다. 학생들은 대부분 행복했고 자유로움을 느꼈다. 음악이 흐르는 가운데, 눈가리개가 제거되었다. 심리학 학생 대부분은 자기네 행동에 당황했다. 이들은 주변을 '보는' 데 오로지 촉각만을 사용했다. 그랬다가 눈가리개가 벗겨진 채, 일면식도 없는 남과 서로 껴안고 춤추고 있는 모습이 '발각되자' 당황한 것이다. "국면이 참으로 희한하게도 돌아섰다, 불과 방금 전만 하더라도 그렇게들 행복해하더니." D.A.는 말했다.[80]

이 결과는 이를테면, 촉각에 대비되는 시각적 가치 체계를 밝혀준다는 점에서 아주 요긴하다. 사회적 측면에서 시각은 감각의 검열관이다. 물론 실제 검열은 뇌가 하지만, 뇌에서 판단할 수 있도록 바라본 대상을 전달하는 매체가 시각이기 때문이다. 하지만 매체라는 면에서는 촉각 또한 마찬가지로, 단지 이런 차이가 있을 뿐이다. 즉, 촉각은 검열하지 않는다. 촉각은 자유로우며 개방적이다. 말하자면, 시각은 행위의 결정권자나 억제자 또는 행위를 부추기는 자극으로 작용하는 반면, 촉각에는 검열이나 비판, 금지 작용이 없다. 이처럼 시각은 지각의 편견을 조장하지만, 오거스트 A. 코폴라 박사가 말했다시피 편견 대부분이 우리가 사물을 바라보는 방식과 밀접하게 관련돼 있음을 깨닫는 사람은 거의 없다. 이러한 사실은 몹시 대수롭지 않게 여겨진다. "이를 입에 올리면 거의 신성 모독처럼 취급되지만, 우리의 가치관 대부분을 결정하며 우리 사회의 사실상 모든 면을 지배하는 실세는 시각이다. 피부색 구분, 부의 과시, 옷차림 등 겉모습에 의한 인간 차등 따위는 죄다 우리의 시각에 근거한다. 사회의 일원이 되려면 눈이 먼 사람이라도 보이는 세상의 기준에 들어맞아야 한다." 코폴라 박사도 이어가듯, 시각의 중요성에는 의문의 여지가 없으나, 그럼에도 우리가 보지 않고 느껴야만 알 수 있는 것들을 놓치게 할 수 있다는 면에서 시각은 과대평가되어 있을 수 있다. 시각장애인과 청각장애인들은 말 그대로 장애인이기는 하지만, 그렇다고 해서 자신들의 처지에 제대로 적응할 수 없다는 뜻은 아니다. 그러나 촉각, 곧 신체 느낌을 상실한다면, 생동감 자체를 거의 느끼지 못하게 될 것이다. 결국 살아 있다는 느낌과 대인관계 가능성에 촉각만큼 가치 있고 의미 깊은 감각은 없으며, 시각적 세계에는 바로 이러한 면이 결여되어 있는 것이다.[81]

볼 수 없게 되면 우리는 촉각을 통해 낯선 자들과도 기꺼이 관계를 맺겠지만, 볼 수 있는 순간 이들과는 '알맞은' 거리를 유지하게 된다. 판에 박힌 식으로 사람들을 바라보지 않아도 될 수 있어서 기뻤다고 말한 소년은 핵심을 짚은 셈이다. 이 학생은 자기 문화에 의해 이처럼 판에 박힌 시각적 고정관념에 길들여져 있다가, 시각이 기능하지 않자 억제나 관습의 제약에서 벗어나 '만지지 마'라는 금기를 철저히 무시하고 스스로에게 접촉의 즐거움을 허용했다. 시 「영원한 복음The Everlasting Gospel」에서 비범한 영혼 윌리엄 블레이크는 이를 똑똑히 인식했다.

> 이 생生의 영혼에 난 다섯 창
> 세상 어디서든 창공을 왜곡하여,
> 거짓을 믿게 만드니
> 그대가 통찰 아닌 눈으로 볼 때다.

뺨 다독이기, 머리 쓰다듬기, 턱 밑 토닥이기 등은 서구세계에서는 애정 표시 행위로 모두 촉감을 이용한다.

상대 머리에 손을 얹는 '안수按手'는 태곳적 관행으로 연원이 머나먼 고대까지 거슬러 올라간다.• 손은 몸에서 가장 활동적인 기관이어서 일상, 마법, 종교 등 분야를 가리지 않고 온갖 종류의 행위를 수행하니, 힘의 상징으로서의 위상 획득은 지당한 결과다. 이처럼 숱한 문화에서 손은 자신에게 내재한 힘을 상대방에게 전달하는 중요한 수단 가운데 하나로 간주되기에 이르러서, 심지어 접촉조차 없이 상대방 위로 손을 들어올리는 행위만으로 영적 교신이 성사되기도 한다. 신약성서를 통해 우리는 예수가 산에서 내려와 행한 일을 알고 있다. "예수께서 산에서 내려오시자 군중이 뒤따랐다. 그 때에 나병환자 하나가 예수께 와서 절하며 '주님, 주님은 하고자 하시면 저를 깨끗하게 하실 수 있습니다' 하고 간청하였다. 예수께서 그에게

• 안수按手, laying on of hands: 상대방 머리에 손을 얹어 축복 등을 빌거나 내리는 행위. 구약성서 「창세기」 27:27에는 이사악이 아들 야곱에게 복을 빌어주는 구절이 나오는데, 여기서 복을 빌어주는 행위가 바로 안수였다. "그가 가까이 가서 입을 맞추자 이사악은 야곱이 입은 옷에서 풍기는 냄새를 맡고 복을 빌어주었다."

손을 대시며 '그렇게 해주마. 깨끗하게 되어라' 하고 말씀하시자 대뜸 나병이 깨끗이 나았다."(「마태오의 복음서」 8:1~3) "사람들이 어린이들을 예수께 데리고 와서 손을 얹어 축복해주시기를 청하자 제자들이 그들을 나무랐다. 그러나 예수께서는 화를 내시며 (…) 어린이들을 안으시고 머리 위에 손을 얹어 축복해주셨다."(「마르코의 복음서」 10:13~16)[82, 83]

안수의 일종인 '왕의 손길'•은 '왕의 악질惡疾'이라 알려진 림프절결핵 등 특정 질병의 치료에 적용한 행위로, 종종 효과를 보이기도 했다. 어디에서든 치유 의식에는 '안수'가 수반된다. 국왕의 손길이란 관행은 프랑스 카페 왕조 및 영국이 노르만족에 정복당한 시기까지 거슬러올라간다. 왕이라는 존재의 신성하고 기적적인 속성이 왕에게는 특히 림프절결핵과 같은 질병을 치료할 만한 신의 권능이 부여되었다고 믿게 만든 것이다. 중세시대 프랑스와 영국에서는 거의 모든 왕이 왕의 손길을 베풀었으며, 이 관행은 근대까지 이어졌다. 영국에서는 18세기 하노버 왕가의 등장과 함께 중단되었고, 프랑스에서는 1825년 5월 31일, 샤를 10세가 120~130명을 만졌다는 기록이 있는데, (…) 14주 뒤 의식이 치러진 장소인 코르베니생마르크시료원施療院의 수녀들이 확인한 결과 이 가운데 다섯 명만이 회복되어 있었다고 한다. 마르크 블로크가 인상적인 책 『국왕의 손길The Royal Touch』에서 말하듯 "이런 식으로 인내를 훈련하다니, 참다운 신념의 시대에 걸맞은 아주 슬기로운 관례가 아닐 수 없었다".

국왕의 안수와 림프절결핵이 자주 연관되다보니 결국 림프절결

• 왕의 손길King's touch: 왕이 환자 몸에 손을 얹는 행위로, 이러면 병이 낫는다고 믿었는데 여기에 해당되는 병은 대개 저절로 낫기도 하는 병들이어서 결과적으로 왕의 손길 덕분이라 믿게 되었다고 한다. 주로 새로 등극한 왕들이 자신의 정통성을 입증하고자 썼던 방법이라고 전해진다.

핵은 '왕의 악질'로 알려졌다. 새뮤얼 존슨이라는 두 살 반짜리 아이는 유모에게서 림프절결핵이 옮는 바람에 1712년 3월 30일 엄마에게 이끌려 런던에 갔다. 그곳에서는 존슨을 포함한 200명이 앤 여왕의 손길을 입었는데, 가엾어라, 적어도 존슨의 경우에는 치료의 효험을 보지 못했다. 영국에서 이 치료의 몸짓이 마지막으로 수행된 때는 그로부터 약 2년 후, 앤 여왕 서거 3개월 전인 1714년 4월 27일이다. 그러나 왕족들의 의식은 멈췄어도, 과거 왕의 손길이 발휘한 위력을 왕의 상像에 옮겨 담아 메달에 새기는 형태로 그 신념은 20세기까지도 명맥을 유지했다.

어떤 종류든 피부병을 앓는 아이들에게는 인간의 손길이 특히 중요하다. 그런 까닭에 피부과 전문의 일부는 엄마들에게 약을 발라줄 때 손을 사용하라고 권하는데, 아이가 면봉이나 압설자壓舌子의 비인간적 움직임이 아닌 어루만져주는 엄마의 손길을 느낄 수 있기 때문이다. 피부병은 전염되는 경우가 아주 드물기 때문에 일반적으로 엄마가 같은 병에 걸릴까봐 겁먹을 필요는 없다.[84]

안수의 치유력에 대한 믿음이 만연해 있기는 이 '개화된' 세상에서도 여전하다. 일례로 아일랜드에서는 일곱째 아들의 일곱 번째 아들은 이러한 '능력'을 타고난다고 믿는다. 말하자면, 핀바 놀란이 그런 인물이다. 1974년까지 21세의 그가 치유의 손길을 찾아온 사람들의 '기부'로 벌어들인 돈은 이미 50만 파운드에 달했다고 한다. 1974년 2월에는 활동 무대를 영국으로 넓혔는데, 결과는 대성공으로 런던에서 며칠 만에 받은 기부금이 6000파운드를 넘었다.[85]

피부병의 적어도 40퍼센트는 정서적 요인과 관련되므로, 제대로 치료받지 않으면 만성화로 이어진다.[86]

타인과 삶을 공유한다 함은 인간의 건강한 조직과 접촉한다는 뜻으로, 이러한 공유 욕구는 우리 인간이란 종을 특징짓는 기본 욕구이며, 피부는 이러한 욕구를 반영하는 거울이다. 피부 건강이 최악인 상황은 모정을 박탈당한 아이와 버림받은 어른에게서 확인된다. 고질적 피부병은 따라서 정서적으로 곪아 있다는 표현이기 쉽다.[87]

알레르기성 질환과 관련해 모리스 J. 로즌솔 박사는 "유독 습진에 잘 걸리는 영유아들은 발병 원인이 엄마나 대리 엄마로부터 신체적으로 적절한 위무慰撫(애무와 포옹)를 제공받지 못한 데 있다"라는 명제를 검증했다. 검증을 위해, 습진에 시달리는 두 살 미만의 아기를 둔 엄마 25명을 연구한 결과 이 가설은 명백히 참이었다. 실험 대상 유아들 태반이 엄마로부터 적량의 피부 접촉을 제공받지 못했기 때문이다.[88]

영아습진의 한 사례를 논하면서, 스피츠는 흥미로운 질문을 던진다. "우리는 자문할 수도 있다. 이러한 피부 반응이 적응 노력인가 아니면 방어기제인가. 이 아이의 몸에 나타난 반응은 그 성격상 엄마를 향해 자기를 좀더 자주 만져달라고 주문하는 것일 수도 있다. 또한 엄마에게서 받지 못한 신체 자극을 습진이 일으키는 자극으로 대체함으로써 스스로를 달래는 자기애적 위축일 가능성도 있다. 우리로선 궁금할 따름이다."

그러나 아이의 습진으로 인해 엄마가 받는 요구들, 즉 매일 거듭되는 피부 관리, 긁기 억제, 고단할 만큼 세심한 의학적 관심 등은 엄마-아이 관계에 일대 참사를 일으킬 수 있음도 지적되어왔다.[89, 90]

관련 증거들을 검토한 결과, 립턴과 슈타인슈나이더, 리치먼드는 습진에서 가려움이란 대부분의 경우 이 병든 피부에서 조연이 아닌 주역을 담당할지도 모른다는 결론에 이르렀다. 가려움이 야기하는 심리사회적·문화적 요인들이, 피부의 구조와 기능을 조절하는 자율신경계를 통해 이미 장애를 입은 피부 기능에 중대한 영향을 미칠 수

도 있기 때문이다.[91]

수년간, 허먼 무사프는 신호등에 걸려 어쩔 수 없이 멈추자 운전자들이 긁기 시작하는 현상을 수백 번 관찰했다. 긁는 부위는 대부분 머리로, 그는 이를 일컬어 '적신호등 현상'이라고 했다. 대부분의 경우, 이와 같은 운동 배출, 다시 말해 긁기로 전이되는 감정은 억눌린 화火, 말로는 표현할 수 없는 화로 가정함이 마땅해 보인다. 예를 들면 지루한 강의, 따분한 독서, 줄기찬 기다림, 억지로 깬 잠 등이 그런 감정을 일게 하는 것들이다. 가려움을 느껴 긁기라는 운동을 배출하고 나면 바닥에 괴어 있던 감정이 해소되는 셈이다.[92, 93]

긴장 완화에 피부를 활용하는 방법은 많지만, 서구 문화권 남성에게 가장 익숙한 방법은 아마도 머리 긁기일 것이다. 여성은 대개 이런 식으로 대처하지 않는데, 사실 피부 사용에는 성별 차가 두드러진다. 당황스런 지경에서, 남성은 손으로 턱을 비비거나 이마나 뺨, 뒷덜미를 문지르거나 귓불을 잡아당기는데, 같은 상황이라도 여성의 몸짓은 사뭇 다르다. 입을 살짝 벌린 채 손가락 하나를 아랫니 위에 갖다 대거나, 역시 손가락 하나를 턱 밑에 댄다. 당황스러워하는 남성의 몸짓에는 이런 것들도 있다. 코 문지르기, 손가락을 구부려 입술에 대기, 옆 목 문지르기, 눈 아랫부분 문지르기, 감은 눈 비비기, 코 후비기. 죄다 남자들이 하는 짓이다. 손등이나 앞 넓적다리 문지르기와 입술 오므리기도 있다.

이것들은 모두 긴장을 완화하려는 자위의 몸짓으로 보인다.[94] 마찬가지로, 두렵거나 슬픈 상황에서 두 손을 움켜쥐는 일, 곧 스스로에게 기대듯 자기 손을 맞잡거나 꼭 쥐는 행위도 위안이 된다. 고대 그리스의 관례였고 아시아 대부분에서는 여전히 습관화된 행동이 있는데, '만지작댈 거리', 일명 '해우解憂염주worrybead'라고도 불리는, 반반한 돌멩이나 호박琥珀, 비취 등이 알알이 꿰어진 고리를 지니고 다니는 것이다. '해우염주'라는 이름처럼, 구슬들을 만지작거리면 느낌이 좋아 진정 효과를 얻는다. 천주교의 묵주기도 또한 비슷한 효과를 내는 듯 보인다. 최근 미국에서는 해우염주 수요가 갈수록 늘고 있다. 근래에는 '간부 진정기'•라는 것도 소개되었는데, '감각 매체'••라고 불리는 연마된 작은 구슬들로 만든 물건이다. 해우염주와 관련해서는 의미심장한 사실도 있다. 제2차 세계대전 동안 제니 루디네스코는 조현병 고아들에게 은신처를 제공했는데, 아이들 다수가 엄지와 검지 사이에 작은 종이 알을 굴리고 있는 모습이 관찰되었다. 또한 J. C. 몰로니는 굴리고 있는 이 종이 알을 부재한 엄마의 '대리'라고 해석하면서 "이것들은 이 정서장애 아동들이 통제할 수 있는 엄마인 셈으로, 바로 자신들이 만들어낸 '엄마'이기 때문이다"라고 지적한다.

엄지와 검지를 서로 문지르기도 하는데, 대개 긴장하고 있는 사람들에게서 관찰되는 행위다. 또한 이 행위가 확장되어 다섯 손가락을 모조리 오므려 같은 손 손바닥에 대고 동시에 문지를 수도 있다.

피부병과 관련해, 필라델피아 소재 템플대 의과대학 정신의학과 S. 해머먼 박사는 나에게 여드름이 아주 심했던 소녀의 사례 한 건을 보고해준 바 있다. 소녀의 여드름이 미용실에서 피부 자극을 수반하

• 간부 진정기Executive Tranquilizer: 간부 등 업무 중압감이 큰 사람들이 잠시 보며 마음을 진정시키라는 물건으로 구슬 여러 개가 진자처럼 매달려 있다. 이 구슬들을 하나든 몇 개든 벌렸다 놓으면 에너지 보존 법칙 및 관성에 따라 움직이는데 그 모습을 관찰하는 동안 진정 효과를 얻는다고 한다. 현재 찾을 수 있는 물건 및 사용법은 다음과 같다.
http://www.awardsmall.com/The-Executive-Tranquilizer_p_386.html#
https://www.youtube.com/watch?v=pF1pcdKnFSA

•• 감각 매체Feelies: 감각 예술품이라고도 하며, 후각, 미각, 시각, 청각, 촉각 등 실제 감각을 느낄 수 있는 작품 또는 매체.

는 치료를 받고서 나았다는 내용으로, 어느 지각 있는 의사가 정통 의학적 치료에서 모두 실패하자 보낸 곳이었다. J. A. M. 요스트 메이를로 박사는 피부병 다수는 관심과 애정 욕구는 물론, 지속적인 피부 접촉 및 피부 보호 욕구의 무의식적 표출이라고 언급한 바 있다. 여드름은 억눌린 성감의 표출일 수도 있다는 뜻이다. 때로 근친상간의 피부 접촉을 방어하려는 표시로 나타나는 피부병들도 있다. 제1차 세계대전 때는 폭격이 빗발친 뒤 많은 병사가 피부가 어두워지는 흑색증에 걸렸다. 제2차 세계대전, 로테르담 폭격 시에는 마치 위장이라도 하듯, 피부가 창백해지고 갖가지 발진이 돋는 사람이 수두룩했다.

영유아기에 누군가가 애정을 담아 자신을 든든하게 안아준 경험이 없던 사람에게, 이후 나타나는 추락공포증이 난데없는 불청객일 리 없다. 로언은 높은 곳으로부터의 추락이든 잠으로의 추락이든[수면 공포], 추락공포증은 사랑에 빠지기를 두려워하는 공포와 관련되어 있음•을 지적한다. 사실, 이런 불안증 가운데 하나라도 있는 환자라면 보통 다른 두 불안증에도 걸리기 쉬운데, 이 세 불안증에는 자기 몸에 대한 전적인 통제감 및 감각을 상실하는 데 대한 불안이라는 공통 요소가 있기 때문이다. 이런 환자들의 공포는 '침몰'감에 따른 것으로, 그로 인해 겁에 질려 그야말로 옴짝달싹 못하게 될 수도 있다. 이처럼 떨어지는 느낌은 "어린아이들에게는 즐거운 것으로, 그네, 미끄럼틀 따위의 놀이기구를 타는 이유도 여기에 있다. 건강한

• 추락공포증the fear of falling 또는 고소공포증은 말 그대로 떨어지는 데 대한 공포로, 영어로 잠들다fall asleep와 사랑에 빠지다fall in love는 둘 다 fall을 사용하는 공통점이 있다. 우리말로도 잠에 빠진다, 곯아떨어진다고도 할 수 있듯, 공간적이든 생리적이든 감정적이든, 어떤 상태로 빠져든다는 면에서 모두 묘한 공통성이 있다.

아이에게는 공중에 내던져졌다가 기다리고 있던 엄마나 아빠의 품에 안기는 것처럼 재미난 일도 드문 법이다."[95]

거리감에 관해 흥미로운 점은, 무대에서 어떤 감독들은 희극의 경우 배우들에게 서로 접촉하지 말 것을 주문하면서도, 비극에서는 으레 접촉을 삼가라고 하지 않는다는 사실이다. 이는 외향성과 내향성의 차이와 같다. 희극에서는 거리감, 즉 무관여가 필요하므로 접촉을 삼간다. 비극에서는 정반대로, 서로 관여해야 마땅하므로 접촉이 권장된다. 마찬가지로 희극에서의 몸짓은 종적縱的일지 모르나 비극에서는 횡적橫笛이어야 한다. 희극에서 종적 몸짓은 발광의 표시이거나 혹은 그런 경향이 있지만, 비극에서 횡적 몸짓은 공감, 포용을 암시하기 쉽다. 그렇기에 헬렌 헤이스는 말했다. "희극에서 나는 몸을 곧추세우고 팔을 평소보다 높게 움직이는 등 몸짓이 상향이어야 한다는 사실을 깨달았다. 비극에서는 이와 정반대였다."[96]

피부와 관련된 행위의 성별 차이는 아마 어느 문화에서든 클 것이다. 남성에 비해 여성은 종류를 떠나 온갖 섬세한 촉각 행위에 탐닉하는 경향이 훨씬 더 강하다. 또한 여성은 사물의 촉감에도 훨씬 더 민감해 보이는데, 일례로 여성은 천의 질감이나 특성을 알아보려고 할 때 표면을 어루만지지만, 남성은 좀처럼 그러지 않는다. 쓰다듬고 어루만지는 행동은 대개 여성에게 해당되며, 여성이 다가서는 몸짓은 어느 경우든 정답게 느껴지곤 한다. 등을 탁 치고 손이 으스러져라 악수하는 행동은 남자의 특징이다. 촉각 행위 자체의 문화 차이 또한 두드러진다. 홀이 지적하다시피, 일본인들은 질감의 의미를 깊이 인식하고 있다. "보들보들 기분 좋은 촉감의 그릇은 도공이 그릇과 이 그릇을 쓰게 될 사람은 물론 자기 자신 또한 아꼈다는 사실을 말해준다." 그리고 그는 중세 장인의 작품이 연마로 마무리되었다면 장인이 촉감의 중요성을 느꼈다는 뜻이라고 덧붙인다. 홀은 또 말한다. "촉각은 오감 가운데 가장 사적으로 경험되는 감각이다. 대부분 사람에게 삶의 가장 내밀한 순간들은 피부 질감의 변화와 연관되어 있다. 원치 않는 접촉에 저항하느라 갑옷처럼 굳어지거나, 사랑을 나누는 동안 흥분으로 끊임없이 변하는 피부 질감, 사랑을 나눈 뒤 만족에 겨운 피부가 띠는 벨벳의 부드러움 등에는 한 몸에서 다른 몸으로 전해지는 보편적이면서도 사적인 의미들이 담겨 있다."[97]

볼비는 영유아의 특정 반응들에는 엄마와 아기를 한데 묶어주는 기능이 있으며 이렇게 형성된 유대는 서로에게 이롭게 작용한다고 추측했다. 이러한 반응으로는 젖 빨기, 매달리기, 따르기, 울기, 웃기가 있다. 아기가 시작하는 첫 반응은 앞의 셋이며, 뒤의 두 반응은 엄마의 반응을 기다린다는 신호다. 볼비는 아기가 매달리고 따를 때 엄마가 수용의 반응을 보여주면 아기는 이 경험에 힘입어 심지어 모유 수유가 없이도 바람직하게 발달하지만, 매달리고 따르는 아기 행동에 엄마가 거부 반응을 보인다면, 아무리 모유 수유를 해주더라도 둘 사이에는 감정의 거리가 생기기 쉽다는 사실을 발견했다. 또한 볼비는 극도로 심한 경우를 포함해 허다한 심리적 장애가, 발달 초기인 생후 첫 몇 개월에 그랬듯, 매달리기 및 따르기가 최고조에 달해 있는 두 살 때에 시작될 가능성이 있다는 인상을 받았다.[98]

정신분석학자 발린트 미하이는 자신의 환자들에게서 매달림 욕구는 어떤 트라우마에 대한 반응, 곧 "떨어뜨려지거나 버려지는 것에 대한 두려움의 표현이자 그렇게 되지 않으려는 방어로 (…) 매달리는 목적은 결국 주객일체라는 원초 상태의 인접성 및 접촉의 복구"라는 사실을 발견했다. 주체와 객체 간 소망 및 흥미의 일치로 표현되는 이러한 일체성을 발린트는 1차적 대상관계 또는 1차적 사랑이라고 부른다.

발린트는 이런 환자를 두 유형으로 가른다. 곡예애자曲藝愛子, philobatic 즉 요동, 전율이 느껴지는 공중 그네 따위를 즐기는 아이와 부착애자附着愛子, oncophilic, 즉 요동 높은 곳 등의 '위험'을 견디지 못하는 아이. 곡예애자는 자기 자신의 자원에 의지해 혼자 있기를 즐기는 사람이기 쉬운 반면, 부착애자는 자기가 의지하는 대상이 무너져내릴지 모른다는 공포와 줄기차게 투쟁한다.

여기서 암시하는 바는, 1차 대상관계를 만족스럽게 누린 아이, 다시 말해 만족스런 촉각 자극을 받은 아이는 매달릴 필요를 못 느낌으로써 고소와 전율, 어지러운 요동을 즐기게 된다는 것이다. 반대로, 특히 발달 단계에서 말을 떼기 전 단계에 속하는 반사기反射期에 매달림 욕구가 충족되지 못한 아이는 이 트라우마 경험에 따른 반응으로 대상을 상대로 꽉 붙들고 매달리고 싶은 과도한 욕구, 곧 불안정에 대한 공포, 지지대가 무너져내릴지 모른다는 공포에 시달리게 된다.

여기에는 상이한 두 지각세계가 존재한다. 시각위주세계와 촉각위주세계다. 촉각위주세계는 시각위주세계보다 더 직접적이고 다정하다. 시각위주세계에서도 공간이 다정하게 느껴질 수는 있으나, 대개는 끔찍이도 허전하거나 예측할 수 없는 불안정한 위험물로 들어차 있다. 프랑스 화가 조르주 브라크는 촉각적 공간은 관찰자와 대상을 분리하지만, 시각적 공간은 대상과 대상 사이를 분리한다고 했다.[99]

아서 버턴과 로버트 E. 캔터 두 박사는 인간은 대지의 피조물이기에, 대지라는 단단한 실체•와 반드시 맞닿아 있어야 한다고 했다. 날아오르거나 뛰어내릴 때 불안해지는 까닭은, 우리의 의지 대상인 대지

• 원문의 terra firma는 solid earth의 라틴어로 대양 및 대기의 물성과 구분되는, 대지의 고체로서의 성질 즉, 손에 잡히는 실체감을 강조한 표현이다.

와 '접촉'을 포기함으로써 안정감을 상실하는 데 있다.[100]

수년간 다른 치료법으로는 접근이 어려웠던 조현병 환자들을 상대로 치료에 신체 접촉을 활용하여 큰 성과를 거두었다는 설명을 우리는 놀랍도록 자주 맞닥뜨린다. 1955년 5월, 오하이오 칠리코시 소재 재향군인정신병원 물리치료사 폴 롤런드가 정신병으로 온몸의 운동 기능이 억제되는 긴장형조현병 환자들을 치료하는 데 성공한 사례가 언론에 보도되었다. 롤런드는 처음엔 이 환자들과 함께 앉아 있다가 잠시 뒤 환자의 팔을 만지기 시작했다. 오래지 않아 롤런드는 환자 몸을 마사지하듯 문지르며 주무를 수 있었다. 일단 그 단계까지 성공하자, 재활 치료는 급속히 진척되었다.[101] 거트루드 슈윙은 포옹을 통해 조현병 아이들의 치료에 성공할 수 있었다며 자신의 임상 경험을 보고했다.[102] 발은 자폐증이 뚜렷한 아동을 마사지로 치료한 과정을 묘사했는데, 이 또한 훌륭하다. "치료사는 환자에게 엄마 손길처럼 부드러운 전신 마사지를 제공하는데, 여기에는 율동적인 토닥임과 아주 다정한 간질이기 및 만져주기라는 자극이 수반된다." 배꼽 위에 위치한 복강신경얼기 부위와 목을 비롯해 척추 전체를 마사지해주는 동안, 가슴이며 턱 밑, 손, 손바닥은 아주 감각적이고 조심스럽게 간질여준다. 이렇게 해준 뒤, 치료사는 눈 부위를 거쳐 2단계로 나아가는데, 2단계에서는 턱과 가슴, 어깨, 다시금 눈을 도발적으로 마사지한다. 2단계에서 치료사 손의 압력은 더 이상 약하지 않다. 환자는 비명과 울음, 발길질로 반응하는데, 이때 치료사는 환자에게 너의 행동들은 실망한 아기의 반응과 같다며 그렇게 해도 괜찮다고 이야기해준다. 이처럼 감정의 분출이 있은 뒤, 치료사는 관여하지 않는 객관적 태도로 그러나 다정히 보살피듯 환자를 달래준다. 발에 따르면, 이 치료는 신체 성숙을 유발하고 자폐적 위축을 타개하는 효과

가 있을 뿐만 아니라, 이제껏 시도된 어떤 기법보다 효과를 한층 더 빨리 거두는 듯하다.[103]

심리치료에서의 접촉

심리치료에서 고객 혹은 환자를 만지는 일은 오래도록 금기시되어왔다. 칼 메닝어의 명쾌한 구절처럼, 미국 정신분석학자들 사이에서 "신체 접촉 금지라는 규칙의 위반은 (…) 정신분석가의 무능이나 범죄자에 버금가는 잔혹성을 드러내는 증거로 간주된다".[104]

접촉을 막는 정신분석 분야의 금기는 프로이트에게서 비롯되었다.[105] 치료사는 환자와 거리를 두고 철저히 객관적인 입장을 고수해야 한다는, 곧 치료사 자신의 어떤 것도 환자에게 자극이 되는 등 영향을 미치게 해서는 안 된다는 것이 그의 생각이었다. 치료사는 환자에게 보이지 않는 존재가 되어야 한다며, 환자의 소파 뒤에 앉도록 지시되었다. 정신분석가 다수는 아직까지도 이 관행을 준수한다. 하지만 버트럼 포러의 말처럼 "언어적 접촉은 인간을 그 자신의 몸을 비롯해 다른 사람들로부터 고립시켜 유기되고 망각된 변방에 외따로 가둬둔다". 피부 접촉에 대한 욕구는 외면할 수 없는 것으로 심리적인 면에서는 음식에 대한 갈망보다 더 결정적이라고 믿는 심리치료사로서, 포러는 심리치료 상황에서 정통하고도 능숙한 손길로 접촉을 활용하라고 강력히 권고한다. 포러는 온전한 인간이라면 접촉 경험과 그것이 온몸에 불러일으키는 반향 등 친밀한 관계를 통해 섭취할 수 있는 사회적 양분을 끊임없이 찾게 되어 있다고 지적한다. 그는 말한다. "고객 대부분과 치료사 다수는, 애초에 자신들의 심리적

얼개를 지어준 대상이었으나 결국 억압적 양심이란 형태로 내면화한 부모와 투쟁하고 있다. 치료사의 잠재적 기능 하나는 이러한 내적 부모가 지금까지 어떻게 작용해왔든 고객에게 그들보다 더 호소력 있거나 귀한 존재가 되어줄 수 있다는 것이다."

적절한 접촉이 이루어진다면 언어만으로 의사소통할 때보다 고객은 치료사와 자신의 감정적 관계 및 치료에 거는 기대에 대하여 훨씬 더 많이 알게 된다. 치료사의 접촉은 고객을 안심시키는 동시에 치료사에 대한 고객의 불안과 불길한 예감을 해소함으로써 고객으로 하여금 인간관계에 대한 자신의 거부감을 솔직히 내보이게 만든다.

> 자신의 감정 반응에 놀라면서 고객은 내면의 심원한 갈망을 인식하게 될 수도 있다. 그러면 고객은 자신을 억압하는 양심과 이 양심과 공존하고자 수행해온 자신의 역할로 말미암아, 지금껏 타인과 감정을 주고받을 자유가 제한되어왔다는 사실을 인식하는 데 도움을 받을 수 있게 된다. 요컨대, 고객이 치료사를 자신의 내면에 수용한다면, 어릴 적 관계들의 파괴적 잔재들이 청산되어 새로운 대인관계 경험에 닫혀 있던 마음의 문을 열게 된다는 뜻이다.
>
> 결정적 시기에 이르면 다정한 접촉이 이루어지는데, 이에 따른 원초적 반응은 자신이 혼자가 아닐뿐더러 자기 자신이 무가치하다는 해묵은 느낌은 정당하지 않다는 깨달음에서 오는 신체 이완 및 안도감이다. 그럼에도 고객이 파괴적 부모와의 결합에서 미처 벗어나지 못한다면, 신체 접촉은 우선 자아를 절멸하려는 위협으로 간주되어 거절당할 수도 있다. 이러한 고객들은 말 그대로 외부와의 접촉이 끊긴 상태이며 접촉 욕구가 오히려 엄청나게 축적되어 있을 가능성이 있다.

포러 박사는 결론짓는다. "접촉은 상호관계를 지향하는 행위로, 환자가 상대와 대등해지는 모험을 감행할지, 아니면 대등해지도록 스스로를 용납할지 시험하는 과정의 일부다." 접촉과정에서는 치료사가 자신의 도움을 구하는 환자나 고객을 만질 뿐만 아니라 환자나 고객 또한 치료사를 만진다.[106] 그럼에도 불구하고, 적어도 영어권 정신분석가들은 지금까지도 상담 시작과 끝에 하는 악수마저 단념하고 있다. 이렇게까지 접촉을 금지하는 것은, 분석 상황에 불필요하기에 또한 달갑잖은 심리 자극, 즉 분석과정에 불리할 수도 있는 자극을 끌어들이게 될지 모르기 때문이라고 한다. 곧 분석가의 관심은 환자의 사고와 행동을 결정지은 요인들에 집중되어야 한다. 분석가가 무엇을 말하고 행동하든 이러한 태도를 견지해야만 한다는 뜻이다.[107]

어째서 환자와 치료사 간 접촉이 환자의 사고와 행동을 이해하는 데 걸림돌이 되는지 받아들이기 어렵다. 프로이트는 이러한 접촉행동은 어떤 종류든 성애로 치닫기 쉬우며, 그렇게 되면 분석 치료가 완전히 실패할 수도 있다고 생각했다. 접촉을 성적으로 남용할 수도 있으나, 책임 있는 치료사라면 책임감 있게 행동할 것이다.[108] 고객과 치료사 모두에게 치료 경험은 풀어야 할 문제의 연속이다. 그 가운데 가장 중요한 문제는 고객의 마음을 진정시켜 안도감을 줌으로써 온전한 자아로 향하게 하는 일이며, 이는 처음에는 치료에 해롭게 보일 수도 있는 성적인, 곧 감각적인 짜릿한 경험으로 이행하기 마련이다. 안도감으로부터 감각적이자 성적인 느낌으로의 이행이 일으킬 수 있는 수치심과 죄책감은 일종의 진전과정인 신체 수용 차단 및 자기소외를 통해 해소될 수도 있다. 이는 치료사와 환자 모두에게 아주 중요한 과정으로, 포러는 그 중요성을 멋지게 설명한다.

> 정신신체적 성 흥분 및 이것과 연관된 환상은 치료에 결정적인 원료임에도, 신체 접촉이 오명을 뒤집어쓰게 된 주원인이기도 하다. 이러한 느낌 탓에 치료사가 자신의 책임을 망각하지 않도록 윤리적 통제가 심화되어온 것이다. 일부 치료사는 성감이 느끼는 데 따른 수치심과 죄책감이 가시지 않아 당혹스러워질 수도 있다. 그럴 때 이 같은 인식의 공격으로부터 스스로를 지킬 필요를 느낀다면, 그것은 자신들이, 바람직한 것은 언어이며 접촉은 늘 성적이거나 파괴적인 나쁜 것이라는 부모의 확신을 거부하고 있다는, 그럼으로써 그러한 부모의 확신이 존재함을 사실로 확인해주는 증거일 수도 있다. 치료사와 고객은 모두 자신들의 성적 흥분을 용인하는 법을 배우고 성적 환상이 반드시 실행으로 이어질 필요는 없음을 깨달아야 한다. 이런 식으로라면 치료사는 '성적이지 않은' 접촉으로 고객의 방어막을 뚫어 그가 이 두 경험을 서로 분리해 각기 용인하도록 도울 수 있을 것이다.[109]

아서 버턴과 A. G. 헬러 두 박사는 드물게 예외는 있을지언정 환자와 신체적으로 접촉할 필요는 없다는 정신분석의 일반적 관점에 동의하면서도, 또한 심리치료사 대부분의 무의식에는 자기 신체에 대한 혐오감이 존재한다는 일반화도 타당할지 모른다고 결론짓는다. 두 박사는 접촉 행위를 규정짓는 엄격한 법적 정의들과 이러한 혐오감이 맞물려 정신분석이라는 치료 분야에서 자연스러움과 자유로움이 발휘되기 매우 어렵게 한다고 믿는다.[110]

이러한 시각에는 다음과 같은 답변이 옳을 것이다. 이런 심리치료사는 심리적 장애에 시달리는 사람들을 치료하기에 적합한 인물이 아니다. 수영을 못하는 사람은 수상인명구조원이 돼서는 못 쓰는 법이다.

바테네프와 루이스는 치료사의 접촉이 어떤 성격을 띠고 있는지가 환자-치료사 관계에는 대단히 중요하다고 말한다. 이들은 접촉이 스치듯 가벼운 찌르기나 돌발적 찌르기에서부터, 상대를 위축시키는 평면적 쥐기나, 지지하고 안심시켜주며 지속적이면서도 얼마간 구속적이기도 한 포옹, 혹은 은근히 감싸주는 포옹에 이르기까지, 형태와 노력 면에서 다양한 요소로 구성될 수 있다고 지적한다. 그럼에도 이들은 접촉이 입체적인 형태를 띠어야 한다고 주장한다. 찌르기 따위의 선형에 가까운 접근이 아닌 입체적으로 떠받쳐주는 형태. 심리치료를 찾는 아동 (및 성인) 일부는 입체적 방식으로는 안겨본 일이 생전 없을 수도 있다. 신체 한복판으로부터 감지되지만 또한 말초 매체의 언어를 통해 전해질 수도 있는 포옹. 이 연구자들은 치료사의 접촉을 금지하는 관행은 분명 이러한 인식 없이 형성되었다고 여긴다.[111]

우리가 이 주제를 다루고 있는 만큼, 온갖 분야의 의료 관행에서 접촉은 의술의 불가결한 일부로 간주되어야 마땅하다고 덧붙여야겠다. 한 가족의 일원으로서 의사는 인간적 접촉이 요동치는 기분을 가라앉히고 통증을 누그러뜨리며 긴장을 풀어주고 안도감을 느끼게 하는 데, 요컨대 세상을 온통 달라지게 하는 데 얼마만큼 기여할 수 있는지를 깨달아야 한다. 인간성이 살아 있는 세상이란 하나의 엄연한 가정이고, 그런 면에서 적어도 환자와 의사의 관계만큼은 가족관계나 다름없어야 하기 때문이다.

환자가 의사에게 거는 기대는 인간적인 접촉과 치료 효과다. 접촉은 늘 의사의 치유력과 환자의 회복력을 높인다. 수세기에 걸쳐 상대에게 손을 얹는 행위는 종교적 교감의 행위로 마땅히 인정받아왔다. 치료 공동체 내에서도 이와 비슷하게 이해되어야 옳을 것이다.[112]

참으로 흥미롭게도, 치료 공동체 내에도 접촉의 중요성을 인정한 분야가 하나 있으니, 바로 간호 분야다. 간호학 학술지들에는 접촉의 치료 효과를 보여주는 값진 논문이 숱하게 게재되어왔다. 첫째, 여성이자, 둘째, 의사보다 환자에게 훨씬 더 가까이 있는 존재로서, 간호사들은 환자 간호에 접촉이 중요하다는 사실을 인정하기에 월등히 나은 위치에 자리해왔다. 환자를 보살피는 일은 환자를 위하는 마음에서 비롯됨을 이해하기 때문이다.[113] 보살핌이란 선택이 아니다. 그것은 자연스럽고 의무적인 일이며, 누군가를 보살피고 있다(달리 말해 사랑하고 있다) 함은 그와 친밀한 관계에 있다는 뜻이다.

접촉과
천식

1953년, 나는 1948년 7월에 만난 상류층 배경의 키 163센티미터, 몸무게 41킬로그램에 자녀가 없는 서른 살 이혼녀, C 부인의 사례를 보고했다. C 부인은 일란성 쌍둥이였다. 자신들이 기억하는 한, 쌍둥이 양쪽 다 대략 격주로 천식을 앓아왔다. 1948년에 앞서 6년 동안, C 부인은 치료차 요양원을 들락거렸다. 그때 의사는 발작을 한 번만 더 겪으면 그녀가 사망할지도 모른다고 했다. 이 청천벽력 같은 예후豫後 덕에 내가 이 환자를 떠맡게 되었다. 런던 자택을 방문하니, C 부인은 젊고 어여쁜 여성으로 어지간히 긴장한 듯한 기색 외에는 제법 건강해 보였다. 그녀는 자신의 방문객에게 맥없이 차가운 손을 내밀더니 이내 움츠리듯 팔짱을 끼었다. 이어 긴 소파에 등을 대고 앉기가 무섭게, 조심스레 등을 문지르기 시작했다. 어머니가 일찍 돌아가셨느냐는 질문에 그녀는 자신을 낳으며 돌아가셨다고 답하고는 어떻게 알았느냐는 식으로 되물었는데, 굉장히 놀란 모습이었다. 나는 다음과 같은 관찰 결과 그럴 가능성이 있다는 생각이 들었다고 설명했다. (1)맥없이 악수하는 손 (2)움츠리듯 낀 팔짱 (3)소파에 등을 대고 문지르는 모습. 이것들은 다 그녀가 유아 시절 적당한 피부 자극을 못 받았을지 모른다는 암시였고, 이런 일은 어머니를 일찍 여읜 결과인 경우가 잦으므로, 나는 이것을 가능한 원인의 하나로 여겼다.

이어 촉각 자극과 호흡계 발달 사이의 관계에 관한 이론을 설명해주었다. 나는 그녀에게 이는 단지 이론일 뿐으로 아직 증명된 바는 아무것도 없으나 그럼에도 이러한 관계를 암시하는 증거는 얼마간 존재하니 원한다면 그녀가 둘 사이의 관계를 시험해볼 수도 있다는 사실을 강조하느라 특히 공을 들였다. 그런 뒤 그녀에게 런던에 있는 물리치료원에 다니면 어떻겠느냐고 제안했다. 그곳에서는 지시에 따라 전문가의 마사지를 받을 터였다. 그녀는 서슴없이 동의했고, 며칠 뒤 첫 번째 마사지를 받고 나서는 열의에 가득 차 있었다. 이어 그녀는, 당분간 마사지를 계속해서 받는다면 혹시나 어떤 심각한 정서장애를 겪지 않는 한 천식 발작이 재발할 일은 없을 확률이 높다는 말을 들었다. 그녀는 7개월 동안 마사지 치료를 이어갔으며 이후로 여러 해 동안 심각한 천식 발작은 단 한 차례도 겪지 않았다.

C 부인의 쌍둥이 자매도 어느 유명 작가와 결혼하기 전까지는 천식 발작을 똑같이 경험해왔는데, 완전히 사라지지는 않았어도 결혼 이후 발작 빈도가 줄어들었다. 그 후 쌍둥이 자매는 이혼했고, 얼마 되지 않아 천식 발작을 일으키며 사망했다. 한편 C 부인은 발작이 크게 완화되었다. 그녀는 그 뒤 재혼하여 내내 행복하게 살고 있다.

물론, 이 사례에서 C 부인의 천식 개선은 그녀가 받은 촉각 자극과 관계가 거의 없거나 아예 없을 수도 있다. 반대로 둘의 관계는 아주 직접적일 수도 있다. 원 논문에 나는 이렇게 썼다.

> 이 사례를 인용한 것은 여기에 암시된 가치 때문이다. 또한 기회가 충분하다면 사람들이, 즉 천식이든 다른 질환이든 유아 시절 적절한 피부 자극의 결핍과 관련돼 있을 수도 있는 질병에 시달리는 환자들이 이 논문에 개관된 이론에 따른 피부 자극을 받음으로써 병세가 완화되는지 관찰을 통해 확인해보기를 바라기 때문이기도 하다.[114]

이 논문은 상당한 관심을 불러일으켰으나, 천식과 촉각 자극의 관계를 두고 활발한 연구가 이루어지게 할 정도의 자극은 되지 못했던 듯하다.

이와 관련해 앞서도 언급한 바와 같이, 천식 발작을 일으키는 동안 환자의 어깨에 팔을 둘러주면 증세를 완화하거나 중단시킬 수도 있다.

윌리엄 오슬러는 언젠가 이렇게 말했다. "여성 환자는 손을 잡아주면 의사에 대해 확신을 품는다." 사실, 스트레스 상황에서는 거의 누구든 손을 잡아주면 진정하기 쉬울뿐더러 손을 잡고 있으면 잡히는 사람이나 잡아주는 사람이나 불안감이 줄어듦으로써 마음이 한결 든든해질 가능성이 있다.

이렇게 물을 수도 있다. 어루만지고 쓰다듬고 살갑게 껴안고 토닥거리는 등의 촉각 자극이 정서장애를 가진 인간에게 어떻게 이처럼 깜짝 놀랄 만한 효과를 발휘할 수 있는가?

답은 극히 간단하다. 촉각 자극은 개인의 건강한 행동 발달에 밑거름이 되는 필수 경험이기 때문이다. 영유아기에 촉각 자극을 받지 못하면 타인과의 신체 접촉관계를 수립하는 데 크게 실패한다. 하지만 성인이 된 뒤에라도 이런 자극 욕구의 충족은 이들에게 삶에 없어서는 안 될 안도감, 즉 자신들이 필요하고 소중한 존재라는 자신감을 심어줌으로써, 이들로 하여금 타인과 가치관을 공유하는 관계망에 동참해 한데 어우러지게 한다. 타인과 접촉관계를 맺기에 거북해진 까닭, 말하자면 악수, 포옹, 입맞춤 같은 타인에 대한 촉각적 애정 표현에 대개는 모조리 어설픔으로써 타인과의 신체관계 수립에 서툴어진 까닭은 주로 어린 시절 엄마와의 신체 접촉을 통한 관계 형성에 실패한 데 있다. 이런 사람들은 엄마에게서 엄마다움을 느껴보지 못한 셈이다. 가너와 웨너는 엄마다움을 가리켜 신체가 보살펴지고 즐겁게 자극되기를 바라는 아기의 욕구를 엄마가 자기 자신 또한 만족스러울 방식으로 충족시켜주는 것으로 정의 내린다.[115] 엄마다운 여성이라면 아기의 성장 및 발달에 요구되는 친밀한 신체 접촉과 보호막을 제공해 아기를 만족시켜줄 뿐만 아니라, 그렇게 해주는 과정에서 자기 자신 또한 만족을 끌어내는 법이다. 가너와 웨너는 정신신체의학적 장애는 엄마다움의 경험이 결핍된 사람들에게 발생하기 쉽다는 사실을 증명하는데, 이 가설은 이제껏 숱하게 입증되어왔다. 엄마다움의 기본 성분은 안아주기, 다정히 껴안아주기, 어루만져주기, 포근히 감싸주기, 흔들어 얼러주기, 입 맞춰주기 등 엄마가 아기에게 엄마답게 제공해주는 온갖 촉각 자극으로서의 친밀한 신체 접촉이다.

영유아에게서 접촉 경험을 비롯해 손으로 무언가를 조작하는 경험의 기회를 제한하거나 박탈하면 이 아이에게는 이후 접촉 행동 및 정서 행동에 장애가 발생하기 쉽다. 적잖이 끔찍한 실험으로, 예일대 여키스연구소 헨리 W. 니슨 교수와 동료들은 생후 4개월에서부터 31개월까지 수컷 새끼 침팬지 한 마리의 팔다리에 제각기 원통형 판지를 씌워두었다. 원통을 벗겨내자 크기와 형태, 깊이를 지각하는 데는 결함이 없었으나, 이 어린 침팬지는 또래들과 달리 연구조원에게 매달리지도, 자기 몸을 가꾸지도 않았다. 게다가 "이 동물에게는 본능의 일부일 법한 입술 움직임과 소리가 아예 없었다". 이런 유의 실험이 인간 아기에게 실시된 적은 결코 없다. 그럼에도 이처럼 접촉 경험이 박탈된 침팬지에게서 드러난 결과들은, 얼마 동안이 됐든 접촉 경험을 지속적으로 박탈당한 영유아가 일반적으로 장차 아동이 되어 접촉 및 정서 행동에 장애를 보이기 쉽다는 사실과 일치한다.[116]

신체 접촉 욕구는 포유류의 기본 욕구로서 개체의 움직임과 몸짓, 신체관계가 발달하기 위해서 또한 반드시 충족되어야 하는데, 이러한 욕구는 보통 엄마와의 신체관계 경험을 통해 충족되어 소정의 발달로 이어지게 마련이다. 그렇기에 이러한 신체관계를 경험하지 못하면, 실험으로 증명되었듯 극도로 기형적인 움직임과 자세를 취하게 된다. 앞서 우리는 신체관계 박탈이 성행동에 미치는 영향을 확인했는데, 신체관계를 통한 사회성을 경험하지 못한 남성은 성교와 관련된 행동이 어설펐다. 메이슨 등 연구자들이 증명한 것처럼 이처럼 신체관계를 경험하지 못한 인간들은 사회적 교류에도 결함이 있을 수밖에 없다.[117] 신체 접촉 욕구가 존재하는 한, 인간은 누군가를 상대로 살갑게 얼굴을 묻고 품을 파고들며 다정히 껴안고 포근히 감싸주고 입맞춤하는 등 타인을 다정하고 애정 어리게 대하며 보살펴주는 법을 익히는데, 이는 모두 이렇게 해주는 엄마의 행동을 경험한 결과다. 이러한 엄마다운 행동을 경험하지 못하는 상황에서도 욕구는 남아 있으나, 이 욕구와 관련된 행동은 어떻게든 설익어 끝내 제대로 실현되지 못한다. 사실, 건강한 인간으로서 개인의 발달을 가늠할 상당히 중요한 척도가 남자든 여자든 그 사람이 다른 사람을 스스럼없이 포옹할 수 있는 그리고 다른 사람의 포옹을 그렇게 즐길 수 있는 마음, 즉 타인과 극히 참된 의미에서의 접촉을 실현할 수 있는 마음가짐이라고 할 수 있다.

접촉 경험에 실패한 아이는 타인과의 관계에 육체적으로는 물론 정신적, 행동적으로도 서툰 인간으로 성장한다. 이런 사람들은 『옥스퍼드 영어사전』에서 정의하는 기지機智, tact, 곧 "남의 감정을 해치지 않거나 호감을 얻고자 처신하는 데 적합하고 온당한 방법에 대한 민첩하고 섬세한 감각, 인간을 다루는 또는 난감하거나 미묘한 상황을 헤쳐나가는 기술 혹은 판단력, 올바른 때에 올바르게 말하거나 올바르게 행동하는 능력"이 부족하기 쉽다.

1793년 우리에게는 듀걸드 스튜어트가 있었다. 스코틀랜드 철학자였던 그는 자신의 『윤리학 개론Outlines of Moral Philosophy』에 "프랑스어 tact의 의미는, 적절성에 대한 섬세한 감각, 다시 말해 세련된 사회에서 벌어지는 난해한 교유과정에서 인간이 자기 갈 길을 감지하도록 해주는 감각"이라고 말한다.[118] 여기 '자기 갈 길을 감지하다'에서 '감지하다feel'라는 단어는 다른 인간과 생애 첫 의사소통을 시작할 때 우리가 우선 촉각을 통한 탐색으로 첫발을 내딛는다는 사실을 훌륭하게 반영한다. 이를 발판으로 우리는 기지를 갖춘 존재로 발달하는데, 만약 촉각 경험이 부족하다면 그 같은 발달에 실패해 타인의 욕구에 둔감하여 대처하는 데 서툰 존재로 성장하고 만다. 타인과의 교감에 서툴고 둔감한 사람들이 보통 애정 욕구가 충족되지 못한 존재들이라는 사실은 우연이 아니다. 사랑을 알기 위해 생애 무엇보다 앞서 해야 하는 경험, 가장 기본이 되는 경험은 접촉이기 때문이다.

유아기 촉각 경험과 이후 촉각 행동 사이의 인과관계는 아주 또렷해 보인다. 흥미롭게도, 'tact'라는 단어가 '촉각touch'을 뜻하는 라틴어 tactus에서 파생되었어도, 19세기 중엽 touch가 쓰인 이래로 tact가 touch의 자리를 대신한 일은 드물다. 기지機智라고 하는 tact의 현대적 의미는 19세기 초 프랑스어에서 차용되었다. 그러나 이 단어의 본뜻은 두말없이 다른 누군가를 '섬세하게 만지다'이다. tact의 현시대 의미와 '만지다touch'의 어원적 관계만큼 심리적 관계도 간과할 수 없는데, 우리는 기지, 말하자면 눈치 없는 인간을 두고 으레 '감각이 무디다'라고 말하기 때문이다. 이처럼 'tact'라는 단어의 현대적 쓰임새에는 대단히 흥미로운 점이 내재되어 있으니, 곧 이 단어에 포함된 적합하고 온당한 행동을 파악하는 섬세한 감각이란 뜻에는 그러한 발달에 유아기 촉각 경험이 중요하다는 사실에 대한 이해가 섬뜩할 정도로 똑똑히 반영되어 있다는 것이다. tact는 touch의 유의어로서 현재까지도 그 원뜻을 무척 생생하게 간직하고 있는 셈이다. 접촉touch은 곧 관계contact('함께'라는 뜻의 라틴어 com-과 '만지다'라는 뜻의 라틴어 tangere의 결합)로, 만지거나 만나는 행위이기 때문이다.

느낌과 접촉

진실과 의사소통은 모두 꾸밈없는 몸짓, 곧 기분의 참다운 목소리인 촉감이 전달되는 접촉에서 출발한다. 애정 어린 접촉은, 음악처럼 말로는 표현할 수 없는 것들을 이야기하곤 한다. 그 무엇도 말할 필요 없다. 말하지 않아도 다 이해되기 때문이다. 느낌에는 대개 손으로 만져질 듯한 질감이 있어서 우리는 이렇게 표현하곤 한다. '이 단어는 마치 어루만지는 것처럼 부드럽게 느껴져' '이 소재 느낌이 좋은데' '그의 명성이 심각한 타격을 입었다' 등등. 사실, touch의 일반적 유의어도 feel과 contact다. emotion[감정], feeling[느낌, 감각], affect[정서], touch[접촉, 촉각, 촉감]는 서로 불가분의 관계에 있다. 감정은 접촉으로 유발되지 않았을 때조차 곧잘 촉각의 특질을 띤다. 일반적으로 이해되듯, 느낌이란 곧 기분으로 유기체라는 전일한 존재의 내면에서 저절로 일어나는 것이다. 사람은 기분이 좋거나 좋지 않거나 둘 중 하나다. 이는 정서적 상태다. 우리가 느낌이라고 부르는 것의 대부분은 주로 피부에서 비롯되지만 또한 관절 및 근육, 내장 감각에서도 발생되는 복잡하게 뒤섞인 촉각 성분들에 대한 여러 지각의 합성체라고 추정된다.

그러므로 인간의 느낌 발달에 반드시 필요한 요소는 감각 욕구의 충족, 고유감각-전정감각 기능, 시각 등이다.

척수 끝에서 위로 뻗어 있는 뇌줄기에 자리한 망상체는 주로 의식 수준의 변화에 관여해 망상활성계라고 불린다. 극도로 복잡한 구조인 망상체에 대하여 우리는 거의 모르고 있으나, 알려진 사실 하나는 망상체가 다른 무엇보다도 촉각 자극에 유난히 민감하다는 것이다. 일례로, 무언가와 부지불식간에 접촉하게 되면, 각성도가 지각 가능한 정도로 상승해 우리는 활성화, 즉 각성된다. 촉각 자극이 기분과 집중력에 중요한 영향을 미치는 것이다.

낯선 행동 및 행동 순서를 상상하고 조직하고 수행하는 뇌의 능력, 곧 활동 수준은 입력 촉각에 크게 좌우된다. 촉각을 통해 우리는 자기 신체를 내면화함으로써 부위별 심상을 구축할 수 있다. 이는 한 가지 간단한 예로 설명할 수 있다. 두 손을 맞대어 깍지를 낀 뒤에 팔꿈치를 구부려 깍지 낀 손을 턱 밑에 거의 닿을 정도로 끌어당긴다. 누군가에게 요청해 만지지는 말고 가운데 손가락 여섯 개 가운데 하나를 짚으라고 한다. 짚인 그 손가락을 움직이려고 해보라. 상대가 어느 손가락을 택했는지 정확히 알아내려면 얼마나 애써 머리를 굴려야 하는지 알 수 있다. 이제 그 사람에게 가운데 여섯 손가락 가운데 하나를 건드리라고 한 뒤에 해보라. 그가 건드린 손가락을 알아내기란 아주 쉬울 것이다. 촉각 정보는 곧바로 답을 준다. 촉각이 없이는, 노상 보는 손임에도 무슨 움직임을 계획하고 실행할지 결정하기란 전에 없이 어렵다.•

손가락과 손의 촉각

최근까지도 신경계의 감각로感覺路 대부분은 출생 직전이나 직후에 해부적 결합의 성숙으로 '고정 배선'처럼 '고정된다'고 믿어졌다. 샌프란시스코 캘리포니아대 마이클 머제니크는 밴더빌트대 동지의 공동 연구자들과 함께, 다람쥐와 올빼미원숭이에게서 촉각 인식에 소용되는 뇌 경로는 고정되어 있기는커녕 성체가 되어서도 유동적이라는 사실을 증명했다.

밝혀진 바에 따르면, 각 동물은 입력된 촉각 정보를 국소 해부적으로 대뇌피질의 일정한 영역에다 정리하는데, 이 영역의 위치는 동물마다 조금씩 독특하다. 손가락 하나를 절단하면 수주에 걸쳐, 잃어버린 손가락을 전담하던 뇌 영역이 인접한 나머지 손가락들로부터 입력된 감각 자극까지 담당해감에 따라 남아 있는 이 인접 손가락들의 감각이 전보다 한결 더 섬세해지게 된다. 뇌의 몸감각 영역이 상처를 입어도 이와 비슷한 변화가 생기지만 민감도는 다소 줄어든다. 뇌

• 이 사례는 수전 메릴 씨에게 빚졌다.—저자 주

의 감각 지도는 자율적으로 형성되는 듯하며, 신경자극들 사이의 일시적 상관관계가 이러한 자율 형성을 일으키는 원동력으로 보인다. 신경 한 가닥의 활동은 시시하다. 신경 가닥 가닥의 결정적 역할은 '신경망'에서 경험으로 축적된 방대한 집합의 자극에 관여하여 발휘된다. 신경 한 가닥이 하는 일은 일시적이지만, 신경망에서의 활동 이력에 따라 그 역할의 중요성은 달라지는 것이다. 막대한 분량의 신호를 조사하여 최종 평가하는 자리가 바로 이런 신경망들일 수도 있다. 장차 가능성이 무궁무진한 연구 분야는 신경의 고정 구조가 아닌, 신경망의 역동적 속성이다.[119] 이 분야의 최근 연구들이 대단히 중요한 것은, 다른 무엇보다 인지 기능에 대한 이해를 도와주기 때문이기도 하고 그럼으로써 갖가지 형태의 접촉 혹은 접촉 결핍이 인간의 발달에 미칠 수 있는 영향에 대한 이해를 높여주기 때문이기도 하다.

피부 적응성 및 반응성

피부의 경이로운 능력 가운데 하나는 다른 감각계에 결함이 있을 경우 이를 보완하고자 민감도가 상승하는 것이다. 주베크와 플라이, 아프너스는 학생 16명의 얼굴을 두건으로 가린 채 일주일 동안 빛이 완전히 차단된 암실에 있게 하자 통증에 대한 민감도는 물론 전반적 피부 민감도 또한 뚜렷이 증가했다고 밝혔다.[120] 사실, 눈이 안 보이는 상황에서의 피부 민감도 발달은 적잖이 가변적이어서, 개인에 따라 증가하기도 감소하기도 하는데, 더 연구해볼 만한 문제다.[121]

피부는 온갖 자극에 물리적으로 가장 적절히 변화해 대응할 뿐만 아니라, 말 그대로 행동의 변화로도 대응하게 된다. 피부는 행동할 수 있으며 그 행동은 우리가 지각하기에 충분한 방식으로 이루어진다. 여기서 자극이라 함은 피부 표면, 곧 표피에서 벌어지는 자극을 말한다. 피부는 복잡한 세포 구조일 뿐만 아니라, 복잡한 화학 구조이기도 하다. 더욱이 피부 표면에 존재하는 물질들은 신체 방어 체계에 중요한 역할을 담당한다. 예를 들어, 인간의 혈장이나 혈액은 피부에 닿으면 응고 속도가 빨라진다. 피부를 알코올로 닦아낼 경우 응고 시간은 길어진다.[122, 123]

표피에서 벌어지는 자극이 피부 반응을 일으키려면 신경계를 거쳐 감각자극으로 변환되어야 한다. 따라서 정신에서 비롯된 자극이 피부에 초래할 수 있는 변화라면 그것이 무엇이든 피부 수준에서 생긴 자극으로도 발생시킬 수 있다고 추정해볼 수 있다. 예를 들자면, 부적당한 피부 자극에 기인한 피부병이 바로 그런 경우다. 피부 수준에서 벌어지는 감각자극은 대뇌피질 수준 및 그 자극으로 촉발된 고유의 운동반응 차원에서 해석되어야 마땅하다는 뜻이다. 피부 자체가 생각하지는 않는다. 그러나 놀라운 민감성으로 엄청나게 다양한 신호를 포착하여 전달하고 그에 따라 대단히 광범위한 반응을 보이는 능력을 고려할 때 피부는 다재다능 면에서 그야말로 뇌에 버금가는 위치에 있음이 틀림없다. 이것은 마땅한 평가인데, 지금껏 확인했다시피 피부는 사실상 유기체의 외부 신경계이기 때문이다. 그러나 피부의 이 같은 민감성은 그것의 온전한 발달에 필수 불가결한 촉각 자극을 받지 못할 경우 크게 손상될 수 있다. 따라서 여기에는 가족, 계층, 문화 등의 환경이 결정적 요인으로 작용할 수밖에 없다.

제8장

문화와 접촉

문화마다 양육 방식이 다르거나
특유의 훈련 방식을 고수하기 때문에
영유아들은 아동 및 청소년으로서
피부 접촉 및 자극에 대한 문턱값이 다르게 발달함으로써
개인의 장기, 체질, 기질별 특성이
문화에 따라 일정하게 강화 또는
약화되는 결과로 이어진다.

로런스 K. 프랭크,
「촉각 의사소통」,
『유전심리학 학술지Genetic Psychology Monographs』,
56(1957), 241쪽

접촉 행동과 관련된 태도 및 관행은 계층과 문화에 따라 천차만별이다. 이런 현상은 접촉 경험의 이러한 사회적 차이와 인격 발달 간의 관계를 연구하는 데, 그리고 어느 정도는 접촉 경험의 사회적 차이와 문화적·민족적 특성 간 관계를 연구하는 데까지도 풍성한 밑거름이 되어준다. 일반적으로 문화는 관습을 통해 영유아 및 아동이 노출될 사회화 경험을 규정하지만, 가정에 따른 특유의 경험을 구성하는 행동들은 이처럼 규정된 행동 양식에서 크게 벗어남으로써 해당 개인들에게 어떤 식으로든 중대한 결과를 일으킬 수 있다.

어느 가정에서는 엄마와 자식 사이를 비롯해 온 가족에 걸쳐 피부 접촉이 허다하게 이루어진다. 속한 문화가 같은데도 엄마와 자식 사이에서도 다른 식구끼리도 피부 접촉이라고는 최소한으로만 이루어지는 가정도 있다. 전반적으로 'Noli me tangere', 곧 '나를 건드리지 마' 식의 생활 방식이 특징인 문화가 있다. 이와 달리 껴안기와 어루만지기, 입맞춤하기가 예사로 이루어질 정도로 접촉 행동이 삶에 깊숙이 스며들어 있어 비접촉성 민족들의 눈에는 기이하고도 황당하게 비춰지는 문화가 있다. 또한 접촉성을 주제로 가능한 온갖 변주를 펼쳐 보이는 문화가 있다. 이번 장에서는 이처럼 피부 접촉에 대한 문화 간, 개인(가족) 간 태도 차이와 이러한 태도에 기인하는 관행, 개개인에게서 그리고 그 개인이 속한 문화에서 이러한 관행이 표현되는 방식을 탐구하고자 한다.

자궁 밖 성장 및 접촉

자궁 밖 성장이란 자궁 안에서 진행되는 태아의 성장과정이 자궁을 나와서까지 이어지는 상태를 말한다.• 자궁 밖 성장과정의 목적

• 본문 90쪽 참조. "우리는 보통 임신 기간이 분만과 동시에 끝난다고 생각하지만, 임신 기간은 태아가 자궁 안에서 성장하는 기간uterogestation에서 자궁을 나와 성장하는 기간exterogestation까지 포함한다. 보스톡은 자궁 밖 성장이 끝나는 시점을 네발로 잘 기기 시작하면서부터라고 보는데, 이러한 관점에는 무척 훌륭한 면이 있다. 참으로 흥미롭게도, 자궁 밖 성장이 이루어지는 평균 기간이 아기가 기기 시작하면서 마무리된다고 하면, 평균 잡아 자궁 안 성장 기간 266.5일과 정확히 일치하기 때문이다. 이러한 관계에서 또한 흥미를 끄는 점은, 엄마가 아기에게 수유하는 동안에는 얼마간 임신이 되지 않는다는 사실이다."

은 아기와 엄마 사이에 존재하던 상호 자극-반응 관계를 연장함으로써 엄마를 포함해 특히 아기의 발달을 지속시키려는 데 있다. 각양각색의 공간 환경에 얽매여 있기도 하고 그렇지 않기도 한 대기大氣의 세상에 태어난 아기는 이에 따라 갈수록 복잡해지는 신체 기능에 적응해야 하며, 이러한 적응에는 엄마와의 관계, 곧 자궁 속에서와 유사한 관계의 연장이 보장되어야 한다. 이처럼 태어나 대기 환경에 적응하는 일은 유기체에게 분명 중요한 경험임에도 이제껏 응당한 대우를 받지 못해왔다.

자궁 안에서 태아는 자신을 포옹하듯 지탱해주고 있는 자궁벽에 감싸여 이 벽과 친밀한 관계를 유지하고 있다. 이런 경험은 편안함과 안도감을 준다. 그러나 출생과 함께 경험하게 되는, 전과 비교해 어떤 식으로든 개방된 형태일 수밖에 없는 환경은 신생아에게는 생소하고 도전적인 것으로, 이러한 환경 및 그 변종들에 최소한이나마 적응하기 위해서는 그에 필요한 방법을 습득해야만 한다. 태어나기 직전 태아는 개인에게 닥칠 수 있는 가장 불안하고도 겁나는 상황을 경험하는데, 지지 기반의 급작스런 상실이 바로 그것이다. 난데없는 굉음을 제외한다면, 인간에게 본능과 다름없는 반응을 일으킬 수 있는 유일한 상황이 급작스런 지지 기반 상실이다. 자궁 안에서 태아가 양막에 둘러싸여 포옹과 지지, 마음을 달래주는 요동을 경험했듯, 신생아에게는 자궁 밖 환경도 그와 같은 지지의 연속선상에 있어야 한다. 즉, 엄마가 자신을 품에 안아 흔들어 얼러주고, 엄마 몸에 밀착해 양수 대신 초유와 우유를 들이마시는 경험이 절실한 것이다. 엄마 품에 안겨 피부를 맞대고 온기를 느껴야 하는데, 다른 무엇보다도 신생아는 온도 변화에 제일 민감하기 때문으로, 신생아 병동에서 흔히 노출되는 위험 가운데 하나도 특히 에어컨이 가동되는 분만실의 쌀쌀한 주변 온도다.

이에 대한 전문적 해결책은 아기를 따뜻한 아기 침대에 누이거나 아기 위쪽에 난방기를 틀어놓거나 둘 중 하나인데, 전자는 엄마의 포옹과 지지에서 전달되는 맨살의 따스한 훈기를 갈음하는 최악의 대안이며 후자는 아기의 눈이며 피부에 해를 입힐 수도 있다.

자궁이라는 세상의 경계는 양막이다. 따라서 신생아는 자궁 밖 환경이 자궁 속 환경과 가능한 한 비슷하게 재현될 때, 곧 엄마 젖가슴에 파묻혀 감싸 안겨 있을 때 가장 편안해한다는 점을 이해할 필요가 있다. 영유아는 바로 이 친밀한 접촉을 듬직한 기반 삼아, 친밀감과 인접감, 거리감, 개방성이란 무엇인지 배워야 한다. 요컨대 천차만별의 매우 복잡한 갖가지 공간 환경에 적응한다는 것이 의미하는 바와 그러한 환경에 적응하는 법을 배워야 한다는 뜻으로, 이 같은 공간관계는 모조리 엄마 몸과의 관계에서 이루어지는 접촉 경험과 긴밀하게 연관되어 있기 때문이다.

신생아를 엄마에게서 떼어내 대개 아무것도 둘러주지 않은 채 판판한 바닥에 드러눕히거나 엎어두는 사람은, 누군가가 자신을 감싸주고 지탱해주며 흔들어 얼러주고 그런 존재가 자신의 몸을 사방에서 둘러싸주었으면 하는 신생아의 지대한 욕구도, 그렇기에 신생아가 신세계의 개방된 공간을 경험하는 일은 개방 정도를 조절해가며 반드시 차근차근 이뤄져야 한다는 사실도 이해하지 못하는 것이다. 엄마라는 존재의 지지를 실감하며 그 존재를 계속하여 감지함으로써, 아기는 외부세계를 향해 조금씩 나아갈 자신이 붙는다. 이러한 현상은 제법 자란 포유류 새끼들, 그 가운데서도 특히 어린 원숭이와 같은 새끼 유인원에게서 생생하게 확인된다. 이들을 보면 처음엔 어미와 떨어지기를 머뭇거리다가 차차 떨어지는 거리를 넓혀나가는데,

결국 육체적으로는 거의 완전하다시피 하며, 정서적으로도 얼마간은 자립할 수 있게 된다.

피부 차원의 트라우마

이쯤에서 우리는 자문해봐야 한다. 병원 관례처럼, 신생아를 엄마에게서 떼어내 이런저런 아기 침대의 개방된 공간에 놔두는 조치로 아기에게 끔찍한 트라우마, 어쩌면 끝내 완전히 회복될 수 없을 트라우마를 안기고 있지는 않은가? 더군다나, 서구 문명세계와 함께 서구의 영향을 받아온 문화들에 이 같은 산후 관행이 자리 잡음에 따라, 생애 초반 영유아기의 아기들에게 트라우마를 반복적으로 겪게 하고 있는 건 아닐지 말이다. 광장공포증이나 고소공포증, 급추락 공포증은 어린 시절 이러한 트라우마 경험과 어떤 식으로든 관련돼 있을 가능성이 있다. 이불이 침대에 반반히 정리된 상태 그대로 얌전히 덮지 못하고 몸에 돌돌 말다시피하고 자야 직성이 풀리는 버릇 또한, 영유아기에 누군가가 자기 몸을 지지해준 경험이 부족해 그 반응으로 지지받는 환경의 원상原狀인 자궁의 재현을 욕구하는 현상일 수도 있다. 한편, 침실 문이 닫힌 채 잠들기를 좋아하는 사람이 있는 반면, 침실 문이 닫히면 견딜 수 없어 하는 사람들도 있다. 예상되다시피, 이불이 몸을 포근히 감싸줘야 좋은 사람들은 침실 문이 닫힌 상태를 선호하기 쉽고, 이불 끝을 침대 가장자리에 느슨하게나마 고정한 채 그대로 덮고 자는 유형은 침실 문이 열린 상태를 선호하기 쉽다. 이런 문제들과 관련해 얼마나 다양한 경우가 존재할 수 있을지 나로선 알지 못한다. 모유 수유, 엄마의 애착, 갖가지 박탈, 병원 분만이

냐 가정 분만이냐 등등 여타 다양한 변수를 고려해 흥미로운 탐구들이 이뤄지기를 제안할 뿐이다.

아기에게 자궁 밖 성장기란 자신이 속한 사회 문화의 영향에 처음으로 또 줄기차게 노출되는 시기다. 어느 사회든 출생하는 순간부터 아이를 다루는 고유의 방식을 발전시켜왔다. 문화적으로 규정된 감각 경험의 반복은 아이가 자기 문화의 요건에 맞춰 처신하는 법을 익히는 토대가 된다. 개인과 민족이 서로 여러 근본적 방식에서 달리 행동하게 되는 까닭은 대부분은 자신이 속한 문화나 하위문화의 영향이라지만, 또한 가정 내, 특히 엄마와의 관계에서 이뤄지는 촉각 경험의 종류 및 양상이 개인마다 다른 데에도 있다.

자궁 밖 성장기에 경험하는 접촉의 종류가 영유아의 발달에 그토록 근본적 영향을 끼치는 명백하고 매우 간단한 이유가 있다. 이 기간에 유아는 근본적인 것들을 학습하는데 그러한 학습은 바로 피부 수준에서 이뤄지는 경험을 통해 진행되기 때문이다. 그렇기에 자궁 밖 성장기라는 발달 단계에 피부를 통한 의사소통 경험의 질은 결정적으로 중요하다. 이 기간 이뤄지는 접촉을 통한 의사소통 경험의 질에 기초해 유아는 타인을 상대로 할 수 있는 정신운동, 곧 감정 반응 유형을 학습하는 까닭이다. 이렇게 학습된 감정 반응 유형은 아기 인격에서 영구불변하는 부분을 차지함으로써, 이를 기반으로 아이는 장차 여러 2차적 반응을 학습하며 구축해가게 된다. 자궁 밖 성장기에 이뤄지는 이러한 촉각 학습은, 어떤 유기체에게든 중요하다. 하지만 특히 인간이란 종의 발달에 이 학습이 결정적으로 중요하다는 사실이 지금껏 제대로 인정받지 못해왔다는 점에서, 우리는 아이들과의 접촉에 지금까지보다 더 많은 관심을 쏟아야 마땅할 것이다.

문화와 접촉

속한 문화에 따라 신생아 및 영유아, 아동, 청소년, 성인이 하게 되는 접촉 경험의 질과 빈도, 시기는 가능한 온갖 양상으로 서로의 차이를 드러낸다. 우리는 이미 4장에서 몇몇 문화를 대상으로 이러한 차이를 간략히 살펴보았다. 이 부분에서는 영유아기 접촉 경험의 문화 간 차이 그리고 이러한 차이와 인격 및 행동의 관계를 논하고자 한다. 먼저 비문명사회에서 얻은 증거에서 시작하여 기술적으로 한 층 더 발전한 사회들에 대한 논의로 나아갈 수 있다.

네트실리크 에스키모

네트실리크 에스키모는 캐나다 서북부 극지방에 위치한 부시아 반도에 산다. 리처드 제임스 드 보어는 1966~1967년 겨울을 이곳 눈집에서 보내며 이들을 특유의 통찰로 연구했다. 보어는 엄마-아기 보육관계에 관심을 기울였다. 극도로 힘겨운 환경에 살면서도 네트실리크 엄마들의 인격은 안정되어 있어서 자녀들을 한결같은 사랑으로 따스하게 보살핀다. 아기에게 꾸지람하지 않을뿐더러 욕구에 반응해줄 때가 아니라면 어떤 식으로든 간섭하는 법도 일절 없다. 드 보어는 말한다.

> 분만으로 아기의 자궁 밖 성장기가 시작되면서, 네트실리크 엄마는 입고 있는 아티그지(털 파카) 안에 아기를 넣어 업고 다니는데 이때

아기 배는 엄마 어깨뼈 바로 밑에 눌리다시피 꼭 붙어 있다. 아기는 엄마 허리나 그 조금 위에 조막만 한 다리를 두르고 앉는 자세를 취하는데, 대개 머리를 왼쪽이나 오른쪽으로 돌려두면 발생되는 긴장목반사•가 어느 다리든 한쪽의 폄근 긴장을 감소시켜 다리를 벌리고 있기가 수월해지게 만든다. 아기의 자세가 제대로 잡히면 엄마는 아티그지 위로 띠를 두르는데, 띠는 젖가슴을 가로질러 겨드랑이 밑을 지나 아기 엉덩이 밑을 받쳐주며 일종의 포대기를 이룸으로써 아기가 흘러내려 엄마 옷 밖으로 빠져나가지 않도록 막아준다. 아기는 북미산 순록의 일종인 카리부의 가죽으로 만든 매우 작은 기저귀를 찬 부위를 빼고는 알몸뚱이로 엄마 피부와 포근하게 맞닿아 있다. 따라서 아기 복부 대부분은 엄마와 살을 맞댄 친밀한 접촉 상태인 데다 등은 엄마 옷의 털로 빈틈없이 감싸여 있어 북극의 맹렬한 추위로부터 보호받는다. 외양으로 보자면 네트실리크 엄마가 전통적인 방식으로 아기를 데리고 다니는 모습은 타고난 꼽추처럼 보인다. 사실상 엄마의 모습은 실제 꼽추보다 더 돋보이기까지 하는데, 아기가 엄마 몸의 무게 중심에 인접해 있어야 체중이 고루 분산될 수 있기 때문이다. 네트실리크 엄마는 아기에게 보행 능력이 생길 때까지 이렇게 업고 다니며, 그 뒤로도 아기에게, 네트실리크 에스키모 말로는 '이후마', 곧 지각력이 생기기 전까지는 이따금씩 이렇게 데리고 다닌다.

네트실리크 엄마와 아기는 피부를 통해 의사소통한다. 네트실리크 아기는 배가 고프면 엄마에게 파고들어 등 피부를 빠는데, 자신

• 긴장목반사tonic neck reflex: 신생아의 얼굴을 한쪽으로 돌려놓으면 돌린 쪽 팔이나 다리가 펴지는 반사로, 그 대신 반대쪽 팔다리는 굽는다.

의 욕구를 알리는 것이다. 그러면 엄마는 아기를 가슴 쪽으로 돌려 안아 젖을 물린다. 아기의 운동 욕구는 엄마가 일과를 수행하는 동안 발생하는 자세 변화나 이동 따위의 갖가지 동작 덕에 저절로 충족된다. 엄마 피부와 맞닿아 있거니와 흔들리기까지 하니 아기가 단잠에 빠지는 것은 당연하다. 배뇨와 배변도 엄마 등에서 이루어진다. 엄마는 배설물을 치워줌으로써 아기의 불쾌감이 지속되지 않도록 한다. 엄마는 아기가 욕구하는 바를 대부분 예측하여 이처럼 애정 어린 온갖 반응으로 때맞춰 충족시켜주기에, 네트실리크 아기는 여간해서 우는 법이 없다. 엄마는 아기의 욕구를 다름 아닌 촉감으로 예측하는 것이다.

네트실리크 엄마의 보육 방식은 계통발생적으로 정해진 아기의 욕구를 절묘하게 충족시켜주기에, 그 반응으로 아기는 어김없이 즐거워한다. 이처럼 늘 즐거웠던 경험이 네트실리크 에스키모가 스트레스에 대처해나가는 비결이라고 보어는 주장한다. 보어는 말한다.

> 네트실리크 에스키모가 진저리 나는 대인관계로 스트레스 받는 일은 거의 없고 설령 있다 하더라도 극히 드물지만, 이들의 삶은 생태계의 불확실성으로 줄기차게 위협받는다. 이처럼 한시도 긴장을 늦출 수 없는 스트레스 환경도 이들 정서의 항상성을 흐트러뜨리는 일은 결코 없어서, 광포한 북극곰과 대적할 때나 식량 부족의 위협에 직면할 때나 이들은 늘 침착하게 평정을 유지한다. 항상적인 정서 반응으로 일관한다고 해서 이들이 틀에 박혀 있다는 뜻은 아니다. 오히려, 항상성은 역동적 생명력을 암시한다. 다만 그 생명력이 정서적 혼란의 문턱을 넘지 않는 범위에서 기능할 따름이다. 진화의 측면에서, 이 같은 항

상적 평정은 이들 개인 및 집단의 생존 투쟁에 무엇보다 중요한 선택이익• 으로 작용해왔다.

두세 살 무렵에 이르면, 네트실리크 아이에게는 "자기 조절형 인간으로 기능하는 데 반드시 필요한 두 가지 특징이 심어져 있다". 대인관계 시 호의적이거나 이타적인 반응성 및 상징 조작 능력. 이는 부모, 그중에서도 특히 엄마와 아기가 지배–복종 관계에 있지 않음으로 인해 얻게 되는 특징들로, 네트실리크 개개인은 이런 경험을 바탕으로 상호 이타적인 대인관계 속에서 자기 욕구를 만족시키게 되어 개인과 그가 속한 사회 사이에는 조화와 균형이 조성된다.

물론, 네트실리크 개인의 이타적 행동이 대개 영유아기 경험, 특히 엄마 몸과의 관계에서 쌓인 경험의 산물이며, 이러한 경험이 자신이 속한 작은 세상을 이루는 거의 모든 구성원의 행동에 의해 강화되는 것이라고 확언할 수는 없다. 그럼에도 관련 증거는 가장 영향력 있는 요인이 역시 영유아기 경험임을 강하게 암시한다.

엄마가 아기를 비롯해 엄마 자신의 몸을 닦아낼 때가 아니라면 네트실리크 아기는 엄마 등에 대소변을 보는 데 아무런 구애도 받지 않을 것이다. 엄마의 이처럼 느긋한 행동이 아기가 자신의 배설활동에 바람직하게 반응하게 되는 중대한 요인이라는 점은 의심할 바 없다. 이런 아이라면 절대로 자기 배설물이나 애지중지하는 항문성애자가 된다거나 남에게 베풀 줄이라곤 모르는 어른으로 자라나지 않는다. 네트실리크 에스키모의 개방적이고 관대한 성격은 의심할 바 없이, 적어도 부분적으로는 영유아기 화장실 경험이 이처럼 마음 편

• 선택이익selective advantage: 주어진 환경에서 해당 유기체가 다른 유기체보다 생존 및 번식에서 우위를 차지하게 해주는 특징.

히 이루어진 데 있다.[1]

그럼에도 에스키모 아기가 엄마의 파카 주머니, 곧 아마우티• 안에다 배설하는 경우는 드물다. 오토 섀퍼 박사에 따르면 어느 에스키모 엄마에게 아기가 오줌을 누고 싶어하는지 어떻게 알고 늘 때맞춰 눈치채느냐고 묻자 그녀는 놀라움을 금치 못했는데, 박사의 질문에는 엄마라는 사람이 그걸 모를 정도로 '멍청할' 수도 있다는 뜻이 내포돼 있었기 때문이다. 그녀는 박사에게 제대로 된 엄마라면 아기 다리의 움직임에서 배설 욕구를 읽어 늘 즉시 처리해주게 되어 있다고 장담했다.[2]

쉐퍼 박사는 말한다. 자신의 질문에 이 엄마는 "아기는 아마우티 안에서 주로 엄마 등을 감싸듯 다리를 벌리고 있으나, 방광이 차올라 조임근이 느슨해지려고 하면 아이의 넓적다리가 경련을 일으키며 더 벌어진다면서 몸짓으로 보여주었다. 아기와 엄마 사이의 교감과 이해는 이처럼 아주 돈독하고 철저하기에 아기의 긴박한 욕구는 하나도 빠짐없이 즉각 처리됨으로써, 육체적·정서적으로 최적의 만족이 보장되어 좌절감이 쌓이는 게 방지된다".

일상생활에서 이루어지는 엄마의 동작은 에스키모 아이에게 사실상 가능한 모든 각도에서 세상을 바라보도록 해준다. 아이의 공간각空間覺은 이 다양한 시야의 경험으로 발달하여 후속 경험들에 의해 강화될 것이다. 에스키모의 탁월한 공간 능력, 어쩌면 기막힌 기계 조작 능력까지도 엄마 등에서의 이러한 영유아기 경험과 밀접하게 관련돼 있을지 모른다.[3] 에드먼드 카펜터는 허드슨 만 서북 경계에 위치한 사우샘프턴 섬 아이빌리크 에스키모의 기막힌 공간 능력 및 기

• 아마우티amauti: 아기를 업는 데 쓰이는, 등에 모자처럼 생긴 커다란 주머니가 달린 파카 또는 그 주머니.

계 조작 능력에 관하여 아주 흥미로운 이야기를 전한다.

"아이빌리크 남자는 일급 기계공이다. 이 사내들은 엔진이든 시계든, 기계란 기계는 모조리 분해해 재조립하기를 무척 즐긴다. 목격한 바에 따르면, 이런 일을 하겠다고 이곳 북극 지대로 날아온 미국 기계공들이 두 손 두 발 다 들고 포기한 기구들을 아이빌리크 남자들이 수리했다. 대개 손으로 만든 단순하기 그지없는 도구들로 이들은 금속과 상아를 교체한다. 토우툰지(에스키모 친구)는 나에게 경첩 하나를 만들어주었다. 어떻게 작동하는지 알려면 매우 자세히 들여다봐야만 하는 물건이었다" 등등.[4]

자신의 책 『한 여자의 북극One Woman's Arctic』에서 실라 버퍼드는 북극에서 만난 에스키모에 대한 묘사에서, 이들을 "타고난 기계의 달인이자 임기응변의 명수"로 존경하게 되었다며, 그들의 "믿을 수 없는 정교함과 조정력"에 말 그대로 경외심을 품었다고 말한다. 배핀 섬 서북부 에스키모 사회에서 "서너 살 먹은 어린 남아들은 축소판 개 채찍을 가지고 놀곤 하는데, 축소판일망정 길이가 4.5미터에 달하는 이 채찍을 휘휘 돌리며 뒤로 젖혔다가 돌멩이나 막대기를 조준해 잽싸게 때려맞힌다".[5]

카펜터는 아이빌리크 에스키모의 이처럼 경이로운 능력은 이들의 일반적 시공 인식으로 해명될 수 있다고 여긴다. 아이빌리크 에스키모는 시간과 공간의 개념을 구분하지 않고 상황을 하나의 역동적 과정으로 인식할 뿐만 아니라 사물의 세세한 면까지 파악할 정도로 관찰력이 예리하기 때문이다. 게다가, 이들은 공간을 정적 구역이 아닌 작동 중인 하나의 방향으로 간주한다. 예를 들면, 삽화가 포함된 잡지를 건네받으면 이들은 대개 똑바로 돌려보는 법이 없어서, 백인이 그렇게 하는 모습을 보면 사실 몹시 재미있어 한다. 자신들은 그림이 뒤집혀 있든 뉘여 있든 거기에서 똑바른 형태를 보기 때문이다!

이러한 능력이 엄마 등에서 쌓은 촉각 및 공간-시각 경험과 관련돼 있는지의 여부는 이번에도 물론, 이 문제에 집중한 후속 연구에서 밝혀야 할 숙제다. 관련 가능성이 없지는 않아 보인다. 엄마가 여러 자세로 움직이면서 아기 또한 온갖 위치에서 세상을 바라보게 된다는 사실은 상당히 특별한 공간 능력의 발달을 예고하기 때문이다. 카펜터의 말처럼 "공간은 끊임없이 움직이며 출렁인다. (…) 시각 경험은 역동적 경험이 된다. 그렇기에 아이빌리크 예술가들은 창작을 단일한 위치에서 주어진 한순간에 실제로 볼 수 있는 무언가의 재현으로 제한하지 않고, 표현하고 싶은 대상을 이리저리 돌리고 기울여 가능한 한 여러 면을 관찰함으로써 그것의 완전한 모습을 설명하고자 한다". 돌리고 기울여보는 행위는 아기가 엄마 등에 붙어 경험한 돌아감과 기욺의 직접적 반영일 수도 있다.

카펜터는 말한다. "대부분의 신화에 나오는 인간과 정령은 상관관계 속에서 번갈아가며 줄기도 늘기도 한다. 모양이나 크기가 고정불변인 것은 존재하지 않는다. 인간, 정령, 동물의 크기는 불안정하여 끊임없이 변한다." 또다시 말하면, 이들이 세상을 바라보는 방식에서 직접적으로 연상되는 바는, 영유아기에 엄마 등이라는 높은 곳에서의 시각 경험으로, 즉 엄마의 파카 주머니 속이라는 높은 데서라면 얼굴을 대면할 수 있던 어른들에 대한 것뿐만 아니라, 자신이 높이 있는 바람에 작아져 알아보기 어렵던 어린아이와 동물, 기타 여러 사물이 엄마가 구부리거나 무릎을 꿇는 등 수평적 자세를 취함으로써 크기가 돌변했던 것까지를 포함하는 바로 그 경험이다.

영유아기에 바라보이는 세상이라는 공간의 크기에 대한 적응에서부터 아이는 자신의 촉각에 사실상 전적으로 의지하며, 온갖 감각 작용의 원조 격인 이 촉각, 곧 촉각에 반응하는 접촉친화성 thigmotropism(그리스어 접촉thigma과 전향·굴절trope의 복합어로, 무언가에 닿으면 그쪽으로 자라거나 굽는 성질)•에 힘입어 세상을 인식하는 법을 터득하는데, 이 모두 엄마가 제공해주는 환경으로서의 세상 속에서 벌어지는 일들이다. 결국 아이의 첫 공간은 촉각으로 인식되는 것이다. 애초에 촉각은 수동적이었다가 지각, 곧 의미가 부여된 감각으로 차츰 전환되어간다. 이 의미에 기초해 아이는 이제 능동적이고 자주적으로 세상을 살펴보기 시작한다. 제임스 깁슨은 수동적 촉각과 능동적 촉각을 구분한 인물이다. 그는 촉각 형태에 따른 수신 정보의 정확성을 판단하고자 설계된 실험을 통해, 시야를 가린 상태라도 능동적 촉각을 이용하면 주체는 대상을 95퍼센트의 정확도로 추상화할 수 있다는 사실을 발견했다. 수동적 촉각으로 얻은 정확도는 45퍼센트에 지나지 않았다.[6]

능동적 촉각은 입체감각이다. 다시 말해, 능동적 촉각으로 우리는 사물의 형태 및 성질을 파악할 수 있다. 이러한 능력은, 엄마 젖가슴을 입에 물고 입술과 턱으로 젖꽃판을 누르며 젖가슴에 손을 얹어두는 등 엄마 몸과 아기 자신의 입술, 코, 눈, 생식기, 손, 발 같은 신체 여러 부위가 맺는 관계를 통해 서서히 발달한다. 이 같은 신체관계에는 제가끔 고유한 특징이 있으며, 이런 특징들을 통한 관계의 식별에 능동적 촉각이 서서히 작용하게 된다. 엄마의 파카 속에서 에스키모 아이는 우선 엄마로부터 숱한 청각 신호를 전달받으며, 이것이 엄마

• 접촉친화성thigmotropism: 굴촉성haptotropism 및 향촉성stereotropism을 뜻하는 이 용어는 식물 등의 생물이 접촉이라는 자극에 반응해 자극 방향으로 굽거나 그쪽으로 자라나는 성질을 일컬으며, 여기에서는 접촉에 따른 아이의 반응성을 뜻한다.

몸과 몸짓으로부터 받아들이는 신호와 맞물려 서로 관련을 맺게 된다. 이런 까닭에, 음성에서 마음에 위로가 되는 감촉, 얼러 재워주듯 반복된 움직임에서 오는 위로의 성격을 느끼게도 되는 것이다. 이러한 점은 에스키모의 시 대부분에 아주 또렷하게 반영되어 있다. 이제 그런 시 한 편을 음미해보자. 이 무도가舞蹈歌 또한 그런 유이자 에스키모 시인이 일반적으로 짓는 시의 전형으로, 북극 남부 빅토리아 섬 어느 코퍼 에스키모의 작품이다.

무도가

나는 도무지 못 한다네
그들처럼 물개를 못 잡는다네, 나는 도무지 못 한다네.
기름진 동물은 잡을 줄 모르기 때문이라네,
그들처럼 물개를 못 잡는다네, 나는 도무지 못 한다네.
나는 도무지 못 한다네,
그들처럼 총을 못 쏜다네, 나는 도무지 못 한다네.
나는 도무지 못 한다네,
그들처럼 멋진 카약을 도무지 구할 수 없기 때문이네.
새끼 가진 동물은 못 잡겠기 때문이네,
그들처럼 멋진 카약을 도무지 구할 수 없기 때문이네.
나는 도무지 못 한다네
그들처럼 물고기를 잡을 수 없다네, 나는 도무지 못 한다네.
나는 도무지 못 한다네
그들처럼 춤출 수 없다네, 나는 도무지 못 한다네.
무도가라면 일자무식이기 때문이라네,

그들처럼 춤출 수 없다네, 나는 도무지 못 한다네.

나는 도무지 못 한다네, 그들처럼 날래지 못하다네,

나는 도무지 못 한다네…….

이 노래는 구절법句節法•은 물론 음율과 음보 면에서도, 아이가 포대기에 싸여 엄마 등에 매달려 다니면서 경험한 무언가와 비슷한 반복을 보인다. 세상 대부분에서는, 누군가가 자신을 이런 식으로 데리고 다녀준 적이라곤 없었을 법한 아이들도 나중에 이것과 비슷한 음보와 박자, 구절법으로 된 노래 혹은 반복적 구조의 성가를 작곡하곤 하는데, 무척 흥미로운 현상이며 아직 그 이유는 밝혀지지 않았다. 그럼에도 음악과의 관계에서 살펴보았다시피, 에스키모의 노래와 시, 이들이 엄마 등에서 경험했던 움직임 사이에서 어떤 관련성을 짐작해볼 수 있으며, 이 역시 더 탐구해볼 만한 문제다.

노래 짓기는 에스키모라면 누구든 몹시 보배롭게 여기는 일이어서, 습관적으로 거의 때와 장소에 상관없이 즉흥가를 짓는다.[7] 그런 즉흥곡 가운데, 인간미 있기로 이보다 더 아름다울 수는 없는 노래가 있다. 네트실리크 에스키모 지역 동부, 멜빌 반도에 살고 있는 이글룰리크 에스키모 여인, 타코마크가 지은 노래로, 이 노파가 크누드 라스무센과•• 그 벗을 위해 준비한 식사를 대접하려는데, 마침 라스무센이 그녀에게 차를 선사했다. 그녀는 너무도 깊이 감동한 나머지 기쁨에 겨워 대뜸 노래를 불렀다.

• 구와 절, 선율을 나누는 방식.

•• 크누드 라스무센Knud Rasmussen(1879~1933): 에스키모학學의 아버지라 불리는 덴마크 태생의 극지 탐험가이자 인류학자다.

아야야— 아야— 야야.
나의 거처 에워싼 땅
대낮보다
더 아름다워라
일찍이 본 적 없는 얼굴들
나에게 보여주니.
온통 더 아름다워라
온통 더 아름다워,
생은 축복이어라.
나의 손님들
나의 누옥 근사하게 만드누나,
아야야— 아야— 야야.[8]

이 마음씨 고운 종족은 지금껏 본 적 없는 생판 남도 낯선 이가 아니라 손님으로 대해, 이 처음 본 사람들을 어루만져가며 친절을 드러낸다. 백인과 난생처음 마주쳤을 때의 태도를 보면, 에스키모들은 세상에 낯선 존재란 없으며 다만 아직 만나보지 않은 벗이 있을 뿐이라고 여기는 듯하다. 캐나다 태생 극지 탐험가 스테판슨은 코퍼 에스키모들이 1913년 자신과 일행들을 어떻게 환영해줬는지 전한다. "우리를 환대하는 모습이 어찌나 훈훈하고 친절하던지 요란스럽게 느껴질 정도였다. 어린아이들은 우리 어깨를 만져보겠다며 껑충 뛰어올랐고 남자와 여자들은 우리를 쓰다듬어가며 몹시 정겹게 대해주었다."[9]

밤에는 살짝 더 낮지만, 에스키모들의 눈집은 실온이 대개 38도에 가까워서, 보통 서로 알몸을 밀착하고 잔다. 남자는 관습에 따른 예의로 아내를 손님 잠자리에 빌려주기도 한다. 체취와 동물 지방 태우는 냄새를 비롯해 온갖 냄새가 뒤범벅된 실내 공기를 백인들은 때로 견딜 수 없어하는데, 에스키모들은 전혀 거슬려하지 않는다. 하지만 사실 이들의 후각이 예민하다는 사실은 한두 번 언급된 정도가 아니다. 이처럼 예민한 후각에도 온갖 냄새에 무던하게 반응하는 특성 또한 어쩌면 엄마 파카 속에서 보낸 영유아기 경험과 관련돼 있을지 모른다.

촉각 다음으로 섬세하며 촉각과 한층 더 깊게 관련된 감각은 시각이 아니라 청각이다. 에스키모 엄마는 파카 안에서 아기 몸과 붙어 아기를 토닥이고 껴안고 떠받쳐주면서 흥얼흥얼 노래를 불러주기 때문에, 때가 되면 아기는 엄마 목소리를 엄마 손길 대신으로 인정하며 이에 반응하는 법을 익힌다. 이는 조건화가 다시 조건화를 일으키는 형태로, 원래의 자극 신호인 음성이 접촉이란 자극을 대신하면서도 이후로 늘 달래고 어루만지고 안심시켜주는 접촉의 질감을 간직하게 되기 때문이다. 음성이 이처럼 촉각의 질감을 띠는 이유는 엄마의 음성이 자신을 사랑하는 엄마가 곁에 존재함을 뜻하게 되었다는 사실에서 찾을 수 있다. 애초에 아기는 엄마가 자신을 사랑해준다는 사실과 그러한 엄마의 존재감을 엄마 피부에서 느껴지는 온기와 지지, 유연함을 통해 알게 되기 때문이다. 이처럼 자신을 사랑해주는 대상으로서의 엄마의 존재감은 또한 엄마가 아이를 데리고 다니고 닦고 씻기며 아기 피부를 수동적은 물론 능동적으로도 자극해 욕구를 만족시켜줌으로써 발생되는 것이다.

에스키모들은 아기를 무리해서 씻기지는 않는데, 물이 귀할뿐더러 얼음을 녹이려면 구하기도 어려운 동물 지방을 태워 대단히 값비싼 대가를 치러야만 하기 때문이다. 때로는 오줌이 물 대용으로 쓰이기도 한다. 북극 맨 끝의 인갈리크 족은 인갈리크어와 에스키모어를 두루 구사하는 북부 아타파스카 족의 일파로, 이들 종족에서는 출생 직후 첫 목욕 이후로는 아침마다 엄마가 혀로 아기 얼굴과 손을 핥아 씻기며 이는 아기가 의자에 앉을 만큼 자랄 때까지 이어진다. 이것이 에스키모 본연의 관례라는 자료는 찾지 못했으나, 에스키모 사회에서라면 어디에서든 벌어질 법한 일로 보인다.[10]

에스키모 사이에서 시지각은 확실히 청지각 발달을 뒤따르는 듯하다. 카펜터는 아이빌리크 에스키모를 관찰하여 다음과 같은 사실을 확인했다.

> 이들의 공간 정의에는 시각보다는 청각이 더 많이 작용한다. 우리가 '무엇이 들리나 봅시다'라고 말한다면, 이들은 '무엇이 보이나 들읍시다'라고 하는 식이다. (…) 이들에게는 눈에 실제 유령이 보인다 하더라도 순전히 소리로 듣느니만 못하다. 소리의 본질을 이루는 것은 발생 위치가 아니라 그것의 **존재**이며, 이 존재로 공간이 채워지는 것이다. '밤이 음악으로 가득 차리라'에서처럼 우리 또한 마치 향기가 공기를 메우는 듯 말하는데, 여기에서 소리의 출처는 상관없다. 애호가들은 음악회에서 눈을 감는다.
>
> 아이빌리크 에스키모가 공간을 시각적으로 묘사했다는 이야기는 나로선 들어본 일이 없다. 이들은 공간을 정적인 것으로 간주하지 않으므로 공간은 측정될 수 없으며, 따라서 공간 측정을 위한 공식 단위도 없다. 우리가 시간을 획일적으로 딱 부러지게 구분할 수 없는 것과 마찬가지다. 조각가는 눈에 보이는 차원을 무시한 채, 배경 따위의 외부 요소에는 일절 신경 쓰지 않고 각 작품이 저 나름의 공간을 메워 자기만의 세상을 창조하도록 내버려둔다. 조각품은 저마다 공간에 독립적

으로 자리한다. 크기와 모양, 비율 등의 선택은 외부 세력이 아닌 조각품 자체의 소관이다. 소리와 마찬가지로, 조각품은 저마다 자신의 공간, 자신의 정체성을 창조한다. 세상에 대한 가정假定을 스스로 떠안는다.[11]

현실에 대한 이 같은 청각적 관점이, 아이빌리크 아이의 조건화 훈련이 훨씬 더 이른 시기에 시작해 훨씬 더 긴 기간에 걸쳐 시각이 아닌 청각적 경험으로 이뤄진다는 사실과 연관된다는 가정은 부당해 보이지 않는다. 이러한 조건화는 물론 전통적 방식의 구순 훈련을 거쳐 고착된다.

브라질 카잉강 족

브라질 고원의 카잉강 족은 기막히게 촉각적인 민족이다. 이들에 대한 줄스 헨리의 설명이 매우 훌륭한데, 그 가운데 한 부분에서 그는 이곳 아이들이 "어른이 쓰다듬어주면 그 맛깔스런 감촉을 고양이처럼 흡수한다"고 말한다. 아이들에 대한 어른의 관심은 어마어마해서, 아이들이 바란다면 언제든 쓰다듬고 껴안아준다. 아이들이 자라 청년이 되면 서로 더불어 잠들기를 무척 좋아하는데, 동성애자라서가 아니라 순전히 접촉을 즐기기 때문이다. "기혼이든 미혼이든 청년들은 누워 잘 때면 서로 찰싹 붙어서 상대방 몸에 다리를 걸치고 팔을 두르고 있으니, 우리 사회에서는 연인들에게서나 볼 수 있는 모습이다. 때로는 이런 식으로 서너 명이 엉겨 누워 서로 어루만지기도 한다. 여자들은 일절 이러는 법이 없다." 남자들도 서로를 상대로 누가 봐도 성적인 행위를 하는 법은 없다. 헨리는 말한다. "남자 대 남자의 의리는 서로 몸을 맞대 따스한 체온을 나누는 횟수에 기초해 쌓인다. 카잉강 족의 두드러진 특징은 갈등이 심하지 않다는 점인데, 이는 결국 함께 누워 오랜 시간을 보내며 수립된 관계의 결과인 셈이다." 폭력적 갈등은 이처럼 서로를 어루만진 적 없는 남자들 사이에서나 벌어진다.

어릴 때는 남아와 여아가 어울려 엎치락뒤치락하며 거칠게 논다. 오누이와 시동생, 시누이, 사촌끼리도 나란히 누워 서로 다리를 교차하거나 혹은 보듬고 잔다. 이러니 당연히 결혼이며 연애가 촌수에 상관없이 친척끼리 성사되기도 하는데, 물론 부모와 친형제·자매는 예외다. 또한 성별 간 기질 차이는 숫제 무시하다시피 함으로써 여성의 역할에 거의 제약을 두지 않는다.[12]

민다나오의 타사다이 족

1971년 7월, 세상은 원시적이다 못해, 다른 부족민 한 명과 마주친 덕에 그로부터 덫 놓는 법을 배우기 전까지는 오로지 채집으로만 살아가던 종족을 발견했다는 소식으로 충격에 휩싸였다. 아동 14명과 성인 13명으로 이루어진 이 종족은 필리핀 남南민다나오의 타사다이 족이었다. 이 종족을 만난 사람이라면 누구나 이들의 예민한 감성과 정다움, 애정 어린 천성에 금세 감동받는다. 페기 듀딘은 이들과 몇 날을 보내고 나서 열정적으로 써내려갔다. "아기들은 부모 몸과 항상 접촉해 있다." 이어서 다음과 같이 썼다.

> 타사다이 족에게서 가장 먼저 눈에 띄고 또 마음을 사로잡는 특성은 애착 (및 이것의 스스럼없는 표현) 능력과 익살스러움이다. 어른이나 아이나 사랑을 드러내는 데 거리낌이 없어 보인다. 12명 내지 15명이나 되는 구경꾼은 발라옘이 곁에 있는 신디(그의 아내)를 끌어안는 데 방해가 되지 않는다. 열 살이나 열두 살 정도 되었을 눈부시도록 아름답고 똘똘한 소년 로보와 외향적 태도가 섬세한 표정의 감성적인 얼굴과 대조를 이루는 남자 발라옘은 만다(인류학자 마누엘 엘리잘데)를 스스럼없이 부둥켜 안고 얼굴을 들이대 뺨을 부비더니, 옆에 앉아 그의 어깨에 팔을 두른 채 한참을 쥐 죽은 듯이 머물러 있다. (…) 타사다이 족은 구역끼리 옹기종기 붙어서 부분적인 공동체의 삶을 영위하며, 조상의 뜻을 받들어 놀랍도록 조화롭게 지낸다. 내가 만난 부족민 누구도 서로 거친 말을 주고받는 법이 없고 어린아이들에게조차 큰소리치지 않는다. 무언가 불쾌한 것과 마주치면, 피하는 게 상책이라는 전술을 구사하는 것 같다. 그저 자리를 떠버리는.[13]

존 낸스는 타사다이 족을 다룬 자신의 책에서 이러한 관찰 결과를 충분히 뒷받침한다.[14]

브라질 문두루쿠 인디언들 사이에서처럼, 일부 사회에서는 성관계를 겨냥한 유혹이 아니라면 남녀가 서로 접촉하지 않는다.[15]

촉각적 성질은 흔히 접촉과 직접 관련이 없는 특성 및 양상에서 확인되곤 한다. 소리의 경우 촉각적 특질은 예를 들면 '비단결 같은' '매끄러운' '나긋나긋한' '까칠한' '거친' 등으로 묘사되기도 한다. 어떤 작가들은 촉각에 가까운 감각적 지식을 활용해 기교를 구사하며, 이를 자랑 삼아 마치 자신들이 다른 작가보다 더 훌륭한 장인인 양 행세하는데, 플로베르와 키플링이 그런 유였다. 회화라는 표현 수단에서는 예술가가 자신의 의도를 전달하는 데 촉각이 거의 핵심적인 부분을 차지한다. 특히 반 고흐로 대표되는 인상파 화가들을 비롯해 이들의 영향을 받은 스공자크• 등 이런저런 화가의 작품을 떠올려보라.

촉각과 소리

소리에 담긴 촉각적 특질은 한낱 비유에 불과한 것으로 치부되기도 한다. 그러나 촉각과 소리는 우리 대부분이 알아채고 있는 것보다 훨씬 더 깊이 관련돼 있다. 피부는 다재다능해서 압력에 반응하듯 심지어 음파에도 반응할 수 있다. 상트페테르부르크에 위치한 파블로프생리학연구소의 A. S. 미르킨은 근육 및 관절, 인대 주변에 자리한 압력(깊은 접촉)수용기인 파치니소체는 공명共鳴의 속성이 아주 두드러진다는 사실을 증명했다. 미르킨은 창자에 인접한 장간막 조직에 자리한 파치니소체에 균일한 음장音場으로 음향 자극을 준 결과 이 압력수용기에 공명 속성이 있음을 발견했으며 음향 자극을 최적 주파수로 설정하면 생체 전기 활동 주기와의 조건화관계를 확인할 수 있다고 보고함으로써, 파치니소체에서 생화학적 공명이 일어남을 암시했다. 이는 대단히 흥미로운 결과인데, 피부에 자리한 압력수용기에는 몸의 자세에 관한 정보를 파악해 뇌에 전달하는 기능이 있기 때문이다.[16]

• 앙드레 뒤누아예 드 스공자크André Dunoyer de Segonzac(1884~1974): 프랑스 화가로, 그의 동판화와 유화에 나타난 섬세함과 두툼한 질감 등에서 사실주의와 후기 인상파, 곧 쿠르베와 세잔의 영향을 엿볼 수 있다.

매드슨과 미어스는 청각장애인을 대상으로 한 실험에서 초당 50회 진동하는 음조는 고압 및 저압 자극에 대한 피부 민감도를 일률적으로 둔감화해 문턱값을 높이는 반면 초당 5000회 진동하는 음조는 고압과 저압 자극 모두에서 피부를 민감화한다는 사실을 발견해, 소리의 진동이 촉각 문턱값에 중대한 영향을 미침을 증명했다.[17]

게샤이더는 피부가 강도에 따른 소리의 위치를 놀랍도록 정확하게 파악할 수 있음을 증명했다.[18]

피부의 온갖 가능성을 짐작케 하는 대목이다.

촉각과 회화

1890년대에, 버나드 베렌슨은 예술작품이 '생을 고양해야' 한다는 괴테의 사상에서 한 발짝 더 나아가, 이를 달성하는 길 하나는 예술가가 사람들이 그림이나 조각을 바라보며 신체 감각이 실제로 짜릿해지는 듯한 느낌에 사로잡히게 해주는 것이라고 주장했다. 이런 느낌을 베렌슨은 상상 감각이라고 불렀다. 상상 감각은 상상 속에만 존재하므로, 예술작품의 실존을 체감함으로써 작품의 생에 동참할 때라야 발생한다. 따라서 상상 감각에서 무엇보다 중요한 요소는 이름하여 촉각 가치라고 했다. 참된 예술작품은 우리의 상상 촉각을 자극해야 하며, 이것이야말로 생을 고양하는 자극이라는 뜻이다. 형태•는 모양과 혼동해서는 안 되는 것으로, 자기 자신을 온전히 실현해낸 형태에서는 내면으로부터 광채가 발한다. 가시적 사물이 생을

• 형태形態: 어떠한 구조나 전체를 이루고 있는 구성체가 일정하게 갖추고 있는 모양.

고양한다면 그것은 바로 이 형태적 측면 때문으로, 형태는 다름 아닌 촉각 가치의 다른 표현이다. 베렌슨은 말한다. "아무리 정교하며 독창적인 자태를 뽐낸다 한들, 시각적 표현이 한낱 가공물이 아닌 예술작품으로 인정받으려면 거기에는 늘 촉각 가치가 깃들어 있어야 한다. 그 밖에도 얼마간 중요하거나 전혀 중요치 않은 여러 요소가 포함되어 있을 수 있겠으나, 예술작품으로 받아들여지려면 다른 매력들은 촉각 가치의 토대 위에 자리하거나, 촉각 가치와 밀접하게 연관되어 있어야만 한다."[19]

예술가는 창작에 임하는 동안 대부분은 무의식적으로, 또 때로는 의식적으로, 그것이 무엇이든 예술가 자신이 존재 본연의 모습이라 느끼는 어떤 것, 동시에 그것이 우리에게 말하고 뜻하는 바와 동등한 무언가를 구조화해 원상原象과 부합시키고자 시도하는 과정에서, 자신의 작품을 통해 느껴질, 느껴져야 마땅하다고 여기는 감각 일체를 상상하게 마련이다. 내 생각에 베렌슨의 관점을 뒷받침하는데 반 고흐가 그린 「고흐의 의자」만큼 훌륭한 실례는 없다. 이 그림이 실물을 방불케 하는 원인은 그림에 깃든 촉각 가치에 있는데, 실감이 지나친 나머지 이에 비하면 실물이 허구에 더 가깝게 느껴진다. 베렌슨은 작가는 말로써 이를 실현하고, 예술가는 사실상 다른 모든 수단을 동원할 뿐, 둘은 다를 바가 없다고 지적한다. 그는 말한다. "화가는 망막에 맺히는 인상에 촉각적 가치를 입힘으로써만이 자신의 과업을 완수할 수 있다."

회화에 따라서는, 촉각성이 두드러지다 못해 보고 있으면 작품이 팔을 뻗어 나를 만지는 듯한 느낌에 사로잡히기도 한다. 존 컨스터블은 이런 그림에 탁월한 화가였다. 그에 대해서는 로버트 휴스도 이렇게 말한 바 있다. "그의 유년기는 허상이 아닌 실체였다. 그 시절 흙과

진창, 나뭇결, 벽돌에 대한 기억이 결국 예술사상 가장 '그림다운' 그림들로 재현된 셈이다. 그의 그림 「도약하는 말The Leaping Horse」 전경은 그런 면에서 완벽하다. 질척거리는 땅, 뒤엉킨 수풀이며 들꽃, 화폭 밖 어딘가에 있을 암초 위로 미끄러지듯 흘러나가는 강물의 어두운 피부에 어린 실낱같은 빛살에서는, 황홀경에 취해 물감을 펴 바르고 흩뿌린 열정의 손길이 느껴진다. 이것이 바로 촉각의 풍경화다."[20] 이는 물론, 인상파 및 현대 화가 대부분에게도 해당된다. 질감이라는 상상 감각은 또한 루벤스 회화의 주된 특징이기도 하다.[21]

마셜 매클루언은 TV의 본질은 촉감에 있다며, 파커와 입을 모아 대단히 설득력 있는 의견을 내놓는다. "시각적 혹은 문명화된 문화 속에서 촉각의 사회적·정치적·예술적 함의는 인간의 인식 밖으로 밀려나버릴 수도 있었으나 이제 그러한 시각적 문화의 영향력은 전기 회로망의 기세에 눌려 사그라지고 있다."[22] 이러한 생각에는 확실한 근거가 있으며, 탁월한 인류학자 앨프리드 크로버 또한 이를 분명하게 이해했다. 예술평론가 마이어 샤피로에게 보내는 편지에서, 크로버는 베렌슨의 회화에 표현된 '촉각적 가치'에 관하여 말했다.

> 회화의 촉각적 가치는 오로지 눈으로 느낄 수 있을 뿐 실제 촉각을 겨냥하는 법은 없으나, 그럼에도 이는 시각 예술의 중심에 자리한 시각이란 감각의 밑바탕에 깔린 무언가와 관련돼 있다. 다시 말해, 인간 아기라면 누구나 접촉에 의한 감각이 계통발생적이자 개체발생적으로 시각에 선행한다. 우리는 모두 만지는 법을 첫째로, 보는 법을 그 다음으로 배우므로, 자신의 주변에 있는 시각세계를 학습해 구축하는 기반은 촉각이 된다. 따라서 일단은 바로 닿을 거리에 있는, 그 뒤에는 궁극적, 곧 잠재적으로 닿을 거리에 있는, 온갖 사물이 두 가지 성질

로 지각된다. 아이들이라면 모두, 그리고 성인들도 대개 새로운 것을 보면 손을 대고 싶어한다. 이 두 감각은 물론 서로 다르다. 촉각과 시각은 각기 다른 감각수용기를 통해 작동하기 때문이다. 그럼에도 우리가 보고 만진 어떤 것이 바라보기만 한 어떤 것보다 우리 자신의 더 강렬하고 유의미한 일부로 자리하는 법이다. 예술 표현에서 **오로지** 시각적 심상만이 떠오를 뿐 촉감을 상상할 수 없다면, 그 작품은 우리가 두 눈으로 바라봄과 동시에 상상의 손길로 만져볼 수 있을 때만큼 매력 있지도, 관심을 집중시키지도 못한다.

크로버는 덧붙인다. "어느 시대든 추상주의는 지적인 면에서는 비교적 앞서지만 호소력에서는 한층 뒤지는데, 잠재해 있어야 할 촉각적 측면을 축출해버렸기 때문이다."[23]

제이컵 엡스타인은 저명한 미국계 영국인 조각가이자 더없이 촉각적인 예술가로 20세기 위인들의 청동 초상 분야에서 두각을 나타냈는데, 작품을 보면 회화에 가깝다 싶을 정도의 빛과 음영, 질감을 구사하고 있다.[24]

촉각성이 두드러지는 또 한 명의 현대 조각가는, 다재다능한 영국인 헨리 무어다. 그는 이렇게 말한 적 있다. "나에게, 형태의 세계에 속한 모든 것은 우리 자신의 몸뚱이를 통해 이해된다. 엄마의 젖가슴, 우리의 뼈, 사물과의 느닷없는 충돌 등으로부터 우리는 거칠음과 부드러움의 의미를 알게 된다."[25]

인간 음성의 촉각적 특질에 대해선 이미 살펴봤다. 앞서 언급했다시피, 음악 또한 경우에 따라서는 촉각의 특질을 띠는데, 예를 들어 자장가에는 마음을 진정시키듯 어루만져주는 느낌이 있다. 어떤 음악은 거의 육체적 폭력을 방불케 하는 반면 다정다감하게 들리는 음악도 있다.

생각해볼수록 분명해지는 사실은, 어떤 의미에서 촉각은 새롭게 발견된 새로운 차원의 어떤 것, 곧 미지의 영역으로, 여기에는 지금껏 밝혀지지 않은 비밀이 숨겨져 있을 가능성이 짙다는 것이다.

시각적 경험에서 부족함을 느낄 때, 촉각은 모자란 부분을 메워 경험을 완성시킨다. 어떤 사람들은 촉각을 흔히 다른 감각 양상들에서 얻은 특정 심상과 연결 짓곤 한다. 바로 교차 양상 전이•라 불리는 현상이다. 가령, 사람들은 누군가의 음성이 주는 '느낌'에 대하여 '벨벳 같다'거나 '어루만져주는 듯'하다고 말하며, 실제로도 그와 같은 감촉을 경험하곤 한다. 또한 우리는 가슴 뭉클한 경험으로 '감동받았다touched' 내지 '마음이 움직였다'라고들 하는데, 단순히 비유에 불과하지만은 않다. 마거릿 미드에게는 이처럼 공감각 능력, 다시 말해 교차 감각 능력이 있었다. 그녀는 동일한 감각 자극을 하나 이상의 감각으로 지각할 수 있었는데, 이를테면 향기를 '만지고' 빛깔을 '듣고' 소리를 '볼' 수 있었던 셈이다. 한번은 자기 여자친구를 '브러시[솔]'로 묘사하면서, 뻣뻣한 돼지 털과 고운 명주실 브러시의 중간쯤 되지만 단연코 나일론 브러시는 아니라고 했다.[26]

어니스트 샤흐텔은, 원격 감각인 시각과 청각이 공히 계통발생적이자 개체발생적으로 근접 감각인 촉각과 미각, 후각보다 나중에 완성된다고 꼬집었다. 또한 당연한 이야기로, 서구 문명에서 근접 감각은 홀대받아왔고 심지어 종종 금기시되고 있기까지 하다고 했다. 이어 덧붙인다. "즐거움과 역겨움은 모두 원격 감각보다는 근접 감각과

• 교차 양상 전이cross-modal tansfer: 교차 양상 지각cross-modal perception이라고도 하며, 각기 다른 감각 양상들 간 상호작용이 이루어지는 지각을 일컫는다. 공감각, 감각 치환 등이 여기에 속한다.

좀더 밀접하게 관련돼 있다. 향내나 맛, 질감에서 얻을 수 있는 즐거움은, 소리를 비롯해 온갖 쾌감 가운데 가장 덜 신체적인 것, 곧 미감이 불러일으키는 좀더 숭고한 즐거움보다 훨씬 더 신체적, 육체적이며 그렇기에 더욱 성적인 쾌감에 가깝다."[27]

동물의 일상에서는 근접 감각이 중요하게 기능한다. 인간의 경우, 성적 관계에서는 허용되는 행위가 보통의 인간관계에서는 금기시되는데, 이런 식으로 "사회나 집단에서는 개개인을 점점 더 고립시킴으로써 서로 간에 거리감을 형성해 즉흥적 인간관계와 그런 관계에서 나올 수 있는 '자연스러운' 동물적 표현을 가로막는 경향이 있다".[28]

독일 철학자 마르쿠제는, 문명사회에서는 근접 감각으로부터 도출될 수 있는 쾌락을 억제하도록 요구하는데 "유기체를 노동 수단으로 활용하려면 탈성화脫性化가 보장되어야 하기 때문이다"라고 말한다. 그럼에도 우리는 아끼는 대상과는 가까워지기를, 싫어하는 대상과는 멀어지기를 바란다. '그와는 무척 가까웠지.' '그는 제자리에서 분수를 지키고 있어.'[29]

어쩌면 인간관계에서 신체 접촉이 금기시되는 현상은 두려움의 소산이며 기독교 여러 종파의 전통인 육체적 쾌락에 대한 두려움과 긴밀하게 연관되어 있다는 분석이 더 정확할지 모른다. 기독교가 이뤄낸 두 가지 부정적 위업은 촉각적 쾌락을 죄악으로 전락시킨 것과 그럼으로써 억제된 쾌락으로 인해 결국 성에 강박적으로 집착하도록 만든 것이다.

시각의 촉각적 특질은 상대를 눈으로 더듬는 행위에서 확연히 드러난다. 관습적으로 허용된 특정 상황이 아니라면 낯선 사람을 바라보거나 빤히 쳐다보지 않도록 주의하는 이유도 그러한 촉각적 특질에 있다. 이쯤에서 대단히 흥미로운 사실을 언급하자면, 자연 상태의 고릴라와 침팬지 또한 낯선 존재는 똑바로 쳐다보지 않으려고 하는데, 우호적 관계가 수립되기 전까지는 직접적인 시선을 수상쩍게 여기기 때문이다. 개코원숭이를 비롯해 원숭이도 대부분 이렇게 행동한다.

누군가와의 '눈 맞춤'이란 표현에서처럼, 우리는 시선이나 응시에서 일종의 촉각적 특질을 인식하고 있다. 낯선 사람들과 신체 접촉을 피하는 것처럼 이들과는 눈도 맞추지 않으려고 하는데, 둘 다 이유는 같은 셈이다. 친밀감이 일정 수준에 이르기 전까지는 누구와도 신체 접촉은 피하는 법이다.[30]

일부 문화에서는 눈 맞춤이 일종의 접촉으로 여겨지기도 해 흥미롭다. 어쩌면 이러한 믿음은 유래가 태곳적까지 거슬러오를 수도 있다. 기원전 1500년에서 기원전 500년까지 이어진 인도 베다시대에는, 인간이 자신의 정수 일부를 눈을 통해 내보내 다른 사람을 만질 수도 있다고 믿었는데, 바라봄으로써 그 사람에게 영향을 미칠 수도 있다는 뜻이다.[31]

느낌,
글쓰기, 촉각

문화를 막론하고, 박식가든 일자무식이든, 작가든 이야기꾼이든, 우화 작가든 서정 시인이든지 간에, 자신이 말하고자 하는 것을 가장 잘 표현할 낱말들을 '붙들고 싸우기는' 마찬가지다. 설익은 발상이 실체를 갖추려면 형태와 의미는 물론 자기 고유의 끈질긴 생명력을 부여받아야 한다. 레옹폴 라파르그•는 이를 잘 이해했다.

• 레옹폴 라파르그Léon-Paul Larfargue(1841-1911): 프랑스인으로 마르크스 사회주의 언론인, 문학 비평가, 정치 비평가 및 운동가이며 마르크스의 둘째 사위.

발상이란 존재하나 형태가 없는 것,
아직 실현되지 않은 예술이다.
발상은 시발점,
베일 자락의 들침,
어렴풋이 꿈틀대는 생각,
아니면 절망적 우울의 순간
도약하는 바이올린 같은 것이다.[32]

작가에게 적확한 표현을 찾아내기란 대개 고집스런 언어와의 치열한 몸싸움이기 십상이다. 짐작건대 많은 작가가 술을 찾는 이유 가운데 하나도 여기에 있을 것이다. 어휘집에서 마땅한 낱말을 찾아내 손과 손가락을 거쳐 그것이 저 바이올린 선율처럼 도약하게 만들고 싶은 충동이란 이해할 만하다. 위대한 러시아 시인 오시프 만델스탐의 말처럼 우리는 예술을 통해 형언할 수 없는 것, 즉 자연의 찰나적 글월을 형상화하고 싶어한다. 어쩌다가 천재가 나타나 찬란한 일순간 우리를 진리의 코앞까지 다가서게 한다 하더라도 우리는 결국 완전히 성공할 수는 없다. 그럼에도, 비록 일순간의 발상을 통해서일망정, 예술 안에서라면 우리는 진리와의 막힘없는 소통으로 그것의 소리를 듣게 되는데, 예술은 우리 손끝과 대화함으로써 접촉의 느낌, 다시 말해 자신의 진실한 느낌을 불러일으키기 때문이다.[32]

우리 사이에 놓인 간극을 메워, 서로의 접촉을 주선해주는 것은 다름 아닌 느낌이다. 발화를 통해서든 글쓰기 등 다른 의사소통 수단을 통해서든, 언어의 기능은 바로 이 느낌을 일으키는 데 있다. 느낌은 흔히 촉각적 특질을 띤다. 작가는 자신의 글을 통해 우리에게 '이야기함'으로써 우리 마음을 '움직인다'. 그래서 서로의 이야기를 들을 땐 말은 물론 상대의 느낌에 귀를 기울여야 한다. 촉각은 그 자체가 하나의 언어로 아주 풍부한 어휘를 갖추고 있다. 촉각을 통해 우리는 말로 표현할 수 없는 것들을 전하는데, 촉각은 느낌의 참된 목소리로, 아무리 훌륭한 말이라도 정직에서만큼은 촉각을 따라갈 수 없다. 말로 전하는 느낌이 촉각을 통해 전하는 느낌과 동등하지 않을 수도 있다는 뜻은 아니다. 우리는 '느낌feeling'과 '감촉touch'을 서로 바꿔가며 사용하는 경우가 놀랍도록 잦다. 자기 자신을 표현하기 위해 택하는 숱한 방법 가운데, 상대가 나를 느끼도록 하는 수단은 대개 생각과 상상이다. 우리의 생각과 상상이 지닌 능력의 수준 및 범위 가운데 중요한 부분은 촉각 및 시각 경험이 언어와 서로 얽히고설켜 일궈낸 결과다. 생각과 상상의 기능은 촉각 및 시각을 통해 얻은 경험과 지혜를 발전시키는 데 있다. 하지만 때로 우리는 마땅한 말을 생각해내는 일에 골몰하느라, 해야 마땅한 행동을 일러주는 느낌의 존재는 잊어버리곤 한다.

언어의 명료성은 자연의 모호성을 인위적으로 명료화한 것에 지나지 않는다. 그러나 촉각이라는 언어는 자연 그대로이자 그 자체로 충분하기에 인위적 조작이 필요 없다. 훌륭한 글이란 현장감, 만져질 듯한 실체감이 있는 글이다. 실체감이 있는 글에서는 작가가 묘사하는 광경, 그가 창조하는 인물들이 마치 독자의 실제 경험 속으로 들어와 있는 듯 사실적으로 느껴진다. 이러한 인물들, 작가의 상상력이 창조한 피조물들은, 마치 살아 숨 쉬는 존재들처럼 인간미, 도량度量 아니면 지혜로 영향력을 발휘함으로써 우리의 일부를 이뤄 공존한다. 문학비평가이자 학자인 크리스토퍼 릭스는 말했다. "우리가 살아 있다면 언어를 통해 서로를 감동시킬touch 수 있다. 이유는 단 하나, 더 이상 살아 있지 않은 존재들도 우리를 감동시키기 때문이다."[34]

감각 발달 순서

호모 사피엔스의 감각은 정확히 순서대로 발달한다. (1)촉각, (2)청각, (3)시각. 아이가 청소년으로 성장하면 우선순위는 정반대로 뒤집힌다. (1)시각, (2)청각, (3)촉각. 따라서 발달 초기 단계에서는 촉각 및 청각 자극 경험이 시각 자극 경험보다 훨씬 더 중요하다. 그러나 촉각과 청각을 통해 인간으로 존재하는 요령을 터득하기가 무섭게 시각이 무엇보다 중요해진다. 그럼에도 눈에 보이는 것의 의미는, 지금껏 느끼고 들어본 것들에 대한 경험에 근거해 부여될 뿐이다.

18세기 아일랜드의 철학자 비숍 버클리 또한 아기는 만져봄으로써 사물의 크기와 모양, 위치, 차이를 발견한다고 주장한 것처럼, 촉각이 시각을 교육한다는 믿음은 유래가 깊다. 최근 실시된 실험들로 이런 관점에는 다소 변화가 생겼다. 밝혀진 바에 따르면 아이들은 만져보지 않고 보기만 한 물건에 비해, 보지 않고 만져보기만 한 사물을 식별하는 데 훨씬 더 어려움을 느낀다고 한다.[35] 현재는, 인간의 시각은 태어나는 순간 이미 잘 발달되어 있기에 어떤 식으로든 배우기 전이라도 아기는 심도 인지 또는 거리 인지에 능숙한 상태라고 알려져 있다.[36]

바워는 일련의 비상한 시험에서, 생후 2주가 지날 때쯤이면 아기는 자신이 보고 있는 물건에서 촉각적 특질을 예상한다는 사실을 증명했다. 자신의 실험들에 비추어 그는, 시각적 경험이 촉각적 질과 한 벌로 짝을 이루는 까닭은 인간의 감각은 원초적으로 통합되어 있기 때문이라는, 다시 말해 인간 신경계 구조에는 감각의 이러한 원초적 통합성이 편입되어 있기 때문이라는 결론에 이른다.[37]

예상되는 것처럼 어린 아기일수록 엄마와 촉각적으로, 신체적으로 분리되기를 거부한다. 나이가 들어가면서 아기가 접촉하고 손으로 조작하는 대상이 사물인 경우가 잦아진다. 이 같은 접촉-조작 성격을 띤 지각적 탐사는 비교적 자라서 한층 더 능동적으로 숙련된 아기와 어려서 아직 그렇지 못한 아기를 구분 짓는 특징이다.[38]

나이가 들수록 아이들은 물건을 더 꼼꼼히 검사하는데 이때 사용하는 것이 손이다. 서너 살짜리들은 정지 상태나 다름없는 단조로운 몸동작으로 사물을 살펴보는 반면, 그보다 나이 든 아이들은 물건 및 그 윤곽을 좀더 적극적으로 살핀다. 인간의 경우 성인은 한 번 보고 나면 다음엔 그 물건을 만져만 봐도 인식할 수 있으나, 침팬지가 촉각만으로 사물을 인식하려면 그 전에 500번은 봐둬야 한다. 성년에 이를 무렵이면, 인간은 촉각을 통한 사물 인식에 엄청나게 유능해져 있다.[39]

발달심리학자 자포로제츠는 미취학 아동들을 몇 집단으로 갈라 연구를 진행했다. 이 가운데 한 집단에게는 불규칙한 기하학적 모양의 물체 몇 가지를 주고, 이것들을 손으로 조작하여 거푸집에 끼워넣도록 했다. 둘째 집단 아이들에게는 이 물체들을 눈으로만 살피되 만지지는 말라고 했으며, 셋째 집단 아이들에게는 오로지 촉각만을 이용해 조작하도록 했다. 그런 뒤 아이들에게 익숙하지 않은 모양의 물체들을 주고, 이것들을 기하학적 형태에 따라 구별하라고 요청하자, 다음과 같은 사실이 드러났다. 물체들을 시각과 촉각 모두를 이용해 조작했던 아이들은 실수가 다른 두 집단의 절반에 그쳤다. 첫 집단 아이들은 나이가 많을수록 이런 식의 과제 수행에서 물체를 이리저리 조작해볼 필요가 더 적어 보였던 반면, 형체를 만져보기만 했던 경우에는 연령이 더 높은 아이도 여전히 실력이 형편없었다. 한편 물체를 바라보기만 했던 아이들은 나이가 들어가면서 정확도 또한 높아졌다. 비교적 나이가 많은 아이들은 차이를 지각하고자 물건과 물리적으로 접촉할 필요, 곧 물건을 만져볼 필요가 없어 보인다. 보기만 해도 충분한 것이다.[40]

어빈 박사와 찰스 S. 해리스는 성인들을 대상으로 실험하여, 사물에서 보기와는 다른 촉감이 느껴질 때처럼 시각 정보와 촉각 정보가 상충되는 경우, 이들은 주로 시각에서 얻은 정보에 의지했다고 밝혔다.[41]

한편, 촉각이 외부세계에 대한 우리의 지식에 미치는 영향은 젊은 영국 여인 실라 호큰의 극적인 사례에서 확인할 수 있다. 근 30년 동안 시각장애인으로 살다가 시력을 얻었을 때, 실라는 이제까지 알던 모든 것을 다시 배워야 했다. 그녀는 이렇게 설명했다. "눈이 어떤 그림을 포착하면, 결국 그것을 자극으로 바꿔 뇌에 보내죠. 그런데 안타깝게도 나의 뇌는 이 자극을 어떻게 처리해야 할지 갈피를 잡지 못했어요. 그러니 눈에 보이는 건 모조리 만져볼 수밖에요." 촉각으로 정보를 얻을 수 없다면 사물에서 냄새도 맛도 느낄 수 없기가 일쑤였다. 익히 알려져 있다시피, 눈이 보이는 생을 살다가 시력을 잃은 사람들 또한 촉각에 의거해 외부세계 대상을 인식한다.[42]

동아프리카 간다 족

메리 에인즈워스 박사는 동아프리카 간다 족의 영유아 양육 관례에 관하여 면밀히 연구했다. 그녀의 현장 연구는 캄팔라에서 24킬로미터쯤 떨어진 마을 한 곳에서 수행되었다. 백인과의 접촉은 간다 족에게 오랜 세월 영향을 끼쳐왔으나, 그럼에도 간다 족 엄마 대부분은 여전히 아기를 등에 업고 다니며 1년이 넘도록 모유 수유를 즐겼다. 간다 족 아기들은 깨어 있는 시간 대부분을 누군가에게 안겨 지냈다. 아기를 안고 있는 동안, 엄마는 아기를 정답게 토닥이거나 쓰다듬어주었다. 따라서 엄마가 아기를 보살펴주는 이런 식의 접촉 행위를 총량으로 따지면 어마어마했다. 자신의 비교 관찰을 토대로, 에인즈워스 박사는 결론짓는다. "아기한테는 안아주고, 울면 들어올려주며 바라는 것을 제때에 주는 등 다른 사람들과 상호작용할 기회와 자유를 많이 누리게 해주는 것이, 자기 침대에서 오래도록 외따로 지내게 하는 것보다 낫다. 아기가 침대에 홀로 누워 있으면 자신의 욕구를 인지해 반응해줄 사람이 아무도 없게 되므로, 당연히 결과를 예측해 상황을 통제할 수 있다는 자기 주도감을 경험할 수도 없기 때문이다." 간다 족 아기 대부분은 감각운동 발달에 가속이 붙었다. 이들은 서구사회의 평균적 아기보다 훨씬 더 일찍 앉고 서고 기고 걸었다. 에인즈워스는 이러한 현상이 아기를 보살피는 간다 족만의 방식에 기인한다고 본다. "곧, 풍족한 신체 접촉과 아기와 엄마 간의 풍족한 상호작용, 풍부한 사회적 자극, 본능적 욕구의 지체 없는 충족, 갇히지 않은 생활, 세상을 탐험할 자유를 제공하는 보살핌이 그것이다."[43]

아쉽게도 에인즈워스의 연구는 생후 15개월 된 아기만을 대상으로 하고 있기에, 간다 족 아기가 어른이 되어 어떤 성격을 띠는지에 관해서는 전혀 알려주지 못한다. 이런 면에서 보면, 간다 족을 다룬 인류학 문헌도 도움이 되지 않기는 마찬가지이며, 그 밖에 참고할 만한 정보라고 해봐야 대개 일화에 지나지 않는다.[44] 일례로, 오드리 리처즈는 간다 족을 방문한 초창기 유럽인들이 이들에 대해 내놓은 설명이 하나같이 똑같았다는 사실을 강조한다. 이 유럽 방문객들은 한 목소리로 간다 족의 예의 바름, 정중함, 매력, 청결, 단정함, 겸손함, 정연함, 품위, 지능을 강조했다. 하지만 신경질적이고 경쟁적이며 형식에 얽매여 비정하게 굴기도 하며, 과묵해서 속에 무슨 생각을 품고 있는지 짐작하기 어렵다고도 일컬어진다. 모순이 수두룩해 보여도, 실상은 그렇지 않을 수도 있다. 간다 족 성인의 호감 가는 특징은 대부분 생후 1년여 동안 받은 극진한 모정 덕이며, 덜 바람직한 특징은 이후 조건화 학습 탓이라고 여겨야 합당할 듯하다.[45]

그렇게 보이는 이유는 마르셀 게베르 박사의 연구 결과에서 찾을 수 있다. 박사는 캄팔라 아동 308명을 연구했는데, 여기에서도 마찬가지로, 신생아 및 두 살 이하의 영유아는 유럽 동년배들에 비해 신체 및 지능 발달에서는 물론 대인-사회 관계에서도 월등히 앞섰다. 그러나 이보다 더욱 의미심장한 점은 그 뒤 유럽식으로 양육되는 간다 족 아이들에게 있었다. 젖을 떼기 전과 후의 아이들을 조사해보니 두 집단의 행동이 눈에 띄게 달랐기 때문이다. 자식을 대하는 엄마의 태도가 이러한 차이의 주범으로 보였다. 이유 전, 엄마의 관심은 온통 자식에게 쏠려 있다. 아이를 떠나는 법이라곤 없이, 때로는 피부를 맞대어 늘 업고 다닌다. 어디든 데리고 다니면서 잘 때조차 붙어 있기에, 밤낮없이 어느 때고 아이가 원하면 먹여주는 데다, 아이에게 금하는 것도 없으며, 아이를 꾸짖는 법도 일절 없다. 아이는 엄마의 한결같은 보호 아래 아무런 부족함 없이 만족과 안도감 속에 살아간다. 게다가 아이는 엄마가 잡다한 가사를 처리하는 모습을 바라보고 누군가와 쉴 새 없이 대화하는 소리를 들음으로써 끊임없이 자극받으며, 이처럼 엄마와 한시도 떨어져 있지 않는 생활로 인해 아이의 세상은 상대적으로 넓어진다. 아이는 또한 이웃과 손님들의 관심을 독차지하는데, 일상적 인사를 나누자마자 아기는 으레 이 사람들의 차지가 된다. 하지만 아기에게서 눈곱만큼이라도 불쾌해하는 기색이 비치면, 엄마는 득달같이 다가와 아기를 데려간다. 캄팔라 아이들을 대상으로 게젤발달검사•를 실시하는 동안 엄마들이 아기가 필요로 하면 언제든 다정다감한 손길로 도와줄 태세를 취하고 있는 모습은 이곳 아이들이 어느 정도로 애정에 둘러싸여 있는가를 여지없이 드러냈다. 이 검사에 대한 엄마의 관심도를 비롯해 관련 질문에 대한 엄마들의 상세한 답변은 아기에 대한 이들의 배려를 다시금 증명해주었다.

게베르 박사의 후속 연구들에서는 또한 이곳 사회의 자녀 양육 방식에는 다른 면, 다시 말해 아이의 성장을 촉진하지도 가속화하지도 않는 면도 있다는 사실을 보여주었다. 생후 18개월경에서 두 살 사이의 시기에 이르면, 아이는 훈육 및 '사회화'를 위해 엄마에게서 떨어져 다른 마을 다른 여성의 손에 맡겨지기 때문이다. 관례상 친엄마는 아이를 사랑으로 어루만지며 먹여 살려 아이의 일반적 발달을 자극해줄 의무는 있으나, 아이를 '훈육할' 의무는 없다. 훈육은 위탁모의 임무다. 게베르 박사는 이렇게 위탁모에게 맡겨진 아이들은 발달 속도가 놀랍도록 느려질뿐더러 일부는 그나마 있던 능력마저 줄어드는 모습까지 보인다는 사실을 발견했다며, 아마도 어릴 때 습득했던 기술을 잊어버렸기 때문으로 보인다고 했다.[46]

• 게젤발달검사Gesell Developmental Schedules, Gesell Preschool Test: 예일아동발달검사Yale Tests of Child Development로도 불리는 영유아 발달 검사로, 예일대 아널드 게젤 박사가 개발하였으나, 현재는 원래 척도가 수정되어 Gesell Developmental Observation이라는 명칭으로 시행되고 있다. 이 책이 쓰일 당시 사용된 원 척도로는 아이가 홀로 몸을 뒤집을 수 있는 시기, 아기의 첫 발화 시기, 걷는 법을 배우는 시기 등이 있다.

칼라하리 사막의 부시먼 족

퍼트리샤 드레이퍼 박사는 서남아프리카 보츠와나에 위치한 칼라하리 사막 가장자리에서 '!쿵 부시먼 족'과 더불어 살았던 인물로, 이들은 30명씩 무리지어 생활하며 서로 살을 맞대고 친밀하게 지내기를 무척 좋아한다고 밝혔다. 천막 안에서 쉬고 이야기하며 잡일을 할 때면, 이들은 삼삼오오 모여 서로 다리를 포개고 팔을 스치며 기대어 앉아 있기를 즐긴다. 이 같은 신체 접촉은 아이들에게서 최고조에 달하는데, 남아보다는 여아에게서 한층 더 두드러진다.[47]

로나 마셜은 무려 1950년부터 1961년에 이르는 긴 기간을 !쿵 족과 살며 관찰한 결과 이들은 정서적으로 소속감과 동료애에 극도로 의지하며 이러한 감정은 서로 간의 잦은 접촉으로 인해 끊임없이 강화된다고 밝혔다. 그녀는 말한다.

> !쿵 족 엄마들은 거의 늘 아기를 부드러운 가죽 포대기로 감싸 옆구리에 달고 다니는데, 이는 아기가 엄마 젖가슴에 쉬이 닿을 수 있는 위치다. 따라서 아기들은 언제든 원할 때마다 젖을 먹는다. 게다가 !쿵 족 여인들은 젖이 아주 잘 나와서 아기들이 하나같이 토실토실할 수밖에 없다. 아기들은 옷을 입지 않고 엄마와 살을 맞대고 지낸다. 밤이면 엄마 품에서 잠든다. 엄마 품에 안기거나 옆구리에 붙어 있지 않을 때면 다른 누군가의 품에 안겨 있는데, 어른들이 놀라며 바닥에 내려놓으면 아기들은 나이 많은 아이들 위로 기어올라 재잘대며 쉬거나 이들과 서로 팔이 닿을 거리에서 논다. 아기들은 늘, 자신들을 지켜봐주는 다정다감한 사람들 속에 있다. 특별히 장난감이라고 할 만한 것은 없

> 으나, 칼과 사냥 도구가 아니라면 어른들 물건은 뭐든 가지고 놀아도 되어서, 손에 쥐고 입에 가져가며 논다.
> !쿵 족은 자기네 아기들을 지겨워하는 법이 없다. 부족민들은 아기들을 흔들어 어르고, 아기들에게 입을 맞추고, 아기들과 춤을 추고, 아기들에게 노래를 불러준다. 비교적 나이 든 아이들은 아기들을 장난감 삼아 데리고 논다. 여자아이들은 아기들을 데리고 돌아다니는데, 부모가 시켜서가 아니라(물론 그래서일 때도 있다) '엄마'놀이를 하는 것이다. 남자아이들은 또한 아기들을 데려다가 깔개처럼 만든 털가죽에 태워 질질 끌고 다닌다.(아이들이 즐기는 놀이다.) 아기가 조금이라도 칭얼대면, 젖을 물리라고 엄마에게 도로 데려다준다. 요컨대, 이곳 아기들은 잘 거둬 먹인 강아지처럼 평온하고 만족스러워 보인다.
> 한가로울 때면, 사람들은 앉아서 아기들을 가르친다. 어른들은 팔을 내뻗어 그 사이에서 아기들이 서거나 첫 걸음마를 떼도록 도와주기도 하고, 아기들과 가벼운 놀이를 즐기기도 한다.[48]

M. J. 코너 박사는 !쿵 족 아기들이 엄마로부터 받는 촉각 자극의 양과 질에 감격했다. 그는 이곳 부시먼 족에 비한다면 미국 아이들은 신체 자극을 '박탈당한' 상태일 수 있다고 말한다. 박사는 문화에 따른 아이들의 경험은 당연히 해당 문화의 특징과 관련돼 있음을 언급한다. 부시먼 족 아기들은 생존이 경제적 상호 의존에 좌우되기에 협력이 불가피한 세상에 살고 있는 반면, 미국 아기들은 경쟁력과 기동성을 강조하는 세상에서 살아간다.

생후 몇 주가 지나고부터 부시먼 족 엄마는 아기 등이며 볼기, 넓적다리를 포대기로 야무지게 받쳐서 엉덩이나 옆구리에 달고 다닌다. 이런 자세와 관련하여 코너는, 게젤과 애머트루더가 바르게 앉는 자세를 취하게 된 여섯 달배기를 두고 한 말을 인용한다. "가로로 반듯이 누워 있다가 수직으로 앉은 자세가 되는 순간 아기는 눈이 커지고 맥박이 힘차지고 호흡이 빨라지면서 미소를 띤다. 이것은 (…) 자세의 승리 그 이상이다. 지평의 확장, 사회 적응의 새 장이다."[49]

> 엄마 엉덩이에서 취하게 되는 자세에서, 아이들은 엄마의 사회적 세상 일체 및 대상세계(특히 엄마 수중에서 이루어지는 일), 엄마의 젖가슴을 접할 수 있으며 엄마는 즉각적이고 쉽게 아기를 챙길 수 있다. 엄마가 일어서 있으면, 아기의 얼굴 위치는 정확히 열 살에서 열두 살 소녀의 눈높이다. 이 나잇대 소녀들은 엄마 역할을 하고 싶어 안달이어서 수시로 다가와 미소와 말소리를 주고받는 등 아기와 얼굴을 대면하고 짧지만 강렬한 상호작용을 한다. 포대기에 있지 않을 때면 아기들은 불 피운 자리에 모인 어른 또는 아이들에게 손에서 손으로 건네지며 이들과도 비슷한 교류를 한다. 사람들은 아이의 얼굴이며 배, 생식기에 뽀뽀하며 노래를 불러주고, 들어다 내렸다 까불러 재미나게 해주며, 잘했다 잘했다 격려해주고, 심지어는 대화라도 나누듯 말뜻을 알아들을 수도 없는 아기에게 시시콜콜 이야기를 늘어놓기도 한다. 생후 1년 내내, 이러한 관심과 사랑은 거의 늘 넘쳐난다.

모유 수유는 길게는 6~8년 동안 이어질 수도 있으며, 엄마는 아이가 원하면 언제든 젖을 물린다. 부시먼 족 아이들은 이처럼 이른 시절에 엄마 몸과 교감하며 모유로 길러지는데, 이러한 경험은 부시먼 족의 인격에 막대한 영향을 끼치며 결국 이 인격이 이들을 방문한 많은 연구자를 매료시킨 셈이다. 부시먼 족의 두드러진 특징 가운데 한 가지 또한 이 같은 식이법과 연관되어 있음이 거의 확실한데,

코너 박사의 말에 따르면 그것은 성인끼리 음식을 주거니 받거니 하는 관례다.[50]

사하라 이남 아프리카 대부분의 종족들 사이에서는 이와 유사한 주제로 비슷한 변주가 펼쳐진다.[51]

뉴기니

뉴기니에서 우리는 영유아기 경험과 성인으로서의 인격 발달 간의 관계를 설명해주는 아주 탁월한 사례들을 접하는데, 여기에서도 또한 여지없이 접촉 경험이 중대한 역할을 맡는다. 이제 나올 마거릿 미드의 설명들은 주로 아라페시 족과 문두구모르 족 사회를 다루고 있다.

아라페시 족 아이들은 늘 누군가에게 안겨 있다. 엄마는 등 쪽으로 매단 작은 망태기에 아기를 넣어 데리고 다닌다. 아이를 울리는 것은 금물이어서 울려고 하면 냉큼 젖을 물려 달래준다. 모유 수유는 서너 살까지 이어진다. 아이들은 잘 때에도 대부분 엄마 몸에 붙어 자는데, 엄마 등에 늘어져 있는 두툼한 가방 속 아니면 엄마 품속에 폭 오그라져 자기도 하고, 요리를 하거나 밀짚을 엮는 엄마 무릎 위에서 동그랗게 웅그리고 자기도 한다. 아이는 따라서 늘 따뜻한 안도감을 즐기게 된다. 아기가 제법 자라서 밭일하느라 온종일 떼어놓게 되면, 엄마는 이처럼 하루 종일 내버려둔 것의 보상으로 종일 젖을 물린다. 그러면 아이는 엄마 무릎 위에서 먹고 싶을 때마다 젖을 빨아먹기도, 젖가슴을 가지고 놀기도 하다가 다시 빨아먹고 다시 가지고 놀기도 하면서 잃어버린 안도감을 점점 되찾는다. 둘 사이의 이 같은 교감은 아이뿐만 아니라 엄마에게도 즐거운 경험이다. 엄마는 아이가 젖을 빨아먹는 과정에 적극 동참한다. 젖가슴을 손에 쥐고는 아기 입속에 젖꼭지를 넣고 살살 흔들어준다. 아이가 젖을 먹는 동안에는 귀 안으로 호 바람을 불어넣어주거나 귀나 발가락을 간질이거나 생식기를 장난스럽게 찰싹대거나 해준다. 그러면 아이는 엄마 몸이나 자기 몸에 가벼이 입 자국을 새기고는 빨지 않는 나머지 한쪽 젖가슴을 가지고 노는데, 엄마 젖가슴에 장난을 치기도 하고 자기 생식기를 가지고 놀기도 하며, 그러다가 웃고 옹알거리기도 하면서 젖을 빨아먹는 행위를 하나의 놀이 삼아 오래도록 즐긴다. 미드는 말한다. "따라서 수유의 전 과정이 감정이 고조되는 상황으로 바뀌며 아이는 이를 수단 삼아 제 몸 구석구석에 전해지는 애무에 대한 감수성을 발달시키고 유지하게 된다." 매우 흥미로운 사실은, 아라페시 족 아이 가운데 누구도 엄지손가락 등 손가락을 빠는 법은 없으나, 엄마가 부재한 시간이 길어질수록 자기 입술을 가지고 노는 행위가 크게 늘어난다는 것이다. 입술 놀이는 젖을 떼고 얼마간 이어지기도 하고 아주 오래 이어지기도 한다. 남아는 입술 놀이를 시작하면 그치도록 타이르고 대신 빈랑나무 열매를 씹도록 해주는 반면, 여아는 아이를 낳을 때까지 하고 싶은 대로 내버려둔다.

반시간 동안을 정답게 껴안아준 사람이라면, 아기는 그가 누구든 어디라도 따라갈 것이다. 노골적 애정 표현에 대한 반응은 이처럼 즉각적이다. 경우를 막론하고 만나는 사람마다 이런 애정을 드러내주는 덕에, 아라페시 족 아이는 다른 사람들의 관심과 배려에서 비롯된 완전무결한 정서적 안정감을 누리며 성장한다. 그 결과가 바로 여유롭고 나긋하며 수용적인, 공격적이지 않은 인격이며, 경쟁적이며 공격적인 겨루기 따윈 알지 못하는, 행복이란 것이 노략질이나 살인을 저지르고 정복하여 영광을 거머쥐겠다는 조직적 탐험 정신 속에 있지 않은 사회다.

문두구모르 족은 아라페시 지역 이남에서 강에 의지해 생활하는 민족으로, 아라페시 족과는 반대로 공격적, 적대적인 탓에 서로 불신하는 불편한 상태로 살아간다. 아기가 태어나기도 전에 이 아이를 살릴지 말지에 대하여 한바탕 토론이 벌어지는데, 엄마는 남아를 선호하고 아빠는 여아를 선호하니 아이의 생사를 가르는 기준은 결국 성별인 셈이다. 문두구모르 족 사회에서 아기는 사랑받지 못하는 신세다. 출생과 동시에 아기는 거칠게 엮은 바구니에 담겨다니게 되는데, 옆에서 보면 반원 형태인 이 바구니는 엄마 목에 걸려 등 쪽으로 매달려 있다. 바구니는 깔깔하고 뻣뻣한 데다 볕도 안 든다. 이러니 엄마의 온기가 아기에게 스며들 턱이 없다. 아기는 바구니 양 끝을 뚫고 들어오는 실낱같은 빛줄기들 외에 아무것도 보이지 않는 옹색한 바구니 안에서 거북하게 누워 있을 따름이다. 집에서도 아기는 같은 바구니에 담겨 어딘가에 걸려 있다. 울어도 아기 몸을 건드리는 법은 없고, 엄마나 다른 여자가 손톱으로 바구니 거죽을 긁어 벅벅 껄끄러운 소리를 낸다. 아이들은 대개 이 소리에 반응한다. 그래도 울음이 그치지 않을 때라야 젖을 물리는데, 아이가 젖을 빨아먹는 동안에도 엄마는 내내 선 자세로 일관한다. 엄마와 아기 사이에 장난스런 애무란 오가지 않는다. 젖 빨기가 멈추는 순간, 아기는 제 감옥으로 되돌아간다. 그렇기에 아이들에게서는 몹시 전투적인 태도가 발달해, 아기들은 가능한 한 젖꼭지를 꽉 물고 늘어지며 젖도 허겁지겁 들이켜서 목이 메이기 일쑤다. 아기의 목이 메이면 엄마는 도리어 화를 내니 아기로선 격분할 노릇이어서, 젖을 빨아먹는 경험은 애정과 안심, 만족을 일으키기는커녕 분노와 좌절감, 분투와 적의를 돋우는 경험으로 전락한다.

아이가 한두 살이 되면 엄마 등에 매달려다닌다. 아이가 울며 기어다니면 꽉 안아올려 엄마 목덜미에 얹은 채, 아기보고 엄마 머리카락을 붙들고 매달려 있으라는 식이다. 젖가슴은 아기에게 음식이 필요하다고 여겨질 때만 내주며, 아기가 놀라거나 아파해서 달래고자 내주는 경우는 아예 없다. 아기가 걷기 시작하고부터 모유 수유에 대한 엄마의 반감은 극도로 높아지며 몹시 노골화되어서, 아기를 밀쳐내고 심심찮게 뺨까지 갈긴다. 이런 식으로, 아기의 이유離乳는 반감의 산물이다. 문두구모르 족 아이 일부는 자기 손등이나 손가락 한 쌍을 빨며, 아이들의 얼굴에는 초조와 불안에 찬 신경질적 표정이 역력하다.

사회화 경험이 이 모양이니, 문두구모르 족 아이가 가까이하기 싫은, 공격성 강한 식인종 같은 인간으로 자란다 한들 그다지 놀랄 일도 아닌 셈이다.•[52]

뉴질랜드 와카이토대 제임스 리치 박사는 뉴기니에서 진행된 현장 답사에서 무척 흐뭇한 일이 있었다며, 현장에서 어느 정신과 간호사와 만난 경험을 전한다. 간호사에게는 언젠가 얻은 감수성 훈련 지침서가 있었는데, 지침서를 읽고 난 뒤로 그녀는 지금껏 말 한마디 나눠본 적 없는 자신의 멜라네시아 환자들에게 서로 만져도 좋다고 허락하고, 그녀 자신 또한 그들을 만지기 시작했다고 한다. 리치 박사는 말한다. "용기가 필요한 일이었다. 그녀 스스로의 거부감에 직면하면서 또 그 이상으로 쏟아지는 환자들의 반응에 대처하기란. 환자들은 그녀의 접촉에 화답했다. 이를테면, 그들은 반갑다는 표시로 그녀의 머리카락을 쓰다듬었는데 쓰다듬는 손가락이 더할 수 없이 다정했던 데다 그녀의 손을 잡고 내리 몇 시간씩 있기도 했다. 이제 그

• 이는 문두구모르 족의 1930년대 모습으로, 그 뒤로 지금까지 이들에게는 상당한 변화가 있었다.—저자 주

녀는 예전처럼 불안에 휩싸여 침묵으로 일관하는 인간애가 아닌, 자신의 임무를 달성하고 있다는, 곧 치유를 실현해내고 있다는 자신감으로 병동을 돈다."[53]

아티멜랑 족

인도네시아 누사텡가라티무르 주 알로르 섬의 아티멜랑 족에게는 사람이 죽음을 맞이하고 있으면 성장한 자녀나 친척 한 명이 엄마가 자식에게 하듯 그를 무릎에 안고 있는 풍습이 있다. 코라 뒤부아 박사는 이를 관찰한 인물로, 이 같은 행위가 박사 자신이 인간 대부분이 일생을 통해 찾아 헤맨다고 추정하는 영유아기 보육 경험으로의 회귀를 암시한다고 주장한다.

북보르네오
두순 족

내가 아는 한 윌리엄스는, 비문명사회의 촉각에 대하여 인류학적 연구를 진행한 유일한 연구자다. 연구 대상은 북보르네오 산악 지대 두순 족으로, 주요 작물이 쌀인 농경-수렵민들이다. 윌리엄스는, 문화에 따라 개인들이 특정한 촉각 자극 경험 혹은 관례를 포기하도록 요구되거나 기대되는 까닭에 개개인은 삶의 여러 시기에 이에 보상이 되는 상징적 대체 행위를 발달시킨다는 전제하에, 이러한 현상의 여러 양상을 다루는 연구의 필요성을 강조해왔다. 그는 말한다. "촉각 경험을 추상해 개념화하는 일은 문화의 학습 및 전염 과정에서 개인이 문화적 개념들을 습득하는 방식을 이해하는 데 결정적이라고 본다."

두순 족의 삶에서 접촉 경험에 대한 관심 및 인식은 복잡한 양상을 띠지만, 숱한 사회적 상황에서 쓰이는 공공연한 행동을 비롯해 언어 및 몸짓, 자세 등 접촉을 대신하는 갖가지 방식을 통해 이를 관찰해볼 수 있다. 접촉에서는 일례로 '생물적 접촉'과 '무생물적 접촉'이 구별되는 한편, '예민한' '접촉할 수 있는' '접촉당한' 각각은 '접촉 행위' '간질임' '공동 접촉'과 구분된다. 특정 촉각 접촉의 한계 및 허용 가능성을 뜻하는 용어를 포함해, 이런 경험을 나타내는 언어 용례들은 일종의 특수 어휘를 이룬다. 이 밖에도 두순 족의 삶에서 촉각 경험의 대용으로 쓰이는 것들은 대개 문화적으로 구조화된 몸짓 형태로, 이는 특정 접촉 행동의 암시로 여겨지는데, 이에 따라 감정 표현에 사용되는 몸짓이 40가지쯤이고, 성적 의미의 몸짓, 특히 성교 행위를 적나라하게 묘사하는 몸짓도 최소 12가지에 이른다.• 촉각 경험 대용인 몸자세는 여러 행동이 복잡하게 얽혀 이루어지기 마련인데, 여기에 포함되는 행동 요소로는 고개 갸우뚱하기, 얼굴 표정, 손과 팔, 몸통의 움직임 등이 있다. 두순 족 여인이 교태를 부릴 때 쓰는 갖가지 행위 또한 촉각 경험을 대신하는 복잡한 몸자세에 해당된다. 이 같은 신체 행동들은 대개 직접적인 신체 접촉을 꾀하고자 벌이는 신체 예술이며 몸단장, 장식 같은 유혹적 과시를 수용 또는 거부하는 용도로 쓰인다.

두순 족 사회에서는 누군가를 반긴다고 해서 서로를 만지는 등 촉각 접촉이 일어나지는 않는다. 다양한 사회적 행동 상황에 따라 허

• "이런 식으로, 엄지를 같은 손 검지와 중지 사이에 삽입하면 성교를 상징하는 한편, 손가락을 모두 펴고 손바닥을 앞으로 향한 채 귀 옆에다 대고 흔들면 전투와 조롱을 의미한다."—저자 주

용되는 촉각 접촉의 범위는 엄격히 정해져 있다. 두순 족 신생아들은 생후 약 8~10일 동안 엄마를 제외한 타인과의 촉각 접촉이 모두 차단된다. 아이가 생후 첫 1년 동안 접하는 몇몇 의식에서 사용되는 구절 가운데 하나는 이렇다. "낯선 자는 누구도 너를 건드려 해할 수 없을지어다."

한 문화의 성원들이 촉각을 다루는 법을 배우는 방식은 해당 문화에서 규정하는데, 이는 윌리엄스의 탁월한 연구에 비춰볼 때 확연해진다. 윌리엄스는 이처럼 중요하지만 가장 도외시되는 인간 행위의 한 측면에 대해 후속 연구가 이루어지기를 호소하지만, 그의 간절한 목소리는 오로지 이 지면에서만 메아리칠 뿐이다.[54]

그 밖의 비문명사회의 문화

메릴랜드 베데스다 소재 국립아동보건및발달연구소의 제임스 H. 프레스콧과 샌프란시스코 캘리포니아대 의과대학의 더글러스 월리스는, 촉각(몸감각) 경험이 공격적 행동의 원인으로 작용할지의 여부를 두고 이 둘의 관계에 대한 문화 간 비교 연구를 목적으로 49개의 비문명사회를 조사했고, 그 결과 한 군데를 제외한 모든 사회의 문화에서 촉각 경험과 공격적 행동의 원인 사이에 아주 밀접한 상관관계가 존재했다고 밝혔다. 한 군데의 예외는 브라질 히바로 족이었다. 밝혀진 바에 따르면, 일반적으로 촉각 경험도가 높은 문화에서는 성인의 공격성이 낮았던 반면, 촉각 경험도가 낮은 문화에서는 성인의 공격성이 높았다. 이러한 규칙에서 벗어나는 것으로 보였던 13개 문화에서, 여섯 군데 가운데 다섯 군데는 영유아에 대한 애정도가 높으면서도 성인들은 혼전 성행동을 억누르는 가운데 폭력성 또한 높았던 반면, 일곱 군데 가운데 여섯 군데는 영유아에 대한 신체적 애정 표현이 적으면서도 성인들은 성행동에 지나치게 개방적이며 폭력성은 낮은 특징을 보였다고 밝혔다. 결과적으로, 몸감각 쾌락 가설은 사춘기 전은 물론 사춘기 이후의 발달 단계에서도 통한다는 것이 확인되었다.[55]

미국 아이들의 접촉 경험

두순, 간다, 에스키모 또는 부시먼 등 비문명사회의 문화를 거쳐 미국이라는 고도로 발달한 문화에 이르도록, 우리는 문화에 따른 영유아기 촉각 경험의 차이가 의미심장한 결과를 일으킨다는 사실을 발견하게 된다. 미국에서는 노동층 및 중산층, 상류층 가정에서 출생 시부터 네 살 반 사이에 이루어지는 아이들의 촉각 경험에 대하여 비상한 연구가 진행된 바 있다. 연구자는 비달 스타 클레이로 이 주제를 다룬 그녀의 박사학위 논문 「문화가 엄마-아이의 촉각 의사소통에 미치는 영향」은 그러나 아직 출판되지 않았다. 연구 대상은 남아 20명과 여아 25명으로 이루어진 엄마-아이 45쌍이었다. 이들에 대한 관찰은 공공장소 및 컨트리클럽, 전용 해변에서 이루어졌다. 표 3에서는 아이들을 연령에 따라 A, B, C, D 네 집단으로 구분해, 관찰 시간 1시간을 기준으로 연령 및 계층별 평균 촉각 접촉 빈도를 보여준다. 이 표로부터 우리는 엄마-아이의 애정 체계에서 촉각 접촉 빈도는 아이의 연령 증가에 따라 감소하는 요소라는 사실을 알게 된다. 그러나 촉각 접촉 빈도 및 지속 시간 점수를 연령 및 사회

	평균 접촉 횟수				평균 접촉 시간			
집단	W*	M*	U*	**집단 평균**	W	M	U	**집단 평균**
A	4.5	4.2	4.0	**4.2**	0.0	8.0	9.7	**7.5**
B	3.1	5.5	15.3	**6.3**	3.0	8.0	22.3	**8.2**
C	2.6	3.3	6.0	**3.7**	1.4	1.3	3.4	**1.8**
D	–	5.3	4.8	**5.0**	–	8.3	2.8	**4.9**
총 평균	3.1	4.4	7.0	**4.9**	2.2	5.8	8.2	**5.6**

	엄마와 가까이 지낸 시간				엄마와 떨어져 지낸 시간			
집단	W	M	U	**집단 평균**	W	M	U	**집단 평균**
A	4.0	3.0	31.0	**27.2**	13.0	20.0	20.0	**17.7**
B	30.5	13.5	19.0	**22.9**	19.6	30.0	15.7	**20.5**
C	22.4	22.0	28.7	**23.8**	23.0	24.0	20.0	**22.6**
D	–	15.0	25.2	**21.1**	–	31.3	29.2	**30.0**
총 평균	27.4	16.2	25.8	**23.3**	20.5	27.4	23.2	**23.7**

* W = 노동층, M = 중산층, U = 상류층
출처: 비달 S. 클레이, 「문화가 엄마-아이 촉각 의사소통에 미치는 영향The Effect of Culture on Mother-Child Tactile Communication」(컬럼비아대 교육대학 박사학위논문, 1966), 표IV, 284쪽

표 3 _ 연령과 사회 계층에 따른 접촉 및 놀이 양상
해변에서 한 시간 관찰 / 관찰한 아이 = 45명

계층에 따라 비교해보면 최연소, 곧 영아 집단에서 놀라운 예외가 발견되는데, 예상대로라면 촉각 접촉도가 가장 높아야 하는 집단이기 때문이다.•클레이는 말한다.

세 집단 모두에게서, 촉각 접촉 빈도 점수는 걸어다니는 아이들에 비해 최연소에 속하는 신생아 및 걷기 전 아이들에게서 더 낮았다. 노동층 및 상류층은, 접촉 지속 시간 점수 또한 영유아가 이보다 높은 연령대의 아이들보다 더 낮았다. 중산층의 지속 시간 점수만이 우리가 예

상했던 그대로 최연소 집단에게서 최고치를 보였다. 접촉 지속 시간의 경우, 중산층 엄마의 수치가 다른 계층 엄마들의 수치를 훨씬 앞질러서 관찰이 진행된 1시간 동안 아이별 접촉 시간은 거의 40분에 달했다. 바로 이 수치가 지속 시간 점수의 평균을 왜곡시켜 이번 현장 연구 표본에 속한 최연소 아이들이 촉각 접촉에 가장 오래 노출된다고 보이게 만든 셈이다. 그러므로 촉각 접촉 및 연령과 관련된 결론은, 전반적 촉각 접촉은 연령 증가에 따라 감소하나, 이번 현장 연구에서 관찰된 바와 같이, 미국 문화에서만큼은 영아 및 걷기 전 아이가 아닌 갓 걷기 시작한 아이들이 엄마와의 촉각 접촉 빈도가 가장 높고 지속 시간도 가장 길었다고 고쳐 써야겠다. 갓 걷기 시작해 두 살에 이르는 시기에 정점을 찍은 뒤로 접촉량은 아이의 성장과 더불어 일정하게 감소해 간다.

일반적으로 신생아를 비롯한 영아가 촉각 자극을 가장 많이 받으리라 추정한다. 그러나 실상을 보면 병원 분만 및 젖병 수유, 보육자와 아기 피부의 중간에서 장벽을 형성하는 의복 등의 출현으로 말미암아, 생후 2개월에서 14개월 사이의 걷기 전 아이들로 구성된 A 집단이 생후 14개월에서 2년에 이르러 갓 걷기 시작한 아이들로 구

• 아래 이어서 설명되듯, 클레이의 연구 결과, 미국의 경우 가장 어린 아이의 집단에게서 접촉도가 가장 낮게 나왔다. 이는 유인원 등에게서처럼, 신생아기부터 그 뒤 이어지는 시기는 아기가 엄마와의 접촉을 가장 필요로 하는 시기라는 점을 고려할 때, 예상 밖의 결과라 하겠다. 일례로, 연구에서 신생아를 해변에 데리고 나간 엄마들은 아기가 우는 바람에 젖을 먹여 달래거나 기저귀를 갈아줘야 할 때가 아니라면 아기를 외따로 내버려두었다. 또한 이 연구에서 접촉 빈도 및 시간이 급격히 상승해 정점을 찍었던 집단은 갓 걷기 시작한 아이들의 집단이었는데, 이러한 접촉의 목적은 애정 표현이 아니라 대부분 아이를 잘 간수하거나 아이의 행동을 통제하려는 데 있었다. 갓 걷기 시작한 집단을 기준으로 나이가 들수록 접촉 빈도 및 시간은 감소했다. 비달 S. 클레이, 「문화가 엄마-아이의 촉각 의사소통에 미치는 영향The Effect of Culture on Mother-Child Tactile Communication」, 『THE FAMILY COORDINATOR』, 1968. 7.

성된 B집단에 비해 촉각 자극을 한층 덜 받는 듯하다. C집단은 두 살에서 세 살짜리 12명으로, D집단은 세 살에서 네 살짜리 10명으로 구성되었다. 아기의 실제 욕구에 비춰볼 때, 이번 결과는 몹시 인상적이고 의미심장하다.

레바 루빈은 산과 간호 분야에서 다년간 경험을 쌓은 인물로, 미국에서는 심지어 아기가 생후 1년이 다 되어갈 때까지도 엄마가 아기를 가슴에 꼭 안는 자세를 충분히 편안하게 느끼며 아기와의 접촉 자체를 기쁘게 여겨 즐기는 데 여념이 없는 경우가 극히 드물다는 사실에 충격을 받았다고 말한 바 있다. 그녀는, 아기와 이런 시간을 보낼 확률이 가장 높은 사람은 모유 수유를 진심으로 즐기는 엄마들이었다고 밝히며, 물론 첫번째는 할머니와 이모, 고모들이었다고 덧붙였다.[56, 57]

할로와 동료들은 붉은털원숭이의 어미-새끼 애정 체계에서 확연하게 드러나는 세 단계를 밝혔다. (1)애착 및 보호, (2)양가감정, (3)분리. 애착 및 보호 단계는 껴안기, 어르기, 수유, 그루밍, 감정 자제, 회수 등 사실상 순 긍정적인 행동으로만 이루어져 있다는 것이 특징이다. 양가감정 단계에서는 입질이나 깨물기, 찰싹 때리기 혹은 갈기기, 털 움켜쥐고 잡아당기기, 신체 접촉을 유지하려는 시도를 거절하기 등 긍정적 반응과 부정적 반응이 공존한다. 분리 단계는 결국 어미와 새끼 사이의 관계 종결로 이어진다.[58] 인간 엄마의 모성애 발달 또한 이와 비슷한 단계를 거치며 엄마의 단계별 행동들이 영유아의 발달에 지대한 영향을 미친다는 데에도 의심할 여지가 없다. 발달에 미치는 영향 면에서는 특히 애착 및 보호 단계가 가장 중요하다. 그리고 정확히 이 중대한 단계에서 미국 엄마들이 가장 자주 실패하는 듯하다. 붉은털원숭이 사회에서 어미는 보통 생후 첫 30일 동안 새끼에게 가장 높은 관심을 보이다가 이후 양가 반응을 드러내기 시작한다. 인간 엄마의 애착 기간은 대개 이보다 훨씬 더 길다. 하지만 클레이의 말을 들어보자.

> 영장류 어미를 비롯해 다른 여러 사회의 엄마들과 달리, 미국 엄마는 대부분 친밀한 신체적 애착 단계를 건너뛴다. 미국 문화에서는, 엄마와 신생아의 몸이 분리됨과 동시에 엄마-아이 간 육체적 공생은 대부분 종료된다. 아이와 친밀한 신체 접촉을 바라는 엄마의 욕구가 아이의 친밀 욕구를 초월하는 관계가 아닌, 엄마의 애착 행동은 아기의 욕구가 반영된 귀에 거슬리는 목소리와 몸짓에 대한 반응에 불과한 관계가 자리한다. 물론, 아기 생의 첫 4개월 동안 미국 엄마가 보이는 행동 양상의 이러한 차이는 엄마-아기 간의 친밀한 촉각 접촉이 이곳 문화의 관행이 아니라는 데에 기인한다. 미국 엄마들 본인부터가 자신의 엄마와 친밀한 신체 접촉을 경험하지 못했다는 현실이 이 같은 행동을 강화한다는 데에도 의심의 여지가 없다. 엄마와 어린아이 사이의 신체적 근접이 부족한, 곧 엄마가 아이를 자극해주고 자극에 따른 아이의 반응을 암시하는 단서를 포착해 다시금 반응해주는 관계가 부족한 실태 역시 미국 문화의 엄마-아이 분리 양상을 강화한다.[59]

미국에서 엄마와 아기는 모유 수유가 이뤄질 때마저도 항상 옷을 입고 있어서, 아기는 젖을 먹으면서 어쩌다 엄마가 쓰다듬어주는 손길을 느끼면 모를까, 흔히 젖가슴 밖의 엄마 살결은 거의 경험하지 못한다. 젖병 수유 상황에서라면 아기는 호혜적 촉각 자극을 그나마도 최소한도로만 경험하는데, 현재 미국에서 젖병 수유는 하락 추세이니 다행스러울 따름이다. 이런 식으로 엄마와 영유아에게서 보이는 상호 촉각 자극 경험의 결핍은, 미국 문화에서 특히 엄마와 아기 간의 친밀한 촉각 자극을 통한 애정 표현 결여가 제도화되어 있다는 증거다. 미국에서 엄마와 아이 사이의 촉각 접촉은 애정과 애착이라기보다 보육과 양육의 의미를 띤다. 이는 미국 문화의 엄마들이 걷기 전 아이보다 걷기 시작한 아이들을 더 자주 만진다는 사실에서 확연해진다.[60]

클레이는 사람들이 남자 아기보다 여자 아기에게 애정 표현을 더 많이 한다고 밝혔는데, 이는 다른 연구자들의 결과와도 일치한다. 엄마들은 남아보다 여아를 낳고 나서 더 행복해 보일뿐더러 이유 시기도 남아보다 여아가 더 늦곤 한다. 한편, 모스와 롭슨, 피더슨은 워싱턴에서 엄마가 아기에게 주는 자극을 주제로 치밀한 연구를 진행하여, 이곳 엄마들은 생후 한 달을 기준으로 이야기를 건네고 뽀뽀하고 흔들의자에 데리고 앉아 얼러주는 등의 자극을 여아보다 남아에게 더 많이 주었다고 밝혔다. 세 연구자는 이러한 차이를 남아를 편애하는 사회적 경향의 반영이라 추정했으며, 여기에 수반되는 애정 행위는 아이를 흥분시키거나 활성화하기보다는 달래주는 등 아기의 기분이나 행동을 조절해주는 것이라 했다. 생후 한 달을 기준으로 엄마들은 남아보다는 여아를 다루는 동안 청각이나 시각 등 원격 감각수용기를 훨씬 더 자주 활용했다. 모스와 동료들은 여아가 남아보다 더 일찍 발달하기 때문에 엄마들이 아이의 발달에 필요한 요건이나 발달 상황에 맞춰 자극 유형을 조정했을 수 있다며, 비교적 감정 표현이 풍부한 엄마일수록 이러한 조정에 더 신경 썼을 것이라고 주장한다. 따라서 남아들에게는 자주 말을 걸어주고 뽀뽀해주고 흔들어 얼러주면서도, 남아보다 더 발달했다는 이유로 여아에게는 보통 비교적 높은 수준의 대뇌피질(인지) 기능과 연관된 경로(청각 및 시각)를 통해 아이의 적극적 관심을 요하는 자극을 제공하기 쉬웠을 것이다.

매우 흥미롭게도, 아이 나이 한 달에서 석 달을 기준으로, 엄마 목소리의 활기를 보면 엄마가 아기에게 어떤 자극을 얼마만큼 제공할지를 제법 정확하게 예측할 수 있는 듯하다. 결과적으로, 활기찬 엄마들은 가만가만 얘기하는 엄마들에 비해 아이들을 더 많이 자극한다고 밝혀졌다. 교육 수준이 낮은 엄마들은 교육 수준이 높은 엄마들보다 신체 자극에 더 치중하는 경향을 보였다. 학력이 높은 엄마일수록 자신의 아기, 특히 남아에게 말을 더 오래 건넸다. 8개월에서 9개월 반 된 아이가 낯선 사람에게 두려움을 느끼고 타인의 시선을 피하는 현상은 신생아기에 엄마로부터 받은 자극 유형과 분명한 연관성이 있음이 밝혀졌다. 8개월에서 9개월 반 된 아기는 무엇보다 원격 감각수용기와 관련된 자극을 많이 받았을수록 낯선 사람을 한층 더 편안하게 느끼는 듯했다. 모스를 비롯한 연구자들은 새로운 시청각 자극을 경험하는 데 익숙해져 있는 아이들일수록 '낯섦'에 대처해 동화되는 데 필요한 정신 구조가 우월할 수 있다고 주장한다. 이런 아이들에게는 낯선 자극을 경험하는 일 자체가 그다지 새롭지 않기 때문에, 낯선 자극에 맞닥뜨려 주관적 불확실감에 사로잡히는 경우도 적기 쉽다. 다시 말해, 원격 감각수용기를 통한 자극을 더 많이 받은 아이일수록 인지적으로 한층 더 복잡해져서, 익숙지 않은 청각 또는 시각 자극을 다루기 위한 자원이 더 많아지는 것이다.[61, 62]

또한 주목할 만한 사실이 있다. 캐슬린 아워바크의 연구에 따르면, 유럽과 아시아 국가 가운데 남자가 훨씬 더 귀하게 취급되는 곳에서는 모유 수유 기간이 여아보다 남아에게서 더 길다. 미국에서는 그러나 이와 정반대다. 모유 수유에서의 성별 차이는, 남아가 여아보다 엄마 젖을 먹는 기간이 더 짧은 양상으로 나타난다. 클레이의 연구가 이를 확인해준다.[63]

촉각적 애정 표현 면에서 엄마는 아들보다는 딸이 대상일 때 표현에 거리낌이 덜하다. 미국 아빠 대부분에게도, 부자 간의 이런 신체 접촉을 통한 애정 표현은 여전히 생각만으로도 소름 끼치는 일이다. 소년이라도 남자끼리 어깨에 손을 올리는 일은 경계 영순위다. 이유 여하를 막론한 금기인 셈이다. 여자들조차 같은 여자에게 이처럼 노골적으로 애정을 드러내는 일은 꺼려한다. 다른 사람을 만지는 행위는 대개 성적인 상황에서나 허용된다. 성적 상황도 아닌데 누군가를 만진다면 심각한 오해를 자초하는 셈인데, 신체 접촉은 대개 성교 상황에 제한되고 연관되는 까닭이다. 성관계가 끝나면, 남자는 상대 여자에게서 손을 떼고 보통 옆에 딸린 자기 침대로 돌아가 그녀와의 접촉이 사라진 쾌적함 속에 자기 자신과 남은 시간을 보낸다.

남편과 아내가 같이 자는 2인용 침대가 둘이 따로 자는 1인용 침대 한 쌍으로 대체되고 있는데, 이러한 현상은 모유 수유 기간이 짧아지고 영유아기에 엄마-아이 간 촉각 자극이 줄어드는 일이 비일비재하다는 사실과 밀접하게 관련돼 있을 공산이 크다. 앞서 주장했다시피, 같은 잠자리에서 함께 자는 부모와 습관적으로 따로 자는 부모는, 부부지간은 물론이거니와 자녀와의 관계에서도 다른 양상을 발전시킨다. '같은 잠자리' 가족들은 결속력이 좀더 강한 경향을 보인다. 같은 잠자리에서 벌어지는 '지속적 접촉'이 한 쌍의 침대로 각각 분리된 상황에서와는 아주 다른 경험을 선사하기 때문이다.[64] 릴리언 스미스는 자신의 소설 『이상한 열매Stange Fruit』•에서, 트레이시 박사 곧 '터트'의 아내 앨마로 하여금 다음과 같은 상념에 잠기게 만든다.

> 그녀가 자신의 밤이자 터트의 밤을 떠올리면 기억나는 것이라곤 그의 다리가 그녀 몸 위로 솟구치는 모습이 전부일 때도 있었다. 터트가 잠든 자세에는 **사그라질** 듯 말 듯싶은 무언가가 있었다. 자제력을 잃은, 통제 불능, 이런 표현도 가능할 것이다. 앨마는 1인용 침대 둘을 쓸까 생각해본 적도 있으나 그저 생각에 그칠 뿐이었는데, 남편과 아내가 따로 잔다는 건 마음이 허락하지 않았기 때문이다. 어쨌든 조금은 혼란스러웠으나, 함께 자는 일은, 날이 춥든 덥든, 결혼이라는 천에 꼭 필요한 한 가닥 실과 같아서 일단 끊어지면 일체가 흐트러질지도 몰랐다.
> 다만 어떤 식으로 흐트러질지가 확실치 않았을 뿐이다. 그럼에도 그녀는 아버지와 딴 방을 썼던 어머니의 습관이 성공적이었어야 할 가정을 망쳐버렸다고 확신하고 있었다.[65]

앨마는 참으로 옳았다. 따로 자는 남편과 아내는 서로 '멀어지기' 쉽다. 두 미국인 인류학자가 일본에서 이 주제로 연구한 바 있다. 윌리엄 코딜과 데이비드 W. 플래스는 도쿄와 교토에서 일본 가정의 부모와 자녀를 대상으로 수면 양상을 연구했다. 그 결과, 일본 도시에 살고 있는 사람들은 두 세대가 한 잠자리에서 취침하곤 하는데, 첫

- 미국 작가 릴리언 스미스Lillian Smith(1897~1966)가 1944년 발표해 인기를 누린 소설로, 당시로선 금기시된 주제인 인종 간 사랑을 다루고 있어 한때 몇몇 지역에서는 금서 목록에 오르기도 했다. 제목 '이상한 열매Strange fruit'는 빌리 홀리데이의 노래 제목에서 따왔다고 알려지는데, 이 노래 역시 아프리카계 미국인에 대한 유린 등 인종차별을 다루고 있다. 이 가사에서는 흑인의 참상만이 나타나나, 스미스에 따르면 소설에서는 이상한 열매가 흑인은 물론 백인에 이르기까지 '인종차별 문화의 소산 또는 결과로서 상처 입고 뒤틀린 인간' 모두를 일컫는다고 한다.

번째는 자녀로서, 두 번째는 부모가 되어서 함께 자는 식이다. 이 두 시기를 합치면 가족과 함께 자는 시간은 인생의 절반 가까이에 이르는 것으로 밝혀졌다. 태어나면서부터 시작한 공동 취침은 사춘기까지 이어지며, 이는 다시 첫 아이의 분만과 함께 출발하여 엄마의 폐경기 즈음까지 지속되다가, 노년에 몇 년 동안 다시 이루어진다. 이 사이 기간에는 보통 같은 세대끼리 함께 자는데, 사춘기에는 형제자매와, 결혼하고 몇 년 동안은 배우자와, 장년기에는 다시금 배우자와 같이 잔다. 홀로 자는 일은 마지못한 선택으로, 대부분 주로 사춘기와 결혼 사이에 발생한다. 코딜과 플래스는 이를 개괄적으로 일반화하여 다음과 같이 결론짓는다. "일본 가정의 취침 방식은 세대 간, 성별 간 차이를 희석하는 동시에 개인별 분리보다는 상호 의존을 강조한다. 가족이라는 좀더 보편적 차원의 결속력을 위해 성관계를 비롯한 기타 문제에서 부부지간의 금슬을 돈독히 할 수 있는 잠재적 기회가 축소되는 것은 대수롭지 않은 체하는(아니면 아예 제쳐두는) 경향이 있다."

연구자들은 또한 이렇게 추측한다.

> 공교롭게도 일본에서 단독 취침 가능성이 가장 큰 연령대는 자살 가능성이 가장 큰 연령대와 일치한다. 다시 말해 이 두 행동 유형의 발생률, 곧 단독 취침률 및 자살률은 청소년기 및 청년기 그리고 다시 노년기에 가장 높다. 일본에서 개인들은 이 두 시기를 제외한 나머지 인생 내내 자신이 의미 있는 존재라는 느낌의 상당 부분을 식구들과 몸을 맞대고 잠드는 생활에서 얻는데, 이 때문에 이 두 시기에 겪는 단독 취침이 이들에게는 고립감과 소외감을 느끼게 하는 듯하다.[66]

일본 가정의 공동 취침 실태가 코딜과 프래스가 기술한 대로라면, 이들의 추정처럼 위와 같은 관련성이 존재할 가능성이 짙다. 하지만 다른 상황에서라면 역효과가 발생할 수도 있다. 예를 들어 유럽 및 다른 지역에서는 노동층 아이들이 부모가 들인 세입자, 즉 낯선 사람들과 같은 침대를 쓰도록 강요당하곤 한다. 이런 경험이 일으키는 강한 반감은 끈질긴 효과를 발휘하여, 낯선 사람과의 신체 접촉이라면 종류를 막론하고 피하게 될 뿐만 아니라 다른 종류의 거절과 위축으로까지 귀결될 수도 있다.

일본인 정신과 의사 도이 다케오는 늘 곁에 있는 엄마에 대해 느끼는 일본 아이의 수동적 의존성이 이후 성인으로서의 삶에 하나의 중대한 동인으로 작용한다고 믿는다. 일본에서 말하는 아마에あまえ[甘え]라는 감정은 의존, 곧 엄마와의 일체감을 향한 갈망으로 이는 오랜 세월 지나치다 싶은 관용과 친밀한 접촉에 길들여진 결과다. 도이는 결국 이러한 갈망은 엄마와 분리된 현실에 대한 부정으로 비화되어 성인들로 하여금 자신의 윗사람과 엄마와 맺었던 것과 같은 유의 친밀한 관계를 다시금 수립해보고자 힘쓰게 만든다고 말한다. 그 결과가 바로 오늘날 일본에서 발견되는 수직적 구조의 집단 지향적 사회다.[67]

존 더글러스는 미국 엄마는 자녀를 자극하기 때문에 아이가 비교적 능동적이며 자기주장이 강한 사람으로 자라는 반면, 일본 엄마는 자녀를 위로하고 진정시켜주기 때문에 아이가 비교적 수동적이며 과묵한 사람으로 자라는 수가 많다고 지적한 바 있다. 이런 식으로, 어린 시절부터 아이들은 자신이 속한 사회에 적합한 인간이 되도록 잘 훈련되고 있는 셈이다. 더글러스는 덧붙인다.

> 일본 아이와 부모는 신체 접촉이 어찌나 끊임없는지, 이들의 관계는 피부 접촉을 통한 애정 교류, 곧 '스킨십'이나 다름없을 때도 있다. 또한 아이는 엄마에게 전적으로 의지해 살아가다보니, 결국 일생을 이 같은 의존 대상을 갈망하게 되어, 독립된 인간으로 존재하기보다 하나의 성원으로서 자신이 속한 집단과 1차적 동일시를 추구하기에 이른다.

홀은 일본인들을 끌어당기는 자력은 두 가지라고 지적한다. 하나는 서로에게 깊숙이 관여하여 삶을 휘감고 있는 친밀감으로, 이는 어린 시절 가정에서 시작되어 훨씬 뒤까지 이어진다. "친밀하고 싶은 욕망이 깊숙이 자리해 있기에, 이들은 친밀감을 느낄 때라야 비로소 편안해한다." 또 하나의 자극은 서로 거리를 유지하려는 욕구다. 공공장소든 일상적 의식에서든, 거리감, 자제, 감정의 은폐가 강조된다. 아주 최근까지도 일본인들 사이에서 대놓고 접촉하는 등 친밀감을 공공연히 드러내는 법은 없었다. 그럼에도 관련 증거에 근거한 어느 해석에서 홀은 일본인들 내면 깊숙이에는 삶의 의례적 측면, 제도화된 측면에 대하여 몹시 불편해하는 마음이 자리해 있다고 믿는다. 이들의 주된 욕망은 '의례의 자리'에서 벗어나 가족적인 아늑한 친밀감이 느껴지는 정다운 자리로 옮겨가는 것이다. "친밀해지고 싶은, 다른 사람과 친분을 쌓고 싶은 이들의 욕구는 아주 강하다."[68]

청교도주의와 계층별 차이, 촉각

뉴잉글랜드라고 하면 으레, 청교도주의의 영향으로 아이 양육 시 엄마와 아이 간에 주고받는 호혜적 촉각 자극이 최소한도에 그치기 십상이라 예상할 텐데, 사실이 그렇다. 피셔와 동료들은 뉴잉글랜드 과수원 지역의 아동 양육 관행을 연구한 결과, 아기 대부분은 하루 대부분을 아기 침대나 울타리 두른 놀이터, 뜰에서 홀로 지낸다고 밝혔다. "대부분의 사회에서와는 달리 이곳에서 아기와 다른 인간의 관계는 친밀한 신체 접촉을 특징으로 하지 않는다."[69]

청교도주의의 흔적이 남아 있다는 면에서 뉴잉글랜드 사람들은 그들의 뿌리인 영국인과 판박이어서, 영국인들과 마찬가지로 청교도주의가 남긴 고지식함의 영향에 들볶인다. 영국 상류층, 그중에서도 특히 영국 상류층 여성들은 감정 표현에 무능력한 데다 인간미가 다소 놀라울 만큼 부족하기로 악명이 자자했다.• 상류층이라고 해서 모두 이런 성격을 띠는 것은 아니며, 중산층이나 노동층에서도 이런 면은 분명 숱하게 드러난다. 그러나 이러한 특성은 대개 부모로부터 사랑을 받지 못한 탓으로, 영유아기를 비롯해 어린 시절 내내 이어진 애정 결핍이 다른 사람을 따스하고 곰살맞게 대하지 못하는, 애정 표현에 무능력한 성격으로 표출된 것이다.

영국 중상류층 사이에는 어린 자녀를 기숙학교로 떠나보내는, 말하자면 가정의 따스한 분위기 밖으로 내몰아 자녀를 보호 시설이나 다름없는 곳에 입소시키는 관행이 있는데,[70] 이는 아이들로부터 이들의 건강한 인격 발달에 필수 불가결한 애정과 애착을 박탈하는 일이다. 이런 학교에서는 무엇보다도 다른 사람의 사적 공간을 존중하는 법을 비롯한 예의범절의 테두리를 익히게 되는데, 이로써 타인과 거리두기는 한층 더 강화된다. 부모로부터의 애정 결핍, 특히 영유아

• 데릭 먼지는 자신의 소설 『추잡한 머리Its Ugly Head』에서 '욕구 불만을 작심한 영국 숙녀의 얼음장 같은 관능미'에 대하여 말하고 있다.(『Its Ugly Head』, New York: Simon & Schuster, 1960, p. 38).—저자 주

기에 촉각 자극 형태로 제공되는 애정의 결핍은, 상류층을 비롯해 종종 중산층 영국인에게서도 보이는 냉정한 태도, 무감정해 보이는 성격의 주된 원인 가운데 하나다. 영국인들의 이 같은 성격에 대해서는 E. M. 포스터가 남긴 말이 크게 참고가 된다.

> 사람들은 동양의 신비를 말하지만, 신비롭기로는 서양도 마찬가지다. 언뜻 보아서는 드러나지 않는 깊이가 있다. 우리는 멀리서 바라본 바다를 알고 있다. 멀리서 본 바다는 단색에 평면으로 물고기 등의 생명체들이 담겨 있으리라고는 상상하기 힘들다. 그러나 배 가장자리 너머에서 망망대해를 들여다본다면, 우리는 십수 가지 빛깔과 헤아릴 길 없는 깊이, 그 속에서 헤엄치는 물고기 떼를 확인할 수 있다. 이 바다가 바로 영국인의 성격이다. 겉보기에는 기막히게 한결같은 차분함. 여기서 깊이와 색채는 영국인의 낭만주의, 영국인의 감성으로, 영국인에게서 이런 것들을 기대할 수는 없다 해도 실제 존재한다. 또한 내 비유를 이어가자면, 물고기 떼는 영국인의 감정으로, 늘 수면으로 떠오르고자 애쓰지만 도무지 방법을 모르고 있다. 대부분의 경우 우리 눈에는 이러한 감정들이 내면 깊숙이에서 뒤틀린 채 아른거릴 뿐이다. 이따금 이것들이 떠오르는 데 성공하면 우리는 외치고 만다. '어머나, 영국인에게도 감정이 있다! 그도 정말 느낄 수 있어!' 그리고 가끔은 이 아름다운 생물체, 이 비상하는 물고기가 물을 박차고 나와 대기를 뚫고 햇살 속으로 솟구치는 광경을 보게 된다. 이것은 수면 밑에서 나날이 벌어지는 삶의 한 표본이다. 소금에 절어 살아가기 어려운 이 바닷속에 미와 정서가 존재한다는 하나의 증거다.

더글러스 서덜랜드는 자신의 책 『영국 신사The English Gentleman』에서 이러한 상황을 한층 더 적나라하게 서술한다. 그는 말한다. 신사는 자기 아내를 친절한 후원자의 눈으로, 자녀는 조건적 애정을 담아 바라본다. "깊디깊은 애정도 있으나, 그것은 신사의 개들 몫이다." 그리고 더글러스 또한 제대로 짚어냈다시피, 감정 문제만큼은 모든 계층에 해당된다.[71]

영국 작가 프랜시스 파트리지는 '양심적으로 억제된 부모의 애정 표현', 애정을 엄격히 감추던 자기 엄마의 행동에 대해 쓰면서, 그럼에도 그녀는 엄마가 따스하고 감정적인 성격이라 믿었다고 했다. 프랜시스의 엄마는 그녀가 어린아이일 땐 정겹게 안아주었으나 프랜시스가 커가던 어느 순간 박정하게 돌변해 기숙학교에서 돌아온 반가워야 마땅할 딸의 볼에 가벼운 입맞춤조차 해주지 않았다.[72]

제인 오스틴은 1816년 자신의 소설 『에마Emma』에서, 1년 만에 이루어진 나이틀리 형제의 상봉을 묘사하면서, 실제로는 아끼면서도 겉으로는 무심하게 구는 영국 중산층 남성의 태도에 대하여 짚고 넘어간 바 있다. "별일 없죠, 조지?" "존, 잘 지내나?" 작가는 지적한다. 이 둘은 "영 무심하게 보이는 냉정의 이면에, 필요하다면 서로의 안녕을 위해 뭐든 하도록 만들 진정한 애착을 감추어 진정한 영국인다움을 구현하는 데 성공했다".[73]

영국 소설가 서머싯 몸은, 여덟 살에 어머니를 여의고 2년 후 아버지마저 여윈 뒤 나이 든 성직자인 삼촌 내외와 살도록 보내졌고, 그 뒤 이어진 어린 시절은 불가촉천민의 삶이나 다름없었다. 결국 그는 누가 제 몸에 손대는 걸 싫어하는 자기중심적 동성애자로 성장했고, 손님을 맞을 때도 "팔을 뻗어 환영한 뒤 이내 옆구리로 떨궈 접촉을 피하곤" 했다. 확신컨대, 내뻗은 팔은 사랑하고 싶은 욕망의 증거요, 옆구리로 떨군 행동은 그럴 수 없는 무능력에 대한 비극적 증명

인 셈이다.[74]

이 밖에 상류층 및 중산층 영국인의 냉정을 보여주는 흥미로운 예로는, 윈스턴 처칠, 앤서니 이든의 아버지 윌리엄 이든, 영국 소설가 휴 월폴을 비롯해 『슈롭셔의 젊은이Shropshire Lad』의 A. E. 하우스먼, 「아라비아의 로렌스」의 T. E. 로렌스를 들 수 있다.[75, 76] 한편, 구제받지 못한 냉정의 미국 측 대표로는 윌리엄 랜돌프 허스트가 있으니, 그의 삶은 오슨 웰스 감독의 영화 「시민 케인」에 여실히 드러나 있다.[77] 사랑받지 못한 아이의 개인사를 그린 또 한 권의 사례집으로 피해자 자신인 영국 신문기자 세실 킹의 작품도 있다.[78] 이 개인들은 알려지지 않은 피해자의 대표 격이며, 어린 시절 사랑에 굶주린 결과 애정 문제에서 어떻게 처신할지 몰라 고통당해왔다는 점에서 모두 엇비슷하다. 이 같은 사례는 일단의 미국 엄마를 대상으로 한 클레이의 연구 결과를 볼 때 또한 흥미로워진다. 클레이는, 촉각 애정의 정의를 사랑을 전달하기 위한 접촉 행동이라고 할 때 미국에서는 상류층 엄마들이 노동층 및 중산층 엄마들보다 영유아에게 촉각 애정을 얼마간 더 쏟았다고 밝혔기 때문이다.

유럽 대륙인들의 촉각 교환 습성에 대한 영국 상류층의 태도는 영국 노동층에게도 배어 있다. 예를 들어, 런던의 남성 전용 코뮌들 틈에 거주하며 대부분 남성으로 이루어진 파키스탄 이민자 공동체의 정다운 행동은 이들을 바라보는 영국인 노동자들에게 역겹게 느껴진다. "저자들은 정상이 아니에요." 어느 부두꾼의 말이다. "굳이 말하라면 동성애자 천지라고 할까요, 서로 손잡은 꼴을 보세요."[79, 80]

미국인들이 아기를 목욕시킨다고 하면, 으레 아기에게 가하는 촉각 자극 정도가 증가된 상황이 예상되겠지만 꼭 그렇지만은 않다. 마거릿 미드의 지적에 따르면, 미국 아기들은 욕조에 들여놓은 장난감들에 정신이 팔려서 엄마와의 개인적 관계에는 무심해지고 있다. 아기의 관심이 사람이 아닌 물건에 집중되는 것이다. 미드도 말했듯 "미국 평균 여성의 경우 자신의 아기를 돌보게 되기 전까지는 갓난 아기를 안는 일이 전혀 없을 수 있으며, 엄마가 되어서조차 하는 행동을 보면 손대면 으스러질세라 아기에 대해 여전히 전전긍긍한다고 여겨질 정도다. 뉴기니와 발리에서는 반대로, 아기에 관해서라면 환히 꿰고 있다. 어린 아기는 네 살배기 어린이가 돌보며 돌보는 몸짓마다 익숙함이 배어난다".[81]

조부모, 고모와 삼촌, 사촌과 그 외 친척들이 아이들에게 종류나 양 면에서 엄청난 촉각 자극을 주곤 했던 확대가족 시대가 지나가면서, 이런 종류의 경험은 이제 전적으로 애정 표현이 박하다시피 한 엄마의 손에 달려 있다. 클레이는 나무 밑에 앉아 있는 어느 할머니 옆에 손자 한 명이 플라스틱 캐리어에 싸여 있던 광경을 전한다. "할머니는 아기를 안아올리고 싶고 아기도 그러기를 바라는데 애 어미가 아들이 홀로 지내는 법을 배워야 한다고 했다며, 다소 서글프게 말했다."[82]

계급에 따른 접촉 차이를 들여다보면 드러나는 바가 많다. 일반적으로는 이렇게 보인다. 상위 계급일수록 접촉 빈도가 낮고, 하위 계급일수록 접촉 빈도가 높다. 계급 간 접촉에서는, 상위 계급은 하위 계급을 만질 수 있어도, 하위 계급은 상위 계급을 만져서는 안 된다. 힌두교의 카스트 같은 계급을 비롯해 지위 차이에서도 똑같은 규칙이 적용된다. 인도의 불가촉천민을 떠올리면 된다. 같은 계급이라도, 누군가는 직업 계층이나 등급, 맡은 역할에 따라 지위가 더 높을 수 있는데, 지위가 높다는 사실만으로도 대개 낮은 지위의 사람이 자신을 건드리지 못하게 하는 데 충분하다. 낸시 헨리의 견해처럼 접촉이란, 언어로 치면 다른 사람에게 다짜고짜 반말하는 행위와 같다. 높은 계급이나 지위에 있는 사람은 낮은 계급이나 지위에 있는 사람에게 하대할 수 있는 만큼 그를 만질 수도 있으며, 동시에 지위가 낮은 사람에게는 그러지 말라고 당당히 요구할 수도 있는 법이다. 실제로, 예의에 어긋난다고 여겨지는 짓 가운데 최악의 유형은 웬 발칙한 인간이 겁도 없이 이 둘 중 하나라도 어기는 것이다.[83]

무턱대고 반말을 쓰는 행위와 마찬가지로, 접촉은 친밀한 행위, 곧 자기와 다름없는 높은 계층이나 지위에 속해 있어 하층민 배제에 소용되는 사회적 장벽에 구애받지 않을 수 있는 사람들에게만 허용되는 특권으로 보통 간주된다. 같은 계급이나 지위에 있는 사람끼리는, 상대에게 반말을 사용하거나 혹은 만지는 행위가 막역한 관계를 수립하는 데 사용될 수 있다. 또한 이 같은 접근에 대한 수용이나 거절은 즉각적 반응으로 표현될 것이다.

그럼에도 접촉은, 반말을 쓰는 행위보다도 사회적 거리를 훨씬 더 좁힘으로써 흔히 친밀함의 선언으로 여겨진다. 바로 이 때문에, 접촉은 종종 개인의 사적 공간에 대한 갑작스런 침입으로 간주되어 상대를 분노케 하는 역할을 한다. 한 술 더 떠 제아무리 친밀한 사이라 하더라도, 돌발적이거나 불필요한 접촉은 성가시거나 받아들일 수 없는 행위로 치부될 수도 있다.

또한 분명한 사실은 사회적 만남에서 접촉이 자기 이익만을 위해 일방적으로 또는 동등한 두 개체 사이에 호혜적으로 행사되는 힘의 징표로 여겨진다는 것이다. 서구사회의 경우 영유아기부터 벌써 여성이 받는 접촉량이 남성을 월등히 앞서는 현상 또한 권력 구조상 여성이 남성에 비해 열등하다고 간주되어 마치 하위 계층이나 계급에 속하는 것처럼 다뤄지기 때문이다. 같은 영유아기에 있더라도, 엄마든 아빠든 아들보다는 딸을 더 자주 만지며, 주러드와 루빈의 가족 연구[84]에 따르면, 엄마 아빠를 더 많이 만지는 자식도 아들이 아닌 딸이다. 주러드와 루빈의 또 다른 연구에서는, 아빠보다는 엄마가 아들을 더 많이 만지고 엄마보다는 아빠가 딸을 더 많이 만지며, 아들보다는 딸이 아빠를 더 많이 만지고 딸보다는 아들이 엄마를 더 많이 만진다고 밝혀졌다. 결국, 가족 내에서 남성끼리의 접촉은 여성과 남성 간의 접촉보다 덜 빈번하다. 또한 접촉하는 신체 부위에서도 엄마와 아빠 모두 아들보다는 딸의 몸을 더 여러 군데 만지며, 마찬가지로 아들보다는 딸이 엄마 아빠 몸을 더 여러 군데 만지는 것으로 나타났다. 두 연구자는 또한 친구와의 접촉에서도 남자는 절친한 남성 친구보다 절친한 여성 친구의 몸을 더 여러 군데 만지는데, 아무리 절친하더라도 여자는 이처럼 여자보다 남자를 더 만지지는 않는다고도 밝혔다.[85]

주러드와 루빈은 의식적이든 무의식에 가깝든 접촉에는 성적인 의도가 깔려 있다고 믿는다. 늘 그렇지는 않으나 대개의 경우 타당한 주장일 수 있다. 낸시 헨리의 보고에 따르면, 그녀의 남자 연구조원이 수행한 어느 연구 결과, 평범한 상황에서는 남자가 여자를 만지는 빈도가 여자가 남자를 만지는 빈도를 넘어선다고 밝혀졌다. 헨리는 남녀 사이에서 접촉 빈도를 결정짓는 요인은 성별이 아닌 지위로, 남자들에게 접촉이란 여자를 자신들의 영역 안에 두려는 수단의 하나, 즉 "여자의 몸은 누구든 사용할 수 있는 공유재임을 상기시키는 또 하나의 수단"이라고 결론 내린다. 따라서 여성은 남성의 이러한 독단적 접촉을 받아줘서는 안 되며 "남자가 여자 손을 지나치게 오래 꽉 쥐고 있다면, 여자는 남자의 손아귀를 벗어나" 청하지도 원하지도 않은 접촉에 대한 거부의 뜻을 나타내야 하며, 이것은 접촉 주도권을

여자가 잡기 시작해야 마땅한 상황에서도 똑같이 적용된다는 것이 헨리의 생각이다.[86]

성性 및 접촉의 정치에서 남성 대부분이 여전히 보수당 토리의 당원이라면, 여성은 좀더 본질에 접근해 사물의 근원을 파악하는, 한층 더 급진적인 노선을 취할 의무가 있다.

촉각 자극과 수면

아나 프로이트의 지적에 따르면 "잠드는 동안 다른 사람의 신체와 밀접해 온기를 느끼는 일은 아이의 원초적 욕구건만, 온갖 위생 규칙에서는 아이가 홀로 자야지 부모와 잠자리를 같이해서는 안 된다고 명하며 이에 반대하고 있다". 그녀는 또한 덧붙인다. "우리 서구 문화에서는 자기를 돌봐주는 성인이 한결같이 곁에 있기를 바라는 영유아의 욕구가 무시되고 있는 데다, 어린아이는 혼자 자고, 쉬고, 나중에는 놀기도 혼자 해야 건강해진다는 오해마저 가세해 아이들을 오랜 시간 외로움에 시달리게 하고 있다. 자연스런 욕구를 이처럼 도외시한다면 욕구 충족 및 충동 처리 과정이 순조롭게 진행되는 데 처음부터 제동이 걸린다. 그리고 엄마들은 아기가 피곤해하면서도 밤에 잠들기 어려워하거나 밤새 깨어 있다며 조언을 구하는 지경에 이른다."[87]

서구 문화에서는, 아이는 엄마한테 옆에 누워 있게 해달라거나 적어도 자신이 잠들 때까지만 곁에 머물러달라며 애걸하고 엄마는 그러는 족족 아이를 좌절시키곤 하는 상황이 수시로 벌어진다. 아이 침대에서 들리는 끝없는 외침, 다시 말해 엄마보고 곁에 있어달라는,

문을 열어두거나, 물을 달라거나, 불을 켜놓으라거나, 이불을 잘 덮어 달라는 등의 요구는 모두 일차적 대상인 엄마와 든든히 연결되고 싶은 아이의 욕구를 반영한다. 폭 안기는 인형, 아이가 잠자리에 데려갈 수 있는 애완동물, 담요처럼 보드라운 소재 등 아이가 유독 애착하는 대상들을 비롯해 엄지손가락 빨기, 제 몸 흔들기, 자위 같은 자기성애 활동은, 각성에서 수면으로의 이전을 촉진하려는 아이 나름의 방편인 셈이다. 아이가 이러한 대상들마저 포기해야 한다면, 불면증은 새로운 국면으로 나아갈 수도 있다.

그런 면에서 주디스 조빈의 말은 설득력 있다.

> 많은 미국 아이에게, 매일 밤은 9시면 찾아오는 극도의 외로움과 마주하는 시간이다. 행복과 사랑의 원천이던 가족은 돌연 건드릴 수 없는 존재로 뒤바뀐다. 어린 자녀를 기다리는 건 도널드덕 침대보로 말쑥이 정리된 그의 고독한 침대다. 짧은 입맞춤과 경고의 시선('엄마 아빠 힘들게 하지 마')이 있은 뒤 부모는 눈을 돌리는데, 외로운 밤을 마주하러 자리를 뜨는 아이의 가냘픈 뒷모습도 슬프지만 몇 차례 이어지는 한숨은 더더욱 안쓰럽기 때문이다. 아이의 작디작은 뼈대는 배신감에 파르르 떨리고, 계단 발치에 이르면 아이가 엄마 아빠에게 뒤돌아 던지는 마지막 애원의 시선이 만드는 끔찍한 순간이 기다리고 있다.

도널드덕 침대보는 부모의 포근한 체온을 대신하지 못할 뿐만 아니라, 이런 경험이 있는 사람이라면 누구나 알다시피 밤마다 엄습하는 상실감이 아이에게는 부모가 자기를 내버렸다는 불가해한 배신감으로 다가오며, 아이는 이러한 일이 세상의 이치에는 합당해 보인다는 마찬가지로 불가해한 모순감에 사로잡힌다.

세상에는 가족끼리, 특히 아이와 부모가 같이 자는 경우가 많고 이런 사람들에게 가족 공동 취침은 평범한 일상사다. 이것은 같이 자는 식구 누구에게나 여러모로 득이 되는 관행이다. 아이들이 부모나 형제의 침대에서 같이 잘 수도 있다. 같이 자는 방법이야 가정 사정에 맞춰 조정할 수 있는 문제다. 타인 테브닌은 이 주제를 두고 『가족 침대The Family Bed』라는 책을 썼는데, 여기서 그녀는 가족 공동 취침의 당위성을 뒷받침하는 막강한 논거를 제시한다.[89]

생후 첫해를 가족 침대에서 보낸 아이들은 긴밀하게 결속된 가족이라는 존재와 한층 더 끈끈한 유대로 결합되고, 더 개운하게 깨어나고 더 깊이 잠들며, 안아주고 싶도록 더욱더 사랑스러워지고, 자극에 대한 반응성 또한 향상된다. 형제끼리 같이 자면, 경쟁심도, 사소한 일로 인한 말다툼도 줄어든다. 토빈은 말한다. "가족끼리 같이 자는 사람들과 이야기를 나눠보면, 이들의 몸짓은 그 어떤 글보다도 더 감성적이다. 아기 같은 표정을 짓기도, 목청을 한 옥타브 높이기도, 자기 몸을 살짝 감싸 안기도 한다." 굳이 말하지 않더라도 이 같은 모습은 신체 접촉이 이 사람들에게 얼마나 지대한 영향을 끼쳤는지를 증언하고도 남는다.

아기가 잠들기 위해 친밀한 접촉을 욕구하게 되는 시기는 생후 2년째다. 이 또래 아이에게는 반드시 충족되어야 하는 욕구라는 뜻이다. 아이의 행복에 관심을 쏟는 엄마나 아빠라면 밤에 아이를 데리고 자는 일을 두고 고민해서는 안 되는 셈이다. 이러한 취침 방식은 대개 생후 2년에서 3년 사이에만 필수적이다. 그나마도 아이가 잠들 때까지만 곁에 있어줘도 된다. 물론 이 분야에 대한 연구가 더 이뤄져서 아이의 잠자리를 지켜주는 데 할애해야 하는 시간이 더 짧아도 된다거나 아예 불필요하다는 등의 결과가 나올 가능성도 충분하다. 뉴질랜드 크라이스트처치부모센터 회원들은 이와 관련해 새로운 가능성을 열어놓았다. 이곳 여성 회원들은 아기를 보드랍고 폭신폭신한 새끼양의 털가죽에 누이면 좋을지도 모른다는, 어쩌면 성인 환자들이 환자용 양털가죽에서 느끼는 것과 똑같은 종류의 편안함을 느낄지도 모른다는 생각에 관심이 갔다. 새끼양가죽은 무두질이 특히 잘 되어 있다.

요컨대, 새끼양의 털가죽을 깔아준 아기들은 모유 수유 뒤 내려놓기도 한결 수월한 듯하고, 살갗이 뽀송뽀송하게 유지되는 데다, 행여 젖더라도 체온은 여전히 따스하다. 이 아기들은 보채는 것도 덜하며, 깨어 있으면서도 이목을 끄는 일 없이 한 시간 동안 만족스럽게 누워 있을 수 있다. 이 털가죽은 '배를 깔고' 잘 경우 코를 파묻고 비비대지 않을 수 없게 만들뿐더러, 얼굴이며 손으로 양털을 탐구하도록 부추기기도 한다. 그런다고 질식할 가능성은 거의 없는데, 털 사이사이로 통기가 아주 잘 되기 때문이다.

영유아는 물론 조산아도 새끼양의 털가죽에 누이면 훨씬 잘 지낸다는 사실을 증명한 연구도 여럿 있다. 새끼양가죽을 깔아준 조산아는 체중이 현저히 늘며, 체열 손실 또한 적어지고, 산소 소비량을 비롯해 칭얼거림도 줄어든다. 새끼양의 털가죽이 아마포에 누이면서 찰과상을 입기도 하는 조산아의 여린 피부를 보호해주며, 머리에 가해지는 압력도 감소시킨다는 사실 또한 주목받았다.•[90] 장애아 특히 뇌성마비 아이를 둔 엄마들은 새끼양의 털가죽을 깔아줬더니 아기가 전에 없이 편안해 보인다고 열변을 토한다. 이처럼 새끼양가죽으로 된 잠자리를 펴주면 아기들이 잠드느라고 애먹는 일이 줄어들 가

• 조산아나 영유아에게 인조 양털가죽을 사용해서는 안 된다. 인조 양털가죽은 올이 잘 풀리곤 해서 아기가 이를 삼켜 호흡 곤란이 일어날 수도 있다.—저자 주

능성이 다분하다. 시험해볼 만한 방법이다.

새끼양의 털가죽에 대한 보고를 더 살펴보면, 새끼양가죽이라고 해서 다 괜찮지는 않다는 사실을 알 수 있다. 최상의 가죽이라 함은 일단 면적이 넓고, 질 좋은 품종인 코리데일이나 메리노 양모 또는 사우스다운과 롬니 종의 교배로 나온 양의 털가죽처럼 모질이 치밀한 것을 말한다. 최상급 양털가죽으로 예비 실험을 해본 결과, 양털가죽을 깔아준 아기들은 종래의 침대보나 요에서보다 더 오래 잤다. 양털가죽을 치우자, 아기들은 어김없이 부스럭댔다.[91]

1976년 1월 오타와대에서 진행된 나의 강의 뒤, 어느 정신과 의사는 나에게 자신 또한 환자들을 새끼양 털가죽 깔개에서 잠자도록 처방해 큰 성공을 거뒀다고 일러주었다.[92]

담요 등 아기가 매달리는 물건들을 살펴보면 애착 유발 요인이 다름 아닌 이것들의 포근한 감촉이라는 데 다시금 주목하게 된다. 이런 물건이 아기에게 안정감을 주어 엄마 대신으로 작용한다는 일반적 믿음은 실험과 관찰으로부터 나왔다. 리처드 패스먼과 폴 와이스버그 두 박사는 취학 전 아이에게 평소 애착하는 담요를 주면, 자기가 좋아하지만 딱딱한 장난감이나 생소한 물건을 주었을 때보다 더 태평한 모습을 보이고, 놀이나 탐구활동도 더 활발해진다고 밝혔다. 엄마와 같은 방에 있으면, 엄마의 존재가 이런 촉진 작용, 곧 담요와 비슷한 역할을 했다. 담요에 애착하지 않는 아이들에게는 담요가 어떤 기능도 발휘하지 못해서, 익숙한 물건이라곤 제공되지 않은 통제 집단 아이들과 마찬가지 행동을 보였다. 학습 효과에서도 비슷한 결과가 나왔다.[93]

패스먼의 세 번째 연구[94]에서는 아이가 애착하는 담요의 기능에 한계가 있다고 밝혀졌다. 아이의 흥분이 고조된 상태라면, 놀이 및 탐구활동을 증진하고 압박감을 감소시키는 데 담요보다는 엄마가 훨씬 더 효과적이다.[95] 사실 엄마와 맺는 애착관계의 상대적 잠재력은 담요에 비할 바가 아니다. 윌리엄 메이슨 박사의 이론을 보면, 매달리기 같은 애착 행동을 유발하는 자극원일수록 흥분을 감소시킨다고 되어 있다. 다시 말해, 딱딱한 장난감보다는 담요에, 담요보다는 엄마에게 더 매달리고 싶은 법이다.[96]

중산층 아이 가운데 절반 가까이가, 담요로 대표되는 무생물을 비롯해 애완동물에 이르기까지 잠자리든 어디든 데리고 다닐 수 있는 대상에 애착하는 모습만 보더라도, 아이에게 이러한 애착 욕구가 얼마나 중요한지 인정해야 마땅하다. 아이가 애착하는 담요는, 무엇보다 불안감을 막아주는 방패이며, 내부세계에서 외부 현실세계로의 전이를 도와주는 매체다.[97] 이는 이 주제와 관련된 가장 유명한 이야기에도 나온다.

> (…) 그렇게 어디를 가든, 늘 곰돌이 푸가 있어,
> 늘 푸랑 내가 있어.
> "너 없이
> 내가 뭘 할 수 있겠어?" 푸에게 말하자,
> 푸는 답했어. "맞아, 혼자서는 별 재미없지만
> 둘이면 찰싹 붙어다닐 수 있잖아" 푸는 말한다, 말하는 곰돌이,
> "그래서 그런 거야" 푸는 말한다……
>
> – A. A. 밀른, 「이제 우린 여섯 살Now We Are Six」

익히 알려졌듯, 사랑하는 대상에 대한 집착은 대부분 성인이 되어서까지 죽 이어진다. 오늘날 숱한 증거가 말해주듯, 이런 대상이

있다면 많은 경우 삶은 한층 더 풍요로워질 것이다.

아이가 애착하는 물건은, 그것이 담요든 무엇이든지 간에 위안의 방편이자 매개체, 다시 말해 마음을 달래주는 존재인 엄마가 일시적으로 부재할 때 이를 대신하는 전이 대상임이 분명하다. 폴 호턴 박사는 이 같은 위안의 매개체들이 필수 불가결하다는 주장을 뒷받침할 강력한 근거를 제시하며, 사실 건강한 일생에서 위안의 대상은 갈수록 중요해진다고 했다. 성숙해짐에 따라 형태는 바뀔 수 있다. 그것은 음악이나 종교 사상, 혹은 요트가 될 수도 있고, 곰돌이의 자리는 심지어 정신과 의사가 차지할 수도 있다. 호턴은 이러한 전이 대상과 관계를 맺을 수 없는 성인은, 다른 무엇보다도 결국 적대적 충동의 바람직한 배출구를 잃고 만다고 주장한다.[98]

애완동물과의 관계에서 주목할 만한 사실은, 어떤 이유에서든 사람들과의 접촉이 어렵다고 느끼는 이들은 흔히 자신들의 접촉 욕구를 애완동물과의 관계를 통해 충족한다는 것이다. 애완동물을 뜻하는 'pet'이란 단어 자체의 동사형 뜻 중엔 '쓰다듬거나 정답게 토닥이다, 애무하다, 어루만지다', 구어체로는 '사랑을 나누며 입맞춤하다, 포옹하다, 성적으로 어루만지다'가 있다고 주장한다.[99]

동물과 맺는 관계가 중요하다는 인식하에 보리스 M. 레빈슨 박사는 아동에 대한 동물 지향 정신 치료법을 개발했는데, 정신장애에 시달리는 아이들의 진단 및 치료에 동물, 그 가운데서도 주로 개를 이용하는 방법이다. 이 주제를 다룬 그의 책에서 논지는 '무생물세계는 물론이고 애완동물을 통한 생물세계와의 접촉이 건전한 정서 발달에 더없이 중요하다'는 것이다.[100]

정서가 얼어붙은 가정, 몸뚱이만 존재할 뿐인 꽉 막힌 인간들 틈에서 애완동물이라는 교감 가능한 존재가 아이의 정신 건강을 지켜줘왔다는 사실은 거의 확실하다. 이런 맥락에서, 오하이오주립대 정신과의 새뮤얼과 엘리자베스 코슨 두 박사 그리고 동료들은 청소년에서 노약자에 이르는 보호 시설 환자들을 대상으로 몇 가지 흥미로운 실험을 실시했다. 실험자들은 종래의 치료법이 듣지 않는 환자들을 추린 뒤, 갖가지 품종의 개를 데려와 이들에게 애완동물로 나눠주었다. 반응은 극적이었다. 환자 50명 가운데 3명은 개를 받아들이기를 거부했으나, 나머지 47명은 열렬히 환영하더니 시작부터 병세가 눈에 띄게 호전되어갔다. 26년 동안 입을 열지 않던 한 남자는 말하기 시작했다.

S. A. 코슨과 동료들 말처럼, 인간이 애완용 개에게 품는 애착은 어쩌면 비판 없는 사랑을 건네는, 마음을 안심시켜주는 무조건적 접촉에 통달한 이 동물의 능력 및 "우리의 보호 본능을 자극할 수도 있는 이들의 순수한 유아적 의존성, 그 한결같은 일관성"과 관련돼 있을지도 모른다. 이들이 말하다시피, 애완동물을 활용한 정신 치료는 인간과 사랑을 주고받지 못하는 환자라도 대부분 개의 사랑은 받아들이리라는 가정에 근거하고 있다.

개와 인간의 접촉 교환은 중요한 '돌파구'지만, 위축된 환자의 재사회화에 중요한 교환은 이뿐만이 아니다. 개의 행복을 염려하며 커져가는 환자의 책임감, 개를 아끼는 마음, 환자가 경험하는 개와 자신의 상호 헌신, 이 모두가 환자로 하여금 세상에 마음을 열어, 자신이 속한 세상에서 관계를 맺고 교류할 인간을 찾을 수 있도록 돕는다.[101]

참으로 흥미롭게도, 자녀를 구타하고 학대하는 부모는 그 자신이 어린 시절 방치되고 학대당한 사람들이며, 어릴 때 애완동물을 기른 경우 또한 드물다.[102]

반려동물은 이 주제를 다루는 학생들이 애완동물을 다르게 부르는 명칭으로, 그 이름에 걸맞게 인간에게 수다한 혜택을 주는데, 사회의 허용 범위 내에서 접촉 욕구를 해소할 수 있게 해준다는 점 또한 그 가운데 하나다. 토닥이고 쓰다듬고 문지르고 긁어주는 형태의 손 접촉은 미국 남자들, 특히 이러한 접촉에 탐닉하기를 꺼려하는 남자들에게 접촉의 즐거움을 누릴 기회가 되어준다.[103]

여러 노인 시설에서는 또한 꼬마 자원봉사자들의 주기적 방문으로 효과를 봐왔다. 어린아이들은 노인들의 정겨운 손길을 선뜻 받아들일뿐더러 이들에게 관심으로 갚아준다. 위축되고 불행한 사람들이 내향성에서 벗어나는 동시에 스스로에 대하여 어느 모로 보나 더 좋은 감정을 품게 되는, 일종의 변태를 치르는 셈이다.

인도 아이의 접촉 경험

인도 대부분의 지역에서 아이들이 받는 촉각 자극은 엄청나며 이는 신생아기부터 시작된다. 생후 1개월에서 6개월 사이의 아기들은 정기적으로 강황 반죽과 피마자 오일 등이 뒤섞인 재료들을 이용해 씻겨지고 마사지를 받는다. 아이들은 예닐곱 살 때까지 벌거벗고 뛰놀며, 누구든지 어린 아기를 보면 품에 안고 뽀뽀해준다.[104]

프레데리크 르부아예는 자신의 책에서 인도의 전통적 아기 마사지 기술에 관해 사진까지 곁들여 상세히 설명한 바 있다. 읽어보면 더할 나위 없이 계몽적인데, 엄마가 마사지해주는 동안 아기 몸에서 엄마의 사랑스런 손길이 미치지 않는 부위는 단 한 군데도 없기 때문이다.[105]

일본 아이의 접촉 경험

윌리엄 코딜 박사와 헬렌 와인스타인은 미국과 일본의 자녀 양육 방식을 비교해 아주 유익한 연구를 실시했다. 연구 대상은 일본과 미국 아기 30명씩으로, 생후 3~4개월 된 남아와 여아가 각각 절반씩 섞여 있었으며, 모두 평범한 도시 중산층 가정의 첫아이였다. 선행 연구들로 미루어 연구자들은, 일본 엄마들이 아기와 더 많은 시간을 보내며, 언어 소통보다는 신체 접촉을 강조하고, 수동적이며 원만한 아기를 이상으로 삼고 있으리라 예상했다. 반면 미국 엄마들은 아기와 보내는 시간이 비교적 짧고, 신체 접촉보다는 언어 소통을 강조하며, 능동적이며 자기주장이 강한 아기를 이상으로 삼고 있을 터였다. 연구 결과, 이 같은 가설들은 일반적으로 타당한 것으로 확인되었으며, 사실 일본 및 미국 문화를 연구하는 다른 학생들의 가설과도 완벽히 일치했다. 코딜과 와인스타인이 밝힌 바로는 "주로 이 나라 엄마들의 각기 다른 소통 양상에 기초한 학습 결과, 생후 3~4개월 무렵이면 아기들은 자기 문화에 맞춰 각각 다르게 처신하며, 아기의 이 같은 행동 차이는 이들이 일본과 미국에서 성장해가면서 장차 선호하게 될 사회관계 양상과도 맥을 같이한다".

일반적으로 인정되는 바에 따르면, 일본인들은 인간관계에서 좀더 '집단' 지향적이고 상호 의존적인 반면, 미국인들은 좀더 '개인' 지향적이고 독립적이다. 미국인들의 비교적 자기주장이 강한 공격적 성향과 대조되는 일본인들의 상대적으로 겸손하고 수동적인 성향 또한 이와 관련돼 있다.

결정을 요하는 문제에서, 일본인들은 감정과 직관에 의존하기 쉬운 반면 미국인들은 자신들의 행동이 합리적 믿음에 근거했다는 사실을 강조하느라 큰 수고도 마다하지 않으려 한다. (…) 일본인들은 인간관계에서 몸짓 및 신체적 근접성을 매개로 한 비언어적 의사소통의 여러 형태를 의식적으로 활용하는 경우가 더 많고 이러한 의사소통에 한층 더 민감하게 반응하나, 미국인들은 대부분 신체와의 분리 상태에서 언어적 의사소통을 활용한다.[106]

우리는 앞서 신생아기부터 함께 자기 시작하는 일본 가족의 수면 습관과 미국 가족의 따로 자는 습관을 대조하면서 이로 인한 두 문화 내 접촉 경험 차를 다룬 바 있다. 이러한 수면 습관보다 어쩌면 더 중요할 수도 있는 것은 일본과 미국의 목욕 관행이다. 일본에서는 가능한 한 어릴 때부터, 말하자면 생후 2개월이 될 무렵부터 가족끼리 모여서 목욕한다. 엄마나 다른 어른은 아기를 품에 안고 집 안의 깊은 욕조(후로風呂)나 근처 공중목욕탕(센토錢湯)에 몸을 담근다. 공동목욕 양상은 아이 성별과 상관없이 열 살이나 심지어 그 이후까지도 이어진다.[107] 이와 반대로, 미국 엄마가 아기를 데리고 같이 목욕하는 경우는 드물어서, 욕조 밖에서 아기를 씻기며 말을 주고받고 아기의 자세를 잡아주는 식으로 소통한다. 일본에서는 여전히 젖병 수유보다는 모유 수유가 한층 더 일반적이어서 생후 첫 달이 끝날 무렵부터 유동식을 먹이기 시작하는 미국의 관행과는 달리, 일본에서는 생후 4개월이 될 때까지는 수유로 일관한다. 의심할 바 없이, 일본 아기는 미국 아기에 비해 심신을 안정시켜주는 촉각 자극을 훨씬 더 많이 받기 때문에, 생후 3~4개월 무렵이면 벌써 두 문화 아기들의 행동이 눈에 띄게 달라져 있다. 코딜과 와인스타인은 자신들의 연구 결과를 다음과 같이 요약한다.

> 미국 아기들은 일본 아기들에 비해 자기 의견을 내세우는 데 기탄없고, 활동적이며, 자신의 몸을 비롯해 물리적 환경을 탐구하는 데도 더 적극적이다. 이러한 결과와 직접적으로 관련돼 있는 현상으로, 미국 엄마는 자녀와 언어적 의사소통에 더 치중하며 아이가 물리적 활동 및 탐구에 좀더 힘을 쏟도록 자극한다. 반대로, 일본 엄마는 아기와의 신체 접촉에 한층 더 치중하며, 아이를 진정시켜 물리적 비활동 및 주변 환경에 대한 수동성을 장려한다. 더불어 이러한 행동 양상의 차이는 두 문화의 아이가 성인이 되어가며 보이는 행태에 그대로 반영되리라 예상된다.[108]

코딜과 와인스타인은, 두 문화의 아기들이 두 살과 여섯 살이 되어 관찰해보면, 어릴 때의 행동 양상이 굳어져 유지되고 있으리라 내다보았다.

더글러스 헤어링은 말한다.

> 관련 문헌에서 강조되고 있지는 않으나 충분히 확인된 무척 인상적인 사실 하나는 일본에서는 엄마나 보모가 아기와 거의 쉴 새 없이 접촉한다는 것이다. 사실상 아기를 홀로 가만히 내버려두는 법이 없다. 늘 누군가의 등에 업혀 있거나 누군가와 달라붙어 잔다. 아기가 뒤척이면, 보호자는 아기를 얼러주거나 양발을 잡고 흔들어준다. 이렇게 흔들어대다니 아기에게는 끔찍한 경험이리라. 이렇게 보는 저자들도 있다……. 나 자신의 두서없는 관찰로는, 일본인들 자신은 이러한 조치가 아기를 달래준다고 여긴다. 좌우지간 아기들은 거의 내내 인간의

피부를 통해 안정감을 느끼고 있는 셈이다. 아기가 울면 젖을 물리고, 하류층 가정이라면 아기가 잠들 때까지 생식기를 만지작거려준다. 비교적 학력 수준이 높은 일본인들이라면 대부분 후자에는 반기를 들지만, 이들이 고용하는 보모들은 상류층의 세련된 관행보다는 민습에 더 통달해 있게 마련이다.

그러다 걸어다니면 아이의 생활은 철저하게 달라져서 시간의 대부분을 홀로 보내며 다른 사람을 만지면 안 된다는 암묵적 금기를 지키는 법을 익히게 된다.

헤어링이 지적하다시피, 영유아기 타인과의 접촉에 의존하던 기본적 습관이 느닷없이 깨짐으로써 아이는 좌절감을 느끼며, 좌절된 욕구는 관심을 자아내려는 정서 행동으로 귀결된다. 일본 소년의 경우, 이는 짜증의 형태로 나타나는데, 짜증의 표현은 그러나 언어적으로든 물리적으로든 엄마의 신체를 겨냥할 수는 있어도 아빠를 대상으로 삼지는 못한다. 소녀들에게 짜증이란 표현해서는 안 되는 철저한 금기다. 엄격히 규정된 일본인의 삶이라는 상황에서, 어린 시절 동물에 대한 폭력이나 소년의 엄마를 향한 폭력을 통한, 어쩌면 알코올 중독을 통한 배출을 제외한다면, 이러한 좌절감의 영향은 표현할 길이 막혀 있다. 소녀들은 좌절감의 표현을 자제하는 것이 마땅하다고 여겨진다.

어린 시절 겪은 좌절감에 대한 미루고 미룬 복수가 무의식적 동기 부여 요인으로 작용하여, 자살을 유발하거나 약소국을 침략해 고문을 자행하는 잔혹성의 분출이 실현되는 것일 수도 있다. 남성이라면 이러한 잔혹성의 분출은 사회적 승인을 얻는다. 여성들의 경우 히스테리

(영어 단어 hysteria에서 유래했으며 보통 여자색정증을 일컫는다)라 불리는 흔한 신경 질환을 이러한 좌절감의 결과로 간주할 수 있다고 여기지 않는다면, 분명 자제력을 쥐어짜며 살아가는 셈이다.

접촉, 특히 아기의 외부생식기를 조작해 심신을 이완시켜주던 일의 돌연한 중단은 청소년 및 성인 남성이 자기 자신을 비롯해 타인의 몸에 반응하는 행태와 관련돼 있음이 틀림없다. 영유아기에 그처럼 넘치는 관심을 받던 모든 내장 기능이, 나이 든 일본 남성에게서는 이제 좌절감을 상징하게 된다. 설령 자랑삼을 기회가 찾아올지 모른다 하더라도, 성기능은 역겨운 것으로 치부된다. "내면에서 벌어지는 무의식적 갈등으로 인해, 성장 중인 소년에게 성이란 억눌린 공격성과 지배를 향한 갈망의 상징일 뿐이다. 성과 관련된 행동에서는 가학적 폭력이 엿보인다. 일본 남학생들의 과격한 외설, 동성애, 아내 멸시, 무력한 적의 성기 훼손 따위는 어쩌면 모두 이 해소되지 못한 갈등에서 비롯되었을 수도 있다."

이 같은 사회화과정 및 이에 따른 반응 행동은 제2차 세계대전 이전의 일본을 특징짓는다지만, 정도의 차이는 있을망정 오늘날 일본사회 대부분에도 여전히 해당된다.•

• 제2차 세계대전 이전의 일본과 관련한 참고문헌: 앨리스 베이컨, 『일본 소녀와 여성Japanese Girls and Women』(Boston: Houghton Mifflin, 1902); 고이즈미 아쿠모, 『일본: 해석 시도Japan: An Attempt at Interpretation 』(New York: Macmillan, 1904); R. F. 베네딕트, 『국화菊花와 검The Chrysanthemum and the Sword』(Boston: Houghton Mifflin, 1946); B. S. 실버맨(편찬), 『일본인의 성격과 문화Japanese Character and Culture』(Tucson: University of Arizona Press, 1962); G. 드보 및 H. 와가추마, 『일본 속 보이지 않는 인종: 인격 계급 및 문화Japan's Invisible Race: Caste and Culture in Personality』(Berkeley: University of California Press, 1966); R. J. 스미스 및 R. K. 비어즐리, 『일본 문화: 발달 및 특징Japanese Culture: Its Development and Characteristics』(New York: Viking Fund Publications in Anthropology, vol. 34, 1962); E. O. 라이샤워, 『일본인The Japanese』(Cambridge, Mass.: Harvard University Press, 1977).—저자 주

일본 및 미국 아기가 겪는 촉각 자극이 각각 달라 이들의 행동 발달 또한 무척 다른 양상을 띠게 된다는 사실은 극명하다. 야기된 행동 차이의 구체적 양상은 지금껏 인용한 연구들에 벌써 제시된 바 있다.[109]

민족 및 문화, 계층별 접촉 성향 차이

민족 및 문화에 따른 접촉성 차이는 중상류층 영국인에게서와 같은 절대적 비접촉성에서부터, 라틴계 언어 사용 민족과 러시아인, 많은 비문명사회의 종족에게서 보이는 거의 충분한 표현에 이르기까지 전 범위에 걸쳐 있다. 앵글로색슨계 언어를 사용하는 민족은 접촉성 연속체상에서 라틴계 민족과 대척점에 자리하는 셈이다. 이 연속체에서, 스칸디나비아인은 중간 지점을 차지한다. 지금 여기서 전 세계 민족들 간의 접촉 편차를 두고 미적분을 논하자는 뜻은 아니다. 그 정도 논의에 필요한 정보를 구할 수도 없다. 이런 식의 접근이라면 북미 일정 지역 사람이라는 적은 표본으로 실시한 클레이의 연구가 유일하다. 그럼에도, 일반적 관찰 결과 오늘날 여러 민족은 접촉성 면에서 서로 뚜렷한 차이를 보이는 만큼, 이로부터 몇 가지 확실한 결론을 도출해낼 수도 있다.

접촉 행위에는 문화와 민족별 차이뿐만 아니라 계층별 차이도 존재한다. 앞서 언급했다시피, 접촉성은 대개 상류층으로 갈수록 낮아지며 하류층으로 갈수록 높아지는 양상을 보인다. 이미 살펴본 대로, 클레이가 미국인을 표본으로 진행한 연구 결과는 이와 달라서, 그녀의 연구에서 미국인들은 상류층 엄마가 하류층 엄마보다 접촉을 좀더 편하게 여기는 모습이었다. 흑인 및 기타 '소수' 집단으로 대표되는 예외들을 뺀다면, 이러한 결과는 미국 인구 전체로 일반화할 수도 있을 것이다. 한편 유럽의, 특히 영국에서 상류층이란 계급은 대물림되기도 쉽고 그럼으로써 고유의 관행이 생활 방식에 오래 뿌리박혀 있기 마련인 반면, 미국에서는 사회적 유동성이 무척 높아서 아래에서 위로의 계층 간 이동은 단 한 세대 만에 이루어질 수도 있다. 더욱이 2세대에 속한 부모는 앞선 세대가 도달한 계급뿐 아니라 자녀 양육과 같은 중요한 문제에 대한 생각에서도 자신들의 부모보다 이동이 훨씬 더 자유롭다. 따라서 미국에서 상류층 신세대는 그 외 계층보다 자녀에 대한 관심의 표현이 한층 더 합리적 양상을 띨 수 있다. 클레이의 표본을 어떻게 해석하든, 속한 계층 및 접촉성 간의 상관관계는 아주 밀접하다고 볼 수밖에 없으며 원인은 주로 어릴 때의 조건화 경험에 있는 듯하다.

영국 상류사회에서 부모와 자녀 사이의 거리감은 예나 지금이나 요람에서 무덤까지 한결같다. 과거에는 아이가 태어나면 대개 유모나 보모가 데려가서, 짧은 기간 유모의 젖을 물리거나 젖병 수유를 했다. 아이들은 보통 여성 가정교사에게 양육되다가 어린 나이에 기숙학교에 입학했다. 접촉 경험이 최소한에 머물렀다는 뜻이다. 이런 조건이었으니, 어쩌다가 비접촉성이 삶의 일부로 쉽게 제도화될 수 있었는지를 이해하기란 어렵지 않다. 제대로 교육받은 사람이라면 동의 없이 상대방을 만지는 일이란 있을 수 없었다. 행여 다른 사람과 옷깃이라도 스칠라치면, 그 사람이 부모나 형제더라도 사과해야 마땅했다. 아주 흔히 결부되는 어린 시절의 애정 결핍과 최소한의 촉각 자극, 여기에 사립학교public school(영국에서는 사립학교를 public school이라 부르는데 대중public은 입학할 수 없다는 뜻이다) 경험까지 가세하여, 정서가 적잖이 메말라 따스한 인간관계를 맺기가 무척 어려운 인간을 생산해냈다. 이런 인간들이 결국 형편없는 남편, 재앙이나 다름없는 아빠, 대영제국의 능률적 총독이 되었는데, 이들이 능률적이었던 까닭은 인간의 참된 욕구를 이해하는 데에는 영 무능하다시피 했기 때문이다.

내가 아는 한, 상류층 인사가 지은 책 가운데 이러한 실태의 본질을 눈곱만큼이라도 꿰뚫고 있는 것은 단 한 권도 없다. 이 주제를 다룬 책 몇 권은 모두 중산층 일원이 저자다.• 중산층 사람이라고 해서 상류층 사람보다 접촉을 통한 애정의 필요성을 더 느꼈다기보다, 다만 일부 경우 그동안 겪어온 상실과 모멸에 관해 표현하는 데 중산층 사람들이 한층 더 능란했기 때문이다.

잘 알려져 있듯, 영국의 사립학교는 동성애의 온상인데, 모두 남학교에 교사도 남성뿐인 데다가, 이곳 소년들이 지금껏 받아본 사랑이라고는 다른 소년이나 선생의 사랑이 전부인 것이 그 원인이다.•• 이 소년들의 높은 동성애율은 이들을 방치해온 부적격한 부모들의 소산인 셈이다. 여기에 속한 유명 인사 가운데 작가로 이름을 떨친 인물은 앨저넌 스윈번, 존 A. 시먼즈, 오스카 와일드, 앨프리드 더글러스 경, A. E. 하우스먼, E. M. 포스터, T. E. 로렌스, W. H. 오든 외에도 수두룩하며, 하나같이 부적격한 부모와 사립학교의 산물이다. 부모에게 버림받은 아이들이 인간관계라는 것을 자기와 다름없는 궁지

• 여기에 속한 명저 가운데 한 권은 조지 오웰의 『기쁨이란 바로 저런 것이었지Such, Such Were the Joys』(New York: Harcourt, Brace, 1953)다. 상류사회 일원인 티머시 이든(영국 소설가 앤서니 파월의 형)의 『준남작과 나비The Baronet and the Butterfly』(London: Macmillan, 1933)는 이 주제에 근접해 있다.—저자 주

•• 이 같은 '악의 온상'에 관한 탁월한 설명은 존 챈도스의 『소년끼리Boys Together』(New Haven, Conn.: Yale University Press, 1984)를 참조.—저자 주

에 처한 누군가와의 성적 우정을 통해 맺는다 한들 놀랄 일도 아니다.

영국에 접촉에 대한 제재를 승인하는 문화가 조성되어 있는 까닭은 사실상 이처럼 상류층 영국 남성 절대 다수가 비접촉성 조건화를 학습해왔기 때문으로 보인다. 촉각이란 감각과 접촉 행위가 문화적으로는 모두 상스럽다고 정의되어온 까닭도 바로 여기에 있다. 공공연한 애정 표현은 상스럽다, 접촉은 상스럽다, 라틴계나 이탈리아인처럼 도를 한참 넘어선 자들만이 서로 뺨에 뽀뽀하는 여자 같은 짓과 다른 사람과 어깨동무하는 따위의 짓을 할 엄두라도 낼 뿐이다!

인간성의 본질을 '여자 같다'고 일축해버린 것이다.

영국 국민결혼자문위원회의 어느 발행물에서는 이혼율 상승의 주된 원인으로 영국 가정 내 신체 접촉 결핍을 꼽으며, 가정에서는 심지어 어린 소년에게조차 어떤 위험이 닥쳐도 엄마 품을 파고들어서는 안 되며, '의연한' 자세로 남자다움을 유지해야 한다고 단단히 타이르고 있다고 지탄했다. 위원회에서는 영국인은 "좀더 자주 만지고 쓰다듬으며 서로를 위안해줘야 한다"고 충고했다.[110]

상상하기 어렵겠으나, 영국인보다 비접촉성이 극도로 악화된 지경도 있으니 바로 독일인이다. 전사의 덕목, 고지식하고 엄격한 아버지, 복종 그 자체인 어머니를 강조하는 독일 가정은 굽힐 줄 모르는 경직된 성격의 온상이 되어 일반 독일인을 다른 무엇보다, 접촉하고는 동떨어진 생명체로 빚어냈다.[111]

그럼에도 오스트리아 남성은 독일인과는 달리 접촉을 통한 표현에 비교적 후하며, 친한 친구라면 포옹도 마다 않는다. 유대계 남성끼리가 아니라면 독일에서 이 같은 일은 좀체 벌어지지 않는데, 사실 유대인은 접촉성이 워낙 발달해 있는 민족이니 독일인과 한데 뭉뚱그려 논할 일은 아니다.

유대인은 하나의 종족, 문화, 민족으로서 고도의 접촉성이 특징이다. '유대인 엄마'라고 하면 모성의 대명사로 통하는데, 자녀에 대한 깊은 사랑과 아낌없는 보살핌 때문이다. 이것이 암시하는 바와 같이, 최근까지도 엄마들은 아이가 원하면 언제든 젖을 물렸을뿐더러 엄마든 아빠든 혹은 형제든 자녀나 동생을 어루만져주는 일도 예사였다. 이런 이유로, 유대인들은 접촉을 통한 애정 표현에 스스럼없어서, 어릴 때는 물론 성인이 되어서도 아버지를 반기거나 배웅할 때 입을 맞추는 일을 아주 당연하게 여긴다. 50년 세월의 면밀한 관찰에도, 성인 미국 남성(20대 중반)이 아버지를 반긴다며 대놓고 입을 맞추는 것은 딱 한 번 보았다. 이 미국 남성은 어느 문화 출신이었을까, 새삼 궁금해진다.

같은 앵글로색슨계라도 미국인이라면 영국인 또는 독일인만큼 비접촉성이 심하지는 않으나, 이들에게 그리 뒤지지도 않는다. 미국 소년은 '다 자란' 뒤에는 아빠를 상대로 입을 맞추지도 껴안지도 않는다. 여기서 다 자랐다 함은 보통 열 살쯤을 일컫는다. 미국 남성은 자기 친구도 또한 껴안지 않는데, 라틴계 미국인끼리는 예외다.

하지만 미국 남성들이 자기도 모르게 벽을 허물고 서로 얼싸안는 것도 모자라 심지어 온갖 굴레를 벗어던진 채 서로에게 입을 맞추는 경우가 있다. 가장 유력하게는 중요한 경기나 선수권대회에서 이겼을 때다. 이런 상황에서 이뤄지는 포옹은 참으로 볼 만한데, 순전히 마음에서 우러나온 행동이기 때문에 더욱더 감동적이다.

접촉성 민족과 비접촉성 민족이 존재한다는 사실은 명백하며, 앵글로색슨족은 후자에 속한다. 비접촉성 문화의 일원들이 갖가지 상황에서 취하는 행동을 보면 비접촉성이란 특징이 희한한 방식으로 드러난다. 앵글로색슨인이 악수하는 방식을 관찰해보면 서로 적당한 거리를 유지하자는 신호가 담겨 있다. 사람들로 붐비는 공간에서도 또한 관찰할 수 있다. 예를 들어, 지하철 등 붐비는 운송 수단 안에서라면 앵글로색슨인은 뻣뻣하게 경직된 자세를 유지하며, 다른 승객의 존재를 부정하는 듯 무표정한 얼굴로 일관할 것이다. 저메인 그리어도 주목한 바 있듯 "지하철 속에서 인파에 자기 형제를 드밀고 있을 때조차 보통 영국인이라면 필사적으로 혼자인 척 버틴다".[112] 프랑스 지하철 속 상황은 이와 정반대다. 이곳에서 승객들은 서로 기대고 눌러대는데, 방종의 극치가 아니라도 최소한 자기가 기대거나 누르고 있는 사람의 존재를 당연시하거나, 아니면 그러고도 사과해야 할 필요성을 느끼지 못하는 모습이다. 휘청휘청 서로 기대는 상황이 기분 좋은 웃음과 농담을 일으키기도 하니, 다른 승객을 바라보지 않으려고 애쓰는 일도 없다. 이들이 보기에 이런 상황을 못마땅해하는 영국인은 참 딱한 인간이다.

버스를 기다리는 동안 미국인이라면 전선줄에 앉은 참새들처럼 서로 거리를 두겠지만, 지중해 사람이라면 너나없이 서로 밀쳐댈 것이다.

시드니 스미스는 1820년 자서전 『스미스가의 스미스The Smith of Smiths』에서 영국인의 빼어난 해학을 드러내며 갖가지 악수를 매우 재미있게 묘사했다.

> 알고 있나? 악수에도 방식이 있다는 사실을? 몸을 곧추세운 채 턱 가까이서 뻣뻣하게 몇 번 흔들고 마는 **고관**식 악수가 있다. **영구양도**永久讓渡식 악수에서는, 펼친 손이 알게 모르게 당신 손바닥에 쓱 밀고 들어와 있다. **손가락** 악수, 손가락 하나를 내민다. 주로 고위 성직자들 방식이다. **촌뜨기**식 악수라면, 으스러져라 잡는 손아귀에서 느껴지는 강건

> 함과 훈훈함이 대도시와의 괴리를 암시하면서도, 당신 입장에서는 잡힌 손이 어디 부러진 데 없이 무사히 풀려나는 순간 강한 안도감에 사로잡히는 법이다. 여기에 버금가는 **집요한** 악수는 활기차게 시작해 숨 고를 필요라도 있는 듯 잠시 멈추지만, 먹이를 포기하지는 않는다는 듯이 부지불식간에 다시 시작해, 당신이 이 악수의 결말에 불안감을 느낄 때까지 흔들어대다가 여진이라곤 없이 뚝 끊어진다. 불쾌하기로는 **물고기** 악수가 더하다. 축축한 손바닥은 마치 죽은 물고기처럼 잠잠하고 마찬가지로 찐득거려서 당신 손에는 냄새가 배이게 마련이다.[113]

시드니 스미스가 악수의 종류를 그다지 낱낱이 꿰고 있지는 못했다. 오늘날 관찰 가능한 악수 형태로는 두 가지가 더 있다. 악수하는 사람이 악수하는 팔의 팔꿈치나 팔뚝을 잡고 악수하거나 상대방 손을 두 손으로 잡고 악수하는 형태. 내가 아는 젊은 여성 한 명이 이렇게 악수한다. 이 사실을 일러주었더니, 그녀는 자기가 그런 식으로 악수하는 줄 전혀 몰랐다는 말로 나를 놀라게 했다.

야생 침팬지는 호의의 몸짓으로 손을 뻗어 상대가 만지도록 해주는데, 주목할 만한 사실이다.[114] 고릴라도 마찬가지다. 이러한 행동은 또한 상대의 의도를 파악하는 수단이 된다. 침팬지 사이에서 접촉 인사는 이 밖에도 여러 형태를 띤다. 예를 들어 손 하나를 상대의 넓적다리에 얹기도 하고 상대의 몸에 정겹게 올리기도 하는데, 상대를 안심시키려는 몸짓들이다.[115]

악수는 결국 접촉을 통한 인사법이란 문제로 이어진다. 이러한 형태의 접촉 행위는 지금껏 거의 간과되어왔다. 악수는 틀림없이 호의의 증거다. 오르테가 이 가세트는 악수의 기원에 관하여 인류학적으로 도무지 믿기 어려운 이론을 수립한 바 있다. 여기서 그는 악수의 기원을 패자의 굴복이나 주인에 대한 노예의 복종으로 본다.[116] 아주 진부한 이론이나, 웨스터마크가 지적하다시피 숱한 경우 악수가 신체 접촉으로 이루어지는 여타 의식들과 기원이 같아 보이는 면은 있다. 인사의 몸짓들은 악의의 부재는 물론, 확실한 호의를 표할 수도 있는 법이다. 기원이 무엇이든, 악수가 접촉을 통한 의사소통임은 두말할 나위 없다. 손바닥을 맞대고, 가슴에 손을 얹고, 코를 비비고, 껴안고, 입맞춤하는 행위는 물론 심지어 등을 철썩 때리고, 뺨을 잡아당기거나 비틀고, 머리카락을 헝클어뜨리는 등의 행동조차 어떤 사람들에게는 무척 즐겨하는 인사법이다. 웨스터마크가 오래전 인정했듯 접촉을 통해 이루어지는 이러한 여러 가지 인사는 "직접적인 애정 표현임이 틀림없다". 그는 말한다.

> 다른 선의의 표시가 있는 상황에서라면, 두 손을 합치는 행위 또한 그러한 선의 전달에 마찬가지 역할을 한다는 사실이 거의 분명하다. 호주 원주민 일부에서는, 얼마 만에 다시 만난 친구끼리 "입맞춤에 악수도 모자라 때로는 서로 울기까지 한다".[25] 모로코에서는 대등한 사람끼리 재빠른 동작으로 서로 손을 합치고 곧바로 분리한 뒤, 각자 자기 손에 입을 맞추는 식으로 인사한다. 또한 아프리카 술리마스 족은 오른손끼리 손바닥을 합한 뒤 이마로 가져갔다가 왼쪽 가슴으로 옮겨 댄다.(151쪽)[117]

인류학자 래드클리프브라운은 벵골 만 동부 안다만 섬 주민들을 관찰하여 다음과 같이 기록했다.

> 몇 주 혹은 그보다 더 길게 떨어져 있던 친구나 친척 두 명이 만나면,

인사로 한 사람이 다른 사람 무릎 위에 앉아 서로 목을 끌어안고 지치도록 흐느끼며 울부짖는데, 이 시간이 2~3분에 이른다. 둘은 형제일 수도, 부자나 모자, 모녀일 수도, 부부지간일 수도 있다. 남편과 아내가 만난다면, 남자가 여자 무릎에 앉는다. 친구끼리 헤어질 때는 한 친구가 다른 친구 손을 들어 제 입 쪽으로 가져가 살살 입김을 불어준다.[118]

샌더 S. 펠드먼 박사는 악수가 서로에게 매달리는 행위라고 지적한다. 그의 관점에서, 악수라는 몸짓은 아기가 엄마를 철저하고 완벽하게 신뢰하듯 서로를 신뢰해야 한다는 뜻이다. 악수에는 올바른 방식과 그릇된 방식이 있다. 옳게 하려면, 잡은 두 손이 서로 융합되어서 두 사람 다 일정한 압력을 느껴야 한다. 저마다 상대방에게 자신과 똑같은 압력을 기대하며, 주고받는 압력이 다르다고 느끼는 쪽은 실망에 빠진다.

과시적 인간은 손아귀가 상대를 으스러뜨릴 듯 억세다. 온순한 사람들의 악수는 맥이 빠진다. 펠드먼은 달랑 손가락 하나 내미는 악수 행태는 주로 접촉을 두려워하는 사회적 불안감이 원인이라고 여긴다.[119]

민감한 관찰자에게 악수는 곧잘 페르소나의 탈을 폭로한다. 독일에서 객원교수로 있는 해럴드 라이언 주니어는 이렇게 밝힌다. "게슈탈트 심리요법 개발자 프리드리히 펄스가 죽기 한 해 전인 1969년, 나는 에솔렌 인스티튜트에서 그를 만났다. 서로 짧은 소개가 이루어지는 동안 펄과 나는 악수를 했는데, 내 악수는 늘 그렇듯 굳센 '군대식'이었다. 펄스는 흠칫 표정이 굳어져 손을 대뜸 거둬들이며 소리쳤다, '그렇게 세게 하지는 마세요!' 얼마간 놀란 내가 방어하듯 답하는

데 펄스가 가로챘다. '아, 다부진 악수란, 모름지기— 약점을 나타내죠. 온정과 감수성의 결핍을 감추려는 것입니다. 가벼운 장애라고 표현할 수도 있겠네요.' 그가 나와 교감하고자 덧붙인 말은 더없이 감동적이었다. 에솔렌에서 이어진 계몽적 며칠 동안, 나는 나의 은폐, 탈, 남성성 과시에 대하여, 억센 태도가 강점이라는 나의 잘못된 믿음에 대하여 훨씬 더 잘 이해하게 되었다."[120]

오거스트 코폴라 박사가 잘 지적했듯, 악수라는 것을 하자마자 우리는 상대방에 대하여 단박에 이해하게 되는데, 이를테면 얼마나 많은 사람이 악수를 통해 다른 사람으로 '가장'하고자 애써보는지, 어떻게 이러한 노력이 촉각적 인상과 직접 연결되는지, 서로를 알아가느라 꾀하는 방식은 어떠한지가 그것이다. 코폴라의 말처럼 "여기에는 자세도 거짓도 없으며 그 무엇도 정적靜的이지 않은데, 가만 힘없이 아무런 노력도 들이지 않는 손이라도, 상대에게 위축된 모습으로 해석됨으로써 어떤 반응을 유발할 수도 있기 때문이다……. 우리가 서로를 알아가는 유일한 길은 지극히 사소한 움직임을 감지하는 것인 만큼 접촉할 때 자신의 반응을 위장하기란 불가능해 보인다. 그 이유는 위장하려는 시도 자체가 서로 간의 접촉과 관련된 주저나 자제로 감지될 수도 있는 데 있다". 접촉의 세계에서 개인의 성격은 관계를 맺는 과정에 직접 참여한다.

우리가 누군가에게 소개될 때 '만나서 무척 반가워요' '안녕하세요?' '당신을 알게 되어 기뻐요' 등등과 같이 말하는 데에는 다 이유가 있다. 코폴라가 이야기하듯 악수할 때 촉각 인지는 "촉각세계의 경계를 두른 심연 너머로 일련의 반응을 펼쳐 보이는, 그럼으로써 서로를 알아가려는 두 인간 상호의 아주 민감한 노력에 집중되기 때문이다". 코폴라는 릴케의 시 「손바닥Palm of the Hand」에서 아주 적절한 시구를 인용하는데, 시에서 릴케가 같은 이해를 가지고 있었음이 드러난다. "손바닥은 다른 손들로 들어가, 스스로 풍경이 되나니 / 그들 속에서 여행하고 여정을 마쳐, 서로를 다다르게 한다."[121]

그러므로 기억하라. 다음에 악수할 때는, 당신이 인식하든 인식하지 못하든 발견의 여정에 착수했음을.

서구세계에서 뺨이나 머리를 토닥이고 턱 밑을 톡 건드리는 등의 행위는 애정을 표하는 것이며, 이는 모두 접촉을 수반한다. 이러한 형태의 접촉 인사는 친절이나 애정의 증거로서, 영유아기에 엄마 및 다른 사람들과 이루어진 접촉 경험에 근거하고 있을 가능성이 크다.

누군가가 내민 손을 거부하거나 포옹을 물리치는 행위는 사회적 배척의 뜻을 강력히 전달한다.

1982~1983년 뉴욕에는 새로운 인사법이 출현해 성공한 경영자들 사이에서 확실한 인기를 누렸다. 사교 모임이나 저녁 파티 등에서, 참석자들이 한 손에는 음료를 다른 한 손에는 카나페든 뭐든 먹을 것을 든 채 새로 도착한 사람 어깨에 자기 어깨를 비비는 것인데, 당한 사람은 이를 웃으며 받아들이거나 답으로 상대 어깨를 열심히 문지른다. 이 같은 의식에서는 쌀쌀맞은 어깨가 있을 수 없다고 확신할 수 있다. 이후 일인자들과 '어깨를 비비는 일'은 신분 상승을 꿈꾸는 이들의 오랜 바람이 되어왔다.•[122]

성별에 따른 인사법 또한 흥미롭다. 서구세계에서 악수는 여성이 아닌 남성의 관례다. 여자들은 친구와 만나면 뽀뽀나 포옹을 하고, 악수는 초면이거나 데면데면한 사이에나 한다. 여자가 먼저 손을 내밀지 않는 한 남자는 여자와는 악수가 아닌 절을 하는데, 여자가 손

• 영어에서 'rub shoulders with~'(~와 어깨를 비비다)는 누군가와 가까이 지낸다는 뜻으로, 성공한 사람들의 사교 모임에서 이루어지던 접촉 인사의 한 형태가 관용구가 된 경우를 설명하고 있다.

을 내밀면 영어권에서는 악수를 하고 라틴계에서는 여자 손에 입을 맞춘다. 최근 들어서는 여성을 점점 더 좋아하는 추세로 말미암아, 얼마간 친분이 쌓이면 남성도 이전에는 절이나 악수만 하고 말 자리에서 여성에게 입을 맞추게 되었다. 시대가 다르면 풍습도 다른 법이다. 엘리자베스 1세 여왕 시대 영국에서 입맞춤 인사는 친구든 초면이든 같은 계층이라면 모두에게 적용되었다. 에라스뮈스(1466?~1536)는 1499년 친구 파우스투스 안드렐리누스에게 보낸 한 편지에서, 영국인들의 이처럼 기분 좋은 풍습에 대하여 언급한다.

> 이곳에 성행하는 일이 하나 있는데 아무리 칭송해도 모자랄 지경일세. 어디를 가든, 손에는 입맞춤이 쏟아진다네. 자리를 뜰 적에도 입맞춤으로 배웅받곤 하지. 다시 가서 상대방 뺨이나 손에 입을 맞추면, 그대로 되받는다네. 집에 방문하면 이 달콤한 의식을 베풀고, 손님이 떠날 때면 입맞춤이 다시금 오가니, 어디를 가나 만남이 이루어지는 곳에서는 입맞춤이 차고 넘치는 셈이라네. 실제로 어디로 향하든 입맞춤이 대기하고 있지. 오 파우스투스, 자네가 단 한 번이라도 맛볼 수 있다면, 이 입맞춤들이 얼마나 부드럽고 향긋한지를 말일세. 맛보는 순간 솔론처럼 10년이 아닌 일평생을 영국에서 여행이나 하며 살고 싶어질 걸세.•[123]

이러한 사실로 미루어 어쩌면 엘리자베스 1세 여왕 시대의 영국 아이들은, 루퍼트 브룩이 미묘한 제약으로 들어찼다고 말한 빅토리

• 솔론Solon(기원전 약 638~기원전 약 558년): 아테네 정치가이자 입법자, 시인으로, 아테네 민주주의의 초석을 놓았다고 인정되는 인물. 최고 행정관에 선출되자 정치 개혁을 마친 뒤 세계 여행을 떠나 10년을 유람해서, 불만을 품은 아테네인들도 개혁을 거부할 길이 없었다고 전해진다.

아 여왕이나 아들 에드워드 시대에 비해 다정하고 애정 어린 보살핌을 훨씬 더 많이 받았으리라 추정해도 지나치지는 않으리라.[124]

1960년대 중반에 이루어진 이른바 감수성 훈련 모임•들에서는 피부와 관련하여 중요한 어떤 면을 재발견했음이 틀림없는 듯해 매우 흥미롭다. 이 모임들은 보통 성인 또는 청소년 후기 아이들로 이루어져 있으며, 주로 접촉을 강조한다. 모든 차이는 무시되며, 참석자 각자에게 서로 껴안고 어루만지며 손잡고 같이 벌거벗고 목욕하고 심지어 마사지해주라고까지 권한다.

감수성 훈련 모임을 주제로 진행된 가장 철저한 연구 가운데 하나에서 커트 W. 백 박사는 결론짓는다.

> 감수성 훈련 모임은 이론적 기반이 극히 부실해서 주로 주먹구구식 기법에 의존하는 데다, 심지어 실행자들마저 무엇보다 자신들이 하고 있는 일의 의미를 이해한다고 자신 있게 내세우지 못한다. (…) 사실, 감수성 훈련 모임을 지도하는 사람 대부분은 환자나 참가자에게 있을 지속적 효험에 대해서는 일체 함구하기 일쑤이니, 어떤 위험이 도사리고 있을지가 중요한 문제로 떠오른다. 감수성 훈련 모임에서 벌어지는 정신적 와해 문제가 그것인데 이에 대해선 논란이 많은 만큼, 우리는 여기서 몇 가지 확고부동한 사실에 의지하는 수밖에 없다. 이는 곧 감수성 모임 참가자들 사이에 지금껏 여러 정신병적 일화가 있었고 심하게는 자살하는 등 정신적 와해가 심심찮게 벌어져

• 감수성 훈련 모임: 1910년대 중반 오스트리아 빈에 연원을 둔 모임으로 sensitivity training group, human relations training group, encounter group, marathon group 등 여러 명칭과 형태로 운영되며 1980년대까지 성행했다는 기록이 있다. 주목적은 사람과 대면하여 감정을 솔직히 드러내는 훈련을 통해 자기 자신을 이해하는 것이다. marathon group은 24시간 내내 수면을 취하지 않고 진행되는 형태를 일컫는다.

왔다는 것이다.[125]

백 박사는 이렇게 마무리한다. 감수성 훈련은 사회의 병을 다스리는 치유법이라기보다 병든 사회가 보이는 증상에 더 가까울 수도 있다.[126]

깁 박사는 이런 모임에 관하여 훨씬 더 호의적으로 판단한 인물로, 이 같은 인간관계 모임을 다룬 106건의 연구를 검토하여, 이 모임들의 치료 효과는 분명하다고 결론지었다.[127] 칼 로저스는 광범위한 증거 조사 후, 감수성 훈련 모임은 건설적 의미에서 사실상 많은 변화를 일으키고 있다고 결론 내린다.[128]

누구든지 등을 긁어주면 좋아하고, 마사지 받을 때의 기분은 지고의 쾌락 가운데 하나다. 하지만 이것들은 다 육체적 만족이다. 갖가지 감수성 훈련 모임은 육체적 쾌락을 초월한 무언가와 관련돼 있다. 이들이 달성하고자 하는 바는 자기 자신 및 타인의 존재와 마주해 좀더 활기차게 행동하도록 도움으로써 참가자들이 환경과 더욱 긴밀한 관계를 맺게 하는 것, 즉 사회와 괴리된 사람들을 같은 인간 및 자신이 살고 있는 세상과 다시 접촉하게 해주는 것이다.

참가자 다수에게는 뒤늦은 접근일망정 훌륭한 발상이다. 또한 치료에 접촉이 개입해서는 안 된다는 프로이트의 생각과는 배치되기도 한다. 프로이트는 본인 자체가 냉혈한이었던 만큼, 영유아기에 충분한 사랑을 못 받았으리라는 의혹을 피할 길이 없다. 어떻든지 간에, 피부가 정신과 마찬가지로 충분한 관심, 피부만의 요구에 부합하는 관심이 필요한 기관이라는 인식은 진즉에 이루어졌어야 한다. 모든 실패를 감안하더라도, 접촉이 주역을 담당하는 경험을 통해 여러 감수성 훈련 모임에서 누린 치료 혜택은 인정할 만하다고 보고되어왔다.

앵글로색슨계 캐나다인은 어쩌면 비접촉성에서 영국인을 앞지를 수도 있다. 반면, 프랑스계 캐나다인들은 접촉을 통한 감정 표현에서 출신지인 프랑스 사람들과 맞먹는다.[129]

프랑스의 훈장 수여 의식에서 장군이 장교에게 훈장을 달아주며 껴안고 양 볼에 입을 맞추듯이, 의례적 상황에서 프랑스 남자들은 친구 등 동성을 껴안고 입을 맞춘다. 이러한 행동이 앵글로색슨인들 눈에는 남세스럽다며 키득거릴 일이나, 접촉성 문화에 속하는 대부분 사람의 눈에는 앵글로색슨인의 비접촉성이 무감정하며 냉랭하게 비치는 법이다.

관습과 계급, 교육의 제약과 위협으로 말미암아 공산주의 시대 러시아의 지주 및 중산층에서는, 아동기 및 청소년기에 받은 많은 촉각 자극과 성인들이 보이는 사람 사이의 거리감이 아주 흥미로운 대조를 보인다. 이들은 체호프 희극의 등장인물들처럼 한데 모여 반추상적 애무로 서로 만지고 부둥켜안다가 다시금 갈라서며, 접촉이라는 깊고 풍성한 언어의 섬세한 지소사[원래의 뜻보다 더 작은 개념이나 친애의 뜻을 나타내는 접사]들을 활용하지 못하는 자신들의 비극적 운명을 한탄하는 것이다.

러시아인 대부분이 아기를 포대기에 꽁꽁 감싸두는데, 이 같은 관행은 아기에게 많은 촉각 자극을 보장한다. 모유 수유나 다른 식의 수유, 목욕 등 세정이나 여타 보살핌이 필요할 때면 항상 아기에게서 포대기를 벗겨냈기 때문이다. '포대기 가설' 지지자들은 이를 간과한 것으로 보이는데, 이들은 냉랭함이나 거리감 같은 대러시아인(중부 및 동북부 러시아인)의 민족성은 대부분 이처럼 영유아기에 포대기에 감싸여 제약에 시달린 경험에서 비롯되었다고 주장했다. 아이는 줄곧 부모와 외떨어져 지내며 인간적 접촉의 대상이라고는 형제와 가정부가 전부이다가, 시 낭송이라든가 악기 연주, 가창 같은 공연을 선보일 때에야 아이 방 등 아이들 전용 공간에서 나올 수 있었다. 포대기 가설에 따르면, 영유아기에 아기를 포대기로 칭칭 감싸두는 관행은 아기의 근육활동을 차단할 뿐만 아니라 수유 등 여타 보살핌이 이루어지는 동안 포대기에서 풀려나면서 느끼는 아기의 해방감과 맞물려 러시아 성인의 생활, 곧 흥청망청 진탕 즐겨야 만족이라고 느끼는 이들의 감정생활에서 드러나는 쾌락에 대한 '모 아니면 도' 식의 양극적 감정 형성에 관여하게 된다.[130]

포대기 사용의 본질과 관련해서는 숱한 오해가 있어왔다. 포대기 사용에는 기술이 필요하다. 피터 울프의 글을 보자.

> **포대기 사용**은 칭얼대는 아기를 달래는 데 아주 효과적인 방법이나, 그렇게 되려면 아기가 꼼짝 못 하도록 요령 있게 감싸야 한다. 섣불리 두르는 바람에 포대기가 움직임을 완전히 차단하지 못하고 기껏해야 움직이는 범위만 제한할 뿐이라면, 이러한 조치는 아기를 더 흥분시켜 '미친 듯이 울게' 만들 수도 있다. 여기서 결정적 차이는, '엉성한' 포대기 사용은 고유감각 반응이 끊임없이 **변하는** 환경을 조성하는 반면, '야무진' 포대기 사용은 촉각 자극이 끊임없이 제공되는 환경을 조성한다는 데 있을 것이다.[131]

포대기 사용은 엄청난 위안을 주는 포옹과 같다. 촉각 자극을 증가시키면 스트레스가 감소한다고 알려진 만큼, 여러 민족이 아기를 달래는 데 포대기가 유용하다는 사실을 발견했다고 해서 놀랄 일은 아닌 셈이다.

포대기로 엄마 젖가슴에 꽁꽁 동여매주면 후기 미숙아에게 이롭다고 증명되었다는 보고를 접한 적이 있는데, 나로선 명확한 증거를 찾지 못하겠다.[132]

포대기 가설은 신랄하게 비판되어왔으며 어디로 보나 근거가 빈약하다는 것이 중론이다. 소련 체제에 들어서서 포대기 사용은 거의 중단되었다.

미드와 메트로가 엮고 쓴 『원격 문화연구The Study of Culture at a Distance』•에는 러시아인의 촉각에 관한 설명이 있는데, 현대 문화 연구 사업에 참여한 어느 예리한 여성 정보원의 글로 아주 유용하여 전재할 만하다.

> 러시아어 사전에서는 촉각을 다음과 같이 정의한다. "사실상 오감은 하나의 감각, 곧 촉각으로 환원될 수 있다. 혀와 입천장은 맛을 감지하고 귀는 음파를, 코는 발산하는 냄새를, 눈은 광선을 감지하기 때문이다." 어느 교과서든 제일 먼저 언급되는 감각이 늘 촉각인 이유가 여기에 있다. 촉각은 몸이나 손, 손가락을 통해 확인, 곧 인지한다.
>
> '느끼다'라는 개념을 표현하는 두 단어가 있다. 신체 표면으로 느낀다면 ossyazat라고 하나, 접촉 없이 곧 직접 닿지 않고 느끼는 것은 oschuschat로 육체적·정신적·영적 감각을 일컫는다. '심한 한기 또

• 1953년의 편저로, 정치적, 지리적 이유 등으로 직접 관찰하기 어려운 민족들을 문학, 영화 등 각종 자료를 활용해 분석하는 방법론을 제시하면서 이를 통해 여러 민족 문화를 통찰하고 있다. 중국, 타이, 시리아, 프랑스, 독일, 영국 등이 포함되어 있으며, 소련의 체스 방식에 대한 분석은 매우 독창적이라고 인정받는다. 제2차 세계대전 직전, 적들에 둘러싸여 고립된 상태에 있던 미국 정부가 이들의 낯선 문화를 이해하고자 인류학자들을 고용해 진행한 기나긴 연구의 성과를 편집한 책으로, 일반에게는 오래도록 비공개였다.

는 한기를 느끼다oshuschat' '행복을 느끼다oshuschat'. 그러나 나의 손가락으로 무언가를 느낀다면 나는 ossyazat라고 하는데, 사실상 나는 느끼지 않는다. 내가 손가락을 더듬거려 만지는 것이다.

부사형 ossyasatelny(감지할 수 있게)도 있으나, 러시아인들은 사용을 피한다. 이 단어가 사용되는 말을 들어본 적도, 이 단어가 쓰인 문학작품과 마주친 적도 없다. 러시아에서 말하는 물증, 즉 만질 수 있는 증거에는 '물질이 배제'되어 있을 수 있다. 접촉은 올바른 탐구 방법으로 여기지 않는다. 눈으로 볼 수 있다면 손가락으로 더듬거릴 필요가 없다. 나의 (러시아인) 동료 교수 가운데 한 명은 자기 학생들이 '야만인'이라며 불평했다. 학생들에게 뼈 하나를 보여주며 속의 빈 공간을 가리키자, 학생 대부분이 그 안에 손가락을 들이밀더라는 것이다. 아이들은 물건에 손대지 말라고 교육받았다. 아이들은 이내 알아들어서, 만일 감촉을 느껴보라며 벨벳이나 새끼 고양이 따위를 건네면, 그것을 들어올려 뺨에 갖다 댔다.

하층민 사이에서 남자가 여자에게 건네는 흔한 농담에는 이런 것이 있다. '입고 있는 옥양목이 멋지군요. 한 마에 얼마 주셨어요?' 말하자면, 재질을 느껴보자는 핑계로 여자를 꼬집어보겠다는 뜻이다.

러시아인들은 일반적으로 미국인들에 비해 서로 덜 만진다. 치고받는 거친 장난도 극히 드물며, 아이를 상대로 등을 찰싹 치거나 토닥이거나 어루만지는 일도 거의 없다. 예외라면 기분이 아주 좋거나 술에 취했을 때다. 누군가를 껴안게 되는 순간이다. 그러나 접촉은 아니다. 마치 온 누리를 끌어안듯 두 팔을 활짝 벌린 뒤 가슴을 상대 가슴에 밀어붙인다. 가슴은 영혼의 거처, 이 몸짓은 당신을 자기 마음에 받아들인다는 뜻이다.[133, 134]

내적 일관성은 부족하지만, 흥미로운 견해다. 러시아인들이 비접촉성을 띤다면, 뼈 공간에 손가락을 들이민 학생들은 어떻게 설명하겠는가? 이 정보원이 포옹은 접촉이 아니라고 적고 있으나, 사실 포옹이야말로 접촉이다. 소련 관리들은 만나면 서로 껴안고 흔히 입을 맞추는데, 이들의 TV 뉴스 보도와 화면에서 보고 들은 바에 의거한다면 다른 나라 국민에게도 이런 행동을 취할 가능성이 있다.

러시아인들은 시각 경험을 강조한다는 생각을 밝힌 학생도 몇 명 있었다. 라이츠는 '모든 개념을 시각적으로 해석하려는 러시아인들의 욕구'에 대하여 말한다.[135] 하임슨은 서구사회를 특징짓는, 자신이 생각하기에 주로 신체활동 및 접촉을 통한 외부 대상 조작에 기반을 둔다고 믿는 '객관적' 사고와는 대조적으로, 특히 조작 능력을 척도로 측정될 때 러시아인의 시각적 사고에는 구체성이 유달리 부족하다고 믿는다. 이것이 암시하는 바는 촉각, 곧 접촉을 통한 조작이 추상적·개념적 사고의 발달에 중요하다는 사실이다. 이 학생들이 주장하는 바는 이렇다. 러시아의 추상적 사고에 결핍된 요소는 구체적 상황에서 드러나는데 여기서 구체적 상황이란 접촉을 통한 조작, 다시 말해 물리적 조작을 통해 접근해야 하는 상황일 수 있다. 포대기 사용이 아이의 운동감각에 미치는것으로 추정되는 영향이 촉각적/조작적 경험의 결핍과 맞물려, 주어진 총체의 핵심 요소들을 파악하고 분석하는, 이러한 요소들을 분리해내 하나의 개념으로 종합하는 러시아인의 능력에 어떤 식으로든 영향을 끼치는 듯하다. 이와 반대로, 러시아인들에게 '총체'란 모순된 요소들이 서로 겹쳐 있는 상태로 인식될 가능성이 크다. 모든 요소를 한 덩어리의 혼란스러운 총체로 인식하여, 이에 '감정적으로 격렬하게' 반응한다. 요컨대 이들은 러시아인의 사고에 논리적 간결성, 일관성, 완정성이 결여되어 있다고 단언한다.[136]

흥미로운 견해인 만큼 더 탐구해볼 만한데, 특히 이 박식한 학생들이 '대러시아인들'의 아동기 및 발달과정에 대해서는 어떻게 논평하는지 살펴봐도 좋을 것이다.

아기 지게

크레이들보드는 아기 운반용 지게로, 아기를 건사하는 데 이것을 쓰는 종족이 많다. 미국 서남부 나바호 인디언 사회에서는 신생아를 임시 아기 지게에 놓았다가 3~4주 뒤 영구 지게로 옮겨 끈으로 단단히 동여맸다. 아기는 영구 아기 지게에 놓기에 앞서 포대기로 꽁꽁 감쌌는데, 때로 양다리는 따로따로 감싸 고정하기도 했다. 아기 지게 자체 또한 대개 부드러운 재질로 안감을 댄 형태로, 예전에는 장미과 관목 클리프로즈의 연한 나무껍질을 사용하기도 했다. 꼭대기에는 덮개를 바닥에는 발판을 설치했다. 포대기로 빈틈없이 감싼 아기는 이제 아기 지게에 놓아 한 가닥 끈으로 동여매는데, 지게 양옆에 붙은 사슴 가죽 등의 부드러운 가죽 고리들에 지그재그로 꿰다가 발판에 자리한 마지막 고리에 가서 꽉 조였다. 덮개에서 드리워진 천 한 장이 지게를 다 덮어줘 빛이며 파리, 추위를 막을 수 있었다. 지게에 고정된 아기는 수유, 세정, 목욕 시에나 풀려났다. 2개월 된 아기라면 지게에서 벗어나 있는 시간은 하루 평균 2시간이었다. 9개월짜리는 평균 6시간 가까이였다. 아기 지게에서 완전히 풀려난 시간 외에도, 아기 팔은 여러 간격으로 하루 2~4차례씩 자유로워지기도 했다.

낮 동안에는 대부분 아기의 움직임이 철저히 제한되며 밤에는 꼬박 아기 지게에 매여 있다. 자세는 수직에서 수평으로 변하지만 아기의 자유 의지로 움직일 수는 없는 셈이다. 아기의 촉각 경험을 심히 제약하는 상황으로 볼 수도 있다. 분노나 허기, 고통 따위의 내부 자극에 대한 아기의 반응에도 제약이 있다. 발로 차거나 꿈틀거릴 수 없다. 울거나 음식을 빨아먹거나 삼키길 거부할 수 있을 뿐이다. 레이턴과 클럭혼은 좌절이 반복되면 몸을 움직이고 싶은 욕구가 사라질 수도 있다고 주장한다.[137] 내가 보기엔 좀더 생리학적인 설명이 가능할 듯싶다. 아기 지게의 몸에 꼭 들어맞는 안락함은 자궁의 안락함에 대응하기에, 움직임의 제한으로 좌절감을 느끼기는커녕 아기는 아기 침대의 휑한 공간에 불안정하게 방치되어 있을 때보다 훨씬 더 강한 안정감을 느낄 수도 있다. 엄마는 어디를 가든 아기 지게를 지고 다니며, 실을 자을 때처럼 지고 있을 형편이 아니면 지게를 보이는 곳에 똑바로 세워두어 아기가 줄곧 엄마를 볼 수 있도록 해준다. 지게 안에서 아기는 엄마를 비롯해 온갖 사람으로부터 엄청난 촉각 자극을 받는데, 사람들은 노상 아기 얼굴을 토닥이고 어루만지는 데다, 친척이든 누구든 지게에 있는 아기를 보면 까불고 흔들어주기 때문이다. 더군다나 지게에 있는 자세는 누워 있는 자세보다 주변에서 일어나고 있는 일을 접하기에 훨씬 더 유리하다.[138] 흥미로운 사실은 아기가 지게 안에서 답답해하기는커녕, 안락함을 만끽하다 못해 지게로 돌아가고 싶어 울기 일쑤라는 것이다.

특히 출생 직후를 비롯해 생후 2~3주 동안 일어나는 아기의 발작적 움직임을 살펴보노라면, 문득 추락하는 사람의 움직임과 닮았다는 생각이 들 수밖에 없다. 아마도 포근히 받쳐주던 자궁에서 몰려나 열린 공간으로 나오면서 아기는 불안정감 비슷한 감정을 경험하기 때문 아닐까. 그리고 이런 유의 불안정감을 아기 지게와 포대기 사용이 막아주고 있지는 않을까? 미국 인디언들 사전에 고소공포증이란 말은 없어서 마천루 건설 인부로 인기와 성공을 누리고 있는데,

이것이 어쩌면 어릴 때 이들의 아기 지게 경험과 관련돼 있지는 않을까? 레이턴과 클럭혼은 나바호 엄마들에게 '이런 야만적 지게는 버리고 문명인처럼 아기 침대를 쓰라'[140]고 촉구하는 선교사나 교사 등을 지적하며, 각 민족의 고유한 생활 방식은 지금껏 맞닥뜨려온 환경에 대한 일련의 특정한 해결책임을 잊어서는 안 된다고 언급한다. 아기 지게가 아기에게 제공하는 환경의 질을 본다면, 이들은 아기 침대를 사용하는 현대인보다 월등히 앞서 있는지도 모른다.

아기 지게 경험이 아기의 운동 발달을 늦출 리는 만무하다. 호피족의 경우 줄곧 아기 지게에서 생활했다고 해서 지게를 일체 경험하지 않은 아기보다 늦게 걷는 법은 없으며, 여타 운동 능력에서도 둘은 차이가 없다. 사실, 소아과 의사 마거릿 프리스는 기어다닐 수 있기도 전에 지게에 고정시킨 채 바로 세워두기만 해도 아기의 운동 발달이 촉진될 수 있으리라고 주장한다. 이런 자세에서는 아기가 걷고 있을 때와 마찬가지로 균형감각과 시각이 똑같이 발달하기 때문이다. 다리는 늘 쭉 펴져 있고, 발은 선 자세로 발판에 맞닿아 있다.[141]

애리조나에서 교사로 생활하는 어느 백인 엄마는 아기 지게로 양육했던 경험을 들어 아주 유익했다고 말한 바 있다. 루이스 캘리라는 이 여인은 아이가 누군가가 한결같이 자기를 꼭 안아주기라도 하듯 아기 지게에서 포근함과 안정감을 느낀다고 지적한다. 얼마가 되었든 지게에서 지내는 동안 아기는 어느 사람 품에서보다도 더 편안해한다. 저녁이면, 그녀는 아들을 짐승 우리같이 생긴 큼직한 침대에 건성으로 내려놓는 대신, 몸집에 꼭 맞게 만든 요람에 뉘여 흔들며 자장가를 불러주었다. 부모가 어디에 있든 아들은 늘 익숙한 침대에서 잠들고 있었다는 뜻이다. 캘리 부인은 아들 가운데에는 생후 8개월에 이르도록 아기 지게에 동여매주지 않으면 잠을 자지 않으려 하는 아이도 있었다고 말한다. 이 아이는 실컷 논 뒤에는 어김없이 지게로 순순히 돌아가, 누가 시키지 않아도 양 옆구리에 팔을 붙임으로써 동여매기에 마침맞은 자세를 취해주곤 했다. 캘리 부인은 말한다. "아기 양육에서라면 인디언들이 분명 동포 백인들보다 앞서 있다."[142]

그러니 아기 지게와 포대기의 단단히 동여매고 감싸는 방식이 아이의 발달에 불리한 영향을 미치기는커녕 그와는 정반대인 것으로 보인다. 이 같은 관행은 진정 심리적으로 이로워서, 아이의 운동 발달을 막는 일도 없고 오히려 촉각 만족 면에서 아기 지게를 쓰지 않는 문화의 아이들이 주로 누리는 만족 이상을 제공해준다고 볼 수 있다.

캐리어와
영유아 발달

영장류 사회에서, 새끼는 엄마 품에 안겨다니다가 어느새 엄마 털을 붙들기 시작해, 엄마 등이나 가슴에 올라타거나 매달려다니는 등 이동이 새끼의 자유 의지에 달려 있다. 인간 아기는 이 같은 혜택을 누릴 처지가 못 되어서, 이동하려면 전적으로 엄마에게 의지해야 한다. 그래서이리라. 종족에 따라 이제껏 고안해온 캐리어가 종류만 해도 수두룩하다. 호주 원주민 사회에서, 아기는 대개 나무 그릇에 담겨다니는데, 가사 용도나 식기로도 쓰일 수 있는 그릇이다. 아프리카 대부분에서 아기를 그물에 넣고 다니며, 그물은 대개 엄마의 머리나 목에 앞쪽으로 걸려 있다. 에스키모족 사회에서는 아기를 엄마 등의 아마우티에 넣어다니는데, 대부분의 종족이 이처럼 등에 지거나 업는 자세를 선호하는 듯하다.

채집-수렵 사회 열 곳을 다룬 한 연구에서 로조프와 브리튼햄이 밝힌 바에 따르면, 이들 사회에서는 기어다니기 전의 아기는 안기 등의 방법으로 하루 절반 이상을 데리고 다닌다. 아기 운반용 띠나 나긋나긋한 주머니는 아기가 엄마 몸에 착 감길 수 있도록 해준다. 접촉은 밤이고 낮이고 이어진다. 모유 수유는 아기가 원할 때면 언제든 이뤄지며, 수년간 이어진다. 엄마 젖을 빨아먹거나 포대기에 감싸여 있을 때가 아니라면, 아기는 이리저리 마음껏 움직이며 자유를 누린다. 어느 사회에서나 보살핌에는 한결같이 애정이 깃들어 있어서, 아기가 울거나 불편해하면 즉시 반응해준다. 연구자들은 말한다. "이처럼 지체 없이 반응해주는 친밀한 관계와 폭넓은 신체 접촉이 아이를 지나치게 의존적으로 만들지는 않는 듯하다. 아이들은 대개 어릴 때부터 서서히 자주성과 독립성을 키워가 두 살에서 네 살 무렵이면 하루 절반 이상을 엄마에게서 떨어져 또래들과 어울려 지낸다. 아빠들도 대부분 아이 일에 수시로 관여한다."[143]

니컬러스 커닝엄과 엘리자베스 에인스필드는 엄마가 생후 첫 몇 개월 동안 아기를 말랑말랑한 캐리어에 데리고 다니는 조치가 아기의 발달을 비롯해 엄마-아기의 관계에 어떠한 영향을 미치는지에 관심을 두었다. 예비 조사에서, 각각 아기 15명으로 이루어진 통제 집단과 실험 집단은 서로 중대한 차이를 드러냈다. 말랑말랑한 캐리어 집단의 엄마와 아기는 서로에 대한 반응성 및 신체 적응성에서 바닥이 딱딱한 캐리어를 사용한 통제 집단을 앞선다고 밝혀졌다. 바닥이 말랑말랑한 캐리어의 아기는 엄마를 외면하는 경우는 훨씬 더 적고, 엄마 얼굴을 빤히 들여다보는 일은 더 많았다. 말랑말랑한 캐리어 집단의 아기와 엄마는 서로 한층 더 자주 발화했다. 바닥이 딱딱한 캐리어에서는 많은 경우, 엄마는 말이 많으나 아기는 반응하지 않왔다. 어릴 때부터 바로바로 반응해준 엄마를 둔 한 살 및 한 살 반 된 아기들은 대개 인지 및 언어 발달에서 그렇지 않은 또래를 앞지른다. 커닝엄은 아동 방치 및 학대 가능성을 차단하는 데 말랑말랑한 아기 캐리어가 해결책이 될 수 있는 이상, 엄마와 아기의 관계 향상은 물론 아동 학대 및 태만의 가능성을 줄이고자 하는 상담자라면 개입 수단으로 이를 도입해도 좋으리라고 주장한다.[144]

엄마, 아빠, 자녀 및 피부

엄마와 아기가 늘 붙어 지내도록 정해진 공생관계에서, 피부 접촉은 이미 확인했듯 핵심적인 역할을 맡는다. 엄마와의 접촉만큼 막대하고 지속적으로 이루어질 필요까지는 없더라도, 아빠 또한 아기와 피부를 통해 의사소통하도록 되어 있다. 하지만 문명사회에서 남성은 여성에 비해 옷으로 훨씬 더 가려져 있는 만큼, 아빠와 아기 사이의 중요한 의사소통 수단인 피부 접촉은 이 인공 장벽에 가로막히기 십상이다. 사랑할 줄 아는 능력이 발달하는 데 반드시 필요한 요소는, 누군가와 서로 만족스런 자극을 주고받는 호혜적 관계를 맺으며 동시에 이 관계가 갈수록 돈독해지는 것이다. 엄마와 아기는 보통 서로 간에 만족의 교환을 경험한다. 문명사회에서 아빠라는 존재는 대부분 이처럼 직접적인 만족 교환 기회를 박탈당한다. 그러니 이 사회 아이들이 엄마와 자신을 그토록 끈끈하게 동일시한다고 해서 놀랄 일은 아닌 셈이다.

어느 사회의 어느 관계에서든 남성은 이렇게 될 위험이 크다. 리치가 지적했듯 "여성이 성장하고 발달하는 동안 그녀 앞에는 정도야 어떻든 지속적이며 직접적인 관계를 보여주는 본보기, 곧 엄마가 존재한다. 남성 또한 엄마라는 대상과 주된 관계를 맺으며 생을 시작하지만 살아가면서는 이를 포기해야 한다. 엄마와의 동일시를 그치고, 남성이란 역할에 전념해야 하기 때문이다. 발달하는 동안 남성은 동질감의 대상을 바꿔야 하는 셈인데, 만사는 바로 여기서부터 비틀릴 수 있다".[145] 그리고 안타깝지만, 실제로 흔하게 벌어지는 일이다. 다정다감한 엄마와 분리되어 동일시 대상이 엄마에 비해 관계의 깊이가 턱없이 얕은 아빠로 바뀜에 따라, 남성은 성장하는 동안 여성보다 훨씬 더 힘든 시간을 겪으며, 이는 흔히 남성에게 중압감으로 작용한다. 동일시 대상을 바꾸라는 요구는 일종의 갈등을 일으킨다. 이러한 갈등은 보통 엄마를 거부해 그 위상을 강등함으로써 일부나마 해소되는데, 말하자면 엄마를 곤두박질시켜야 한다는 뜻이다. 남성의 여성혐오는 엄마 숭배라는 강한 무의식적 경향에 맞서도록 형성된 반응으로 간주될 수 있다. 방어벽이 허물어지고 생이 다해 죽어가는 순간, 남자의 마지막 말은 생애 첫 말과 마찬가지로 엄마이기 쉬운데, 실제로는 결코 거부한 적이 없는, 명시적 수준에서나마 결별하도록 강제된 엄마에 대한 감정이 되살아나는 것이다.

이 같은 문화에서 우리가 아기에게 적절한 촉각 만족을 주는 존재로서 아빠 또한 엄마 못지않게 중요하다는 사실을 이해하는 법을 배울 수 있다면, 인간관계 향상에 신기원을 이룩하게 될 것이다. 아빠가 자기 아기를 목욕시키고 닦아주고 쓰다듬고 어루만지고 껴안고 기저귀를 갈아주고 데리고 다니고 같이 놀아주며, 아기에게 애정 어린 촉각 자극을 줄기차게 쏟아붓는다고 해서, 문제될 것이 무엇이겠는가. 남자 입장에서 이렇게 행동하는 데에 유일한 걸림돌은 시대에 뒤떨어진 케케묵은 전통, 이것은 여자에게나 어울리는 행실로 남자에게는 걸맞지 않는다고 여기는 전통뿐이다. 다행히 이러한 전통은 빠르게 무너지고 있어서, 젊은 아빠들이 자녀와 훨씬 더 깊숙이 온갖 '여성적' 방식으로 관계를 맺는 모습이 갈수록 늘고 있는데, 이를 두고 '진정한' 남자의 위신을 깎아내리는 일이라 여기던 때가 불과 한두 세대 전임을 감안한다면 세태는 크게 달라지고 있는 셈이다. 로런스 스턴의 말처럼 위신의 잣대는 대개 이상야릇한 몸가짐이다. 그 의도는 정신의 결함을 감추려는 데 있다.

아빠와 아이 사이의 끈끈한 애착관계는 생후 며칠 안에 형성되고, 아이에 대한 아빠의 관심이 이어지면서 또한 강화될 수 있다는 주장은 확실히 증명되었다. 이뿐만 아니라, 위스콘신, 매디슨의 로스 D. 파크 박사가 진행한 중산층 아빠와 두 살에서 네 살 된 아기 간의 상호작용을 다룬 한 연구에서는, 엄마 병실에 엄마, 아빠, 아기가 한데 모인 삼인조 상황에서 아빠가 아기를 안고 있는 횟수는 엄마의 거의 두 배에 달하며, 아기 상대의 발화 횟수도 엄마보다 더 많고 아기와의 접촉도 더 빈번하지만, 아기를 향해 웃기로는 엄마보다 현저히 적기 쉽다고 밝혀졌다. 아이 아빠의 존재가 엄마의 감정 상태에 큰 영향을 끼친 것이다. 아이 아빠가 곁에 있는 상황에서, 엄마는 아기에게 더 많이 웃었고 아기를 더 많이 살펴보았다.

파크 박사는 아빠가 아기와 맺는 관계 및 아기에게 보이는 반응은 우리 문화에서 인식하는 수준 이상이라며, 태어난 지 얼마 안 된 어린 자녀와 맺는 상호작용 관계에서 아빠를 배제하는 관행은 다만 문화의 고정관념을 반영하고 이를 강화할 뿐이라고 잠정적으로 결론지었다. 파크 박사에게 중대한 문제는 아기를 보살피는 일이 남성에게도 자연스러울 뿐 아니라 적절한 행동이라는 사실이 인정받아야 한다는 것이다.[146]

위니캇은 아기와의 신체적 포옹이 사랑의 한 형태라고 언급하며, 이것은 사실 엄마가 아기에게 사랑을 드러낼 수 있는 주된 수단일 수 있다고 한 바 있다. 아빠에게도 똑같이 적용되는 말임은 물론, 이런 문제에 관한 한 누구에게나 해당되는 사실이다. 위니캇은 또한 이같이 말한다. "아기를 사랑할 수 있는 사람이 있고 그럴 수 없는 사람이 있는데, 후자는 이내 불안감을 일으켜 아기를 안절부절못하며 울게 만든다."[147]

촉각 자극 및 적의 표출

19세기를 비롯해 어쩌면 더 이른 시기에도, 서구세계 남성들은 아이를 반긴답시고 피부를 괴롭히는 괴상한 관습에 빠져들기 일쑤였다. 이 관행은 20세기까지 이어졌다. 괴롭힘의 피해자는 분명 몹시 어리둥절했을 테고 경우에 따라서는 피부와 고통, 애정 표현이라 추정되는 행위 사이의 관계에 대하여 묘한 개념을 발전시켰을 것이다. 흥미로운 점은, 유독 남성들에게만 이런 가학성 관행의 죄를 물을 수 있었으며, 물론 머리를 땋아내린 소녀도 이들의 관심에서 완전히 벗어날 수는 없었으나, 주로 남자아이한테만 이런 짓을 저질렀다는 데 있다. 즐겨하는 장난은 엄지와 검지로 아이의 볼을 잡아 심하게 비틀거나 잡아당기고, 귀를 가지고 그러기도 하는 등인데, 귀는 비틀고 잡아당기는 것도 모자라 심지어 손가락으로 획 갈겨 더 아프게 하기도 했다. 그레이엄 그린은 자서전 『일종의 인생A Sort of Life』에서, 버크햄스테드의 교사는 "여덟 살이던 그의 뺨에 주먹을 대고 비틀어 결국 아프게 만드는 유쾌한 괴물 같은 습관에 빠져 있었다"고 전한다.[148] 이 밖에 머리카락을 헝클어뜨리기, 꼬집기, 궁둥이 찰싹 때리기, 찌르기 등도 모두 아이들을 사랑해서 그런다는 미명하에 가해지던 구미 당기는 모욕들이었다. 등을 한 대 힘껏 내리치는 행위는 보통 청소년 후기에서 중년에 이르는 남자들의 몫이었다. 피부 가학을 통한 이 같은 애정 표현은 비슷한 변태 행위를 겪어본 피해자들만이 저지를 수 있는 일이었을 것이다.

영유아기 시절 적절한 사랑을 받지 못했거나 애정 욕구가 좌절된 사람들이 사용하는 언어에는 적의가 배어 있게 마련이다. 접촉을 통한 애정을 경험하지 못한 이들도 마찬가지로 접촉으로 애정을 표현하겠다고 하는 시도들이 서툴고 어설퍼지기 쉽다. 같은 남자를 소개받아 악수를 하면 손을 으스러뜨리다시피 쥐거나, 애정을 표한답시고 친한 사람 가슴이나 배를 주먹으로 한 대 때리는 남자들이 있다. 이런 남자들은 '비교적 부드러운 성교'에도 영 서툴고 어설프기 십상이다. 영유아기 애정 결핍과 접촉을 통한 애정 경험 결핍은 보통 상호 동반되기에, 사랑받지 못한 아이가 결국 애정 표현에는 물론 타인과의 신체관계에도 서툴어진다고 해서 놀랄 일은 아닌 것이다. 이들은 사람을 쓰다듬는다며 기분 나쁘게 문지르곤 하는데 누군가가 자신을 제대로 쓰다듬어준 경험이 없어서 그렇다.

소년을 향한 '애정'의 적대적 표현은 형태 면에서 초기와는 크게 달라져 있으나 철썩 때리기, 치기, 떠밀기 등 공격적 접촉의 형태로 아이를 향해 분노를 표출한다는 점에서는 변함없다. 서구세계에서 체벌은 여전히 성행하여, 피부를 고통의 표적이자 고통을 경험하게 하는 수단으로 삼는 것도 모자라 분노와 처벌, 죄, 공격, 외설, 악과 직접적으로 관련된 기관으로 전락시키고 있다. 로런스 K. 프랭크는 말했다.

철썩 때리고 치는 행위는 아이를 처벌하는 흔한 수단으로, 예민한 촉각을 아이에게 고통을 가하는 주된 통로로 활용함으로써, 위안을 주는 보통의 접촉 경험을 빼앗고 그 자리에 고통스런 접촉 경험을 채워넣는다. 유아의 접촉 욕구는 여타 본능적 욕구와 마찬가지로 변형되는데, 아이가 엄마 음성을 엄마 대리로 받아들이는 법을 익혀가면서, 목소리에서 자기를 안심시켜주는 어조가 느껴지면 이를 엄마와의 친밀한 신체 접촉과 똑같이 받아들이고, 골나서 꾸짖는 목소리는 처벌처럼 받아들여 마치 체벌이라도 당한 듯 울게 된다.[149]

매몰찬 말 한마디는 듣는 순간 마치 어딘가 한 대 세게 얻어맞은 듯 '아프다'. 가슴을 에는 말은 듣는 사람으로 하여금 실제 피부라도 베인 듯 '피를 쏟게' 만든다.

클레이의 연구에서는 화났을 때 체벌의 협박이 들어간 언어를 사용하는 습관에 계층 간에 어떠한 차이가 있는지를 대단히 잘 보여주었다. 노동층 엄마들은 그런 말들을 무자비하게 사용하고 중산층 엄마들은 삼갔던 반면, 상류층 엄마들은 그런 말들을 "일종의 애정 놀음에서 주로, 그리고 다른 계층 엄마들보다 더 자주 사용했으며, 접촉과 언어 사용을 병행했다".[150, 151]

일부 부모, 특히 아빠들은 체벌하기에 앞서 반드시 아이에게 처벌받는 이유를 일러준다. 이로써 아이는 신체적 고통 유발을 어떠한 감정과도 결부하지 않는 법을 배울 수 있다. 이런 일에는 나치가 특히 능했는데, 앞서 확인했듯 이들의 무감정한 비인간성은 대부분 어린

• 이 문제의 이해에 도움이 될 만한 논의로는 앨리스 밀러의 『당신 자신을 위하여For Your Own Good』(New York: Farrar, Straus & Girous, 1983) 참조.—저자 주

시절의 조건화 학습, 곧 접촉이 도외시되거나 처벌 시에만 이루어진 경험에 기인했다는 데에는 의심할 여지가 거의 없다.• 조건화 유형으로서는 특히 바람직하지 않다고 볼 수 있겠다.

매질은 영국 공립학교에서 주로 학급 반장이 집행하던 체벌로, 매질이 이루어지는 동안 때리는 사람이나 맞는 사람이나 감정이라곤 일체 드러내서는 안 되었던 만큼, 고통과 감정을 분리하는 데 기여했음은 의심할 바 없다. 때문에 타인의 고통에 무심할 수 있으며, 부당한 짓을 저지르고 있다는 일말의 느낌도 없이 상대에게 고통을 가할 수 있었을 것이다. 교육깨나 받은 영국 남자의 지대한 즐거움이 흔히, 자기네 행동의 결과에 철저히 무관심한 비정한 재치에서 도출되어온 이유 또한 여기에 있다.•

문신

문신으로 알려진 이 피부 낙서가, 고통으로의 어떤 회귀 경험을 통해 학대당한 기관으로서의 피부에 영구한 장식을 남기거나 변형을 일으켜 노출함으로써 자기 자신과 자기 피부에 보상하려는 욕구와 관련돼 있지는 않을까 궁금해진다. 문신은 일종의 방어 수단으로 간주되어오기도 했는데, 말하자면 이런 식의 외모 부각을 무장武裝 삼아 예상되는 공격을 막아보겠다는 것이다. 이는 일본 갱단, 야쿠자의 몸에 새겨진 정교한 문신에 들어맞아 보이는 설명으로, 봉건시대에 야쿠자는 폭정에 맞선 저항을 표상하기도 했다.[152] 플로렌스 롬은 야쿠자를 대상으로 특별한 연구를 수행한 연구자로서, 다음과 같이

• 이는 영국에서 제작되어 1969년 미국에서 각광받은 영화 『만약If』에 선명히 드러난다.—저자 주

말한다. "문신의 고통을 견딘다면 대단한 힘을 증명하는 셈이기에, 문신에는 남자다움, 용기, 건강, 활력 등 또 다른 속성이 부여되기 시작했고, 이 같은 관습을 고수함으로써 야쿠자 또한 스스로 이런 속성의 소유자임을 자부하고 있다."[153]

동양뿐만 아니라 서양의 젊은 갱단원이나 비행 청소년들에게도 비슷한 동기가 작용하는 듯하다. J. H. 버마 박사는 학교 한 곳에서 비행 소년 문신 실태를 연구하여, 이들 가운데 37퍼센트가 문신을 했다고 밝혔다. 다른 학교 여학생의 경우, 문신한 학생은 33퍼센트였다. 몸에 새겨진 문신의 종류는 평균 5가지에서 10가지였으며 대부분 훤히 보이는 부위에 있었는데, 문신이 이처럼 드러나는 부위에 있는 비율은 여학생보다 남학생이 더 높았다. 문신에 포함된 단어나 문구는 대개 자신을 어느 갱 단원이나 의미 있는 친구와 동일시한다는 표시였다. 이 비행 소년들의 문신은 자신들이 세력에 소속되어 있음을 광고하는 것이었고, 이들 또한 그 사실을 모르지 않았다. 일종의 선포인 것이다. "나는 그런 사람, 그런 유의 사람이니 너희는 나에게서 그처럼 용감하고 강인하며 강제를 일삼는 행동을 예상해도 좋다."[154]

미국에서 몸에 문신이 있는 사람은 전체 인구의 10퍼센트가량이다. 문신은 여성보다는 남성들 사이에서 훨씬 더 흔하다. 어려운 시기일수록 문신 빈도가 증가한다고 한다.[155]

문신의 동기는 여러 가지일 수 있다. 이집트에서는 문신이 남성과 여성 모두에게 성교 능력을 부여한다고 믿는데, 이곳 사람들은 실제로 여성이든 남성이든 몸에 문신을 한 상대를 보면 매력 있다고 여긴다.[156] 이라크에서 문신은 임신을 유도하고 또한 유지하는 수단이었다. 문신이란 관습은 사실상 전 세계에 걸쳐 생활화되어 있으며, 문신을 하는 이유도 천차만별이어서, 한 가지 원인에 귀속시키려는 시도는 어리석을 수도 있다. 그럼에도 입회, 종교, 성, 과시, 특권 등 원인이 무엇이든 이러한 표면적 동기 하나하나에는 자기만족이라는 요소가 마치 붉은 실 한 가닥처럼 꿰뚫고 지나간다. 하고많은 선원과 병사, 이를테면 여성과 어울릴 기회를 박탈당한 사람들이 문신으로 자기 몸, 그것도 보통 팔을 장식하겠다고 하는지, 그 이유는 명백하다. 성적 동기는 으레 누가 봐도 분명한데, 몸에 문신이 있다는 사실만으로도 확실한 만족을 느끼기 때문이다. 문신은 곧 성적 관계의 정당한 지속을 뜻한다.[157]

장식된 신체

피부는 일종의 도화지로 기능하는데, 인간의 몸을 예술로 간주해 온 사회라면 사실상 거의 어디에서나 볼 수 있는 현상이다. 문신, 절개, 보디페인팅 따위의 인공적 수단을 통해, 맨살은 살아 있는 장신구가 된다. 인간의 몸은 세상에 면한 살아 있는 거울이다. 칠 따위로 뒤덮었든 그림을 그렸든 장식을 했든, 나체에는 상대를 끌어당기고 사로잡으며 호리고 놀래키고 꾀는 힘이 있다. 사회마다 인체를 장식함으로써 찬양하는 나름의 방법을 찾아왔다. 자연과 늘 맞닿아 있는 사회에서는, 앙드레 비렐의 표현처럼 "맨살은 장식과 결합하여 탄생, 사랑, 죽음을 기념하기도 하고, 다만 암시하기도 한다. 신생아, 하루하루 땀 흘려 일하는 남녀, 관계하는 연인, 할례받은 소년, 음부가 절제된 소녀, 무희, 이들의 벗은 몸은 늘 신체에 대한 찬양을 자아낸다".[158]

그것이 기이하든 관습적이든 의례적이든 그저 장식일 뿐이든지 간에, 어느 사회에서나 문신은 자기 몸이라는 도화지에 그림을 그림으로써 세상에 무언가를 성명聲名하는 행위다. 어떻든지, 문신에는 늘 의사소통의 의도가 담겨 있다는 뜻이다.[159]

신체 처벌

아이의 볼기를 때리는 만행은 지금까지도 참으로 널리 옹호되고 있는데, 물론 주로 노동층 사람들의 이야기일망정 경악할 노릇이다. 1976년 6월에 만난 어느 여성 집단도 그렇고 1982년 겨울 TV 토크쇼에서 만난 한 집단도 마찬가지로, 볼기 체벌이 아이에게 이롭다는 생각을 고수하고 있었다. 이러한 관점의 골수 지지자 가운데 둘은 이혼녀로서 결별 사유는 남편의 폭력이라고 했다. 이들에게, 부모한테 얻어맞고 자란 소년이 나중에 아내를 구타하는 남편이 될 수도 있다고는 생각하지 않느냐고 물었더니, 터무니없는 생각이라며 일축했다.

자녀를 구타하고 학대하는 부모는 대부분 어릴 때 방치되고 학대당한 경험이 있다는 사실이 갈수록 분명해지고 있다. 지금까지 보고된 십수 편의 연구에서는, 아동 학대자의 25퍼센트 이상이 어린 시절 엄마와 떨어져서 힘겨웠던 경험이 있다고 밝혔다.[160]

콜로라도대 의과대학의 헨리 켐페 박사는 아이가 앞으로 학대당할지의 여부를 알려주는 중요 지표는 분만 뒤 아기와의 첫 대면에서 엄마가 보이는 태도라고 했다. 엄마가 시무룩하니 아기를 보기도 안기도 싫어하거나 아빠의 처신이 이렇다면, 이 부부는 아이 양육에 도움이 필요하다. 미국에서 매년 수천 명에 달하는 아이가 학대로 목숨을 잃는 상황에서, 이런 가족을 추적하여 돕는 일은 반드시 필요하다.[161]

레이 헬퍼 박사는 소년 법원에 끌려온 사춘기 남자아이 약 100명을 대상으로 진행한 연구에서, 85퍼센트 이상이 어린 시절 학대하는 부모 밑에서 아주 부정적인 경험에 시달렸다고 밝혔다. 아이를 학대하는 부모들을 보면 어려운 시기에 도움을 받을 수 있는 친구가 한 명도 없으며, 이들의 전화번호는 대개 전화번호부에 올라 있지도 않다. 어릴 때 학대당한 경험이 있는 산모의 조산율은 일반 산모의 두 배이며, 제왕절개술 비율은 이보다 높다.[162]

셀마 프레이버그 교수는, 연구 결과 자녀를 구타하는 부모들이 하나같이 어린 시절 겪은 학대의 놀랍고도 오싹한 실상을 낱낱이 기억하면서도, 그 경험, 학대당하고 상처 입은 경험의 영향은 기억하지 못했다고 말했다. 그녀의 연구팀이 이런 부모들을 거들어 '아아, 가죽띠를 들고 나를 눕혀 때리기 시작할 때 그 인간이 어찌나 미웠던지. 아, 그 인간이 어찌나 미웠던지' 하며 토로하는 지경에 이를 수 있게 했을 때에야 비로소 큰 진전을 이룰 수 있었다. 연구팀이 이들을 도와 어린 시절, 부모라는 강력한 존재의 학대로 엄습했던 불안과 공포감을 상기시키자, 그제야 이들은 자녀에 대한 행동에 눈에 보이는 변화를 보였다. 결국 변화는 당시 겪은 끔찍한 감정을 생생하게 되살려 냄으로써 가능했다.[163]

볼기 체벌이 임박해서 그리고 학대가 실현되는 동안, 아이는 대개 겁에 질려 그에 따른 극도의 공포를 드러냄과 동시에, 창백해짐, 근육 강직, 심박 상승 등 온갖 증상을 대동하여 운다. 정서적으로 불안한 상황에서 어릴 때 이 같은 경험이 있는 사람들은 그때와 비슷한 반응을 드러낼 것이다. 아니면 감정의 자연스런 배출을 막고자 '입술을 깨물거나' 경직되거나 혹은 두 손을 움켜쥘 것이다. 이는 소위 '의연한 자세'를 유지하는 것과 마찬가지로, 솔직한 감정을 숨기려는, 눈물을 삼키려는, 충격에 대비하려는 방편인 셈이다. 근육 긴장이 감정 교란을 막는 수단이 되기도 한다는 사실은 숱한 연구자가 언급해왔다.[164] 아니면 손톱으로 손바닥을 짓누르다 못해 결국 피를 보기도 하는데, 이는 감정 표현을 억제하거나, 양면적 심리로서 자신의 욕구에는 관심을 모으면서 동시에 다른 관심은 뿌리치기 위한 수단이다. 클레멘스 벤다의 표현처럼 "피부 질환은 접촉 유지의 어려움이 무엇인지를 실감나게 보여주는데, 예를 들어 쓰린 피부, 물코, 감염된 입 등은 각각 안팎으로 접촉을 차단하는 부위가 되어, 심지어 인적 교류까지 방해할 수도 있기 때문이다".[165]

여기서 암시하는 바는 이처럼 감정을 은폐하는 유의 행동이 영유아기 및 아동기 개인의 접촉 경험과 밀접하게 관련돼 있다는 사실이다.

어린 시절 보통 체벌과 연관되어 있는 울음이 나중에는 피부를 통해 표현될 수도 있다. 케페치와 동료들은 일련의 기발한 실험을 진행하여 울고 싶은 감정의 가시적 영향이 "눈물샘에 국한되지 않고 피부를 비롯해 신체 다른 부위에서도 발현된다"고 밝혔다. 이런 가설 아래, 연구자들은 피실험자들 피부에 발포제를 발라 인위적으로 물집이 잡히게 한 뒤, 이들에게 여러 감정 상태를 유발하여 물집 부위의 진물 삼출량을 측정했다. 감정 상태는 삼출률 상승에 영향을 미쳤는데, 특히 우는 감정의 영향이 두드러져서 펑펑 울수록 삼출률이 상승했다. 예측할 수 있는 결과이지만 울기를 금하자 삼출률이 감소하는가 싶더니 이어 크게 증가해 참으로 흥미롭다.[166] 요컨대 '사나이는' 울지 않는 법이라고 사방팔방에서 교육받은 영어권 남성들이 울고 싶은 욕구를 억누르고 억누르다가는 결국 눈물샘이 말라붙어, 급기야 피부나 위장관을 통해 울기 시작하는 수도 많다는 뜻이다. 아토피 피부염 사례가 대부분 울고 싶은, 강하지만 금지된 욕구와 연관되

어 있음은 이제 충분히 입증된 사실이다.[161]

엄마를 향한 영유아 주도의 접촉 행동

할로는 붉은털원숭이를 다룬 여러 연구에서, 어린 새끼의 발달에 무엇보다 중요한 경험은 어미와의 신체 접촉으로, 이는 호모 사피엔스 아기에게도 해당되는 사실이라고 확실하게 밝힌 바 있다.[168]

아이-엄마 애정 체계 4단계는 인간 아기와 새끼 원숭이 모두 다음과 같다. (1)반사 단계, 이 단계에서 아기는 엄마가 제시한 자극에 자동으로 반응한다. (2)애착 단계, (3)안정 단계, (4)독립 단계.[169] 반사 단계 지속 기간의 경우 붉은털원숭이 새끼는 불과 몇 주에 그치는 반면 인간 아기는 몇 달에 이른다. 인간 아기의 애착 단계는 태어나고 30분이 채 안 되어 시작되지만 이것이 아기의 행동으로 확연히 드러나는 시기는 생후 2개월에서 3개월 사이이다. 이 시기에 이르면 아기는 웃고, 기분이 좋다며 목구멍에서 까르륵 소리를 내는 등 엄마에게 자발적 애정 행동을 보이기 시작한다. 붉은털원숭이에게서 어미에 대한 1차 유대는 수유와 접촉이라는 두 체계를 통해 발동하는 듯하며, 두 체계의 작용 기간은 생후 첫 1년이다. 매달리기와 따르기, 곧 엄마에 대한 시각 및 청각 반응은 생후 2년에 정점을 찍는다.

셋째 단계인 안정 단계는 애착 단계가 시작되자마자 바로 시작된다. 이른바 불안한 6개월은 안정 단계의 시작을 알리는 신호로, 이 6개월 동안 새끼는 시각적으로 유발된 공포에 반응하기 시작한다고 여겨진다. 반면, 인간 아기는 시각적으로 유발된 공포에 대한 반응이 시작되는 시점이 이보다 더 빨라서 생후 2주가 끝날 무렵부터이다.

고소공포증은 아기가 어떤 식으로든 이동이란 것을 경험한 뒤에야 발달하는 듯하다. 이 단계에서 아기에 대한 엄마의 반응은 아기가 공포와 불안을 느끼는 온갖 상황에서 아기를 위로하고 보호해주고 안심시키는 역할을 하게 된다. 이처럼 공포와 불안을 느끼면, 새끼 원숭이는 어미에게 달려가서 안긴다. "어미 몸에 달라붙고 몇 분 아니 몇 초도 채 지나지 않아, 새끼 원숭이(또는 인간 아기)의 손이며 몸은 긴장이 풀려 이제 불안한 기색 없이 자기를 겁먹게 한 자극을 눈으로 살피게 된다."[170] 때가 되면, 지금껏 어미로부터 느낀 만족스런 안정감에 힘입어 새끼 원숭이는 안정 반응을 보이는데, 이는 어미를 떠나 제 스스로, 머뭇거리며 시작할지언정 갈수록 태평하게 세상을 탐험할 수 있게 된다는 뜻이다.

클레이의 말처럼 "엄마는 어린아이의 안정감을 지탱하는 중심축으로 간주될 수 있다. 제 힘으로 돌아다닐 수 있게 됨에 따라 아이는 엄마와의 시각적 접촉만으로도 충분해져서, 더 이상 신체 접촉이 줄곧 이어지기를 바라지는 않게 된다. 행동 거리라는 개념을 아이가 돌아다니며 주변을 마음 놓고 경험할 수 있는 엄마와의 거리를 설명하는 데 사용할 수 있다". 사회화를 거치며 성장하는 과정에서 아이의 행동 거리는 늘어난다.

자신의 연구에서 클레이는 엄마와 붙어 지내는 시간이 가장 긴 아이는 아직 걷지 못하는 단계의 걸음마기 아이라고 밝혔다. 바로 이 시기에 엄마에 대한 아이의 애착은 최고조에 달해 있다. 걸을 수 있게 되자마자 "새로 얻은 이동성을 비롯해 주변 세상을 배워가는 흥분된 경험에 신난" 아이는 엄마와의 거리를 넓혀가려는 시도가 날로 잦아진다. 아이의 독립심은 그러나 아직 확고하지 못한데, 안심하려면 엄마와 시각적 접촉을 유지하거나 엄마의 소재를 파악하고 있어야 하기 때문이다.

촉각 접촉과 관련하여 클레이는, 엄마와 만족스러운 신체 접촉을 경험해보지 못한 아이는 엄마에게 손도 대지 않았다고 밝혔다. 이런 행동을 보인 사례는 둘이었는데, 둘 다 기어다니는 단계, 곧 애착이 정점에 이른 시기에 엄마와 떨어져 지냈다. 반면, 엄마와 아주 만족스러운 촉각관계를 경험해본 아이는 오히려 엄마를 덜 찾는 듯했다. 마지막으로, 불안감이 심한 아이는 접촉 욕구가 아주 강하기 쉬워서, 이런 아이에게는 엄마 몸이 바로 안식처였다. 이런 과불안 아이 가운데 한 명은 엄마의 반응이 내내 부적절하고 불충분했으며, 두 명은 부모의 불화에 따른 반응인 듯했다. "마치 새끼 원숭이처럼, 과불안 아이 세 명은 하나같이 엄마에게 매달려서는, 환경을 탐험하며 놀기는커녕 비교적 짧은 외출이 아니라면 밖에 나가지를 못하고 있었다."

클레이의 연구 집단을 보면, 엄마와의 관계에서 중산층 아이들은 다른 두 계층 아이들에 비해 접촉을 통한 애정 표현이 더 많았다. 클레이의 주장에 따르면, 이는 신생아기 및 막 걷기 시작한 발달 단계에 엄마와의 신체 접촉이 더 길게 이어졌기 때문일 가능성이 있다.[171]

할로와 동료들의 말에 따르면 "수유, 신체 접촉, 따르기와 모방에서 벌어지는 엄마와 아기의 상호작용은 모두 아기의 안정감에 기여하나, 증명된 것처럼 붉은털원숭이 새끼의 경우 안정감에 지배적인 변수는 순전한 신체 접촉이다". 이것은 또한 인간 아기에게도 해당될 수 있다.[172]

아기를 향한 엄마 주도의 행동

안나 쿨카와 캐럴 프라이, 프레드 골드스타인 세 박사는 엄마가 아기에게서 빼앗은 가장 중요한 즐거움 가운데 하나는 엄마와의 접촉으로, 확인해온 결과 어릴 때부터 지나치게 적게 보듬어줘 버릇하면 아기 몸에는 근육 긴장이 쌓인다고 말한 바 있다. 아무리 엄마라도 이런 아기들은 결국 안기가 무척 까다로워진다.• 안으려 하면 꿈틀거리는 모양이 엄마 품에서 벗어나고 싶은 듯 보여서, 아기가 '안기고 싶어하지 않아요'라고 이야기하게 될 가능성이 크다. 표면상 이처럼 거부로 보이는 행동은 엄마 마음을 괴롭혀, 엄마로 하여금 자기 자신이 불충분하다고 느끼게 하거나 아기에게 화나게 만들어 결국 둘 사이에는 악순환이 끊이지 않는다.

숱한 사례를 통해 쿨카 박사가 확신할 수 있었던 것은 그럼에도 엄마가 인내심을 잃지 않고 제대로 다뤄주며 안아주기를 그치지 않는다면, 아기는 완전한 긴장 이완으로 답하리라는 것이다.[173]

접촉과 놀이

학습에서 놀이의 중요성은 이제 거의 누구나가 인정하며, 할로

• 캐럴 프라이 박사는 근전도筋電圖를 이용한 세심한 연구들에서 이런 아기들 및 다른 조건의 아기들을 대상으로 근육 긴장도를 측정했으나, 이 연구들은 안타깝게도 그녀의 때 이른 죽음으로 중단되었다. 그녀는 나에게 여기서 얻은 자세한 기록을 보여주었는데 몹시 인상 깊은 결과였다. 즐겁게 젖을 물려주는 엄마의 아기들은 자기에게 비교적 전심하지 않는 엄마의 젖을 받아먹은 아기들과 근육 긴장도에서 현저한 차이를 보였다.—저자 주

가 지적했다시피 형식과 무관하게 놀이 행동은 모두 탐험과 조작이라는 근본 동기의 표현이다. "사회적 놀이에 앞서 물리적 환경을 탐험하고 무생물을 가지고 노는 행위가 선행하나, 사회적 탐험 및 놀이는 단연 환경 탐험 및 놀이보다 우위를 차지하는데, 받는 관심과 반응 면에서 생물이 무생물을 크게 앞서기 때문이다."

할로와 동료들이 관찰한 원숭이들에게서 사물 탐험은 사회적 탐험에 선행했으며, 사물 탐험에서 확인된 성분은 세 가지였다. (1)시각적 탐험, 여기서 원숭이는 사물이나 다른 동물에게 바싹 다가가 유심히 살펴본다. (2)구순 탐색, 입을 이용하여 조심스레 탐색한다. (3)촉감 탐색, 물리적 사물이나 다른 동물을 잠깐 움켜쥐거나 안아본다. 여기서 또한 우리는 촉감이 지배적 감각임을 알게 되는데, 중요한 점은 이 성분들이 서로 별개가 아니라 상관관계에 있다는 것으로, 시각적 탐색을 논한다고 해서 촉각 및 구순 탐색과 무관한 행동으로만 이해해서는 안 되며 세 가지 탐색이 서로 조화롭게 작용하고 있다고 해석해야 한다.

붉은털원숭이 새끼의 경우, 동년배 및 또래와 노는 행위가 어미와의 친밀한 신체적 유대가 끊긴 뒤에야 발달할 수 있다. 여기에서도 마찬가지로 세 단계가 확인된다. (1)반사 단계, (2)조작 단계, (3)상호작용적 놀이 단계. 반사 단계는 몇 주에 걸쳐 진행되며 이때 새끼들은 상대에게 시선을 고정하고 접근을 시도하게 된다. 접촉이 이루어지면, 둘은 엄마에게 그러듯 서로에게 반사적으로 매달린다. 새끼 둘의 관계라면 서로 배를 맞대고 매달리며, 둘 이상의 관계라면 '칙칙폭폭 기관차'처럼 매달린다. 조작 단계는 생후 첫달 말에 시작되는데, 이 단계에서 아기는 사물을 다룰 때와 마찬가지로, 동년배와 물리적 환경을 번갈아 조작해가며 눈과 손, 입, 몸으로 서로를 탐사한다. 앞선 단계처럼, 조작 단계 또한 비사회적 또래관계 기간, 곧 탐험활동이 특징인 기간으로, 탐험활동은 상호작용적 놀이 단계까지 이어진다. 경험을 통해 서로를 알아가면서, 새끼들은 서서히 서로를 물리적 사물이 아닌 사회적 존재로 인식해 반응하기 시작하는데, 이처럼 사회적 놀이는 조작적 놀이를 기반으로 형성된다. 세 번째인 상호작용적 단계는 또래 간 진정한 사회적 상호작용의 발달을 의미한다. 이 단계는 생후 3개월경에 나타나며, 조작적 놀이 및 물리적 환경에 대한 일련의 탐험 단계와 일부 겹친다. 인간 아기의 경우, 상호작용적 놀이는 생후 2년에서 3년 사이에 발생한다.[174]

클레이는 연구 대상들의 놀이 행동 발달 양상을 관찰하여, 이들의 놀이 행동은 엄마-아기가 상호작용하는 기간과 엄마에게서 멀찍이 떨어져서 노는 기간을 번갈아 겪으며 발달한다고 보고하며, 떨어져 노는 기간 뒤에 다시 엄마에게로 돌아갈 땐 전보다 심화된 의사소통을 벌이게 되는 식이라고 했다.

> 아이는 나이를 먹을수록 행동 거리를 넓혀가는데, 그 과정에서 엄마와 실제로 접촉하는 시간이나 엄마 곁에 있는 시간은 줄어들고 엄마에게서 떨어져 보내는 시간은 늘어난다. 엄마와의 접촉 종류 및 아이의 정서적 안녕에 대하여 엄마가 보이는 반응의 종류는 달라진다. 이 단계는 막 걸음마를 뗀 어린아이로부터 시작되는데, 엄마 무릎에서 몇 분이고 앉아 있고 싶어하는 아이가 있는 반면, 엄마에게 내달려 '안녕!' 하고 인사하는 활동적인 아이도 있을 수 있다. 이런 식으로 안정감의 원천을 확인하는 행동은 거의 모든 아이에게서 관찰된다. 활동적 확인 행동은 특히 비교적 나이 든 아이 가운데 엄마가 놀이활동 범위를 비교적 넓게 허락하는 경우에 두드러졌다.

'확인'은 특히 아이가 자력으로 세상의 다른 부분을 탐험하기 시작할 때 엄마와의 접촉이 여전히 유지되고 있음을 확신하게 해준다는 점에서 더없이 중요하다. 클레이가 밝혔다시피, 시간이 흐를수록 아이는 엄마와의 신체 접촉에는 갈수록 덜 의지하고 엄마로부터 떨어져서 노는 데 점점 더 긴 시간을 할애하게 된다. 어릴 때는 짧은 시간이 아닌 이상 엄마에게서 벗어나 독립적으로 놀 준비가 아직 되어 있지 않다. 여전히 엄마와의 접촉을 통한 안심, 다시 말해 엄마와의 신체적·시각적 접촉 유지가 필요하다.

클레이가 강조했다시피, 어느 포유류든 새끼라면 다 노는 법을 배워야 한다. 엄마와의 관계에서 노는 능력이 발달하느냐 마느냐는 아이가 머뭇머뭇 장난치려는 시도에 따르는 엄마의 보상 여부에 달려 있다. 엄마와 놀려고 하는 아이에게 호응해 아이의 사기를 북돋워주는 면에서 노동층 엄마들은 중산층이나 상류층 엄마들에 비해 현저히 뒤지는데, 클레이의 연구를 보면 중산층 아이보다도 상류층 아이가 엄마에게 접촉을 통한 놀이를 더 많이 시도한다.[175]

흥미롭게도, 클레이가 밝힌 바에 따르면 아이에게 촉각 자극을 많이 주지 않았던 엄마들이라도 희한하게 엄마와 놀려는 아이의 의욕은 부추겨주었다. 마치 직접적 신체 접촉과 그것이 일으키는 느낌은 불편하게 여기면서도 이러한 신체 접촉이 놀이를 통해, 곧 흔히 공이나 소풍용 숟가락, 아이스바 따위를 매개로 이루어지면 받아들일 만하다는 식이다. 말하자면 놀이를 통한 접촉이 본연의 신체 접촉을 대신하는 셈이다.

클레이는 보르네오 두순 족의 접촉성을 다룬 윌리엄스의 연구를 인용하며, 윌리엄스가 "개개인이 특정 접촉 경험을 포기하고 문화 적응 단계에 맞춰 이의 보상 격인 상징적 대체물을 개발하도록 요구

받고 요청되는 방식에 대한 (…) 연구의 필요성에 주의를 불러일으켰다"[176]고 언급한다. 접촉을 대신하는 상징적 행동에 대한 이런 식의 학습은 엄마와 놀겠다며 갖가지 물건을 이용해 엄마에게 다가가는 아이들의 행동에서 확인된다. 또한 비슷한 유의 상징 학습에는 이 밖에도 많은 형태가 있으나 피부의 정신에 바탕을 둔 학습의 연장선상에 있다는 점에서는 한결같다는 사실을 이해할 필요가 있다.[177]

쓰모리는 일본 짧은꼬리원숭이가 새로운 적응 행동을 발견하고 발달시키는 데 탐험적 놀이활동의 지속적 경험이 얼마나 중요한지를 증명한 적 있으며, 홀은 인간을 제외한 영장류의 발달 후기 행동 다수가 사회적 상황에서 학습되고 놀이를 통해 연습된다는 사실을 명백히 하고 있다.[178, 179]

이러한 관찰 결과가 인간이란 종에 오면 훨씬 더 강력한 진실이 된다.•

어느 포유류든 어미와 이별하거나 분리되면 새끼는 세상과의 접촉을 개시하고 확장하는 데 큰 영향을 받게 된다. 라인골드와 에커먼이 지적하다시피, 아무리 어미가 새끼를 데리고 다닌다 하더라도, 새끼가 접촉하는 세상은 제한적일 수밖에 없다. 새끼가 어미 곁을

• 놀이를 다룬 값진 책 몇 권을 더 들면 다음과 같다. J. 호이징가, 『유희하는 인간Homo Ludens』(New York: Roy Publisheer, 1950); H. C. 리먼, P. A. 위티 공저, 『놀이 활동 심리학The Psychology of Play Activities』(New York: A. S. Barnes, 1927); P. A. 주얼, C. 로이조스 공동 편저, 『놀이, 탐험, 영역Play, Exploration and Territory』(New York: Academic Press, 1966); S. 밀러, 『놀이 심리학The Psychology of Play』(Baltimore: Penguin Books, 1968); J. S. 브루너, A. 졸리, K. 실비아 공동 편저, 『놀이: 발달 및 진화에 미치는 영향Play: Its Role in Development and Evolution』(New York: Basic Books, 1976); J. N. 리버만, 『유희성: 상상력 및 창의력과의 관계Playfulness: Its Relationship to Imagination and Creativity』(New York: Academic Press, 1977); 마리 W. 피어스 편저, 『놀이와 발달Play and Development』(New York: Norton, 1972); 캐서린 가비, 『놀이Play』(Cambridge: Harvard University Press, 1977); 로버트 페이건, 『동물의 놀이 행동Animal Play Behavior』(New York: Oxford University Press, 1981); 로제 카유아, 『인간, 놀이, 경기Man, Play and Games』(New York: Free Press, 1961).—저자 주

제 발로 떠날 때라야 비로소 새로운 유형의 여러 일을 배우게 되는 법이다.

> 아기가 접촉하게 되는 물체의 종류와 수는 갈수록 늘어난다. 이것들을 만지며 아기는 그 모양이며 크기, 기울기, 날카롭고 뾰족한 정도, 질감을 배운다. 또한 더듬고 움켜쥐며 밀고 잡아당김으로써 중량, 부피, 강도 같은 물리적 변수는 물론 시각 및 청각 자극을 주는 물체라면 그러한 자극이 건건이 어떻게 달라지는지도 배우게 된다. 아기는 같은 방에서 자리를 옮기기도 하고 이 방 저 방을 드나들기도 한다.[180] 그 결과 발생하는 시각 경험의 변화는 운동감각과 결합해, 아이는 물체 사이의 상대적 위치를 배운다. 아기는 또한 여러 자극원의 불변성을 배운다. 한 마디로, 아이는 대상 항상성과 물질보존의 법칙을 비롯해, 물리적 세계의 특질을 배우는 것이다.[181]

원숭이 등 유인원에게는 무엇이든 흥미로운 물체를 만지면 크게 감동하는 놀라운 특성이 있다. 접촉은 배워먹지 못한 짓이라고 믿도록 조건화 학습을 해오지 않았다면야, 하물며 인간에게서야 더더욱 두드러진 특성임은 말할 나위가 없다. 접촉은 의사소통한다는, 대상의 일부가 된다는, 대상을 소유한다는 뜻이다. 내가 만지는 것은 무엇이든 내 일부가 되어 나에게 속하게 된다. 누군가가 나를 만지면, 그 사람의 일부가 나에게로 전이된다. 내가 누군가를 만지면 내 일부가 그 사람에게로 전이된다. 어떤 유물을 만지면, 나는 한때 그것을 소유했던 사람을 만지는 셈이요, 그럼으로써 그 사람 또한 나를 만지는 것이다. 유명인의 자필 편지는 우리에게 큰 기쁨을 주는데, 편지에서 간접적으로나마 그의 손길을 느낄 수 있기 때문이다. 더 이상

이생에 속하지 않는 사람들이 만졌던 물건들을 만질 때면 일종의 불멸성, 영속성을 느끼는 이유는 그 물건들에서 우리를 만지는 그들의 생생한 손길이 느껴지기 때문이다. 일상 서신에서조차, 본문은 타이핑되었을망정 서명만은 자필이기를 기대하는 법이다.

간질이기

간지러운 느낌은 겨드랑이, 옆구리, 발가락 사이, 발바닥 등 예민한 특정 부위에서 피부의 가벼운 마찰을 통해 발생된다. 가벼운 압박감과 뒤섞인 이 느낌은 상당히 자극적으로 웃고 싶은 충동과 더불어 발작적으로 오그리는 움직임을 일으키는데, 이러한 반응은 통제가 되지 않을 수도 있다. 오그리게 할망정, 간지럼은 아이들에게라면 특히 기분 좋은 느낌일 수도 있다. 이 느낌은 느닷없이 들이닥칠 때에 특히 강하다. 여러 해 전 내가 알던 메시라는 이름의 어느 어린 암컷 침팬지는 간질이면 유달리 즐거워했다.

간질이기가 특히 흥미로운 이유는 제 몸을 간질이기란 불가능하다는, 다시 말해 아무리 간질여도 웃음을 자아낼 수는 없다는 데 있다. 아기는 생후 4개월에서 8개월 사이에 웃기 시작하나, 웃음 반응은 4개월에서 6개월 사이에 가장 쉽게 나온다.

지금까지의 관찰 결과를 보면 아이들은 홀로 있을 때보다 사회적 환경에서 더 자주 웃는다.[182] 또한 간지럼으로 인해 웃느냐 마느냐는 순전히 상황에 달려 있다. 예를 들어 안 좋은 상황에서, 아니면 내가 싫어하는 사람이 간질이는데 웃기란, 불가능하지는 않아도 어려운 법이다. 간질이기에 관한 한 여전히 으뜸가는 논고에서, 다윈은 이렇게 썼다. "때로는 생뚱맞은 생각이 상상력을 간질이기도 하는데, 이러한 소위 정신의 간질이기는 육신의 간질이기와 묘하게 비슷하다."[183]

백인, 아프리카계 미국인, 카보베르데계 미국인 등 미국 태생의 세 인종 집단을 대표해 뽑힌 취학 전 남아와 여아 60명을 대상으로 한 어느 연구에서, 로드아일랜드대 낸시 블랙먼 박사는 아이들이 간질이기에서 경험하는 감각은 그 어떤 감각보다 강렬하다고 밝혔다. 그는 간질이기에 촉각을 자극하려는 의도가 있음은 매우 명백하며, 이는 간질이기만의 독특한 특성이기도 하다고 지적한다. 세 집단의 아이들은 하나같이 간질여주면 좋은 부위로 복부와 겨드랑이를 꼽았다. 아프리카계 미국인 아이들은 복부를 선호했다. 소수 집단의 아이들은 아빠가 간지럼 태우는 부위를 한층 더 구체적으로 지적했다. 세 집단을 기준으로 백인 부모가 가장 적게 간질여주는 것으로 밝혀졌다.[184]

겨드랑이, 복부, 옆구리, 옆 무릎, 발바닥 같은 부위가 왜 그리 간지럼을 잘 타는지는 아직 밝혀지지 않았다. 오랑우탄, 침팬지, 고릴라 세 유인원은 모두 간질여주면 좋아하고 새끼들은 특히 더한데, 간질이기가 고古인류에 연원을 둔 특성이 아닐지 생각하게 되는 대목이다. 인간은 나이 들수록 간지럼을 덜 타는 듯하다.

접촉과 개성화, 애정

자의식自意識은 대부분 촉각 경험과 관련된 문제다. 걷든, 서 있든, 앉아 있든, 누워 있든, 달리든, 뛰어오르든 우리는 근육 및 관절, 여타 조직으로부터 여러 메시지를 전달받는데, 우리가 몸을 움직임으로써 받는 메시지 가운데 가장 먼저 도달하고 가장 광범위한 정보를 담고 있는 것은 피부로부터 받는 것이다. 외부 요인으로 인해 체온이 하락하거나 상승하기에 훨씬 앞서, 피부는 변화를 감지하여 대뇌피질에 필요한 메시지, 곧 적절한 반응으로 작용할 행동을 촉발하라는 메시지를 전달할 것이다.

엄마로부터 독립하는 과정에서 아이가 열중하게 되는 탐험활동은, 비록 보이는 것에 토대를 둘망정, 근본적으로 접촉 경험, 즉 촉각 경험을 통한 학습의 연장선상에 있다. 시각은 촉각 경험을 공식화하지만, 보이는 물체의 형태며 크기는 대부분 촉각이 결정한다.

자신의 연구 결과를 요약하면서 클레이는 결론짓는다. "우리가 이 연구에서 풀고자 한 문제는 미국 엄마들이 자신의 아기나 어린아이에게 주는 촉각 자극 및 접촉의 양과 종류가 이 아이들의 생리적, 정서적 필요에 부합하는지의 여부였으며, 답은 여지없이 부정적으로 보인다." 해변에서 관찰한 엄마들은 자녀의 행동을 조절하고 기본적 욕구는 충족시켜주면서도 아기나 어린아이를 안고, 흔들어 얼러주며, 다정히 보듬어주고, 어루만져주는 등 어린 자녀에게 사랑을 표현하는 데에는 그다지 관심이 없었다. "위안을 주고, 놀아주고, 촉각을 통해 애정을 전달하는 일은 이 엄마들에게 중요성도 빈도도 아주 낮은 행동이었다." 클레이는 엄마와 말을 떼기 전 아이 사이의 촉각 접촉은 애정과 애착이 아닌 기본적 양육 행위의 표현일 때가 가장 많았다고 거듭 언급했다.

미국에서 오래 유행한 비인간적 양육 관행은, 엄마와 아이 간 유대를 이르게 단절하고 엄마와 아이 사이에 젖병이며 담요, 의복, 유모차, 아기 침대 등 여러 물건을 끼워 넣어 서로 분리시키는 행위다. 이와 맞물려 결국 인간들로 들끓는 이 도시는 물질주의적 가치관에 젖어 물건에 중독된 채 외롭고 고립된 삶을 살아갈 개인들을 양산할 것이다. 클레이는 적절하게도, 아기가 엄마와 1차적 촉각 유대를 맺는 시기에 가족 간에 높은 친밀도를 경험하는 일이 정착된다면 지금보다는 얼마간이나마 미국인들 가정의 기반이 더 탄탄해질 것이라고 보았다. 또한 어린 시절 이후에도 접촉하려는 정서적 욕구가 존재하며 그것이 중요하다는 사실을 받아들인다면 우리 시대 비인간성의 압박과 인생의 불가피한 영고성쇠를 견뎌내는 데 힘이 되리라고 믿는다.[185]

이는 어쩌면 가족 간에 지나치게 많은 접촉관계를 기대하는 일일 수도 있으나, 이러한 접촉 관행이 일반적으로 도입되기만 한다면 분명 꿈에 그리던 이상적 사회가 될 것이다. 식구 하나하나의 '성공'에 전념한 결과, 현시대 미국 가정은 지나치게 자주 가족 각 성원에게 체계적으로 정신 질환을 일으키는 일종의 시설에 불과하게 되었다. 이는 사실상 개개인이 사회 일반의 요건에 부합하는 과업을 달성하고자, 이미 완성된 설계에 맞춰 제작된 하나의 장치로서 작동하게 된다는 뜻으로, 여기에는 감정 억제, 사랑과 우정의 거부, 이익만 된다면 무엇이든 양심과 맞바꿀 수 있는, 그러면서도 겉으로는 초지일관 청렴결백을 표방할 수 있는 능력이 수반된다. 이러한 목표를 지향하는 부모는 자녀에게 애정을 '지나치게 많이' 쏟아서는 안 된다고 믿기에, 아이들은 심지어 애정이 넘치게 필요한 시기인 반사 및 애착 단계에서조차 글자 그대로 넘치는 애정을 받지 못하게 된다. 온갖 이유와 합리화가 산출된다. 아들을 망칠 것이다, 타인에게 지나치게 의존하게 될 것이다, 엄마 아니면 같은 남아 심지어 여아에 대한 관심이 비정상적으로 발달할 것이다, 아들이 여성스러워질 것이다 등등. 이런 문화의 목표는 남자다운, 이른바 '사내대장부'이자 여성다움이란 세계의 성공적 조작자인 인간을 만드는 데 있다. 어린아이들의 접촉 경험이 아무리 적절하게 이루어진다 한들, 이러한 목표가 강조되는 환경에서라면, 의식적으로든 무의식적으로든 성공을 지향하는 미국인들은 여전히 그 자신이 겪는 문제의 일부가 될지 모른다. 결론적으로, 사회화과정에서 접촉성의 중요함은 아무리 강조해도 지나치지 않으며 지금껏 그래왔듯 폄하되어서도 안 될 것이다.

더욱이 인간의 발달 단계에서 특히 말을 떼기 전 접촉 경험의 중요성은 사실대로 아무리 강조해도 모자라며, 이 책의 사명은 바로 이 같은 진실을 전달하는 데 있다.

제9장

접촉과 연령

지혜로운 정신은
세월이 앗아가는 것보다
뒤에 남겨두고 가는 것에 더 애석해한다.

워즈워스, 「샘The Fountain」

누구나 오래 살기를 바라지만 늙고 싶어하는 사람은 아무도 없는데, 노화란 누군가의 적절한 표현처럼 비열한 술책이기 때문이다. 정답은 물론, 가능하다면 죽을 때까지 젊음을 유지하는 것이다. 하지만 젊음이란 대체로 정신의 문제다. 대부분의 경우 육체라는 집은 비울 준비가 다 되기 전에, 그보다 훨씬 먼저 삭는다. 질병과 장애는 늘고 심해지는 반면 체력, 정력, 기동성은 줄어들기 쉽다.

노화는 흔히 건강 문제 및 장애와 맞물려 여러 제약을 초래하지만, 늙어간다고 해서 삶의 질까지 포기할 필요는 없다. 우리가 거주하는 이 집은 허물어질지 몰라도, 고무되기만 한다면 정신은 창대할 것이기 때문이다. 노화는 죽음에 이르는 병이 아닌, 늘 비옥한 토지요 풍성한 유산이다. 우리 사회에서 노인은 생분해 중인 찌꺼기로 간주되지만 진실은 정반대다. 노인이야말로 고도의 생물, 풍파를 견뎌낸 지혜로 세상에 내줄 것이 많은 존재다. 거의 보편적으로 노인은 전통과 지혜의 보고이자 그 이상의 것들을 보존하는 수호자로 여겨져왔다. 그렇기에 노인에게는 특권과 공경이 따랐으며, 이러한 위상이 무시당한 적은 거의 없었다. 그러나 젊음의 숭상이 수십 억 달러 가치의 산업이 된 사회에서, 연령에 따른 계급화, 계층화는 청년층과 중년층, 노년층을 각기 분리함으로써 기존의 분열 및 계층화 문제를 가중시키고 있다. 이렇게 이루어진 사회 범주들은 사람을 차별하는 기준으로 작용하여, 가장 파괴적 유형의 사회적, 정치적 결과를 초래하고 있다.

젊은이들은 노인을 폐물이라며, 특권층의 거만함을 담아 속된 말로 '한물갔다'고까지 치부하고, 노인들은 이러한 평결에 수긍하도록 종용된다. 하지만 진실은 다르다. 노화에는 고유의 특권이 따르는데, 이는 지혜와 경험의 축적을 통해 젊은이들은 벗어나는 데 오랜 세월이 걸리게 될 표류漂流 상태를 초월해간다는 것이다. 젊은이들이 만일 여기에서 벗어난다면, 그때쯤엔 그들도 노인이 되어 안전한 항구에 정박해 있을 것이다.

노화라는 후줄근한 말보다 성장이란 표현이 더 합당하다. 우리는 의미를 상실한 낡은 단어에 새로운 정의를 찾아줘야 한다. 성장이란 정신의 젊음을 유지하고 향상시킴으로써 노년에 이르러 지혜를 갖춘 참된 젊음을 누리는 것이다. 이런 노래도 있다.

그대는 앞서 있다
마음이 새파란 청춘이라면.

요컨대, 그저 녹슬어 못쓰게 되느니 격조 있게 낡아지는 편이 더 낫다. 세월의 흐름에 피부는 변질되지만, 우리 안의 정신은 훌륭한 와인처럼 나날이 향상될 수 있다.

피부는 노화의 가장 가시적인 증거다. 주름, 검버섯, 색소 변화, 건조, 탄력 상실 등 증거는 진저리 나게 많다. 노화와 더불어 각종 촉각 신경종말은 중대한 변화를 겪는다. 신경종말은 여러 가닥이 한 소체에 둘러싸여 피부에 조직적으로 분포하는 구조로, 노화는 이들의 신경원세포를 파괴한다. 촉각소체, 곧 마이스너소체는 개수가 감소할 뿐 아니라 크기 및 모양, 상피와의 관계에서도 뚜렷한 변화를 보인다. 신경계 및 그 부속 기관 전반의 분명한 변화는 주로 세포 형태 변형 및 섬유 손실로 확인된다. 이는 촉각 민감도, 자극 발생 지점을 정확히 지적해내는 능력, 촉각 자극에 대한 반응 속도, 고통스런 자극에 대한 반응 속도 등의 저하로 나타난다. 노화에 따른 두드러진 변화 가운데 하나는, 대부분의 경우 극히 예민하던 손바닥 표면 감각이 눈에 띄게 무뎌지는 현상이다. 촉각신경과 관련된 요소들이 가장 많이 분포해 있는 부위인 손가락과 손바닥에는 이제 굳은살이 박여서, 마치 피부가 의사소통을 주고받던 예전의 능력을 상실한 듯하다.

그러나 노화가 진행되더라도 접촉 욕구에는 변화가 없어 보이며, 오히려 증가하는 것 같다. 그런데도 앵글로색슨 세계에서는 우리에게 어린 나이에나 어울릴 접촉 행동이 있다며 이는 청소년이나 성인에게는 부적절한 행동이라고 가르친다. 이 같은 행동에 대한 금기가 철저히 적용되는 대상은 거의 남성들로, 여성은 남성보다는 훨씬 더 자유롭다. 청소년 및 성인 남자가 어머니를 안을 수는 있겠지만, 아버지는 안을 수 없다. 마찬가지로 좋아하는 이모나 고모, 할머니에게 안길 수는 있어도, 삼촌이나 할아버지에게 안겨서는 못쓴다. 남성이 여자아이를 안는 일은 사적인 특정 상황에서나 허용될 수 있으며, 둘 사이에 일반적으로 인정된 상호 이해가 존재하지 않는 이상 공공연히 안아서는 안 된다. 서구세계에서, 여성에 비해 남성은 접촉 경험에 목말라 갈구하는 가운데 주로 성적 접촉을 통해서나 이러한 갈증을 해소하며, 사실상 일생의 하고많은 나날을 비접촉성 생물로 지내게 되는데, 이것은 문화가 그러도록 부추기기 때문이다. 남아 있는 유일한 감각적 경험이 성性인 이상, 늙어서 성기능이 감퇴하거나 기능 부전이 되면, 접촉을 향한 남성의 갈증은 그 어느 때보다 더 심해질 수밖에 없다. 남성이 인간의 지지가 필요한 지극히 의존적인 존재로 되돌아가, 다시금 포옹을 욕망하고 누가 자신의 어깨에 팔을 둘러주고 손을 잡아주고 어루만져주기를 욕구하며, 자신도 이처럼 반응할 기회를 갖게 되는 시기가 바로 이 무렵이다. 이 같은 소통 욕구가 여성에게서는 훨씬 더 크다. 그럼에도 우리가 그르치고 있는 많은 일처럼, 노화와 관련해서도 바로 이 부분에서 처절하게 실패하고 있다. 노인들은 위선적 경로사상이나 관용이 아닌 이해와 존중을, 자신들이 타인에게 베푸는 그런 사랑으로 대접받기를 원한다. 노화를 사실 그대로 받아들이기 싫은 나머지, 우리는 마치 노화를 실재하지 않는 현상처럼 대하고 있다. 바로 이 같은 심각한 회피가 우리가 노년기의 욕구를 이해하는 데 실패하는 주된 원인이다.

노인의 욕구 가운데 가장 중요하고도 등한시되고 있는 것은 촉각 자극 욕구다. 나이 든 사람들이 애무와 포옹, 손을 다독이거나 꼭 잡아주는 행위에 어떻게 반응하는지만 봐도 이러한 경험이 이들의 행복에 얼마나 결정적인지를 이해할 수 있다. 이 책에서 든 증거에 기초해 추정해보면, 노인들이 앓는 많은 질환의 경과와 결과는 질병 전 및 질병이 진행되는 과정에서 받은 인간적 접촉의 질에 크게 좌우되어왔을 수 있다. 더 나아가 남성이든 여성이든 병든 노인의 생사를 가른 요인이 질병 전 및 특히 질병 중 접촉 경력은 물론이고 접촉이 지속되리라는 기대였다고도 추측할 수 있다.

노년층에서는 특히 촉각 자극 욕구가 충족되지 못하기 일쑤여서 실망에 지친 피해자들은 결국 이 같은 욕구에 대해 입을 다물게 되기 쉽다. 볼에 건네는 형식적 입맞춤은 따스한 포옹을 대신하지 못하며, 의례적 악수 또한 어루만지는 손길, '사랑에서만 나올 수 있는 접촉'을 대체할 수 없다.

간호사 캐슬린 팬슬로가 지적하듯 노인들은 흔히 청력, 시력, 기동성, 활력의 손상 및 감퇴 등의 문제로 인해 스스로가 무기력하고 취약하다고 느낄 수 있으며, 또한 그녀의 말처럼 이들의 고립을 깨고 사랑과 신뢰, 호감, 온기를 전할 길은 접촉을 통한 정서적 개입에 있다.

접촉이 영적 은혜의 행위요 인간적 성만찬•의 연속이라는 최고의 해석은 노년기에 특히 적합한 셈이다.

영어권 문학을 통틀어 '애정 어린 접촉'에 대한 노인의 욕구를 효과적이고 가슴 저미게 표현하기로, 도나 스완슨의 감동적인 시 「미니는 기억한다Minnie Remembers」만 한 작품은 없다.

신이시여,
저의 손은 늙었나이다.
드러내어 말한 적은 없으나

• 성만찬, 성찬이란 예수의 살을 상징하는 빵과 피를 상징하는 포도주를 일컬으며, 성만찬은 예수가 십자가에 매달리기 전 빵을 떼어주고 포도주를 건네며 열두 제자와 마지막으로 나눈 저녁 식사다. 기독교에서 성만찬은 예수의 십자가 위 죽음과 부활, 이를 통한 인간의 구원을 내포하는데, 예수가 인간에게 자신의 살과 피를 나누어줌으로써, 곧 인간에 대한 사랑을 실천함으로써 인간을 구원한다는 의미로, 본문에서는 인간이 타인과 자신의 체온을 공유하는 행위 또한 이 같은 구원의 사랑을 실천하는 것으로 보고 있다.

늙었나이다.
한때 그토록 자랑스러웠건만.
튼실하게 잘 여문
복숭아의
벨벳 감촉과도 같이
부드러웠건만.
그렇게 부드럽던 손은 이제 헌 종잇장이나
시든 나뭇잎에 더 가깝습니다.
가늘고 우아하던 손이 언제
쪼글쪼글 마디진 짐승의 발이 되었나이까?
신이시여, 언제?
여기 제 무릎 위에,
맨살로 얹힌 저의 손은 그와 같이 헌 저의 육신,
이제껏 저에게 헌신한 제 육신을 대변하나이다!

누군가의 손길을 느낀 지가 얼마나 오래더이까?
이십 년?
이십 년 세월 저는 미망인으로 살았습니다.
존경과
미소의 대상으로.
그러나 누구도 저를 만져주지 않았습니다.
그 누구도 이 고독이 잊히도록
꼭 감싸 안아주지 않았습니다.

신이시여,

저를 안아주곤 하던 어머니를 기억합니다.
영혼이나 육신에 상처를 입었을 때면,
어머니는 저를 끌어안아
비단결 같던 머리를 쓰다듬으며
따스한 손길로 제 등을 어루만져주곤 했지요.
오 신이시여, 너무도 외롭습니다!

제게 처음으로 입을 맞추던 소년을 기억합니다.
둘 다 참으로 서툴었지요!
풋풋한 입술과 팝콘의 맛,
내면을 메우는 다가올 신비의 느낌.

행크와 아기들을 기억합니다.
이 둘이 아니면 달리 무엇을 기억할 수 있겠나이까?
서툰 연인들의 더듬더듬 어줍잖은 시도에서
아기가 찾아왔습니다.
아기들이 자라나면서, 우리의 사랑도 커져갔습니다.
그리고 신이여, 행크는 마음에 두지 않는 듯했습니다.
저의 몸이 조금 둔하고 볼품없어져도 여전했습니다.
여전히 제 몸을 사랑해주었습니다. 그리고 만져주었습니다.
우리는 서로가 더 이상 아름답지 않아도 괜찮았습니다.
그리고 아이들은 우리를 많이 안아주었지요.
오 신이시여, 저는 외롭습니다!

신이시여, 어찌하여 우리는 아이들을

예절 바른 반듯한 아이로 기르면서
천진난만 다정다감한 심성을 길러주지는 못했을까요?
보이시죠, 아이들은 제 의무를 다합니다.
아이들은 멋진 자가용을 몰고 찾아와,
내 방에 들러 존경을 표하지요.
하지만 손길을 건네는 법은 없답니다.
나를 '엄마' '어머니' 아니면
'할머니'라고 부를 뿐.

미니라고 부르지는 않지요.
어머니는 나를 미니라고 불러주었지요.
나의 벗들도 그랬고요.
행크 또한 나를 미니라고 불렀답니다.
그러나 다들 떠나고 없습니다.
그들과 더불어 미니도 떠났습니다.
그 자리에는 할머니만 자리합니다.
그리고 신이시여! 그녀는 외롭습니다!

도나 스완슨•

의료계에서는 익히 알려져 있듯 젊은 간호학도들은 노인 환자는, 더군다나 중환자라면 특히 만지기를 꺼린다. 이러한 현상에 대해선

• 제니스 그라나 편, 『과도기 여성 군상Images, Women in Transition』(Winona, Minnesota: ST. Mary's College Press, 1977)에서 발췌.—저자 주

이미 언급한 바 있다. 루스 매코클 및 마거릿 홀렌바크 두 박사는 현직 간호사로, 치료과정으로서의 접촉은 약물 투여 따위의 기계적 절차처럼 단순하지가 않다며, 접촉은 무엇보다도 의사소통 행위이기 때문이라고 지적한 바 있다. 또한 현직 간호사로서 몸소 관찰한 결과를 바탕으로 주장한다. "접촉 및 신체적 친밀감의 활용은 중환자들에게 자신들이 여느 인간과 다름없이 중요하며 병의 회복은 나아지려는 욕구와 관련돼 있다는 사실을 전달하는 데 가장 효과적인 방법일 수도 있다." 이어서 말한다. "그럼에도 기계적 손길이 아니라면 중환자실 환자가 누군가의 손길을 접할 일은 좀처럼 없다." 이들이 내린 결론은 이렇다. "답이 요구되는 몇 가지 중요한 질문이 있다. 인간적 접촉에 대한 환자의 욕구가 기계적 치료 및 환자만의 공간에 대한 이들의 필요에 우선하는 상황은 언제인가? 중환자실 환자들의 환경에 맞춰 특별히 구조화된 개입 방식이 개발되어야 하는가? 만일 그렇다면, 이러한 개입이 회복에 미칠 영향은 무엇인가?"

두 연구자는 이러한 접촉을 구조화한 프로그램이 골수 이식 중인 환자와 더불어 유난히 고통스럽고 지치는 절차를 복합적으로 겪는 환자의 치료에 적용된 사례를 제시한다. 이러한 환자들은 으레 외로움과 혼란, 고립감을 느낀다. 생존 확률이 50퍼센트에 불과한 환자들이다. "이들은 인간적 접촉을 바라면서도 막상 누가 만지려 하면 뒷걸음질치는데, 접촉이라고 하면 즐거운 기분이 연상되기는커녕 순 고통스런 기억만 떠오르기 때문이다."

매코클과 홀렌바크는 구조적 경험, 곧 간호사와 환자가 아주 서서히 관계를 구축해가는 구조로 이루어지는 경험은 골수 이식 과정에 있는 환자의 삶의 질을 높여줄 수도 있다고 밝혔다. 이들이 따른 구조적 절차에는 5일이 소요된다.

첫째 날 및 둘째 날: 상호작용 시 간호사는 환자와 1.5미터 거리를 유지한다.

셋째 날: 상호작용을 위해 간호사는 환자로부터 90센티미터 거리 내로 다가선다.

넷째 날: 간호사는 환자와 30센티미터 거리 내로 다가선다.

다섯째 날: 간호사는 환자와 체계적이면서도 형식적이지 않게 상호작용한다.(손 잡아주기 등)

이 같은 단계별 접근을 통한 관계 구축은 아이들이 외과적 치료를 견디는 데 도움을 주려는 경우 특히 효과가 높다고 밝혀져왔다. "지금껏 관찰된 결과로는 자아 개념 향상, 우울증 감소, 총 입원 기간 단축이 있다." 두 연구자는 제안한다. "비외과적 중증 환자들과의 점진적 접촉이 이들의 자아 개념에 영향을 미쳐 궁극적으로 회복을 도울지의 여부는 연구가 필요하다."

다음은 어느 영국 양로원에서 임종한 90세 노파의 사물함에서 발견된 일종의 연설문으로, 간호사들에게 고하는 내용이다. 불리는 제목은 '뒤틀린 할멈'이다.

몸뚱이는 허물어진다. 기품과 활력은 가고 없다.

심장이 있던 자리는 돌덩이 하나가 꿰찼다.

그러나 이 늙은 송장 안에는, 여전히 어린 소녀가 살고 있어,

이따금 나의 닳고 닳은 심장은 부풀어오른다.

나는 아픔을 기억하고, 기쁨을 기억하니,

나는 또다시 살며 사랑하고 있다.

그리고 지난 세월을 생각한다, 눈 깜짝할 사이 흘러가버린,

그러니 그대들 눈을 뜨고 간호하라, 마음을 열고 바라보라
뒤틀린 할멈이 아닌.
가까이 다가와. 나를 보라.

이 같은 감정 표현은 허다한 노인이 경험하는, 너무도 자주 쓸모없는 유물처럼 자리만 차지한다고 취급되는 그들의 고독, 소외감, 유기감 등을 우리에게 일러준다. 노인에 대한 지독히도 무감정한 태도는 재평가되어야 할 우리 사회 가치관의 표상으로, 노화를 고유의 특권이자 우리 앞에 놓인 지고의 성장을 기약하는 도전으로 바라보는 관점으로 대체되어야 마땅하다.

결론

카메라도,• 이것은 책이 아닐세,
이것을 접하는 자는 한 인간과 접촉함이니.

월트 휘트먼, 「안녕히So Long!」

앞서 우리는 인간에게 접촉이 의미하는 바가 지금까지의 이해를 넘어 훨씬 더 심오하다는 사실을 확인했다. 피부는, 접촉이라는 자극에 촉각, 곧 거의 출생과 동시에 인간성에 결정적 의미로 작용하는 감각으로 반응하는 감각수용기관으로서, 인간 행동의 발달에 초석이 된다. 단순히 자극 측면에서만 봐도 촉각은 해당 유기체의 육체적 생존을 좌우하는 필수 감각이다. 이런 점에서, 촉각 자극 욕구는 모든 척추동물, 아니면 무척추동물을 포함한 모든 동물의 신체적 기본 욕구 목록에 포함시켜야 한다고 상정할 수도 있다.

신체적 기본 욕구란, 산소, 수분, 식량, 휴식, 활동, 수면, 배변 및 배뇨에 대한 욕구를 비롯해 위험에서 탈출하고 고통을 피하려는 욕

• 카메라도camerado: 월트 휘트먼이 조어한 시어로, 고락을 나누는 벗을 대신하는 말. 영어 comrade로부터 조어되었다고 전해진다.

구처럼 유기체가 생존하려면 반드시 충족되어야 하는 긴박한 욕구라고 정의된다. 짚고 넘어가야 할 사실은 성교는 신체적 기본 욕구가 아니라는 것인데, 해당 유기체의 생존이 성욕의 만족에 좌우되지는 않기 때문이다. 몇몇 특정 유기체만이 해당 종의 생존에 성적 긴장의 해소가 필수적이다.• 아무튼간에, 어떤 유기체도 외부에서 비롯된 피부 자극이 없이는 그리 오래 살아남을 수 없음은 확증된 사실이다.

피부 자극이 취할 수 있는 형태는 온도나 복사輻射, 액체나 기체, 압력 등 무수히 많다. 이 같은 피부 자극은 해당 유기체의 육체적 생존에 반드시 필요하다. 그럼에도 예나 지금이나 이런 기본적 사실마저 제대로 인식되지 못하고 있는 듯하다. 피부 자극이 중요하다면, 이 책에서 주목하고 있는 자극 형태인 촉각 자극, 곧 만지고 닿아서 느끼는 행위인 접촉도 중요하기는 마찬가지다. 만족스러운 촉감, 다시 말해 타인이나 타인의 피부에 대한 만족스러운 느낌은 상대와 서로 만지고 닿는 접촉을 통해 실현된다. 접촉의 형태는 어루만지기, 끌어안기, 안아주기, 손가락이나 손 전체로 쓰다듬거나 토닥이기 등으로 분류할 수도, 아니면 단순한 신체 접촉에서부터 성교에 수반되는 막대한 촉각 자극에 이르기까지 자극의 정도에 따라 분류할 수도 있다.

우리의 간략한 조사에서 확인했다시피, 촉각 자극 욕구를 표현하는 방식과 촉각 자극 욕구를 충족하는 방식은 문화마다 다르다. 그러나 충족 방식은 시간과 장소에 따라 변할지언정, 촉각 자극 욕구 자체는 보편적으로 어느 문화에서나 공통되게 존재한다.

• 신체적 기본 욕구에 대한 논의는 애슐리 몬터규의 『인간 발달 방향The Direction of Human Development』(개정판, New York: Hawthorn Book, 1970); 행동 기본 욕구에 대해서는 애슐리 몬터규의 『회춘Growing Young』(New York: McGraw-Hill, 1981) 참조.—저자 주

앞서 문화와 접촉 부분에서 제시된 증거는 영유아기 및 아동기의 적절한 촉각 자극이 해당 개인의 건강한 행동 발달에 필수 불가결하다는 사실을 암시한다. 여타 동물은 물론 인간을 대상으로 한 실험이나 연구에서까지 유아기 촉각 자극 결핍이 대개 행동 부전不全으로 귀결된다는 사실을 보여준다. 이러한 연구 결과가 중대한 것은 그것의 실질적 가치 때문으로, 우리의 주요 관심사 또한 여기에 있다. 요컨대 인간을 건강한 존재로 기르는 데 이러한 결과가 어떻게 활용될 수 있을 것인가?

명백한 사실은 인간이 발달하려면 촉각 자극이 신생아기부터 시작되어야 한다는 것이다. 신생아는 가능한 한 언제든 엄마 품에 놓아주어야 마땅하며, 엄마가 원하는 만큼 곁에 머무르도록 해줘야 한다. 신생아는 가능한 한 빨리 엄마의 젖가슴에 안겨 젖을 물도록 해줘야 한다. 신생아는 '아기 방'으로 옮겨서도, 아기 침대에 두어서도 안 된다. 요람은 엄마 품의 보조이자 대용으로서 최상의 발명품인 만큼, 왕년의 보편성을 회복해야 한다. 아기를 다정하게 어루만져주기를 장려한다고 해서 이러한 행위가 지나치게 이루어지는 일은 거의 없을 텐데, 지각 있는 인간이라면 아기를 과하게 자극할 리는 없을 것이기 때문이다. 만약 어떤 방향으로든 잘못 들어선다면, 지나치게 적게 어루만져주기보다는 지나치게 많이 만져주는 방향이 나을 것이다. 유모차 대신, 아기는 중국의 포대기나 에스키모의 파카와 동등한 무언가에 싸여 엄마나 아빠의 가슴에 안기거나 등에 업혀 다녀야 한다.

아기를 어루만져주는 행위의 돌연한 중단은 피해야 하며, 서구세계를 비롯해 특히 미국 문화에서 부모는 서로에게나 자녀에게나 숨김없는 애정 표현에 한결 힘쓸 것을 권한다. 아이들에게는 물론 사실상 성인들에게도 애정과 관심의 전달은 말이 아닌 행동으로 이뤄져야 마땅하다. 감각으로서의 촉각은 경험을 통해 부여받은 의미에 따라 촉지각으로 인식된다. 불충분한 촉각 경험은 이러한 연상 작용의 결핍으로 이어져 결국 인간에게 반드시 필요한 순한 인간관계를 올바로 수립할 수 없게 만든다. 애정과 관심이 접촉을 통해 전달되면, 접촉이 장차 연상시키게 될 의미가 바로 그러한 애정과 관심이 되며 만족스런 안정감으로까지 확장된다. 그리고 이것이 바로 접촉의 인간적 의의다.

부록1

치료적 접촉

최근 들어 생겨난 '손 얹기' 관행은 이제 '치료적 접촉'이라 불리는 일종의 치료법으로 발전했다. 도라 쿤즈의 실천적 관점에 기초하고 있는 치료적 접촉은 그녀의 제자인 뉴욕대 간호학 교수 돌로레스 크리거에 의해 개발되었다. 자신의 책 『치료적 접촉The Therapeutic Touch』(1982)에서 크리거는 치료적 접촉을 배워 가르치게 된 경위를 전하며, 독자에게 치료적 접촉이 기초하고 있는 이론과 더불어 필자 기준의 관련 사실들을 소개한다. 치료적 접촉을 탐구하게 된 계기가 무엇이냐는 질문에, 크리거는 기존에 알고 있던 신경생리학을 통해 접하게 되었고 여기에 수년에 걸쳐 요가, 아유르베다, 티베트, 한의학의 건강법과 관련된 독서에서 얻은 지식은 물론 '일명 생명과정을 조직하는 요인들'을 일컫는 에너지 체계라는 산스크리트어 프라나와 관련된 정보에 이르기까지 다양한 분야의 영향이 가세했다며, 다른 무엇보다도 이러한 방법들을 통한 재생 및 상처 치유 등의 현상이 그녀의 관심을 사로잡았다고 했다.

자신의 책에서 크리거는 우는 아이 달래기에서부터 갖가지 상처 및 기능장애 치유에 이르기까지 숱한 의료인이 치료적 접촉을 통해 이룬 성공 사례들을 전한다. 또한 치료적 접촉을 통한 자연 치유 사례도 여럿 제시한다. 크리거는 인체 기능이 전기 전도를 통해 발휘되며 개개인의 신체 내부 및 주변에는 고유의 전기장이 있어 전하를 전달한다고 상정한다. 치료적 접촉에서, 치료자는 피치료자의 몸에 손을 붙이거나 가까이 대어 치유하겠다는 굳은 의지를 담아 쓸어버리는 식의 동작을 취함으로써 피치료자(병자)의 전기장 방향을 바꾼다. 치료자는 피치료자를 치유하겠다는 생각에 자신의 온 존재를 집중한다. 이를 일컬어 '집중화'라고 하는데, 피치료자를 돕겠다는 일념에 에너지를 집중한다는 뜻이다. 집중화는 일종의 변성 의식 상태, 잡념이 억눌린 깊은 이완 및 고도의 집중 상태로, 그러나 이처럼 단순히 치료를 원하는 마음만으로는 충분치 않다.

치료자는 피치료자 몸으로부터 10~15센티미터 정도 떨어진 위치에서 손을 움직여야 하는데, 이로써 '에너지 과잉' 부위, 곧 긴장 또는 병이 쌓인 부위를 잡아낸 뒤 치료적 접촉을 이용해 이 과에너지의 방향을 틀거나 분산시키기 위함이다. 이것은 '전기장 걸기질'이라 일컫는 과정으로, 치유자가 역시 손을 사용하여 피치료자의 질환 부위로 에너지의 방향을 돌림으로써 피치료자의 전기장이 그 고유의 자원을 치유에 동원하도록 돕는 데 목적이 있다.

치료자는 이어 한 개인으로서 자신의 건강에 내포된 차고 넘치는 프라나에 접근하여, 병자를 돕겠다는 강한 집념과 의지력으로 프라나의 활력 사출射出 작용을 확실하게 통제하게 된다. 크리거는 말한다. 그렇기에 치유 행위란 "치료자가 아픈 개인의 안녕을 위해 프라나에서 사출되는 활력의 흐름 및 방향을 제어하는 것으로 (…) 그러나 치료자가 타인을 위한 용도로 자신의 에너지 곧 프라나를 투사한다 하더라도, 이 과정과 자기 자신이 하나가 될 정도로 몰입하지만 않는다면 치료자 본인의 에너지가 소모되거나 고갈될 일은 없다".[1]

치료적 접촉의 건전성을 검증하려는 몇몇 통제 실험에서, 크리거 박사는 프라나가 호흡을 수반하므로, 치료적 접촉을 적용하지 않은 통제 집단에 비해 치료적 접촉 중인 피치료자의 헤모글로빈 수치가 더 높으리라고 추론했다. 검증 결과, 유의도는 0.5였다. 다른 두 건의 연구에서도 결과는 마찬가지였다.[2]

한편, 크리거의 제자인 사우스캐롤라이나대 간호대학의 재닛 퀸 박사는 심혈관 질환으로 입원한 환자들을 대상으로 진행한 연구에서 신체 접촉을 배제한 치료적 접촉, 곧 비접촉성 치료적 접촉이 적용된 뒤 급성불안이 대단히 유의하게 감소했다고 밝혔다. 치료적 접촉 요법에 다년의 경험을 쌓은 간호사가 단 5분 시행했을 뿐이다. 치료적 접촉에 아무런 지식이 없는 간호사가 환자를 다룬 통제 집단의 경우에서처럼, 환자 간 에너지 교환에 대한 지식이나 집중화, 환자를 치유하겠다는 의지 없이 간호사가 비접촉성 치료적 접촉의 동작을 흉내만 낸 상황에서는 환자의 불안감에 아무 변화가 없었다.[3]

치료적 접촉 과정에서 피치료자는 물론 치료자의 뇌파도EEG에 발생할 수 있는 변화를 포착하려는 시도에서, 샌프란시스코주립대학 복합학센터의 에릭 페퍼 박사와 샌프란시스코 소재 랭글리포터신경정신병학연구소의 소냐 앤콜리가 발견한 바에 따르면, 전반적으로 각성 상태의 불규칙하고 빠른 뇌파를 나타내는 베타 EEG가 우세했던 크리거 박사의 연구 결과에도 불구하고, 그 가운데 세 환자는 뇌파도EEG나 근전도EMG, 심전도EKG에 큰 변화가 없었다. 세 환자는 각각 목과 등, 머리에 중증 통증 병력이 5년인 예순 살 남성, 유방 섬유

낭종 병력의 서른 살 여성, 그리고 중증 만성 편두통에다 한 차례의 대발작간질 병력까지 있는 스물세 살의 R. G.라는 여성이었다. 세 환자 모두 치료적 접촉이 긴장을 풀어주었으며 다시 참여할 의사가 있다고 보고했다. 이 환자들에게 치료적 접촉은 중요한 경험이었다. 이 가운데 한 명인 R. G.는 말했다. "누가(크리거 박사) 나를 진심으로 아껴준다고 느낀 경우는 이번이 처음이었다. 의료 집단에서 이런 느낌을 받기란 극히 드문 일이다. 게다가 나는 어떻게든 스스로 나아보고자 애쓰기까지 했다. 그런 기분이 좋았다."

두 연구자는 말한다. "병세의 호전은 어쩌면 치료적 접촉 경험과는 무관할지 모른다는 점에서 치료적 접촉의 치료 효과에 대해선 어떠한 주장도 불가능하다. 치료적 접촉은 플라세보 역학에 관련된 기법일 가능성이 크다."[4]

이제껏 보고된 치료적 접촉 성공 사례들도 물론 플라세보효과를 주장하는 것이나 다름없을 수 있다. 따라서 제대로 된 검증이 이루어지기 전까지는, 치료적 접촉의 효과에 대한 판단은 미결에 부쳐야 한다.

마리테레즈 코넬은 치료적 접촉에 대하여 호의적으로 설명하면서도, 과학적 측면에서 본다면 치료적 접촉을 주장하는 사람들이 "그것의 본질이나 효과 예측에 있어 답보 상태에 머물러왔던 만큼, 기존에 밝혀진 사실은 확신을 이끌어내기에는 양적으로도 다소 미흡할 수밖에 없다"고 말했다.[5] 사실, 치료적 접촉을 뒷받침한다는 증거는 대부분 입증되지 않은 일화에 그치는 등 과학적 설득력이 부족하다. 또한 치료적 접촉에서 산출된 것으로 보고된 효과에 다른 요인들이 미친 영향에 대해선 충분히 고려된 바 없다. 치료적 접촉의 효과를 한층 더 과학적으로 검증해줄 실험이 요구된다. 한편, 치료적 접촉의 이론적·과학적·철학적 근거를 훌륭하게 설명한 인물이 있으니, 바로 퍼트리샤 하이트다. 그녀와 마리안 보렐리가 공동으로 엮고 쓴 책 『치료적 접촉Therapeutic Touch』에서 이를 찾아볼 수 있는데, 여기에는 여타 흥미로운 논문 또한 많이 실려 있다.[6]

현직 간호사이자 조산사인 아이리스 S. 울프슨의 치료적 접촉 및 산과학에 관한 검토는 나무랄 데 없으나, 거듭 말하지만 독립적이고 체계적인 연구는 수적으로 한참 부족하다.[7]

펜실베이니아대 간호대학의 주디스 스미스 박사가 치료적 접촉을 두고 주장한 내용은 이 주제에 관심 있는 사람이라면 누구나 읽어야 마땅하다. 제롬 프랭크가 1961년에 펴낸 뛰어난 작품 『설득과 치료Persuasion and Healing』를 인용한 글에서, 주디스의 설득력은 오히려 그를 능가한다.[8] "치료의 효과는 치료자가 병자에게 무엇을 전달하느냐에 달렸다. 사랑과 관심, 도움이 되었으면 하는 간절한 바람은 효과적인 전달 매체가 된다. 이 같은 진심에 기초해 환자를 염려하고 위하는 감정을 적극적으로 전달한다면, 이에 대한 반응으로 환자는 희망을 확신하게 마련이기 때문이다. 이러한 관점에서 추정해본다면, 치료적 접촉에서 치료자의 몸짓 등 환자와의 노련한 교류는 환자를 향한 치료자의 태도를 전달하는 통로가 되는 셈이다."[9]

신경학과 치료적 접촉

치료적 접촉의 효과라고 주장되어온 바가 어쩌면 신경생리학적 원리에 기인할 수도 있다는 점에서, 치료적 접촉을 다룬 어떤 저작자에게서도 치료법의 이 같은 측면을 논하려는 과감한 시도를 찾아볼 수 없다는 사실은 좀 놀랍다. 치료적 접촉의 신경생리학적 원리를 증명하기만 한다면, 주장의 이론적 근거는 전과는 비교할 수 없이 탄탄해질 것이다. 사회적 상호작용과 더불어, 형태를 막론하고 온갖 접촉에 수반되는 생리 현상은 전기화학적 충격의 변화다. 누군가가 나를 만지면, 이 자극을 수용한 뉴런, 곧 신경세포들은, 신경세포체 표면막은 물론 신경세포체에 가지처럼 뻗어 자극[흥분]을 수용하는 가느다란 감각신경섬유인 가지돌기 및 이 자극을 신경종말에 전달하는 가늘고 긴 운동신경섬유, 축삭軸索을 따라 존재하는 약한 전류 발생기를 활성화한다.

신경계의 기본 구조물인 신경세포는 신체 조직 및 관련 신체 부위에 자극 신호를 전달한다. 지극히 단순화한다면, 신경세포는 하나의 세포체에 두 가지 주요 신경섬유, 곧 감각 가지돌기 및 운동 축삭들이 뻗어나오는 구조다. 가지돌기는 대개 짧으며 관목 가지처럼 세포체 주위에 복잡하게 돋아 있다. 외부 신호를 받아들이는 신경섬유가 바로 이 가지돌기다. 축삭은 대개 길며, 마지막에 곁가지라 불리는 가지들을 뻗어 마디 모양의 종말단추•로 마무리된다. 흥분[자극, 여기勵起]은 가지돌기의 복잡한 가지 끝에서 출발해 축삭 끝으로 전달된다. 축삭은 근육 또는 분비샘에 직접 작용할 수도 있고 흥분을 가지돌기 또는 다른 축삭에 전달할 수도 있다. 한 신경세포의 축삭이 다른 신경세포의 가지돌기와 연접하는 부위가(연결되는 것이 아니다) 시냅스다. 시냅스는 두 부분으로 구성된다. 마디처럼 생긴 축삭종말 및 다른 신경세포의 수용기 부위. 시냅스 종류에 따라서는 시냅스

• 여기서 종말단추, 시냅스마디, 축삭종말은 모두 같은 뜻으로, 축삭 끝에 마디 모양으로 융기되어 있는 부분이다. 그림 5에서 시냅스소포들을 담은 동그란 부분.

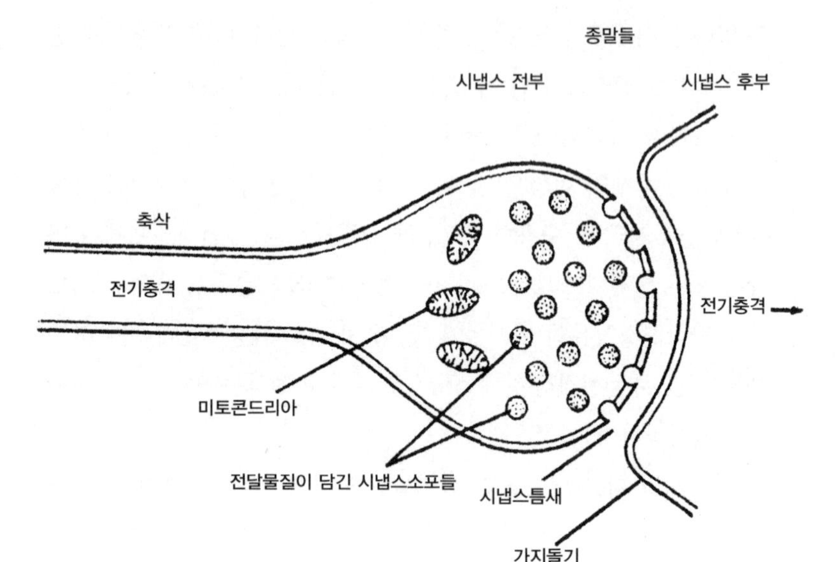

그림 5 _ 시냅스 도해. 전기충격이 시냅스 전부前部 끝에 도착하면, 전달물질과 함께 시냅스틈새로 방출됨으로써 시냅스 후부 끝, 곧 두 번째 세포의 가지돌기에서 재활성화된다. (출처: L. M. 스티븐스, 『뇌 탐험가Explorers of the Brain』, New York: Knopf, 1971, 181쪽)

접합부가 축삭과 축삭 또는 가지돌기와 가지돌기 사이에 형성되기도 한다. 신경세포 하나에서 비롯된 시냅스는 1만 개에 달하기도 한다.[10]

시냅스 접합부를 이루는 시냅스마디는 시냅스의 정보 전달 부분으로, 그림 5에서 도해한 것처럼 여기에는 수천 개의 화학전달물질 분자를 담은 소포가 여럿 포함되어 있어 이 분자들을 시냅스틈새(축삭과 가지돌기를 분리하는 부위)로 방출한다.[11]

전달물질 방출은 축색막으로부터 전달된 전기충격으로 촉발된다. 신경자극[신경흥분], 곧 활동전위電位는 음성 전파를 자진해 전달하는데, 로버트 밀러가 주장했듯 자극 빈도의 일시적 변화들에는 어떤 의미가 있을 수도 있다. 여기서 일컫는 변화는 뇌 신경세포에 국한되지만, 밀러의 주장은 어쩌면 말초신경계에서 발생하는 변화에도 적용될 수 있다. 활동전위는 신경세포 또는 신경섬유를 따라가며 발생하는데, 이것은 거의 동시다발적 사건이다.[12]

피부 감각수용기는 종류가 12가지 이상이라고 추정되며, 자극을 받으면 전기를 띤다. 이때 발생하는 전압 또는 발생기전위는 10~100밀리볼트• 사이로, 활동전위 전압에 육박한다. 각양각색의 접촉, 압력, 진동 상황에서 전기활성의 활발 정도는 연령을 포함해 개인의 육체적·정신적 특성에 따라 달라진다. 이러한 전기활성은 관련 신경세포에서 직접 측정될 수 있을 뿐만 아니라, 대중에게는 이른바 거짓말탐지기로 잘 알려진 검사와 비슷한 피부 전도傳導도 검사를 통해 피부로 되돌아오는 반응을 감지함으로써 측정될 수도 있다. 이러한 맥락에서 본다면 '거짓말탐지기'는 엄중히 말해 얼토당토않다고 해야 마땅한데, 어떤 사람이 진실을 말할 때와 안 할 때에 수반되는 일련의 복잡다단한 생리적 변화를 측정하기란 도저히 불가능하기 때문이다. 정신 검류계 또는 휘트스톤브리지[전기 저항 측정기] 같은 도구 또한 단순 자극에 대한 반응으로 발생하는 전기 전도도 측정에는 유용하지만, 그 이상의 주장은 타당하지 않다.[13]

피부에서 내보내는 촉각 신호는 척수를 지나 뇌의 체성體性감각영역에 들어가, 중심고랑을 경계로 뒤쪽에 위치한 중심뒤이랑 신경세포를 주로 자극하게 되는데(그림 6), 이는 여섯 층에 이르는 중심뒤이랑 신경세포층과는 물론, 특히 중심뒤이랑 뒤의 체성감각영역과 관계를 수립하려는 목적으로, 촉각 신호의 도달과 함께 중심뒤이랑

• 5밀리볼트는 1000분의 1볼트다.—저자 주

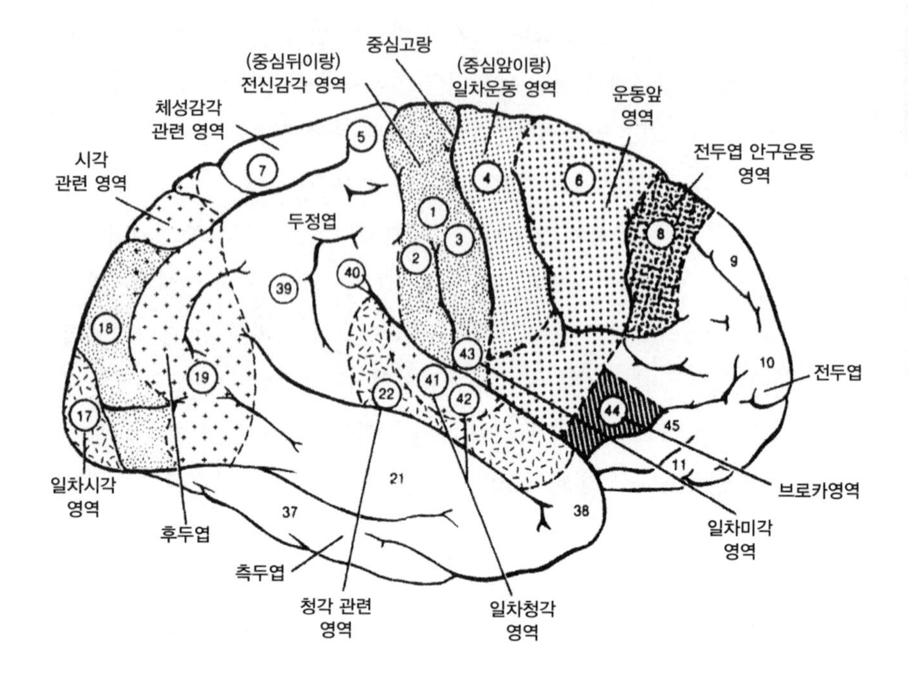

그림 6 _ 대뇌 기능 영역. 우右측면도. 언어 중추인 브로카영역은 일반적으로 좌반구에 자리한다.(출처: 토르토라, 아나그노스타코스, 『해부학 및 생리학 원론』 3판, New York: Harper & Row, 1981, 341쪽, 그림 14~17)•

에서는 촉각이란 감각뿐만이 아니라 신체 내외에서 비롯된 다른 여러 감각을 해석하는 통합 활동이 대량으로 이루어진다. 이때 수반되는 전기 및 화학 변화는, 어떤 행태의 접촉이든 접촉이 살아 있는 유기체에 어떻게 영향을 미치는지, 그 원리를 암시하고 있음이 분명하다.

• 뇌도腦圖에서 기능 관할 부위를 뜻하는 'area'는, 대한의사협회 용어집에서도 부위에 따라 영역, 구역, -역 등을 혼용하고 있어, 혼란을 막기 위해 여기서는 '영역'으로 통일하였다.

전자사진 연구

피부에서 나오는 전기를 감광막에 포착한 전자 발광 이미지에 대한 연구는 부크레슈티 'V. 바베'연구소 인류학연구실의 C. 구야 박사에게서 확인할 수 있다. 가장 최근 보고한 연구들에서 박사는 개인 1000명을 대상으로, 피실험자 각각이 남녀불문 고유의 생체전기 양상을 보였음에도, 이러한 이형태들은 세 범주로 분류될 수 있었다고 밝혔다.[14] (1)기본 양상, (2)초보 양상, (3)분극 양상. 구야가 자신의 실험 결과를 통해 암시하는 바는 생체전기 양상에 따른 인간 유형학 및 개개인의 인류학적 분별 가능성이다.

생체전자 사진은 특히, 개인별 접촉성은 물론 어쩌면 치료적 접촉과 관련지어서도 심층 연구해볼 만한 전도유망한 분야로 보인다. 접촉의 정신물리학 및 정신신경면역학적 원리는 가능성이 드넓은 분야로서 미래 연구자들의 몫으로 남아 있다.[15]

부록2

분만 직후 아기 박탈이 엄마에게 미치는 영향

건설적 정신은 늘 자연이라는
견고한 지반에 의지한다.
워즈워스

개의 사례•

4주 전쯤, 우리 사랑하는 콜리, 지니가 새끼 여덟 마리를 낳았다. (그 함의로 보아) 어쩌면 여러분도 듣고 싶어할 정도로 아주 흥미로운 경험이었다. 원칙적으로 지니는 우리 세 아이 소속인 데다 새끼 가운데 몇 마리는 아이들이 깨어 있는 시간인 대낮에 나와서 아이들도 분만과정에 참여할 수 있었고, 두말없이 흠뻑 빠져들었다.

새끼들이 나오는 속도가 엄청나게 빨라서 지니는 다음 새끼가 나오기 전에 앞선 새끼를 속속 씻기고 탯줄을 끊느라 기진맥진했다. 내 딴에는 지니를 돕고 쉬게 해주면서 다음 새끼를 낳을 때 앞선 새끼를 깔아뭉개는 사태 또한 막아보겠다는 심산으로, 그녀가 갓 낳은 새끼

• 저자 벳시 마빈 매키니 및 관계자 허락하에, 『아동-가족 다이제스트Child-Family Digest』, vol. 10, 1954에서 63~65쪽 발췌.—저자 주

에게 어미로서 해줘야 할 조치를 다 마칠 때마다 바로 부드러운 플란넬로 안감을 댄 근처 상자에 새끼를 하나하나 옮겨놓았다. 우리라면 한없이 신뢰하는 영혼의 지니는, 지나치게 불안한 기색 없이 인간의 이 같은 개입을 허용한 채, 여덟 마리가 다 나오도록 하던 분만을 계속했다. 새끼가 더 나올 기미가 보이지 않자 나는 안심하라는 뜻으로 몇 초나마 새끼들을 되돌려주었다가, 다시금 빼앗아 '휴식'을 취하라며 이번에는 새끼들과 한 시간 남짓 떨어뜨려놓았다. 몇 시간 내리 무리한 뒤라 지니는 무척 피곤해 있었다.

지난해에는 자신의 첫배에서 넷째이자 마지막 새끼가 나오자마자, 재촉할 필요도 없이 바람을 쐬겠다며 분만 상자를 나오고 싶어 안달하더니, 요번에는 지니가 꿈쩍도 안 하려 들었다. 지니는 밖으로 안 나오려고 했을 뿐만 아니라, 자신의 꼼지락거리는 어린 것들이 걱정되는지 점점 더 불안해하는 모습이었다. 그래서 난 새끼들을 그녀 곁에 되돌려놓았는데, 그러기가 무섭게 녀석들은 엄마 젖가슴에 파고들어 코를 비비적거리며 허겁지겁 젖을 빨아먹었다. 그제야 문득 깨달았다. 새끼들에게 어미젖을 빨아먹을 그야말로 첫 기회를 첫째가 나오고 몇 시간을 흘려보내고 나서야 주고 말았구나.

나는 새끼가 더 나올 경우를 대비해 그녀 곁을 지키며 몇 시간을 더 있었고(그날은 동틀 무렵에야 잠자리에 들었다!) 자리를 뜰 때가 되어서야 한 가지 사실을 알아차렸다. 그때쯤이면 분명 기분 전환이 필요했으련만, 온갖 교묘한 종용에도 불구하고 나는 끝내 이 기진맥진해진 개를 분만 상자에서 나오게 할 수 없었다는 사실이 바로 그것인데, 내가 그녀에게 저지른 짓의 영향이 고스란히 드러나기 시작했던 것이다.

결국 나는 밖으로 나오라며 눈물이 쏙 빠지도록 꾸짖어 꼭 필요한 몇 초나마 바람을 쐬게 했고, 그러고 나자 지니는 상자로 되돌아가 젖을 물리는 등 하루 종일 새끼들을 보살피며 보냈다.

내가 우리 사회 문화에서 인간 엄마들에게 저지르고 있는 박탈과 해악, 즉 태어나는 즉시 엄마 젖을 빨아먹고 싶고 그래야만 하는, 신생아의 본능이자 절박한 욕구를 외면한 채 아기를 엄마에게서 떼어놓는 식과 똑같은 유형의 만행을 지니에게 저질렀다는 사실을 깨닫자 수치심과 당혹감에 충격을 금할 길이 없었다.

지니, 이 가엾은 동물은 몸 안쪽의 상황이 좋지 않았는데, 다 내 탓인가 싶어 속이 탔다. 그녀는 원래 필요했던 시간보다 상자에 더 오래 머물러 있어야만 했는데, 몸속이 바람직한 상태로 복귀하려면 새끼들이 젖을 빨아먹어줘야 했기 때문이다. 지니는 밤새 피를 쏟는 등 몸 상태가 심각한 지경이어서, 나는 어쩜 그다지 어리석을 수가 있느냐며 내 가슴을 치고 후회할 수밖에 없었다. 당연히, 우리 지니는 회복하는 데 어지간히 오래 걸렸고, 화근은 십중팔구 내가 그녀에게서 즉효의 처방, 곧 분만 즉시 새끼에게 젖을 물리는 행위를 방해한 데 있었을 것이다. 분만 뒤 새끼마다 말끔히 닦아주고 바로 젖을 물림으로써 그녀의 몸은 정상을 되찾을 수 있었을 테고 이는 그녀에게 가장 필요했던 일이기 때문이다.

이를테면 나는 가끔씩, 누구도 알아채지 못하는 사이 인간 엄마에게도 이와 똑같은 상황이 벌어지고 있지는 않은지 궁금해지곤 한다. 분만 뒤 더딘 회복이 때로는 기나긴 시간 동안 신생아와 엄마를 떼어놓는 행위와 어떤 식으로든 관련돼 있지는 않을까? 또한 분만 뒤 자궁 수축에 사용되는 호르몬제인 피투이트린 주사 관행이 비록 여러 경우 필요할 가능성이 있지만, 장기적으로 보아 즉각적이고 지속적인 모유 수유가 엄마와 아기가 서로의 욕구에 서로가 필요로 하는 정확한 속도 및 정확한 정도로 반응하는 데에 영향을 끼치지는 않을지 궁금해진다. 분만 직후 엄마와 신생아의 관계 즉, 자극과 자양분으로 엄마가 아기에게 안정감을 심어주는 사이 아기는 분만이라는 고된 노동의 여파로부터 엄마의 회복을 촉진하는 치료제로 기능하는 관계란, 가히 공생적이라 할 만하다.

어쨌든, 지니는 이러한 원리를 오해의 여지 없이 확실히 증명했으며 나는 그녀의 고초에 한몫을 담당했다는 쓰라린 자책감에 시달렸다.

감사의 글

이 책이 나오기까지는 프린스턴대학병원 도서관의 루이즈 요크에게 진 빚이 가장 크다. 생물학 도서관의 헬렌 지머버그, 심리학 도서관의 메리 체이킨과 전에 근무했던 제니스 그리고 프린스턴대 모든 분께 또한 감사드린다.

편집에 힘써주신 휴 밴 더슨과 재닛 골드스타인에게도 감사해야 마땅하다.

이번 제3판의 오랜 집필 기간을 인내해주고 교정 작업을 크게 거들어준 내 아내에게 역시 감사할 따름이다.

더불어 도나 스완슨에게는 감명 깊은 시 「미니는 기억한다Minnie Remembers」를 싣도록 허락해준 데 무척 감사드린다.

마지막으로 줄스 올더 박사의 책 『접촉은 치유다Touching is Healing』(New York: Stein & Day, 1983)를 빼놓을 수 없다. 새로운 통찰로 가득한 이 책은 이번 제3판의 완성에 멋지게 기여했다.

옮긴이의 말

문명이 발달할수록 정신을 우대하며 육체를 소외시키는데, 인간은 분명 정신은 물론이고 육체적 존재다. 육체 없이 인간은 존재할 수 없다. 사후에 영혼만이 떠돈다면 그것은 인간이 아닌 다른 존재다.

정신은 육체를 통해 형성된다. 육체의 감각을 통해, 감각의 경험과 학습을 통해 형성된다고 저자는 말한다. 적어도 형성에 크나큰 영향을 받는다. 정신이 육체에 영향을 미치는 '원심적' 차원과 육체가 정신에 영향을 미치는 '구심적' 차원에서 저자의 시선은 후자에 집중된다. 육체가 이루어짐으로써 정신이 깃드는 식이라면, 다소 삭막한 의미에서의 유물론적 차원이라고 할 수 있을지 모른다. 하지만 그러한 극단적 이분법을 떠나 육체와 정신은 불가분의 관계라는 지극히 현실적인 맥락에서, 그리고 정신을 강조하는 지극히 불균형적인 세태에 균형을 잡는다는 점에서, 저자의 관점은 신선하고도 꼭 필요하다.

육체적 고통의 경험은 육체뿐 아니라 결국 정신적 가학을 낳는다는 사실은 아동학대 가해자 대부분이 어린 시절 부모 등으로부터 학대받은 경험이 있다는 사실만 보더라도 알 수 있다. 사랑은 사랑받아본 자만이 할 수 있다. 저자는 소위 '정신적' 사랑이라는 것의 허무맹랑한 허점을 파헤쳐, 사랑이란 애정 어린 감미로운 접촉으로 살과 피의 존재인 인간이 느낄 수 있는 지고의 쾌락을 통해 실감했을 때라야 온전한 경험을 이룬다고 이야기한다. 그럴 때 인간의 정신은 물론 전일의 만족을 일으킬 수 있고 그것을 경험해본 자만이 제대로 된 사랑을 실천할 수 있음을 입증해나간다. 인간이 인간을 사랑하는 인간애, 인간적 사랑의 의미, 인간이 된다는 것의 실체적 의미를 일깨우는 대목이다.

촉각의 생리 및 심리 작용, 적절한 촉각 자극으로부터 균형 잡힌 육체와 정신이 발달한다는, 온기와 쾌감이 깃든 체감에서 인간성, 인간애가 싹튼다는 주장은 시와 소설, 음악과 미술, 과학, 의학, 철학, 심리학, 인류학, 사회학, 생물학 등 인간의 모든 것이라고 할 만한 정신 분야를 종횡무진 넘나들며 뒷받침된다.

육체와 정신에 관한 인식의 변천을 좀더 자세히 살펴보면, 그 변천사는 양편으로 갈려 벌이는 패권 다툼의 과정이라 할 만한 데다 늘 정신의 진영이 대세는 아니었다. 육체 및 정신과 관련된 두 가지 인식의 갈마듦에 대해서는 미학자 타타르키비츠가 잘 정리해주었다.

예술의 연원 및 기준이 정신 속에 있다는 초기의 견해('지성미는 감각미보다 우월하다')로부터 균등성 및 심지어는 감각의 우월성에 대한 인식이 생겨났다. 이런 것이 플라톤에게는 낯설었지만 아리스토텔레스에게는 받아들여졌다. 그러나 결정적인 행보는 스토아학파가 내디뎠다. 그들은 인간이 일상적인 감각적 인상과 함께 '교육받은' 감각도 소유하고 있는데, 그런 감각은 예를 들면 음악의 소리뿐만 아니라 소리의 조화, 부조화까지도 파악할 수 있다는 결론을 이끌어냈다. 초기의 시론들이 시가 지성에 영향을 미친다는 입장을 취한 반면, 이후에 나온 시론들은 시의 감각적 효과를 강조하여 시적 미감이 일차적으로 '좋은 소리euphony', 즉 정신이 아닌 귀로 판단한 아름다운 소리에 달려 있다고 믿게끔 되었다.•

엎치락뒤치락 끝에 마치 신의 한 수라도 되듯 기독교 사상으로 인해 제대로 좌천당한, 이승이라는 세상을 살아가는 생의 존재 형태인 육체와 이를 가동하고 번식시키는 원동력인 육체의 욕망이자 욕구는, 르네상스의 도래로 인간 이성이 날개를 펴기 시작하면서 더욱 초라해 보이게 되었고, 뒤이은 바로크 등 반대되는 움직임에도 불구하고 계몽주의에 가서는 급기야 이성을 신봉하는 지경에까지 이르렀다. 뒤따른 낭만주의라는 감성파는 얼마 못 가 입체파를 위시해 한층 더 교묘해진 '현대적' 추상의 무리에 자리를 내주어야 했다. 정반합의 행로는 점점 한쪽이 득세하는 방향으로 왜곡의 점증을 이뤄가는 듯도 하다. 마치 프랑켄슈타인의 고독한 자기부정처럼 인간이면서 인간이기를 거부하는, 살과 피의 비린내로부터 자유로운 말끔한 기계 같은 이성의 신이고 싶은 갈망, 그럼으로써 같은 세상에서 비슷한 생리에 기초해 공생하는 동물이라는 존재와는 철저히 선을 긋고도 있는.

물론 제1차, 제2차 세계대전을 겪은 뒤로 인간 이성에 대하여 심각한 회의가 일기는 했어도, 기하급수적으로 잇따르는 인간 이성의 찬란한 업적들은 이성의 맹신도를 거느리는 데 그 어느 때보다 차고

• W. 타타르키비츠, 『타타르키비츠 미학사: 고대미학』, 손효주 옮김, 미술문화, 2009.

넘치는 매력을 발산하고 있다. 중요한 것은, 그래서 인간의 행복도 늘어가고 있는가 하는 점이다. 저자의 문제의식도 여기에서 출발한다고 볼 수 있다. 30년에 가까운 기나긴 세월 동안 자료를 수집하며 파헤쳐 증명하고자 했던 바는, 육체가 정신에 미치는 영향이나 촉각의 위력이 아닌, 결국 행복으로 가는 정도正道였던 셈이다.

이성, 정신이 득세하기까지는 기독교 사상의 영향이 지대했다고 하는 부분만 보더라도 그것이 신의 뜻이 아니리라는 사실은 자명해 보인다. 인간을 사랑하라는, 피땀 흘린 희생으로 실천한 예수의 지론으로 보건대, 인정이라곤 눈곱만치도 없는 엄격한 사감이 아이를 훈육하는 무채색의 금욕적 환경이 예수가 설파한 이상향은 아니리라 믿기 때문이다. 물론 이것은 극단적인 예이지만, 우리 내면에는 본능의 억제가 무조건 능사라는, 육체, 곧 자기 자신이나 다름없는 존재를 소외시키는 의식이 팽배해 있음이 분명하다. 감정적, 감각적이라는 표현이 주는 느낌은 이성적이라는 표현이 누리는 위상에 대부분 한참 못 미친다. 그리고 더 이상 이것이 기독교로 대표되는 서구사회만의 문제가 아닌 이유는, 나라와 민족을 막론하고 이 발전과 진보의 전범과 닮고자 너도나도 혈안이 되어왔기 때문이다. 저자는 아기를 어르고 재우는 데 쓰이는 요람이라는 물건에 여러 지면을 할애하고 있다.

> 요람의 쇠퇴 및 추락의 역사는 변덕과 유행, 그릇된 믿음의 역사, 오해와 오도에 이끌린 권위주의의 역사나 다름없다. 1880년대에 의사와 간호사들 사이에서는 아기의 응석을 다 받아주면 위험하다는 생각이 번져갔다. 아기가 앓는 질환 대부분은 애정 어린 부모가 제 딴에는 좋은 뜻에서 일삼은 개입이 원인이라고 여겨졌다. 얼마 지나지 않아 아기를

이처럼 망치고 있다는 가장 또렷하고도 으뜸가는 증거는 요람이라는 믿음이 '권위적으로' 채택되었다. 고로 요람은 사라져야만 했다. (…)
홀트는 50년 가까이 독보적 인기를 누린 아동 양육 지침서를 쓴 장본인이다. 제목은 『아동 양육: 엄마와 아동 간호사용 문답집The Care and Feeding of Children: A Catechism for the Use of Mothers and Children's Nurses』으로 초판은 1894년에 출간되었다. 엄마와 예비 엄마 수백만 명이 이 소책자를 읽었다. 내용 가운데 이런 질문이 있다. "흔들어 달래기가 필요한가?" 홀트는 답한다. "천만에. 들기는 쉽지만 끊기는 어려운 습관, 매우 쓸데없고 때로는 해롭기마저 한 습관일 따름이다." 1916년에 쓴 글에서 홀트는 다시금, "이 불필요하며 고약한 관례가 지속되지 않으려면" 요람을 흔들거리지 않게 만들어야 한다고 조언했다. 이 **고약한**이란 단어에 영향을 받은 엄마들이 얼마나 많았을지는 굳이 상상할 필요도 없다.
당대에 가장 영향력 있던 소아과 의사에 속한 인물의 끈질긴 공격은 결국 요람을 구시대 유물로 전락시키는 데 성공하여, 이 구식 물건은 새로운 형태, 곧 움직이지 않는 위험한 감옥 같은 아기 침대라는 물건으로 개조되었다. 인간 역사가 시작된 이래 엄마들이 아기를 재우고자 품에 안아 얼렀다는 바로 그 유래가 이러한 관습을 고리타분하다고 해석하는 근거가 되었으니, 아기를 요람에 담아 흔들어준다면, 시대에 뒤떨어져 영락없이 '현대적'이지 못한 인간으로 전락하는 셈이었다. 아, '현대적'이 되겠다고 물불 가리지 않고 돌진하는 가운데, 유익한 관습과 고래의 미덕은 버림받아 영영 사라질 위기에 처한 것이다. 권위자들이 그렇게 너도나도 목소리를 높여 요람을 비판하고 나서서, 요람의 사용이 '습관성을 일으키며' '아이를 망치는' '불필요하고 고약한' 행위이거니와 심지어 아이의 건강을 해칠 수조차 있다고 주장하는 판에, 제 자식을 진정으로 사랑하는 어느 엄마가 이토록 '해로운' 관행을 중단하라는 경고를 양심껏 무시할 수 있었겠는가. (…)
아동 양육에 대한 이런 식의 무감정한 기계적 접근법은 한동안 심리학에 지대한 영향을 끼쳤고, 소아과 종사자들의 사고와 관행에도 뿌리 깊이 파고들었다. 소아과 의사들은 부모들에게, 서로 팔 하나 거리를 유지한 상태에서 객관적이자 규칙적인 계획에 따라 관리하는 등 부모 자식 간에 교양인다운 거리를 유지하라고 조언했다. 아이들이 달란다고 먹을 것을 줘서는 **안 되며** 시간에 맞춰, 오직 규칙적으로 정해진 때에만 줘야 한다. 다음 끼니때까지 남은 3~4시간 사이에 배고프다고 울면, 시계가 식사 시간을 알릴 때까지 울게 내버려둬야 한다. 이렇게 운다고 해서, 안아올려서는 안 된다. 이처럼 나약한 충동에 굴복한다면 아이를 응석받이로 만들어 이후로 무언가 바라는 일이 있을 때마다 울면 능사인 줄 알 것이기 때문이다. 그 결과 수백만의 엄마가 아기 곁에 앉아 같이 울었는데, 자식을 진정으로 사랑한 나머지 이 최선이라는 방식에 복종함으로써 아기를 들어올려 품에 안아 달래고 싶은 '동물적 충동'에 과감히 저항했기 때문이다. 엄마들 대부분은 이 방법이 옳지 않을 수도 있다고 느꼈지만, 자기네가 뭐라고 감히 권위자와 논쟁을 벌이겠는가? 누구도 그들에게 권위자란 제대로 **알 것 같은** 자를 말한다고 일러주지 않았다.
한 엄마가 참담한 심정으로 당시를 회상하며 가슴 저미는 시를 썼다.

그들이 나에게 아기를 안아주지 말라고 했다,
그러면 버릇을 망칠 테니 울게 내버려두라고.
나는 아기에게 최선을 다하고 싶었고,
세월은 쏜살같이 흘러갔다.

이제 나의 품은 텅 비어 그리움만 깊어가는데,
가슴 떨리는 그 숭고한 존재는 가고 없구나.
다시금 내 아기를 돌려받을 수만 있다면,
내 품에 진종일 그러안으리라!(본문 203~208쪽)

인간이 동물보다 우월해지는 길은 인간의 짐승만도 못한 면을 극복하는 데 있지 않을까, 역설적 진실을 생각해본다. 제 속으로 낳은 핏덩이를 소젖으로 키우는 것도 모자라 포근한 엄마 품이 아닌 딱딱한 아기 침대에서 지내게 하며 기르는 행태가 바람직하지 못하다는 것은 직관에 순응한 증거가 입증한다. 단순히 소젖과 딱딱한 침대가 문제라기보다 여기서 핵심은 '포근한 엄마 품'이다. 자식과 세련된 거리를 유지하며 심지어 정을 차단하기까지 하는 삭막한 양육 방식이 문제로, 인간을 학대하는 인간의 과거가 그런 인간미 없는 경험으로 점철되어 있기 쉽다는 증거는 넘쳐난다. 이처럼 현대화된 세련된 양육 방식이 도를 넘어서면 최악의 경우 피도 눈물도 없는 기계 같은 인간을 양산할 수도 있고 실제로 그렇게 실현되고 있음은, 히틀러 같은 일그러진 인간들의 과거가 말해준다. 어머니의 한없는 사랑에 대한 경험과 기억은 늘 그의 영육에 인정의 뜨거운 불씨를 남겨두는 법이다. 사랑은 몸으로 느껴 정신으로 퍼진다. 저자가 증명하는 주장도 이와 다르지 않다. 물론 이처럼 부자연스러운 양육 방식은 저자가 이 책을 집필할 당시인 1970년대를 전후로 특히 미국에서 정점을 찍은 문제일지 모르나, 시차는 있을지언정 선진국 대열에 들고 싶어하는 대부분 국가의 모방 심리가 여기에 어떻게 반응했을지는 불 보듯 뻔하다. 더욱이 그가 핏대를 세워가며 우려하고 비판한 세태 가운데 상당 부분은 지금까지도 성행하며 자리를 보전하고 있고, 심지어 집필 당시 내놓은 암울한 예견 일부는 소름 끼치게도 현실이 되어 있기도 하다.

에너지와 질량 사이의 관계를 밝힌 아인슈타인의 방정식 '$E=mc^2$'(1905), 보통 터무니없거나 유별난 소수자의 감각이라고 치부되는 공감각의 원초성을 논하는 하이에크의 『감각적 질서The Sensory Order』(1952)와도 관련지어 사색해봄직하다.

육체와 영혼이 별개가 아닌 수준을 넘어 결국에는 하나일 수 있다는 사실이 아인슈타인의 이론물리학에서는 $E=mc^2$이라는 수식으로 정리된다. 이를테면 이는 보이지 않으나 세상을, 생명을 움직이는 엄연한 원동력인 에너지, 곧 영혼은 보고 만지며 느낄 수 있기에 의심할 바 없는 실체의 자리를 견지하는 물질 제일의 속성인 질량, 곧 육체와 일정한 법칙으로 교환됨을 알리는 방정식이다. '에너지(E)'는 '질량'과 '빛의 속도의 제곱을 곱한 것(mc^2)'과 같다. 육체를 질량에 대입하기에는 거리낌이 없겠으나 영혼은 에너지일까. 일례로, 러시아 발명가이자 연구자 세몬 키를리안은 1939년 자신이 개발한 특수 사진기로 생명체에서 발산되는 특정 구조의 에너지를 촬영했다. 그 뒤 수십 년간 이 현상을 연구해 규명하는 기술을 발전시킨 결과, 1968년에 이르러서는 러시아 과학계의 공식 인정을 받게 되었다. "모든 생명체에는 나름의 에너지 체계가 있다."• 여기서 에너지 체계란 우리가 흔히 말하는 개체 고유의 영혼으로 해석된다. 물론 $E=mc^2$이라는 천하의 계몽적 원리는 결국 핵폭발이라는 치명적 역기능을 발휘하기도 했으나, 우리가 일상에서 영혼과 육체를 조화로이 인식하며 살아간다고 해서 인류를 비롯한 지구 생태계의 멸망의 씨앗이 될 리는 만무할 것이다. 다시 말하지만, 저자는 반대로 그것이 자연의 섭리

• http://www.scienceofsoulmates.com/The_Science_of_the_Soul.htm.
https://en.wikipedia.org/wiki/Semyon_Davidovich_Kirlian.

에 따른 행복의 정도라고 육체, 피부의 관점에서 '구심적으로' 역설한다. 아래는 $E=mc^2$에 대한 매력적인 요약이다.

> $E=mc^2$이 없으면 빅뱅은 이해될 수 없을 것이다. 그 단일의 사건 이후 최초의 몇 초 동안, 입자들의 생성과 소멸이 오늘날 우리가 거주하고 있는 우주가 만들어질 발판을 만들어갈 때, 질량과 에너지는 함께 독무獨舞를 추었다. 그 처음의 몇 초가 지났을 때, 질량과 에너지 사이의 춤이 쌍무雙舞가 될 온도까지 우주가 냉각되었다. 즉 에너지와 질량은 자연에 의해 이어져 있었기 때문에 서로 자리바꿈을 할 수는 있었지만, 서로의 얼굴을 주거니 받거니 하면서 바꾸기는 더 힘들어졌으며, 결국 사람들이 그 둘을 서로 별개의 존재로 보도록 몰아갈 그런 겉모습을 띠기 시작했다. (…)
> 아인슈타인의 9월 논문 방정식 $E=mc^2$은 특별하다. 그 방정식은, 현대 문화의 친숙한 일부로 남아 있으면서, 동시에 과학의 최전선에서 연구하는 사람들의 마음을 들뜨게 하는 우아한 추상적 사고 속에서 주도적 역할을 담당하고 있다.•

저자가 밝히는 내용 가운데 또한 흥미로운 점은 감각의 융합, 즉 일원성이다.

> 어떤 사람들은 자기네 피부가 몹시 민감해서 피부로 '볼' 수도 있다고 내세운다. 피부는 눈과 마찬가지로 외배엽층에서 발생했기 때문에, 몇몇 연구자는 그런 개인들은 피부에 원초적 시각 특질이 남아 있어서

• 존 S. 릭던, 『1905년 아인슈타인에게 무슨 일이 일어났나』, 임영록 옮김, 랜덤하우스코리아, 2006.

눈처럼 볼 수 있게 해주기 때문이라는 입장을 견지해왔다. 이러한 시각은 프랑스 소설가 쥘 로맹의 1919년작 『또 다른 망막』에 강하게 드러나 있다. 이 개념은 주기적으로 언론에 나타나곤 하는데, 말하자면 누군가가 '눈 없이 볼 수' 있다는 보도로, 눈이 제거된 눈구멍으로 볼 수 있다든가, 손가락으로 볼 수 있다든가, 눈을 철저히 가린 상태에서 얼굴 피부로 볼 수 있다든가 하는 식이다.

사실, 누구든 피부로 볼 수 있었다는 이야기를 두고 잠깐만 조사해 흠을 잡겠다고 나선다면 이에 맞설 만한 증거는 없다. 인상적으로 보이는 현상들도 대개 속임수이기 때문이다. 마틴 가드너는 피부-시각 인지라고 주장된 숱한 사례에 대해 논하며 이 사례들을 철저히 폐기해왔다. 그럼에도, 피부의 감각 능력은 아주 놀라워서 피부에 시각마저 있다는 과장된 주장은 굳이 펼칠 필요도 없을 정도다. 로라 브리지먼과 헬렌 켈러, 스탈 부인 같은 시각장애인들이 외모를 가늠해보고자 방문객들 얼굴을 손으로 훑어보곤 했다는 이야기는 기록된 사실이다. 그 누구도 이 여성들이 피부로 보고 있었다고 주장한 적이 없을 따름이다. 인간이라면 누구나 입체 인지 능력, 다시 말해 대상이나 형태를 촉각을 통해 인지하는 능력이 있으므로, 비유적으로 말해 인간 대부분은 만져봄으로써 사물의 형태를 거의 '볼' 수 있는 셈이다. 손끝은 촉각을 통해 대상의 형태를 '읽는', 다시 말해 '촉각 인지'하는 데 가장 뛰어난 예민한 신체 부위이기 때문이다. 점자는 높은 점과 넓은 점을 사용하여 시각장애인들에게 어느 언어든 가장 복잡한 낱말까지도 읽을 수 있게 해준다. 점자를 읽는 독자는 '본다'기보다, 손가락 끝으로 읽은 점자를 두뇌에서 해석하는 것이다. 점자 부호는 열다섯 살 시각장애인 소년의 발명품으로, 그 소년의 이름은 루이 브라유(1809~1852)다.(본문 251~253쪽)

이를 보강하기에 노벨상 수상 경력의 경제학자이자 '심리학자들 마저도 발을 들여놓기를 두려워하는' 이론심리 분야의 사상가 하이에크의 『감각적 질서』만 한 자료는 없을 듯하다.

1.58. 이 질서에 관한 요점은 이 질서는 상이한 지각분야로 나누어져 있음에도 불구하고, 그것은 하나로 되어 있는 (일원적) 질서라는 것이다. 일원적 질서란 이 질서에 소속되어 있는 어떤 두 가지 사건들은 어떤 명확한 방식으로 서로 유사하거나 서로 다를 수 있다는 것을 의미한다. 색깔과 냄새라든가, 음향과 온도라든가, 또는 축축함이나 혹은 매끄러움 등과 같은 촉각, 모양이나 리듬의 경험은 어떤 공통점을 가질 수 있거나, 최소한 어떤 의미에서는 서로 유사하거나 또는 서로 대비될 수 있는 것이다.

1.58. 다수의 실험이 보여주고 있듯이, 이러한 경험된 유사성은 우리가 흔히 알고 있는 것보다 훨씬 더 폭넓고, 그리고 예를 들면, 라일락의 냄새와 똑같이 밝음을 가진 음향을 찾아내려는 노력은 쓸모없는 것이라고 생각했던 사람마저도 그가 일단 노력만 한다면 이를 쉽게 찾을 수 있을 것이다. (…)

1.61. 예를 들면, 푸른색은 차갑다는 것과 연결되어 있고, 붉은 색은 따뜻함과 연결되어 있다는 것은 푸른색과 붉은 색의 차이의 일부이다. 그러니까 상이한 감각형태들을 연결하는 간형태적intermodal 속성들과, 그리고 상이한 감각들을 연결하는 간감각적intersensory 속성들이 있는 것이 분명하다. 그리고 우리가 이들에 대해 사용하는 몇가지들, 예컨대 강함strong 혹은 약함weak, 온화함mild 혹은 부드러움mellow, 얼얼함tingling과 예리함sharp 등, 이러한 용어들을 생각해 볼 때 흔히 우리는 이들이 어떤 감각 형태에 속하는지를 직접적으로 알 수가 없다.

1.62. 감각적 질서에 관한 우리의 고도로 발전된 의식적인 모습에서는 위에서 말한 간감각적 및 간감각형태적 관계들은 그리 현저하게 드러나지 않는다. 과학 사상에서 개념적 사고의 발전과 함께, 그리고 특히 감각주의가 이 발전에 미친 거대한 영향의 결과로서 이 관계들은 후퇴하여 결국 이들은 거의 완전히 무시되었다. 그러나 우리가 특정의 감각적 특질을 기술하려고 할 때만이 우리는 간감각적, 간감각형태적 관계들의 존재를 알아차릴 수 있다.

그리고 그 존재를 기술하는 동안 우리는 어느 한 색깔을 부드럽다든가soft 감미롭다든가, 어느 한 음향을 가냘프다든가thin, 어둡다든가dark, 어느 한 맛을 뜨겁다든가hot, 맵다든가sharp, 어느 한 냄새를 무미건조하다든가dry, 감미롭다든가sweet로 기술하지 않으면 안 된다는 충동을 느낀다.

이러한 은유적인 표현들이야말로 정말로 감각들을 연결시켜주는 간감각적 속성을 지칭하고 있다는 것은 의심의 여지가 없다. 그리고 실험적 테스트가 최소한 몇몇 사례에서도 상이한 사람들은 상이한 특질들의 두쌍이나 그룹들을 똑같은 것으로 취급하는 경향이 있다는 것을 보여주고 있다. (…)

1.67. 이 절에서 간단히 요약된 사실들이 '모든 감각들은 자신들의 속성적 차원과 관련하여 유사하다'는 식으로 '감각들의 단일성'이라고 주장하는 것을 정당화시켜 주든 그렇지 않든 관계없이, 그들(요약된 사실들)을 염두에 둔다면 모든 정신적 특질들은 직접적으로 혹은 간접적으로 서로 관계를 맺고 있기 때문에, 이 특질 중 어느 하나를 완전히 기술하기 위해서는 모든 특질끼리 존재하는 관계들을 설명하는 것이 필요하다고 말하는 것은 정당하다.•

고개 숙여 마지않는 점은, 아인슈타인도 하이에크도 순수 이론가라는 사실이다(아인슈타인은 이론물리학자이며 『감각적 질서』에서만 본다면 하이에크는 이론심리학자다). 『터칭』의 저자 몬터규와 러시아 과학자 카를리안 또한 그 출발은 이런 유의 꿰뚫는 통찰에 힘입었음이 분명하며, 특히 몬터규가 자신의 주장을 전방위적으로 입증해가는 과정에는, 여러 시인, 소설가, 예술가, 철학가 등의 혀를 내두를 만한 통찰이 동원되고 있다. 이 모두 인간 이성이 이룩한 일들이라 할 때, 이성이란 감탄의 대상임이 분명하고 인간만이 누릴 수 있는 지극히 인간적인 능력이기도 하다. 그리고 이러한 경이로운 능력을 자기 존재를 떠받치는 두 기둥 가운데 하나인 육체 그리고 육체의 생리를 올바로 이해하고 포용하여 정신과 화해시키는 지혜를 발휘하는 데 활용하기란 식은 죽 먹기나 다름없지 않을까. 이 또한 인간이기에 가능할 일이다.

『터칭』, 이 책을 읽고 나면 사고의 지평이 한층 깊고 넓어져 있으리라. 작업 내내 즐거운 도전이자 감탄과 감격의 연발이던 기억을 되새기며 믿어 의심치 않는다.

거의 반세기의 세월이 지났음에도 여전히 빛을 발하는, 지성과 감성이 총집결된 지대한 의의意義의 대작을 완성한, 이제는 고인이 된 균형 잡힌 르네상스맨 저자에게 경의를 표한다. 번역가라면 욕심낼 만한 의미 있는 작품을 소개해주신 기획자, 믿고 맡겨주시고 완성에 함께해주신 글항아리 강성민 대표님을 포함한 여러 관계자께 깊이 감사하며.

최로미

• 프리드리히 A. 하이에크, 『감각적 질서』, 민경국 옮김, 자유기업센터, 2000.

주

1. 피부의 정신

1 R. REGISTER, "In Touch with Feeling," *Human Behavior*, vol. 4 (1975), pp. 16-23.

2 G. GOTTLIEB, "Ontogenesis of Sensory Function in Birds and Mammals," in E. Tobach, L. R. Aronson, and E. Shaw (eds.), *The Biopsychology of Development* (New York: Academic Press, 1971), pp. 67-128.

3 D. HOOKER, *The Prenatal Origin of Behavior* (Lawrence, Kansas: University of Kansas Press, 1952), p. 63

4 A. MACFARLANE, *The Psychology of Childbirth* (Cambridge, Mass.: Harvard University Press, 1977), pp. 10, 88.

5 F. WOOD JONES, *The Principles of Anatomy as Seen in the Hand* (2nd ed., Baltimore: Williams & Wilkins, 1942), pp. 324 et seq.

6 A. VIRÉL, *Decorated Man: The Human Body as Art* (New York: Abrams, 1980), p , 12.

7 C. M. JACKSON, "Some Aspects of Form and Growth," in W. J. ROBBINS (ed.), *Growth* (New Haven: Yale University Press, 1928), pp. 125-127; G. R. De Beer , *Growth* (London: Arnold, 1924), pp. 10, 34.

8 L. CARMICHAEL, "The Onset and Early Development of Behavior," in L. Carmichael (ed.), *Manual of Child Psychology* (2nd cd., New York: Wiley, 1954), pp. 97-98; E. T. Raney and L. Carmichael, "Localizing Responses to Tactual Stimuli in the Fetal Rat in Relation to the Psychological Problem of Space Perception," *Journal o f Genetic Psychology*, 43 (1934), pp, 3-21; A. W. Angulo y Gonzalez, "The Prenatal Development of Behavior in the Albino Rat," *Journal of Comparative Neurology*, 55 (1932) , pp. 395-442; E. A. Swenson, "The Deveolpment of Movement of the Albino Rat Before Birth" (Ph.D. diss., University o f Kansas, 1926); W. Preyer, *Specielle Physiologie des Embryo* (Leipzig: Grieben, 1885); A. Peiper , *Cerebral Function in Infancy and Childhood* (New York: Consultants Bureau, 1963), pp. 34-40.

9 S. ROTHMAN (ed.), *The Human Integument* (Washington, D.C.: American Association for the Advancements of Science, 1959); D. R. Kenshalo (ed.), *The Skin Senses* (Springfield, Ill.: Charles C Thomas, 1968); R. I. C, SPEARMAN, *The Integument* (New York: Cam bridge University Press, 1973).

10 H. STRUGHOLD, "Üeber die Dichte und Schwellen der Schmerzpunkte der Epidermis in den verschiedenenn Körperregionen," *Zeitschrift der Biologie*, vol. 80 (1924), p. 367; C, INGBERT , "On the Density of the Cutaneous Innervation in Man," *Journal of Comparative Neurology*, 13 (1903), pp. 209-222.

11 E. F. DUBOIS, *Basal Metabolism in Health and Disease* (Philadelphia: Lea & Febiger, 1936), pp. 125-144.
12 S. ROTHMAN, *Physiology and Biochemistry of the Skin* (Chicago: University of Chicago Press, 1954), pp. 493-514.
13 H. YOSHIMURA, "Organ Systems in Adaptation: The Skin," in D. B. Dil et al. (eds.), *Adaptation to Environment* (Washington, D.C.: American Physiological Society, 1964), p, 109.
14 R. F. RUSHMER et al., "The Skin," *Science*, 154 (1966), pp. 343-348.
15 ROTHMAN, *Physiology and Biochemistry of the Skin*; W. Montagna, *Structure and Function of Skin* (New York: Academic Press, 1956); D. Sinclair, *Cutaneous Sensation* (New York: Oxford University Press, 1967); H. Piéron, *The Sensations* (London: Miller, 1956); Rothman, *The Human Integument*.
16 J. HORDER, "Hugging Humans," *The Listener* (London), April 12, 1979.
17 VIRÉL, *Decorated Man*, p. 12.
18 P. BlUM, *La Peau* (Paris: Presses Universitaires de France, 1960).
19 B. RUSSEL, *The ABC of Relativity* (New York: Harper & Bros., 1925).
20 G. H. BISHOP, "Neural Mechanisms of Cutaneous Sense," *Physiological Reviews*, 26 (1946), pp, 77-102.
21 W. PENFIELD and T. RASMUSSEN, *The Cerebral Cortex of Man* (New York: Macmillan, 1950), p. 214.
22 KENT C. BLOOMER and CHARLES W. MOORE, *Body, Memory, and Architecture* (New Haven: Yale University Press, 1977).
23 Cf. J. J. GIBSON, *The Perception of the Visual World* (Boston: Houghton Mifflin, 1950), pp. 97, 98.
24 B. B. GREENBIE, *Spaces: Dimensions of the Human Landscape* (New Haven: Yale University Press, 1981), p. 9.
25 A. R. LURIA, "The Functional Organization of the Brain," *Scientific American*, 222 (1970), pp. 66-78.
26 E. SÉGUIN, *Jacob-Rodriguez Pereire. Notice Sur Sa Vie et Ses Travaux et Analyse Raisonnie de Sa Methode* (Paris: Ballidre, Guyot & Scribe, 1847). 페레이레와 그가 사용한 방식에 관한 간단하고 훌륭한 설명은 다음을 참고하라. Harlan Lane, *The Wild Boy of Aveyron* (Cambridge, Mass.: Harvard University Press, 1976), pp. 150-152; Harlan Lane, *When The Mind Hears* (New York: Random House, 1984).
27 A. MONTAGU, "The Sensory Influences of the Skin," *Texas Reports on Biology and Medicine*, 2 (1953), pp. 291-301.
28 W. J. O'DONOVAN, *Dermatological Neuroses* (London: Kegan Paul, 1927).
29 M. E. OBERMAYER, *Psychocutaneous Medicine* (Springfield, Ill.: Charles C Thomas, 1955). See also J. A. Aita, *Neurocutaneous Diseases* (Springfield, Ill.: Charles C Thomas, 1966); H. C. Bethune and C. B. Kidd, "Psychophysiological Mechanisms in Skin Diseases," *The Lancet*, 2 (1961), pp. 1419-1422.
30 F. S. HAMMETT, "Studies of the Thyroid Apparatus: I," *American Journal of Physiology*, 56 (1921), pp. 196-204, p. 199.
31 F. S. HAMMETT, "Studies of the Thyroid Apparatus: V," *Endocrinology*, 6 (1922),

pp. 221-229; J. Older, *Touching Is Healing* (New York: Stein & Day, 1982); C. C. Brown (ed.), *The Many Facets of Touch* (Skillman, New Jersey: Johnson & Johnson Baby Products, 1984).

32 M. J. GREENMAN and F. L. DUHRING, *Breeding and Care of the Albino Rat for Research Purposes* (2nd ed., Philadelphia: Wistar Institute, 1931).

33 J. A. REYNIERS, "Germ-Free Life Studies," *Lobund Reports*, University of Notre Dame , No. 1 (1946); No, 2 (1949).

34 Personal communication, November 10, 1950.

35 R. A. MCCANCE and M. OTLEY, "Course of the Blood Urea in Newborn Rats, Pigs and Kittens," *Journal of Physiology*, 113 (1951), pp. 18-22.

36 L. RHINE, "One Little Kitten and How It Grew," *McCall's Magazine*, July 10, 1953, pp. 4-6.

37 R. W. SCHAEFFER and D. PREMACK, "Licking Rates in InfAnt Albino Rats," *Science*, 134 (1962) , pp. 1980-1981.

38 J. S. ROSENBLATT and D. S. LEHRMAN, "Maternal Behavior of the Laboratory Rat," in H , L. Rheingold (ed.), *Maternal Behavior in Mammals* (New York: Wiley, 1963), p. 14; T. C. Schneirla, J. S. Rosenblatt, and E. Tobach, "Maternal Behavior in the Cat," ibid., in Rheingold, p. 123; H. L. Rheingold, "Maternal Behavior in the Dog," ibid., pp. 179-181; P. Jay, "Mother-Infant Relations in Langurs," ibid., p. 286; I. DeVore, "Mother Infant Relations in Free-Ranging Baboons," ibid., pp. 310-311.

39 H. FOX, "The Birth of Two Anthropoid Apes," *Journal of Mammalogy*, 10 (1929), pp. 37-51; R. D. Nadler, "Three Gorillas Born at Yerkes in One Month," *Yerkes Newsletter* (Emory University), 13, 2 (1976), pp. 15-19.

40 L. L. ROTH and J. S. Rosenblatt, "Mammary Glands of Pregnant Rats: Development Stimulated by Licking," *Science*, 151 (1965), pp. 1403-1404.

41 H. G. BIRCH, "Source of Order in the Maternal Behavior of Animals," *American Journal of Orthopsychiatry*, 26 (1956), pp. 279-284; T. C. Schneirla, "A Consideration of Some Problems in the Ontogeny of Family Life and Social Adjustments in Various Infrahuman Animals,"in M. J. E. Senn (ed.), *Problems of Infancy and Childhood* (New York: Josiah Macy, Jr., Foundation, 1951), p. 96.

42 G. F. SOLOMON S. LEVINE, and L. K. Kraft, "Early Experiences and Immunity," *Nature*, 220 (1968), pp. 821-823.

43 G. F. SOLOMON and R. H. MOOS, "Emotions, Immunity, and Disease," *Archives of General Psychiatry*, 2 (1964) pp. 657-674

44 "Mortality of Rats under Stress as a Function of Early Handling," *Canadian Journal of Psychology*, 7 (1953) , pp. 111-114; O. Weininger, W. J. McClelland, and R. K. Arima, "Gentling and Weight Gain in the Albino Rat," *Canadian Journal of Psychology*, 8 (1954), pp. 147-151; L. Bernstein and H. Elrick, "The Handling of Experimental Animals as a Control Factor in Animal Research A Review," *Metabolism*, 6 (1957), pp, 479-482; S. Levine, "Stimulation in Infancy," *Scientific American*, 202 (1960), pp. 81-86; W. R. Ruegamer, L. Bernstein, and J. D. Benjamin, "Growth, Food Utilization, and Thyroid Activity in the Albino Rat as a Function of Extra Handling," Science, 120 (1954), pp. 184-185.

45 G. ALEXANDER and D. WILLIAMS, "Maternal Facilitation of Sucking Drive in Newborn Lambs," *Science*, 146 (1964), pp. 665-666.

46 H. BLAUVELT, "Neonate-Mother Relationship in Goat and Man," in B. Schafiner (ed.), *Group Processes* (New York: Josiah Macy, Jr., Foundation, 1956), pp. 94-140; p. 116; ibid., p. 116, H. S. Liddell

47 R. A. Maier, *Maternal Behavior in the Domestic Hen; III: The Role of Physical Contact*, Loyola Behavior Laboratory Series, vol. 3, 3 (1962-1963), pp. 1-12.

48 W. H. BURROWS and T. C. BYERLY, "The Effects of Certain Groups of Environmental Factors upon the Expression of Broodincss," *Poultry Science*, 17 (1938), pp. 324-330; Y. Saeki and Y. Tanabe, "Changes in Prolactin Content of Fowl Pituitary during Broody Periods and Some Experiments on the Induction of Broodiness," *Poultry Science*, 34 (1955), pp. 909-919; D. S. LEHRMAN, "Hormonal Regulation of Parental Behavior in Birds and Infrahuman Mammals," in W. C. Young (ed.), *Sex and the Internal Secretions* (2 vols., Baltimore: Williams & Wilkins, 1961), vol. 2, pp. 1268-1382; A. T. Cowie and S. J. Folley, "The Mammary Gland and Lactation." ibid., pp. 590-642.

49 N. E. COLLIAS, "The Analysis of Socialization in Sheep and Goats," *Ecology*, 37 (1956), pp. 228-239.

50 L. HERSHER, A. U. MOORER, and J. B. RICHMOND, "Effect of Postpartum Separation of Mother and Kid on Maternal Care in the Domestic Goat," *Science*, 128 (1958), pp. 1342-1343.

51 L. HERSHER, J. B. RICHMOND and A. U. MOORER, "Modifiability of the Critical Period for the Development of Maternal Behavior in Sheep and Goats," *Behaviour*, 20 (1963), pp. 311-320.

52 B. M. MCKINNEY, "The Effects upon the Mother of Removal of the Infant Immediately after Birth," *Child-Family Digest*, 10 (1954), pp. 63-65.

53 M. H. KLAUS and J. H. KENNELL, *Maternal-Infant Bonding* (St. Louis, Mo.: C. V. Mosby, 1976); Sheila Kitzinger, *Some Mothers' Experiences of Induced Labour* (London: The National Childbirth Trust, 1975); D. Haire, "The Cultural Warping of Childbirth," Milwaukee, Wisconsin; International Childbirth Education Association, I.C.E.A.: News, 11 (1972), pp. 27-28.

54 H. F. HARLOW, M. K. HARLOW, and E. W. HANSEN, "The Maternal Affectional System of Rhesus Monkeys," in Rheingold (ed.), *Maternal Behavior in Mammals* (New York: Wiley, 1963), p. 268.

55 V. H. DENENBERG and A. E. WHIMBEY, "Behavior of Adult Rats Is Modifiedby the Experience Their Mothers Had as Infants," *Science*, 142 (1963), pp. 1192-1193.

56 R. ADER and P. M. CONKLIN, "Handling of Pregnant Rats: Effects on Emotionality of Their Offspring," *Science*, 142 (1963), pp. 412-413.

57 J. WERBOFF, A. ANDERSON, and B. N. HAGGETT, "Handling of Pregnant Mice: Gestationaland Postnatal Behavioral Effects," *Physiology and Behavior*, 3 (1968), pp. 35-39.

58 A. SAYLER and M. SALMON, "Communal Nursing in Mice: Influence of Multiple Mothers on the Growth of the Young," *Science*, 164 (1969), pp. 1309-1310.

59 O. WEININGER, "Physiological Damage under Emotional Stress as a Function of Early Experience," *Science*, 119 (1954), pp. 285-286; Weininger, ibid.

60 H. SELYE, *The Physiology and Pathology of Exposureto Stress* (Montreal: Acta, 1950); C. Newman(ed.), *The Nature of Stress Disorder* (Springfield, Ill.: Charles C Thomas, 1959); H. G. Wolff, *Stress and Disease* (2nd ed., Springfield, Ill.: Charles C Thomas, 1968); R. B. CAIRNS, "Fighting and Punishment from a Developmental Perspective," in *Nebraska Symposium on Motivation* (Lincoln, Nebraska: Universityof Nebraska Press, 1972), pp. 59-124.

61 O. WEININGER, "Physiological Damage under Emotional Stress as a Function of Early Experience," *Science*, 119 (1954), pp. 285-286.

62 J. L. FULLER, "Experiential Deprivation and Later Behavior," *Science*, 158 (1967), pp. 1645-1652.

63 L. HERSHER, J. B. RICHMOND, and U. MOORE, "Maternal Behavior in Sheepand Goats," in Rheingold, *Maternal Behavior in Mammals*, p. 209.

64 D. H. BARRON, "Mother-Newborn Relationshipin Goats," in Schaffner, *Group Processes*, pp. 225-226.

65 G. G. KARAS, "The Effect of Time and Amount of Infantile Experience upon Later Avoidance Learning" (M.A. thesis, Purdue University, 1957).

66 S. LEVINE and G. W. LEWIS, "Critical Period for the Effects of Infantile Experience on Maturation of Stress Response," *Science*, 129 (1959), p. 42.

67 R. W. BELL, G. REISNER, and T. LINN, "Recovery From Electroconvulsive Shock as a Function of Infantile Stimulation," *Science*, 133 (1961), p. 1428.

68 V. H. DENENBERG and G. G. KARAS, "Effects of Differential Handling upon Weight Gain and Mortality in the Rat and Mouse," *Science*, 130 (1959), pp. 629-630; V. H. Denenberg and G. G. Karas, "Interactive Effects of Age and Duration of Infantile Experience on Adult Learning," Psychological Reports, 7 (1960), pp. 313-322; V. H. Denenberg and G. G. Karas, "Interactive Effects of Infant and Adult Experience upon Weight Gain and Mortality in the Rat," *Journal of Comparative and Physiological Psychology*, 54 (1961), pp. 658-689.

69 R. NOREM and FRED CORNHILL, "The TLC Factor and Heart Disease," *Science News*, 116 (1979), p. 188.

70 G. HENDRIX, J. D. VAN VALCK, and W. E. Mitchell, "Early Handling by Humans IsFound to Benefit Horses," *New York Times*, December 27, 1968.

71 E. KARSH, "If You Want a Friendly Cat," *Science News*, 24 July 30, 1983.

72 A. F. MCBRIDE and H. KRITZLER, "Observations on Pregnancy, Parturition, and Post-Natal Behavior in the Bottlenose Dolphin," *Journal of Mammalogy*, 32 (1951), pp. 251-266.

73 R. A. GILMORE, "The Friendly Whales of Laguna San Ignacio", *Terra*, 15 (1976), pp. 24-28.

74 A. GUNNER, "A London Hedgehog," *The Listener* (Lodon), February 16, 1956, p.255.

75 H. F. HARLOW, "The Nature of Love," *The American Psychologist*, 13 (1958), pp. 673-685.

76 Ibid., p. 676.

77 HARLOW, HARLOW, and HANSEN, "The Maternal Affectional System," p. 260.
78 Ibid., p. 279.
79 L. ROTH, "Effects of Young and of Social Isolation on Maternal Behavior in the Virgin Rat," *American Zoologist*, 7 (1967), p. 800.
80 J. TERKEL and J. S. ROSENBLATT, J. S. Rosenblatt, "Onset and Maintenance of Maternal Behavior in the Rat," in Lester R. Aronson et al. (eds.), Development and Evolution of Behavior (San Francisco: Freeman, 1970), pp. 502-503에서 인용.
81 HARLOW HARLOW, and HANSEN, "The Maternal Affectional System," pp. 260-261.
82 P. JAY, "Mother-Infant Relations in Langurs," in Rheingold, *Maternal Behavior in Mammals*, p. 286.
83 H. F. HARLOW, *Learning to Love* (New York: Ballantine Books, 1971).
84 M. SHIRLEY, *The First Two Years: A Study of Twenty-FiveBabies* (3 vols., Minneapolis: University of Minnesota Press, 1931/33).
85 P. MARLER, "Communication in Monkeys and Apes," in I. DeVore (ed.), *Primate Behavior* (New York: Holt, Rinehart & Winston, 1965), p. 551.
86 H. HEDIGER, *Wild Animals in Captivity* (London: Butterworth, 1950).
87 A. JOLLY, *The Evolution of Primate Behavior* (New York Macmillan, 1972).
88 T. R. ANTHONEY, "The Ontogeny of Greeting, Grooming and Sexual Motor Patterns in Captive Baboons (Superspecies Papio cynocephalus)," *Behaviour*, 31 (1968), pp. 358-372; J. Sparks, "Allogrooming in Primates: A Review," in Desmond Morris, ed., *Primate Ethology* (Chicago: Aldine, 1967), pp. 148-175; J. VAN LAWICK-GOODALL, "Mother-Offspring Relationships in Freehanging Chimpanzees," ibid., pp. 287-346.
89 JOLLY, *Primate Behavior*.
90 ANTHONEY, "Patterns in Captive Baboons," pp. 358-372.

2. 시간의 자궁

1 M. SARTON, "An Informal Portrait of GeorgeSarton," *Texas Quarterly*, Autumn 1962, p. 105.
2 R. W. JONDORF, R. P. MAICHEL, and B. B. BRODIE, "Inability of Newborn Mice and Guinea Pigs to Metabolize Drugs," *Biochemical Pharmacology*, 1 (1958), pp. 352-354.
3 I. D. ROSS and I. F. DEFORGES, "Further Evidence of Deficient Enzyme Activity in the Newborn Period," *Pediatrics*, 23 (1959), pp. 718-725.
4 C. SMITH, *The Physiology of the Newborn Infant* (3rd ed., Springfield, Ill.: Charles C Thomas, 1960); E. H. Watson and G. H. Lowrey, *Growth and Development of Children* (5th ed., Chicago: Yearbook Medical Publishers, 1967), pp. 203-204; C. A. Villee, "Enzymes in the Development of Homeostatic Mechanisms," in G. W. Wolstenholme and M. O'Connor (eds.), *Somatic Stability in the Newly Born* (Boston: Little, Brown, 1961), pp. 246-278; H. F. R. Prechtl, "Problems of Behavioral Studies in the Newborn Infant," in D. S. Lehrman, R. A. Hinde, and E. Shaw (eds.), *Advances in the Study of Behavior* (2 vols., New York: Academic Press, 1965), vol. 1, p. 79.

5 A. MONTAGU, *The Human Revolution* (New York: Bantam Books, 1967), pp. 126-138; A. Montagu, "Time, Morphology and Neoteny in the Evolution of Man," *American Anthropologist*, 57 (1955), pp. 13-27; A. Montagu, "Neoteny and the Evolution of the Human Mind," *Explorations*, No. 6 (Toronto, 1956), pp. 85-90; G. DeBeer, *Embryos and Ancestors* (3rd ed., New York: Oxford University Press, 1958); F. Kovács, "Biological Interpretationof the Nine Months Duration of Human Pregnancy," *Acta Biologica Magyar*, 10 (1960), pp. 331-361; A. Portmann, *Biologische Fragmente* (Basel: Benno Schwalbe & Co., 1944); A. Montagu, "The Origin and Significance of Neonatal Immaturity in Man," *Journal of the American Medical Association*, 178 (1961), pp. 156-157; S. J. Gould, *Ontogeny and Phylogeny* (Cambridge: Harvard University Press, 1977); A. Montagu, *Growing Young* (New York: McGraw-Hill, 1981).

6 J. BOSTOCK, "Exterior Gestation, Primitive Sleep, Enuresis and Asthma: A Study in Aetiology," *Medical Journal of Australia*, 2 (1958), pp. 149-153; 185-188.

7 D. B. and E. F. P. JELLIFFE, "Human Milk, Nutrition, and the World Resource Crisis," *Science*, 188 (1975), pp 557-561; D. B. and E. F. P. Jelliffe, *Human Milk in the Modern World* (New York: Oxford University Press, 1978).

8 A. MONTAGU, *Prenatal Influences* (Springfield, Ill.: Charles C Thomas, 1962), pp. 413-414; P. Gruenwald, "The Fetus in Prolonged Pregnancy," *American Journal of Obstetrics and Gynecology*, 89 (1964), pp. 503-505; P. B. Mead, "Prolonged Pregnancy," American Journal of Obstetricsand Gynecology, 89 (1964), pp. 495-502; W. E. Lucas, "The Problems of Postterm Pregnancy," *American Journal of Obstetricsand Gynecology*, 91 (1965), pp. 241-250; M. Zwerdling, "Complications of Prolonged Pregnancies," *Journal of the American Medical Association*, 195 (1966), pp. 39-40; R. L. Naeye, "Infants of Prolonged Gestation," *Archives of Pathology*, 84 (1967), pp. 37-41.

9 A. MONTAGU, *Prenatal Influences; A. Montagu, Life Before Birth* (New York: New American Library, 1964); N. J. Berrill, *The Person in the Womb* (New York: Dodd, Mead), 1968; A. J. FERREIRA, *Prenatal Environment* (Springfield, Ill.: Charles C Thomas, 1969); H. C. Mack (ed.), *Prenatal Life* (Detroit: Wayne State University Press, 1970; T. Verney with J. Kelly, *The Secret Life of the Unborn Child* (New York: Summit Books, 1981).

10 C. M. DRILLIEN, "Physical and Mental Handicapin the Prematurely Born," *Journal of Obstetrics and Gynaecology of the British Empire*, 66 (1959), pp. 721-728; see also B. Comer, *Prematures* (Springfield, Ill.: Charles C Thomas, 1960).

11 M. SHIRLEY, "A Behavior Syndrome Characterizing Prematurely-Born Children," *Child Development*, 10 (1939), pp. 115-128.

12 A. J. SCHAFFER, *Diseases of the Newborn* (Philadelphia: Saunders, 1965), pp. 45-46.

13 A. P. KIMBALL and R. J. OLIVER, "Extra-Amniotic Caesarean Section in the Prevention of Fatal Hyaline Membrane Disease," *American Journal of Obstetrics and Gynecology*, 90 (1964), pp. 919-924.

14 R. J. MCKAY, JR., and C. A. SMITH, in W. E. NELSON (ed.), *Textbook of Pediatrics* (7th ed., Philadelphia: Saunders, 1959), p. 286.

15 G. W. MEIER, "Behavior of Infant Monkeys: Differences Attributable to Mode of Birth," *Science*, 143 (1964), pp. 968-970.

16 S. SEGAL and J. CHU, in T. K. OLIVER, JR. (ed.), *Neonatal Respiratory Adaptation* (Bethesda, Md.: U. S. Dept. of Health, Education, and Welfare, National Institutes of Health, 1966), pp. 183-188.

17 T. K. OLIVER, JR, A. DEMIS, and G. D. BATES, "Serial Blood-Gas Tensions and Acid-Base Balance during the First Hour of Life in Human Infants," *Acta Paediatrica*, 50 (Stockholm, 1961), pp. 346-360.

18 M. CORNBLATH et al., "Studies of. Carbohydrate Metabolism in the Newborn Infant," *Pediatrics*, 27 (1961), pp 378-389.

19 L. J. GROTA, V. H. DENENBERG, and M. X. ZARROW, "Neonatal Versus Caesarean Delivery: Effects upon Survival Probability, Weaning Weight, and Open-Field Activity," *Journal of Comparative and Physiological Psychology*, 61 (1966), pp. 159-160.

20 W. J. PIEPER, E. E. LESSING, and H. A. GREENBERG, "Personality Traits in Cesarean-Normally Delivered Children," *Archives of General Psychiatry*, 2 (1964), pp. 466-471.

21 M. Straker, "Comparative Studies of Effects of Normal and Caesarean Delivery upon Later Manifestations of Anxiety," *Comprehensive Psychiatry*, 3 (1962), pp. 113-124.

22 W. T. LIBERSON and W. H. FRAZIER, "Evaluation of EEG Patterns of Newborn Babies," *American Journal of Psychiatry*, 118 (1962), pp. 1125-1131.

23 D. H. Barron, "Mother-Newborn Relationships in Goats," in B. Schaffner (ed.), *Group Processes* (New York: Josiah Macy, Jr., Foundation,1955), p. 225-226.

24 MEIER, "Behavior of Infant Monkeys...," *Science*, 143 (1964), pp. 968-970.

25 R. A. MCCANCE and M. OTLEY, "Course of the Blood Urea in Newborn Rats, Pigs and Kittens," *Journal of Physiology*, 113 (1951), pp. 18-22.

26 B. Pack, "Mother-Newborn Relationship in Goats," in Schaffner, *Group Processes*, p. 228.

27 Editorial, "The Gut and the Skin," *Journal of the American Medical Association*, 196 (1966), pp. 1151-1152; M. E. OBERMAYER, *Psychocutaneous Medicine* (Springfield Ill.: Charles C Thomas, 1955), pp. 376-377; L. Fry. S. Shuster, and R. M. H. McMinn, "The Small Intestine in Skin Disease," *Archives of Dermatology*, 93 (1966) pp. 647-653; M. L. Johnson and H. T. H. Wilson, "Skin Lesions in Ulcerative Colitis," *Gut*, 10 (1969), pp 255-263.

28 F. REITZENSTEIN, "Aberglauben," in M. Marcuse (ed.), *Handwörterbuch der Sexualwissenschaft* (2nd ed., Bonn: Marcus & Weber, 1926), p. 5.

3. 모유 수유

1 O. RANK, *The Trauma of Birth* (London: Allen & Unwin, 1929).

2 A. KULKA, C. FRY, and F. J. GOLDSTEIN, "Kinesthetic Needs In Infancy," *American Journal of Orthopsychiatry*, 33 (1960), pp. 562-571.

3 Personal communication, 2 April 1976.

4 Associated Press, May 1975. *Leaven*, La Leche League International, Franklin Park, Illinois, July-August 1975, p. 21도 참조할 것.

5 A. MONTAGU and F. MATSON, *The Dehumanization of Man* (New York: McGraw-Hill, 1983).

6 *Infant Care* (Washington, D. C.: U.S. Government Printing Office, 1963), p. 16.

7 M. P. MIDDLEMORE, *The Nursing Couple* (London: Cassell, 1941), pp. 18-19.

8 M. H. KLAUS and J. H. KENNELL, *Parent-Infant Bonding* (St. Louis, Mo.: C. V. Mosby Co., 1982); M. H. Klaus and P. H. Klaus, *The Amazing Newborn* (Reading, Mass.: Addison-Wesley, 1985), pp. 106-107.

9 T. SMITH and R. B. LITTLE, "The Significance of Colostrumto the New-Born Calf," *Journal of Experimental Medicine*, 36 (1922), pp. 181-198.

10 J. A. TOOMEY, "Agglutinins in Mother's Blood, Mother's Milk, and Placental Blood," *American Journal of Diseases of Children*, 41 (1934), pp. 521-528; J. A. Toomey, "Infection and Immunity," *Journal of Pediatrics*, 4 (1934), pp. 529-539.

11 D. B. JELLIFFE and E. F. P. JELLIFFE, *Human Milk in the Modern World* (New York: Oxford University Press 1978).

12 G. E. GAULL, "What Is Biochemically Special about Human Milk?" in Dana Raphael (ed.), *Breastfeeding and Food Policy in a Hungry World* (New York: Academic Press, 1979); W. A. STINI, "Errors of a Nutritional Policyto Maximize Growth," ibid., pp. 177-182; JELLIFFE and JELLIFFE, *Human Milk in the Modern World*; H. BAKWIN and R. M. BAKWIN, *Clinical Management of Behavior Disordersin Children* (3rd ed., Philadelphia: Saunders, 1960); J. PITT, "Immunologic Aspects of Human Milk," ibid., pp. 229-232.

13 M. RIBBLE, *The Rights of Infants* (New York, Columbia University Press, 1965), 14 G. C. ANDERSON, "Severe Respiratory Distressin Transitional Newborn Lambs with Recovery Following Non-nutritive Sucking," *Journal of Nurse-Midwifery*, Summer 1975, pp. 24-27.

15 K. HIGGINS and L. VAN ART, *Journal of Nurse-Midwifery*, Summer 1973, pp. 20-28.

16 N. BLURTON JONES, "Comparative Aspects of Mother-Child Contact," in N. Blurton Jones (ed.), *Ethological Studies of Child Behaviour* (Cambridge: The University Press, 1972), pp. 305-328.

17 D. M. BEN SHAUL, "The Composition of the Milkof Wild Animals," *International Zoo Yearbook*, 4 (1962), pp. 333-342.

18 R. C. BOELKINS, "Large-Scale Rearing of InfantRhesus Monkeys (*M. mulatto*) in the Laboratory," *International Zoo Yearbook*, ibid., pp. 286-289.

19 A. PEIPER, *Cerebral Function in Infancy and Childhood* (New York: Consultants Bureau, 1963), pp. 570-571.

20 T. J. CRONIN, "Influence of Lactation upon Ovulation," *The Lancet*, 2 (1968), pp. 422-424; R. Gioiosa, "Incidence of Pregnancy during Lactation in 500 Cases," *American Journal of Obstetrics and Gynecology*, 70 (1955), pp. 162-174; I. C. Udesky, "Ovulation and Lactating Women," *American Journal of Obstetrics and Gynecology*, 59 (1950), pp. 843-851; N. L. Solien de Gonzales, "Lactation and Pregnancy: A Hypothesis," *American Anthropologist*, 66 (1964), pp. 873-878;

D. Raphael (ed.), *Breastfeeding and Food Policy in a Hungry World* (New York: Academic Press, 1979).

21 B. and E. F. P. JELLIFFE, "Human Milk, Nutrition, and the World Resource Crisis," *Science*, 188 (1975), pp. 557-561.

22 E. R. KIMBALL, "How I Get Mothers to Breastfeed," OB/GYN's Supplement in *Physician's Management*, June 1968.

23 C. HOEFER and M. C. HARDY, "Later Development of Breast Fed and Artificially Fed Infants," *Journal of the American Medical Association*, 96 (1929), pp, 615-619.

24 S. GOLDBERG and M. LEWIS, "Play Behavior in Year-Old Infant: Early Sex Experimentation," *Child Development* 40 (1969), p. 21.

25 J. KRECEK, "Phenotype: Postnatal Development," *Science* 159 (1968), pp. 658-659.

26 S. BRODY, *Patterns of Mothering* (New York: Internation Universities Press, 1956); Mary D. S. Ainsworth, *Infanc in Uganda* (Baltimore: The Johns Hopkins Press, 1967), p. 403; W. D. Davidson, "A Brief History of Infant Feeding," *Journal of Pediatrics*, 43 (1953), pp. 74-87; Jelliffe and Jelliffe, *Human Milk in the Modern World*, pp. 406-407.

27 H. E. BATES, *The Vanished World: An Autobiography* (Vol 1, Columbia: University of Missouri Press, 1969), p. 17.

28 T. Benedek, "Adaptation to Reality in EarlyInfancy," *Psychoanalytic Quarterly*, 7 (1938), pp. 200-215; Therese Benedek, "The Psychosomatic Implications of the Primary Unit Mother-Child," *American Journal of Orthopsychiatry*, 19 (1949), pp. 642-654.

29 PHILIP SLATER, *Earthwalk* (New York: Doubleday, 1974), p. 188.

30 ROBIN and E. MA.GITOT, *Gazette Medicate de France*, 1860, p. 251.

31 M. POTTENGER, JR., and B. KROHN, "Influence of Breast Feedingon Facial Development," *Archives of Pediatrics*, 67 (1950), pp. 454-461; F. M. Pottenger, Jr., "The Responsibility of the Pediatrician in the Orthodontic Problem," *California Medicine*, 65 (1946), pp. 169-170.

32 F. M. BERTRAND, "The Relationship of Prolonged Breastfeeding to Facial Features," *Central African Journal of Medicine*, 14 (1968), pp. 226-227.

33 S. ROBINSON and S. R. NAYLOR, "The Effects of Late Weaning on the Deciduous Teeth," *British Dental Journal*, 115 (1963), p. 250.

34 A. NIZEL, "'Nursing-Bottle Syndrome': Rampant Dental Caries in Young Children," *Nutrition News*, 38 (1975), p. 1.

35 F. E. BROAD, "The Effects of Infant Feedingon Speech Quality," *New Zealand Medical Journal*, 76 (1972), pp. 28-31; Frances E. Broad, "Further Studies on the Effects of Infant Feeding on Speech Quality," *New Zealand Medical Journal*, 82 (1975), pp. 373-376; Frances E. Broad, "Suckling and Speech," *Parents Centres Bulletin* 53, November 1972, pp. 4-6.

36 N. RINGLER, M. A. TRAUSE, M. KLAUS, and J. KENNELL, "The Effects of Extra Postpartum Contact and Maternal Speech Patterns on Children's IQ, Speech, and Language Development," *Child Development*, 49 (1978), pp. 862-865.

37 D. L. RAPHEL, "The Lactation-Suckling Process within a Matrix of Supportive

Behavior" (Ph.D. diss., Columbia University, 1966), p. 246.

38 W. PAINTER, *The Palace of Pleasure* (London: Tottell and Jones, 1566), I, 43.

39 이에 관한 비교행동학적 증거 조사는 2장을 참조하라.

40 M. WRIGHT, "On the Importance of Skin Contact," Sounding Board, 3, 4 (1969), p. 7.

41 이 주제에 관한 더 자세한 논의는 다음을 참조할 것. F. H. Richardson, *The Nursing Mother* (New York: Prentice-Hall, 1953); M. P. Middlemore, *The Nursing Couple* (London: Cassell & Co., 1953); La Leche League International, *The Womanly Art of Breastfeeding* (Franklin Park, Ill., 1963); B. M. Caldwell, "The Effects of Infant Care," in M. L. Hoffman and L. W. Hoffman (eds.), *Review of Child Development Research* (New York: Russell Sage Foundation, 1964), vol. 1, pp. ii-41; A. Montagu and F. Matson, *The Human Connection* (New York: McGraw-Hill, 1979)

42 M. KING, *Truby King the Man* (London: Allen & Unwin, 1948), pp. 170-178.

43 H. MOLTZ, R. LEVIN, and M. Leon, "Prolactin in the Post-partum Rat: Synthesis and Release in the Absence of Suckling Stimulation," *Science*, 163 (1969), pp. 1083-1084.

44 S. LORAND and S. ASBOT, "Über die durch Reizüng der Brustwarze reflektorischen Uteruskontraktionen," *Zentralblatt für Gynäkologie*, 74 (1952), pp, 345-352.

45 E. DARWIN, *Zoonomia, or the Laws of Organic Life* (4 vols 3rd ed., London: J. Johnson, 1801), vol. 1, p. 206.

46 R. ST. BARBE BAKER, *Kabongo* (New York: A. S. Barnes 1955), p. 18.

47 K. DE SNOO, "Das Trinkende Kind im Uterus," *Monatschrift für Geburtschilfe und Gynäkologie*, 105 (1937), pp. 88-97; A. Montagu, *Prenatal Influences* (Springfield Illinois: Charles C Thomas, 1962), pp. 106-107.

48 C. K. CROOK and L. P. LIPSITT, "Neonatal Nutritive Sucking: Effects of Taste Stimulation upon Sucking Rhythm and Heart Rate," *Child Development*, 47 (1976), pp. 518-521.

49 T. FIELD and E. GOLDSTON, "Pacifying Effects of Nonnutritive Sucking on Term and Preterm Neonates During Heelstick Procedures," *Pediatrics*, 74 (1984), pp. 1012-1015.

4. 다정하며 애정 어린 보육

1 J. L. HALLIDAY, *Psychosocial Medicine: A Study ofthe Sick Society*, (New York: Norton, 1948), pp. 244-245.

2 H. D. CHAPIN, "A Plea for Accurate Statisticsin Children's Institutions," *Transactions of the American Pediatric Society*, 27 (1915), p. 180.

3 F. TALBOT, "Discussion," *Transactions of the American Pediatric Society*, 62 (1941), p. 469.

4 L. E. HOLT, *The Care and Feeding of Children* (15th ed., New York: Appleton-Century,1935); E. Holt, Jr., *Holt's Care and Feeding of Children* (New York: Appleton-Century, 1948).

5 J. BRENNEMANN, "The Infant Ward," *American Journal of Diseases of Children*, 43 (1932), p. 577.

6 H. BAKWIN, "Emotional Deprivation in Infants," *Journal of Pediatrics*, 35 (1949),

pp. 512-521.

7 M. H. ELLIOT and F. H. HALL, *Laura Bridgman* (Boston: Little, Brown, 1903); Helen Keller, *The Story of My Life* (New York: Doubleday, 1954); D. Levitsky (ed.), *Nutrition, Environment, and Behavior* (Ithaca, N.Y.: Cornell University Press, 1979); R. G. Patton and L. I. Gardner, *Growth Failure and Maternal Deprivation* (Springfield, Ill.: Charles C Thomas, 1963).

8 K. Davis, "Extreme Social Isolation of a Child," *American Journal of Sociology*, 45 (1940), pp. 554-565; K. Davis, "Final Note on a Case of Extreme Isolation," *American Journal of Sociology*, 52 (1947), pp. 432-437; M. K. Mason, "Learning to Speak after Six and One Half Years," *Journal of Speech Disorders*, 7 (1942), pp. 295-304.

9 W. D. STRATTON, "Intonation Feedback for the Deaf Through a Tactile Display," *The Volta Review*, January 1974, pp. 26-35.

10 The historian Salimbene (13th century), in J. B. Ross and M. M. McLaughlin (eds.), *A Portable Medieval Reader* (New York: Viking Press, 1949), p. 366.

11 H. BAKWIN, "Emotional Deprivation in Infants," *Journal of Pediatrics*, 35 (1949), pp. 512-521.

12 Annotation, "Perinatal Body Temperatures," *The Lancet*, 1 (1968), p. 964; B. D. BOWER, "Neonatal Cold Injury," *The Lancet*, 1 (1962), p. 426.

13 O. FENICHEL, *The Psychoanalytic Theory of Neurosis* (New York: Norton, 1945), pp. 69-70.

14 Editorial, "At What TemperatureShould You Keep a Baby?" *The Lancet*, 2 (1970), p. 556.

15 E. N. HEY and B. O'CONNELL, "Oxygen Consumption and Heat Balance in Cot-Nursed Babies," *Archives of Diseases of Childhood*, 14 (1970), pp. 335-343.

16 K. Brück, "Heat Production and Temperature Regulation," in Uwe Stave (ed.), *Perinatal Physiology* (New York: Plenum, 1978), p. 488.

17 L. Glass, "Wrapping Up Small Babies," *The Lancet*, 2 (1970), pp. 1039-1040.

18 J. W. SCOPES, "Control of Body Temperaturein Newborn Babies," in *The Scientific Basis of Medicine, Annual Reviews* (London: The Athlone Press, 1970), pp. 31-50.

19 W. AHERNE and D. HULL, "The Site of Heat Productionin the Newborn Infant," *Proceedings of the Royal Society of Medicine*, 57 (1964), pp. 1172-1173.

20 C. M. BLATTEIS, "Shivering and Nonshivering Thermogenesis During Hypoxia," *Proceedings of the International Symposium on Environmental Psychology*, Dublin, 1971, pp. 151-160.

21 F. A. GELDARD, *The Human Senses* (New York: Wiley, 1953), pp. 211-232.

22 T. P. MANN and R. I. K. ELIOT, "Neonatal Cold Injury Due to Accidental Exposure to Cold," *The Lancet*, 1 (1957), pp. 229-234; W. A. Silverman, J. W. Fertig, and A. P. Berger, "The Influence of the Thermal Environmeat upon the Survival of Newly Bom Premature Infants," *Pediatrics*, 22 (1958), pp. 876-886.

23 E. N. HEY, S. KOHLINSKY, and B. O'CONNELL, "Heat Losses from Babies during Exchange Transfusion," *The Lancet*, 1 (1969), pp. 335-338.

24 C. P. BOYAN, "Cold or Warmed Blood for Massive Transfusions," *Annals of*

Surgery, 160 (1964), pp, 282-286.

25 M. S. ELDER, "The Effects of Temperature and Position on the Sucking Pressure of Newborn Infants," *Child Development*, 41 (1970), pp. 94-102.

26 R. E. COOKE, "The Behavioral Response of Infants to Heat Stress," *Yale Journal of Biology and Medicine*, 24 (1952), pp. 334-340.

27 P. H. WOLFF, "The Natural History of Crying and Other Vocalizations in Infancy," in B. M. Foss (ed,), *Determinants of Infant Behavior* (London: Methuen, 1969), vol. 4, pp. 81-109; P. H. Wolff, *The Causes, Controls, and Organisation of Behaviour* (New York: International Universities Press, 1966).

28 T. SCHAEFER, JR., F. S. WEINGARTEN, and J. C. TOWNE, "Temperature Change: The Basic Variable in the Early Handling Phenomenon?" *Science*, 135 (1962), pp. 41-42.

29 R. ADER, "The Basic Variable in the Early Handling Phenomenon," *Science*, 136 (1962), pp. 580-583; G. W. Meier, pp. 583-584와 and Schaefer et al., "Temperature Change…," *Science*, pp. 584-587도 참고.

30 R. G. PATTON and L. I. GARDNER, *Growth Failure and Maternal Deprivation* (Springfield, Ill.: Charles C Thomas, 1963).

31 R. L. BIRDWHISTELL, "Kinesic Analysis of Filmed Behavior of Children," in B. Schaffner (ed.), *Group Processes* (New York: Josiah Macy, Jr., Foundation, 1956), p. 143; R. L. Birdwhistell, *Kinesics and Context* (Philadelphia: University of Pennsylvania Press, 1970); J. Fast, *Body Language* (New York: M. Evans, 1970); see also M. ARGYLE, *Bodily Communication* (New York: International Universities Press, 1975); M. Argyle and M. Cook, *Gaze and Mutual Gaze* (London & New York: Cambridge University Press, 1976).

32 P. LACOMBE, "Du Rôle de la Peau dans l'Attachement Mère-Enfant," *Revue française du Psychanalyse*, 23 (1959), pp. 83-101.

33 P. F. D. SEITZ, "Psychocutaneous Conditioning during the First Two Weeks of Life," *Psychosomatic Medicine*, 12 (1950), pp. 187-188.

34 M. A. RIBBLE, "Disorganizing Factors of Infant Personality," *American Journal of Psychiatry*, 98 (1941), pp. 459-463.

35 B. TAUBMAN, "Clinical Trial of the Treatmentof Colic by Modification of Parent-Infant interaction," *Pediatrics*, 74 (1984), pp. 998-1003.

36 L. S. KUBIE, "Instincts and Homeostasis," *Psychosomatic Medicine*, 10 (1948), pp. 15-30.

37 B. DILL, *Life, Heat, and Altitude* (Cambridge, Mass.: Harvard University Press, 1938).

38 V. V. ROZANOV, *Solitaria* (London: Wishart, 1927).

39 M. I. HEINSTEIN, "Behavioral Correlates of Breast-Bottle Regimes under Varying Parent-Infant Relationships," *Monographs of the Society for Child Growth and Development*, Serial No. 88, vol. 28, no. 4 (1963); M. I. Heinstein, "Influence of Breast Feeding on Children's Behavior," *Children*, 10 (1963), pp. 93-97.

40 STANLEY HALL, "Notes on the Study of Infants," *Pedagogical Seminary*, 1 (1891), pp. 127-138.

41 S. FREUD, *Three Essays on the Theory of Sexuality* [1905] (London: Imago, 1949), p. 60.
42 W. WICKLER, *The Sexual Code* (New York: Anchor Books, 1973), pp. 169-170.
43 S. RADO, "The Psychical Effects of Intoxication," *Psychoanalytic Review*, 18 (1931), pp. 69-84.
44 F. HARLOW and M. K. HARLOW, "The Effect of Rearing Conditionson Behavior," in John Money (ed.), *Sex Research: New Developments* (New York: Holt, Rinehart & Winston, 1965), pp. 161-175.
45 G. W. HENRY, *All the Sexes* (New York: Rinehart, 1955); R. J. Stoller, *Sex and Gender* (New York: Science House, 1968); S. Brody, *Patterns of Mothering* (New York International Universities Press, 1956).
46 M. P. MIDDLEMORE, *The Nursing Couple* (London: Cassell, 1941).
47 L. J. YARROW, "Maternal Deprivation; Toward an Empirical and Conceptual Re-valuation," *Psychological Bulletin*, 58 (1961), pp. 459-490; p. 485. John Bowlby, *Attachment and Loss*, vol. 1, *Attachment* (New York Basic Books, 1969)도 참조할 것.
48 E. GAMPER, "Bau und Leistung eines menschlichen Mittelhirnwesens, Ⅱ," *Zeitschrift für die Gesammie Neurologieund Psychiatrie*, vol. 104 (1926), pp. 48 et seq.
49 R. A. SPITZ, *No and Yes* (New York: International Universities Press, 1957), pp. 21-22.
50 C. A. ALDRICH, "Ancient Processes in a Scientific Age," *American Journal of Diseases of Childhood*, 64 (1942), p. 714; H. Bakwin and R. M. Bakwin, *Clinical Management of Behavior Disorders in Children* (3rd ed., Philadelphia: Saunders, 1966), p. 59.
51 I. DEVORE, "Mother-Infant Relations in Free-Ranging Baboons," in H. L. Rheingold (ed.), *Maternal Behavior in Mammals* (New York: Wiley, 1963), p. 312.
52 Ibid., pp. 314, 317-318.
53 S. PROVENCE, *Ladies' Home Journal*, March 1976.
54 R. LANG, *The Birth Book* (Palo Alto, California: Science and Behavior Books, 1972); M. H. Klaus and J. H. kennell, *Maternal-Infant Bonding* (St. Louis, Mo.: C. V. Mosby, 1976), p. 73.
55 W. ONG, *The Presence of the Word* (New Haven, Conn.: Yale University Press, 1967), pp. 169-170.
56 A. LEVITSKY, Richard Register, "In Touch with Feeling," *Human Behavior*, 4 (1975), pp. 16-23에서 인용.
57 R. M. YERKES, 'The Mind of a Gorilla," *Genetic Psychology Monographs*, 2 (1927), p. 147.
58 J. ORTEGAY GASSET, *Man and People* (New York: Norton, 1957), pp. 72 et seq.
59 M. A. RIBBLE, *The Rights of Infants* (2nd ed., New York: Columbia University Press, 1965).
60 W. HOFFER, "Mouth, Hand, and Ego-Integration," in A. Freud et al. (eds), *The Psychoanalytic Study of the Child*, vols. 3/4 (New York: International Universities Press, 1949), pp. 49-56; W. Hoffer, "Development of the Body Ego," in *The Psychoanalytic Study of the Child*, vol. 5 (New York: International Universities Press, 1950), pp. 18-23.

61 J. W. WEIFFENBACH (ed.), *Taste and Development* (Bethesda, Maryland: U. S. Departmentof Health, Education and Welfare, Publication N. NIH 77-1068, 1977); G. H. Nowlis and W. Kessen, "Human Newborns Differentiate Differing Concentrations of Sucrose and Glucose," *Science*, 191 (1976), pp. 865-866.

62 G. REVESZ, *Psychology and Art of the Blind* (London: Longmans, 1959), pp. 14, 58, 235.

63 SIR C. BELL, *The Hand: Its Mechanism and Vital Endowments aS Evincing Design*, Bridgewater Treatise No. 4. (London: Pickering, 1833).

64 W. JONES, *The Principles of Anatomy as Seenin the Hand* (2nd ed., London: Balliere & Cox, 1942). See also George Rosen(ed.), The Hand, *Ciba Symposia*, 4 (1942) pp. 1294-1327.

65 B. BETTELHEIM, "Where Self Begins," *The New York Times Magazine*, 12 February 1967. Reprinted in *Child and Family*, 7 (1967), pp. 5-9.

66 R. RUBIN, "Maternal Touch," *Nursing Outlook*, 11 (1963), pp. 828-831.

67 R. LANG, "Delivery in the Home," in Marshall H. Klaus, T. Leger, and Mary Anne Trause (eds.), *Maternal Attachment and Mothering Disorders: A Round Table* (New Brunswick, N. J.: Johnson& Johnson, 1975), pp. 45-49.

68 M. PAPOUŠEK, "Discussion," in M. A. Hofer (ed.), *Parent-Infant Interaction* (New York and Amsterdam: Elsevier, 1975), p. 82.

69 M. H. KLAUS, J. H. KENNELL, N. PLUMB, and S. ZUEHLKE, "Human Maternal Behavior at the First Contact with Her Young," *Pediatrics*, 46 (1970), pp. 187-192.

70 C. R. BARNETT, P. H. LEIDERMAN, R. GROBSTEIN, and K. MARSHALL, "Neonatal Separation: the Maternal Side of Interactional Deprivation," *Pediatrics*, 45 (1970), pp. 197-205.

71 C. P. S. WILLIAMS and T. K. OLIVER, JR., "Nursery Routines and Staphylococcal Colonization of the Newborn," *Pediatrics*, 44 (1969), pp. 640-646.

72 Editorial, "Mothers of Premature Babies," *British Medical Journal*, 6 June 1970, p. 556.

73 S. KITZINGER, *Some Mothers' Experiences of Induced Labour* (London: The National Childbirth Trust, 1975).

74 A. M. SOSTEK, J. W. SCANLON, and D. C. ABRAMSON, "Postpartum Contact and Maternal Confidence Anxiety: A Confirmation of Short-Term Effects," *Behavior and Development*, 5 (1982), pp. 323-329.

75 KLAUS and KENNELL, *Maternal-Infant Bouding*, p.51. Ibid., pp. 93-94.

76 E. FURMAN, in Klaus and Kennell, *Maternal-Infant Bounding*, p.52.

77 M. J. SEASHORE, A. D. LEIFER, C. R. BARNETT, and P. H. LEIDERMAN, "The Effects of Denial of Early Mother-Infant Interaction on Maternal Self-Confidence," *Journal of Personality and Social Psychology*, 26 (1973); pp. 369-378.

78 P. H. LEIDERMAN, "Mother-Infant Separation: Delayed Consequences," in Klaus, Leger, and Trause, *Maternal Attachment and Mothering Disorders; A Round Table*, pp. 67-70.

79 P. DE CHATEAU, "Neonatal Care Routines: Influenceson Maternal and Infant Behavior and on Breast Feeding" (Doctoral thesis, Umea University Medical Dissertations, N.S., no. 20), Umea, Sweden, 1976, Klaus and Kennell, *Maternal*

Infant-Bonding, pp. 62-65에서 인용.

80 M. A. HOFER, "Infant Separation Responsesand the Maternal Role," *Biological Psychiatry*, 10 (1975), pp. 149-153.

81 M. A. HOFER, "Studies on How Maternal Separation Produces Behavioral Change in Young Rats," *Psychosomatic Medicine*, 37 (1975), pp. 245-264; M. A. Hofer, "Physiological and Behavioural Processes in Early Maternal Deprivation,"" in D. Hill (ed.), *Physiology, Emotion and Psychosomatic Illness* (London & Amsterdam: Elsevier, 1972), pp. 175-200; M. A. Hofer, "Maternal Separation Affects Infant Rats' Behavior," *Behavioral Biology*, 9 (1973), pp. 629-633.

82 Hofer, "Physiological and Behavioural Processes in Early, Maternal Deprivation," p. 185.

83 M. H. KLAUS and J. H. KENNELL, *Parent-Infant Bonding* (2nd ed., St. Louis, Mo,: C. V. Mosby, 1982), pp. 35-57; Patrick Bateson, "How Do Sensitive Periods Arise and What Are They For?" *Animal Behavior*, 27 (1979), pp. 470-486.

84 KLAUS, LEGER, and TRAUSE, *Maternal Attachment and Mothering Disorders: A Round Table*, p. 43.

85 G. BATESON and M. MEAD, *Balinese Character* (Special Publication, New York; New York Academy of Sciences, 1942), p. 30.

86 J. REIS, "Sibling Bonding," *La Leche League News*, May-June 1979, p, 58.

87 R. S. ILLINGWORTH, *The Development of the Infant and Young Child* (Edinburgh: Livingstone, 1960), pp. 130-132.

88 E. L. THORNDIKE, *Animal Intelligence* (New York: Macmillan, 1911), p. 244. For an account of learning theory see A. Montagu, *The Direction of Human Development* (Revised edition, New York: Hawthorn Books, 1970), pp. 317-345.

89 M. MEAD and F. C. MACGREGOR, *Growth and Culture* (New York: G. P. Putnam's Sons, 1951), pp. 42-43.

90 MCPHEE, Mead and Macgregor, *Growth and Culture*, p. 43에서 인용. C. McPhee, *Music in Bali* (New Haven, Conn.: Yale University Press), 1966도 참조할 것.

91 B. NETTL, *Etknomusicology* (New York: Free Press, 1964).

92 J. CHERNOFF, *African Rhythm and African Sensibility* (Chicago: University of Chicago Press, 1979).

93 A. MONTAGU, "Some Factors in Family Cohesion," *Psychiatry*, 7 (1944), pp. 349-352.

94 J. C. SINGER, *The Child's World of Make-Believe* (New York: Academic Press, 1973), p. 238.

95 Mead and Macgregor, *Growth and Culture*, p. 50.

96 W. Wickler, *The Sexual Code* (Garden City, N.Y.: Anchor Books, 1973), p. 266.

97 J. ZAHOVASKY, "Discard of the Cradle," *Journal of Pediatrics*, 4 (1934), pp. 660-667.

98 L. E. HOLT, *The Care and Feeding of Children* (15th ed., New York: Appleton-Century, 1935).

99 J. B. WATSON, *Psychological Care of Infant and Child* (New York: Norton, 1928).

100 D. COHEN, J. B. WATSON, *The Founder of Behaviorism: A Biography* (Boston: Routledge & Kegan Paul, 1979), pp. 196-221, 288.

101 이 시구를 내게 보내준 이는 작자명이나 시가 실린 출처를 기억해내지 못했다.

102 B. CHISHOLM, *Prescription for Survival* (New York: Columbia University Press, 1957), pp. 37-38.

103 E. SYLVESTER, "Discussion," in M. J. E. Senn (ed.), *Problems of Infancy* (New York: Josiah Macy, Jr., Foundation, 1953), p. 29.

104 A. B. BERGMAN, J. B. BECKWITH, and C. G. RAY (eds.), *Sudden Infant Death Syndrome* (Seattle: University of Washington Press, 1970).

105 A. MONTAGU, *Touching: The Human Significance of the Skin*, 2nd ed. (New York: Harper & Row, 1978); "The Origin and Significance of Neonatal and Infant Immaturity in Man," *Journal of American Medical Association*, 178 (1961), pp. 156-157; M. H. Klaus and J. Kennell, *Parent-Infant Bonding*, 2nd ed. (St. Louis; Mosby, 1982); T. K. Oliver, Jr. (ed.), *Neonatal Respiratory Adaptation* (Bethesda: National Institutes of Health, 1964); J. A. Comroe, *Transition from Intrauterine to Extrauterine Life* (Bethesda: National Institutes of Health), pp. 95-169; Shaul Harel (ed.), *The At Risk Infant* (Amsterdam: Excerpta Medica, 1980), p. 459; M. H. Klaus, A. A. Faranoff and R. J. Martin, "Respiratory Problems," in M. H. Klaus and A. A. Faranoff (eds.), *Care of the High-risk Neonate*, 2nd ed. (Philadelphia: Saunders, 1979), pp. 173-175; M. A. Valdes-Dapena, "Sudden Infant Death Syndrome: A Review of the Medical Literature 1974-1979," *Pediatrics*, 66 (1980), pp. 597-614; P. M. Farrell and R. H. Perelman, "Respiratory System," in A. A. Faranoff and R. J. Martin (eds.), *Behrman's Neonatal Perinatal Medicine* (St. Louis: Mosby, 1983), pp. 404-413; "General Considerations," in M. A. Avery and H. W. Taeusch, Jr. (eds.), *Schaeffer's Diseases of the Newborn,* 5th ed. (Philadelphia: Saunders, 1984), pp. 110-119; A. Gruen, "Parental, Rejection, REM Sleep and Failure to Arouse in the Sudden Infant Death Syndrome: A Theoretical Proposal Based on Retrospective Case Interview Material," in press, 1986.

106 A. GRUEN, "Prior Themes of Death and Rejection Among Parents of Sudden Infant Death Victims: Retrospective Accounts and a Proposal Concerning Focusing, REM Sleep and the Failure to Arouse in Such Children," Ms., 1985; R. L. Naeye, "Sudden Infant Death," *Scientific American*, 242 (1980), pp. 56-62.

107 A. PEIPER, *Cerebral Function in Infancy and Childhood* (New York: Consultants' Bureau, 1963), p. 606.

108 R. FORRER, *Weaning and Human Development* (New York: Libra Publishers, 1969).

109 ZAHOVSKY, "Discard of the Cradle," pp. 660-670; Ashley Montagu, "What Ever Happened to the Cradle?" *Family Weekly* (New York), May 14, 1967도 참조할 것.

110 M. A. POWELL, "Riverside Is Rockin' Along With Old-Fashioned Rhythm," *Toledo Blade Sun*, February 2, 1958, p. 13.

111 M. Neal, "Vestibular Stimulation and Developmental Behavior of the Small Premature Infant," *Nursing Research Report*, vol. 3, nos. 1-4 (New York: American Nurses Foundation, 1968).

112 J. M. WOODCOCK, "The Effects of Rocking Stimulationon the Neonatus Reactivity," Purdue University, Lafayette, Indiana, 1969.

113 J. C. SOLOMON, "Passive Motion and Infancy," *American Journal of*

Orthopsychiatry, 29 (1959), pp. 650-651.
114 W. J. GREENE, JR., "Early Object Relations, Somatic, Affective, and Personal," *The Journal of Nervous and Mental Disease*, 126 (1958), pp. 225-253.
115 W. J. GREENE, JR., A. P. Shasberg, "Of Reading, Rocking, and Rollicking," *New York Times Magazine*, January 5, 1969에서 인용.
116 D. G. FREEDMAN, H. BOVERMAN, and N. FREEDMAN, "Effects of Kinesthetic Stimulationon Weight Gain and Smiling in Premature Infants," 이 논문은 1960년 4월 샌프란시스코에서 열린 미국정신교정의학회 학술대회에서 발표되었다.
117 N. SOKOLOFF, S. YAFFE, D. WEINTRAUB, and B. BLASE, "Effects of Handling on the Subsequent Development of Premature Infants," *Developmental Psychology*, 1 (1969), pp.765-768.
118 E. G. HASSELMEYER, "The Premature Neonate's Responseto Handling," *Journal of the American Nurses Association*, 2 (1964), pp. 14-15.
119 T. M. FIELD and S. M. SCHANBERG et al., "Effects of Tactile/Kinesthetic Stimulation on Preterm Neonates," *Pediatrics*, May 1986; S. M. Schanberg and T.M. Field, "Sensory Deprivation, Stress and Supplementary Stimulation in the Rat and Preterm Human Neonates," *Child Development*, in press, 1986.
120 T. B. BRAZELTON, *Neonatal Assessment Scale* (London: Heinemann Medical Books, 1973).
121 KLAUS and KENNELL, *Maternal-Infant Bonding*, pp. 99-166.
122 A. J. SOLNIT, "Comment," ibid., p. 190.
123 W. A. MASON and G. BERKSON, "Effects of Material Mobility on the Development of Rocking and Other Behavior in Rhesus Monkeys: A Study with Artificial Mothers," *Developmental Psychology*, 8 (1975), pp. 197-211.
124 A. F. KORNER, H. C. KRAEMER, E. HEFFNER, and L. M. COSPER, "Effects of Waterbed Flotationon Premature Infants: A Pilot Study," 56 (1975), *Pediatrics*, pp. 361-367.
125 A. F. KORNER and R. GROBSTEIN, "Visual Alertness as Related to Soothing in Neonates: Implications for Matemal Stimulation and Early Deprivation," *Child Development*, 37 (1966), pp. 867-876; A. F. Korner and E. B. Thoman, "Visual Alertness in Neonates as Evoked by Maternal Care," *Journal of Experimental Child Psychology*, 10 (1970), pp. 67-78; A. F. Korner and E. B. Thoman, "The Relative Efficacy of Contact and Vestibular Stimulation in Soothing Neonates," *Child Development*, 43 (1972), pp. 443-453.
126 A. F. KORNER, "Maternal Rhythms and Waterbeds: A Form of Intervention with Premature Infants," in E. B. Thoman (ed.), *Origins of the Infant's Social Responsiveness* (Hillsdale, N.J.: Erlbaum, 1979); A. F. Korner, T. Forrest, and P. Schneider, "Effects of Vestibular-Proproceptive Stimulation on the Behavioral Development of Preterm Infants: A Pilot Study," *Neuropediatrics*, 14 (1983), pp. 170-175.
127 J. J. GIBSON, *The Senses Considered as Perceptual Systems* (Boston: Houghton Mifflin, 1966); J. M. Kennedy, "Haptics," in E. C. Carterette and M. P. Friedman (eds.), *Handbook of Perception* (New York: Academic Press, 1978), pp. 218-318; G. Gordon (ed.), *Active Touch: The Mechanisms of Recognition of Objects by*

Manipulation: A Multidisciplinary Approach (Oxford: Pergamon, 1978); William Schiff and Emerson Foulke (eds.), *Tactual Perception: A Sourcebook* (New York: Cambridge University Press, 1982).

128 J. L. WHITE and R. C. LABARRA, "The Effects of Tactile and Kinesthetic Stimulation on Neonatal Development in the Premature Infant," *Developmental Psychobiology*, 9 (1976), pp. 569-577.

129 P. GORSKI et al., "Caring for Immature Infants A Touchy Subject," in Catherine C. Brown (ed,), *The Many Facets of Touch* (Skillman, N.J.: Johnson & Johnson Baby Products, 1984), pp. 84-89.

130 "Home Care of Premature Infants," in B. Comer, *Prematurity* (Springfield, Ill,: Charles C Thomas, 1960), pp. 271-276을 보라.

131 W. GOTTFRIED, "Touch as an Organizer for Learning and Development," in Brown (ed,), *The Many Facets of Touch*, pp. 114-120.

132 B. D. SPEIDEL, "Adverse Effects of Routine Procedureon Preterm Infants," *Lancet,* 1 (1978), pp. 864-865.

133 L. CLARK, J. R. KREUTZBERG, and F. K, W. CHEE, "Vestibular Stimulation Influenceon Motor Development in Infants," *Science*, 196 (1977), pp. 1228-1229.

134 H. FUCHS, *Family Matters* (New York: Random House, 1972), p. 57.

135 S. CARRIGHAR, *Home to the Wilderness* (Baltimore: Penguin Books, 1974), p. 37.

136 E. CARPENTAR, *Oh, What a Blow the Phantom Gave Me* (New York: Holt, Rinehart & Winston, 1973), p. 23.

137 L. K. FRANK, "Tactile Communication," *Genetic Psychology Monographs*, 56 (1957), p. 227.

138 W. DEVLIN, "Touch Dancing Where It's At," *Harpers Bazaar*, February 1974, p. 131.

139 A. P. ROYCE, *The Anthropology of Dance* (Bloomington: University of Indiana Press, 1980), p. 199; L. HANNA, *To Dance Is Human: A Theory of Nonverbal Communication* (Austin: University of Texas Press, 1979); S. LONSDALE, *Animats and the Origins of Dance* (New York: Thames and Hudson, 1982); C. SACHS, *World History of Dance* (New York: Norton, 1937); J. Highwater, *Dance: Rituals of Experience* (New York: Alfred van der Marek, 1985).

140 L. SALK, "The Effects of the Normal Heartbeat Sound on the Behavior of the Newborn Infant: Implications for Mental Health," *World Mental Health*, 12 (1960), pp. 1-8.

141 J. A. M. MEERLOO, *The Dance* (Philadelphia: Chilton, 1960), pp. 13-14.

142 O. C. IRWIN and L. WEISS, "The Effect of Clothing and Vocal Activity of the Newborn Infant," in W. Dennis (ed.), *Readings in Child Psychology* (New York: Prentice-Hall, 1951).

143 L. WILSON, "Of Babies and Water Beds," *Childbirth and Parent Education Association,* Miami, Florida, Newsletter, vol. 8, no. 9, September 1973.

144 J. C. FLÜGEL, *The Psychology of Clothes* (London: Hogarth Press, 1930), p. 87; J. C. FLÜGEL, "Clothes Symbolism and Clothes Ambivalence," *International journal of Psychoanalysis*, 10 (1929), p. 205.

145 W. E. HARTMAN, M. FITHIAN, and D. JOHNSON, *Nudist Society* (New York:

Crown, 1970), pp. 289, 293.

146 K. STEWART, *Pygmies and Dream Giants* (New York: Norton, 1954), p.105.

147 S. R. ARBEIT, B. PARKER, and I. L. RUBIN, "Controlling the Electrocution Hazard in the Hospital," *Journal of the American Medical Association*, 220 (1972), pp. 1581-1584.

148 M. L. BIGGAR, "Maternal Aversion to Mother-Infant Contact," in C. C. Brown (ed.), *The Many Facets of Touch* (Skillman, NJ.: Johnson & JohnsonBaby Products'! 1984), pp. 66-72.

149 G. BATESON, D. JACKSON, J. HALEY, and J. WEAKXAND "Toward a Theory of Schizophrenia," *Behavioral Sciences*, 1 (1965), pp. 251-264.

150 A. MONTAGU and F. MATSON, *The Human Connection* (New York: McGraw-Hill, 1979); JOHN BOWLBY, *Attachment and Loss* (3 vols., New York: Basic Books, 1969-1980); A. M. and A. D. B. CLARKE, *Early Experience: Myth and Evidence* (New York: Free Press, 1976).

151 A. M. SOSTEK, J. W. SCANLON, and D. C. ABRAMSON, "Postpartum Contact and Maternal Confidence and Anxiety: A Confirmation of Short-Term Effects," *Infant-Behavior and Development*, 5 (1982), pp. 323-329.

152 H. F. HARLOW, M. K. HARLOW, and E. M. HANSEN, in H. L. RHEINGOLD (ed.), *Maternal Behavior in Mammals* (New York: Wiley, 1963), pp. 254-281; M. NOWAK, *Eve's Rib: A Revolutionary New View of the Female* (New York: St. Martin's Press, 1980), pp. 165-177.

153 J. ROMAINS, *Vision Extra-Rétinienne* (Paris, 1919; 영어판은 *Eyeless Sight*, New York: Putnam, 1924).

154 M. GARDNER, "Dermo-Optical Perception: A Peek Down the Nose," *Science*, 151 (1966), pp. 654-657.

155 M. R. OSTROW, "Dermographia: A Critical Review," *Annals of Allergy*, 25 (1967), pp. 591-597.

156 P. BACH-Y-RITA, "System May Let Blind 'Seewith Their Skins,'" *Journal of the American Medical Association*, 207 (1967), pp. 2204-2205.

157 F. A. GELDARD, "Body English," *Readings in Psychology Today* (Del Mar, California: CRM Associates, 1969), pp. 237-241; F. A. GELDARD, "Some Neglected Possibilities of Communication," *Science*, 131 (1960), pp. 1583-1588. J. R. HENNESSY, "Cutaneous Sensitivity Communication," *Human Factors*, 8 (1966), pp. 463-469도 참조; G. A. GESCHEIDER, "Cutaneous Sound Localization" (Ph.D. diss., University of Virginia, 1964); G. VON BEKESY, "Similarities between Hearing and Skin Sensation," *Psychological Reviews*, 66 (1959), pp. 1-22.

158 F. TABOR, "Tactile Vision," *Science News*, 114 (1978), p. 387.

159 M. VON SNEDEN, *Space and Sight* (New York: Free Press, 1960).

160 S. HOCKEN, *Emma and I* (London: Gollancz, 1977).

161 "Replacing Braille?" *Time*, 19 September 1969.

162 B. VON HALLER GILMER AND L. W. GREGG, "The Skin as a Channel of Communication," Etc., 18 (1961), pp. 199-209.

163 J. F. HAHN, "Cutaneous Vibratory Thresholds for Square-Wave Electrical Pulses,"

Science, 127 (1958), pp. 879-880.

164 H. MUSAPH, *Itching and Scratching: Psychodynamicsin Dermatology* (Philadelphia: F. A. Davis Co., 1964).

165 P. F. D. SEITZ, "Psychocutaneous Aspects of Persistent Pruritis and Excessive Excoriation," *Archives of Dermatology and Syphilology,* 64 (1951), pp. 136-141; M. E. OBERMAYER, *Psychocutaneous Medicine* (Springfield, Ill.: Charles C Thomas, 1955); S. AYRES, "The Fine Art of Scratching," *Journal of the American Medical Association,* 189 (1964), pp. 1003-1007; J. J. KOPECS and M. ROBIN, "Studies on Itching," *Psychosomatic Medicine,* 17 (1955), pp. 87-95; B. RUSSELL, "Pruritic Skin Conditions," in C. Newman (ed.), *The Nature of Stress Disorder* (Springfield, Ill.: Charles C Thomas, 1959), pp. 40-51.

166 M. A. BEREZIN, "Dynamic Factors in Pruritis Ani: A Case Report," *Psychoanalytic Review,* 41 (1954), pp. 160-172.

167 O. NASH, *Verses from 1919 On* (Boston: Little, Brown, 1959).

168 B. RUSSELL, "Pruritic Skin Conditions," in Newman, *The Nature of Stress Disorder,* p. 48.

169 E. STERN, "Le Prurit," Étude Psychosomatique, *Acta Psychotherapeutica,* 3 (1955), pp. 107-116.

170 C. W. SALEEBY, *Sunlight and Health* (London: Nisbet, 1928), p. 67.

171 PLATO, *The Republic,* Book 5; G. V. N. DEARBORN, "The Psychology of Clothing," *Psychological Monographs,* 26 (1918/19), no. 1 (1928), p. 64; HILAIRE HILER, *From Nudity to Raiment* (London: Simpkin Marshall, 1930); MAURICE PARMELEE, *The New Gymnosophy* (New York: Hitchcock, 1927); Flügel, *The Psychology of Clothes*; L. E. LANGNER, *The Importance of Wearing Clothes* (New York: Hastings House, 1959).

172 J. M. KNOX, 화장품 심포지엄, "The Sunny Side of the Street Is Not the Place to Be," *Journal of the American Medical Association,* 195 (1966), p. 10.

173 A. L. LORINCZ, "Physiological and Pathological Changes in Skin from Sunburn and Suntan," *Journal of the American Medical Association,* 173 (1963), pp. 1227-1231; R. G. FREEMAN, "Carcinogenic Effects of Solar Radiation and Prevention Measured," Cancer, 21 (1968), pp. 1114-1120; A. M. KLIGMAN, "Early Destructive Effect of Sunlight on Human Skin," *Journal of the American Medical Association,* 210 (1969), pp. 2377-2380.

174 C. PINCHER, *Sleep* (London: Daily Express, 1954), pp. 18-19; G. G. Luce and J. Segal, *Sleep and Dreams* (London: Heinemann, 1967).

175 A. FREUD, "Psychoanalysis and Education," *The Psychoanalytic Study of the Child,* vol. 9 (1954), p. 12.

176 C. M. HEINICKE and I. WESTEIMER, *Brief Separations* (New York: International Universities Press, 1965), pp 165, 266.

177 FENICHEL, *The Psychoanalytic Theory of Neurosis,* pp. 120-121.

178 A. ALDRICH, CHIEH SUNG, and C. KNOP, "The Crying of Newly Bom Babies," *Journal of Pediatrics,* 27 (1945), p. 95.

5. 접촉이 생리에 미치는 영향

1 O. WEININGER, personal communication, October 12, 1984.

2 NOVA, *A Touch of Sensitivity* (Boston: WGBH transcripts; 1980); M. L. REITE, "Touch, Attachment, and Health Is There a Relationship?" in C. C. Brown (ed.), *The Many Facets of Touch* (Skillman, N.J.: Johnson & Johnson Baby Products, 1984), pp. 58-65; M. L. LAUDENSLAGER and M. L. REITE, "Losses and Separations: Immunological Consequences and Health Implications," in P. Shaver (ed.), *Review of Personality and Social Psychology: Emotions, Relationships, and Health* (Beverly Hills: Sage Publications, 1984), pp. 285-312; H. BESEDOVSKY et al., "The Immune Response Evokes Changes in Brain Noradrenergic Neurons," Science, 221 (1983), pp. 564-565; J. CUNNINGHAM, "Mind, Body, and Immune Response," in R. Ader (ed.), *Psychoneuroimmunology,* (New York: Academic Press, 1981), pp. 609-617; S. Locke et al. (eds.), *Foundations of Psychoneuroimmunology* (New York: Aldine Publishing, 1985).

3 A. G. CHU et al., "Thymopoietin-like Substancein Human Skin," *Journal of Investigative Dermatology*, 81 (1983), pp. 194-197.

4 M. L. LAUDENSLAGER, M. REITE, and J. HARBECK, "Suppressed Immune Response in Infant Monkeys Associated with Maternal Separation," *Behavioral and Neural Biology,* 36 (1982), pp. 40-48.

5 M. L. REITE, R. HARBECK, and A. HOFFMAN, "Altered Cellular Immune Response Following Peer Separation," *Life Sciences*, 29 (1981), pp. 1133-1136.

6 S. R. BUTLER and S. M. SCHANBERG, "Effect of Maternal Deprivationon Polyamine Metabolism in Preweaning Rat Brain and Heart," *Life Sciences*, 21 (1977), pp. 877-884.

7 C. M. KUHN, G. EVONIUK, and S. M. SCHANBERG, "Loss of Tissue Sensitivity to Growth Hormone during Maternal Deprivation in Rats," *Life Sciences*, 25 (1979), pp. 2089-2097.

8 S. M. SCHANBERG, G. EVONIUK, and C. M. KUHN, "Tactile and Nutritional Aspects of Maternal Care: Specific Regulators of Neuroendocrine Function and Cellular Development," *Proceedings of the Society for Experimental Biology and Medicine*, 175 (1984), pp. 135-146; S. R. BUTLER, M. R. SUSSKIND, and S. M. SCHANBERG, "Maternal Behavior as a Regulator of Polyamine Biosynthesis in Brain and Heart of the Developing Rat Pup," *Science*, 199 (1977), pp. 445-446.

9 E. M. WIDDOWSON, "Mental Contentment and Physical Growth," *The Lancet*, 1 (1951), pp. 1316-1318; Ashley Montagu (ed,), *Culture and Human Development: Insights into Growing Human* (Englewood Cliffs N.J.: Prentice-Hall, 1974), pp. 99-105에서 재발행.

10 G. F. POWELL, J. A. BRASEL, and R. M. BLIZZARD, "Emotional Deprivation and Growth Retardation Simulating Idiopathic Hypopituitarism," *New England Journal of Medicine*, 176 (1967), pp. 1271-1278; G. F. POWELL, J. A. BRASEL, S. RAITI, and R. M. BLIZZARD, "Emotional Deprivation and Growth Retardation Simulating Hypopituitarism: II Endocrinologic Evaluation of the Syndrome," New England Journal of Medicine, 176 (1967), pp. 1279-1283, 1장은 Ashley Montagu (ed.),

Culture and Human Development, pp 105-106에서 재발행.
11 J. B. REINHART and A. A. DRASH, "Psychosocial Dwarfism: Environmentally Induced Recovery," *Psychosomatic Medicine*, 31 (1969), pp. 165-172.

6. 피부와 성性

1 *Our Bodies, Our Selves* (2nd ed., New York: Simon & Schuster, 1976), p. 41.
2 A. MONTAGU, *The Human Revolution* (New York: Bantam Books, 1967), pp, 150-151.
3 R. C. KOLODNY, L. S. JACOBS, and W. H. DAGHHADAY, "Mammary Stimulation Causes Prolactin Secretion in Non-Lactating Women," *Nature*, 238 (1972), pp. 284-285.
4 A. BRODAL, *Neurological Anatomy in Relation to Clinical Medicine* (New York: Oxford University Press,1969), p. 33.
5 D. GOULD, "Spirits, Doctors and Disease," *New Scientist*, May 17, 1976, pp. 474-475.
6 H. F. HARLOW, M. K. HARLOW, and E. W. HANSEN, "The Maternal Affectional System of Rhesus Monkeys," in H. L. Rheingold (ed.), *Maternal Behavior in Mammals* (New York: Wiley, 1963), pp. 277-278.
7 R. J. STOLLER, *Sex and Gender* (New York: Science House, 1968).
8 A. FREUD, *Normality and Pathology in Childhood* (New York: International Universities Press, 1965), p. 199.
9 M. H. HOLLENDER, L. LUBORSKY, and T. J. SCARMELLA, "Body Contact and Sexual Excitement," *Archives of General Psychiatry*, 20 (1969), pp. 188-191; M. H. HOLLENDER, "The Wish to Be Held," *Archives of General Psychiatry*, 22 (1970), pp. 445-453.
10 M. H. HOLLENDER, "Prostitution, the Body, and Human Relations," *International Journal of Psychoanalysis*, 42 (1961), pp. 404-413.
11 M. G. BLINDER, "Differential Diagnosis and Treatment of Depressive Disorders," *Journal of the American Medical Association*, 195 (1966), pp. 8-12.
12 C. P. MALMQUIST, T. J. KIRESUKJ, and R. M. SPANO, "Personality Characteristics of Women with Repeated Illegitimate Pregnancies: Descriptive Aspects," *American Journal of Orthopsychiatry*, 36 (1966), pp. 476-484.
13 A. MOLL, *The Sexual Life of the Child* (London: Allen & Unwin, 1912); H. Graff and R. Mallin, "The Syndrome of the Wrist Cutter," *American Journal of Psychiatry*, 124 (1967), pp. 36-42.
14 M. H. HOLLENDER, "Women's Wish to Be Held: Sexual and Nonsexual Aspects," *Medical Aspects of Human Sexuality*, October 1971, pp. 12, 17, 19, 21, 25-26.
15 M. H. HOLLENDER, L. LUBORSKY, and R. B. HARVEY, "Correlates of the Desire to Be Held in Women," *Journal of Psychosomatic Research*, 14 (1970), pp. 387-390.
16 M. H. HOLLENDER and J. B. MCGHEE, "The Wish to Be Held during Pregnancy," *Journal of Psychosomatic Research*, 18 (1974), pp. 193-197.
17 M. H. HOLLENDER and A. J. MERCER, "Wish to Be Held and Wish to Hold in Men and Women," *Archives of General Psychiatry*, 33 (1976), pp. 49-51.
18 A. MONTAGU, *The Reproductive Development of the Female: A Study in the*

Comparative Physiology of the Adolescent Organism (3rd ed., Littleton, Mass.: PSG Publishing Co., 1979); E. R. MCANARNEY (ed.), *Premature Adolescent Pregnancyand Parenthood* (New York: Grune & Stratton, 1983).
19 E. R. MCANANEY, "Touching and Adolescent Sexuality," in C. C. Brown (ed.), *The Many Facets of Touch* (Skillman, N.J.: Johnson & JohnsonBaby Products Co., 1984), pp. 138-145.
20 A. LANDER, "Sex: Why Women Feel Short-Changed," *Family Circle*, 11 June 1985, pp. 131-132, 134; A. Landers, "What 100,000 Women Told Ann Landers," *Reader's Digest*, August 1985, pp. 44-46.
21 L. T. HUANG, R. PHARES, and M. H. HOLLENDER, "The Wish to Be Held," *Archives of General Psychiatry*, 33 (1976), pp. 41-43.
22 A. LOWEN, *The Betrayal of the Body* (New York: Collier Books, 1969), p. 102.
23 B. MALIVER, *The Encounter Game* (New York: Stein & Day, 1972), p. 130.
24 S. FREUD, *An Outline of Psychoanalysts* (New York: Norton, 1949), p. 24.
25 O. FENICHEL, *The Psychoanalytic Theory of Neurosis* (New York: Norton, 1945), p. 70.
26 *Our Bodies, Our Selves*, p. 50.
27 M. FRIEDMAN, *Buried Alive: The Biography of Janis Joplin*, (New York: William Morrow, 1973), p. 16.
28 E. S. SCHAEFER and N. BAYLEY, "Maternal Behavior, Child Behavior, and Their Intercorrelations from Infancy through Adolescence," *Monographs of the Society for Research in Child Development*, 28, 3 (1963); pp, 1-117.
29 J. RUESCH, *Disturbed Communication* (New York: Norton, 1957), pp. 31-32.
30 A. MOLL, *The Sexual Life of the Child* (London: Allen & Unwin, 1912), pp. 21-31; H. GRAFF and R. MALLIN, "he Syndrome of the Wrist Cutter," *American Journal of Psychiatry*, 124 (1967), pp. 36-42.
31 S. BRODY, *Patterns of Mothering* (New York: International Universities Press, 1956), p. 340.
32 S. FREUD, *Introductory Lectures on Psycho-Analysis* (London: Alien St Unwin, 1922), pp. 269-284.
33 L. K. FRANK, "Genetic Psychology and Its Prospects," *American Journal of Orthopsychiatry*, 21 (1951), p. 517.
34 S. BRODY, *Patterns of Mothering*, p. 338.
35 L. K. FRANK, "The Psychosocial Approach in Sex Research," *Social Problems*, 1 (1954), p. 134.
36 J. S. PLANT, *Personality and the Cultural Pattern* (New York: The Commonwealth Fund, 1937), p. 22.
37 W. A. WEISSKOPF, *The Psychology of Economics* (Chicago: University of Chicago Press, 1955), p. 147.
38 G. G. LUCE, *Your Second Life* (New York: Delacorte Press; 1979), p. 51.
39 A. LOWEN, *The Betrayal of the Body*, p. 105.
40 A. BARCLAY, "The Effects of Pregnancy and Childbirth on the Sexual Relationship," *The CEA Philadelphia Chronicier*, 11, 8 (December 1975), pp. 6-7, 그리고 바클레이 박사와의 개인적 대화도 참고했다.

41 E. ERIKSON, *Childhood and Society* (New York: Norton, 1950).
42 J. C. MOLONEY, "Thumbsucking," *Child and Family*, 6 (1967), pp. 29-30.
43 V. LOWENFELD, *Creative and Mental Growth* (New York: Macmillan, 1947).
44 야생 고릴라의 부드러운 접촉에 관해서는 D. Fossey, "More Years with Mountain Gorillas," *National Geographic*, 140 (1971), pp. 574-585; D. Fossey, *Gorillas in the Mist* (Boston: Houghton Mifflin, 1983)를 참고하라.
45 L. K. Frank, "Tactile Communication," *Genetic Psychology Monographs*, 56 (1957), pp. 209-255; p. 233; Frank, "The Psychosocial Approach in Sex Research," p. 137.
46 G. M. MCCRAY, "Excessive Masturbation of Childhood: A Symptom of Tactile Deprivation," *Pediatrics*, 62 (1978), pp. 277-279.
47 HARLOW, M. HARLOW, and E. W. HANSEN, "The Maternal AfFectional System of Rhesus Monkeys," in H. L. Rheingold (ed.), *Maternal Behavior in Mammals* (New York: Wiley, 1963), pp. 254-281.
48 B. F. STEELE and C. B. POLLOCK, "A Psychiatric Study of Parents Who Abuse Infants and Small Children," in R. Helfer and C. Kempe (eds.), *The Battered Child* (Chicago: University of Chicago Press, 1968).
49 J. H. Prescott, "Body Pleasure and the Originsof Violence," *The Futurist*, April 1975, pp. 64-65; J. H. Prescott, "Early Somatosensoiy Deprivation as an Ontogenetic Process in the Abnormal Development of the Brain and Behavior," in E. I. Goldsmith and J. Moor-Jankowski (eds.), *Medical Primatology* (Basel & New York: S. Karger, 1971), pp. 1-20.
50 B. and R. JUSTICE, *The Broken Taboo: Sex in the Family* (New York: Human Sciences Press, 1979).
51 R. VON KRAFFT-EBING, *Psychopathia Sexualis* (New York: Putnam, 1965); G. R. TAYLOR, *Sex in History* (New York: Vanguard Press, 1954).
52 J. J. ROUSSEAU, *Confessions*, Book 1, 1782.
53 TH. VAN DE VELDE, *Ideal Marriage* (New York: Simon & Schuster, 1932), p. 159.
54 H. ELLIS, *Studies in the Psychology of Sex* (New York: Random House, 1936).
55 M. A. OBERMAYER, *Psychocutaneous Medicine* (Springfield, Ill.: Charles c Thomas, 1955), p. 244 et seq.; J. T. MCLAUGHLIN, R. J. SHOEMAKER, and W. B. GUY, "Personality Factors in Adult Atopic Eczema," *Archives of Dermatology and Syphilology*, 68 (1953), p. 506; I. Rosen (ed.), *The Pathology and Treatment of Sexual Deviation* (New York: Oxford University Press, 1964).
56 I. Rosen, "Exhibitionism, Scopophilia and Voyeurism," in Rosen, *The Pathology and Treatment of Sexual Deviation*, p. 308.
57 S. FREUD, "Three Essays on the Theory of Sexuality" [1905], in *Complete Psychological Works of Sigmund Freud* (Standard Edition, 24 vols., London: Hogarth Press, 1953), vol. 7, pp. 120-243.
58 J. K. SKIPPER, JR., and C. H. MCCAGHY, "Stripteasers: The Anatomy and Career Contingencies of a Deviant Occupation," *Social Problems*, 17 (1970), pp. 391-405.
59 A. BROYARD, Review of Maureen Green's Fathering (New York: McGraw-Hill, 1976), *The New York Times*, 2 April 1976.
60 A. C. KINSEY et al., *Sexual Behavior in the Human Female* (Philadelphia:

Saunders, 1953), pp. 570-590, p. 688; J. MONEY, "Psychosexual Differentiation," in J. Money (ed.), *Sex Research: New Developments* (New York: Holt, Rinehart & Winston, 1965), p. 20.

61 E. R. SHIPP, "A Puzzle For Parents: Good Touching or Bad?" *The New York Times*, 3 October 1984, pp. C1, C12.

62 MALINOWSKI, *The Sexual Life of Savages in North-Western Melanesia* (London: Routledge, 1932); R. M. and M. BERNDT, *Sexual Behavior in Western Arnhem Land* (New York: Viking Fund Publicationsin Anthropology, No. 16, 1951); C. S. FORD and F. A. BEACH, *Patterns of Sexual Behavior* (New York: Harper, 1951); F. A. BEACH, *Sex & Behavior* (New York: Wiley, 1965).

63 B. FAGOT, "Sex Differences in Toddlers' Behavior and Parental Reaction," *Developmental Psychology*, 10 (1974), pp. 554-555.

64 KAHN, *Our Sex Life* (New York: Knopf, 1939), p. 70.

65 J. MONEY and A. A. EHRHARDT, *Man & Woman: Boy & Girl* (Baltimore: Johns Hopkins University Press, 1972), p. 148.

66 M. MEAD, *Male and Female* (New York: Morrow, 1949), Chapter 7.

67 S. GOLDBERG and M. LEWIS, "Play Behavior in the Year-Old Infant: Early Sex Differences," *Child Development*, 40 (1969), pp. 21-33. H.A. MOSS, "Sex, Age, and State as Determinants of Mother-Infant Interaction," *Merrill-Palmer Quarterly*, 13 (1967), pp. 1936 et seq도 참조할 것.

68 E. H. ERIKSON, *Childhood and Society* (2nd ed., New York: Norton, 1963), p. 309.

69 R. R. SEARS, E. E. MACCOBY, and H. LEVIN, *Patterns of Child Rearing* (New York: Row, Peterson, 1957), pp. 56-57, p. 402.

70 J. L. and A. FISHER, "The New Englanders of Orchard Town, U.S.A.," in B. B. Whiting (ed.), *Six Cultures* (New York: Wiley, 1963).

71 V. S. CLAY, "The Effect of Culture on Mother-Child Tactile Communication" (Ph.D. diss., Teachers College, Columbia University, 1966), pp. 219 et seq.

72 R. RUBIN, "Basic Maternal Behavior," *Nursing Outlook*, 9 (1961), p, 684.

73 C. TAVRIS, and C. OFFIR, *The Longest War: Sex Differences in Perspective* (New York: Harcourt Brace Jovanovich, 1977),. p. 44.

74 G. L. MANGAN, "Personality and Conditioning," *Pavlovian Journal of Biological Science*, 9 (1974), pp. 125-135.

7. 성장과 발달

1 L. CASLER, "Maternal Deprivation: A CriticalReview of the Literature," *Monographs of the Society for Research in Child Development*, 26, 2 (1961).

2 J. BOWLBY, *Maternal Care and Mental Health* (Geneva: World Health Organization, 1961).

3 M. RIBBLE, *The Rights of Infants* (New York: Columbia University Press, 1943); R. SPITZ, "Hospitalism: An Inquiry into the Genesis of Psychiatric Conditions in Early Childhood," in A. Freud et al. (eds.), *The Psychoanalytic Study of the Child*, vol. 1, 1945, pp. 53-74; A. FREUD and D. BURLINOHAM, *War and Children* (New York: Medical War Books, 1943); W. GOLDFARB, "Variations in Adolescent Adjustment of

Institutionally Reared Children," *American Journal of Orthopsychiatry*, 17 (1947), pp. 449-457; A. MONTAGU, *On Being Human* (New York: Henry Schuman, 1950); A. MONTAGU, The *Direction of Human Development* (New York: Harper & Row, 1955); J. ROBERTSON, *Young Children in Hospital* (London: Tavistock Publications, 1958); R. SPITZ, *No and Yes: On the Genesis of Human Communication* (New York: International Universities Press, 1957); Public Health Papers No. 14, *Deprivation of Maternal Care: A Reassessment of Its Effects* (Geneva: World Health Organization, 1962); R. SPITZ "Hospitalism: A Follow-Up Report," *The Psychoanalytic Study of the Child,* vol. 2, 1946, pp. 113-117; R. SPITZ, and K. M. WOLF, "Anaclitic Depression; AnInquiry into the Genesis of Psychiatric Conditions in Childhood," Ⅱ, *The Psychoanalytic Study of the Child,* vol. 2, 1946, pp. 313-342; R. SPITZ, *The First Year of Life* (New York: International Universities Press, 1965), S. PROVENCE and R. C. LIPTON, *Infants in Institutions* (New York: International Universities Press, 1962); J. BOWLBY, *Attachment and Loss* (3 vols., New York: Basic Books, 1979/73/80); A. M. CLARKE and A. D. B. CLARKE, *Early Experience: Myth and Evidence* (New York: Free Press, 1976); T. BERGMANN, *Children in Hospital* (New York: International Universities Press, 1966); L. CASLER, "Perceptual Deprivation in Institutional Settings," in G. Newton and S. Levene (eds.), *Early Experience and Behavior* (Springfield, Ill.; Charles C Thomas, 1968); A. MUONTAGU, "Sociogenic Brain Damage," *American Anthropologist*, 74 (1972), pp. 1045-1061, A. Montagu (ed.), *Culture and Human Development*, pp. 44-72에서 재발행.

4 Cited in G. W. GRAY, "Human Growth," *Scientific American*, 189 (1953), pp. 65-67. 앞의 글에서는 인용 출처가 Alfred F. Washburn으로 잘못 표기되었는데, 사실은 J. D. Benjamin의 연구다. 관련 내용은 다음을 참조할 것. W. R. Ruegamer, L. Bernstein, and J. D. Benjamin, "Growth, Food Utilization, and Thyroid Activity in the Albino Rat as a Function of Extra Handling," *Science*, 120 (1954), p. 314.

5 V. H. DENENBERG and J. R. C. MORTON, "Effects of Environmental Complexity and Social Groupings upon, Modification of Emotional Behavior," *Journal of Comparative Psychology*, 55 (1962), pp. 242-246.

6 S. LEVINE, "A Further Study of Infantile Handlingand Avoidance Learning," *Journal of Personality*, 25 (1962), pp. 242-246; V. H. Denenbergand C. G. Karas, "Interactive Effects of Age and Duration of Infantile Experience on Adult Learning," *Psychological Reports*, 7 (1960), pp. 313-322.

7 J. T. TAPP and H. MARKOWITZ, "Infant Handling: Effects on Avoidance Learning, Brain Weight, and Cholinesterase Activity," *Science*, 140 (1963), pp. 486-487.

8 L. BERNSTEIN, "A Note on Christie's 'Experimental Naiveté and Experiential Naiveté,'" *Psychological Bulletin*, 49 (1952), pp. 38-40.

9 J. ROSEN, "Dominance Behavior as a Function of Early Gentling Experience in the Albino Rat" (M.A. thesis, University of Toronto, 1957).

10 O. WEININGER, W. J. MCCLELLAND, and K. ARIMA, "Gentling and Weight Gain in the Albino Rat," *Canadian Journal of Psychology*, 8 (1954), pp. 147-151.

11 W. R. RUEGAMER, L. BERNSTEIN, and J. D. BENJAMIN, "Growth, Food Utilization, and Thyroid Activity in the Albino Rat as a Function of Extra Handling," pp. 184-185.

12 G. F. Solomon, "Early Experience and Immunity," *Nature*, 220 (1968), pp. 821-822.

13 S. LEVINE, M. ALPERT, and G. W. LEWIS, "Infantile Experience and the Maturation of the Pituitary Adrenal Axis," *Science*, 126 (1957), p. 1347.

14 R. W. BELL, G. REISNER, and T. LINN, "Recovery from Electroconvulsive Shock as a Function of Infantile Stimulation," *Science*, 133 (1961), p. 1428.

15 S. LEVINE, "Noxious Stimulation in Infantand Adult Rats and Consummatory Behavior," *Journal of Comparative and Physiological Psychology*, 51 (1958), pp. 230-233.

16 L. BERNSTEIN, "The Effects of Variation in Handling upon Learning and Retention," *Journal of Comparative and Physiological Psychology*, 50 (1957), pp. 162-167.

17 K. LARSSON, "Mating Behavior of the MaleRat," in L. R. ARONSON et al. (eds), *Development and Evolution of Behavior* (San Francisco: Freeman, 1970), pp. 337-351.

18 K. LARSSON, "Non-Specific Stimulation and Sexual Behaviour in the Male Rat," *Behaviour*, 20 (1963), pp. 110-114.

19 J. A. KING, "Effects of Early Handling upon Adult Behavior in Two Subspecies of Deermice, Peromyscus maniculatus," *Journal of Comparative and Physiological Psychoiogy*, 52 (1959), pp. 82-88.

20 U. BRONFENBRENNER, "Early Deprivation in Mammals: A Cross-Species Analysis," in G. Newton and S. Levine (eds), *Early Experience and Behavior* (Springfield, Ill.: Charles C Thomas, 1968), p. 661; L. Bernstein, "A Note on Christie's 'Experimental Naiveté and Experiential Naiveté,'" *Psychological Bulletin*, 49 (1952), pp. 38-40; L. Bernstein, "The Effects of Variations in Handling upon Learning and Retention," *Journal of Comparative and Physiological Psychology*, 50 (1957), pp. 162-167; V. H. Denenberg, "A Consideration of the Usefulness of the Critical Period Hypothesis as Applied to the Stimulation of Rodents in Infancy," in Newton and Levine, *Early Experience and Behavior*, pp. 42-167.

21 W. R. RUEGAMER, L. BERNSTEIN, and J. D. BENJAMIN, "Growth, Food Utilization, and Thyroid Activity in the Albino Rat," pp. 184-185.

22 W. VON BUDDENBROCK, *The Senses* (Ann Arbor: The University of Michigan Press, 1958), p. 127.

23 S. CLAY, "The Effect of Culture on Mother-Child Tactile Communication" (Ph.D. diss., Teachers College, Columbia University, 1966), p. 308.

24 M. RIBBLE, *The Rights of Infants* (2nd ed., New York: Columbia University Press, 1965), p. 54 et seq.

25 G. E. COGHILL, *Anatomy and the Problem of Behavior* (New York & London: Cambridge University Press, 1929; reprinted New York: Hafner Publishing Co., 1964).

26 L. J. YARROW, "Research in Dimension of Early Maternal Care," *Merrill-Palmer Quarterly*, 9 (1963), pp, 101-122.

27 S. PROVINCE and R. C. LIPTON, *Infants in Institutions* (New York: International Universities Press, 1962).

28 R. SPITZ, *The First Year of Life* (New York: International Universities Press, 1965); RIBBLE, *The Rights of Infants*.

29 H. SHEVRIN and P. W. TOUSSEING, "Vicissitudes of the Need for Tactile Stimulation in Instinctual Development," *The Psychoanalytic Study of the Child*, 20 (1965), pp. 310-339; H. SHEVRIN and P. W. TOUSSEING, "Conflict over Tactile Experiencesin Emotionally Disturbed Children," *Journal of the American Academy of Child Psychiatry*, 1 (1962), pp. 564-590.

30 R. G. PATTON and L. I. GARDNER, *Growth Failure in Maternal Deprivation* (Springfield, Ilk: Charles C Thomas 1963).

31 E. M. WIDDOWSON, "Mental Contentment and Physical Growth," *The Lancet*, 1 (1951), pp. 1316-1318; L. J. YARROW, "Maternal Deprivation: Towardan Empirical and Conceptual Revaluation," *Psychological Bulletin*, 58 (1961), pp. 459-490; A. MONTAGU (ed.), *Culture and Human Development* (Englewood Cliffs, N.J.: Prentice-Hall, 1974).

32 G. F. POWELL, J. A. BRASEL, and R. M. BLIZZARD, "Emotional Deprivation and Growth Retardation Simulating Idiopathic Hypopituitarism," *New England Journal of Medicine*, 276 (1967), pp. 1271-1278; G. F. POWELL, J. A. BRASEL, S. RAITI, and R. M. BLIZZARD, "Emotional Deprivation and Growth Retardation Simulating Hypopituitarism," *New England Journal of Medicine*, 276 (1967), pp. 1279-1283; J. B. REINHARDT and A. L. DRASH, "Psychosocial Dwarfism: Environmentally Induced Recovery," *Psychosomatic Medicine*, 31 (1969), pp. 165-172. C. Whitten et al., "Evidence that Growth Failure from Maternal Deprivation Is Secondary to Undereating," *Journal of the American Medical Association*, 209 (1969), pp. 1675-1682; Montagu, *Culture and Human Development.*

33 더 자세한 논의는 W. SCHUMER and R. SERLING, "Shock and Its Effect on the Cell," *Journal of the. American Medical Association*, 205 (1968), pp. 215-219를 보라.

34 M. K. TERMERLIN et al., "Effects of Increased Mothering and Skin Contact on Retarded Boys," *American Journal of Mental Deficiency*, 71 (1967), pp. 890-893.

35 M. MCGRAW, *Neuromuscular Maturation of the Human Infant* (New York: Columbia University Press, 1943), p. 102.

36 P. GREENACRE, *Trauma, Growth, and Personality* (New York: Norton, 1952), pp. 12-14; M. SHERMAN and I. C. SHERMAN, "Sensorimotor Response in Infants," *Journal of Comparative Psychology*, 5 (1925), pp. 53-68; Thomas et al., *Examen Neurologique du Nourrison* (Paris: La Vie Médicale, 1955); E. H. WATSON and G. H. LOWREY, *Growth and Development of Children* (5th ed., Chicago: Year Book Medical Publishers, 1967).

37 E. DEWEY, *Behavior Development in Infants* (New York: Columbia University Press, 1935).

38 D. SINCLAIR, *Cutaneous Sensation* (New York: Oxford University Press, 1967), p. 38.

39 H. HEAD, *Studies in Neurology* (Oxford: Oxford University Press, 1922).

40 S. ESCALONA, "Emotional Development in the First Year of Life," in M. J. E. SENN (ed.), *Problems of Infancy Childhood* (New York: Josiah Macy, Jr., Foundation, 1953), p. 17.

41 RIBBLE, *The Rights of Infants*, p. 57.

42 WATSON and LOWREY, *Growth and Development of Chilldren*, pp. 220-221.

43 R. S. LOURIE, "The First Three Years of Life: An Overview of a New Frontier of Psychiatry," *American Journal of Psychiatry*, 127 (1971), pp. 1457-1463.

44 E. SYLVESTER, "Discussion," in Senn, *Problems of Infancy and Childhood*, p. 29.

45 Ibid.

46 H. SINCLAIR, "Sensorimotor Action Patternsa Condition for the Acquisition of Syntax," in R. Huxley and E. Ingram (eds.), *Langpage Acquisition: Models and Methods* (New York: Academic Press, 1971), pp. 121-135; HARRY BEILIN et al., *Studies in the Cognitive Basis of Language Development* (New York: Academic Press, 1975), p 340.

47 ESCALONA, "Emotional Development in the First Year of Life," in Senn, Problems of infancy and Childhood, p. 25.

48 SPITZ, *The First Year of Life*, pp. 232-233.

49 M. S. MAHLER, "On Two Crucial Phases of Integration Concerning Problems of Identity: Separation-Individuation and Bisexual Identity," *Journal of the American Psychoanalytic Association*, 6 (1958), pp. 136-142.

50 E. DARWIN, *Zoonomia, or The Laws of Organic Life* (2 vols., London: J. Johnson, vol.1, 1794), pp. 109-111.

51 ESCALONA, "Emotional Development in the First Year of Life," p. 24.

52 T. K. LANDAUER and J. W. M. WHITING, "Infantile Stimulation and Adult Stature of Human Males," *American Anthropologist*, 66 (1964), pp. 1007-1028.

53 D. H. WILLIAMS, "Management of Atopic Dermatitis in Children, Control of the Maternal Rejection Factor," *Archives of Dermatology and Syphilology*, 63 (1951), pp. 545-560.

54 F. DUNBAR, *Emotions and Bodily Changes* (4th ed., New York: Columbia University Press, 1954), p. 647.

55 D. W. WINNICOTT, "Pediatrics and Psychiatry," *British Journal of Medical Psychology*, 21 (1948), pp. 229-240.

56 SPITZ, *The First Year of Life;* M. E. Allerhand et al, "Personality Factors in Neurodermatitis," *Psychosomatic Medicine,* 12 (1950), pp. 386-390; E. Wittkower and Russell, *Emotional Factors in Skin Disease* (New York: Hoeber, 1955).

57 M. E. OBERMAYER, *Psychocutaneous Medicine* (Springfield, Ill.: Charles C Thomas, 1955).

58 H. C. BETHUNE and C. B. KIDD, "Physiological Mechanisms in Skin Diseases," *The Lancet*, 2 (1961), pp. 1419-1422; J. G. Kepecs et al., "Atopic Dermatitis," *Psychosomatic Medicine*, 13 (1951), pp. 2-9; Dunbar, *Emotions and Bodily Changes*, p. 647.

59 B. BETTELHEIM, *The Empty Fortress: Infantile Autismand the Birth of Self* (New York: Free Press, 1967), pp. 233-339.

60 G. SCHWIG, *A Way to the Souls of the Mentally Ill* (New York: International Universities Press, 1954).

61 N. and E. TINBERGEN, *Autistic Children: New Hope for a Cure* (London: AUen & Unwin, 1983).

62 M. G. WELCH, "Retrieval from Autism through Mother-Child Holding Therapy," in

Tinbergen and Tinbergen, pp. 322-336.
63 T. GRANDIN, "My Experience as an Autistic Child and Review of Selected Literature," 논문은 1982년 3월 19일부터 21일까지 열린 신경발달학회의 세 번째 연례 세미나 '촉각 시스템의 기능'에서 발표되었다.
64 M. RUTTER and E. SCHOPLER, *Autism-A Reappraisal of Conceptsand Treatment* (New York: Plenum Press, 1978); G. Victor, *The Riddle of Autism* (Lexington, Mass.: D. C. Heath, 1983).
65 G. O'GORMAN, *The Nature of Childhood Autism* (London: Bulterworth, 1970).
66 J. OLDER, *Touching Is Healing* (New York: Stein & Day, 1984), p. 79.
67 M. ZAPPELLA, "Treating Autistic Childrenin a Community Setting," in Tinbergen and Tinbergen, pp. 337-348.
68 LOWEN, *The Betrayal of the Body*, pp. 2-3.
69 O. FENICHEL, *The Psychoanalytic Theory of Neurosis* (New York: Norton, 1945), p. 445.
70 H. Weiner, "Diagnosis and Symptomatology," in L. Beliak (ed.), *Schizophrenia* (New York: Logos Press, 1958), p. 120.
71 R. J. BEHAN, *Pain: Its Origin, Conduction, Perceptionand Diagnostic Significance* (New York: Appleton, 1922); S. RENSHAW and R. J. WHERRY, "Studies on Cutaneous Localization, Ⅲ. The Age of Onset of Ocular Dominance," *Journal of Genetic Psychology*, 39 (1931), pp 493-496.
72 A. F. SILVERMAN, M. E. PRESSMAN, and H. W. BARTEL, "Self-Esteem and Tactile Communication," *Journal of Humanistic Psychology*, 13 (1973), pp. 73-77.
73 J. HOLLAND, "Acute Leukemia: PsychologicalAspects of Treatment," in B. Elkerbout, P. Thomas, and A. Zwaveling (eds.), *Cancer Chemotherapy* (Leiden, Holland: Leiden University Press, 1971), pp. 199-300. J. Holland et al., "Psychological Response of Patients, with Acute Leukemia to Germ-Free Environments," *Cancer, Journal of the American Cancer Society*, 40 (1977), pp. 871-879도 참조할 것.
74 S. GORDON, *Lonely in America* (New York: Simon & Schuster, 1976); L. Beraikow, *Alone in America* (New York: Harper & Row, 1986).
75 *New York Times*, 15 August 1975, p. 33.
76 R. MAY, *Love and Will* (New York: Norton, 1969), p. 69.
77 L. LEIBER et at, "The Communication ofAffection between Cancer Patients and Their Spouses," *Psychosomatic Medicine*, 38 (1976), pp. 379-389.
78 Y. VINOKUROV, "Passer-By," trans. Daniel Weissbort, *Poetry*, July 1974, p. 187.
79 K. J. GERGEN, M. M. GERGEN, and W. H. BARTON, "Deviance in the Dark," *Psychology Today*, October 1973, pp. 129-130
80 D. A., "You're Only Allowed to Touch When……"(이 글은 1971년 캘리포니아의 한 대학에서 인류학 강의록으로 쓰였다).
81 A. F. COPPOLA, "Reality and the Haptic World," *Phi Kappa Phi Journal,* Winter 1970, pp. 14-15.
82 M. BLOCH, *The Royal Touch* (London: Routledge & Kegan Paul, 1973), p. 240.
83 M. A. MACCULLOCH, "Hand," in J. Hastings (ed.), *Encyclopaedia of Religion and Ethics* (vol. 6, Edinburgh: Clark, 1913), pp. 492-499.

84 I. R. MILBERG, "Pinpointing Emotional Factorsin Skin Diseases," *Practical Psychology*, 3 (1976), pp. 49-56.
85 "Seventh Son of a Seventh Son," *The Listener* (London), 11 April 1974, pp. 443-455.
86 G. B. WALKER, in J. Fry, P. S. Byme, and S. Johnson(eds.), *Textbook of Medical Practice* (Littleton, Mass.: Publishing Sciences Group, 1978), p. 399.
87 E. Panconesi (ed.), *Stress and Skin Diseases: Psychosomatic Dermatology* (Philadelphia: Lippincott, Clinicsin Dermatology, vol. 2, 1984).
88 M. J. ROSENTHAL, "Psychosomatic Study of Infantile Eczema," *Pediatrics*, 10 (1952), pp. 581-593.
89 SPITZ, *The First Year of Life*, p. 24.
90 R. BERGMAN and C. K. ALDRICH, "The Natural History of Infantil eEczema: A Follow-Up Study," *Psychosomatic Medicine*, 25 (1963), p. 6-12, 495.
91 E. L. LIPGTON, A. STEINSCHNEIDER, and J. B. RICHMOND, "Psychophysiological Disordersin Children," in L. W. and M. L. HODDMAN (eds.), *Review of Child Development Research*, vol, 2 (1966), p. 192.
92 H. MUSAPH, "Aggression and Symptom Formationin Dermatology," *Journal of Psychosomatic Research*, 13 (1969), pp. 275-284.
93 J. C. MOLONEY, "Thumbsucking," *Child and Family*, 6 (1967), p. 28.
94 J. A. M. MEERLOO, "Human Camouflage and Identification with the Environment," *Psychosomatic Medicine*, 19 (1957), pp. 89-98.
95 LOWEN, *The Betrayal of the Body*, pp. 187-188.
96 M. EUSTIS (ed.), *Players at Work* (New York: Theater Arts, 1937).
97 E. T. HALL, *The Hidden Dimension* (Garden City, N.Y.: Doubleday, 1966), p. 59.
98 J. BOWLBY, "The Nature of the Child's Tie to His Mother," *International Journal of Psychoanalysis*, 39 (1958), pp. 364-365; J. Bowlby, *Attachment and Loss*, vol. 1, Attachment (New York: Basic Books, 1969).
99 M. BALINT, "Friendly Expanses Horrid Empty Spaces," *International Journal of Psychoanalysis*, 36 (1955), pp. 225-241.
100 A. BURTON and R. E. KANTOR, "The Touching of the Body," *Psychoanalytic Review*, 51 (1964), pp. 122-134.
101 D. SECREST, "'Catatonics' Cure Is Found," *International News Service*, May 27, 1955.
102 G. SCHWING, *A Way to the Souls of the Mentally Ill* (New York: International Universities Press, 1954).
103 N. WAAL, "A Special Technique of Psychotherapy with an Autistic Child," in G. Caplan (ed.), *Emotional Problems' of Early Childhood* (New York: Basic Books, 1955), pp. 443-444.
104 K. MENNINGER, *Theory of Psychoanalytic Technique* (New York: Basic Books, 1958), p. 40. 정신분석학적 상황에서의 접촉 금기에 관한 탁월한 논의는 Elizabeth Mintz, "Touch and the Psychoanalytic Tradition," *The Psychoanalytic Review*, 56 (1969), pp. 365-376을 참조하라.
105 N. ICKERINGILL, "An Approach to Schizophrenia That Is Rooted in Family Love," *New York Times*, 28 April 1968, p. 44.

106 R. FORER, "The Taboo against Touching in Psychotherapy," *Psychotherapy, Theory, Research and Practice*, 6 (1969), pp. 229-231. B. R. Forer, "The Use of Physical Contact in Group Therapy," in L. N. Solomon and B. Berson (eds,), *New Perspectives on Encounter Groups* (San Francisco: Jossey-Bass, 1972), pp. 195-210도 참고할 것.

107 C. BRENNER, *Psychoanalytic Technique and Psychic Conflict* (New York: International Universities Press, 1976), p. 30.

108 Ferencziin E. Jones에게 보낸 그의 편지는 *The Life and Works of Sigmund Freud* (New York: Basic Books, 1955), vol. 3, p. 163를 참조.

109 FORER, "The Taboo against Touching in Psychotherapy," p. 230.

110 A. BURTON and A. G. HELLER, "The Touching of tlie Body," *Psychoanalytic Review*, 51 (1964), pp. 122-134.

111 I. BARTENIEFF with D. LEWIS, *Body Movement: Coping with the Environment* (New York: Gordon & Breach, 1980), p. 19.

112 A. MONTAGU, "On Touching Your Patient," *Practical Psychology for Physicians*, February 1975, pp. 43-47; J. J. Bruhn, "The Doctor's Touch," Southern Medical Journal, 71 (1978), pp. 1469-1473; M. J. Duttera, "The Healer's Hand," *Journal of the American Medical Assortation*, 242 (1979), p. 41; J. Older, "Teaching Touch at Medical School," *Journal of the American Medical Association*, 252 (1984), pp. 931-933.

113 A. BURTON and A. G. HELLER, "The Touching of the Body," *Psychoanalytic Review*, 51 (1964), pp. 122-134; J. DE AUGUSTINIS, R. S. ISANI, and F. R. KUMLER, "Ward Study: The Meaning of Touch in Inter-Personal Communication," in S. F. Burd and M. A. Marshall (eds.), *Some Clinical Approaches to Psychiatric Nursing* (New York: Macmillan 1963), pp. 271-306: A. CHARLTON, "Identification of Reciprocal Influences of Nurse and Patient Initiated Physical Contact in the Psychiatric Setting" (Master's thesis, University of Maryland, 1959); L. S. MERCER, "Touch: Comfort or Threat?" *Perspectives in Psychiatric Care*, 4 (1966), pp. 20-25; L. CASHAR and K. DIXSON, "The Therapeutic Use of Touch," *Journal of Psychiatric Nursing*, 5 (1967), pp. 442-451; E. MINTZ, "Touch and Psychoanalytic Tradition," *Psychoanalytic Review*, 56 (1969), pp. 367-376; M. T. DE THOMASO, "Touch Power," *Perspectives in Psychiatric Care*, 9 (1971), pp. 112-118; A, L. CLARK, *Maternal Tenderness Culturaland Generational Implications* (Evanston, Ill,: American Nursing Association, No. G. 94, 1973), pp. 98-123; B. UNGER, "Please Touch," *Journal of Practical Nursing*, 24 (1974), p. 29; D. KRIEGER, "'Therapeutic Touch': An Ancient But Unorthodox Nursing Intervention," Lecture, 12 October 1974, Lake Placid, N.Y.; D. KRIEGER, "The Relationship of Touch,with Intent to Help or to Heal, to Subjects' In-Vivo Hemoglobin Values: A Study in Personalized Interaction," *Proceedings of the American Nurses Association 9th Council of Nurse Researchers* (Kansas City, Mo.: The Association, 1973), pp, 53-76; B. S. JOHNSON, "Meaning of Touch," *Nursing Outlook*, 35 (1965), p. 59; M. S. SALTENIS, "Physical Touch and Nursing Support" (Unpublished master's thesis, Yale University, 1962); J. E. PATTISON, "Effects of Touch on Self-Exploration and the Therapeutic Relationship," *Journal of Consulting and Clinical Psychology*, 40

(1973) pp. 170-175.
114 A. MONTAGU, "The Sensory Influences of the Skin," *Texas Reports on Biology and Medicine,* 2 (1953), pp. 291-301.
115 A. M. GARNER and C. WENAR, *The Mother-Child Interaction in Psychosomatic Disorders* (Urbana: University Of Illinois Press, 1959).
116 H. W. NISSEN, K. L. CHOW, and J. SEMMES, "Effects of Restricted Opportunity for Tactual, Kinesthetic, and Manipulative Experience on the Behavior of a Chimpanzee," *American Journal of Psychology,* 64 (1951), pp. 485-507.
117 W. M. MASON, "Early Social Deprivation in the Nonhuman Primates: Implications for Human Behavior," in D. C. Glass (ed.), *Environmental Influences* (New York: Rockefeller University Press, 1968), pp. 70-101.
118 D. STEWART, *Outlines of Moral Philosophy* (Edinburgh' Creech, 1793), I, X, no. 87.
119 M. M. MERZENICH, "Functional 'Maps' of Skin Sensations," in Catherine Caldwell Brown (ed.), *The Many Facets of Touch* (Skillman, N.J.: Johnson & Johnson Baby Products, 1984), pp. 15-29.
120 J. P. ZUBEK, J. FLYE, and M. AFTANAS, "Cutaneous Sensirtivity after Prolonged Visual Deprivation," *Science,* 144 (1964), pp. 1591-1593.
121 S. AXELROD, *Effects of Early Blindness* (New York: American Foundation for the Blind, 1959).
122 D. OGSTON, C. M. OGSTON, and O. D. RATNOFF, "Studies on Clot-Promoting Effect of the Skin," *Journal of Laboratory and Clinical Medicine,* 73 (1969), pp. 70-77.
123 A. BRODAL, *Neurological Anatomy in Relation to Clinical Medicine* (2nd ed., New York: Oxford University Presst 1981).

8. 문화와 접촉

1 R. JAMES DE BOER, "The Netsilik Eskimo and the Origin of Human Behavior," MS, 1969, p. 8.
2 S. MILLET, "When Breastfeeding Declines," *La Leche League News,* 21 (1979), pp. 88-89.
3 O. SCHAEFFER, "When the Eskimo Comes to Town," *Nutrition Today,* November-December 1971, pp. 8-16; "Mental Health and Cultural Change"도 참조.
4 E. CARPENTER, "Space Concepts of Aivilik Eskimos," *Explorations Five,* June 1955, pp. 131-145.
5 S. BURFORD, *One Woman's Arctic* (Boston: Little Brown, 1972), pp. 15, 48.
6 J. GIBSON, "Pictures, Perspective and Perception," *Daedalus,* Winter 1961.
7 H. ROBERTS and D. JENNESS, *Eskimo Songs, Report of the Canadian Arctic Expedition,* 1913-18 (Ottawa), vol. 14 (1925), pp. 9, 12.
8 K. RASMUSSEN, *The Intellectual Culture of the Iglulik Eskimos* (Copenhagen: Gyldendalske boghandel, 1929), p. 27.
9 V. STEFANSSON, *The Friendly Arctic* (New York: Macmillan, 1943), p. 418; V. Stefansson, *My Life with the Eskimo* (New York: Macmillan, 1915).
10 C. OSGOOD, "Ingahk Social Culture," Yale University Publications in Anthropology, no. 53 (1958), p. 178.

11 E. CARPENTER, F. VARLEY, and R. FLAHERTY, *Eskimo: Explorations Nine* (Toronto: University of Toronto Press, 1959), p. 32.12 J. HENRY, *Jungle People* (New York: Vintage Books, 1964), pp. 18-19.
13 P. DURDIN, "From the Space Age to the Tasaday Age," *New York Times Magazine*, 8 October 1972, p. 14.
14 J. NANCE, *The Gentle Tasaday* (New York: Harcourt Brace Jovanovich, 1975).
15 Y. and R. F. MURPHY, *Women of the Forest* (New York: Columbia University Press, 1974), p. 106.
16 S. MIRKIN, "Resonance Phenomena in Isolated Mechanoreceptors (Pacinian Bodies) with Acoustic Stimulation," *Biofizika*, 2 (1966), pp. 638-645 (in Russian).
17 C. K. MADSEN and W. G. MEARS, "The Effect of Sound upon the Tactile Threshold of Deaf Subjects," *Journal of Music Therapy*, 2 (1965), pp. 64-68.
18 G. A. GESCHEIDER, "Cutaneous Sound Localization" (Ph.D. diss, University of Virginia, 1964; *Dissertation Abstracts*, vol 25 [1964], no. 6, 3701).
19 B. BERESON, *Aesthetics and History* (New York: Pantheon, 1948), pp. 66-70.
20 R. HUGHES, "When God Was an Englishman," *Time*, 1 March 1976, p. 56.
21 K. CLARK, *The Nude* (New York: Pantheon, 1956), p.144.
22 M. MCLUHAN and H. PARKER, *Through the Vanishing Point* (New York: Harper & Row, 1969), p. 265.
23 T. KROEBER, *Alfred Kroeber: A Personal Configuration* (Berkeley: University of California Press, 1970), pp 267-268.
24 R. BUCKLE, *Jacob Epstein: Sculptor* (New York: World, 1963).
25 G. LEVINE, *With Henry Moore: The Artist at Work* (New York: Times Books, 1978), p. 48.
26 R. CASSIDY, *Margaret Mead: A Choice for Eternity* (New York, Universe Books, 1983), p. 18.
27 E. G. SCHACHTEL, "On Memory and Childhood Amnesia," in P. Mullahy (ed.), *A Study of Interpersonal Relations* (New York: Hermitage Press, 1949), pp. 23-24.
28 Ibid., pp. 25-26.
29 MARCUSE, *Eros and Civilization* (Boston: Beacon Press 1955), p. 39.
30 M. ARGYLE and M. COOK, *Gaze and Mutual Gaze* (New York: Cambridge University Press, 1976); F. T. ELWORTHY, *The Evil Eye* (London: John Murray, 1895, reprinted New York: Julian Press, 1958); E. S. GIFFORD, JR., *The Evil Eye* (New York: Macmillan, 1958).
31 J. GONDA, *Eye and Gaze in the Veda* (Amsterdam & London: North Holland Publishing Co., 1969), p. 16.
32 L.-P. LA FARGUE, *Idées*, 1948.
33 O. MANDELSTAM, *Entretiens sur Dante*.
34 L. MICHAELS and C. RICKS (eds.), *The State of the Language* (Berkeley: University of California Press, 1980), p. xii.
35 H. L. PICK, A. D. PICK, and R. E. KLEIN, "Perceptual Integration in Children," in L. P. Lipsitt and C. C. Spiker (eds.), *Advances in Child Behavior and Development*, vol. 3 (New York: Academic Press, 1967), pp. 191-220.

36 E. J. GIBSON and R. D. WALK, "The Visual Cliff," *Scientific American*, 202 (1960), pp. 64-71.

37 T. G. R. BOWER, "The Object in the World ofthe Infant," *Scientific American*, 225 (1971), pp. 30-38.

38 H. R. SCHAFFER and P. E. EMERSON, "Patterns of Response to Physical Contact in Early Human Development," *Journal of Child Psychology and Psychiatry*, 5 (1964), pp. 1-13.

39 R. C. DAVENPORT, C. M. ROGER, and I. A. RUSSELL, "Cross Modal Perception in Apes," *Neuropsychologica*, 11 (1973), pp. 21-28.

40 A. V. ZAPOROZHETS, "The Development of Perceptionin the Preschool Child," in P. H, Mussen (ed.), *European Research in Cognitive Development*, Monographs of the Society for Research in Child Growthand Development, vol. 30. ser. no. 100 (Chicago: University of Chicago Press, 1965).

41 I. ROCK and C. S. HARRIS, "Vision and Touch," *Scientific American*, 216 (1967), pp. 96-104.

42 S. HOCKEN, "Life at First Sight The Surprising World of Sheila Hocken," *The Listener* (London), June 10, 1976, pp. 730-731.

43 M. D. S. AINSWORTH, *Infancy in Uganda* (Baltimore: Johns Hopkins Press, 1967), p. 451. L. K. Fox (ed.), *East African Childhood* (New York: Oxford University Press, 1970)도 참조할 것.

44 J. ROSCOE, *The Baganda* (London: Macmillan, 1911); L. P. Mair, *An African People in the Twentieth Century* (London: Routledge & Kegan Paul, 1934).

45 A. I. RICHARDS, "Traditional Values and Current Political Behavior," in L. A. Fallers (ed.), *The King's Men: Leadership and Status in Modem Buganda* (New York: Oxford University Press, 1964), pp. 297-300.

46 M. GEBER, "The Psychomotor Development of African Children in the First Year and the Influence of Maternal Behavior," *Journal of Social Psychology*, 47 (1958), pp. 185-195; M. GEBER and R. F. A. DEAN, "The State of Development of Newborn African Children," *The Lancet*, 272 (1957), pp. 1216-1219; M. GEBER, "Problèmes Posés par le Développementdu Jeune Enfant Africain en Fonctionde son Milieu Social," *Le Travail Humain*, 23 (1960), pp. 99-111.

47 P. DRAPER, "Crowding Among Hunter-Gatherers: The !Kung Bushmen," *Science*, 182 (1973), pp. 301-303.

48 L. MARSHALL, *The !Kung of Nyae Nyae* (Cambridge, Mass.: Harvard University Press, 1976), pp. 315-318.

49 M. J. KONNER, "Aspects of the Developmental Ethology of a Foraging People," in N. Blurton Jones (ed.), *Ethological Studies of Child Behaviour* (Cambridge: The University Press, 1972), pp. 285-304; S. R. TULKIN and M. J. KONNER, "Alternative Conceptions of Intellectual Functioning," in K. F. Riegel (ed.), *Intelligence: Alternative Views of a Paradigm* (Basel & New York: Karger, 1973), pp. 33-52; M. J. KONNER, "Maternal Care, Infant Behavior, and Development Among the !Kung," in R. B. LEE and IRVEN DE VORE (eds.), *Kalahari-Hunter Gatherers* (Cambridge, Mass.: Harvard University Press, 1976), pp. 219-245.

50 A. GESELL and C. AMATRUDA, *Developmental Diagnosis* (New York: Harper & Row, 1947), p. 42.
51 E. M. THOMAS, *The Harmless People* (New York: Knopf, 1959); L. VAN DER POST, *The Lost World of the Kalahari* (New York: William Morrow, 1958); L. VAN DER POST, *The Heart of the Hunter* (New York: William Morrow, 1961); L. VAN DER POST and JANE TAYLOR, *Testament to the Bushmen* (New York: Viking Press, 1984) ;I. SSHAPERA, *The Khoisan Peoples of South Africa* (London: Routledge & Sons, 1930); L. MARSHALL, "The !Kung Bushmen of the Kalahari Desert," in J. Gibbs (ed.), *Peoples of Africa* (New York: Holt, Rinehart & Winston, 1965); W. D. HAMMOND-TOOKE (ed.), *The Bantu-Speaking Peoples of Southern Africa* (London & Boston: Routledge & Kegan Paul, 1974).
52 M. MEAD, *Sex and Temperament in Three Primitive Societies* (New York: William Morrow, 1935), pp. 40-41.
53 J. RITCHIE, Review of A. Montagu, *Touching, Parents Centres Bulletin* 52, August 1972, p. 22.
54 C. DUBOIS, *The People of Alor* (Minneapolis: University of . Minnesota Press, 1937), p, 152.
55 T. R. WILLIAMS, "Cultural Structuring of Tactile Experience in a Borneo Society," American Anthropologist, 68 (1966), pp. 27-39.
56 J. W. PRESCOTT and DOUGLAS WALLACE, "Developmental Sociobiology and the Origins of Aggressive Behavior," 논문은 1976년 7월 18일 부터 25일까지 파리에서 열린 21번째 국제심리학회의에서 발표디었다.
57 V. S. CLAY, "The Effect of Culture on Mother-Child Tactile Communication" (Ph.D. diss., Teachers College, Columbia University, 1966).
58 R. RUBIN, "Maternal Touch," *Nursing Outlook,* 11 (1963), pp. 828-831.
59 H. F. HARLOW, M. K. HARLOW, and E. W. HANSEN, "The Maternal Affectional Systemof Rhesus Monkeys," in H. L. Rheingold (ed.) *Maternal Behavior in Mammals* (New York: Wiley, 1963), pp. 258 et seq.
60 CLAY, "The Effect of Culture," pp. 201-202.
61 R. E. SEARS, E. E. MACCOBY, and H. LEVIN, *Patterns of Child Rearing* (New York: Row, Petersen, 1957), pp. 56-57, 402; J. L. FISCHER and A. FISCHER, "The New Englanders of Orchard Town, U. S. A.," in B. B. Whiting (ed.), *Six Cultures* (New York: Wiley, 1963), p. 941.
62 H. A. MOSS, K. S. ROBSON, and F. PEDERSON, "Determinants of Maternal Stimulation of Infants and Consequences of Treatment for Later Reactions to Strangers," *Developmental Psychology,* 1 (1969), pp. 239-246; H, A. Mossand K. S. Robson, "Maternal Influences in Early Social-Visual Behavior," *Child Development,* 38 (1968), pp. 401-408.
63 R. H. WALTERS and R. D. PARKE, "The Role of the Distance Receptors in the Development of Social Responsiveness," in L. P. Lipsitt and C. C. Spiker (eds.), *Advances in Child Development and Behavior* (New York: Academic Press, 1965).
64 K. G. AUERBACH, "Where Have All the Nursing Mothers Gone?" *Keeping Abreast,* 1 (1976), pp. 222-228; Clay, "The Effect of Culture."

65 A. MONTAGU, "Some Factors in Family Cohesion," *Psychiatry,* 7 (1944), pp. 349-352.
66 L. SMITH, *Strange Fruit* (New York, Reynal, 1944), p.74
67 W. CAUDILL and D. W. PLATH, "Who Sleeps by Whom? Parent-Child Involvement in Urban Japanese Families," *Psychiatry,* 29 (1966), p. 363.
68 TAKEO DOI, *The Anatomy of Dependence* (New York: Kodansha, 1973); John H. Douglas, "Pioneering a Non-Western Psychology," *Science News,* 113 (1978), pp. 154-158.
69 E. T. HALL, *Beyond Culture* (Garden City, N.Y.: Anchor Books, Doubleday, 1976), pp. 56-58.
70 See FISCHER and FISCHER, "The New Englanders," in Whiting, *Six Cultures,* p. 947.
71 E. M. FORSTER, *Abinger Harvest* (New York: Harcourt, Brace, 1947), p. 8.
72 D. SUTHERLAND, *The English Gentleman* (London: Debrett's Peerage, 1984), pp. 55-56.
73 F. PARTRIDGE, *Love in Bloomsbury* (Boston: Little, Brown, 1981), pp. 26, 46.
74 J. AUSTEN, *Emma* (London, 1816), Chapter 12.
75 T. MORGAN, *Somerset Maugham* (London: Jonathan Cape, 1980).
76 T. EDEN, *The Tribulations of a Baronet* (London: Macmillan, 1933).
77 R. HART-DAVIS, *Hugh Walpole: A Biography* (New York: Macmillan, 1952).
78 W. A. SWANBERG, *William Randolph Hearst* (New York: Macmillan, 1961).
79 C. KING, *Strictly Personal* (London: Weidenfeld & Nicolson), 1969.
80 *The Spectator,* 5 September 1970.
81 M. MEAD, "Cultural Differences in the Bathing of Babies," in K. Soddy (ed.), *Mental Health and Infant Development* (New York: Basic Books, vol. 1, 1956), pp. 170-171.
82 CLAY, "The Effect of Culture," p. 273.
83 N. M. HENLEY, "The Politics of Touch," in Phil Brown, (ed.), Radical Psychology (New York: Colophon Books, 1973), pp. 420-433.
84 S. GOLDBERG and M. LEWIS, "Play Behavior in the Year-Old Infant: Early Sex Differences," *Child Development,* 40 (1966), pp. 21-31; Clay, "The Effect of Culture."
85 S. M. JOURARD, "An Exploratory Study of Body Accessibility," *British Journal of Social and Clinical Psychology,* 5 (1966), pp. 221-231; S. M. Jourard and J. E. Rubin, "Self-Disclosure and Touching: A Study of Two Modes of Interpersonal Encounter and Their Interaction," *Journal of Humanistic Psychology,* 8 (1968), pp. 39-48.
86 HENLEY, "The Politics of Touch," p. 431.
87 A. FREUD, *Normality and Pathology in Childhood* (New York: International Universities Press, 1965), p. 155.
88 J. JOBIN, "The Family Bed," *Parents,* March 1981, pp. 57-61.
89 T. THEVENIN, *The Family Bed: An Age Old Conceptin Child 5 Rearing,* P. O. Box 16004, Minneapolis, Minn. 55416.
90 Editorial, "Baby-Care Lambskin Rugs," *Parents Centres* (Auckland, N. Z.), Bulletin 38, March 1969, p. 8. Bulletin 35, June 1968도 참조.
91 S. SCOTT and M. RICHARDS, "Nursing Low-Birthweight Babies on Lambswool," *The Lancet,* 12 (May 1981), p. 1028; STEPHEN SCOTT and MARTIN RICHARDS,

"Lambswool Is Safer for Babies," *The Lancet,* 7 (March : 1981), p. 556.

92 N. F. ROBERTS, "Baby Care Lambskin Rugs," *Parents Centres* (Auckland, N. Z.), Bulletin 39, June 1969, pp. 12-18.

93 R. H. PASSMAN and P. WEISBERG, "Mothers and Blankets as Agents for Promoting Play and Exploration by Young Children in a Novel Environment: The Effects of Social and Nonsocial Attachment Objects," *Developmenial Psychology*, 11 (1975), pp. 170-177. 선행 연구는 D. W. Winnicott, "Transitional Objects and Transitional Phenomena," *International Journal of Psychoanalysis*, 24 (1953)를 참조할 것.; O. Stevenson, "The First Treasured Possession: A Study of the Part Played by Specially Loved Objects and Toys in the Lives of Certain Children," in *The Psychoanalytic Study of the Child,* 9 (1954), pp, 199-217.

94 R. H. PASSMAN, "The Effects of Mothers and 'Security' Blankets upon Learning in Children (Should Linus Bring His Blanket to School?)," 논문은 1974년 9월 루이지애나주 뉴올리언스에서 열린 미국심리학회 학술대회에서 발표되었다.

95 R. H. PASSMAN, "Arousal Reducing Propertiesof Attachment Objects: Testing the Functional Limits of the Security Blanket Relative to the Mother," *Developmental Psychology*, 12 (1976), pp. 468-469.

96 W. A. MASON, "Motivational Factors in Psychosocial Development," in W. A. and M. Page (eds.), *Nebraska Symposium on Motivation* (Lincoln: University of Nebraska, 1970), pp. 35-67.

97 P. WEISBERG and J. E. RUSSELL, "Proximity and Interactional Behavior of Young Children to Their 'Security' Blanket," *Child Development,* 42 (1971), pp. 1575-1579.

98 P. C. HORTON, *Solace: The Missing Dimension in Psychiatry* (Chicago: University of Chicago Press, 1981).

99 *Webster's New World Dictionary of the American Language* (New York & Cleveland: World Publishing Co., 1970), p. 1064.

100 B. M. LEVINSON, *Pet-Oriented Child Psychotherapy* (Springfield, Ill.: Charles C Thomas, 1969), p. xiv; B. M. Levinson, *Pets and Human Development* (Springfield, Ill.: Charles C Thomas, 1972).

101 S. A. CORSON et al., "The Socializing Role of Pet Animals in Nursing Homes: An Experiment in Nonverbal Communication Therapy," in L. Levi (ed.), *Society, Stress and Disease: Aging and Old Age* (New York: Oxford University Press, 1977); S. A. Corson, E, O'L. Corson, and P. H. Gwynne, "Pet-Facilitated Psychotherapy," in R. S. Anderson (ed.), *Pet Animals and Society* (Baltimore: Williams & Wilkins, 1975), pp. 19-35.

102 R. HELFER, "The Relationship between Lack of Bonding and Child Abuse and Neglect," in M. H. Klaus, T. Leger, and M. A. Trause (eds.), *Maternal Attachment and Mothering Disorders: A Round Table* (New Brunswick, N. J.: Johnson& Johnson, 1975), pp. 21- 25.

103 J. AREHART-TREICHEL, "Pets: The Health Benefits," *Science News*, 121 (1982), pp. 220-223; R. A. Mugford, *The Social Significance of Pet Ownership* (Leicestershire: Melton Mowbrey, 1978).

104 P. MOHANTI, *My Village, My Life: Portrait ofan Indian Village* (New York: Praeger,

1974), pp. 103-107.

105 F. LEBOYER, *Loving Hands: The Traditional Indian Art of Baby Massage* (New York: Knopf, 1976).

106 W. A. CAUDILL and H. WEINSTEIN, "Maternal Care and Infant Behavior in Japan and America," *Psychiatry*, 32 (1969), pp. 12-43; p. 13.

107 E. F. VOGEL, *Japan's New Middle Class: The Salary Man and His Family in a Tokyo Suburb* (Berkeley: University of California Press, 1963).

108 CAUDILL and WEINSTEIN, "Maternal Care and Infant Behavior," p. 42. W. A. Caudill and C. Schooler, "Child Behavior and Child Rearing in Japan and the United States: An Interim Report," *Journal of Nervous and Mental Disease*, 157 (1973), pp. 323-338도 참조할 것.

109 D. G. HARING, "Aspects of Personal Character in Japan," in D. G. Haring (ed,), *Personal Character and Cultural Milieu* (Syracuse, New York: Syracuse University Press, 1956 p, 416.

110 A. F. COPPOLA, "Reality and the Haptic World," *Phi Kappa Phi Journal*, Winter 1970, p, 29에서 인용.

111 B. SCHAFFNER, *Father Land* (New York: Columbia University Press, 1948).

112 G. GREER, *The Female Eunuch* (New York: McGraw-Hill, 1971), p. 112.

113 E. A. DUYCKINCK (ed.), *Wit and Wisdom of the Rev. Sydney Smith* (New York: Widdleton, 1866), p. 426.

114 J. VAN LAWICK-GOODALL, *In the Shadow of Man* (Boston: Houghton Mifflin, 1971), pp. 241 et seq.

115 D. FOSSEY, "More Years with Mountain Gorillas," *National Geographic*, October 1971, pp. 574-585; Dian Fossey, *Gorillas in the Mist* (Boston: Houghton Mifflin, 1983).

116 ORTEGAY GASSET, *Man and People* (New York: Norton, 1957), pp. 192-221.

117 E. WESTERMARK, *The Origin and Development of the Moral Ideas* (2 vols., London: Macmillan, 1917), vol. 2, pp. 150-151.

118 A. R. RADCLIFF-BROWN, *The Andaman Islanders* (Cambridge: University Press, 1933), p. 117.

119 S. F. FELDMAN, *Mannerisms of Speech and Gestures in Everyday Life* (New York: International Universities Press, 1959), p. 270.

120 C. LYON, JR., *Tenderness Is Strength* (New York: Harper & Row, 1977), pp. 17-18.

121 COPPOLA, "Reality and the Haptic World," pp. 30-31.

122 W. SAFIRE, "Aye, There's the Rub," *The New York Times Magazine*, 30 January 1983.

123 P. SMITH, *Erasmus: A Study of His Life, Idealsand Place in History* (New York: Harper & Brothers, 1923), p. 60; reprinted New York; Dover Publications, 1962.

124 I. PINCHBECK and M. HEWITT, *Children in English Society*, Vol. 1: *From Tudor Times to the Eighteenth Century* (London: Routledge & Kegan Paul, 1970); L. L. SCHUCKING, *The Puritan Family* (London: Routledge & Kegan Paul, 1970); P. ARIES, *Centuries of Childhood* (New York: Knopf, 1962).

125 K. W. BACK, *Beyond Words* (New York: Russell Sage Foundation, 1972), p. 154.

126 Ibid., p. 46. 감수성 훈련에 관한 더 자세한 사항은 R. Gustaitis, *Turning On* (New

York: Macmillan, 1969)를 참조하라.; D. Alchen, *What the Hell Are They Trying to Prove, Martha?* (New York: John Day, 1970); J. Howard, *Please Touch* (New York: McGraw-Hill, 1970); B. L. Maliver, *The Encounter Game* (New York: Stein & Day, 1972); L. N. Solomon and B. Berson (eds.), *New Perspectives on Encounter Groups* (San Francisco: Jossey-Bass, 1972).

127 J. R. GIBB, "The Effects of Human Relations Training," in A. E. Bergin and S. L. Garfield(eds.), *Handbook of Psychotherapy and Behavior Change* (New York: Wiley, 1970), pp. 2114-2176.

128 C. R. ROGERS, *Carl Rogers on Encounter Groups* (New York: Harper & Row, 1973), p. 146.

129 W. E. HARTMAN, M. FITHIAN, and D. JOHNSON, *Nudist Society* (New York: Crown, 1970), pp. 278-286. Howard, *Please Touch*; M. Shepard and M. Lee, *Marathon 16* (New York: Putnam's, 1970)도 참조. ; B. L. Austin, *Sad Nun at Synanon* (New York: Holt, Rinehart & Winston, 1970).

130 M. MEAD and R. MÉTRAUX (eds.), *The Study of Culture at a Distance* (Chicago: University of Chicago Press, 1953), pp. 107-115, 352-353; G. GORER and J. RICKMAN, *The People of Great Russia: A Psychological Study* (New York: Chanticleer Press, 1950).

131 P. H. WOLFF, "The Natural History of Crying and Other; Vocalizationsin Early Infancy," in E. B. Foss (ed.), *Determinants of Infant Behavior* (vol. 4, London: Methuen, 1969), p. 92.

132 H. ORLANSKY, "Infant Care and Personality," *Psychological Bulletin,* 46 (1949), pp. 1-48.

133 MEAD and MÉTRAUX, *The Study of Culture at a Distance*, p. 163.

134 V. DAL, *The Dictionary of the Living Great Russian Language* [Tolkovyl slovar Velikomusskavo Yazkaya] (St. Petersburg, 1903).

135 N. LEITES, *The Operational Code of the Politburo* (New York: McGraw-Hill, 1951).

136 L. H. HAIMSON, "Russian 'Visual Thinking,'" in Mead and: Métraux, p. 247.

137 D. LEIGHTON and C. KLUCKHOHN, *Children of the People* (Cambridge, Mass.: Harvard University Press, 1947), pp. 24-25.

138 R. E. RITZENTHALER and P. RITZENTHALER, *The Woodland Indians* (New York: The Natural History Press, 1970), p. 29.

139 LEIGHTON and KLUCKHOHN, *Children of the People*, pp. 29-30에서 인용.

140 W. DENNIS, *The Hopi Child* (New York: Appleton-Century, 1940), p. 101.

141 LEIGHTON and KLUCKHOHN, *Margaret Fries on swaddling,* pp. 29-30에서 인용.

142 L. CALLEY, "A Baby on a Cradle Board," *Child and Family*, 5 (1966), pp. 8-10.

143 B. LOZOFF and G. BRITTENHAM, "Infant Care: Cache or Carry," *The Journal of Pediatrics*, 95 (1979), pp. 478-483.

144 N. CUNNINGHAM and E. ANISFIELD, "Baby Carriers and Infant Development," manuscript, November 1982; Nicholas Cunningham, "The Influence of Early Carrying on Infant Development," manuscript, January 1983.

145 J. E. RITCHIE, "The Husband's Role," *Parents Centres* (Auckland, N. Z.), *Bulletin* 38, March 1969, pp. 4-7.

146 R. D. PARKE, "Father-Infant Interaction," in Klaus, Leger, and Trause, *Maternal Attachment and Mothering Disorders*, pp. 61-63. See also M. H. Klausand J. H. Kennell, *Maternal-Infant Bonding* (St. Louis, Mo.: C. V. Mosby, 1976).

147 D. W. WINNICOTT, "The Theory of Parent-Infant Relationship," *International Journal of Psychoanalysis*, 41 (1958), p. 591.

148 G. GREENE, *A Sort of Life* (New York: Simon & Schuster, 1971), p. 64.

149 L. K. FRANK, "The Psychological Approachin Sex Research," *Social Problems*, 1 (1954), pp. 133-139.

150 CLAY, "The Effect of Culture," p. 278.

151 L. M. STOLZ, *Influences on Parent Behavior* (Stanford, Calif: Stanford University Press, 1967), p. 141.

152 R. E. HAWKINS and J. A. POPPLESTONE, "The Tattoo as an Exoskeletal Defense," *Perceptual and Motor Skills*, 19 (1964), p. 500; J. A. Popplestone, "A Syllabus of Exoskeletal Defenses," *Psychological Record*, 13 (1963), pp. 15-25; H. EBERSTEIN, *Pierced Hearts and True Love* (London: Derek Verschoyle, 1953).

153 F. ROME, *The Tattooed Men* (New York: Delacorte Press, 1975), p. 54.

154 J. H. BURMA, "Self-Tattooing among Delinquents," *Sociology and Social Research*, 43 (1959), pp. 341-345.

155 S. FISHER, *Body Consciousness* (Englewood Cliffs, N.J.: Prentice-Hall, 1973), p. 91.

156 A. M. HOCART, "Tattooing and Healing," in his *The Life Giving Myth* (New York: Grove Press, n.d.) pp. 169-172.

157 이에 관한 훌륭한 연구는 W. G. SUMNER and A. G. KELLER, *The Science of Society* (New Haven, Conn.: Yale University Press, 1929), vol. 3, pp. 2130-2135를 참조. C. Jenkinson, "Tatuing," in J. Hastings (ed.), *Encyclopaedia of Religion and Ethics* (New York: Scribners, 1920), vol. 12, pp. 208-214도 참조하라.; Henry Field, "Body-Marking in Southwestern Asia," *Papers of the Peabody Museum of Archaeology and Ethnology*, Harvard University, 45, (1958), pp. xiii-162.

158 A. VIRÉL, *Decorated Man: The Human Body as Art* (New York: Abrams, 1980); M. KIRK and ANDREW STRATHERN, *Man as Art* (New York: Viking Press, 1981); ANGELA FISHER, *Africa Adorned* (New York: Abrams, 1984); J. ANDERSON BLACK, MADGE GARLAND, and FRANCES KENNETT, *A History of Fashion* (New York, William Morrow, 1980); J. C. FLÜGEL, *The Psychology of Clothes* (London: Hogarth Press, 1930); JOHN M. VINBCENT, *Clothes and Conduct* (Baltimore: The Johns Hopkins Press, 1935); JOHN BULWER, *Anthropometamorphosis: Man Transformed* (London: William Hunt, 1653).

159 A. MONTAGU, "Clothes and Behavior," *Johnson and Johnson Profiles*, 2 (July 1964), pp. 9-11.

160 이 연구들은 Klaus and Kennell, *Maternal-Infant Bonding*, pp. 2-3에 요약되어 있다.

161 H. KEMPE, "Detecting Child Abuse," *Intercom* (Washington, D.C.) 4, 11 (1976), p. 5.

162 R. HELFER, "The Relationship between Lack of Bonding and Child Abuse and Neglect," in Klaus, Leger, and Trause, Maternal Attachment and Mothering Disorders, pp. 21-25.

163 S. FRAIBERG, in Kempe.

164 F. DUNBAR, *Psychosomatic Diagnosis* (New York: Hoeber, 1943), pp. 86-87; J. G. KEPECS, "Some Patterns of Somatic Displacement,"; *Psychosomatic Medicine*, 15 (1953), pp. 425-432.
165 C. E. BENDA, *The Image of Love* (New York: Free Press, 1961), p. 162.
166 J. G. KEPECS, M. ROBIN, and M. J. BRUNNER, "Relationship between Certain Emotional States and Exudation into the Skin," *Psychosomatic Medicine*, 13 (1951), pp. 10-17.
167 J. G. EWPECS, A. RABIN, and M. ROBIN, "Atopic Dermatitis: A Clinical Psychiatric Study," *Psychosomatic Medicine*, 13 (1951), pp. 1-9; H. C. Bethune and C. B. Kidd, "Psychophysiological Mechanismsin Skin Diseases" *The Lancet*, 2 (1961), pp. 1419-1422.
168 H. F. HARLOW and M. K. HARLOW, "Learning to Love," *American Scientist*, 54 (1966), pp. 244-272 등 수많은 연구가 있다.
169 H. F. HARLOW, "Primary Affectional Patternsin Primates," *American Journal of Orthopsychiatry*, 30 (1960), pp. 676-677; M. K. HARLOW and H. F. HARLOW, "Affection in Primates," *Discovery*, 27 (January 1966).
170 HARLOW, "Primary Affectional Patternsin Primates".
171 CLAY, "The Effect of Culture," pp. 281-282.
172 H. F. HARLOW and M. K. HARLOW, "Learning to Love," *American Scientist*, 54 (1966), p. 250.
173 A. KULKA, C. FRY, and F. J. GOLDTEIN, "Kinesthetic Needs in Infancy," *American Journal of Orthopsychiatry*, 30 (1960), pp. 562-571.
174 H. F. HARLOW, "Development of the Second and Third Affectional Systems in Macaques Monkeys," in T. T. Tourlentes, S. L. Pollack, and H. E. Himwich (eds.), *Research Approaches to Psychiatric Problems* (New York: Grune & Stratton, 1962), pp. 209-229.
175 CLAY, "The Effect of Culture," p. 290.
176 C. LOIZOS, "Play Behavior in Higher Primates: A Review," in D. Morris (ed.), *Primate Ethology* (Chicago: Aldine, 1967), pp. 176-218; O. Aldis, *Play Fighting* (New York: Academic Press, 1975); P. A. Jewell and C. Loizos (eds.), *Play, Exploration and Territory in Mammals* (New York: Academic Press, 1966); S. Miller, *The Psychology of Play* (Baltimore: Penguin Books, 1968).
177 T. R. WiLLIAMS, "Cultural Structuring of Tactile Experience in a Borneo Society," *American Anthropologist*, 68 (1966), pp, 27-39.
178 A. TSUMORI, "Newly Acquired Behavior and Social Interactions of Japanese Monkeys," in S. A. Altmann (ed.), *Social Communication among Primates* (Chicago: University of Chicago Press, 1967), pp. 207-219.
179 K. R. L. HALL, "Observational Learning in Monkeysand Apes," *British Journal of Psychology*, 54 (1963), pp. 201-206; K. R. L. Hall, "Social Learning in Monkeys," in P. Jay (ed.), *Primates* (New York: Holt, Rinehart & Winston, 1969), pp. 383-397.
180 H. L. RHEINGOLD and C. O. ECKERMAN, "The Infant Separates Himsel f from His Mother," *Science*, 168 (1970), pp. 78-83.
181 R. HELD and A. HDEIN, "Movement-Produced Stimulation in the Development of Visually Guided Behavior," *Journal of Comparative and Physiological Psychology*,

56 (1963), pp. 872-876.

182 D. STERN, *The First Relationship: Mother andInfant* (Cambridge, Mass.: Harvard University Press, 1977), p. 46.

183 C. DARWIN, *The Expression of the Emotions in Man and the Animals* (London: John Murray, 1872), pp. 201-202.

184 N. B. BLACKMAN, "Pleasure and Touching: Their Significance in the Development of the Preschool Child—An Exploratory Study."

185 CLAY, "The Effect of Culture," pp. 308, 322.

9. 접촉과 연령

1 A. MONTAGU, *Growing Young* (New York: McGraw-Hill, 1981)을 참조하라.

2 A. FANSLOW, "Touch and the Elderly," in Catherine Caldwell Brown (ed.), *The Many Facets of Touch* (Skillman, N. J.: Johnson and Johnson Baby Products, 1984), pp. 183-189.

3 R. RUBIN, "Maternal Touch," *Nursing Outlook*, 11 (1963), pp. 828-831; S. J. Tobiason, "Touching Is for Everyone," *American Journal of Nursing*, 81 (1981), pp. 728-730도 참조할 것.; K. E. Barnett, *The Development of a Theoretical Construct of the Concepts of Touch as They Relate to Nursing. Final Report to U. S. Department of Health, Education and Welfare*, Project No. 0-G-027, 1972.

4 D. SWANSON, "Minnie Remembers," in Janice Grana (compiler), *Images* (Winona, Minn.: St. Mary's College Press, 1977).

5 R. MCCORKLE and M. HOLLENBACH, "Touch and the Acutely Ill," in Brown (ed.), *The Many Facets of Touch*, pp. 175-183.

부록 1

1 D. KRIEGER, *The Therapeutic Touch: How to Use Your Hands to Help or to Heal* (Englewood Cliffs, N. J.: Prentice-Hall, 1982), p. 13.

2 D. KRIEGER, "The Relationship of Touch, with Intent to Help or Heal to Subjects' In-Vivo Hemoglobin Values: A Study in Personalized Interaction," in E. M.Jacobi and L. E. Netter (eds.), *American Nurses Association Ninth Research Conference* (San Antonio, Texas, 1973), pp. 39-58; R. M. SCHLOTFELDT, "Critique of Dr. Krieger's Paper," ibid., pp. 59-65; D. KRIEGER, "Rejoinder," ibid., pp. 67-71; G, B. UJHELY, "Nursing Implications," ibid., pp. 73-77; D. KRIEGER and D. KUNZ (1973), described by Marie-Thérèse Connelly in "Therapeutic Touch: The State of the Art," in Brown (ed.), *The Many Facets of Touch*, p. 150; D. KRIEGER, "Therapeutic Touch: The Imprimaturof Nursing," *American Journal of Nursing*, 5 (1975), pp. 784-787.

3 J. F. QUINN, "An Investigation of Therapeutic Touch Done Without Physical Contact on State of Anxiety of Hospitalized Cardiovascular Patients" (PhD dissertation, New York University, 1981).

4 E. PEPER and S. ANCOU, "The Two Endpoints of an EEG Continuum of Meditation—Alpha/Theta and Fast Beta," in E. Peper, S. Ancoli and M. Quinn, *Mind/Body Integration* (New York: Plenum Press, 1979), pp. 141-148.

5 M.-T. CONNELLY, "Therapeutic Touch: The State of the Art," p. 155.

6 M. D. BORELLI and P. HEIDT (eds.), *Therapeutic Touch* (New York: Pringer Publishing Co., 1981), pp. 3-39.

7 I. S. WOLFSON, "Therapeutic Touch and Midwifery," in Brown (ed.), *The Many Facets of Touch*, pp. 166-172.

8 J. D. FRANK, *Persuasion and Healing* (Baltimore: The Johns Hopkins University.

9 J. A. SMITH, "A Critical Appraisal of Therapeutic Touch," in Brown (ed.), *The Many Facets of Touch*, pp. 151-165; Jules Older, *Touching Is Healing* (New York: Stein & Day, 1982), pp. 156-157, 282도 참고하라.

10 M. SHEPHERD, *The Synaptic Organization of the Brain* (2nd ed., New York: Oxford University Press, 1979); RICHARD M. RESTAK, *The Brain* (New York: Bantam Books, 1984); JOHN BODDY, *Brain Systems and Psychological Concepts* (New York, Wiley, 1978); HUGH BROWN, *Brain & Behavior* (New York: Oxford University Press, 1976).

11 R. MILLER, *Meaning and Purpose in the Intact Brain* (New York: Oxford University Press,1981), p. 70.

12 H. JOST and LESTER W. SONTAG, "The Genetic Factor in Autonomic System Function," *Psychosomatic Medicine*, 6 (1944), pp. 308-310; Herbert Athenstaedt, Helge Clausen, and Daniel Schaper, "Epidermisof Human Skin: Pyroelectric and Pizoelectric Sensor Layer," *Science*, 216 (1982), pp. 1018-1020도 참조할 것.

13 G. J. TORTORA and NICHOLAS P. ANAGNOSTAKOS, *Principles of Anatomy and Physiology* (3rd ed., New York: Harper & Row, 1981), p. 341; ARTHUR C. GUYTON, *Textbook of Medical Physiology* (6th ed., Philadelphia, 1981).

14 C. GUJA, "Propriétés Bio-Electrique de l'Envelope Cutanée Humaine: Résultats de Quelques Recherches Experimentales," *Bulletin et Mémoires de la Société d'Anthropologie de Paris*, series 13 (1980), pp. 205-220.

15 R. ADER (ed.), *Psychoneuroimmunology* (New York: Academic Press, 1981); STEVEN LOCKE et al. (eds.), *Foundations of Psychoneuroimmunology* (New York: Aldine, 1985).

찾아보기

「4분의 3박자의 두 심장Zwei Herzen in Dreiviertel Takt」 238

ㄱ

가너Garner, A. M. 384
가드너Gardner, L. I. 332
가드너, 마틴Gardner, Martin 251
가세트, 오르테가 이Gasset, Ortega y 175, 481
『가족 침대The Family Bed』 462
감마글로불린gamma globulin 114, 116
거겐, 메리Gergen, Mary 361
거너, A.Gunner, A. 71
『걸리버 여행기Gulliver's Travel』 39
「게다가 금기Taboo to Boot」 259
게베르, 마르셀Géber, Marcelle 128, 429~430
게샤이더Gescheider, G. A. 416
겔다드, 프랭크 A.Geldard, Frank A. 254~255
「경험에 대하여Of Experience」 259
고든, 수잰Gordon, Suzanne 360
골드버그, S.Goldberg, S. 120, 319
골드스타인, 프레드Goldstein, Fred 109, 513
골드스턴Goldston, Edward 138
골드파브, 윌리엄Goldfarb, William 275
곳프리드, 앨런Gottfried, Allen 232
공시성共時性, synchrony 78
구야, C.Guja, C. 549
『국왕의 손길The Royal Touch』 366
그레그, 리 W.Gregg, Lee W. 256
그레이, 사이먼Gray, Simon 360
그로타Grota, L. J. 101
그륀, 아르노Gruen, Arno 215
그리어, 저메인Greer, Germaine 479
그린 주니어, 윌리엄Greene Jr., William 221
그린, 그레이엄Greene, Graham 501
그린에이커Greenacre, Phyllis 335
길, 에릭Gill, Eric 244
길머, B. 폰 할러Gilmer, B. von Haller 256
길모어, 레이먼드Gilmore, Raymond 71
깁Gibb, J. R 487
깁슨, 제임스Gibson, James 406

ㄴ

내시, 오그던Nash, Ogden 259
낸스, 존Nance, John 414
녹스, 존 M.Knox, John M. 143, 264
놀란, 핀바Nolan, Finbarr 367
『뇌 탐험가Explorers of the Brain』 546
니슨, 헨리 W.Nissen, Henry W. 384

ㄷ

다윈, 이래즈머스Darwin, Erasmus 135~136, 343
「당신에게 홀딱 반했어요I've Got You under My Skin」 315
더글러스, 앨프리드Douglas, Alfred 476
더글러스, 존Douglas, John 451
더펠더, 판de Velde, Van 311~312
던, 존Donne, John 269
던바, 플랜더스Dunbar, Flanders 347
데넨버그, 빅터 H.Denenberg, Victor H. 64, 67, 101
데보레, 어빈DeVore, Irven 171
「도약하는 말The Leaping Horse」 418
도이 다케오Doi Takeo 451
『동물 생리학 혹은 유기체 생명 법칙Zoonomia, or the Laws of Organic Life』 135
「두 번째 기일The Seconde Anniversarie」 269
드레이퍼, 퍼트리샤Draper, Patricia 431
드릴리언, C. M.Drillien, C. M. 98, 101
『또 다른 망막La vision extrarétinienne et le sens paroptique』 564

ㄹ

라 레체 리그La Leche League 111
라도, 산도르Rado, Sandor 168
라르손Larsson, K. 326

라바라, 리처드Labarra, Richard 230
라스무센, 크누드Rasmussen, Knud 408
라이문도 논나토Raymond Nonnatus 84
라이소자임lysozyme 116
라이트, 마틴Reite, Martin 270
라인골드Rheingold, H. L. 517
라자노프, V. V.Razanov, V. V. 163
라콩브, P.Lacombe, P. 156
라파르그, 레옹폴Lafargue, Léon-Paul 422
락토글로불린lactoglobulin 114
락토페린lactoferrin 116
란다워Landauer, T. E. 345~346
래드클리프브라운Radcliffe-Brown, A. R. 481
랜더스, 앤Landers, Ann 288
랭, 레이븐Lang, Raven 173, 184
러먼Lehrman, H. C. 57
러빈Levine, S. 326
러셀, 브라이언Russell, Brian 260
레베스, G.Revesz, G. 178
레빈Levin, R. 133
레빗티어, 메러디스Leavitt-Teare, Meredith 352
레이니어스, 제임스 A.Reyniers, James A. 56
레이턴Leighton, D. 495
로렌스, T. E.Lawrence, T. E. 356, 456, 476
로맹, 쥘Romains, Jules 251
로버트슨, 제임스Robertson, James 275
로스, 로레인 L.Roth, Lorraine L. 59
로언, 알렉산더Lowen, Alexander 353
로언펠드Lowenfeld, V. 301
로저스, 칼Rogers, Carl 487
로즌솔, 모리스 J.Rosenthal, Maurice J. 368
록, 어빈Rock, Irvin 427
롤런드, 폴Roland, Paul 375
롬, 플로렌스Rome, Florence 504
롭슨Robson, K. S. 446
루디네스코, 제니Rudinesco, Jenny 370
루빈, 레바Rubin, Reva 181~184, 319, 444
루슈, 위르겐Ruesch, Jurgen 293
루스, 게이Luce, Gay 298
루이스, M.Lewis, M. 119, 319
루이스Lewis, D. 380
루이스Lewis, G. W. 67
르부아예, 프레데리크Leboyer, Frederick 468
리버, 릴리언Leiber, Lillian 361
리버슨Liverson, W. T. 103
리보핵산ribonucleic 120
리블, 마거릿Ribble, Margaret 117, 160~161, 177, 275, 328, 336
리언Leon, M. 133
리처즈, 오드리Richards, Audrey 428
리치, 제임스Ritchie, James 437
리치먼드Richmond, J. B. 62, 368
리턴Lytton 320
릭스, 크리스토퍼Ricks, Christopher 424
릴리, 존Lilly, John 70
립싯Lipsitt, Lewis P. 138
립턴Lipton, R. C. 329~330, 368
링글러Ringler, Norma 127~128

ㅁ

마셜, 로나Marshall, Lorna 431
마이어, 길버트 W.Meier, Gilbert W. 100
마이어Maier, R. A. 61~62
만델스탐, 오시프Mandelstam, Osip 423
『만물의 본성에 대하여De Rerum Natura』 141
말러, 피터Marler, Peter 79
말러Mahler, M. S. 343
매드슨Madsen, C. K 416
매캐나니, 엘리자베스McAnarney, Elizabeth 287
매캔스McCance, R. A. 56, 104
매코비Maccoby, E. E. 319
매코클, 루스McCorkle, Ruth 533
매크레이, 글렌McCray, Glen 305
매키니McKinney, Betsy Marvin 250, 550
맥그로McGraw, M 334
맥브라이드, A. F.McBride, A. F. 70
머서Mercer, A. J. 286
머제니크, 마이클Merzenich, Michael 389
메이를로, 요스트Joost, Meerloo 238
메이슨, 마리 K.Mason, Marie K. 146
메이슨, 윌리엄 A.Mason, William A. 225
모스Moss, H. A. 446

「목신의 오후L'Aprés-Midi d'un Faune」 233
몰, 알베르트Moll, Albert 293
몰로니Moloney, J. C. 301
몰츠Moltz, H. 133
『몸을 배신한 대가The Betrayal of the Body』 353
무사프, 허먼Musaph, Herman 369
무어, 헨리Moore, Henry 419
「문화가 엄마-아이 촉각 의사소통에 미치는 영향The Effect of Culture on Mother-Child Tactile Communication」 441~442
『미국에서의 고독Lonely in America』 360
「미니는 기억한다Minnie Remembers」 554
미드, 마거릿Mead, Margaret 194, 196~197, 319, 420, 434~435, 456, 490
미르킨, A. S.Mirkin, A. S. 415
미어스Mears, W. G. 416
미첼Mitchell, W. E. 68
밀른, A. A.Milne, A. A. 465

ㅂ

바넷Barnett, C. R. 186
바워Bower, B. D. 425
바크-이-리타, 폴Bach-y-Rita, Paul 253
바클레이, 앤드루Barclay, Andrew 299
바턴, 윌리엄 H.Barton, William H. 362
바텔, 헬무트 W.Bartel, Helmut W. 358
반스, 클라이브Barnes, Clive 360
발Waal, L. 375
발린트, 미하이Balint, Michael 373
밤베리, 아르미니우스Vambery, Arminius 240
배런, 도널드 H,Barron, Donald H. 67, 103~104
백, 커트 W.Back, Kurt W. 486
백윈, 해리Bakwin, Harry 148
버드휘스텔, 레이 L.Birdwhistell, Ray L. 155
버클리, 비숍Berkeley, Bishop 425
버턴, 아서Burton, Arthur 374
버틀러, 새뮤얼Butler, Samuel 259
버틀러, 스티븐Butler, Stephen 271
버퍼드, 실라Burford, Sheila 404
벅슨, 거숀Berkson, Gershon 225
벌링햄, 도러시Burlingham, Dorothy 275
베렌슨, 버나드Berenson, Bernard 416~418
베이츠, H. E.Bates, H. E. 121
베이트슨Bateson, Gregory 194
베틀하임, 브루노Bettelheim, Bruno 181
벤다, 클레먼스Benda, Clemens 509
벤저민, 존 D.Benjamin, John D. 324
보버먼Boverman, H. 222
보어, 리처드 제임스 드Boer, Richard James de 399
볼비, 존Bowlby, John 275
『페어런츠 매거진Parents Magazine』 207
부신피질자극호르몬ACTH 65~66, 332
브라유, 루이Braille, Louis 252
브라크, 조르주Braque, Georges 374
브래셀, J. A.Brasel, J. A. 274
브레네먼, J.Brennemann, J. 145
브로드, 프랜시스Broad, Frances 126
브로디Brody, S. 294
브로이어드, 아나톨Broyard, Anatole 315
브론펜브레너, 유리Bronfenbrenner, Urie 326
브룩, 루퍼트Brooke, Rupert 485
브뤼크Brück, Kurt 150
브리지먼, 로라Bridgman, Laura 146~147, 252, 564
블라인더Blinder, M. G. 283
블랙먼, 낸시Blackman, Nancy 519
블러턴Blurton 118
블레이스Blase, B. 222
블로벨트Blauvelt, H. 61
블로크, 마르크Bloch, Marc 366
블리저드, R. M.Blizzard, R. M. 275
비노쿠로프, 예브게니Vinokurov, Yevgeny 362
비렐, 앙드레Virél, André 33, 42, 506

ㅅ

『사라진 세계The Vanished World』 121
「사랑의 죽음Liebestod」 233
「사물의 본질에 관하여De Rerum Natura」 277
사우스워스, R. T.Southworth, R. T. 143
사유반사射乳反射, letdown reflex 115
사턴, 조지Sarton, George 84
산류產瘤, caput succedaneum 108

살리비, C. W.Saleeby, C. W. 263
살림베네Salimbene 148
상호의존성interdependencs 78, 182
「새끼 원숭이의 애착 반응 발달The Development of Affectional Responses in Infant Monkeys」 73~74
새먼Salmon, M. 64
샘The Fountain」 525
샤흐텔, 어니스트Schachtel, Ernest 420
샨버그, 솔Schanberg, Saul 223
섀퍼, 오토Schaeffer, Otto 403
섀퍼Schaefer, R. W. 153
「서곡The Prelude」 237
서덜랜드, 더글러스Sutherland, Douglas 454
「서시The Prelude」 141
『설득과 치료Persuasion and Healing』 544
세일러Sayler, A. 64
『세일즈맨의 죽음The Death of Salesman』 24
셀리에, 한스Selye Hans 65
셜리, 메리Shirley, Mary 79, 98~99, 101
셰브린Shevrin, H. 330~331
소브Sauvé 320
소스텍Sostek, Anita M. 189
소콜로프Sokoloff, N. 222
소크, 리Salk, Lee 236
「손바닥Palm of the Hand」 483
솔닛, A. J.Solnit, A. J. 225
솔로몬, 조지프 C.Solomon, Joseph C. 220
숄, 벤Shaul, Ben 118
슈네일라Schneira, T. C. 57
『슈롭셔의 젊은이Shropshire Lad』 456
슈윙, 거트루드Schwing, Gertrude 349, 375
슈타인슈나이더Steinschneider 368
슐로스만, 아르투르Schlossmann, Arthur 143
스누, 카를 드Snoo, Karl de 137
『스미스가의 스미스The Smith of Smiths』 479
스미스, 릴리언Smith, Lillian 448
스미스, 시드니Smith, Sydney 479
스미스, 시어벌드Smith, Theobald 114
스완슨, 도나Swanson, Donna 529, 532, 554
스윈번, 앨저넌Swinburne, Algernon 476
스캔런Scanlon, John W. 189
스코프스, J. W.Scopes, J. W. 150
스키퍼Skipper, J. K. Jr. 314
스턴, 로런스Sterne, Laurence 500
스테판손Stefansson 409
스튜어트, 듀걸드Stewart, Dugald 386
스트레이커, M.Straker, M. 103
스틸, 브란트 F.Steele, Brandt F. 306
스폭Spock, Benjamin 144
스피츠, 르네Spitz, René 171, 275, 280, 314, 368
슬레이터, 필립Slater, Philip 123
시걸, 시드니Segal, Sydney 100
「시민 케인Citizen Kane」 456
시쇼어, 마저리 J.Seashore, Marjorie J. 190
시어스Sears, R. R. 319
『신체와 자아Our Bodies, Our Selves』 291
실버먼, 앨런 F.Silverman, Alan F. 358
실베스터Sylvester, E. 212, 338~339
『심리사회 의학Psychosocial Medicine』 141
쓰모리Tsumori, A. 517

ㅇ

아나그노스타코스Anagnostakos 548
아더Ader, R. 64
『아동 보육 및 급식The Care and Feeding of Children』 144
『아동 양육: 엄마와 아동 간호사용 문답집 The Care and Feeding of Children; A Catechism for the Use of Mothers and Children's』 204
『아동-가족 다이제스트Child-Family Digest』 250, 550
아마에あまえ[甘え] 451
아워바크, 캐슬린Auerbach, Kathleen 447
아트, 린다 밴Art, Linda Van 117
아프너스Aftenas, M. 390
「안녕히So Long!」 536
안드렐리누스, 파우스투스Andrelinus, Faustus 485
야페Yaffe S. 223
애로Yarrow, C. J. 169, 329
『어긋난 관계Otherwise Engaged』 360
어윈Irwin, O. C. 242

에릭슨Erikson, Erik H. 300
『에마Emma』 455
『에마와 나Emma and I』 255
『에밀Émile』 255
『에세이집Miscellaneous Essays』 31
에스칼로나Escalona, S. 335~336, 341, 344
에이브럼슨, D. C.Abramson, D. C. 189, 250
에인스필드, 엘리자베스Ainsfield, Elizabeth 497
에인즈워스Ainsworth, Mary 128, 427~428
에커먼Eckerman, C. O. 517
엘더Elder, M. S. 152
엡스타인, 제이컵Epstein, Jacob 419
여키스, 로버트Yerkes, Robert 175
『영국 신사The English Gentleman』 454
『영국의학저널British Medical Journal』 187
「영원한 복음The Everlasting Gospel」 365
『영유아 및 아동의 정신 보육Psychological Care of Infant and Child』 206
오고먼, 제럴드O'Gorman, Gerald 352
오도노번, W. J.O'Donovan, W. J. 50
『오셀로Othello』 83
오슬러, 윌리엄Osler, William 383
오코넬O'Connell, B. 150
오틀리Otley, M. 57
옥시토신oxytocin 112, 115, 123, 134
올드리치Aldrich, A. 171
옹, 월터Ong, Walter 174
와이너, 허버트Weiner, Herbert 355
와이닝어Weininger, Otto 65, 269
와이스Weiss, L. 242
와인스타인, 헬렌Weinstein, Helen 469, 471
왓슨, 존 브로더스Watson, John B. 206
우드콕Woodcock, J. M. 220
울프, 피터Wolff, Peter 489
워보프Werboff, J. 64
워즈워스, 윌리엄Wordsworth, William 141, 237, 525
『애틀랜틱 먼슬리Atlantic Monthly』 207
월폴, 휴Walpole, Hugh 456
웨너, C.Wenar, C. 384
웨스터마크Westermarck, Edward 481
웨스트하이머Westheimer, I 265
웨인트라우브Weintraub, D. 223
웰치, 마사Welch, Martha 350
위니콧, D. W.Winnicott, D. W. 347, 501
위도슨, 엘시 M.Widdowson, Elsie M. 274
윌리엄스Williams, E. 61
윌리엄스Williams, T. R. 438, 440, 516
『유전심리학 학술지Genetic Psychology Monographs』 393
유형성숙(유생연장)neoteny 89~90
『육아Infant care』 111
『윤리학 개론Outlines of Moral Philosophy』 386
이든, 윌리엄Eden, William 456
『이상한 열매Strange Fruit』 448
「이제 우린 여섯 살Now We Are Six」 465
「인 메모리엄In Memoriam」 342
『인간의 대뇌피질The Cerebral Cortex of Man』 47
『인생의 단계The Stages of Human Life』 31

ㅈ
자이츠, 필립 R. 더럼Seitz, Philip R. Durham 156, 158~159, 258
『자폐아: 치유의 새 희망Autistic Children: New Hope for a Cure』 349
자포로제츠Zaporozhets, A. V. 426
자홉스키, 존Zahovsky, John 203, 217~218
재로Zarrow, M. X. 101
『접촉은 치유다Touching is Healing』 352
『정신성 피부질환학Psychocutaneous Medicine』 50
제이, 필리스Jay, Phillis 58, 78
존스, 프레데릭 우드Jones, Frederic Wood 33, 179
졸리, 앨리슨Allison, Jolly 80
『주노미아Zoonomia』 343
주러드Jourard, S. M. 459
주베크Zubek, J. P. 390
『지구 산책Earthwalk』 123
지머만, R. R.Zimmermann, R. R. 73~74

ㅊ

차펠라, 미켈레Zappella, Michele 353
채핀, 헨리 드와이트Chapin, Henry Dwight 143
추, 조지핀Chu, Josephine 100
『치료적 접촉The Therapeutic Touch』 540, 544
치점, 조지 브록Chisholm, George Brock 209~210

ㅋ

카라스Karas, G. G. 67
카시, 아일린Karsh, Eileen 68
카즈다, S.Kazda, S. 120
카펜터, 에드먼드Carpenter, Edmund 234, 403~405, 411
칸, 프리츠Kahn, Fritz 317
칼라일, 토머스Carlyle, Thomas 31, 259
캐슬러, 로런스Casler, Lawrence 323
캔터, 로버트 E.Kantor, Robert E. 374
커닝엄, 니컬러스Cunningham, Nicholas 497
컨스터블, 존Constable, John 417
케넬Kennell, J. H. 127, 186, 189~192, 224
케페치Kepecs, J. G. 509
코너, M. J.Konner, M. J. 227~230, 432~434
코너, 아넬리스Korner, Anneliese 227
코넬 동물행동치료소Cornell Behavior Farm 67
코딜, 윌리엄Caudill, William 449~450, 469~471
코르티코스테로이드corticosteroids 333
코폴라, 오거스트 F.Coppola, August F. 364, 483
콘웨이Conway 320
콜리어스Colliasm N. E. 62
콜린스, 카터 C.Collins, Carter C. 253
쿡Cooke, R. E. 152
쿨카, 안나Kulka, Anna 109, 512~513
퀼리건Quilligan, Dr. 194
크레체크, 이리Krecek, Jiri 120
크록스턴, 제임스Croxton, James 110
크론, 버나드Krohn, Bernard 125
크뢰버. 앨프리드Kroeber, Alfred 418
크리거, 돌로레스Krieger, Dolores 540~543
크리츨러, H.Kritzler, H. 70
클라우스Klaus, M. H. 127, 185~186, 189~191, 224
클럭혼Kluckhohn, Clyde 494~495
클레이, 비달 스타Caly, Vidal Starr 319, 328, 441~442, 446~447, 456~457, 474~475, 503, 511~512, 515~516, 521
키칭어, 실라Kitzinger, Sheila 188
킹, 트루비King, Truby 131~133

ㅌ

타우린taurine 116
타코마크Takomaq 408
탤벗, 프리츠Talbot, Fritz 143~144
테니슨Tennyson, Alfred 233, 342
테멀린Temerlin, M. K. 334
테브닌, 타인Thevenin, Tine 462
테일러, J. 라이어널Tayler, J. Lionel 31
토바크Tobach, E. 58
토브먼, 브루스Taubman, Bruce 161
투미, J. A.Toomey, J. A. 114
투시엥Toussieng, P. W. 330
트라우스Trause, Mary Ann 127
티모포이에틴thymopoietin 270
티스, 조지Thiess, George 235
틴베르헌, 니콜라스Tinbergen, Nikolaas 350

ㅍ

파월, G. F.Powell, G. F. 274
파이퍼, 알브레히트Peiper, Albrecht 118, 216
파크, 로스 D.Parke, Ross D. 500
파푸섹, H.Papoušek, H. 186
판 더팔크Van Valck 68
패것, 베벌리Fagot, Beverly 317
패튼Patton, R. G. 332
팬슬로, 캐슬린Fanslow, Cathleen 529
퍼먼 E.Furman, E. 190
펄스, 프리드리히(펄스, 프레더릭)Perls, Fritz 256, 482
페니첼, 오토Fenichel, Otto 149, 290, 354
페레이레, 자코브로드리게스Pereire, Jacob-Rodriguez 48
페어스, R.Phares, R. 288

페인터, 윌리엄Painter, William 129
펠드먼, 샌더 S.Feldman, Sandor S. 482
포러, 버트럼 R.Forer, Bertram R. 376, 378
포스터, E. M.Foster, E. M. 358, 454, 476
포틴저 주니어, F. M.Pottenger Jr., F. M. 125
폴록, C. B.Pollock, C. B. 306
푹스, 로런스 H.Fuchs, Lawrence H. 234
프라이, 캐럴Fry, Carol 513
프라이스, 리즈베스 D. 204
프랭크, 로런스 K.Lawrence, Frank K. 234, 295~297, 302, 393, 502
프레스콧, 제임스 H.Prescott, James H. 306~307, 440
프레이저Frazier, W. H. 103
프로락틴prolactin 62, 113, 119, 122~123, 133~134, 278
프로벤스, 샐리Provence, Sally 172~173, 329~330
프리드리히 2세Friedrich II 147
프리드먼Freedman, H. 222
프리스, 마거릿Fries, Margaret 495
플라이Flye, J. 390
플로베르Flaubert, Gustave 414
『피그미 족과 꿈의 거인족Pygmies and Dream Giants』 247
『피부 신경증Dermatological Neuroses』 50
「피부가 감각에 미치는 영향The Sensory Influences of the Skin」 26
피셔Fischer, A. 319
피셔Fischer, J. L. 453
피터슨, 클래런스 Peterson, Clarence 260
피퍼, 윌리엄Pieper, William 102
필드, 티파니Field, Tiffany 138, 223

ㅎ

하디, M. C.Hardy, M. C. 119
하셀마이어Hasselmeyer, E. G. 223
하우스먼, A. E.Housman, A. E. 476
『하워즈 엔드Howard's End』 358
하이니케Heinicke, C. M. 265
하트만Hartman, W. E. 246
『한 여자의 북극One Woman's Arctic』 404
한, J. F.Hahn, J. F. 256
할로, 해리 F.Harlow, Harry F. 63, 72~79, 168~169, 261, 279, 305~306, 377, 444, 510, 512~514
해리스, 찰스 S.Harris, Charles S. 427
해머먼, S.Hammerman, S. 370
해밀, R.Hamil, R. 143
해밋, 프레더릭 S.Hammett, Frederick S. 51~54
『해부학 및 생리학 원론Principles of Anatomy and Physiology』 548
햅틱(확장촉각)haptic 46, 230
『햇빛과 건강Sunlight and Health』 263
허셔Hersher, L. 62
허스트, 윌리엄 랜돌프Hearst, William Randolph 456
헤드, 헨리Head, Henry 335
헤디거Hediger, H. 80
「헤어Hair」 243
헤어링, 더글러스Haring, Douglas 471~472
헤이Hey 150
헤이스, 헬렌Hayes, Helen 372
헨드릭스Hendrix, G. 68
헨리, 줄스Henry, Jules 412
헬러, A. G.Heller, A. G. 379
호더, 존Horder, John 38
호큰, 실라Hocken, Sheila 255, 427
호턴, 폴Horton, Paul 466
호퍼, 마이런 A.Hofer, Myron A. 192
홀, G. 스탠리Hall, G. Stanley 166
홀랜드, 지미Holland, Jimmie 359
홀렌더, 마크 H.Hollender, Marc H. 281~284, 286, 288, 292~293
홀렌바크, 마거릿Hollenbach, Margaret 533
홀트 시니어, 루서 에밋Holt Sr., Luther Emmett 144, 204~205
화이트, 제리White, Jerry 230
화이팅Whiting, J. W. M. 345~346
황, L. T.Huang, L. T. 288
회퍼, C.Hoefer, C. 119
휨비, 아서 E.Whimbey, Arthur 64
휴스, 로버트Hughes, Robert 417
히긴스, 캐시Higgings Kathy 117

옮긴이 최로미

숙명여대에서 불문학과 영문학을 공부했다. 옮긴 책으로 『약속의 땅 이스라엘』 『문어의 영혼』이 있다.

터칭

1판 1쇄 2017년 8월 7일
1판 3쇄 2022년 3월 28일

지은이 애슐리 몬터규
옮긴이 최로미
펴낸이 강성민
편집장 이은혜
기획 김영선
마케팅 정민호 이숙재 김도윤 한민아 정진아 이가을 우상욱 박지영 정유선
브랜딩 함유지 함근아 김희숙 정승민
제작 강신은 김동욱 임현식
독자모니터링 황치영

펴낸곳 (주)글항아리 | 출판등록 2009년 1월 19일 제406-2009-000002호

주소 10881 경기도 파주시 회동길 210
전자우편 bookpot@hanmail.net
전화번호 031-955-2696(마케팅) | 031-955-1903(편집부)
팩스 031-955-2557

ISBN 978-89-6735-436-7 03500

geulhangari.com